微　積　分

楊維哲著

學歷：臺灣大學數學系畢業
臺灣大學醫科肄業
普仁斯敦大學博士
經歷：臺灣大學數學系主任
、數學研究中心主任
現職：臺灣大學數學系教授

三民書局印行

微積分

著者　楊維哲
發行人　劉振强
出版者　三民書局股份有限公司
印刷所　三民書局股份有限公司
地址／臺北市重慶南路一段六十一號
郵撥／〇〇〇九九九八—五號
初版　中華民國七十三年十月
七版　中華民國八十年八月
編號　S 31041
基本定價　拾壹元壹角壹分
行政院新聞局登記證局版臺業字第〇二〇〇號
著作權執照臺內著字第二九六五六號

ISBN 957-14-0542-6（精裝）

序

本書是我的微積分三册（**微積分上、下及大二微積分**）中的 §10—§19 及 §27 的裁剪本，希望它變得**"可讀、可教"**。

全部十章，我們採用十進位制以便檢索參引。（小數點之前是章，在同一章內，用#做爲小數點以便標題）

微積分學的核心部分是 §1—§6. 卽：§1 極限，§3 與 §4 微分法，§2 與 §5 積分法，§6 偏微分法（及循線積分）。

其它四章如下：§7 向量分析淺介，§8 微方淺介，§9 無窮級數（及積分）淺介，三者都是互相獨立的，可以選擇其一、二來教，如果時間允許的話。§0 是差和分法，很少被教到，但是學生可以自行閱讀，而對於微積分原理之瞭解大有助益。

我們在 §1 極限之後，先在 §2 講"定積分"，目的是使它和反導微（§5·1—§5·2）盡量拉遠！然而我們的安排使得它可以和 §3—§5·2（"微導"一直到"反微導"）完全獨立，因而在順序上完全可以顚倒。

同樣地，我們把多變數的微積，盡量地接在單變數之後（§2·8，§3·5，§4·9）這些都可以依照教師的方便而改挪到後面去（§5·6 之前）。

涉及極坐標（圓柱坐標、及球極坐標）者，也一樣散布各章（§3·441—442，§4·571，§4·842）也可以移到 §5·56 之後（但這不是我們的建議！）。

較難的題材，我們打上 * 號（更難的，有 * * 號）教師可以斟酌删去，習題的數量也可以酌量減少，如此，本書也可以用於一學年共 4 學分的課程。但對於通常6—8學分的課程，應該可以教完 §1—§6 及 §9，及大約一半乃至 3/4 的習題。

最後我借這個機會謝謝**蔡聰明**教授的協助。(由於他出國進修在卽，對這個裁剪本不能有那麼大的影響力，否則本書會成爲最流暢可讀的教科書) **楊宏章**教授費心地指出原來上、下册的許多錯處，也非常感謝。我當然竭誠歡迎教師與學生的一切批評指敎。(請寄三民書局轉)

楊 維 哲

微積分 目次

序

§0 差和分法

§1 極　　限

§2 定積分的概念

§3 導數與導函數

§4 切近與變化

§5 不定積分與定積分

§6 偏微分法

§7 向量分析淺介

§8 微分方程第一步

§9 瑕和分與瑕積分

中文索引

英文索引

內 容 的 圖 示

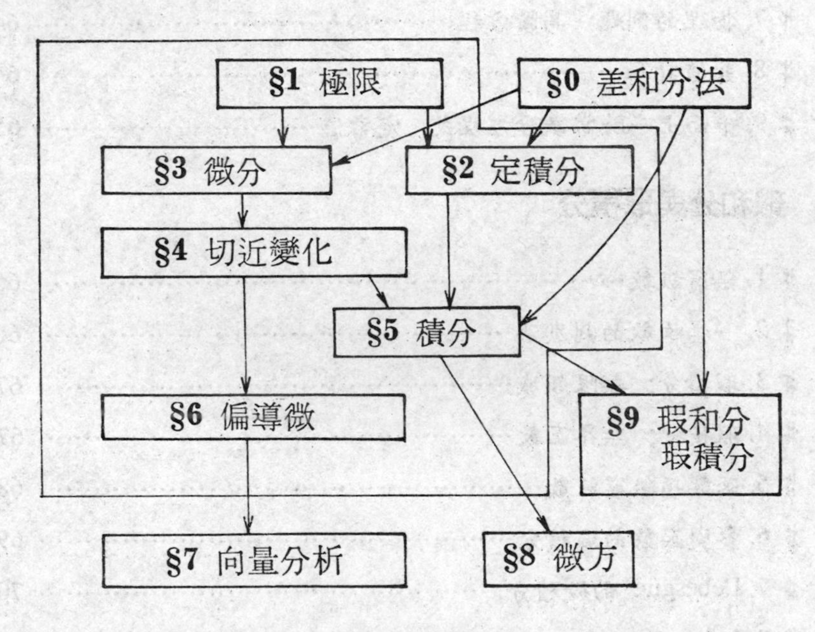

從§3, §4, 到§5. 2, 與§2相獨立, 可以先講, 再接§2與§5. 3–§5. 9

§0 差和分法

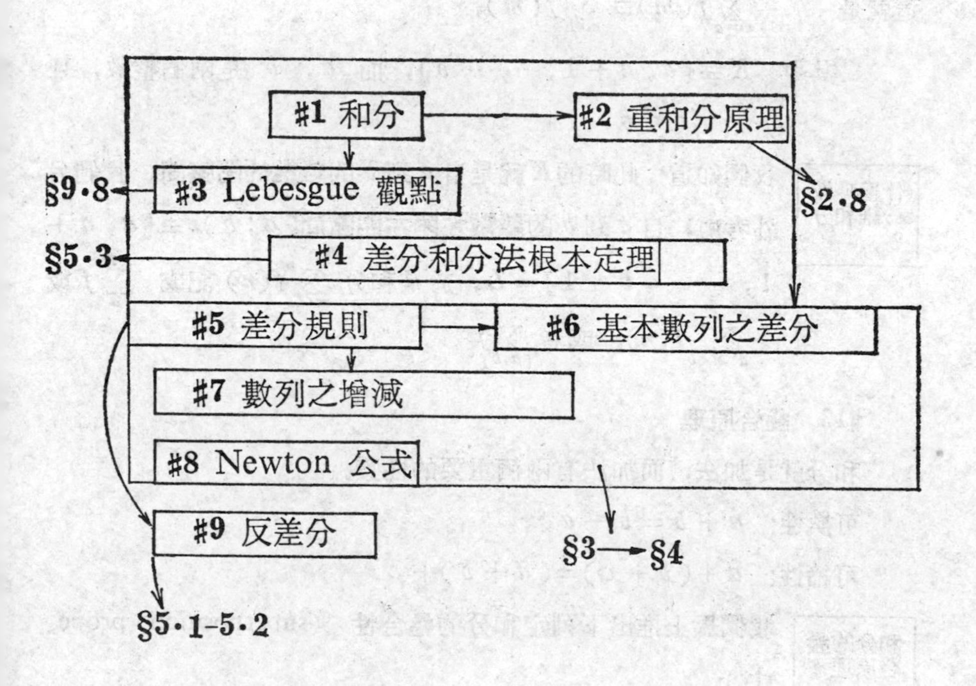

#1 和 分

#11 和分的意義 我們這一班，期中考數學科成績總和T是多少？

求和問題導致定和分

設s君的分數爲 $u(s)$； 這一班級 (48 人的集合) 爲 C，則u爲C到$\boldsymbol{R}$的函數。(其實，值域可設爲$\{0, 1, 2, \cdots$

………100}，但這是小事）於是我們記成 $T\equiv\sum_{C}u$，右邊就是（**定**）

什麼是定和分？

和分的記號，讀成 u **在** C **上的和分**。u 叫做**被和分函數**(summand)，C 是**和分範圍**，**必須强調**：C 是**有窮**集就好了！

【**定理**】定和分一定存在，只要和分範圍有限。

#12　一維和分　（我們最常見的一種和分）

這就是　$\sum_{m=a}^{b}f(m)\equiv\sum_{m\in K}f(m)$，

其中　$K\equiv\{a, a+1, \cdots\cdots b\}$，而 a，b 是兩個整數，且 $a\leq b$.

什麼叫做一維和分？

我們知道：此時的 K 就是自 a 到 b 的**離散的閉區間**。我們另外考慮，自 a 到 b 的**離散左閉右開區間** $[a;b)z\equiv\{a, a+1, \cdots\cdots, b-1\}=L$，於是和分 $\sum_{n\in L}f(n)$ 記成 $\sum_{a}^{<b}f$ 或 $\sum_{a\leq n<b}f(n)$，或者 $\sum_{[a;b)}f$

#13　疊合原理

和分就是加法，而加法有兩個重要的性質：

可換性：$a+b=b+a$，

可締性：$a+(b+c)=(a+b)+c$.

和分的疊合原理

我們馬上推出下列定和分的**疊合性**（superposition property）：

#131　對和分範圍的疊合性：若 C_1 與 C_2 為 C 的兩個互斥子集，則

對和分範圍的疊合性

$$\sum_{C_1\cup C_2}u=\sum_{C_1}u+\sum_{C_2}u$$

#132　對被和分函數之疊合性：若 u，v 為 C 到 R 的函數，則

$$\sum_{C}(u+v)=\sum_{C}u+\sum_{C}v$$

對被和分函數的疊合性

此地 #131 的意思很明白，例如 C_1 是這一排，C_2 是另一排……#132 的意思也很明白，（例如 v 是國文科的成績）重要的是它們該怎麼活用，推廣。

加法與乘法之間有**分配性**:

$$\alpha(a+b)=\alpha a+\alpha b.$$

因此和分也有

#133 對被和分函數之齊性:

對被和分函數之齊性

若 α 爲一實數，則

$$\sum_C \alpha u=\alpha\left(\sum_C u\right).$$

#132 和 #133 合稱爲**和分**對於**被和分函數之線性** (linearity), 有的人也用疊合性代表了線性。

對被和分函數具有線性或疊合性

#2 重和分原理

我們通常有兩種辦法活用上述對和分範圍的疊合性。（見本段及下段）。

假設這一班48人坐成 6 行 8 列，i 行 j 列的人之分數爲 $f(i, j)$;（所以行之集合 I 有 6 個元素，列之集合 J 有 8 個元素，而 $C\equiv I\times J$ 是積集合，f 是函數 $I\times J\longrightarrow R$)，我們可以叫各行的同學把分數加起來，於是 i 行的分數和爲 $\sum_J f(i,\cdot)\equiv g(i)$，而 $T=\sum_{I\times J} f=\sum_I g$. 同理，也可以叫各列的同學把分數先加起來，$j$ 列的成績和 $h(j)$ 爲

$$\sum_I f(\cdot, j)\equiv h(j)$$

因而 $$T=\sum_J h.$$

重和分的Fubini型定理

這個道理叫做“**Fubini 型的定理**”，又叫做“**重和分原理**”：**兩重** (double) **和分** (summation) **等於迭次** (iterated) **和分**。

#21 這個定理最好這樣子寫，我們把$\sum_C u$寫成$\sum_{s\in C}u(s)$，其中s表示學生，是**作和的變元** (summation variable).

【註】s改寫爲任一符號都可以，只要不和別的符號衝突就好。故

$$\sum_{s\in C}u(s)=\sum_{t\in C}u(t)=\cdots\cdots\cdots=\sum_C u$$

它是個“啞”變數 (dummy variable)，任人擺佈

於是我們知道

$$g(i)=\sum_{j\in J}f(i,j).$$
$$h(j)=\sum_{i\in I}f(i,j).$$

因而**重和分定理**就是

重和分定理

$$\sum_{(i,j)\in I\times J}f(i,j)=\sum_{i\in I}(\sum_{j\in J}f(i,j))$$
$$=\sum_{j\in J}(\sum_{i\in I}f(i,j)).$$

#22

如果i表示“列”，j表示“行”而且人數不那麼恰好，（例如43人）並且可以有人請假。我們如何計算$\sum_{\mathscr{D}}f$？此地$\mathscr{D}$表示這一班的人，並且每一人用“**列行**”號來代表，因而$\mathscr{D}\subset I\times J$。

此時，對各i，令$\mathscr{D}_i''=\{j:(i,j)\in\mathscr{D}\}$ 即此列(i)的各人之“行”號。

又令 $\mathscr{D}_j'=\{i,(i,j)\in\mathscr{D}\}$ 即是此行(j)的各人之“列”號。那麼，令$g(i)=\sum_{j\in\mathscr{D}_i''}f(i,j)$，$h(j)=\sum_{i\in\mathscr{D}'_j}f(i,j)$分別爲各列與各行之“**分數**”的和，因而$\sum_{\mathscr{D}}f(i,j)=\sum_{j\in J}\sum_{i\in\mathscr{D}'_j}f(i,j)=\sum_{i\in I}\sum_{j\in\mathscr{D}_i''}$

$f(i, j)$，這才是最完整的重和分定理。

#3 Lebesgue 型的想法（頻度觀）

我們再介紹另外一種和分的技巧，這就是 Lebesgue 型的想法。

求和分的 Lebesgue 型想法

今要計算 $T=\sum_{C} u$，即全班的分數之和，我們想像，教師有點兒懶，而分數只有 50 分，60 分，70 分，80 分，90 分，100 分這幾種，於是，我們記錄：

50 分的有 $\mu(50)$ 個人，60 分的有 $\mu(60)$ 個人，……，那麼

$$T=50\cdot\mu(50)+60\cdot\mu(60)+\cdots\cdots$$
$$=\sum_{l\in\{50,60,\cdots\}}\mu(l)\cdot l$$

這種想法可以這樣子敍述：

$$\sum_{i\in I} f(i)\equiv\sum_{l\in\Lambda} l\cdot\lambda(l).$$

其中　$\Lambda\equiv f(I)$ 是 f **之影集**，而在 $l\in\Lambda$ 時，$\lambda(l)$ 是 $f^{-1}(l)$ 之元素個數，叫做“f 取值 l 之頻度 (frequency)”.

#4　差和分的根本定理

#40　對於**一維和分**，有一種最常見的技巧。

爲了介紹這個和分技巧，我們考慮這個簡單的例子：

$$\sum_{n=1}^{10}\frac{1}{n(n+1)}=?$$

但今　$$\frac{1}{n(n+1)}=\frac{1}{n}-\frac{1}{n+1},$$

故　$n=1$ 時，$\dfrac{1}{n(n+1)}=\dfrac{1}{1}-\dfrac{1}{2},$

$$n=2\text{時}\quad \frac{1}{n(n+1)}=\frac{1}{2}-\frac{1}{3},$$

……………………………………

$$n=10\text{時}\frac{1}{n(n+1)}=\frac{1}{10}-\frac{1}{11},$$

因此　$\sum_{1}^{10}\frac{1}{n(n+1)}=\frac{1}{1}-\frac{1}{11}=\frac{10}{11}.$

我們很容易地把這個技巧推廣。

#41　假設 v 是一個數列，其實，只需它定義在離散閉區間

$$[a\,;\,b]_Z\equiv\{a,a+1,\cdots\cdots b\}\text{ 上,}$$

我們令 u 爲一個數列（其實只需它定義在離散區間

$$[a\,;\,b)_Z=\{a,a+1,\cdots\cdots b-1\}\text{ 上,}\ )$$

而　$u(n)\equiv v(n+1)-v(n),$

記號△的引進

我們就說 u 是 v 的（一階）差分數列，而記成 $u\equiv\triangle v$. 然則

$$\sum_{n\in[a,b)_Z}u(n)\equiv v(b)-v(a).$$

右邊又常記成　$v(n)\Big|_{n=a}^{n=b}$　或　$v\Big|_{a}^{b}$,　因而有:

差和分基本定理

【定理】若　$u=\triangle v$，則

$$\sum_{a\le n<b}u_n\equiv v\Big|_a^b$$

我們把△叫做**差分算子**；這個定理就叫做**差和分法的基本定理**，或者**離散的 Newton-Leibniz** 公式。

由於這個基本定理就引起兩個問題:

（甲）我們要研究△的性質。

（乙）我們要研究由 $u=\triangle v$ 求 v 的問題。也就是研究反差分算子 $\triangle^{-1}$ 的性質。

#5　差分算子△

#51　註解

差分算子△把數列變成數列，若數列的全體爲 $\boldsymbol{R}^N$，則△就是 $\boldsymbol{R}^N$ 到 $\boldsymbol{R}^N$ 自己的一個映射。若數列的全體爲 $\boldsymbol{R}^{N_0}$ 或 $\boldsymbol{R}^Z$，則△也是一個自映射，因而 $\triangle^2, \triangle^3$，……也都有意義，分別稱二階及三階差分算子。

若數列爲有限數列，足碼自 a 到 b，（長 $b-a+1$）則△把它變爲一個「長度減了 1」的數列，足碼從 a 到 $b-1$。底下，我們均只對無限數列討論差分，其足碼集恒爲 $\boldsymbol{Z}$ 或者"右半無限的離散區間"，例如 $\boldsymbol{Z}_+=\boldsymbol{N}_0$ 或 $\boldsymbol{N}$.

#52　註解

左差分算子把數列 v 變爲 w，$w(n)\equiv v(n)-v(n-1)$. 這和我們上面定義的差分算子△不同，△**本來應該叫做右差分算子，在本書中我們取右不取左。**

#53　差分算子△也可看作是一種機器，把數列 v 送進△去，就得到新數列的產品 $u=\triangle v$，u 叫做 v 的（一階）差分。

我們若對 $\triangle v$ 再做一次差分，就得到**二階差分** $\triangle^2 v$，其它更高階的差分仿此，等等。

差分算子的作用

【註】差分可一直作下去，微分卻可能有一些麻煩!

v 原料 → (△ 差分機) → $\triangle v$ 第一階產品 → (△ 差分機) → $\triangle^2 v$…… 第二階產品

各階差分的計算

【例】設 $v_n=n^3$:　0, 1, 8, 27, 64, 125, 216, ………

則　$\triangle v_n$:　1, 7, 19, 37, 61………

$\triangle^2 v_n$:　6, 12, 28, 24, ………

作成差分數值表:

v_n	$\triangle v_n$	$\triangle^2 v_n$	$\triangle^3 v_n$	$\triangle^4 v_n$
0	1	6	6	0
1	7	12	6	0
8	19	28	6	0
27	37	24	6	0
64	61	30	6	⋮
125	91	36	⋮	⋮
216	127	⋮	⋮	⋮
343	⋮	⋮	⋮	⋮
⋮	⋮	⋮	⋮	⋮

差分算子具有疊合性質

#54 當我們定義了一個新的算子之後，隨時隨地要看看"疊合原理"是否成立。疊合原理的重要性是我們要一再強調的。顯然，對差分算子這是成立的:

$$\begin{cases} \triangle(u+v)=\triangle u+\triangle v, & \text{(加性)} \\ \triangle(\alpha u)=\alpha\triangle u, & \text{(齊性)} \end{cases}$$

換言之，**差分算子為一線性算子**。

【證明】

$$\begin{aligned}\triangle(u_n+v_n)&=(u_{n+1}+v_{n+1})-(u_n+v_n)\\&=(u_{n+1}-u_n)+(v_{n+1}-v_n)\\&=\triangle u_n+\triangle v_n;\end{aligned}$$

$$\begin{aligned}\triangle(\alpha u_n)&=\alpha u_{n+1}-\alpha u_n\\&=\alpha(u_{n+1}-u_n)\\&=\alpha\triangle u_n.\end{aligned}$$

#55 乘積的差分規則

【定理】 設兩數列 u， v 之積為 $w=u\cdot v$

乘積的差分規則

即 $w_n=u_n.v_n$，則

$$\triangle w=(\triangle u)\cdot Ev+u\cdot\triangle v.$$

此地 $(Ev)_n \equiv v_{n+1}$

【證明】 $\triangle w_n = u_{n+1}v_{n+1} - u_n v_n$

$$= (u_{n+1} - u_n)v_{n+1} + u_n(v_{n+1} - v_n)$$

$$= (\triangle u_n)v_{n+1} + u_n \triangle v_n$$

【註】 此式不够漂亮! u, v 不對稱!

#6　簡單數列的差分

#61　設 $f(x)$ 爲一多項式，將 x 用 n 取代，$n = 1, 2, \cdots\cdots$，就得到**多項式數列**。對多項式數列的差分運算，我們只需看單項式的情形，再用疊合原理就好了。今設 $v_n = n^k$，則

$$\triangle v_n = (n+1)^k - n^k = kn^{k-1} + \binom{k}{2} n^{k-2} + \cdots + 1$$

結論是: k 次多項式數列的差分還是多項式數列，但次數降低一次，而領導係數變成 k 倍。（微分也有相似的結果）。

讀者應當已注意到，單項數列的差分變得很複雜。我們希望來引進一個數列，使得其差分變得很簡潔，這就是下面兩個問題中所定義的**排列數列**。

#6101　令 $f_n \equiv n(n-1)\cdots(n-k+1)$，有時記成 $n^{(k)}$ 或 ${}_nP_k$，這叫做**排列數列**，因爲從 n 個事物中取出 k 個來排列的方法數就是 ${}_nP_k$。求 $\triangle f_n = ?$

排列數列的差分公式

> **答:** $\triangle f_n = kn^{(k-1)}$，即 k 次排列數列的差分就是 $k-1$ 次排列數列再乘以 k。

#6102　若 $k \in N$，定義 $(-k)$ 次的排列數列爲

$${}_nP_{-k} \equiv \frac{1}{n(n+1)\cdots(n+k-1)} = f_n = n^{(-k)}$$

求 $\triangle f_n=?$

答: $\triangle f_n=-kn^{(-k-1)}=-k_nP_{-k-1}$

#611

【定理】設 ${}_nP_l$ 爲排列數列，則 $\triangle{}_nP_l=l\ {}_nP_{l-1}$，其中 $l\in Z$。

有了這個結果，要計算某一個排列數列的定和分（與定積分相對待）$\sum\limits_{n=a}^{b}$ {某排列數列}，就很容易。再利用疊合原理，對排列數列的線性組合，亦可求其定和分了。

【例A】求 $\sum\limits_{n=3}^{10}{}_nP_3$.

【解】令 $u_n={}_nP_3$，則 $v_n=\frac{1}{4}({}_nP_4)$ 具有 $\triangle v_n=u_n$ 的性質。由差和分基本定理得

$$\sum_{n=3}^{10}{}_nP_3=v_{11}-v_1=\frac{1}{4}{}_{11}P_4-\frac{1}{4}{}_4P_4=1974.$$

【例B】求 $\sum\limits_{n=a}^{b}(4\ {}_nP_2+3\ {}_nP_7-5\ {}_nP_{-3})$

【解】由差和分基本定理及疊合原理

$$\sum_{n=a}^{b}(4\ {}_nP_2+3\ {}_nP_7-5\ {}_nP_{-3})$$

$$=\left[\frac{4}{3}{}_nP_3+\frac{3}{8}{}_nP_8+\frac{5}{2}{}_nP_{-2}\right]\Bigg|_{n=a}^{n=b+1}$$

對於多項式數列，我們可以將它表成排列數列的組合，然後才好利用定理。（參見 #9）今舉一個例子來說明:

【例C】求 $\sum\limits_{t=1}^{n}t^3$

多項式數列改成排列數列，以利作和分

【解】令 $t^3=at^{(3)}+bt^{(2)}+ct^{(1)}+d$

$$=at(t-1)(t-2)+bt(t-1)+ct+d$$

$$=at^3-(3a-b)t^2+(2a-b+c)t+d.$$

比較兩邊係數，得

$$\begin{cases} a=1, \\ 3a-b=0, \\ 2a-b+c=0, \\ d=0. \end{cases}$$

解得　$a=1$，$b=3$，$c=1$，$d=0$.

$$\therefore \quad t^3=t^{(3)}+3t^{(2)}+t^{(1)}$$

因此

$$\sum_{t=1}^{n} t^3=\left[\frac{1}{4}t^{(4)}+t^{(3)}+\frac{1}{2}t^{(2)}\right]\Bigg|_{t=1}^{t=n+1}$$

$$=\frac{1}{6}n(n+1)(2n+1).$$

【問 1】求　$2\cdot 3+3\cdot 4+4\cdot 5+\cdots+19\cdot 20=?$

【問 2】求　$\dfrac{1}{1\cdot 2\cdot 3}+\dfrac{1}{2\cdot 3\cdot 4}+\dfrac{1}{4\cdot 5\cdot 6}+\cdots+\dfrac{1}{n(n+1)(n+2)}=?$

【問 3】

$$\frac{1}{1\cdot 4\cdot 7}+\frac{1}{4\cdot 7\cdot 10}+\frac{1}{7\cdot 10\cdot 13}+\cdots\cdots$$

$$+\frac{1}{(3n-2)(3n+1)(3n+4)}=?$$

#62　等比數列

#621　設 $a>0$，$f_n\equiv a^n$，求 $\triangle f$；又問何時 $\triangle f=f$？（此時 (f_n) 叫做**自然等比數列**）

#622　等比級數　$1+a+a^2+\cdots+a^{l-1}=(a^l-1)/(a-1)$

$$=(a^l-1)/L(a),\ \text{但}\ L(a)\equiv a-1.$$

【定理】公比 r 的一個等比數列 u 之差分也是個公比 r 的等比數列，其實就是 u 的 $(r-1)$ 倍。特別地，公比 2 的等比數列 (2^n) 叫做**自然等比數列：它的差分等於自己！**

自然等比數列

#631　數列 $u_n=\sin n\theta$ 及 $v_n=\cos n\theta$ 之差分爲何？

今 $\sin(n+1)\theta-\sin n\theta=2\sin\frac{\theta}{2}\cos\frac{2n+1}{2}\theta$.

又 $\cos(n+1)\theta-\cos n\theta$

$=-2\sin\frac{2n+1}{2}\theta\sin\frac{\theta}{2}$。

一般地有:

【定理】設 $z_n\equiv\sin(n\theta+\alpha)$，則

$\triangle z_n=2\cos(n\theta+\alpha+2^{-1}\theta)\sin(2^{-1}\theta)$

#632

【例】 設 $u_n=\sin\frac{2n+1}{2}\theta$，求 $\sum\limits_{i=1}^{n}u_i$.

若能找到 v_n 使 $u_n=\triangle v_n$，則 $\sum\limits_{i=1}^{n}u_i=v_{n+1}-v_1$.

由 $\triangle\cos n\theta=-2\sin\frac{2n+1}{2}\theta\sin\frac{\theta}{2}$,（$\sin\frac{\theta}{2}$是常數，$\theta\neq 2n\pi$ 固定好）

故 $\triangle\left[-(\cos n\theta)/2\sin\frac{\theta}{2}\right]=\sin\frac{2n+1}{2}\theta$，（由齊性）

因此只要取 $v_n=-(\cos n\theta)/2\sin\frac{\theta}{2}$，則 $u_n=\triangle v_n$,

$$\therefore\ \sum_{i=1}^{n}u_i=v_{n-1}-v_1=\left[-(\cos i\theta)/2\sin\frac{\theta}{2}\right]\Bigg|_{i=1}^{i=n+1}$$

$$=-\cos[(n+1)\theta]/2\sin\frac{\theta}{2}+\cos\theta/2\sin\frac{\theta}{2}$$

$$=[\cos\theta-\cos(n+1)\theta]/2\sin\frac{\theta}{2}。$$

【註】本例是事先知道了答案，才來湊的。事實上，你可以去對各種數列作差分數列，然後仿照本例的辦法，湊出許多和分公式。於是你就可以去編一個差分與和分的公式表，以後要算差分及和分時，查表就得了。不過，表總歸是有限的，你

註定要碰到表上查不到的情形。因此光會查表解決不了問題，你還需要知道一些計算的基本原理，如疊合原理等等。畢竟“點石成金的手”比“金子”有用啊！一個是本，一個是末。

#7　數列的增減趨勢與差分數列

#71

【定理】 若　$\Delta u \geq 0$，則 (u_n) **爲遞增數列**

【證明】　$\Delta u_n \geq 0 \Rightarrow u_{n+1} - u_n \geq 0$

$$\Rightarrow u_{n+1} \geq u_n。$$

反之，若 $\Delta u \leq 0$，則 u **爲遞減數列**。

#72

差分比較法原理

【定理】 設數列 (u_n) 有一個最大值在第 l **項**。那麼，

$$\Delta u_l \leq 0,\ \Delta u_{l-1} \geq 0,$$

或即：$\Delta u_{l-1} \geq 0$，$\Delta^2 u_{l-1} \leq 0$.

（差分比較法原理）

【註】 上述差分比較法原理給出最大值的必要條件，而不充分。可是若改“最大值”爲“**局部極大值**”，即 $u_l \geq u_{l\pm1}$ 者，那麼這是充分條件！

【習作】 對於**正實數列**，用比例 u_{l+1}/u_l 代替差 $u_{l+1} - u_l$ 如何討論最大值？

#74　差分方程的基本補題

差分方程的基本補題

【定理】 若 $\Delta u = 0$，則 (u_n) 爲常數數列。

【證明】 $(\Delta u)_n = 0 \Rightarrow u_{n+1} - u_n = 0, \forall n,$

$$\therefore u_n = u_0, \forall n。$$

【註】因爲有**方法論**的意義，我們指出“另一種”證明，

今　$\triangle u=0$，故 $\triangle u\geq 0$ 且 $\triangle u\leq 0$.

卽 u 爲遞增且遞減數列，卽爲常數數列!

我們說這定理是個基本補題，乃是由於如下的

#751

【推論】若兩個數列（u_n）及（v_n）的差分相等，

卽 $\triangle u_n=\triangle v_n$，則 $u_n=v_n$＋常數。

【證明】
$$\triangle u_n=\triangle v_n\Rightarrow\triangle(u_n-v_n)=0,$$
$$\Rightarrow u_n-v_n=\text{常數},$$
$$\Rightarrow u_n=v_n+\text{常數}。$$

於是，給予一個數列（u_n），要找另一個數列（v_n）使 $u_n=\triangle v_n$，我們可找到許多不同的數列，但這些數列之間均只差個常數。例如，若 $u_n=n$，則 $v_n=\frac{1}{2}n(n-1)$ 及 $w_n=\frac{1}{2}n(n-1)+c$ 都滿足 $\triangle v_n=u_n$，$\triangle w_n=u_n$。（讀者驗證！）

#752　這個推論本身又有一個重要的推論。

利用差和分法基本定理，來計算定和分，通常只是爲了它方便。但是，要利用這公式，就必須求反差分，而反差分並不唯一。這會不會有問題呢？

雖然一個數列的“反差分數列”有許多個，但是我們要作（u_n）的定和分時，只要隨便取一個簡單的就行了，因爲其它的反差分數列均差個常數，在差和分基本公式中，會消去。如在上例中，

$$v_n=2^{-1}n(n-1),\quad w_n=2^{-1}n(n-1)+c,$$
$$\sum_{n=1}^{m}n=\sum_{n=1}^{m}u_n=v_{m+1}-v_1$$
$$=v_n\Big|_{n=1}^{n=m+1}=\frac{1}{2}m(m+1),$$

而　$\sum_{n=1}^{m} n = \sum_{n=1}^{m} u_n = w_{m+1} - w_1 = \left[\frac{1}{2}m(m+1)+c\right] - [0+c]$

$$= \frac{1}{2}m(m+1).$$

#8 Newton 公式

一般而言，設 f_t 爲m次多項式數列，則必可表成

$$f_t = a_0 t^{(0)} + a_1 t^{(1)} + \cdots + a_m t^{(m)} \quad \cdots\cdots\cdots\cdots(1)$$

之形，其中 $t^{(0)} \equiv 1$。我們來決定係數$a_0, \cdots, a_m$。令 $t=0$，則得 $a_0 = f_0$；對 (1) 作一次差分，則

Newton 公式

$$\Delta f_t = a_1 t^{(0)} + \cdots + m a_m t^{(m-1)}$$

再令 $t=0$，則得 $a_1 = \Delta f_0$；如此依次作差分下去，得

離散情形的 Maclaurin 公式

$$a_k = \frac{1}{k!}\Delta^k f_0, \quad 所以 \quad f_t \equiv \sum_{k=0}^{m} \frac{1}{k!}(\Delta^k f_0)\cdot t^{(k)},$$

但　$\Delta^0 f \equiv f$.

這叫做 **Newton 公式**，其實是“**離散情形的 Maclaurin 公式**。”

【例】 試將 t^4 表成 $a_0 t^{(0)} + a_1 t^{(1)} + a_2 t^{(2)} + a_3 t^{(3)} + a_4 t^{(4)}$

並求　$\sum_{t=0}^{10} t^4$ 之值。

【解】 作差分數值表

t	$f_t = t^4$	Δf_t	$\Delta^2 f_t$	$\Delta^3 f_t$	$\Delta^4 f_t$
0	0				
1	1	1	14		
2	16	15	50	36	24
3	81	65	110	60	
4	256	175			

由牛頓公式得

$$t^4=0\cdot t^{(0)}+1\cdot t^{(1)}+\frac{14}{2!}t^{(2)}+\frac{36}{3!}t^{(3)}+\frac{24}{4!}t^{(4)}$$

$$=t^{(1)}+7t^{(2)}+6t^{(3)}+t^{(4)}$$

$$\therefore\quad \sum_{t=0}^{10}t^4=\sum_{t=0}^{10}(t^{(1)}+7t^{(2)}+6t^{(3)}+t^{(4)})$$

$$=\left[\frac{1}{2}t^{(2)}+\frac{7}{3}t^{(3)}+\frac{6}{4}t^{(4)}+\frac{1}{5}t^{(5)}\right]\Bigg|_{t=0}^{t=11}$$

$$=25333.$$

【注意】由 Newton 公式，可知足碼從 0 算起，(“第 0 項”、“第 1 項”……) 大有方便之處!

【問】何以 Newton 公式成立?

> 答: 對 m 歸納! 並利用差分方程的基本補題，把公式右側記爲 g_t，證明
>
> $f_0=g_0$ 且 $\triangle f=\triangle g$ 就够了!

【習　　題】

1. 求差分

(i) $\triangle({}_nP_3-{}_nP_2-18{}_nP_1+4)=?$

(ii) $\triangle({}_nP_{-4})=?$

(iii) $\triangle\left(\frac{n-3}{n+2}\right)=?$

(iv) $\triangle(1_nP_3)=?$

(v) $\angle(3^{n-2})=?$

(vi) $\triangle(n^3 3^n)=?$

(vii) $\triangle_n P_3(\sin 4n)=?$

(viii) $\triangle\frac{\sin n}{(n+1)(n+2)}=?$

(ix) $\triangle \arctan n = ?$

(x) $\triangle(2^n \cos an) = ?$

(xi) $\triangle \operatorname{sh} an = ?$

(xii) $\triangle \operatorname{ch} an = ?$

(xiii) $\triangle^n \cos bn = ?$

(xiv) $\triangle^2(\log_a n) = ?$

【註】$e > 1$ 爲某常數，而 $\operatorname{ch} x = (e^x + e^{-x})/2$，$\operatorname{sh} x = (e^x - e^{-x})/2$

2. 試證明

$$(\triangle^l f)(n) = \sum_{k=0}^{l} (-1)^{l+k} \binom{l}{k} f(l+k).$$

3. 試證明

$$2^n = 1 + {}_nP_1 + {}_nP_2/2! + {}_nP_3/3! + \cdots\cdots\cdots$$

4. 試求一多項數列 $u = (u_0, u_1, u_2, \cdots\cdots\cdots)$ 使前面幾項如下，而 u 之次數爲最低。

(i) 2，4，8，16，32，64，128，256.

(ii) 2，1，2，5，10，17，26，37.

(iii) 1，－5，－19，－35，－47，－49，－35.1.

(iv) 1，1，1，1，25，121，361，841.

(v) 0，－15，0，9，0，－15，0，105.

#9 反　差　分

#91 不定和分定理

由差和分法根本定理，很自然地引起一個問題：已給一個數列 u，是否一定存在它的反差分數列 v，使得

$$\triangle v = u?$$

注意 1° 如上，我們已知道：只要 v 存在，它就“差不多”唯一。故可

記作 $v=\triangle^{-1}u$.

注意 2° 在數學中，有許多問題，往往是某一方向容易 (trivial)，逆向回來就難 (non-trivial)!

我們很容易看出：若我們能做出一連串的和分，就可以解決反差分的問題：如果 (u_n) 是已予的一個數列，我們作出

反差分的求法

$$w_{a+1}=u_a,$$
$$w_{a+2}=u_a+u_{a+1},$$
$$\cdots\cdots\cdots\cdots\cdots\cdots\cdots\cdots\cdots$$
$$w_n\equiv\sum_{[a,n)}u.$$

則數列 w 就是 u 的一個反差分。

不定和分定理

我們把這個 w 記成

$$w\equiv\sum_{[a}^{\cdot)}u$$

那麼: $\triangle w=u$，亦即，(不定和分定理)。

$$\triangle\circ\sum_{[a}^{\cdot)}u\equiv u。$$

上面這一式子，以及

$$\sum_{a\leq n<b}\triangle v=v\Big|_a^b$$

差和分法基本定理的內容是什麼?

結合起來，才是差和分法基本定理的完全形式。同時我們也就有很好的理由說：“**和分就是反差分!** ”，其實更正確的說法是：把 $\sum_{a}^{\cdot-1}$ **叫做不定和分，**($\sum_{a\leq n<b}$ **叫做定和分) 不定和分才是反差分!**

#92 反差分的計算：**疊合原理。**

反差分的求法

如何求反差分？由上段，我們知道任給一個數列 u，必有一個 v，使得 $\triangle v=u$.

（例如　$v\equiv\sum_{0}^{\cdot-1}u$ 就是）

這解答雖然不唯一，卻也是"本質上唯一"：任兩個正確的答案 v，w，了不起只差一個常數。

剩下來的問題純粹是**技術問題**了。

【例】 試求　$\triangle^{-1}\{{}_nP_3-2{}_nP_2-7{}_nP_1+8\}$.

答：$4^{-1}{}_nP_4-(2/3){}_nP_3-(7/2){}_nP_2+8{}_nP_1$.

這裏只是用到**基本排列數列之反差分**以及**疊合原理**。

$$\triangle^{-1}(u+v)=\triangle^{-1}u+\triangle^{-1}v,$$

$$\triangle^{-1}\alpha u=\alpha\triangle^{-1}v.$$

#93　部份和分法

但是，除了疊合原理之外，還需要一些別的技巧，我們只能講一樣，這就是 **Abel 的部分和分法**。舉個例子來說，我們怎麼作出$\triangle^{-1}(n^2a^n)$?

我們可以作出

$$\triangle^{-1}(n^2)=\triangle^{-1}({}_nP_2+{}_nP_1)=3^{-1}{}_nP_3+2^{-1}{}_nP_2.$$

也可以作出

$$\triangle^{-1}(a^n)=(a-1)^{-1}a^n(a\neq 1).$$

但是如何湊出"積數列之反差分"?

我們回憶起**"積數列之差分"**!

排移算子 E 的定義

如果我們引用推移算子 E;

$$(Eu)_n\equiv u_{n+1}$$

則可把公式寫成

$$\triangle(u\cdot v)=(Eu)\cdot\triangle v+(\triangle u)v$$

$$=u\cdot\triangle v+(\triangle u)\cdot(Ev).$$

部分和分公式

由這公式立即得到：

部分和分法公式:

$$\Delta^{-1}(vw)=(\Delta^{-1}w)\cdot v-\Delta^{-1}\{E(\Delta^{-1}w)\cdot\Delta v\}.$$

【證明】 令 $\Delta^{-1}w\equiv u$，$\Delta u\equiv w$ 就好了。

注意：不要被式子搞混了，這公式的意思只不過是這樣子：我們要計算兩數列 v，w 之**積數列**的反差分，積數列 vw 是兩"部份"（叫做**因子**才對!!）v,w 之積，而我們先只(會)做其一"部分"，w，的和分(即反差分) $\Delta^{-1}w=u$，然則 $\Delta^{-1}(vw)$ 就是 u，v 之積，減去另外一個數列之反差分；這另外的數列就是 $(Eu)\cdot(\Delta v)$；也就是如圖所示。

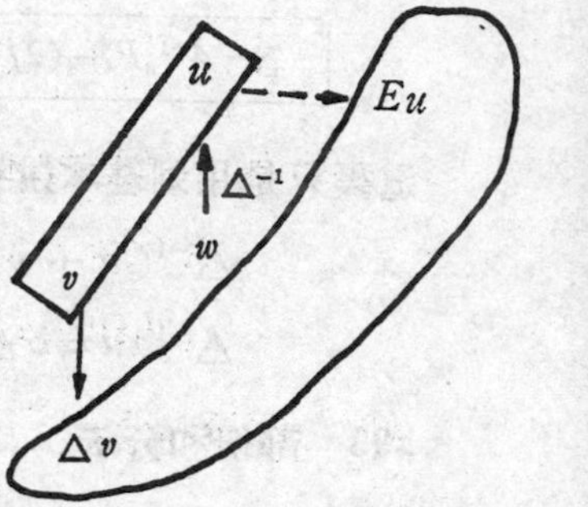

【例】 $\varphi=\Delta^{-1}(n^2a^n)=?$

今 $\Delta^{-1}(a^n)=a^n/(a-1)$，$\Delta n^2=2n+1$，

故 $\varphi=n^2a^n/(a-1)-\Delta^{-1}[(2n+1)a^{n+1}/(a-1)]$

$$=n^2a^n/(a-1)-\frac{2a}{a-1}\Delta^{-1}(na^n)-[a/(a-1)]\Delta^{-1}a^n$$

$$=\left[\frac{n^2}{a-1}-\frac{a}{(a-1)^2}\right]a^n-\frac{2a}{a-1}\Delta^{-1}(na^n).$$

現在對第二項再做一次分部積分。

因 $\Delta n=1$. 故

$$\Delta^{-1}(na^n)=(a-1)^{-1}na^n-(a-1)^{-1}\Delta^{-1}(a^{n+1})$$

$$=(a-1)^{-1}na^n-a(a-1)\Delta^{-1}a^n$$

$=[(a-1)^{-1}n-a(a-1)^{-2}]a^n$。所以

$$\varphi(n)=a^n\{(a-1)^{-1}n^2-a(a-1)^{-2}-2a(a-1)^{-2}n$$

$$+2a^2(a-1)^{-3}\}.$$

注意：在做 $\Delta^{-1}(vw)$ 時，哪一“部份”先做（不定）和分是很重要的，例如，作 $\Delta^{-1}(na^n)$，如果先做 $\Delta^{-1}n=n(n-1)/2\equiv 2^{-1}{}_nP_2$，則得

$$\Delta^{-1}(na^n)=2^{-1}{}_nP_2a^n-2^{-1}\Delta^{-1}\{{}_{n+1}P_2\cdot a^n\}$$
$$=2^{-1}n(n-1)a^n-2^{-1}\Delta^{-1}\{(n+1)na^n\},$$

待和分項反倒比原來的和分更麻煩了。

【習作】 如果你已經懂了（一點兒）微分法，你當注意到：以上所述的差分算子Δ性質，對微分算子 D 也都成立。請你探討它們之間的類推關係。

#94

【定理】 推移算子 E 與差分算子Δ，反差分算子 Δ^{-1}，都是可交換的!

【習　題】

1. 求反差分：

(i) $\Delta^{-1}({}_nP_{-4})$

(ii) $\Delta^{1-}(5n^4+2n^2-3n+1)$

(iii) $\Delta^{-1}[{}_nP_{-3}(2n+1)]$

(iv) $\Delta^{-1}n(n+3)(n+6)$

(v) $\Delta^{-1}\sinh(an+b)$

(vi) $\Delta^{-1}\cosh(an+b)$

(vii) $\Delta^{-1}\arctan\dfrac{1}{1+n+n^2}$

(viii) $\Delta^{-1}\ n\sin n$

(ix) $\Delta^{-1}\cos^2 3n$

(x) $\Delta^{-1}\ {}_nP_ka^n$

(xi) $\triangle^{-1}(n^3a^{-n})$

2. 求（定）和分:

(i) $2\cdot4\cdot6+4\cdot6\cdot8+6\cdot8\cdot10+\cdots\cdots+18\cdot20\cdot22$

(ii) $\sum_{7}^{22}n^3$

(iii) $\sum_{3}^{54}n^4$

(iv) $\sum_{1}^{t} n^2\cos n$

(v) $\sum_{1}^{l} 2^n\cos\beta n$

(vi) $\sum_{0}^{l}\sin^3(an+b)$

(vii) $\sum_{1}^{l}\sin n\sin(n+1)$

3. 試計算無限級數之和:

(i) $\frac{1}{1\cdot2\cdot3}+\frac{1}{2\cdot3\cdot4}+\frac{1}{3\cdot4\cdot5}+\cdots\cdots$

(ii) $\sum_{1}^{\infty}2^{-n}$

(iii) $\sum_{n=1}^{\infty}{}_nP_{-3}$

(iv) $\sum_{1}^{\infty}\frac{1}{(2n+3)(2n+5)}$

(v) $\sum_{1}^{\infty}\frac{1}{n(n+2)}$

(vi) $\sum_{1}^{\infty}n5^{-n}$.

§1 極　　限

#1　極限之定義

#2　極限之規則

#3　連續性

#4　中間值定理及勘根定理

#5　極限的連續性原則

#6　成長縮小之比較

#7　介紹求極限的兩個方法

#8　極限與解析幾何

#9　多變數函數之極限及連續

在微積分學中最最根本的概念，就是"極限值"。我們此地的解說不是演繹的，而是訴之於讀者的常識與直覺。這樣子通不通呢?

從歷史來看，Newton-Leibniz 的微積分發明之後，還經過一段時間，極限的概念才有清楚的定式 (formulation)。(這就是"ε-δ"，"ε-N"式的定義。大體上可歸功於 Cauchy) 如果要進一步追究"Logic"，那麼 Cauchy 也不行。非得等到 Cantor，Mèray，Dedekind，Weierstrass 這些人的**實數論**出來後才算能對極限值作完全邏輯的定式。

我們當然不採用這種“極端邏輯”的觀點。(我們認爲: Newton 和 Leibniz 當然早已會微積分!)

本章是微積分學的開始，除了§0用不到本章之外，其它都必須用到本章極限的概念。

#10—#22 是一般概念，及運算規則；對於微分法的$\dfrac{d}{dx}\sin x$, $\dfrac{d}{dx}a^x$, $\dfrac{d}{dx}\log_a x$ 所需要的基本極限在 #23—#24 中講明。連續性，及中間值定理等等在 #3—#5 中解釋。#8 講了極限與解析幾何的關聯。

多變數之極限問題，出現在 #9, #7 則是大O小o的解釋。

大致說來核心在 #1—#2，由此可以開始講解微分與積分學了。

#1 極限之定義

我們舉例子說明極限的意義:

【例 1】 $\lim\limits_{n\to\infty}\left(1+\dfrac{1}{n}\right)^n=?$

【例 2】 $\lim\limits_{x\to\infty} x\log(1+x^{-1})=?$

【例 3】 $\lim\limits_{x\to 0}\dfrac{\sin x}{x}=?$

【例 4】 $\lim\limits_{x\to 0}\cos x=1$.

在例 1 中，我們遇到一個數列。亦即，定義在 N 上的函數 f:

$$n\longmapsto(1+n^{-1})^n.$$

在例 2 中，我們考慮函數 g，定義爲 $g(x)=x\log(1+x^{-1})$.

在例 3 中，考慮的函數是 h，定義爲 $h(x)=\sin x/x$.

g 的定義域 $\mathrm{Dom}(g)=\boldsymbol{R}_+$，而 $\mathrm{Dom}h=\boldsymbol{R}\setminus\{0\}$.

最後在例 4 中，函數 cos 之定義域是整個$\boldsymbol{R}$。

在這四個例子中，必須注意到 $\infty \notin \mathrm{Dom}(f)$，$\infty \notin \mathrm{Dom}(g)$，且 $0 \notin \mathrm{Dom}h$，但 $0 \in \mathrm{Dom}(\cos)$。

我們可以容易地證明：若 x 趨近 0，則 $\cos x$ 趨近 1．"趨近" 記做 "$\rightarrow$"，"當 $x \rightarrow a$ 時，$\varphi(x) \rightarrow b$"，這件事
又記做

$$\lim_{x \to a} \varphi(x) = b . \tag{1}$$

也許，讀者把式子

$$\lim_{x \to 0} \cos x = 1 \tag{2}$$

想成："**這不過是因爲「cos 0 = 1」嘛！**" 那就大大的錯誤了！因爲在式子 (1) 中，「b 是否爲 $\varphi(a)$」是另外一個問題，而且「$\varphi(a)$ 有無意義」本身已經是問題了！這只要看前面三個例子就淸楚了；換言之：

#10

【要點】 在 $\lim_{x \to a} \varphi(x) = b$ 的式子中，a **可能在** $\mathrm{Dom}(\varphi)$ 內，**也可能不在** $\mathrm{Dom}(\varphi)$ 內。但是即使在 $a \in \mathrm{Dom}(\varphi)$ 的情況下，我們要算極限值也**不必管** $\varphi(a)$ 的值是多少！

#11 回到式子

$$\lim_{x \to a} \varphi(x) = b \tag{1}$$

來，此式的解釋是：「如果 x 趨近 a，那麼 $\varphi(x)$ 趨近 b，要多近就有多近！」

什麼叫做「要多近就有多近」呢？你要求我的 $f(x)$ 趨近 b，不論要求得多苛刻，我都有辦法，只需你讓我的 x 足够近於 a 就好了。

什麼叫做 x 足够近 a 呢？在例 1 及例 2 中，a 是記號$+\infty$，即"正無限大"。x 足够接近正無限大，就是 x **足够大**，也就是說：$x>$某個

K. 在例 3 及例 4 中，a 是一個有限數，所以 x 足够近 a 的意思當然是指 $|x-a|$ 足够小，在一個範圍內，亦即 $|x-a|<\delta$，其中 δ 爲某正數，所以，我們先對 a **爲有限數**的情形，來考慮 (1) 式 $\lim\limits_{x\to a}\varphi(x)=b$ 的意義。這時候 (1) 式代表了你我二人之間的攻防戰，你攻，我守，你提出要求，我要應付你，若我永遠應付得了，就算做這式子成立。你給定一個要求：$f(x)$ 必須接近 b，在一個（苛刻的）範圍之內，換句話說，你要求 $|f(x)-b|<\varepsilon$，此地 ε 是個正數，（越小就表示你要求得越嚴苛）。我呢，我有辦法應付，只需讓 x 足够近 a，在一個範圍 δ 內。換句話說，只需 $|x-a|<\delta$，此地 δ 也是個正數，當然和你的 ε 有關係，因爲你若越苛刻（即 ε 越小）我就越發得小心應付，因而 δ 必須取得很小，δ 越小表示越戰戰兢兢。（要點只在我們有無辦法應付你的要求，所以"過度小心"倒是無所謂。）

---

*【定義】$\lim\limits_{x\to a}\varphi(x)=b$ 的意思是：對任何 $\varepsilon>0$，都可找到一個 $\delta>0$（和 ε 有關），使得當 $0<|x-a|<\delta$ 時，$|\varphi(x)-b|<\varepsilon$.

現在就用這個定義來驗證 $\lim\limits_{x\to 0}\cos x=1$

假設你給出一個 $\varepsilon>0$，我們要使「$|1-\cos x|<\varepsilon$，當 $0<|x-0|<\delta$」，而 δ 是我們要找的對象。

今因　$1-\cos x=2\left(\sin\dfrac{x}{2}\right)^2$，而且 $|\sin x|\leq|x|$，

這就是說，只需 $\dfrac{\delta^2}{2}=\varepsilon$，亦即只需取 $\delta=\sqrt{2\varepsilon}$，就會有：「當 $0<|x|<\delta$ 時，$|1-\cos x|<\varepsilon$」了。

因此例 4 中，$\lim\limits_{x\to 0}\cos x=1$ 成立。

\#121【補註】$\lim\limits_{x\to a}\varphi(x)=+\infty$ 的解釋是：

不論你要 $\varphi(x)$ 多大，（例如說大於 k），我都可以應付你，只要取 $|x-a|$ 夠小：$|x-a|<\delta$，（正數 δ 必須依你的 k 而定）。

#122　$\lim_{x\to a}\varphi(x)=-\infty$ 的意思是：

不論你要 $\varphi(x)$ 負得多厲害，（即是，希望 $\varphi(x)<-k$，k 爲很大的正實數），我都可以應付你，只要 $|x-a|<\delta$，（正實數 δ 由你的 k 來決定。）

#123　最後，$\lim_{x\to a}\varphi(x)=$ 無號的無限大 ∞，是什麼意思呢？ 這只是

$$\lim_{x\to a}|\varphi(x)|=+\infty \text{ 而已。}$$

【例】$\lim_{x\to\frac{\pi}{2}}\tan x=\infty$；若 $x<\frac{\pi}{2}$，而 x 遞升到 $\frac{\pi}{2}$，則 $\tan x\longrightarrow+\infty$.

反之，若 $x>\frac{\pi}{2}$，而 x 遞降到 $\frac{\pi}{2}$，則 $\tan x\longrightarrow-\infty$。

#131　其次我們考慮 a 爲正無限大的情形：

$$\lim_{x\to+\infty}\varphi(x)=b \quad\cdots\cdots(1)$$

這該怎麼解釋？

你要求 $|f(x)-b|<\varepsilon$，我以 $x>k$ 來應付，（你苛刻地使正數 ε 變很小，我就得取 k 越大），只要我應付得了，(1) 式就成立。

* 換言之，我們有如下的定義：

【定義】$\lim_{x\to\infty}\varphi(x)=b$ 的意思是：對任何 $\varepsilon>0$，必存在一個自然數 M （和 ε 有關）使得：當 $x\geq M$ 時，就使 $|\varphi(x)-b|<\varepsilon$.

#14【註】x 限制爲自然數，〔$\varphi=(\varphi(x))$ 爲數列〕也可以！

【例】甲 $\lim_{n\to\infty}n^{-2}(1+2+\cdots+n)=2^{-1}$.

【例】乙 $\lim_{x\to\infty}x^{-2}(x^2+x)/2=2^{-1}$.

在本例題甲，$\varphi_n=\frac{1}{2}+\frac{1}{2n}$，因此，$M$ 只需取爲 $\frac{1}{\varepsilon}$ 的整數部份加 1

就够了：$n \geq M \geq \frac{1}{\varepsilon}$ 所以 $\frac{1}{n} \leq \varepsilon$，(當 $n \geq M$，) 即：$|\varphi_n - \frac{1}{2}| = \frac{1}{2n} < \varepsilon$，

在例 2，取 $M \equiv \varepsilon^{-1}$ 就好了。

【註解】比較 $\lim\limits_{n\to\infty}\varphi_n = b$ 和 $\lim\limits_{x\to\infty}\varphi(x) = b$ 兩者有什麼區別？其實沒有！

#15【註解】 設 a 爲一個有限實數，函數 φ 的定義域 $\text{Dom}(\varphi) \supset (a_1; a)$（或者 $\text{Dom}\,\varphi \supset (a; a_1)$），然則我們也可以限制了 x 的行爲來討論極限，例如"x 從右側（或左側）趨近 a"，記做 $\lim\limits_{x\to a+}$（或 $\lim\limits_{x\to a-}$）另外也有用記號 $\lim\limits_{x\downarrow a}$（或 $\lim\limits_{x\uparrow a}$）來表示的。

舉個例子來說，如果 $f(x) = \frac{\sin x}{|x|}$，則 $\lim\limits_{x\downarrow 0} f(x) = 1$，$\lim\limits_{x\uparrow 0} f(x) = -1$

【定義】 $\lim\limits_{x\downarrow a} f(x) = b$（或 $\lim\limits_{x\uparrow a} f(x) = b$）意即：

對 $\varepsilon > 0$，存在 $\delta > 0$（和 ε 有關），使得：

當 $0 < |x - a| < \delta$，且 $x > a$（或"且 $x > a$"），就有

$|f(x) - b| < \varepsilon$.

#151 於是，$\lim\limits_{x\to a}\varphi(x) = b$ 就是指的：「$\lim\limits_{x\to a+}\varphi(x) = b$ 且 $\lim\limits_{x\to a-}\varphi(x) = b$」。

#16【註解】 有的人只會**數列之收斂**，那麼，藉助於它，也可以解釋

$\lim\limits_{x\to a}\varphi(x) = b$（以及 $\lim\limits_{x\cdot a}\varphi(x) = b$，等等）。

【定義】 $\lim\limits_{x\to a}\varphi(x) = b$ 的意思就是：

對任意的數列 (x_n)，若 $x_n \longrightarrow a$，必有 $\lim\limits_{n\to\infty}\varphi(x_n) = b$.

#17【註解】 $\lim\limits_{x\to-\infty}\varphi(x) = b$，$\lim\limits_{x\to\infty}\varphi(x) = +\infty$，$\lim\limits_{x\to\infty}\varphi(x) = -\infty$ 等等可以相似地定義。（習題！）

#18 我們將把 lim 的詳細解說留給**高等微積分**。（參見我的"**數系的意義與構造**"。）此地我們提出一個賭賽觀點的解釋。

以 $\lim_{n\to\infty} \alpha_n = b$ 爲例。想像兩人A與B在賭賽，賭法是：B寫下一個很小的正整數 ε，要求A做到這件事，「找到足碼N，使得數列 (α_n) 從N項以後都接近 b，在 ε 的程度內」。

如果，不論B怎麼出難題（ε 很小），A都能應付，就說

$$\lim_{n\to\infty} \alpha_n = b .$$

*【例 1】由極限值之定義，試證明下式：

$$\lim_{n\to\infty} \frac{2n}{n-1} = 2$$

我們需要證明，任給正數 $\varepsilon > 0$，可找到一相當大之自然數 n_0，使得對所有 $n > n_0$ 之自然數 n，滿足

$$\left|\frac{2n}{n-1} - 2\right| < \varepsilon .$$

當 $n-1$ 時，由於 $\left|\frac{2n}{n-1} - 2\right| = \frac{2}{n-1}$.

故上面之不等式成立之充分條件爲 $n > 1 + \frac{2}{\varepsilon}$.

因而，對任意之 ε，設自然數 n_0 爲較 $1 + \frac{2}{\varepsilon}$大之自然數，對 $n \geqq n_0$ 之所有 n，前述之不等式必成立。

【例 2】設 $f(x) = \begin{cases} x \sin\frac{1}{x} & (x \neq 0), \\ 0 & (x = 0), \end{cases}$ $\quad g(x) = \begin{cases} 1 & (x \neq 0), \\ 0 & (x = 0), \end{cases}$

試證 $\lim_{x\to 0} g[f(x)] \neq g[\lim_{x\to 0} f(x)]$

【解】$g[\lim_{x\to 0} f(x)] = g(0) = 0$，而 $\lim_{x\to 0} g[f(x)]$無法確定。此乃因當吾人取向 0 收斂之二數列 $x_n = \frac{2}{(4n+1)\pi}$,

$x_n' = \frac{1}{2n\pi}$,（$n = 1, 2 \cdots$）時,

$$f(x_n)=x_n,\ g[f(x_n)]=g(x_n)=1,\ \lim_{n\to\infty}g[f(x_n)]=1$$

$$f(x_n')=0,\ g[f(x_n')]=g(0)=0,\ \lim_{n\to\infty}g[f(x_n')]=0$$

要證明 $\lim_{x\to 0} f(x)=0$ 只須注意到:

$$|x|<\delta\text{ 時，}|f(x)|=|x\sin\frac{1}{x}|\leq|x|<\delta.$$

#2 極限之規則

我們枚舉一些關於極限操作的基本規則。這些規則很顯然，證明卻也够長，因此不加證明了。這些規則對於連續或離散的變數同樣適用，但我們只寫了一種情形。

#21 【運算規則】 若 $\lim_{x\to a} f(x)$ 及 $\lim_{x\to a} g(x)$ 存在，則 $\lim_{x\to a}(f(x)*g(x))$ 也存在，而且 $\lim_{x\to a}f(x)*g(x))=\lim_{x\to a}f(x)*\lim_{x\to a}g(x)$. 此地*是加減乘除四則運算之一，不過若是除法，我們就要求 $\lim_{x\to a}g(x)\neq 0$

#211

【例】 求極限 $\lim_{n\to\infty}\frac{n-n^2}{5+3n^2}$.

【解】 $\lim_{n\to\infty}\frac{n-n^2}{5+3n^2}=\lim_{n\to\infty}\frac{1/n-1}{5/n^2-3}$, 〔分子分母同除 n^2〕

$$=\frac{-1}{-3}=\frac{1}{3}.$$

【問】 求下列各極限:

(i) $\lim_{x\to\infty}\frac{x^5+3x^4}{4x^5-x^4+2x^3}$.　　(ii) $\lim_{n\to\infty}\frac{1+2+\cdots+n}{n^2}$.

(iii) $\lim_{x\to\infty}\frac{\sqrt{x}+\sqrt[3]{x}+\sqrt[4]{x}}{\sqrt{2x+1}}$.　　$\left[\text{答: }\sqrt{\frac{1}{2}}\right]$

#212

【例】求 $\lim_{x\to 4}\dfrac{\sqrt{1+2x}-3}{\sqrt{x}-2}$.

【解】用「反有理化因式法」！今此分式

$$=\left(\frac{\sqrt{1+2x}-3}{\sqrt{x}-2}\right)\left(\frac{\sqrt{x}+2}{\sqrt{x}+2}\right)\left(\frac{\sqrt{1+2x}+3}{\sqrt{1+2x}+3}\right)$$

$$=\frac{(1+2x-9)}{(x-4)}\left[\frac{(\sqrt{x}+2)}{(\sqrt{1+2x}+3)}\right]=\frac{2(x-4)}{(x-4)}\left[\quad\right]$$

而〔 〕$\longrightarrow\dfrac{4}{6}=\dfrac{2}{3}$.

【問 1】求 $\lim_{x\to 0}$, $\dfrac{\sqrt{a^2+x}-a}{x}$, 但 $a>0$.

【問 2】求 $\lim_{x\to 0}\left\{\dfrac{\sqrt{a^2+ax+x^2}-\sqrt{a^2-ax+x^2}}{\sqrt{a+x}-\sqrt{a-x}}\right\}$, (但 $a>0$)

【問 3】求證 $\lim_{x\to 1}\left\{\dfrac{\sqrt{2x-x^4}-\sqrt[3]{x}}{1-\sqrt[4]{x^3}}\right\}=\dfrac{16}{9}$

#22 【夾擠原則】假設 $\lim_{n\to\infty} a_n=b=\lim_{n\to\infty} c_n$, 而且對每一個 n, 或者 $a_n\leq b_n\leq c_n$, 那麼 $\lim_{n\to\infty} b_n=b$.

註: 這個原則其實就是**實數系的連續性原理**。

另一種等價的說法是: **有界的單調數列有極限!**

【例】求極限 $\lim_{n\to\infty}\sqrt[n]{n}$

【解】因 $\sqrt[n]{n}\geq 1$, 故可設 $\sqrt[n]{n}=1+u_n$,

其中 $u_n\geq 0$, 由二項式公式, 當 $n>1$ 時,

$$n=(1+u_n)^n$$

$$=1+nu_n+\frac{n(n-1)}{2!}u_n^2+\cdots\cdots$$

$$+u_n^n \geq \frac{n(n-1)}{2}u_n^2,$$

因此 $\sqrt{\frac{2}{n-1}} \geq u_n \geq 0, (n>1)$.

令 $n\to\infty$, 因 $\sqrt{\frac{2}{n-1}}\to 0$,

故由夾擠原則，得知 $u_n\to 0$,

從而 $\sqrt[n]{n}=1+u_n\to 1$.

#23 我們應用夾擠原則來證明

下面重要的基本三角極限定理

$$\lim_{\theta\to 0}\frac{\sin\theta}{\theta}=1.$$

【證明】 在右圖中，考慮扇形及兩個三角形的面積:

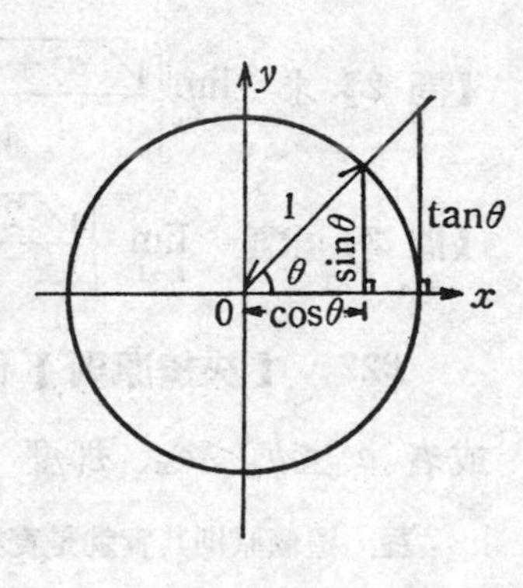

基本三角極限公式

$$\frac{1}{2}\theta, \frac{1}{2}\sin\theta\cos\theta, \frac{1}{2}\tan\theta$$

顯然有

$$\frac{1}{2}\sin\theta\cos\theta<\frac{1}{2}\theta<\frac{1}{2}\tan\theta,$$

於是 $\cos\theta<\frac{\theta}{\sin\theta}<\frac{1}{\cos\theta}$,

從而 $\frac{1}{\cos\theta}>\frac{\sin\theta}{\theta}>\cos\theta$，此式對於

$0<\theta<\frac{\pi}{2}$ 均成立，同時對於 $0>\theta>-\frac{\pi}{2}$ 亦成立。

因 $\lim\limits_{\theta\to 0}\frac{1}{\cos\theta}=1=\lim\limits_{\theta\to 0}\cos\theta$，故由夾擠原則

知 $\lim\limits_{\theta\to 0}\frac{\sin\theta}{\theta}=1$.

【註】"$\forall n$" 的意思是："對每個 n"。

【例】 $\lim\limits_{t\to 0}\dfrac{\sin^2 t}{t}=?$

【解】 $\lim\limits_{t\to 0}\dfrac{\sin^2 t}{t}=\lim\limits_{t\to 0} t\,\dfrac{\sin^2 t}{t^2}$

$$=\lim_{t\to 0} t\cdot\left(\frac{\sin t}{t}\right)^2=\lim_{t\to 0} t\cdot\lim_{t\to 0}\left(\frac{\sin t}{t}\right)^2$$

$$=0\times 1=0.$$

【問 1】我們已證得 $\lim\limits_{x\to 0}\dfrac{\sin x}{x}=1$，但 x 的單位是弧度。今若 x 的單位改成"度"，試證

$$\lim_{x\to 0}\frac{\sin x^0}{x}=\frac{\pi}{180.}$$

【問 2】 $\lim\limits_{x\to\pi/2}\left(\dfrac{\pi}{2}-x\right)\tan x=?$

【問 3】 $\lim\limits_{x\to 0}\dfrac{1-\cos x}{x^2}=?$

#24　本段我們要解決 #1 的例 1，即是基本指數極限定理：

$\lim\limits_{n\to+\infty}\left(1+\dfrac{1}{n}\right)^n$ 存在，其極限值記爲 e。

首先注意到 $\left(1+\dfrac{1}{n}\right)^n$ 是遞增數列，這由二項公式馬上可看出：

$$\left(1+\frac{1}{n+1}\right)^{n+1}=1+\left(\frac{1}{n+1}\right)(n+1)+$$

$$\left(\frac{1}{n+1}\right)^2\binom{n+1}{2}+\cdots+\left(\frac{1}{n+1}\right)^{n+1}$$

$$=1+1+\frac{1}{2!}\left(1-\frac{1}{n+1}\right)+\frac{1}{3!}\left(1-\frac{1}{n+1}\right)\left(1-\frac{2}{n+1}\right)$$

$$+\cdots+\frac{1}{(n+1)!}\,\frac{(n+1)!}{(n+1)^{n+1}}$$

$$\geq 1+1+\frac{1}{2!}\left(1-\frac{1}{n}\right)+\frac{1}{3!}\left(1-\frac{1}{n}\right)\left(1-\frac{2}{n}\right)+\cdots+\frac{1}{n!}\ \frac{n!}{n^n}$$

$$=\left(1+\frac{1}{n}\right)^n \cdots\cdots\cdots\cdots\cdots\cdots\cdots\cdots\cdots\cdots\text{(i)}$$

更進一步：數列$\left(1+\frac{1}{n}\right)^n$有上界。因由（i）式可看出，

$$\left(1+\frac{1}{n}\right)^n<1+1+\frac{1}{2!}+\frac{1}{3!}+\cdots+\frac{1}{n!}, \text{(當 } n>1 \text{ 時)} \cdots\text{(ii)}$$

又 $\frac{1}{3!}+\frac{1}{4!}+\cdots+\frac{1}{n!}<\frac{1}{2^2}+\frac{1}{2^3}+\cdots+\frac{1}{2^{n-1}}$，故

$$\sum_{n=0}^{\infty}\frac{1}{n!}<1+1+\frac{1}{2!}+\sum_{n=2}^{\infty}\frac{1}{2^n}=3 .$$

由此可知，3 爲$\left(1+\frac{1}{n}\right)^n$的一個上界，於是 $\lim_{n\to\infty}\left(1+\frac{1}{n}\right)^n$ 存在。另外由上式我們也得到$0<e-2.5<0.5$，卽 e 介乎 2.5 到 3 之間。

【註】遞增且有上界的數列，必有極限。這是實數系完備性的一種敍述，你就把它看作實數系的性質。

在（i）式中，令$n\to\infty$，則得

$$e=\lim_{n\to\infty}\left(1+\frac{1}{n}\right)^n$$

$$=1+1+\frac{1}{2!}+\frac{1}{3!}+\cdots\cdots$$

$$=\sum_{n=0}^{\infty}\frac{1}{n!} . \cdots\cdots\cdots\cdots\cdots\cdots\cdots\cdots\text{(iii)}$$

【注意】此式常用來做爲 e 的定義。

我們說 $e=2.71828\cdots$，這是由（iii）式算出的。因爲（iii）式收斂得非常快速，故只要算到前面幾項就可得到很好的近似值，例如：

$$1+1=2$$

$$\frac{1}{2!}=0.5$$

$$\frac{1}{3!}=0.16666$$

$$\frac{1}{4!}=0.04166$$

$$+)\ \frac{1}{5!}=0.00833$$

$$\overline{\qquad 2.71665}$$

#241

【問題】本金 1“公”元，(公) 年利率 100%。若半年複利一次，則一年後的本利和等於多少？一年複利 n 次呢？複利無限多次呢？

【註】我們證明了：$\lim_{n\to\infty}\left(1+\frac{1}{n}\right)^n$ 存在，而且極限值就是 e，下面給出另一種更簡潔的證明方法，我們的步驟是證明下面三個命題：

(1) 數列 $S_n=\left(1+\frac{1}{n}\right)^n$ 為遞增；

(2) 數列 $T_n=\left(1+\frac{1}{n}\right)^{n+1}$ 為遞減；

(3) $S_n<T_n,\ \forall n\in N.$

先證 (1)，考慮 $n+1$ 個數

$$1,1+\frac{1}{n},\ 1+\frac{1}{n},\ 1+\frac{1}{n},\cdots,\ 1+\frac{1}{n}$$

其算術平均為 $1+\frac{1}{n+1}$，幾何平均為 $\left(1+\frac{1}{n}\right)^{n/(n+1)}$，

由算術平均大於等於幾何平均定理得

$$1+\frac{1}{n+1}>\left(1+\frac{1}{n}\right)^{n/(n+1)}.$$

亦即

$$\left(1+\frac{1}{n+1}\right)^{n+1}>\left(1+\frac{1}{n}\right)^{n}.$$

因此 S_n 遞增。

次證 (2)，考慮 $n+2$ 個數

$$1,\ \frac{n}{n+1},\ \frac{n}{n+1},\cdots,\frac{n}{n+1}$$

其算術平均爲 $\dfrac{(n+1)}{(n+2)}$，幾何平均爲 $\left(\dfrac{n}{n+1}\right)^{(n+1)/(n+2)}$，

因此 $$\frac{n+1}{n+2}>\left(\frac{n}{n+1}\right)^{(n+1)/(n+2)},$$

取倒數得 $$1+\frac{1}{n+1}<\left(1+\frac{1}{n}\right)^{(n+1)/(n+2)}$$

亦卽 $$\left(1+\frac{1}{n+1}\right)^{n+2}<\left(1+\frac{1}{n}\right)^{n+1}.$$

因此 T_n 爲遞減。

至於 (3)，非常顯然，不用證。

(1),(2),(3) 綜合起來得知

$$S_n<T_n<T_1=4,\forall n$$

故 S_n 爲遞增有上界的數列，由“實數系的完備性”知，$\lim\limits_{n\to\infty} S_n$ 存在，證畢。

【例】 利用 $\lim\limits_{n\to\infty}\left(1+\dfrac{1}{n}\right)^n=e$，試證

$$\lim_{n\to\infty}\left(1-\frac{1}{n}\right)^n=e^{-1}.$$

【證明】 由 $$\left(1-\frac{1}{n}\right)^n=\left(\frac{n-1}{n}\right)^n=1\Big/\left(\frac{n}{n-1}\right)^n$$

$$=1\Big/\left(1+\frac{1}{n-1}\right)^{n-1}\cdot 1\Big/\left(1+\frac{1}{n-1}\right)$$

得知當 $n\to\infty$ 時，第二個因子趨近 1，而第一個因子趨近 $1/e$.

#242 $\lim\limits_{x\to+\infty}\left(1+\dfrac{1}{x}\right)^x=e$

【證明】令　$n=[x]$，$\theta\equiv x-n\in[0;1)$，

則　$(1+x^{-1})^{\theta}$ 必介於 1 及 $1+x^{-1}$ 之間

$$\frac{[1+(n+1)^{-1}]^{n+1}}{1+(n+1)^{-1}}<[1+(n+1)^{-1}]^{x}<(1+x^{-1})^{x}$$

$$\leq(1+n^{-1})^{x}\leq(1+n^{-1})^{x}(1+n^{-1}).$$

左右兩端，在 $x\to+\infty$ 時，（$n\to+\infty$時）同趨於 e，故依夾擠原則，證明了原命題。同理可證明

$$\lim_{x\to\infty}(1+x^{-1})^{x}=e.$$

#25　一般的指數函數

在 #241 的例子中，我們把年利率改爲 λ，那麼在時間 t 之後若一年複利 n 次，則本利和爲

$$\left(1+\frac{\lambda}{n}\right)^{[nt]}$$

而
$$[nt]=\left[t\Big/\frac{1}{n}\right]$$

是 nt 的整數部分。若 $n\longrightarrow\infty$，它就有極限

$$\exp(\lambda,t)\equiv\lim_{n\to\infty}\left(1+\frac{\lambda}{n}\right)^{[nt]}$$

因爲
$$n\longrightarrow\infty\text{ 時 }\left(1+\frac{\lambda}{n}\right)\longrightarrow 1.$$

而
$$\left(1+\frac{\lambda}{n}\right)^{[nt]}\text{ 與 }\left(1+\frac{\lambda}{n}\right)^{nt}$$

相比，最多只差$\left(1+\frac{\lambda}{n}\right)$的倍數，故

$$\exp(\lambda,t)\equiv\lim\left(1+\frac{\lambda}{n}\right)^{nt}$$

極限的存在和上述 $e=\lim\left(1+\frac{1}{n}\right)^{n}$ 差不多，我們不去證了，此式中

λ與 t 可以是任意實數! 立卽看出:

$$\exp(\lambda, t_1+t_2)=\exp(\lambda, t_1)\exp(\lambda, t_2)$$

因爲: 以$\frac{1}{n}$（"年"）爲一期，最多只差一期，而一期之本利和爲

$\left(1+\frac{\lambda}{n}\right)$。同樣地:

$$\exp(\lambda_1, t)\equiv \exp(\lambda_2, t)^{\lambda_1/\lambda_2}$$

最少, 若 λ_1 爲 λ_3 之 m倍（m爲自然數）, $\lambda_1/\lambda_2=m$，就很顯然了: 對λ_1，一年分成mn 期，則每期利率 λ_1/mn, 將得近似的本利和$\left(1+\frac{\lambda_1}{mn}\right)^{mnt}$.

(因$\exp(\lambda_1, t)=\lim\limits_{n\to\infty}\left(1+\frac{\lambda_1}{mn}\right)^{mnt}$ $)=\left(1+\frac{\lambda_3}{n}\right)^{nmt}$ 約爲$\exp(\lambda_3, t)^m$.

又若 λ_2 爲 λ_3 之 l 倍，則立得

$$\exp(\lambda_1, t)=\exp(\lambda_2, t)^{m/l}=\exp(\lambda_2, t)^{\lambda_1/\lambda_2}$$

當 λ_1/λ_2 非正有理數時也可以用逼近之法證明。

於是終得:

$$\exp(\lambda, t)\equiv\exp(1, 1)^{\lambda t}\equiv e^{\lambda t}$$

其中

$$\exp(1, 1)=\lim_{n\to\infty}\left(1+\frac{1}{n}\right)^n=e$$

‡251

【推論】（基本的指數極限公式）

$$\lim_{\lambda\to 0}\frac{e^{\lambda}-1}{\lambda}\equiv 1$$

（若年利率 λ 很小，"**連續複利**"之結果，**本利和爲**

$$\lim_{n\to\infty}\left(1+\frac{\lambda}{n}\right)^n=e^{\lambda},$$

“淨利率”爲（$e^{\lambda}-1$），與單利之利率 λ 相比將趨近 1）

#26

以 e 爲底數之對數爲自然對數　$\ln=\log_e$，　$\lambda=\ln x$ 是指“單利 $x-1$”，和以 λ 爲利率之連續複利相當。因 $e^{\lambda}=x$，故知

（基本的對數極限公式）

$$\lim_{x\to 1}\frac{\ln x}{x-1}=1\text{，或即}$$

$$\lim_{u\to 0}\frac{\ln(1+u)}{u}=1$$

#261　若 $a>0$

$$\lim_{\lambda\to 0}\frac{a^{\lambda}-1}{\lambda}=\ln a$$

【證明】因 $a^{\lambda}\equiv e^{\lambda\ln a}$

故 $\dfrac{e^{\lambda\ln a}-1}{\lambda\ln a}\to 1$.

#262　若 $a>0$，$a\neq 1$.

則 $\displaystyle\lim_{x\to 1}\frac{\log_a x}{x-1}=1/\ln a$

【證明】　$\log_a x=\ln x/\ln a$.

#3　連　續　性

所謂「函數 $f(x)$ 在 $x=a$ 點連續」的意思是指：當 x 很靠近 a 時，$f(x)$ 亦很靠近 $f(a)$，即 $\lim_{x\to a}f(x)=f(a)$。若 f 在某一區間的每一點都連續，則稱 f 爲連續的。直觀說來一個連續函數就是其圖形沒有缺口的函數。

我們把 $\lim_{x\to a} f(x)=f(a)$ 改一改:

$$\lim_{x\to a} f(x)=f(\lim_{x\to a} x),$$

換言之，對於一個連續函數 f，極限操作 lim 及函數操作 f 可以互換。這個性質以後我們經常會用到。

請注意 f 在點 a 處之連續性，不但要求 $\lim_{x\to a} f(x)$ 存在，要求 $f(a)$ 有定義，而且要求二者相等。

#31

【註】連續性的精確定義，必須用到極限的概念，故可說是到了 Cauchy 才完成的。所謂連續性，正確的說法是: “在某某範圍上連續”，這就是說在這範圍的任一點都連續。

我們說函數 f 在點 c 連續，意思就是在 c 點的附近一點 $c+h$，其函數值 $f(c+h)$ 和在點 c 的函數值 $f(c)$ 之差會很小，如果兩點 $c+h$ 和 c 的差 h 很小。用圖解來說，就是即要求 $|f(c+h)-f(c)|$ 小到正數 ε 之下，我們就在 y 軸上找到 $f(c), f(c)+\varepsilon$，及 $f(c)-\varepsilon$ 作 $f(c)\pm\varepsilon$ 的兩個水平線。如果 $f(x)=x^2$, $c=3$ 所要求 $|f(c+h)-f(c)|<\varepsilon$ 就是要求 $|6h+h^2|<\varepsilon$.

爲了達到你的要求，我們適當地找一個小的正數 δ，而在 x 軸上的兩點 $c-\delta$，$c+\delta$ 各作鉛垂線，希望當 $|h|<\delta$ 時，一定會 $|f(c+h)-f(c)|<\varepsilon$，換句話說，在 $x=c-\delta$ 及 $x=c+\delta$ 時兩鉛垂線所來的長條內，曲線 $y=f(x)$ 只在矩形: $c-\delta<x<c+\delta$，$f(c)-\varepsilon<y<f(c)+\varepsilon$ 之內。

---

*在數學上 Cauchy 給了一個 $\varepsilon-\delta$ 式的定義:
函數 f 在點 c 爲連續的意思就是對 $\varepsilon>0$，可找到 $\delta>0$，使得 $|x-c|<\delta$ 時必有 $|f(x)-f(c)|<\varepsilon$.

拉丁文有所謂 “Natura non facit saltum”（“自然界不作飛躍”）的句子。我們見到的事物大多有一種連續性，而數學分析中，連續性就是最基本的概念。連續性是對函數（亦即“變換”）的一種制限，但在微分

學中，將函數的制限實際上還不止這一個。（還有可微分性的制限）。

【例】$f(x)=x^2$，$c=3$ 則 $\varepsilon\geq 1$ 時只須令 $\delta=\frac{1}{7}$ 就好了。而在 $\varepsilon<1$ 時，可令 $\delta=\frac{\varepsilon}{7}$

#32　關於連續性的判定，我們只要利用極限的性質就可以推得許多有用的結論：

【定理】設 f, g 均為連續函數，則 $f * g$（$*$ 代表四則運算或合成）亦然，但除法時，在 $g(x)=0$ 之處須另外考慮。

在分析學中，大部份的函數都是連續函數，最少我們容易證明：多項式函數是連續函數。

開方是連續函數（在它的定義範圍內），sin, cos 是連續函數。稍微麻煩些的是：

指數函數，及對數函數（在（$0;\infty$）上），是連續函數。

【例】試討論下列諸函數之連續性。

(1) x^3-x　　(2) $\dfrac{1+x}{1-x}$　　(3) $\sqrt{1-x^2}$

【解】

(1) 函數 x, x^3 二者於 $-\infty<x<\infty$ 連續，故 x^3-x 於 $-\infty<x<\infty$ 連續。

(2) 因 $1+x$，$1-x$ 於區間 $-\infty<x<\infty$ 為連續，故 $\dfrac{1+x}{1-x}$ 於分母不等於零之點連續，亦即於 $x\neq 1$ 之所有點為連續。

(3) $f(x)=1-x^2$ 於區間 $-\infty<x<\infty$ 為連續，而 $g(y)=\sqrt{y}$ 於區間 $0\leq y<\infty$ 為連續。於是 $g[f(x)]=\sqrt{1-x^2}$ 於 $f(x)\geqq 0$ 之點，亦即 $-1\leqq x\leqq 1$ 之各點為連續。

【問】試討論下列諸函數之連續性。

(1) $\dfrac{x}{1+x^2}$　(2) $\sqrt{x+1}$　(3) $\sqrt[3]{1-x}$

(4) $|x^2-3x+2|$　(5) $\dfrac{x}{\sqrt{1-x^2}}$　(6) $f(x)=[x]$

(7) $f(x)=x-[x]$，但 $[x]$ 表示：「不大於實數 x 之最大整數」。

#4 中間值定理及勘根定理

所謂勘根定理是說：若 f 在 $[a;b]$ 上連續，且 $f(a)\cdot f(b)<0$，，則至少存在一點 $\xi\epsilon(a;b)$ 使 $f(\xi)=0$．這由下圖很清楚可以看出來：

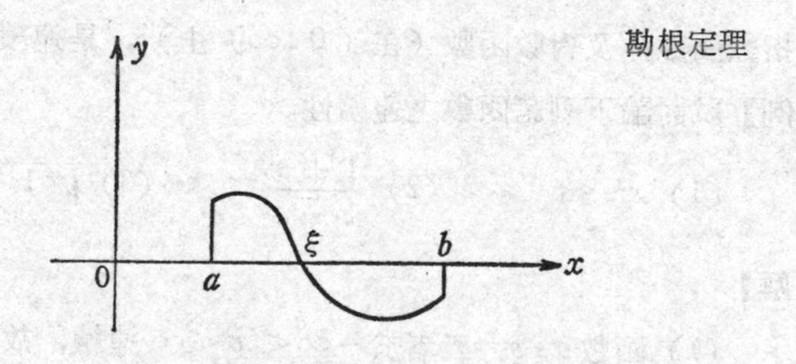

其證明需要用到實數系完備性的性質，此地我們只訴諸直觀。利用此結果，試證連續函數的中間值 (intermediate value) 定理：設 f 在 $[a;b]$ 上連續，m 介乎 $f(a)$ 與 $f(b)$ 之間，則至少存在一點 $\xi\epsilon(a;b)$ 使得 $f(\xi)=m$.（見下圖）

【證明】〔這裏又很有方法論的意味。顯然勘根定理是中間值定理的特例。但是特例證完了之後，一般情形用簡單的平移就可化約到這特例來。〕

今假設 $f(a)<m<f(b)$ 而不失一般性。令 $g(x)=f(x)-m$ 則 $g(a)<0$，$g(b)>0$，即 $g(a)g(b)<0$．於是由勘根定理得知，至少存在一點 $\xi\in(a;b)$ 使 $g(\xi)=0$，即 $f(\xi)=m$。

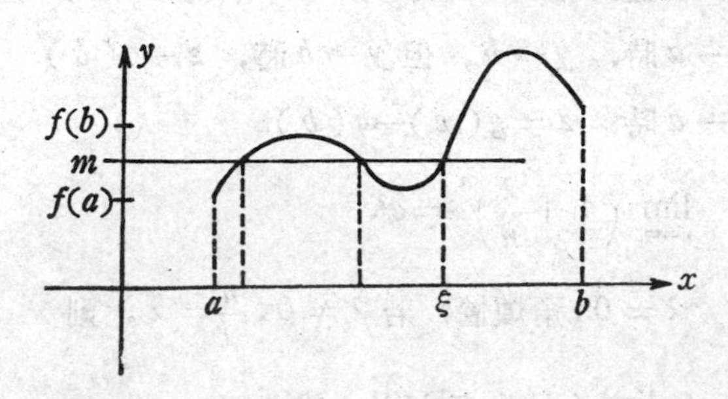

【例】你 10 歲時重 25 公斤，現在重 60 公斤，則你曾經重40公斤，對不對?

＊【例】一伸長的橡皮筋，當其兩端向中間收縮時，至少必有一點之位置未曾改變（不動點），試證之。

【證明】將伸長的橡皮筋兩端定坐標為 a 及 b，並設點 x 經收縮後至點 y。可設其為函數 $y=f(x)$。那麼 f 為〔$a;b$〕上的連續函數。令 $\varphi(x)=f(x)-x$，則 φ 亦為〔$a;b$〕上的連續函數。由題設知 $\varphi(a)=f(a)-a>0$，$\varphi(b)=f(b)-b<0$，因此由勘根定理知，至少存在一點 $\xi\in(a;b)$，使 $\varphi(\xi)=0$，即 $f(\xi)=\xi$，即 ξ 為不動點。

＊【例】設 $f(x)$ 為 x 之奇次多項式，試證方程式 $f(x)=0$ 至少有一實根。

#5　極限的連續性原則

若 $\lim\limits_{x\to a} f(x)=b$，而函數 φ 在 b 處連續，

又 $g=\varphi\circ f$，則

$$\lim_{x\to a} g(x)=\varphi(b).$$

意思倒很明白：若 $y=f(x)$，$z=\varphi(y)=g(x)$，

則 $x\to a$ 時，$y\to b$，但 $y\to b$ 時，$z\to\varphi(b)$.

故 $x\to a$ 時，$z=g(x)\to\varphi(b)$.

【例】 $$\lim_{n\to\infty}\left(1+\frac{\lambda}{n}\right)^n=e^{\lambda}.$$

若 $\lambda=0$. 甭煩惱；若 $\lambda\neq 0$，$\frac{n}{\lambda}=x$，則

得 $[\lim_{x\to\pm\infty}(1+x^{-1})^x]^{\lambda}=e^{\lambda}$.

#51 基本對數極限公式，（若 $1\neq a>0$.）

$$\lim_{x\to\pm\infty} x\log_a(1+x^{-1})=1/(\log_e a)$$

【證明】 $x\log_a(1+x^{-1})=\log_a(1+x^{-1})^x\longrightarrow\log_a e$ 也。

#52

【例】求 $\lim_{x\to 0}(a^x-1)/x$.

令 $a^x-1=y$，$x=\log_a(1+y)$，故 $x\to 0$ 時，$y\to 0$，

而原式為 $\lim_{y\to 0}\frac{y}{\log_a(1+y)}$.

若 $y=z^{-1}$，則又可改為 $\lim_{z\to\infty}[z\log_a(1+z^{-1})]^{-1}=\ln a$.

#53 單項運算如$\sqrt[k]{\ }$，log，都是連續函數的特殊情形，在以上，以及"反有理化"（#21）都用上這個事實！

#6 成長縮小之比較

由於取極限的需要，我們必須來研究一些變量及數列變大或變小的

趨勢。換句話說，我們必須研究數的賽跑。例如，我們知道 $\lim_{\theta\to 0}\frac{\sin\theta}{\theta}=1$，這就是說，當 θ 越變越小時，讓 θ 與 $\sin\theta$ 作賽跑（都往 0 點跑），結果是跑得一樣的快慢!

再看一個例子，設 $u_n=\frac{1}{n}$，$v_n=\frac{1}{n^2}$，$w_n=\frac{1}{n^3}$，現在讓 n 越變越大，好像賽跑一般:

$$\begin{cases} n : 1, \ 2, \ 3, \ 4, \ 5, \ \cdots\cdots \\ u_n : 1, \ \frac{1}{2}, \ \frac{1}{3}, \ \frac{1}{4}, \ \frac{1}{5}, \ \cdots\cdots \\ v_n : 1, \ \frac{1}{4}, \ \frac{1}{9}, \ \frac{1}{16}, \ \frac{1}{25}, \ \cdots\cdots \\ w_n : 1, \ \frac{1}{8}, \ \frac{1}{27}, \ \frac{1}{64}, \ \frac{1}{125}, \ \cdots\cdots \end{cases}$$

因此，若要比小的話，w_n 是老大，v_n 是老二，u_n 是老么。換句話說，w_n 小的級次比 v_n 及 u_n 的要高。反過來，讓我們看比大的情形。設 $u_n=n^3$，$v_n=n^4$，則

$$\begin{cases} n : 1, \ 2, \ 3, \ 4, \ 5, \ 6, \ 7, \ \cdots\cdots \\ u_n : 1, \ 8, \ 27, \ 64, \ 125, \ 216, \ 343, \ \cdots\cdots \\ v_n : 1, \ 16, \ 81, \ 256, \ 625, \ 1296, \ 2401, \ \cdots\cdots \end{cases}$$

因此 v_n 比 u_n 跑得快，即 v_n 大的級次比 u_n 的高。

【注意】 大小都是比較出來的，例如若再令 $w_n=n^5$，則 w_n 的級次又比 v_n 高。

現在我們來引進 Landau 的大 O 與小 o 記號:

#61

【定義 1】 設 (f_n) 及 (g_n) 為兩個數列。

若 $|f_n/g_n|\leq M$，對足夠大的 n（亦即，對 $n\geq$ 某 k）均成立，則記為

$$f_n=O(g_n)(n\to\infty),$$

#62

【定義 2】設 $f(x)$ 及 $g(x)$ 爲兩個函數，若 $|f(x)/g(x)|\leq M$，當 x 在 a 的某一近旁均成立時，則記爲:

$$f(x)=O(g(x)),\ (x\to a)。$$

換言之，當 x 在 a 的某一近旁變化時，用 $g(x)$ 的某倍就可以罩住 $f(x)$。

讀法: （當 x 趨近 a 時）"f 不强於 g"，或"f 等於大 O 對 g"。

【例】$n^2=O(n^3)$，當 $n\to\infty$ 時

【例】$\sin x=O(x)$， 當 $x\to 0$ 時;

$x=O(\sin x)$，當 $x\to 0$ 時。

這就是說當 x 在 0 的近旁變動時，x 與 $\sin x$ 大小的程度相伯仲，常寫成 $\sin x\sim x$，當 $|x|$ 甚小時。

#63

【定義 3】若 $\lim\limits_{n\to\infty}\dfrac{f_n}{g_n}=0$，則記成: $f_n=o(g_n)$，$(n\to\infty)$。即當 n 趨近無限大時，f_n 與 g_n 的大小，比起來，g_n 是老大，f_n 是老么（可忽略掉）。相似地，若 $\lim\limits_{x\to a}\dfrac{f(x)}{g(x)}=0$，則記成:

$$f(x)=o(g(x)),\ (x\to a)$$

讀法是: 「（當 x 趨近 a 時），f 對 g 而言，可忽略」。或者「f 等於小 o 對 g」

注意，此時 x 往那兒跑的意向一定要表明! 另外，若 $f=o(g)$，則當然有 $f=O(g)$；（其逆當然有問題）。

【例】$x^3=o(x^2)$，當 $x\to 0$ 時。

【例】$n^3=o(n^4)$，當 $x\to\infty$ 時。

#64

【定理】若 $f_1(x)=o(g(x))$，$f_2(x)=o(g(x))$

則 $f_1+f_2=o(g)$，$(x\to a)$。

【注意】這個結果的證明是很顯然的。另外，對有窮項相加的情形，結果還是對的。但是對無窮項的情形就不一定對了，因爲可能“集無厚而致千里”也。

#65

【定理】若 $f(x)=o(g(x))$，a 爲任意常數，則 $af(x)=o(g(x))$。

【習題】對大 O 的情形，會有什麼樣的結果?

【例 1】設 $f(x)=10^{-8}x^2+10^8x+10^{20}$，我們要來討論 $|x|\to\infty$ 時，$f(x)$ 的行爲，此時只有首項 $10^{-8}x^2$ 才重要，其它兩項都可以忽略掉，因爲 $\lim\limits_{x\to\infty}[f(x)/10^{-8}x^2]=1$ 也。反過來，當 $x\to 0$ 時，只有常數項重要，其它兩項可忽略掉!

【例 2】由 $\lim\limits_{x\to 0}\dfrac{\tan x}{x}=1$，因此

$$\begin{cases} x=O(\tan x), \\ \tan x=O(x), \end{cases} \quad (\text{當 } x\to 0 \text{ 時})$$

即 x 與 $\tan x$ 是同級的大小，寫成“$\tan x\sim x\ (x\to 0)$”

當 $x\to 0$ 時，則 $\cos x\to 1$，故 $1-\cos x\to 0$，因此 x 與 $1-\cos x$ 均趨近於 0，現在再比較它們的級次，我們有:

【例 3】　$1-\cos x=o(x)$

【證明】

$$\frac{1-\cos x}{x}=\frac{2\sin^2(x/2)}{x}=\left[\left(\sin\frac{x}{2}\right)\Big/\left(\frac{x}{2}\right)\right]\cdot\sin\frac{x}{2}$$

$\to 0$（當 $x\to 0$ 時），因 $\lim\limits_{x\to 0}\left(\sin\dfrac{x}{2}\right)\Big/\left(\dfrac{x}{2}\right)=1$，

$\lim\limits_{x\to 0}\sin\dfrac{x}{2}=0$ 也。

【例 4】 $1-\cos x=O(x^2)$. $(x\to 0)$

根本有 $(1-\cos x)/x^2\to 2^{-1}$,

請注意後一極限式比原式更爲正確!

【問】設 $x\to 0$. 試計算 $f(x)\sim Ax^{\alpha}$.

i) $f(x)=\sqrt[5]{3x^2-4x^3}$ 　答 $\sim\sqrt[5]{3}\,x^{2/5}$

ii) $\tan x-\sin x$ 　答 $\sim\frac{1}{2}x^3$

iii) $\log(x+1)$ 　答 $\sim x$

iv) $\sqrt{(a+x)^3}-a^{3/2}$ 　答 $\sim\left(\frac{3}{2}\sqrt{a}\right)x$.

#66 變量有的越變越大，有的越變越小。這大小之間有等級之分，同樣是變到無窮大（小），其中有高級的無窮大（小），有低級的無窮大（小）。現在就來給一些常見的變量分個等級，本段我們都假設 $x\to\infty$。

在**冪成長**（power growth）的變量中，顯然次數越高者，級次越高:

$$1<x<x^2<x^3<\cdots\cdots<x^k\cdots\cdots\cdots\cdots\cdots\cdots\cdots\text{〔註〕}$$

【註】$f(x)<g(x)$ 表示 $\lim\limits_{x\to\infty}\dfrac{f(x)}{g(x)}=0$，亦即 $f(x)=0\cdot(g(x))$.

但是這些冪成長的變量都抵不住**指數成長**(exponential growth)的變量，例如 2^x，**如何證明呢?**

#7 介紹求極限的兩個方法

#71 計算極限的一個妙法，可以稱之爲“自己循環法”，自套法。

#711 典型的例子是無窮循環小數。大家都知道任何循環小數必可化爲有理數。

如欲將 $7.23\overline{34}$ 化爲分數，

可令　$u=7.23\overline{34}=7.233434\cdots$

則　$100u=723.3434$ ……………………………………………(3)

$10000u=72334.3434$ ……………………………………(4)

(4)－(3) 得　$(10000-100)u=72334-723=71611$

故解得　$u=\dfrac{71611}{9900}$

例如說，求連分數的值:

$$\cfrac{1}{3+\cfrac{1}{3+\cfrac{1}{3+\cdots}}}\quad（記做\frac{1}{3}+\frac{1}{3}+\frac{1}{3}+\cdots）$$

我們令其爲 u，則利用連分數自身的性質，馬上看出 u 應該滿足方程式

$u=\dfrac{1}{3+u}$，亦即　$u^2+3u-1=0$，解之得

$$u=\frac{-3\pm\sqrt{13}}{2}$$

顯然 u 爲正數，故 $u=(-3+\sqrt{13})/2$。上述方法其實是代數方法!

【問 1】求連分數　$1+\cfrac{1}{1+\cfrac{1}{1+\cfrac{1}{1+\cdots}}}$　之值。

【問 2】求　$\sqrt{c+\sqrt{c\sqrt{c}+\cdots}}$ 之值，其中 $c>0$.

#72　Cesaro 極限

#721　若 $\lim\limits_{n\to\infty}a_n=0$，試證 $\lim\limits_{n\to\infty}\dfrac{a_1+a_2+\cdots+a_n}{n}=0$.

【證明】我們必須證明，當 n 很大時，$(a_1+\cdots+a_n)/n$ 可很小，這只要將 $(a_1+\cdots+a_n)/n$ 分成兩部分來看:

$$\frac{a_1+\cdots+a_n}{n}=\frac{a_1+\cdots+a_N}{n}+\frac{a_{N+1}+\cdots+a_n}{n},$$

其中假設N爲很大的一個固定自然數，且$n\geq N$。前一項$\frac{a_1+\cdots+a_N}{n}$我們有辦法讓它很小,這只要取n足够大就好了。

後一項$\frac{a_{N+1}+\cdots+a_n}{n}$也可以讓它很小，因爲由$\lim\limits_{k\to\infty} a_k=0$知，當$k$很大時，$a_k$可以很小。〔當然你可以用嚴格的“$\varepsilon-\delta$式”的論證來證明，但我們不這麼做。〕

#722 由上題立即得到:

若 $\lim\limits_{n\to\infty} a_n=a$，則 $\lim\limits_{n\to\infty}\frac{a_1+\cdots+a_n}{n}=a$

提示: 考慮數列（a_n-a）。這又提供給我們: 「特例可用來證明通例」的例子。

#723 設 a_n 爲正項數列且 $\lim\limits_{n\to\infty} a_n=a$，試證

$$\lim_{n\to\infty}\sqrt[n]{a_1a_2\cdots a_n}=a$$

提示: 考慮數列（$\log a_n$）並利用 log 的連續性。

#8 極限與解析幾何

#810 極限的概念是我們經常用到的「良知良能」，例如，我們常說: 兩個平行（而不重合）的直線相交於“無窮遠點”，且“交角爲0”，這就含有極限的涵義。

讓我們考慮通過A而與定直線相交之直線隨着交點自 P_1 而 P_2 而 P_3……逐漸遠離，角度變爲

$$\theta_1>\theta_2>\theta_3\cdots\cdots$$

卽愈來愈小終於爲 0，同時交點P也“在無限遠處”了。

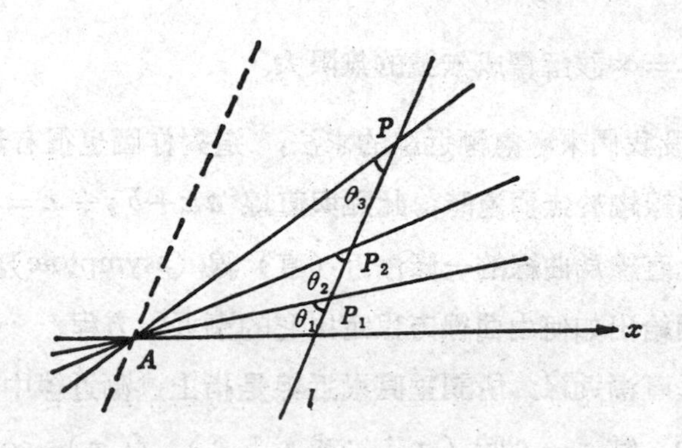

#811　從這個例子着手，我們可以看出“無限大”的概念最少還有兩種不同。

有一種“無限大”是有符號的；因而有「正無限大」$+\infty$，及「負無限大」$-\infty$兩個。前者是：在實數直線上往右（正）的方向走，一直走一直走，（前途茫茫！）**想像中的歸宿**。後者則是往左（負）的方向走之情形。

另外一種無限大，是“無號的”，純粹只能以絕對值來理解。這也相當於：把正負無限大同時凝聚在一起。（極右＝極左）。

在 **#810** 中，如其圖，P點在直線l上運動，由P_1而P_2,……往上運動時，一方面，夾角$\theta=\angle APl$**越來越小，趨近於** 0。這個θ是在 0 的右方向左趨近於 0，我們習慣上記成：$\theta\to 0+$同時，$\angle xOP$，則漸增加；$\tan\angle xOP$ 則漸漸增加，“趨近於$m-$”，m是線l之斜率。當直線 $\overline{AP}$ 之斜率“自$m-$變到$m+$”時，$\overline{AP}$ 與l之交點，從“非常遠的上方”變到“非常遠的下方”了。當 $\overline{AP}//l$時，我們認爲兩者的交點在“無窮遠處”；在l上，這個無窮遠點應該是l的“最上方”與“最下方”兼而有之。

#812 例 $\tan\left(\frac{\pi}{2}-\right)=+\infty$，$\tan\left(\frac{\pi}{2}+\right)=-\infty$ 該是有號的無限大，而 $\tan\frac{\pi}{2}=\infty$該解釋成無號的無限大。

#82 本段我們來考慮漸近線的求法，這對作圖也很有幫助。若曲線上的點沿曲線趨於無窮遠時，此點與直線 $ax+by+c=0$ 的距離趨於 0，則稱此直線爲曲線的一條漸近（直）線（asymptote)。

現在我們給出如何由曲線方程定出它的漸近線方程。

（甲）垂直漸近線：所謂垂直漸近線是指上述漸近線中 $b=0$ 的情況。由下圖知，當 $x\to c$ 時（$x\downarrow c$ 或 $x\uparrow c$），$f(x)\to\infty$。因此，欲

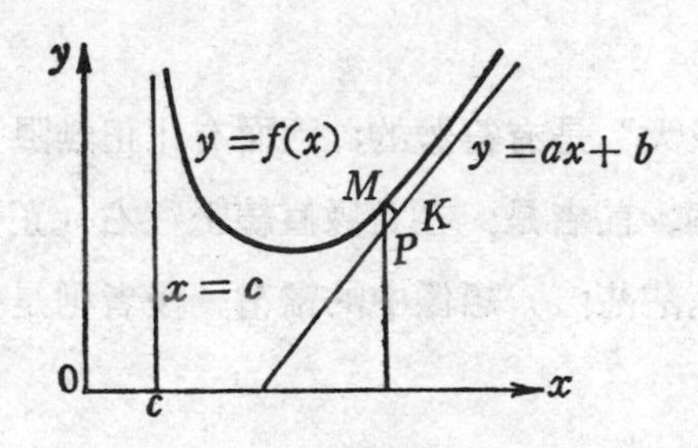

求 $f(x)$ 的垂直漸近線，只要看對於什麼值 c，可使 $\lim\limits_{x\to c}f(x)=\infty$，$\lim\limits_{x\uparrow c}f(x)=\infty$，或 $\lim\limits_{x\downarrow c}f(x)=\infty$，那麼 $x=c$ 就是 $y=f(x)$ 的垂直漸近線。注意：上述∞改成$-\infty$亦可。

【例】 $y=\log x$，當 $x\downarrow 0$ 時，$\log x\to-\infty$。因此 $x=0$ 爲 $\log x$ 的垂直漸近線。

【註】記號 $x\uparrow c$ 或 $x\downarrow c$ 分別表示 x 從 c 的左邊或右邊趨近於 c 點。

（乙）斜漸近線及水平漸近線：設曲線方程式爲 $y=f(x)$，曲線上的點M與直線 $y=ax+b$ 的距離爲 $d(M,K)$。由漸近線的定義知道，若直線 $y=ax+b$ 爲曲線的漸近線，那麼必須

$$\lim_{x\to\infty} d(M, K)=0$$

由於這個距離，算起來比較麻煩，我們也可以考慮（上圖）。

$$d(M, P)=f(x)-(ax+b).$$

容易看出，若 $y=ax+b$ 爲 $y=f(x)$ 的漸近線，則 $d(M, P)\to 0$.（當 $x\to\infty$），反之亦然。（何故？）

因而，爲了求出漸近線，（即求出漸近線方程中的 a 與 b），可如下進行：由

$$\lim_{x\to\infty}\left[f(x)-ax-b\right]=0,$$

得到

$$\lim_{x\to\infty}\left[\frac{f(x)}{x}-a-\frac{1}{x}\right]=\lim_{x\to\infty}\left[f(x)-ax-b\right]\cdot\frac{1}{x}$$

$$=\lim_{x\to\infty}\left[f(x)-ax-b\right]\cdot\lim_{x\to\infty}\frac{1}{x}=0;$$

但 b 爲常數，故由上式左邊得到

$$a=\lim_{x\to\infty}\frac{f(x)}{x}.$$

在求出 a 後，代入上式，又可求得 b 之値爲

$$b=\lim_{x\to\infty}(f(x)-ax).$$

當 $a=0$ 時，稱爲水平漸近線。注意：上述 ∞ 改成 $\pm\infty$ 亦可。

【例】 討論 $y=x+\tan^{-1}x$ 的漸近線。

【解】 因爲這個函數在（$-\infty$；$+\infty$）上連續，故沒有垂直漸近線。

又因 $\dfrac{y}{x}=1+\dfrac{1}{x}\tan^{-1}x\to 1$，當 $x\to\infty$ 時，

並且 $y-x=\tan^{-1}x\to\begin{cases}\dfrac{\pi}{2}, & \text{當 } x\to+\infty \text{ 時,}\\ -\dfrac{\pi}{2}, & \text{當 } x\to-\infty \text{ 時。}\end{cases}$

因此當 $x\to+\infty$ 時，有漸近線

$$y=x+\frac{\pi}{2};$$

而 $x\to-\infty$ 時，有漸近線

$$y=x-\frac{\pi}{2}。$$

【習題】作函數 $y=\dfrac{x^2}{1+x}$ 的圖形。

#9 多變數函數之極限及連續

現在討論多變數函數的極限，我們只要兩變數的情形就很夠了:

一個式子

$$\lim_{\substack{x\to a\\ x\to b}} f(x,y)=\gamma,$$

讀做:「當 x 趨近 a，y 趨近 b 時，$f(x,y)$ **趨近** γ，(以 γ 爲極限)」，意思就是: 若是 $\sqrt{(x-a)^2+(y-b)^2}$ (即 (x,y) 與 (a,b) 之距離) 够小，則 $|f(x,y)-\gamma|$ 也可以小到隨我們高興的那樣小。

#91 這樣定義的極限與單一變數的情形完全一樣，因而有相同的運算規則:

$$\lim_{(x,y)\to(a,b)} f(x,y)*g(x,y)=\lim_{(x,y)\to(a,b)} f(x,y)*\lim_{(x,y)\to(a,b)} g(x,y)$$

若右邊存在，* 爲四則之一，〔當然，在除法時，$\lim g(x,y)\neq 0$ 才行〕。

【例 1】設 $f(x,y)\equiv\dfrac{xy}{|x|+|y|}$.

求 $\lim\limits_{(x,y)\to(0,0)} f(x,y)=?$

【解】我們不妨先猜猜答案，試試幾個 (x, y)，

$$f(10^{-3}, 10^{-4})=\frac{10^{-4}}{10^{-3}+10^{-4}}\sim 10^{-4}.$$

$$f(-10^{-8},\ 10^{-6})=\frac{10^{-14}}{10^{-8}+10^{-6}}\sim 10^{-8}.$$

…………………………………………………

故猜 $\lim=0$.

事實上，$|f(x, y)-0|=|f(x, y)|=\dfrac{|xy|}{|x|+|y|}$

$\leq\dfrac{|x||y|}{|x|\text{與}|y|\text{之較大者}}=|x|$與$|y|$之較小者$\to 0$.

請注意："是人用符號，不是符號用人"，所以完整的符號，

$\lim\limits_{(x,y)\to(a,b)} f(x, y)=\gamma$，可以代以簡化的符號，如 $\lim f(x, y)=\gamma$，或 $f(x, y)\to\gamma$，只要：省略掉的東西，不會引起誤解就好。

【問 1】 $\lim\limits_{\substack{x\to 0\\ y\to 0}} \dfrac{xy}{\sin xy}=?$

【問 2】 $\lim\limits_{\substack{x\to\pi/2\\ y\to 1}}\left(\dfrac{\tan x}{\sec x}-\dfrac{\cos xy}{y^2}\right)=?$

【例 2】 $f(x,\ y)=\dfrac{x^2y+2x-2xy-4x+y+2}{x^2+y^2-2x+4y+5}$,

求證 $\lim\limits_{(x,y)\to(1,2)} f(x, y)=0$

【解】實際上 $f(x,\ y)=\dfrac{(x-1)^2(y+2)}{(x-1)^2+(y+2)^2}$;

分子$=(x-1)(x-1)(y+2)$,

但 $|(x-1)(y+2)|\leq\dfrac{1}{2}[(x+1)^2+(y+2)^2]$

因此 $\lim|f(x,y)|\leq\lim\frac{1}{2}|x-1|=0$,

因而 $\lim f(x,y)=0$.

#92 極限 $\lim\limits_{(x,y)\to(a,b)} f(x,y)=A$ 的意思

就是: 當 x 接近 a, 而且 y 也接近 b 時, $f(x,y)$ 必須接近 A. 特別要注意我們並未限定點 (x,y) 以何種方式接近點 (a,b).

【例】 求 $\lim\limits_{(x,y)\to(0,0)}\frac{x^2y^2}{x^4+y^4}$

如果我們限定點 (x,y) 在直線 $y=mx$ 上來接近原點, 那麼,

$$\lim_{(x,y)\to(0,0)}\frac{x^2y^2}{x^4+y^4}=\lim_{x\to0}\frac{m^2x^4}{(1+m^4)x^4}=\frac{m^2}{1+m^4}.$$

所以我們用不同的方向去接近原點時, $f(x,y)=\frac{x^2y^2}{x^4+y^4}$ 的值, 也取不同的極限值。如果我們雜亂地取點 (x,y), 只讓它趨近點 $(0,0)$, 那麼 $f(x,y)$ 也雜亂地取值, 因而不會有極限。

#93 迭次極限

如果固定 x, 計算偏函數 $f(x,\cdot)$ 之極限

$\lim\limits_{y\to b} f(x,y)=\gamma_1(x)$ 這可叫做**偏極限**。

〔同理可計算另一個偏極限

$\lim\limits_{x\to a} f(x,y)=\gamma_2(y)$.〕

於是可以計算兩重極限 $\lim\limits_{x\to a}\gamma_1(x)=\lim\limits_{x\to a}\lim\limits_{y\to b} f(x,y)$.

【定理】 如果 $\lim\limits_{\substack{x\to a\\ y\to b}} f(x,y)=\gamma$.

那麼兩個兩重極限 $\lim\limits_{x\to a}\lim\limits_{y\to b} f(x,y)$ 及 $\lim\limits_{y\to b}\lim\limits_{x\to a} f(x,y)$ 都必存在, 而且都等於 γ。

反過來說，「兩重極限都存在且相等」**並不保證**原來極限存在。所以這定理的作用顯得有些**消極**。

【例】試求 $\lim_{y\to 0}\lim_{x\to 0}\dfrac{x+y}{x-y}$ 及 $\lim_{x\to 0}\lim_{y\to 0}\dfrac{x+y}{x-y}$ 之值。

【解】$\lim_{y\to 0}\lim_{x\to 0}\dfrac{x+y}{x-y}=\lim_{y\to 0}\dfrac{y}{-y}=\lim_{y\to 0}(-1)=-1$,

$\lim_{x\to 0}\lim_{y\to 0}\dfrac{x+y}{x-y}=\lim_{x\to 0}\dfrac{x}{x}=\lim_{x\to 0}1=1$，故函數 $\dfrac{x+y}{x-y}$ 在 $(0,0)$ 處無極限。

【問】試求下列之極限值。

(i) $\lim_{y\to 0}\lim_{x\to 0}\dfrac{x^2+y^2}{x-y}$,

(ii) $\lim_{x\to 0}\lim_{y\to 0}\dfrac{x^2+y^2}{x-y}$

(iii) $\lim_{\substack{x\to 3\\ y\to -2}} f(x,y)=?$ 但設

(iv) $f(x,\ y)=\dfrac{x^2-y^2-6x-4y+5}{x^2+y^2-6x+4y+13}$.

#94　多變元函數之連續性

對於多變元的函數有完全相同的討論，我們只要用兩變元爲例就够了。

設二變數函數 f 之定義域含有點 (a,b)，如果極限

$\lim_{(x,y)\to(a,b)} f(x,y)$ 存在，且等於 $f(a,b)$，我們就說 f 在此點 (a,b) 連續。若 f 在定義域中到處連續，則 f 爲連續函數。關於連續性的持恆原則 (#4·2) 也同樣成立。

【例】試討論下述函數之連續性。

$$f(x,\ y)=\frac{1}{\sqrt{1-x^2-y^2}}.$$

今因 $1-x^2-y^2$ 於 $-\infty<x<\infty$, $-\infty<y<\infty$ 爲連續，故$\sqrt{1-x^2-y^2}$ 於 $1-x^2-y^2\geqq 0$ 之範圍內亦連續。因此，

$\dfrac{1}{\sqrt{1-x^2-y^2}}$ 於 $1-x^2-y^2>0$ 之範圍內爲連續。

習題討論如下函數之連續性

$$f(x,\ y)=\begin{cases} x\tan^{-1}\dfrac{y}{x}, & (x\neq 0) \\ 0\quad, & (x=0). \end{cases}$$

#95 設 $f(x,y)$ 於 $(x,y)=(a,b)$ 爲連續，則 $f(x,b)$ 於$x=a$爲連續，且 $f(a,y)$ 於 $y=b$ 亦連續，即全連續，保證了偏連續！（其逆不眞）

我們可以把極限的運算規則（#21）敍述成運算的連續性：今加、減、乘是 $\boldsymbol{R}\times\boldsymbol{R}\longrightarrow\boldsymbol{R}$ 之二元函數，而除是$\boldsymbol{R}\times(\boldsymbol{R}\setminus\{0\})\longrightarrow\boldsymbol{R}$之二元函數，這四則運算都是連續的！

§2 定積分的概念

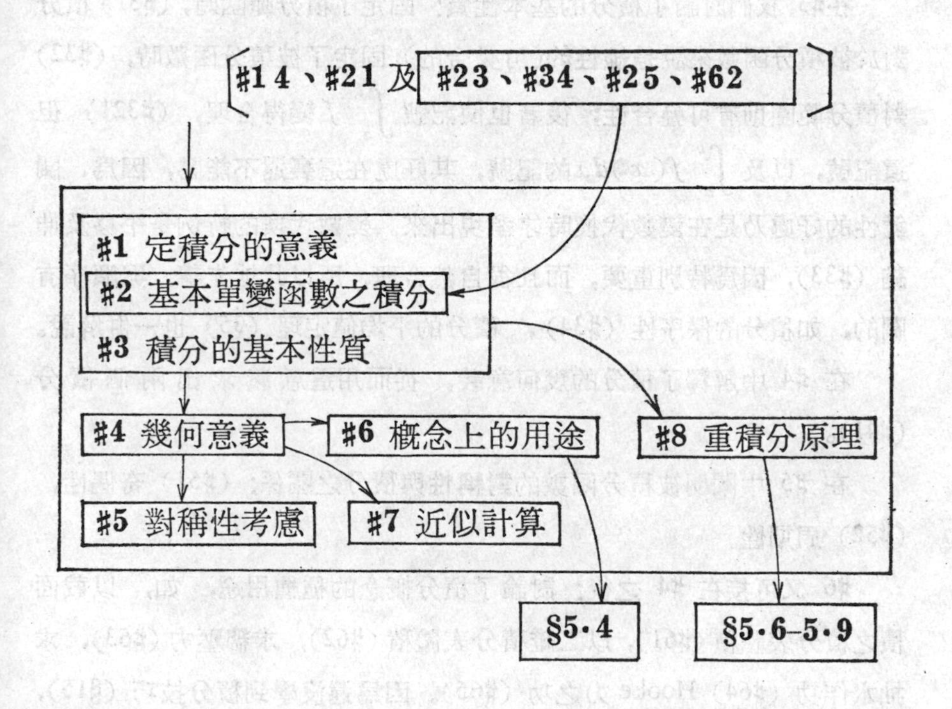

首先（#1）解釋積分的意義，#11 以面積之上下近似和出發，於是馬上說明（#12）祖沖之 Cavalieri 原則。#13 計算了 Archimedes 的古典例子 $\int_0^1 x^2$，然後綜合成一個解析定義（#14），在敍述存在定理（#15）之前先用 Dirichlet 的例子說明此種積分可能不存在（#141）；

#16 練習了積分口訣。

#2 對於一切基本的（單變）函數作積分，首先是（#21.）x^k, $k\in N; -k\in N$ 的情形只作了 $k=-1$ 者(#211)，再做（#22) $\sin x$，及 a^x(#23)，這裏的分割都是"等分"，所用的恆等式則已複習於前，（尤其"數學歸納法"，是先決條件）。在 #24，我們作"x^m, $m\in Z$"之積分，用的分割是"等比分割"。

在#3，我們討論了積分的基本性質：固定了積分範圍時，(#31) 積分對於被積分函數來說是**線性的**(可疊合的)；固定了被積分函數時，(#32) 對積分範圍則有可疊合性；後者也使記號 $\int_a^b f$ 變得合理，（#321）但這記號，以及 $\int_a^b f(x)dx$的記號，其好處在這裏還不能講，因爲，關鍵性的好處乃是在變數代換時才顯現出來。變數代換的特例是平移及伸縮（#33)，因爲特別重要，而且很自然合理，所以此地先講。與順序有關的，如積分的保序性（#34），積分的平均值定理（35）也一併解說。

在 #4 中解釋了積分的幾何意義，從而用這意義求出兩個積分(#41)。

在 #5 中闡明被積分函數的**對稱性**與積分之關係：（#51）奇偶性，(#52) 周期性。

#6 又可接在 #4 之後：討論了積分概念的種種用途，如，以截面積之積分表體積 (#61)，以二維積分表體積 (#62)，求總壓力 (#63)，求抽水作功（#64）Hooke 力之功（#65)。因爲還沒學到積分技巧（§15)，這裏的例子都是很淺顯的。

#7 解釋了重積分原理 (#74)。#71 針對的是乘積型函數及範圍；對於一般的被積函數及範圍，先需介紹（#73）偏範圍及（#72）偏積分。我們也作了一些注意，尤其對稱性（#76)。

#8 介紹了近似計算，即零次的階梯法（#80），一次的梯形法

(#81)，以及二次的拋物法或 Simpson 法。

#1　積分的意義

求面積的問題引發出積分的概念

面積是一個很古老的幾何概念，它根源於人類要丈量土地的大小；而積分當初所要對付的就是求面積的問題。

對於比較規矩的幾何圖形，如矩形，三角形，梯形等等，它們的面積公式在小學我們就已經都會的。但是對於較不規則的一塊平面區域，如臺大"醉月湖"，怎樣求它的面積呢？說得更確切一點，我們要問：什麼叫做面積？答案早在兩千多年前，就由 Archimedes 提出了，實在是厲害！

#11　我們就來解說 Archimedes 所提出的面積概念。假設我們要求下面幾何圖形的面積。首先我們作如圖之分割網：

什麼叫做面積？

於是每一小格的面積均為已知，將全部落在圖形內的小格之面積加起來，就得到不足的近似面積，叫做**下和** (lower sum)，這是由內向外迫近的情形（見圖甲）。另一方面，在圖乙中，將任意含到

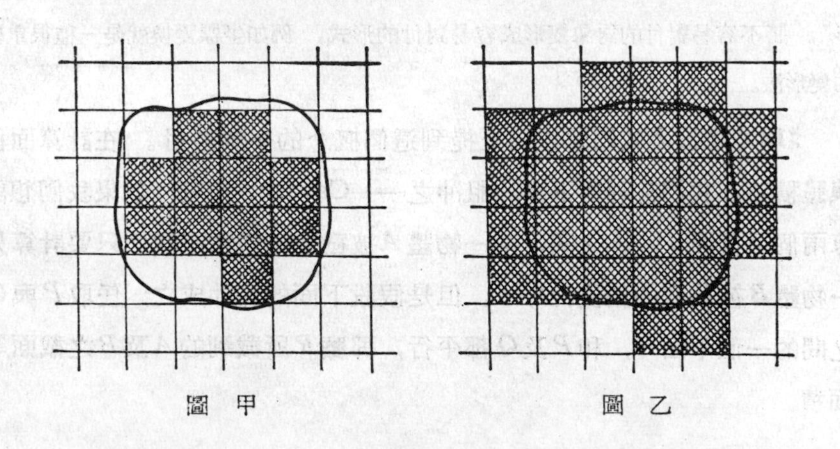

圖　甲　　　　圖　乙

下和與上和分別是裏外迫近

圖形的小格之面積加起來，就得到過剩的近似面積，叫做**上和** (upper sum)，這是由外向內迫近的情形。顯然，眞正的面積被夾在上和及下和之間。現在讓分割加細，仿上述的方法計算上和與下和，發現上和減少，而下和增加。（一定要親自作圖試一遍）於是我們自然想到，讓分割逐漸加細，直到每個小方格的面積趨近於 0，此

面積的定義

時如果上和及下和趨近於一個共同的極限值，那麼這個極限值就是我們所要求的面積。

【註】本節所講的積分，是積分之本義，稱爲定積分 (definite integrals)，有別於不定積分 (indefinite integrals)。

曹冲秤象原理

故事：據說三國時候，有人進貢一隻大象給曹操，他想知道其重量，可是沒有那麼大的秤，可以秤這樣的龐然大物，正在大家不知如何是好的時候，曹冲想出了一個妙法：把象牽上船，在船邊水平面作了一個記號，牽象下船，再以小塊石頭裝到船上，使船身一直沈沒到剛才作記號的地方，然後將船上的石頭一塊塊拿出來秤，則這些石頭加起來的總重量就是大象的重量。這也是利用分割的辦法解決問題的例子。

【註解】秤象的要點是，用石頭取代大象。這在數學中相當於各種“式的變形”，將不容易對付的對象變形成容易對付的形式，例如坐標變換就是一種很重要的變形法。

♯12 在這裏我們應該馬上提到這個概念的一個應用。在計算面積與體積時，我們常利用下述的祖冲之——Cavalieri 原則：如果我們想計算兩個平行面 P, Q 之間，某一物體 A 被截取的體積，我們只要計算另一物體 B 被截取的體積就好了，但是假設下面的條件成立：任取 P 與 Q 之間的一個平面 R，和 P 及 Q 都平行，那麼 R 所截到的 A 及 B 之截面等面積。

Cavalieri原則及其證明

為什麼這個原則成立呢？請想一想定積分的意思！我們想像作了很多平行於P及Q之間的平面：

$$\pi_0=P, \pi_1, \pi_2, \cdots\cdots, \pi_n=Q.$$

於是 A, B 都被分割成n塊：$A_1, \cdots, A_n$ 及 $B_1, \cdots, B_n$.

每一小塊的體積都用柱體來迫近，而柱體的體積是底面積乘厚度。因底面積與厚度均相同，因此近似和相等。

但近似和分別趨近於A及B的體積，故 A, B 的體積相等。其它的情形也相似！

祖冲之的貢獻之一

"冪勢既同，則積不容異"〔截面積處處相同，則體積必然相同〕。這是漢朝人早就有的數學知識，而祖冲之已明確提出，多次應用了。

#13　Archimedes 的例子。事實上，在定積分中，我們要求算面積的圖形，還算規則一點，它是由一個函數 $y=f(x)$ 的圖形跟一些直線所圍成的，如下圖：

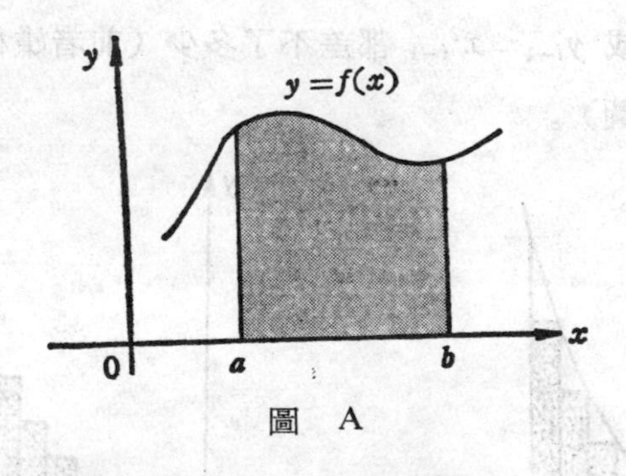

圖　A

Archimedes求面積的例子

這個面積怎麼求呢？讓我們由 Archimedes 當初所考慮的問題的一個特例談起：考慮拋物線 $y=x^2$ 與直線 $y=1$ 所圍成的面積，見下圖B。

由於圖形對y軸對稱，故我們只要找出第一象限的陰影面積即可：

我們可以改成求圖C中陰影的面積。若這個面積為S，則圖B的面積就是 $2(1-S)$。

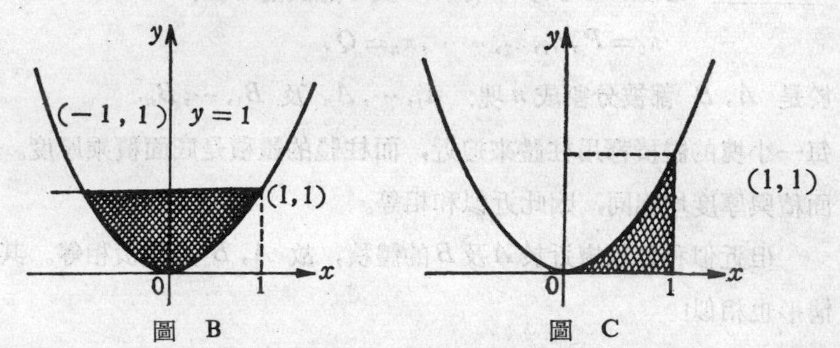

圖 B　　圖 C

注意分割的技巧！如果亂分割，就會變成亂難算的。

現在就來求圖C陰影的面積。我們必須先作分割。（事實上，Archimedes 所用的分割方法稍有不同，稍微巧妙，但精神上是一樣的。）我們作區間〔0；1〕的分割：$0=x_0<x_1<x_2<\cdots<x_n=1$，過這些分割點作平行於$y$軸的直線，這就將圖形分割成一小長條一小長條，見圖$D, E$。每一小長條的面積都約略等於一個矩形，其第$i$個小長條的底是$x_i-x_{i-1}=\triangle x_i$，高呢？用$y_i=x_i{}^2$或$y_{i-1}=x^2{}_{i-1}$都差不了多少（前者嫌稍多，後者嫌少！分別是$D$、$E$的圖）。

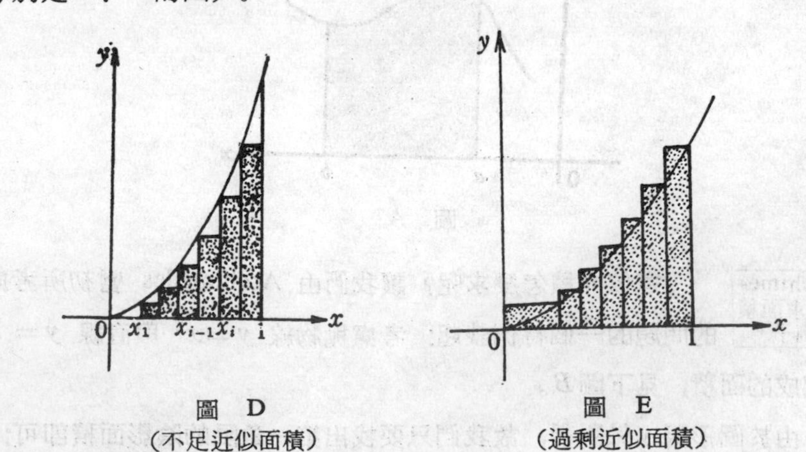

圖 D
（不足近似面積）

圖 E
（過剩近似面積）

等分割使計算容易

爲了計算方便起見，我們要稍微講究分割的技巧：將區間〔0；1〕分割成n等份，即分割點爲：

$$0=x_0<\frac{1}{n}=x_1<\frac{2}{n}=x_2<\cdots<\frac{n}{n}=x_n=1,\text{ 其中 } x_k=\frac{k}{n}.$$

因此眞正的面積S應該介乎

$$s_n=\sum_{k=1}^{n} y_{k-1}\triangle x_k=\sum_{k=1}^{n}\left(\frac{k-1}{n}\right)^2\cdot\frac{1}{n}\qquad\text{(不足近似面積)}$$

與

$$S_n=\sum_{k=1}^{n} y_k\triangle x_k=\sum_{k=1}^{n}\left(\frac{k}{n}\right)^2\cdot\frac{1}{n}\qquad\text{(過剩近似面積)}$$

之間。利用公式$\sum_{k=1}^{n} k^2=\frac{1}{6}n(n+1)(2n+1)$，我們求得

$$s_n=\frac{(n-1)(2n-1)}{6n^2}=\frac{2n^2-3n+1}{6n^2}$$

$$=\frac{2-(3/n)+(1/n^2)}{6}$$

及

$$S_n=\frac{(n+1)(2n+1)}{6n^2}=\frac{2n^2+3n+1}{6n^2}$$

$$=\frac{2+(3/n)+(1/n^2)}{6}$$

即 $s_n\leq S\leq S_n$.

現在讓分割加細，使所有的 $\triangle x_i$ 均趨近於0，換言之，即令$n\to\infty$，則得

$$\lim_{n\to\infty} s_n=\frac{1}{3}=\lim_{n\to\infty} S_n.$$

夾擠原則的使用

因爲S恆被夾在 s_n 與 S_n 之間，而兩頭趨近於一個共同的極限$\frac{1}{3}$，故S沒有其它選擇，必等於$\frac{1}{3}$。(**夾擠原則!**)因此圖

C的面積正好是$\frac{1}{3}$，由此可知圖B之面積為$2\left(1-\frac{1}{3}\right)=\frac{4}{3}$。

【問】設半徑為r的圓周長為 $2\pi r$。試利用“分割，求和，取極限”的想法，導出圓面積的公式。

提示：化為由小三角形所成正多角形之極限，這是古典的（例如祖冲之的）辦法。

（必要時，教師可以稍加推導）

♯14　解析的定義　本段我們把上述 Archimedes 的想法推廣，來定義$\int_I f$，$I=[a;b]$，其中設$a<b$且$f(x)\geq 0$。換句話說，我們要定義如圖A的面積。

今把閉區間$I=[a;b]$分割成：$x_0=a<x_1<x_2<\cdots<x_n=b$。我們先考慮其中一小段區間$[x_{i-1};x_i]$上，曲線 $y=f(x)$ 及x軸所成的面積。我們可以近似地把它當作一個矩形，底是固定的，$x_i-x_{i-1}=\triangle x_i$，但高呢？在$[x_{i-1};x_i]$中任意取一個“樣本點”$\xi_i$，就以 $f(\xi_i)$ 來當作高。因此，這小塊的面積近似於 $f(\xi_i)\triangle x_i$，其中 $x_{i-1}\leq\xi_i\leq x_i$。而總近似面積為

> $\int_I f$的解析定義是什麼？

$$\sigma=\sum_{i=1}^{n} f(\xi_i)\triangle x_i,$$

那麼面積$\int_I f=A$的意思是：$\lim\sigma=A$。此地 lim 的意味是：“當分割越來越細時”，也就是說：“當 $\triangle x_1,\triangle x_2\cdots,\triangle x_n$ 中最大的那個也趨近於0時”。

> 積分四部曲是什麼？它對更高維的積分也適用！

這個定義，用到了**極限的概念**，除外，就是算術的了；——即是 (1) 分割與取樣 (2) 作近似和，最後才是 (3) 求極限。——所以，這個定義（甲）不必限定於“求面積”，不必限定“$f\geq 0$”，也不必限定（乙）“積分範圍I是個區間”！我們可

以定義高維的積分，乃至於**更抽象的積分**！（現在我們暫時只要討論一維積分）。

♯141 在許多情況下，對於我們所遇到的函數及區間，積分都存在。那麼有沒有積分不存在的例子呢？當然有，下面就是一個例子：

【例】 Dirichlet 函數定義如下：

$$f(x)=\begin{cases} 0, & \text{當 } x \text{ 有理數時；} \\ 1, & \text{當 } x \text{ 無理數時。} \end{cases}$$

Dirichlet 函數是使積分不存在的例子！

這個函數的圖形作不出來。對這樣"怪裏怪氣"的函數，在區間 $I=[0;1]$ 上，其積分 $\int_I f$ 就不存在，因爲對任何分割 $0=x_0<x_1<\cdots<x_n=1$，每個小區間 $\triangle x_i$ 中，均含有有理數及無理數，故若所取的樣本點均取有理數時，則 $\sum f(\xi_i)\triangle x_i\equiv 0$；另一方面，若所取的樣本點均取無理數時，則 $\sum f(\xi_i)\triangle x_i\equiv 1$. 因此 $\sum f(\xi_i)\triangle x_i$（近似和）的極限顯然不存在。事實上，$\sum f(\xi_i)\triangle x_i$ 可趨近於任何 0 與 1 之間的實數，只要適當取分割及樣本點就可辦到。（習題！）

♯15 **積分之存在** 我們已看過一個積分不存在的例子。現在我們要問：什麼情形下，積分存在？在此我們只給出積分存在的一個充分條件（而不是必要條件，例如階梯函數在某些點不連續，但積分存在）：

函數的連續性是積分存在的充分條件！

【定理】 若 $f(x)$ 在 $I=[a;b]$ 上連續，則積分 $\int_I f$ 存在。

這個定理的證明要用到連續函數較深的性質，故我們略去。

【問】 今定義函數

$$f(x)=\begin{cases} x\sin\dfrac{1}{x}, & \text{當 } x\neq 0, \\ 0, & \text{當 } x=0, \end{cases}$$

問 f 在 $x=0$ 點連續嗎？又問 $\int_{[0,1]} f(x)dx$ 存在嗎？理由？

#16 積分口訣的練習 求一個函數的定積分的口訣是："**分割取樣，求和，取極限**"三步曲。讓我們先來練習前面二步曲，作一些定積分的近似估計。

多練習定積分的近似估計

(A) 設 $f(x)=\dfrac{1}{x}$，$I=[2;5]$。試將 I 分割成六等分，樣本點取（i）中點，(ii) 左端點，(iii) 右端點，請你對這三種情形，分別估計的 $\int_2^5 f$ 值，並作如 #4 圖丙、丁之類的陰影圖。

(B) 設 $f(x)=x^2$，$I=[0;3]$。試將 I 分割成五等分，樣本點取（i）中點，(ii) 左端點，(iii) 右端點，請你對這三種情形分別估計 $\int_I x^2$ 的值，並作陰影圖。答：（i）8.91，(ii) 6.48，(iii) 11.88。

(C) 如果一部汽車以等速度 60 公里／時開了 3 小時，則共走 $3\times 60=180$ 公里。事實上，汽車開行的速度絕非等速度，而是時快時慢。今假設汽車在 t 時刻的速度爲 $8t^2$ 公里／時，從 $t=0$ 開到 $t=3$ 小時，問此汽車共開了多少距離？（假設里程表壞掉）讓我們來作估計：將 3 小時的區間分割成：

$$0<\frac{1}{2}<1<\frac{3}{2}<2<\frac{5}{2}<3$$

六等分，樣本速度取中點時刻的速度。因此首半小時約開 $8\cdot\left(\frac{1}{4}\right)^2\cdot\frac{1}{2}$ 公里。(注意：速度×時間＝距離。) 同理第二個半小時約開 $8\cdot\left(\frac{3}{4}\right)^2\cdot\frac{1}{2}$ 公里，……等等。故此汽車 3 小時總共約開

$$8\cdot\left(\frac{1}{4}\right)^2\cdot\left(\frac{1}{2}\right)+8\left(\frac{3}{4}\right)^2\cdot\left(\frac{1}{2}\right)+8\left(\frac{5}{4}\right)^2\cdot\left(\frac{1}{2}\right)$$

$$+8\left(\frac{7}{4}\right)^2\cdot\left(\frac{1}{2}\right)+8\cdot\left(\frac{9}{4}\right)^2\cdot\left(\frac{1}{2}\right)+8\left(\frac{11}{4}\right)^2\cdot\left(\frac{1}{2}\right)$$

$$= 8\cdot\left(\frac{1}{4}\right)^2\cdot\left(\frac{1}{2}\right)(1^2+3^2+5^2+7^2+9^2+11^2)$$

$$= 8\times 8.9375 \doteqdot 71.5 \text{ 公里。}$$

（D）假設有一家公司，目前的利潤等於 0，但是不斷成長，在往後 t 時刻的利潤成長率是 $2t^2$ 萬元／每年。試估計此公司在第三年至第六年之間的總利潤，但取六等分割，並取中點當樣本點。

（E）有一根非均勻的鐵棒，距左端點 x 公尺處的（線）密度爲 $3x^2$ 公斤／公尺。若這根鐵棒長 3 公尺，試估計其質量。請你自己分割與取樣本點。

（F）求曲線 $y=4x^2$，x 軸與直線 $x=3$ 所圍成的面積。

#17　許多「和式之極限」可以用積分表達。

【例】　$\lim\limits_{n\to\infty}\left(\frac{1}{n^2}+\frac{2}{n^2}+\cdots+\frac{n-1}{n^2}\right)$.

把和式改成

$$\frac{1}{n}\left(\frac{1}{n}+\frac{2}{n}+\cdots+\frac{n-1}{n}\right),$$

即是　$\Delta x_j\sum_1^n f(x_{j-1})$，　$x_j\equiv\frac{j}{n}$，$f(x)\equiv x$，

因而極限爲 $\int_{[0,1]} x$.

【例】　$\lim\limits_{n\to\infty}\left(\frac{1}{n+1}+\frac{1}{n+2}+\cdots+\frac{1}{n+n}\right)$.

把和式改成

$$\frac{1}{n}\sum_{j=1}^{n}\left(\frac{1}{1+\frac{j}{n}}\right).$$ 若 $x_j\equiv\frac{j}{n}$，$0=x_0<\cdots<x_n=1$，

$\Delta x_j=n^{-1}$.　則上式爲 $\sum_1^n\ \Delta x_j f(x_j)$，

$$\text{但 } f(x)=\frac{1}{1+x}\text{, 所以極限爲 }\int_{[0,1]}\frac{1}{1+x}.$$

#1·7習　　題

把和式寫爲積分式

1. $\lim_{n\to\infty}\left(\frac{n}{n^2+1^2}\right)+\frac{n}{n^2+2^2}+\cdots+\frac{n}{n^2+n^2}\Big)$
2. $\lim_{n\to\infty}\frac{1}{n}\left(\sin\frac{\pi}{n}+\sin\frac{2\pi}{n}+\sin\frac{3\pi}{n}+\cdots+\frac{\sin(n-1)\pi}{n}\right)$
3. $\lim_{n\to\infty}\frac{1^p+2^p+\cdots+n^p}{n^{p+1}}$
4. $\lim_{n\to\infty}\frac{1}{n}\left(\sqrt{1+\frac{1}{n}}+\sqrt{1+\frac{2}{n}}+\cdots+\sqrt{1+\frac{n}{n}}\right)$

#2　定積分的實例計算

以下我們要來求一些初等函數的積分，因爲這些初等函數都是連續的，故積分都存在。現在問題是，如何求呢？換言之，卽如何 (1) 分割，並且取樣本點，(2) 求近似和，(3) 取極限。由於有上述定理之保證，爲了計算方便，我們都“適當地分割”，例如“等分”及“適當取樣本點”。

我們先從最簡單的單項式談起：

#210　如何計算 $\int_I x^k=?$　其中 $k\in N$, $I=[0;b](b>0)$

按定義求算定積分的一些例子，請多練習！

這裏要用到一個補題，我們先寫在下面

【補題】$S_k(n)\equiv\sum_{i=1}^{n}i^k=1^k+2^k+\cdots n^k$

$$\equiv\frac{n^{k+1}}{k+1}+(n\text{之 } k\text{ 次以下多項式})。$$

有了這補題，現在可以來求 $\int_I f$，其中 $f(x)\equiv x^k$，$b>0$ 將〔0；b〕分割成 n 等分：

$\int_{[0;b]} x^k dx$ 的計算

$$0=x_0<x_1=\frac{b}{n}<x_2=\frac{2b}{n}<\cdots<x_n=\frac{nb}{n}=b,\ x_i=\frac{ib}{n},$$

並取樣本點 $\xi_i=x_i$，$\forall i$，則 $\triangle x_i\equiv\frac{b}{n}$，而且函數之樣本值為 $f(\xi_i)=\left(\frac{ib}{n}\right)^k$，故近似和為

$$S_n=\sum_{i=1}^{n}\frac{b}{n}\cdot\left(\frac{ib}{n}\right)^n=\frac{b^{k+1}}{n^{k+1}}\sum_{i=1}^{n}i^k$$

$$=\frac{b^{k+1}}{n^{k+1}}\left\{\frac{n^{k+1}}{k+1}+(n\text{的}k\text{次以下多項式})\right\}$$

$$=\frac{b^{n+1}}{k+1}+\left(\frac{a_1}{n}+\frac{a_2}{n^2}+\cdots+\frac{a_{k+1}}{n^{k+1}}\right)$$

$$\therefore\ \lim_{n\to\infty} S_n=\frac{b^{k+1}}{k+1}=\int_I x^k.$$

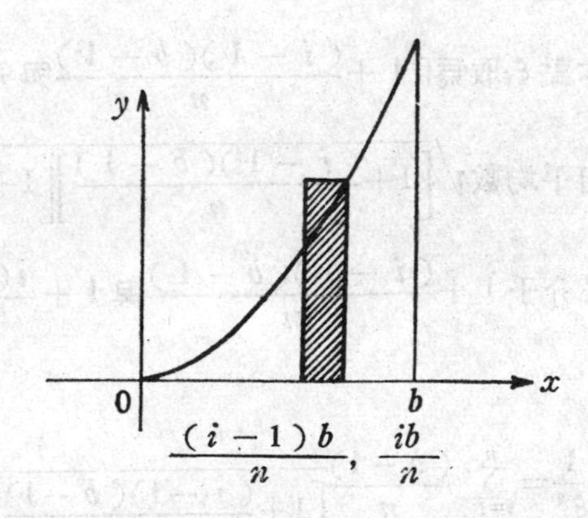

#211　負數冪的積分　今設 $I\equiv$〔1；b〕，$b>1$，

$\int_I \frac{1}{x^2}$ 的計算

求 $\int_I \frac{1}{x^2}=?$

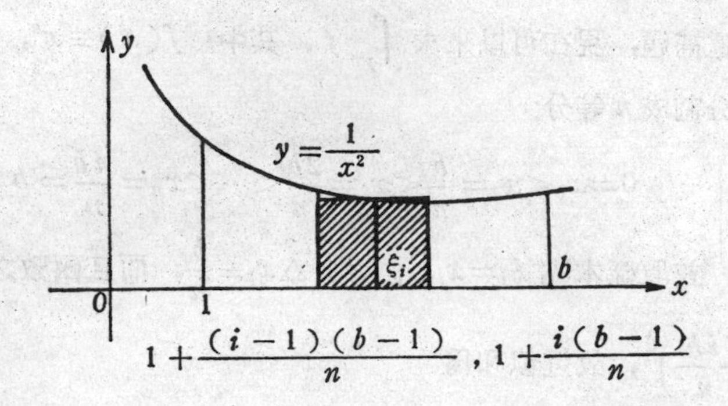

將〔1；b〕分割成 n 等分:

$$1=x_0<x_1=1+\frac{b-1}{n}<x_2=1+\frac{2(b-1)}{n}<\cdots<x_n=b$$

今樣本點若取左端（或右端點），所得的和不容易求極限，（請你試一試，嘗試改誤是值得的）。我們希望利用公式: *

$$\frac{1}{m(m+1)}=\frac{1}{m}-\frac{1}{m+1},$$

樣本點取兩端點的幾何平均！

故樣本點 ξ_i 取爲「$1+\frac{(i-1)(b-1)}{n}$與 $1+\frac{i(b-1)}{n}$之幾何平均數$\sqrt{\left[1+\frac{(i-1)(b-1)}{n}\right]\left[1+\frac{i(b-1)}{n}\right]}$

$=\xi_i$（注意,此數必介乎 $1+\frac{(i-1)(b-1)}{n}$與 $1+\frac{i(b-1)}{n}$之間)。

求近似和，得

$$S_n=\sum_{i=1}^{n}\frac{(b-1)}{n}\cdot\frac{1}{\xi_i^2}=\sum_{i=1}^{n}\frac{(b-1)}{n}\frac{1}{\left[1+\frac{(i-1)(b-1)}{n}\right]\left[1+\frac{i(b-1)}{n}\right]}$$

$$=\frac{b-1}{n}\sum_{i=1}^{n}\left[\frac{1}{1+\frac{(i-1)(b-1)}{n}}-\frac{1}{1+\frac{i(b-1)}{n}}\right]\cdot\frac{n}{b-1}$$

$$=\sum_{i=1}^{n}\left[\frac{1}{1+\frac{(i-1)(b-1)}{n}}-\frac{1}{1+\frac{i(b-1)}{n}}\right]$$

$$=1-\frac{1}{1+\frac{n(b-1)}{n}}$$ （中間的項互相抵消）

$$\therefore\quad \lim_{n\to\infty} S_n=1-\frac{1}{b}\equiv\left(-\frac{1}{x}\right)\Big|_1^b=\int_I\frac{1}{x^2}.$$

【問】求 $\int_I\frac{1}{x^3}$, $I=[1,b]$ 或 $[a,1]$.

（但　$0<a<1<b$）.

#22　我們另有妙法計算一般的 $\int_I x^n$，不論 n 爲何！要點在於等比分割！

【例】$\int_{[a;b]} x^m$　（設 $0<a<b$.）

今固定　$n\in N$,　令　$q=(b/a)^{1/n}$,（$q>1$）

作　$x_k=aq^k$，則得割點 $(a=)x_0<x_1<\cdots<x_n=b$

於是過剩與不足的近似和爲

$\int_{[a;b]} x^m$ 的計算

$$\sum_0^{n-1} f(x_{k+1})\triangle x_k,\ 與\ \sum_0^{n-1} f(x_k)\triangle x_k,$$

即　$$\sum_{k=0}^{n-1} a^m q^{(k+1)m} aq^k(q-1),$$

與　$$\sum_{k=0}^{n} a^m q^{km} aq^k(q-1),$$

亦即：「$a^{1+m}(q-1)q^m\sum_{k=0}^{n-1} q^{k(m+1)}$

與　$a^{1+m}(q-1)\sum_{k=0}^{n-1} q^{k(m+1)}$.」　(1)

亦即 $a^{1+m}q^m(q-1)\left(\dfrac{q^{(m+1)n}-1}{q^{m+1}-1}\right)$

與 $a^{1+m}(q-1)\left(\dfrac{q^{(m+1)n}-1}{q^{m+1}-1}\right)$

亦即 $q^m(b^{m+1}-a^{m+1})\left(\dfrac{q-1}{q^{m+1}-1}\right)$

與 $(b^{m+1}-a^{m+1})\left(\dfrac{q-1}{q^{m+1}-1}\right)$。 (2)

注意到此地 a，b，m 均固定，只有 n 是可變的足碼，而 $q=(b/a)^{1/n}$，今令 $n\to\infty$，因而 $q\to 1$，$q^m\to 1$．至於比值 $(q-1)/(q^{m+1}-1)$，只要 $m\neq -1$，則趨近於 $\dfrac{1}{m+1}$.

在 $m=-1$ 時，(1) 式成為

「$(q-1)q^{-1}n$ 與 $(q-1)n$」，

即 「$q^{-1}\ln\left(\dfrac{b}{a}\right)$〔$(q-1)/\ln q$〕與 $\left(\ln\dfrac{b}{a}\right)$〔 〕」. (3)

根據 §1 #26 基本的「**對數函數極限公式**」，在 $n\to\infty$，$q\to 1$ 時，〔 〕$\to 1$．

故得: $$\int_{[a;b]}x^m=\begin{cases}(b^{m+1}-a^{m+1})/(m+1), & \text{當 } m\neq -1\text{；}\\ \ln\dfrac{b}{a}, & \text{當 } m=-1\text{．}\end{cases}$$

不過，**大部分情形下**，用等差分割較多!

#23 我們來計算 $\int_{[0;b]}\sin x$。將〔0；b〕分割成 n 等份:

> $\int_{[0;b]}\sin x$ 的計算

$0=x_0<x_1=\dfrac{b}{n}<x_2=\dfrac{2b}{n}<\cdots<x_n=b$，取樣本點 $\xi_i=x_i=\dfrac{ib}{n}$，求和得 $S_n=\sum\limits_{i=1}^{n}\dfrac{b}{n}\sin\dfrac{ib}{n}=\dfrac{b}{n}\sum\limits_{i=1}^{n}\sin\dfrac{ib}{n}$,

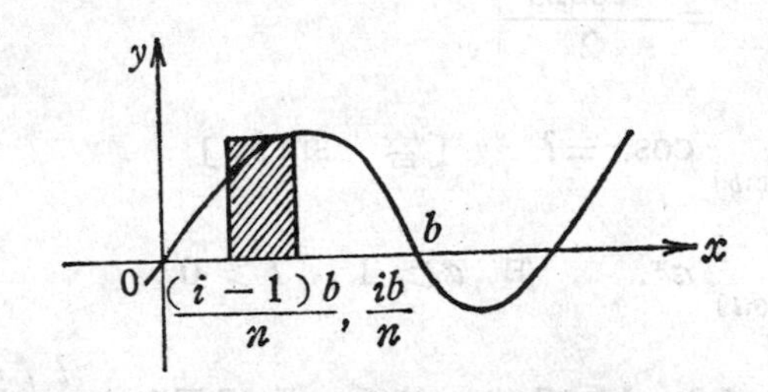

故 $$S_n=\frac{b}{n}\cdot\frac{\cos\frac{b}{2n}-\cos\frac{n+\frac{1}{2}}{n}b}{2\sin\frac{b}{2n}}$$

$$=\frac{\cos\frac{b}{2n}-\cos\frac{n+\frac{1}{2}}{n}b}{\left(\sin\frac{b}{2n}\right)\Big/\left(\frac{b}{2n}\right)},$$

$$\therefore\quad \lim_{n\to\infty}S_n=\frac{\lim\limits_{n\to\infty}\left[\cos\frac{b}{2n}-\cos\frac{n+\frac{1}{2}}{n}b\right]}{\lim\limits_{n\to\infty}\left[\left(\sin\frac{b}{2n}\right)\Big/\left(\frac{b}{2n}\right)\right]}.$$

分子容易，分母也做過了，等於1，因 $\lim\limits_{x\to 0}\frac{\sin x}{x}=1$，

故積分 $=1-\cos b\equiv(-\cos x)\Big|_0^b$.

同理 $$\int_{[0;b]}\sin 2x=\lim\frac{b}{n}\sum_{k=1}^{n}\sin\frac{2kb}{n}$$

$$=\lim\frac{b}{n}\left[\cos\frac{b}{n}-\cos\frac{2n+1}{n}b\right]\Big/2\sin\frac{b}{n}$$

$$=\lim\left[\cos\frac{b}{n}-\cos\left(2b+\frac{b}{n}\right)\right]\Big/\left[2\left(\sin\frac{b}{n}\Big/\frac{b}{n}\right)\right]$$

$$=\frac{-\cos 2x}{2}\Big|_{0}^{b}.$$

【問】求 $\int_{[0;b]}\cos x=?$ 〔答 $\sin b$.〕

#24 求 $\int_{[0;l]} a^x$, 但 $a>1$, $l>0$.

【解】照例把〔0；l〕分成 n 等分，取「齗和」$\frac{l}{n}\left(\sum_{k=0}^{n-1} a^{kl/n}\right)$

$$=\frac{l}{n}(a^l-1)/(a^{n/l}-1)=(a^l-1)\Big/\left[(a^{n/l}-1)\Big/\frac{l}{n}\right]$$

其中〔 〕$\rightarrow L(a)=\lim_{n\to\infty} n(a^{1/n}-1)=\log_e a$

注意：要緊的是：對於某個 $e=2.71828\cdots\cdots$有

$$\int_{[1;a]} e^x=e^a-1.$$

#3 積分的性質

讀者也許要問，是不是所有的函數的積分都可用上述“分割取樣，求和，取極限”的辦法求出？原意是這樣，做起來卻痛苦不堪！我們已經看過，利用上述方法求積分，對個別問題，都有個別的技巧，費時又費力。好在以後我們要講述微積分學基本定理，使得<u>許多</u>一維積分可以輕巧地算出，這是 Newton 與 Leibniz 的貢獻。

#31 對被積分函數的疊合原理

積分 $\int_I f$ 有兩個要項，就是“被積分函數” f 及“積分範圍” I。

若固定積分範圍，如區間，考慮映射(即“函數”)：$f\rightarrow\int_I f$，其中 f 在某函數集變動，這種“函數”叫做泛函 (functional)。換句話說，我們把積分看作一個機器，叫做“積分機”，放入“原料” f，就會得到“產品” $\int_I f$：

$$f \to \boxed{積分機} \to \int_I f$$

原料　　　　產品

這個積分機具有非常重要的**疊合性質**：（爲什麼？*想想積分的定義！）

對被積分函數的疊合原理

$$\int_I (f+g) = \int_I f + \int_I g \qquad （加性）$$

$$\int_I (\alpha f) = \alpha \int_I f, \quad \alpha \in R \qquad （齊性）$$

加性與齊性合起來又叫做**線性**。有了疊合性質，當我們要計算像 $5x^k + 4\sin x$ 這樣較複雜的函數之積分時，只要會計算 $\int_I x^k dx$ 及 $\int_I \sin x dx$（馬上要講到），就可利用疊合原理，求得

疊合原理的用處

$$\int_I (5x^k + 4\sin x) dx = 5\int_I x^k dx + 4\int_I \sin x dx.$$

因此疊合原理使得“以簡馭繁”變成可能，這是非常要緊的，我們要特別強調！

現在利用疊合原理，就可以求得任何多項式的積分！

【例】
$$\int_{[0;b]} (5x^4 - 3x^2 + 2) dx \qquad (b > 0)$$
$$= 5\int_0^b x^4 dx - 3\int_0^b x^2 dx + \int_0^b 2dx$$
$$= 5 \times \frac{b^5}{5} - 3 \times \frac{b^3}{3} + 2 \times b = b^5 - b^3 + 2b.$$

【問題】求 $\int_{[0;3]} (x^3 - 3x^2 + 3) dx$。

#32　對積分範圍的疊合原理　現在固定函數 f，但是變動 I。更具體地說，設 $I = [a; c]$；若 b 在 a，c 之間，則 $I = I_1 \cup I_2$，而 $I_1 = [a; b]$ 與 $I_2 = [b; c]$，簡直互斥（只有

對積分範圍的加性原理

b 為共同點），我們馬上看出一個疊合原理: $\int_I f=\int_{I_1} f+\int_{I_2} f$.

#321 我們若把 $\int_I f$ 寫成 $\int_a^c f$，那麼就有

記號 $\int_a^b f$ 的引進

$$\int_a^c f=\int_a^b f+\int_b^c f, \qquad a<b<c.$$

記號 $\int_a^b f$ 這個式子建議我們: 即使 $a>b$，也該定義 $\int_a^b f$，使得上述公式成立。有沒有辦法?

答案是: 令 $\int_a^b f\equiv-\int_b^a f$，（當 $a>b$），就好了。

在記號 $\int_a^b f$ 中 a、b 分別叫積分下、上限。在一維的積分，$\int_a^b f$ 與 $\int_b^a f$ 恰好差個符號；事實上只須把積分範圍看成有向線段就好了。〔在高維的積分，問題稍複雜，故我們此處不加討論〕。

#322 記號 $\int_a^b f(x)dx$

$\int_a^b f(x)bx$

記號的適當使用，使數學的進步變成可能。但應記住，記號是人們創造出來的，是活的，我們要主動掌握記號，而不要被記號鎖住! 我們現在就再引入積分的另一種記號。〔它另有道理!〕

由前述，**積分就是和的極限**，以一維積分為例，其要點是 (1) 先作分割 $a=x_0<x_1<\cdots<x_n=b$，再取樣本點 $\xi_i\in[x_{i-1};x_i]$，(2) 求得

記號的適當創造和使用的重要性

近似和 $\sigma=\sum f(\xi_i)(x_i-x_{i-1})=\sum f(\xi_i)\triangle x_i$，這個近似和當然與「分割的方法及所取樣本點」有關，(3) 當分割越來越細時，若上式的極限存在（與樣本點無關地），此極限值就是 $\int_a^b f$。

這裏我們用 $\triangle x_i$ 表示 x_i-x_{i-1}（即區間長），有時也用它表示區間〔$x_{i-1};x_i$〕，這兩種意義我們都要兼有。△表示“差” (difference),

$\triangle x_i$ 應讀成 "delta-eks, ai", 而不是 "delta, eks-ai"。古典的記號把 $\int_a^b f$ 寫成 $\int_a^b f(x)dx$, 意思就是〔幫助記憶! 〕

$$\lim \sum f(\xi_i)\triangle x_i,$$

在積分式中變數是傀儡變數!

$\int$ 是 $\sum$ 之 "極限", dx 是 $\triangle x$ 之 "極限"。不過, 千萬要記住 $\int_a^b f(x)dx$ 中的 x 是 "**傀儡變數（或啞變數）**"(dummy variable), 改用 $\int_a^b f(t)dt$, $\int_a^b f(s)ds$, ………都一樣, 這相當於 $\sum_{m=1}^{l} m=\sum_{n=1}^{l} n=\sum_{j=1}^{l} j=\frac{l}{2}(l+1)$, m, n, j 是 "**傀儡指標**"。（參見 #0·21）

#33 平移和伸縮

#331

平移和伸縮對積分的影響

【定理】 設 $g(x)=f(x-\gamma)$, 則

$$\int_a^b g=\int_{a-\gamma}^{b-\gamma} f$$

#332

【定理】 設 $\gamma\neq 0$, $g(x)=f(\gamma x)$, 則

$$\int_a^b g=\gamma^{-1}\int_{a\gamma}^{b\gamma} f.$$

【證明】 以前者為例, 左邊之近似和為

$$\sum g(\xi_i)\triangle x_i. \qquad x_0=a<x_1<\cdots<x_n=b.$$

對應的, 右邊之近似和為

$$\sum f(\eta_i)\triangle y_i, \qquad y_0=a-\gamma<y_1<\cdots<y_n=b-\gamma,$$

我們取 $\eta_i\equiv\xi_i-\gamma$, $y_i=x_i-\gamma$, 則近似和相同, 因而極限自然也相同!

積分保序性的一些重要結果。

#34 積分的保序性 由於極限的保序性及積分的定義，我們馬上得到如下結論。

#341 以下均設 f, g 為連續函數，從而積分存在；

設 $f(x)\geq 0,\ \forall x\in[a;b]$,

則 $\int_a^b f\geq 0.$

#342 若 $f(x)\leq g(x),\ \forall x\in[a;b]$,

則 $\int_a^b f\leq\int_a^b g.$

#343 若 $f(x)\leq M,\ \forall x\in[a;b]$,

則 $\int_a^b f\leq M(b-a).$

#344 設 $m=\min\limits_{a\leq x\leq b}\{f(x)\}, M=\max\limits_{a\leq x\leq b}\{f(x)\}$,

則 $m(b-a)\leq\int_a^b f\leq M(b-a).$

試證 $\left|\int_a^b f\right|\leq\int_a^b|f|.$

當 f 的符號一定時，試證等號成立。

【註】 只要稍作分析，就可以發現 #342—345 均可化約到 #341 的結論。類似這樣的方法論，我們隨時隨地都要強調。

【例】

$$0.523<\int_{[0;\pi/6]}(1-4^{-1}\sin^2 x)^{-1/2}<0.541$$

事實上 $0\leq\sin^2 x\leq 4^{-1}$.

$$1\leq(1-4^{-1}\sin^2 x)^{-1/2}\leq\sqrt{\frac{16}{15}}.$$

【問】 試證

$$1-e^{-1}<\int_{[0;\pi/2]} e^{-\sin x}<\frac{\pi}{2}(1-e^{-1}).$$

注意到：在 $0<x<\frac{\pi}{2}$ 時，$0<\frac{2x}{\pi}<\sin x<x$。

#35 由 #344，$\frac{1}{b-a}\int_a^b f$ 介於 $\min f$ 及 $\max f$ 之間。依照

連續函數的中間值定理

立知：存在 $\xi\in(a;b)$ 使得

積分的平均值定理及其幾何意義

$$\frac{1}{b-a}\int_a^b f=f(\xi).$$

〔**這叫做積分的平均值定理**〕

我們來看幾何意義：

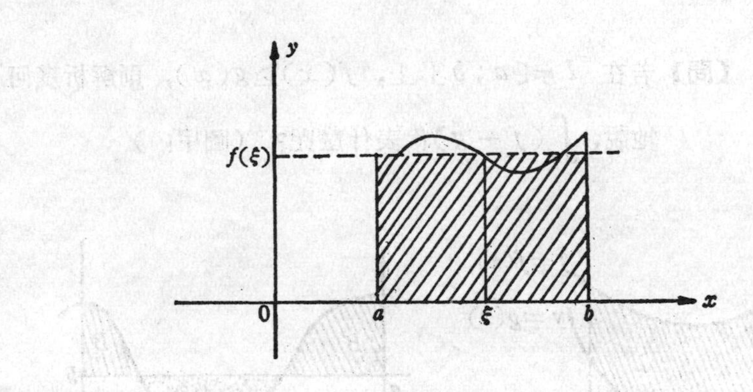

陰影的面積等於 $\int_a^b f(x)dx$，故

$$f(\xi)=\frac{\int_a^b f(x)dx}{b-a}$$

表示 $f(x)$ 在〔$a;b$〕上的平均高度。

#4　定積分的幾何解釋

在 #14 我們給出積分的純"解析的"（計算的！）的定義，#2 給了一些例子；#3 說明了它的疊合原理，這些都可以由解析的定義推得，然而積分的幾何解釋仍是很有用很重要的！

#40　若 $f \leq 0$，$\int_I f$ 有什麼幾何解釋？今

$$\sum f(\xi_i)\triangle x_i = -\sum(-f(\xi_i))\triangle x_i$$

取極限，故 $\int_I f = -\int_I g$，其中 $g(x) = -f(x) \geq 0$，則 $\int_I f$ 的絕對值仍是由 $y=f(x)$，$x=a$，$x=b$ 及 $y=0$ 所圍成的面積，但符號為負。

積分的幾何解釋

【問】若在 $I=[a;b]$ 上，$f(x) \geq g(x)$，則解析幾何地說，$\int_I (f-g)$ 代表什麼呢？（圖甲！）

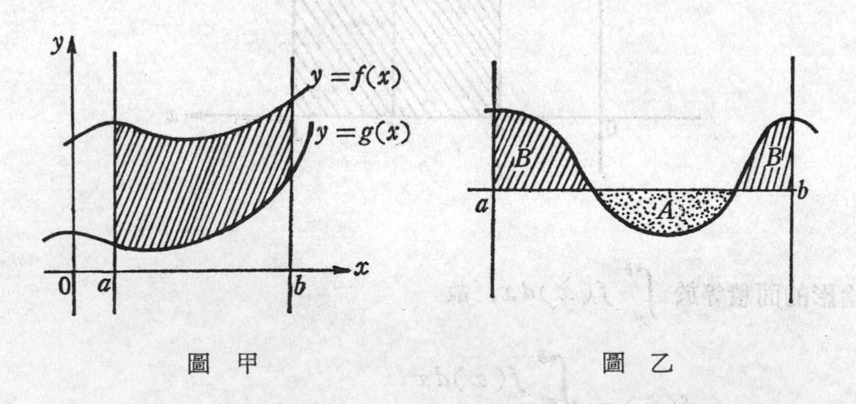

圖　甲　　　　圖　乙

更一般地，若 f 有時正有時負〔例如圖乙〕。那麼 $\int_a^b f$ 是 B 的面積減去 A 的面積。一般地

$$\int_I f = \int_{I_1} f - \int_{I_2} (-f);$$

此地，f 在 I_1 上 ≥ 0，在 I_2 上 ≤ 0，而且 $I = I_1 \cup I_2$，I_1，I_2 簡直互斥（即：只有端點相重！）。

【例】試求函數 $y = x - 2$ 與 $y = 2x - x^2$ 的圖形所圍成的面積，並作圖。

【解】作圖如下，故陰影的面積為

$$\int_{-1}^{2} [(2x - x^2) - (x - 2)] dx$$

利用積分可求面積

$$= \int_{-1}^{2} (-x^2 + x + 2) dx$$

$$= -\int_{-1}^{2} x^2 dx + \int_{-1}^{2} x dx + \int_{-1}^{2} 2 dx$$

$$= -\frac{1}{3} x^3 \Big|_{-1}^{2} + \frac{1}{2} x^2 \Big|_{-1}^{2} + 2x \Big|_{-1}^{2}$$

$$= \frac{8}{3}.$$

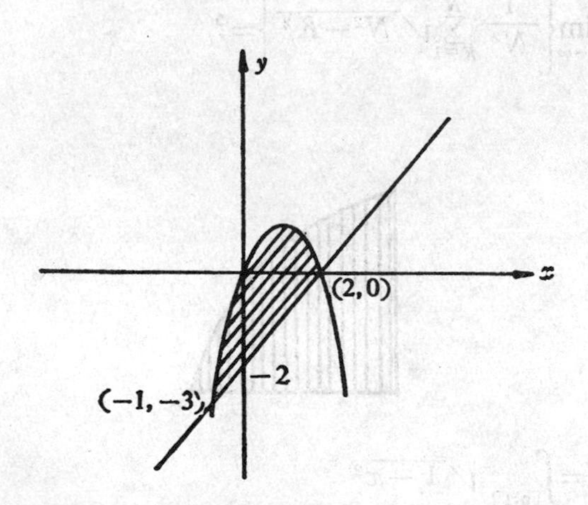

【問】求曲線 $y = x^3$ 和 x 軸及直線 $x = 1$ 三者所圍成的面積。

#41

我們反過來利用幾何意義求出積分!

利用幾何意義可求出積分

【例 1】求 $\lim_{N\to\infty}\left\{\frac{1}{N}\sum_{K=1}^{N}\sqrt{\frac{K}{N}}\right\}=?$

提示:

$$\int_{[0;1]}x^{1/2}=1-\int_{[0;1]}x^2.$$

答 2/3

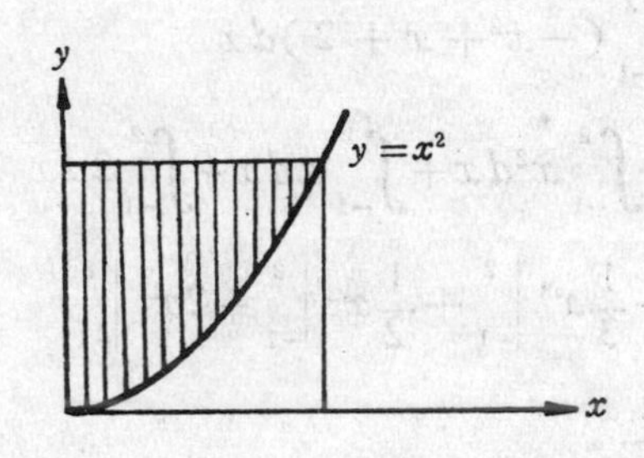

【例 2】求 $\lim_{N\to\infty}\left\{\frac{1}{N^2}\sum_{K=1}^{N}\sqrt{N^2-K^2}\right\}=?$

提示:

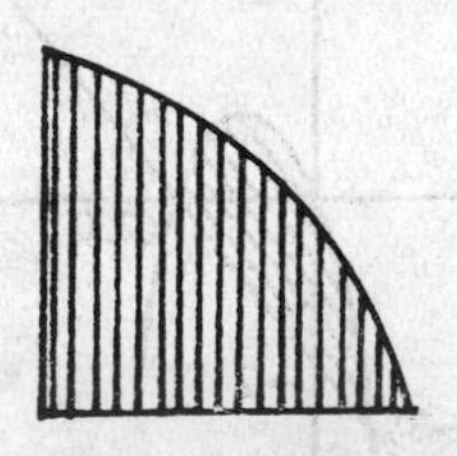

$$=\int_{[0;1]}\sqrt{1-x^2}$$

答 π/4

#5　對稱性的考慮

#51　奇偶性

對稱性的考慮是重要的思考方法之一

【例A】但若 $a<0$, $\int_a^0 x^k dx=?$ 你已用"積分三步曲"做過！我們這裏把答案寫下來:

$$\int_a^0 x^k dx=-\frac{a^{k+1}}{k+1},\ (a<0)。$$

這也可以用幾何的考慮而算出， 令 $a=-b$， 故 $b>0$， 函數 $f: f(x)\equiv x^k$ 之圖解 $y=x^k$:

奇偶性

在 k 奇數時，對原點對稱（甲圖），
在 k 偶數時，對 y 軸對稱（乙圖）

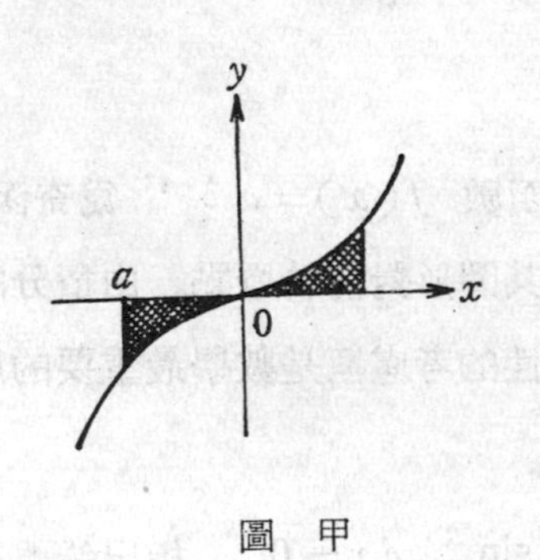

圖　甲

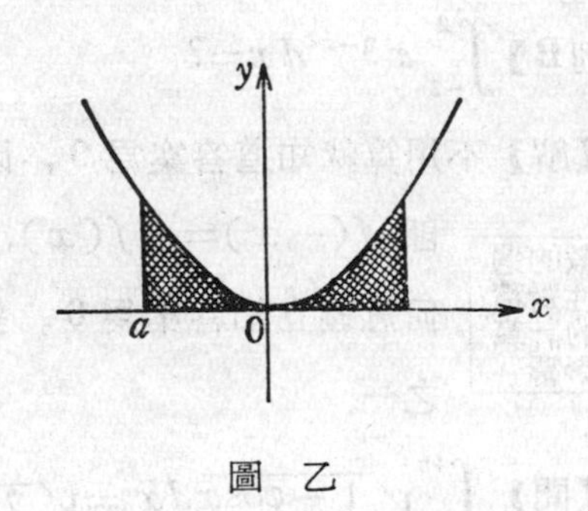

圖　乙

甲、乙圖中左右面積對稱相等，故

$\int_a^b x^k dx$ =?

$$\int_a^0 x^k dx=\pm\int_0^b x^k dx,\quad 當\begin{cases}k 爲偶,\\ k 爲奇.\end{cases}$$

【註】於是 $\int_a^b x^k dx=\frac{b^{k+1}}{k+1}-\frac{a^{k+1}}{k+1}$.

記號 $f(x)\Big|_a^b$ 的引進

不論 a，b 爲正爲負孰大孰小。這式子通常記爲

$$\int_a^b x^k dx = \frac{x^{k+1}}{k+1}\Big|_a^b$$

你懂得意思吧！

#52　我們把上面這種有用的想法（對稱性的考慮）定式化。

【定理】若 f 爲偶函數，即 $f(x)=f(-x), \forall x$，則

$$\int_{-l}^{+l} f(x)dx = 2\int_0^l f(x)dx;$$

若 f 爲奇函數，即 $f(-x)=-f(x)$，則

$$\int_{-l}^{+l} f(x)dx = 0.$$

【證明】由於 $\int_{-l}^{+l} f(x)dx = \int_{-l}^{0} f(x)dx + \int_0^l f(x)dx$

對右端第一個積分式作（廣義）伸縮；比例尺度爲-1，

$$\int_{-l}^{0} f(x)dx = -\int_l^0 f(-t)dt = \int_0^l f(-t)dt,$$ 故得證明。

【例B】$\int_{-2}^{2} x\,3^{-x^2}dx = ?$

函數的週期性對積分的計算之影響

【解】不用算就知道答案爲0，因爲函數 $f(x)=x\,3^{-x^2}$ 爲奇函數，即 $f(-x)=-f(x)$，故其圖形對稱於原點。由積分的幾何意義立知答案爲0。對稱性的考慮恒是數學最重要的思考之一。

【問】$\int_0^{4\pi}\sqrt{1-\cos x}\,dx = \sqrt{2}\int_0^{4\pi}\sin\frac{x}{2}\,dx = 0$，指出錯誤在那兒？

#53　**命題**　設 f 是週期爲 T 的連續函數，試證

$$\int_a^{a+T} f = \int_0^T f$$

其中 a 爲任意常數。這一等式指出，在任一長度爲 T 的區間上的積分值

都相等。

〔又證：由平移定理 ♯3·31〕

【問題】 試證下列各式：

(1) $\int_{-l}^{l}\cos\frac{k\pi x}{l}dx=\int_{-l}^{l}\sin\frac{k\pi x}{l}dx=0$.（$k\in N$.）

(2) $$\int_{-l}^{l}\sin\frac{m\pi x}{l}\sin\frac{n\pi x}{l}dx=\int_{-l}^{l}\cos\frac{m\pi x}{l}\cos\frac{n\pi x}{l}dx=\begin{cases}0, & \text{當 } m\neq n \text{ 時}\\ l, & \text{當 } m=n\in N.\end{cases}$$

(3) $\int_{-l}^{l}\sin\frac{m\pi x}{l}\cos\frac{n\pi x}{l}=0$

【註】 這些式子在 Fourier 分析中要用到。

♯6 積分概念的種種實用解釋

如上所述，定積分從幾何觀點來看，不過是求圖形的面積。但是，當我們賦予函數 f 各種實用意義時，定積分也對應地有了各種物理意義。例如，當 f 表示速度函數時，則定積分 $\int_I f$ 就表示距離。又如 f 表示線密度時，則 $\int_I f$ 就表示棒子的質量，等等。綜合起來，我們可以列如下頁之表。

♯61 對截面積作積分成爲體積 現在我們把定積分的概念，用到這一種幾何問題來：

> 對橫截面積作積分得到體積。

假設一個物體，被垂直 x 軸的截面所截的面積 $A(x)$ 爲 x 的連續函數，而且這個物體介乎截面 $x=a$ 與 $x=b$ 之間，（$a>b$），見下圖：

賦予 f 實用意義時，$\int_I f$ 就對應各種物理意義

集合	函數	典型的近似和	定積分	定積分在物理上的涵義
一區間	密度	$\sum_{i=1}^{n} f(\xi_i)(x_i - x_{i-1})$	$\int_a^b f(x)dx$	質量
一區間	一平面被一直線所截之截線長度	$\sum_{i=1}^{n} f(\xi_i)(x_i - x_{i-1})$	$\int_a^b f(x)dx$	面積
一區間	一立體被一平面所截之截面面積	$\sum_{i=1}^{n} f(\xi_i)(x_i - x_{i-1})$	$\int_a^b f(x)dx$	體積
一區間	速度	$\sum_{i=1}^{n} f(T_i)(t_i - t_{i-1})$	$\int_a^b f(t)dt$	距離
平面上之集合	密度	$\sum_{i=1}^{n} f(P_i)A_i$	$\int_R f(P)dA$	質量
平面上之集合	一立體爲一直線所截之長度	$\sum_{i=1}^{n} f(P_i)A_i$	$\int_R f(P)dA$	體積
空間上之集合	密度	$\sum_{i=1}^{n} f(P_i)V_i$	$\int_R f(P)dV$	質量

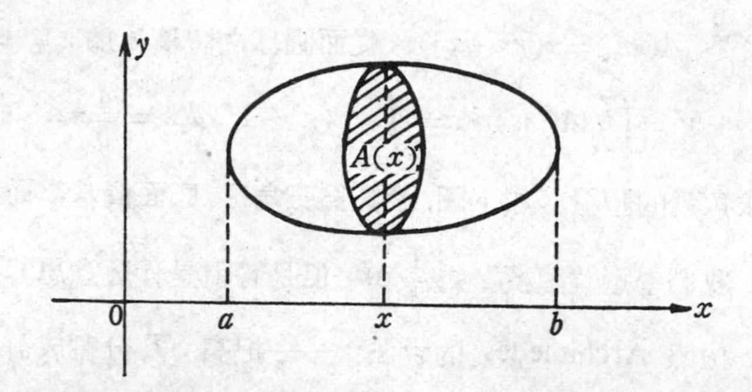

如何求此物體的體積呢? 將〔a；b〕分割成:

$$a=x_0<x_1<x_2<\cdots\cdots<x_n=b,$$

取樣本點 $\xi_1, x_{i-1}\le\xi_i\le x_i$,　$i=1,\cdots n$；求近似和　$\sum A(\xi_i)\triangle x_i$；取極限

$$\lim\sum A(\xi_1)\triangle x_i=\int_a^b A(x)dx.$$

這個極限的幾何意義很明白，就是物體的體積。換言之，對截面積（假設爲連續函數）的積分就得到該物體的體積。

【例 1】求半徑 r 的球之體積。

【解】如下圖，對任意 $x\in$〔$-r$；　r〕，作垂直 x 軸的截面，截得圓球的面積爲　$A(x)=\pi y^2$。因爲　$x^2+y^2=r^2$，故　$y^2=r^2-x^2$。

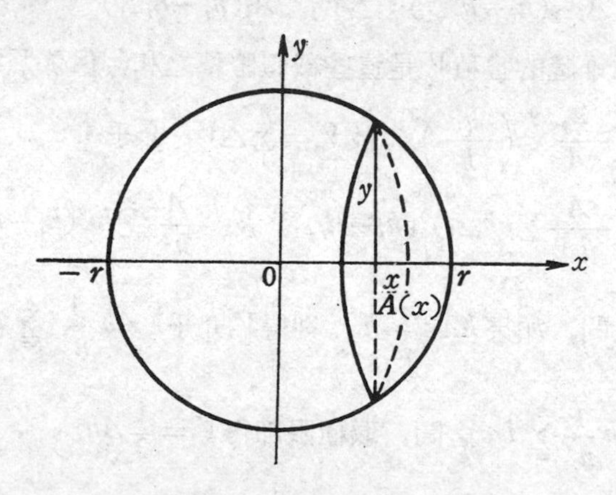

於是 $A(x)=\pi(r^2-x^2)$，從而圓球之體積 V 爲（見 #51）

$$V=\int_{-r}^{r}A(x)\,dx=\int_{-r}^{r}\pi(r^2-x^2)\,dx=\frac{4}{3}\pi r^3.$$

【例 2】 求角錐的體積。如下圖，設底爲三角形，底面積 A，而高爲 h，

利用積分的定義求角錐的體積。

我們學過"體積"爲 $\frac{1}{3}Ah$，但是體積是什麼意思？我們可以仿照 Archimedes 的說法：——把高 ST 分割成許多段，自每個割點 h_i 做截面平行於底面，把四角錐截成三角形，相鄰兩個截面之間是很薄的"截體"；截體的體積 $\triangle V_i$ 比"這截體的下底" A_i 乘"高" (h_i-h_{i-1}) 來得小，但是比"截體的上底" A_{i-1} 乘"高"來得大。

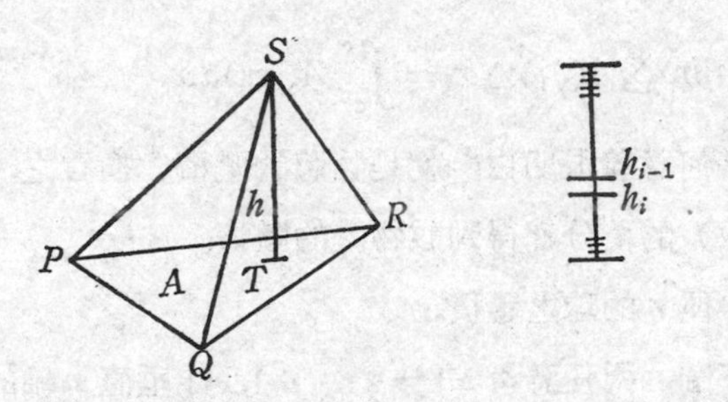

$$A_{i-1}(h_i-h_{i-1})\leq\triangle V_i\leq A_i(h_i-h_{i-1})$$

整個錐體的體積 V 是這些截體體積之和，但依照**相似形的道理**，$\frac{A_i}{A}=\left(\frac{h_i}{h}\right)^2$，故 $V=\sum_1^n\triangle V_i$ 介乎

$$\frac{A}{h^2}\sum(h_{i-1})^2(h_i-h_{i-1}) \text{ 及 } \frac{A}{h^2}\sum h_i^2(h_i-h_{i-1})$$

角錐的體積公式 $V=\frac{1}{3}Ah$

之間，如果 $h_i\equiv\frac{i}{n}h$，則得 V 介乎 $Ah\frac{1}{n^3}\sum_{i=1}^{n}(i-1)^2$ 與 $Ah\frac{1}{n^3}\sum_{i=1}^{n}i^2$ 之間，取極限卽得 $V=\frac{1}{3}Ah$。

【例】 假設在圓柱的底面（是個圓）上取了個直徑 JK，過 JK 用一平面把圓柱切割為 JBB_1K. 我們設 A 為 $\widehat{JK}$ 的中點，$\overline{AB}\perp\overline{OA}$，要求這截體的體積。

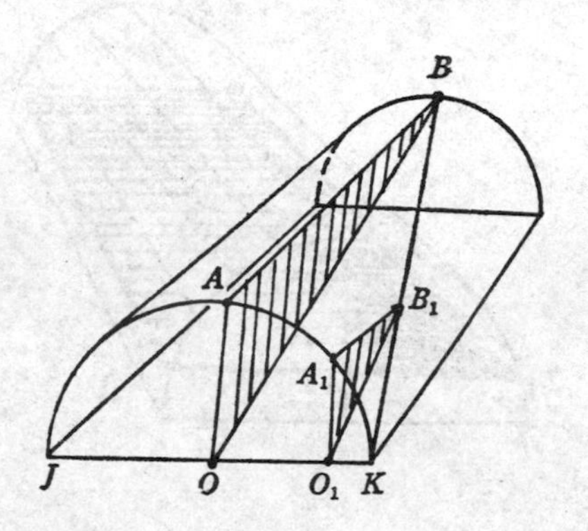

（i） 今把半徑 OK 等分為N節，於是做平面平行於 OAB。（我們考慮截體的右半而已）當 $\overline{OO_1}=\dfrac{k}{N}R$ 時（R 為半徑）那麼

$$\overline{O_1A_1}=R\sqrt{1-\frac{k^2}{N^2}}=\sqrt{1-\frac{k^2}{N^2}}\,\overline{OA},\ \triangle OAB=\frac{HR}{2},$$

又由$\triangle O_1A_1B_1$及$\triangle OAB$的相似性，知道 $\triangle O_1A_1B_1=\dfrac{HR}{2}\left(1-\dfrac{k^2}{N^2}\right)$,

因此右半截體的體積大約是 $\displaystyle\sum_{K=1}^{N}\frac{HR}{2}\left(1-\frac{k^2}{N^2}\right)\frac{R}{N}$

$$=\frac{R^2H}{2}\left[1-\frac{\left(1+\frac{1}{N}\right)\left(2+\frac{1}{N}\right)}{6}\right]\rightarrow\frac{1}{3}R^2H.$$

答　截體體積為 $\frac{2}{3}R^2H$

（ii） 我們可以用另外的辦法來看這問題：把半徑 $\overline{OA}$ 均分為N等分，於是作各平面和底面 $JAKO$ 垂直而和 $\overline{JK}$ 及 $\overline{AB}$ 平行。

例如圖中的 $PA_1B_1C_1$，設 $\overline{OP}=\frac{l}{N}R=\frac{l}{N}\overline{OA}$,

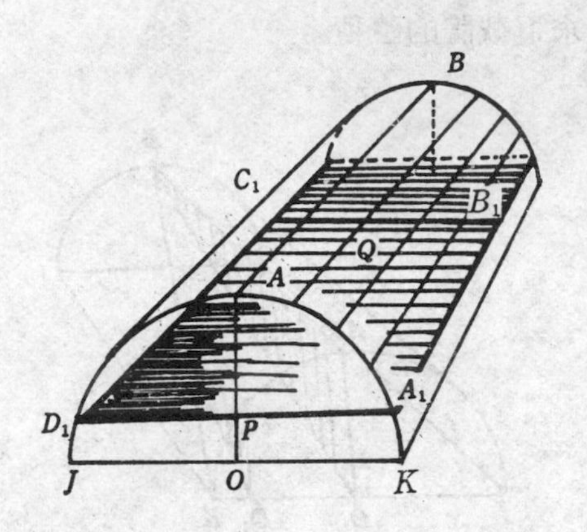

那麼 $\overline{PA_1}=R\sqrt{1-\frac{l^2}{N^2}}$，$\overline{A_1D_1}=2R\sqrt{1-\frac{l^2}{N^2}}$,

再由 $\triangle OPQ$ 和 $\triangle OAB$ 的相似性，得 $\overline{PQ}=\frac{l}{N}\overline{AB}=\frac{l}{N}H$,

於是面 $A_1B_1C_1D_1$ 的面積是 $2RH\frac{l}{N}\sqrt{1-\frac{l^2}{N^2}}$,

因而截體體積約為

$$\sum_{l=1}^{N} 2RH\frac{l}{N}\sqrt{1-\frac{l^2}{N^2}}\cdot\frac{R}{N}=2R^2H\frac{1}{N^3}\sum_{1}^{N} l\sqrt{N^2-l^2}.$$

這極限不容易求出，現在我們已知道

$$\lim_{N\to\infty}\left\{\frac{1}{N^3}\sum_{l=1}^{N} l\sqrt{N^2-l^2}\right\}=\frac{1}{3}\qquad\text{了！}$$

從這個例子，我們可以看出：同一個（“求積分”的）問題可以有不同的觀點、解法，其好壞很難說，試了才知道，而這種“觀點的改變”常可把原來不好做的題目解決掉了。(例如求 $\lim\left\{\frac{1}{N^3}\sum_{l=1}^{N} l\sqrt{N^2-l^2}\right\}$)

【註】: O爲原點，軸爲 z 軸，圓柱面爲 $x^2+y^2=R^2$，$A\equiv(O,R,O)$，

$J\equiv(-R,O,O)$，$K\equiv(R,O,O)$，$B\equiv(O,R,H)$；截面是$\frac{y}{R}=\frac{z}{H}$

$$O_1\equiv\left(\frac{K}{N}R,O,O\right),\ B_1=\left(\frac{KR}{N},\ \sqrt{1-\frac{K^2}{N^2}}R,\ H\sqrt{1-\frac{K^2}{N^2}}\right),$$

$$=\left(\sqrt{1-\frac{l^2}{N^2}}R,\ \frac{l}{N}R,\ \frac{Hl}{N}\right),\ Q=\left(O,\ \sqrt{1-\frac{K^2}{N^2}}R,\ H\sqrt{1-\frac{K^2}{N^2}}\right),$$

其中 $K^2+l^2=N^2$.

#62　總壓力

我們來研究一個水槽的側面受有多少壓力的問題。想像一塊木板水平地放在水中，那麼它從上邊所受的總壓力就是它所承受的水重，也就是用它做底面積的柱體的體積乘水的比重 1。

水壓的計算

如果木板不是水平的，那麼高低不同，因此就不這麼簡單了。

要點是：壓力是各向同性的 (isotropic)，因此所受的力總是“水深”乘以面積，方向和木板總保持垂直，如果水深不齊，我們就一小片一小片地考慮，最少總能得到一個近似值!

【例】我們的第一個例題是一側面爲長方形的情形，把高度分做N等分，於是整個長方形成爲N個橫條；從上面算起的第 k 個橫條，其大約“深度” ξ_k 在$\frac{k-1}{N}H$到$\frac{k}{N}H$之間。

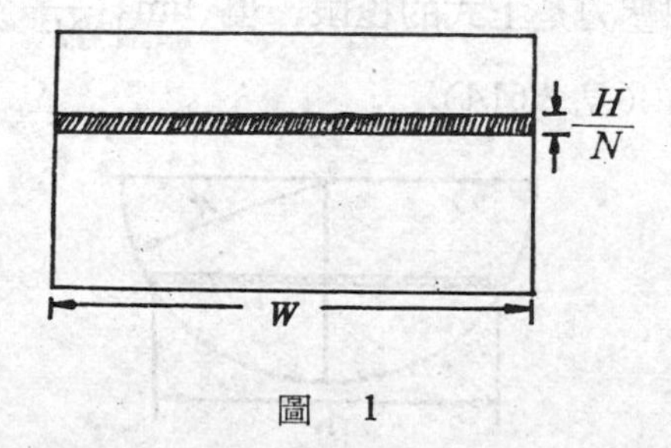

圖　1

這橫條的面積是"寬"W乘以"高"$\frac{H}{N}$，即$\frac{H}{N}W$。所以總壓力應該是$\sum$（深度乘面積）$=\sum \xi_k \frac{HW}{N}$

$$=\frac{HW}{N}\sum_{k=1}^{N}\xi_k$$

這裏"深度"ξ_k只能說是在$\frac{k-1}{N}H$到$\frac{k}{N}H$之間，因此，總壓力在

$$\frac{HW}{N}\sum_{k=1}^{N}\frac{k-1}{N}H \text{到} \frac{HW}{N}\sum_{k=1}^{N}\frac{k}{N}H\text{之間}$$

亦即在$\frac{H^2W}{N^2}\sum_{k=1}^{N}(k-1)$到$\frac{H^2W}{N^2}\sum_{k=1}^{N}k$之間

這就很淸楚了，正確的答案是：讓$N\to\infty$，得到$\frac{H^2W}{2}$

【例】 最後的例子將稍微麻煩些：考慮的圖形如下（這是截面，長度設爲1好了）也是自上到下分成N層，第k層的長度約略等於$l_k=2\sqrt{R^2-\frac{k^2}{N^2}R^2}$因而面積約略是$\frac{R}{N}\cdot l_k=\frac{2R^2}{N^2}\sqrt{N^2-k^2}$

所受壓力約是$\frac{2R^3}{N^3}k\sqrt{N^2-k^2}$總壓力是（約略）

$$\sum_{k=1}^{N}\frac{2R^3}{N^3}K\sqrt{N^2-K^2}$$

眞正的總壓力是上式的極限，但$\lim_{N\to\infty}\left\{\frac{1}{N^3}\sum_{1}^{N}k\sqrt{N^2-k^2}\right\}$並不好求！（見 #614）.

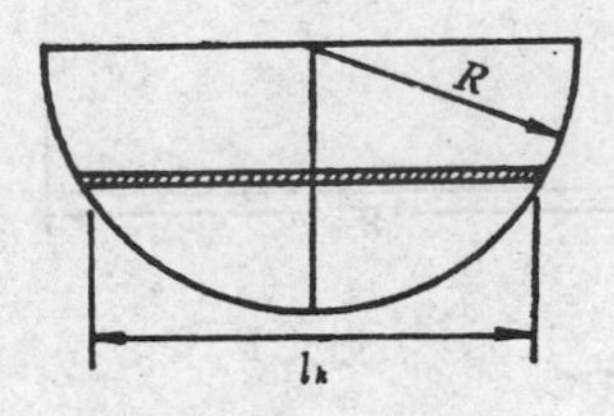

#63　抽水所做的功（work）

【例】一個圓桶中裝滿了水，我們用抽水機把水打出去，到水抽光之前共做了多少功?

抽水所作的功之計算

無論如何，水必須被提到桶的頂上再排出去，這就必須反抗重力而作功，所經的距離就是深度，而力量爲體積乘密度(1)乘重力加速度 g.

我們把高 H 分割成 N 等分，自上面算起的第 K 層，厚度爲 $\frac{k}{N}H$，面積爲 πR^2（R 表示半徑）。其重量爲 $\frac{\pi HR^2}{N}g$，因爲它所做的功介乎

$$\left(\frac{k-1}{N}H\right)\cdot\left(\frac{\pi HR^2}{N}g\right) \quad 及 \quad \left(\frac{k}{N}H\right)\cdot\left(\frac{\pi HR^2}{N}g\right)$$

之間。因此，總功是在

$$甲=\sum_{k=1}^{N}\left(\frac{k-1}{N}H\right)\left(\frac{\pi HR^2}{N}g\right) \text{ 及}$$

$$乙=\sum_{k=1}^{N}\left(\frac{k}{N}H\right)\left(\frac{\pi HR^2}{N}g\right)$$

之間。

$$甲=\frac{N(N-1)}{2N^2}\pi H^2R^2g, \qquad 乙=\frac{N(N+1)}{2N^2}\pi H^2R^2g,$$

所以眞正的答案應該是 $\frac{\pi H^2R^2}{2}g=\frac{H}{2}Vg$ 但 $V=\pi HR^2$ 是體積，Vg 是重量。

【註解】不用"積分"，也可求出；只需用對稱性的考慮！

今在中間的水平面上的水，被抽出去時，需功 $\frac{H}{2}$ 重量。在中間的上面，深度就小於 $\frac{H}{2}$，在下面呢？就大於 $\frac{H}{2}$，但由對稱性，上下一樣多，

平均深度是$\frac{H}{2}$。因此，總功$=\frac{H}{2}\cdot$ 總重。

【例】我們考慮把圓柱改爲圓錐（漏斗）形時的情形（如圖）。

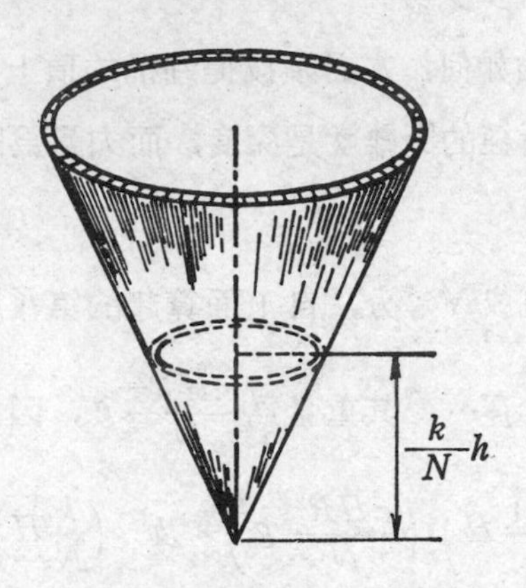

壓縮彈簧所作的功之計算

#64 今有一彈簧壓縮 6 公分需用力 12 克，問將彈簧壓縮10公分，共作多少功?

【解】由 Hooke 定律知，力 $F(x)=kx$。由假設條件知 $F(6)=k\cdot 6=12$，故 $k=2$，所以 $F(x)=2x$。於是所作的功爲

$$\int_0^{10} F(x)dx=\int_0^{10} 2x\ dx=x^2\Big|_0^{10}=100.$$

#7 定積分的近似計算

按照定義，積分是和的極限。當這個極限不容易求的時候，我們只好犧牲一點準確性，而改用計算上較方便的辦法——求近似值。

#71 首先注意到，我們並沒有理由要取等分割，而且樣本點也可以任取。我們取等分割並且適當取樣，都只是爲了計算上的方便。事實上，我們隨便分割與取樣，求得的近似和 $\sum f(\xi_i)\ \triangle x_i$ 都跟 $\int_I f$ 差不多。例如通常取左端點或右端點當樣本點。見下面兩圖:

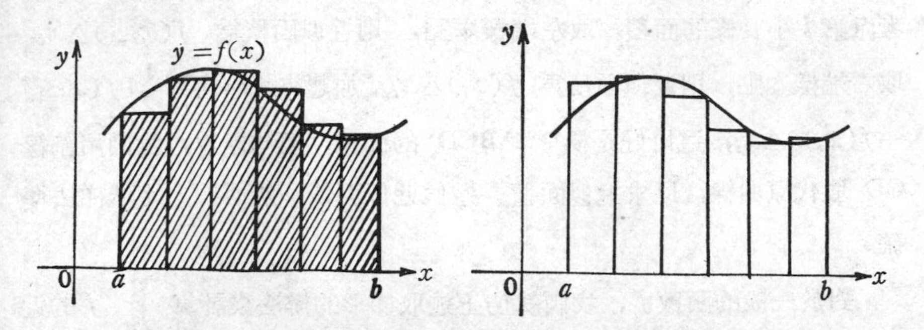

於是求出陰影部分的面積，我們就用它當作 $\int_a^b f$ 的近似值。

什麼是階梯法？

由圖解就很明白，上述的積分近似值意思就是：用階梯函數作爲 f 的迫近函數，然後對這個迫近函數求積分。要點是，這個迫近函數的積分要很容易算。此法我們姑且稱爲階梯法。

注意到，當 $f(x)$ 是遞增時（卽 $f(x_1)\leq f(x_2)$，當 $x_1<x_2$ 時），取左端點作樣本點，求得的近似和嫌少，但取右端點，又嫌多，（作圖一下！）另一方面，當 $f(x)$ 是遞減時（卽 $f(x_1)\geq f(x_2)$，當 $x_1<x_2$ 時），適得其反。我們希望作一些改進，這就是以下要講的梯形法與拋物線法。

什麼是梯形法？

§72　梯形法　我們把取左右樣點所算得的近似面積折中一下，卽作算術平均，見下圖：

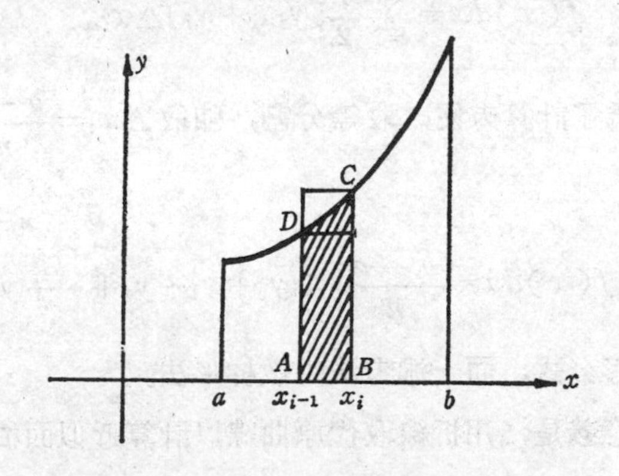

考慮第 i 小長條的面積，取左端樣本點，則近似面積爲 $f(x_{i-1})\triangle x_i$，取右端樣本點，則近似面積爲 $f(x_i)\triangle x_i$。加起來折半得到 $\frac{1}{2}[f(x_{i-1})+f(x_i)]\triangle x_i$，這恰好是梯形 ABCD 的面積。換句話說，我們用割線 CD 取代原曲線，以求近似面積。這個近似面積一般而言，比階梯法準確。

對於一般的函數 f，我們就仿上述取梯形的辦法來計算 $\int_a^b f$ 的近似值。將〔a；b〕分割成：$a=x_0<x_1<\cdots<x_n=b$；令 $y_0=f(x_0)$, $y_1=f(x_1)$, $\cdots$, $y_n=f(x_n)$，（見下圖）

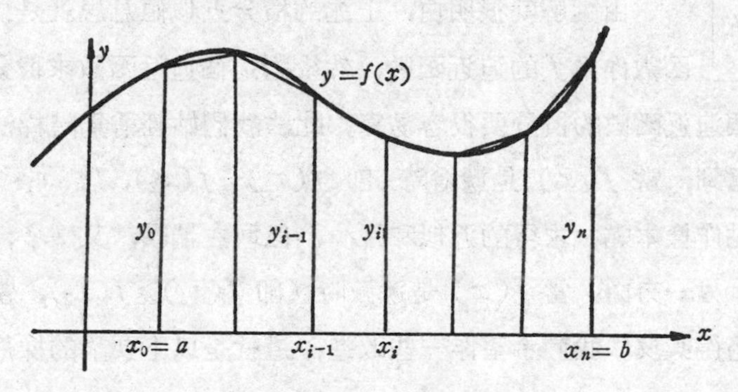

則各小梯形面積的和爲 $\sum_{i=1}^{n}\frac{1}{2}[y_{i-1}+y_i]\triangle x_i$。換言之，

$$\int_a^b f(x)dx \doteqdot \sum_{i=1}^{n}\frac{1}{2}[y_{i-1}+y_i]\triangle x_i。$$

我們已說過，爲了計算方便，取等分割，卽取 $\triangle x_i=\frac{b-a}{n}, \forall i$ 於是上式變成

梯形公式 $$\int_a^b f(x)dx \doteqdot \frac{b-a}{n}\left[\frac{1}{2}y_0+y_1+y_2+\cdots+y_{n-1}+\frac{1}{2}y_n\right]$$

此式就叫做梯形公式，而上述方法叫做梯形法。

梯形法的意義是，用折線取代原曲線以計算近似面積。折線的每一

小段都是直線（一次式），因此梯形法不過是（我們將強調的）用“直”取代“曲”的想法之一。

【例】 用梯形法求 $\int_0^1 \frac{1}{1+x^3}dx.$

【解】 將〔0；1〕三等分:

$$x_0=0<x_1=\frac{1}{3}<x_2=\frac{2}{3}<x_3=1.$$

於是由梯形公式得

$$\int_0^1 \frac{1}{1+x^3}dx \doteqdot \frac{1}{3}\left[\frac{1}{2}\cdot\frac{1}{1+0^3}+\frac{1}{1+(1/3)^3}+\frac{1}{1+(2/3)^3}+\frac{1}{2}\cdot\frac{1}{1+1^3}\right]$$

$$=\frac{1}{3}\left[\frac{1}{2}+\frac{27}{28}+\frac{27}{35}+\frac{1}{4}\right]$$

$$\doteqdot 0.829$$

Simpson 法

【問題】 求 $\int_0^1 \frac{1}{1+x^2}dx$，取 $n=10$.

#73 抛物線法 更進一步，我們若用抛物線（二次式）取代原曲線，以求積分的近似值，就是下面要介紹的 Simpson 法。

例如說，我們要計算 $\int_\alpha^\beta f$，見下圖:

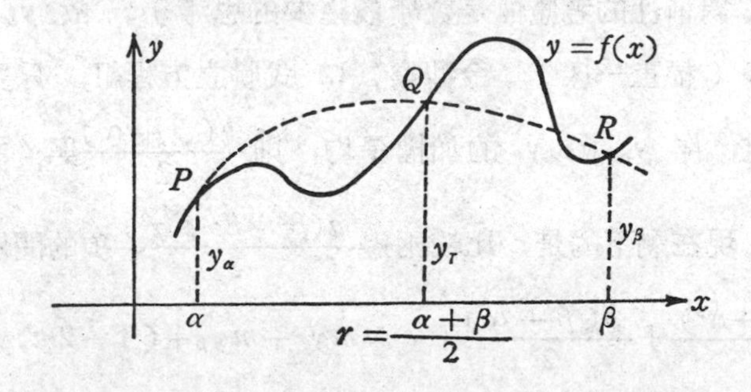

將〔α；β〕分成兩等份，我們知道過 P, Q, R 三點可作一拋物線 $y=ax^2+bx+c$。即滿足

$$\begin{cases} y_\alpha = a\alpha^2+b\alpha+c, \\ y_\beta = a\beta^2+b\beta+c. \\ y_\gamma = a\left(\dfrac{\beta+\alpha}{2}\right)^2+b\left(\dfrac{\beta+\alpha}{2}\right)+c. \end{cases} \tag{1}$$

由此可求得 a，b，c，於是就用 $\int_\alpha^\beta (ax^2+bx+c)$當作 $\int_\alpha^\beta f$ 的近似值。事實上，我們並不需要解上述聯立方程式〔見註 3〕，就可直接用 y_α，y_β，y_γ 表出 $\int_\alpha^\beta (ax^2+bx+c)$。首先我們有

$$\int_\alpha^\beta (ax^2+bx+c)=\left(\frac{a}{3}x^3+\frac{b}{2}x^2+cx\right)\Big|_\alpha^\beta$$

$$=\frac{a}{3}(\beta^3-\alpha^3)+\frac{b}{2}(\beta^2-\alpha^2)+c(\beta+\alpha)$$

$$=(\beta-\alpha)\left[\frac{a(\beta^2+\beta\alpha+\alpha^2)}{3}+\frac{b(\beta+\alpha)}{2}+c\right]$$

於是我們宣稱：對 $y_\alpha, y_\beta, y_\gamma$ 作適當的加權平均 (Weighted average)〔註 1〕我們就可得到〔 〕，即

$$\frac{a(\beta^2+\beta\alpha+\alpha^2)}{3}+\frac{b(\beta+\alpha)}{2}+c=\Box y_\alpha+\Box y_\beta+\Box y_\gamma。$$

這只要深入觀察並比較兩邊係數，就可決定各□。由於左式中，α，β 是對稱的（對稱性的考慮恒是數學最重要的思考），故 y_α 與 y_β 的係數必相等（權重一樣）。今觀察 (1) 式聯立方程組，只要給 y_α, y_β 相同的權重，作 $y_\alpha, y_\beta, y_\gamma$ 的加權平均，則$\dfrac{b(\beta+\alpha)}{2}$與 c 兩項左右兩式均相等。現在剩下的是，比較兩邊$\dfrac{a(\beta^2+\beta\alpha+\alpha^2)}{3}$項的問題。令
$\dfrac{a(\beta^2+\beta\alpha+\alpha^2)}{3}+\dfrac{b(\beta+\alpha)}{2}+c=my_\alpha+my_\beta+(1-2m)y_\gamma$，比較$\alpha^2$

項的係數得$m=\frac{1}{6}$，因此

$$\frac{a(\beta^2+\beta\alpha+\alpha^2)}{3}+\frac{b(\beta+\alpha)}{2}+c=\frac{1}{6}y_\alpha+\frac{1}{6}y_\beta+\frac{4}{6}y_r.$$

即
$$\int_\alpha^\beta (ax^2+bx+c)=\frac{\beta-\alpha}{6}[y_\alpha+4y_r+y_\beta]。$$

【註 1】例如一學期有三次考試，平時考，期中考，期末考，如何計算學期分數呢？當然有種種辦法，比如我們給三次成績不同的權重：期末考佔50%，期中考佔30%，平時考佔20%，如此算得的平均叫做加權平均。算術平均就是每次成績的權重都相等的特例。

#731 一般情形，要利用 Simpson 法計算$\int_a^b f$，必須將$[a;b]$分成偶數等份，乾脆就分成 $2n$ 等份，分點爲 $x_0, x_1, \cdots, x_{2n}$。令 $y_i=f(x_i)$，$i=1,\cdots 2n$，見下圖：

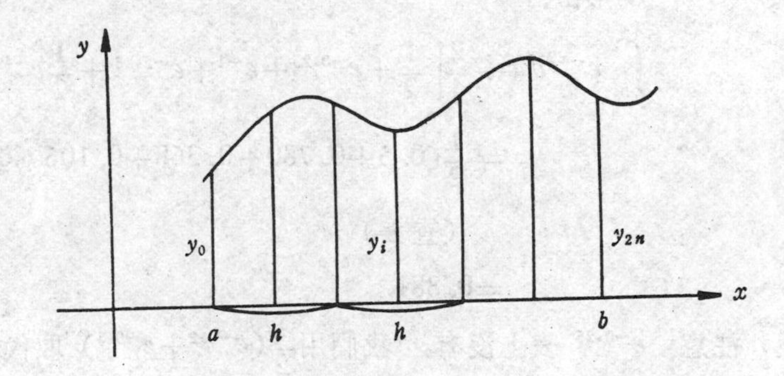

對每一小段 $[x_0;x_2],[x_2;x_4],\cdots,[x_{2n-2};x_{2n}]$ 應用上述公式，於是得到

$$\int_a^b f \doteqdot \frac{x_2-x_0}{6}(y_0+4y_1+y_2)+\frac{x_4-x_1}{6}(y_2+4y_3+y_4)$$

拋物線公式

$$+\cdots+\frac{x_{2n}-x_{2n-2}}{6}(y_{2n-2}+4y_{2n-1}+y_{2n})$$

$$=\frac{h}{6}[y_0+4(y_1+y_3+\cdots+y_{2n-1})+2(y_2+y_4+\cdots+y_{2n-2})+y_{2n}],$$

其中 $h=x_2-x_0=x_4-x_1=\cdots\cdots=x_{2n}-x_{2n-2}=\dfrac{b-a}{n}$。這叫做 Simpson 公式，**或拋物線公式**。

【例】試分別用（i）梯形法，(ii) Simpson 法，將〔0；2〕四等分以估計 $\int_0^2 e^{-x^2}dx$。

【註】 e 是個"宇宙常數"，$=2.7182818284\cdots\cdots$（見 §10.24）即使你現在不懂它的奧妙，也沒關係：反正我們只是要用到這種**函數值**，而這是要查表或用計算器的!

【解】〔0；2〕四等份的分點爲:

$$x_0=0<x_1=0.5<x_2=1<x_3=1.5<x_4=2.$$

（i） 梯形法:

$$\int_0^2 e^{-x^2}dx \doteqdot \frac{2}{4}\left[\frac{1}{2}+e^{-0.25}+e^{-1}+e^{-2.25}+\frac{1}{2}e^{-4}\right]$$

$$=\frac{1}{2}[0.5+0.780+0.368+0.106+0.009]$$

（查表）

$$=0.881.$$

注意：$e^{-0.25}$ 表上沒有，我們用 $\frac{1}{2}(e^{-0.2}+e^{-0.3})$ 取代，等等。

（ii） Simpson 法：因 $2n=4$，故 $n=2$，於是

$$\int_0^2 e^{-x^2}dx \doteqdot \frac{1}{6}[e^0+4(e^{-0.25}+e^{-2.25})+2\cdot e^{-1}+e^{-4}]$$

$$=\frac{1}{6}[1+4(0.780+0.106)+2\times 0.368+0.018]$$（查表）

$$=\frac{1}{6}\times 5.298=0.883.$$

【習　　題】

（I） 試用梯形法，求下列定積分的近似值:

(1) $\int_3^{10} \frac{1}{\sqrt{x-2}}dx$, $n=7$　　(2) $\int_0^2 \sqrt{4+x^3}\,dx$, $n=4$

(3) $\int_0^5 x\sqrt{25-x^2}\,dx$, $n=10$　　(4) $\int_0^3 \frac{x}{\sqrt{16+x^2}}\,dx$, $n=6$

(5) $\int_{-2}^3 \sqrt{20+x^4}\,dx$, $n=5$　　(6) $\int_1^6 \sqrt[3]{x^2+3x}\,dx$, $n=5$

(7) $\int_0^2 \sqrt{1+x^3}\,dx$, $n=4$　　(8) $\int_1^5 \sqrt{126-x^3}\,dx$, $n=4$.

（II） 試用 Simpson 法，求下列定積分的近似值:

(1) $\int_0^1 e^{-x^2}dx$, $2n=10$　　(2) $\int_0^4 x\sqrt{25-x^2}\,dx$, $2n=8$

(3) $\int_1^5 \sqrt[3]{6+x^2}\,dx$, $2n=8$　　(4) $\int_1^5 \sqrt[3]{x^3-x}\,dx$, $2n=8$

(5) $\int_0^2 \sqrt{4+x^3}\,dx$, $2n=8$　　(6) $\int_2^8 \frac{x}{\sqrt{3+x^3}}\,dx$, $2n=12$.

（III） 用矩形法（$n=12$）計算

$\int_0^{2\pi} x\sin x$　　〔答　-6.2832〕

（IV） 用梯形法

(1) $\int_0^1 \frac{dx}{1+x}$.（$n=8$.）　　〔答　0.69315〕

(2) $\int_0^1 \frac{dx}{1+x^3}$.（$n=12$.）　　〔答　0.83566〕

(3) $\int_0^{\pi/2} \sqrt{1-\frac{1}{4}\sin^2 x}$.（$n=6$.）〔答　1.4675〕

#8 重積分

#81 用二維積分表示體積

二維積分仍用積分三步曲來定義

$z=f(x, y)$，在立體解析幾何中，表示出一個曲面。我們設 $f(x, y)\geq 0$，則曲面在 xy 水平面上方，今設 R 表示 xy 面上的一個區域，（例如$\{(x, y): x^2+y^2\leq 1\}$，即閉圓盤）則 $\int_R f$ 表示：曲面 $z=f(x, y)$ 與水平面 $z=0$ 之間所夾的"柱體"之體積，爲什麼？（但要求 $(x, y)\in R$）。

這體積是什麼意思？我們把 R 分割成一小塊一小塊區域：R_1，R_2，$\cdots, R_n$，用 $|R_\alpha|$ 表示 R_α 之面積；R_α 上的鉛垂小柱體，被 $z=f(x, y)$ 與 $z=0$ 截出的體積應該約略是 $|R_\alpha|\cdot z_\alpha$，這裏 z_α 是：在 R_α 中任取個樣本點 (x_α, y_α) 時對應的高度 $z_\alpha=f(x_\alpha, y_\alpha)$，總體積 V 約爲 $\sum f(x_\alpha, y_\alpha)|R_\alpha|$。我們希望：在一切 $|R_\alpha|$ 都很小（分割够細時）這近似和接近於 V；越細割，就越近於一個極限〔這極限就是 V〕，這就是 $V=\int_R f$ 的定義，下面就給出解析的定義。

〔這是個"二維"積分；更高維的積分，也可以這樣子來定義。〕

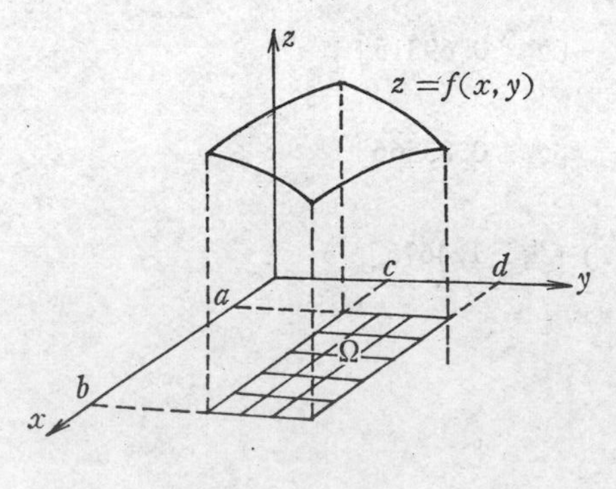

圖 甲

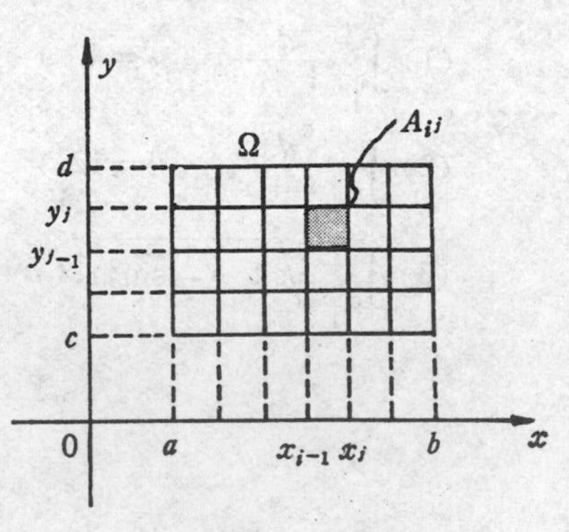

圖 乙

#82　對於兩變元函數 f，及二維的區域 Ω 積分 $\int_\Omega f$ 如何定義呢？

將 Ω 分割成矩形小塊 $A_{11}, A_{12}, \cdots$（如上圖乙），其中

$$A_{ij}=\{(x, y)\mid x_{i-1}\leq x\leq x_i,\ y_{j-1}\leq y\leq y_j\}.$$

兩重積分的定義

取樣本點 $(\xi_i, \eta_j)\in A_{ij}$，作近似和 $\sum_{ij} f(\xi_i, \eta_j)\triangle x_i\triangle y_j$，再讓分割加細，使每一小塊的範圍及面積均趨近於0，若極限

$\lim\sum f(\xi_i, \eta_j)\triangle x_i\triangle y_j$ 存在，記爲 $\int_\Omega f$，即

$$\int_\Omega f=\lim\sum f(\xi_i, \eta_j)\triangle x_i\triangle y_j$$

這叫做 Riemann **兩重積分** (double integral)，比較古典的寫法是 $\iint_\Omega f(x, y)dxdy$。注意到，當 $f\geq 0$ 時，$\int_\Omega f$ 的幾何意思就是圖甲立體的體積。

顯然，由上述定義馬上看出兩重積分也具有疊合性質：

兩重積分的疊合原理

$$\iint_\Omega kf=k\iint_\Omega f$$

$$\iint_\Omega(f+g)=\iint_\Omega f+\iint_\Omega g$$

連續性也是兩重積分存在的充分條件

另外，當 f 連續時，則 $\int_\Omega f$ 必存在。這些性質都跟一維積分一樣。

【問題】 設 $\Omega=[a;b]\times[c;d]\times[r;s]$

三重積分如何定義？

$$\equiv\{(x, y, z)\mid a\leq x\leq b,\ c\leq y\leq d,\ r\leq z\leq s\},$$

且 $f(x, y, z)$ 爲三變元實值函數。試仿照上述方法定義

Riemann **三重積分** (triple integral) $\int_\Omega f$.

〔又記爲 $\iiint_\Omega f(x, y, z)dxdy\ dz.$〕

【問題】 設閉區間 I 是諸區間 $I_1, I_2, \cdots, I_k$ 之聯集而它們各各只有端點

可能相重。〔稱做**簡直互斥**，一維地〕，那麼 $\int_I f$ 與 $\int_{I_i} f$ 有什麼關係？〔先從 $f \geq 0$ 時的幾何解釋看起〕。

如果是二維積分，而區域 R 是諸區域 $R_1, \cdots, R_k$ 之聯集，它們各各只有邊界區域線部份相重，〔我們說它們"簡直互斥"，二維地〕，那麼，仍有

$$\int_{\vee R_i} f = \sum \int_{R_i} f.$$

【習題】 設 R 表示圓盤 $x^2+y^2 \leq a^2$，$(a>0)$，函數 f 為 $f(x, y) = \sqrt{a^2-(x^2+y^2)}$，那麼，$\int_R f$ 有什麼幾何意義？

#83 殊途同歸：重積分原理

我們要問如何計算 $\iint_\Omega f(x, y)\, dx\, dy$？第一個辦法是按積分的定義來做，有時候果然就可以做出來。不過多數時候，不容易做！求近似和已經够麻煩，何況求極限這一關更困難。例如，$f(x, y)=\sin(xy)$，我們要求 $\int_\Omega f$ 的近似和，今將 Ω 等分割成 100 小塊（還算相當粗），取每一小塊的中心點當作樣本點（取到三位有效數字），例如 $(4.78, 3.26)$。於是必須查表求出 $\sin(4.78\times 3.26)$。通常三角函數表只列着 0° 到 90° 之間的數值，故我們還要將 $\sin(4.78\times 3.26)$ 化成同界角的銳角函數，即必須適當扣除 $2n\pi$，然後在表上才查得到，如此要做 100 次，再求近似和，這個計算過程實在可怕！考試鐵定不會要你這樣算，否則可以斷言，你的答案幾幾乎鐵定錯掉！

按定義來做重積分很困難！

想法子把重積分化成一維積分來計算

第二個辦法是想法子把 $\iint_\Omega f(x, y)dx\, dy$ 化成一維積分。我們先假設 $\Omega=[a; b]\times[c; d]$。再假設 $f(x, y) = g(x)h(y)$. 於是有如下公式

$$\int_{\Omega} g(x)h(y)dx\,dy=\left(\int_a^b g(x)dx\right)\left(\int_c^d h(y)dy\right).$$

換言之，當 $f(x, y)$ 的變數可以拆開成 $g(x)h(y)$ 時，重積分化成一維積分！例如 $f(x, y)=x^5y^7$，或 e^{x-y}，或 $e^x\cos y$ 等等，上述公式都可以派上用場。

這個公式爲什麼成立呢？首先注意到，整個立體的體積等於小薄片體積的和（見下圖甲）。今固定 y，則薄片平行 xz 平面，並且厚度從 y 到 $y+dy$，卽爲 dy。其次將此薄片投影到 xz 平面，其面積爲曲線 $z=z(x)=h(y)g(x)$ 底下所圍成（見圖乙），因此爲

$$\int_a^b z(x)dx=\int_a^b h(y)g(x)dx=h(y)\int_a^b g(x)dx.$$

於是小薄片的體積爲

$$dv=\left(h(y)\int_a^b g(x)dx\right)dy=\left(\int_a^b g(x)dx\right)h(y)dy$$

右端小括號內的項爲常數，因此對所有小薄片作和時可以提出來，因此立體的體積爲

$$V=\int_c^d\left(\int_a^b g(x)dx\right)h(y)dy$$
$$=\left(\int_a^b g(x)dx\right)\left(\int_c^d h(y)dy\right).$$

這就是我們所要的結果。

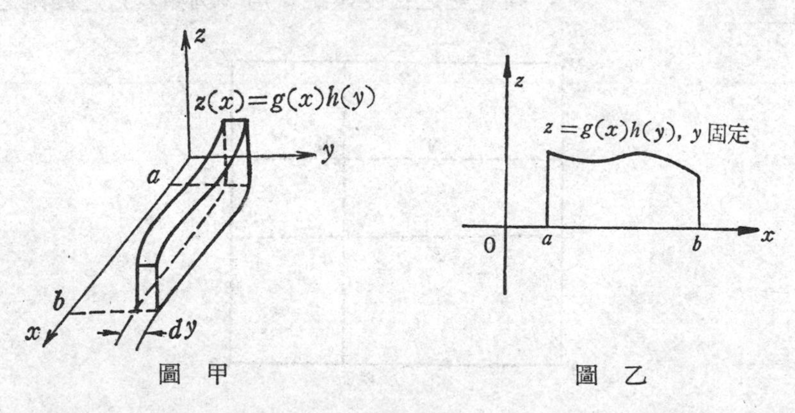

圖 甲　　　　圖 乙

【例】設$\Omega=[0;1]\times[0;1]$，試求$\iint_\Omega x^4y^6dx\ dy$.

【解】$\iint_\Omega x^4y^6dx\ dy=\left(\int_0^1 x^4\,dx\right)\left(\int_0^1 y^6\,dy\right)=\frac{1}{5}\cdot\frac{1}{7}=\frac{1}{35}$.

【例】設$\Omega=[0;1]\times\left[\frac{\pi}{2};\pi\right]$，求$\iint_\Omega e^x\cos y\ dx\ dy$.

【解】
$$\iint_\Omega e^x\cos y\ dx\ dy=\left(\int_0^1 e^xdx\right)\left(\int_{\pi/2}^{\pi}\cos y\ dy\right)$$
$$=\left(e^x\Big|_0^1\right)\cdot\left(\sin y\Big|_{\pi/2}^{\pi}\right)$$
$$=(e-1)(-1)=1-e.$$

【例】設$\Omega=[0;1]\times[-2;-1]$，求$\iint_\Omega e^{x-y}dx\ dy$.

【解】
$$\iint_\Omega e^{x-y}\ dx\ dy=\left(\int_0^1 e^xdx\right)\left(\int_{-2}^{-1}e^{-y}dy\right)$$
$$=\left(e^x\Big|_0^1\right)\cdot\left(-e^{-y}\Big|_{-2}^{-1}\right)$$
$$=(e-1)(e^2-e)=e(e-1)^2.$$

【問】設$\Omega=[1;2]\times[-1;1]$，求$\iint_\Omega(x^2y-3xy^2)dx\ dy$.

質量、質量中心及迴轉半徑之計算

【例】設有一厚薄均勻的正方薄片$ABCD$，每邊寬a、厚b，其各處之密度與距一角（例如A）之距離之平

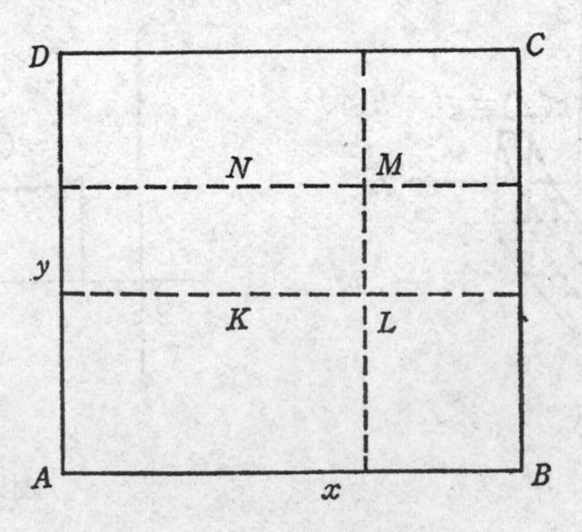

方成正比，若在C角之密度爲C，求其質量、質量中心與旋轉於 AB 或 AD 邊之廻轉半徑。先論質量，按定義即$m=\iint_s bq\ dx\ dy$，q表密度，$q=k(x^2+y^2)$.

欲定比例係數k之值，以C點之坐標（a，a）及密度c代入，乃有$c=k(a^2+0^2)$ 或$k=\dfrac{c}{2a^2}$，所求之質量對於對角線 AC 顯係對稱，故積分次序如何不必細究，假定先對y積分，則

$$m=\iint_s bq\,dx\ dy=\int_0^a dx\int_0^a \frac{bc}{2a^2}(x^2+y^2)dy$$

$$=\int_0^a \frac{bc}{2a^2}\left(x^2y+\frac{y^3}{3}\right)\Bigg|_0^a dx=\int_0^a \frac{bc}{2a}\left(x^2+\frac{a^2}{3}\right)dx$$

$$=\frac{bc}{2a}\left(\frac{x^3}{3}+\frac{a^2x}{3}\right)\Bigg|_0^a=\frac{a^2bc}{2}\left(\frac{1}{3}+\frac{1}{3}\right)=\frac{a^2bc}{3}.$$

次論其質量中心，自對稱情況言之，質量中心必位在對角線 AC 上，故只須求其距Y軸遠度 $\bar{x}$，故按定義即有

$$\bar{x}=\frac{1}{m}\iint_s bxq\,dx\,dy,$$

即 $$\bar{x}=\frac{3}{a^2bc}\int_0^a dx\int_0^a \frac{bc}{2a^2}x(x^2+y^2)dy$$

$$=\frac{3}{2a^4}\int_0^a dx\left(x^3y+\frac{xy^3}{3}\right)\Bigg|_0^a$$

$$=\frac{3}{2a^3}\int_0^a\left(x^3+\frac{xa^3}{3}\right)dx$$

$$=\frac{3}{2a^3}\left(\frac{x^4}{4}+\frac{a^2x^2}{6}\right)\Bigg|_0^a=\frac{3a}{2}\left(\frac{1}{4}+\frac{1}{6}\right)=\frac{5}{8}a.$$

再計算其對 AD 軸之轉動慣量I，即有

$$I=\iint_s x^2bq\,dx\,dy=\int_0^a dx\int_0^a \frac{bc}{2a^2}x^2(x^2+y^2)dy$$

$$=\frac{bc}{2a^2}\int_0^a dx\left(x^4y+\frac{x^2y^2}{3}\right)\Bigg|_0^a$$

$$=\frac{bc}{2a}\int_0^a\left(x^4+\frac{x^2a^2}{3}\right)dx$$

$$=\frac{bc}{2a}\left(\frac{x^5}{5}+\frac{x^3a^2}{9}\right)\Bigg|_0^a=\frac{a^4bc}{2}\left(\frac{1}{5}+\frac{1}{9}\right)$$

$$=\frac{7}{45}a^4bc=\frac{7}{15}ma^2.$$

故廻轉半徑爲$\sqrt{\text{轉動慣量／總質量}}$

即 $K=\sqrt{\frac{1}{m}}=\sqrt{\frac{7}{15}}a.$

【問】 計算下列積分:

(i) $\iint_\Omega (x+y)^4 dx\,dy$, $\Omega=[0;1]\times[1;2]$.

答 602/30

(ii) $\iint_\Omega (x-y)^3 dx\,dy$, $\Omega=[0;1]\times[0;1]$.

答 0

#84 偏積分

現在我們考慮更一般的函數 f 及**更一般的區域** Ω，試問這方法是否行得通? 此時，f 不一定可以拆解爲 x 的函數與 y 的函數之積，Ω 也不一定是矩形!

什麼叫偏積分?

#841 我們首先定義“偏（定）積分”: ——若 f 爲二變元函數，若固定其一變元，而對另一變元進行定積分，這就是**偏積分**。

【例】 把 $f(x,y)=3x^2y+4xy^2$ 對 y 做定積分範圍自 3 到 7.

【解】 $\int_3^7 (3x^2y+4xy^2)dy$

$$=\frac{3}{2}x^2y^2+\frac{4}{3}xy^3\Big|_3^7=\frac{3}{2}x^2(49-9)$$

$$+\frac{4}{3}x(343-27)=60x^2+\frac{1264}{3}x.$$

我們只要在計算當中，把 x 看成固定的常數就好了。

請再看下例:

【例】把上述的 f 對 y 積分，範圍自

$-\sqrt{25-x^2}$ 到 $\sqrt{25-x^2}$.

【解】

$$\int_{-\sqrt{25-x^2}}^{\sqrt{25-x^2}}(3x^2y+4xy^2)dy=\frac{3}{2}x^2y^2+\frac{4xy^3}{3}\Big|_{-\sqrt{25-x^2}}^{\sqrt{25-x^2}}$$

$$=\frac{3}{2}x^2[(25-x^2)-(25-x^2)+\frac{4x}{3}(\sqrt{25-x^2})^3$$

$$-(-\sqrt{25-x^2})^3]$$

$$=\frac{8x}{3}(\sqrt{25-x^2})^3.$$

#85 偏範圍

更麻煩的是這種情形:

假設$\mathscr{D}$是 xy 平面上一個區域， 如果固定了 $x=4$， 或者固定了 $y=5$，就得到兩個“偏範圍”，如圖。

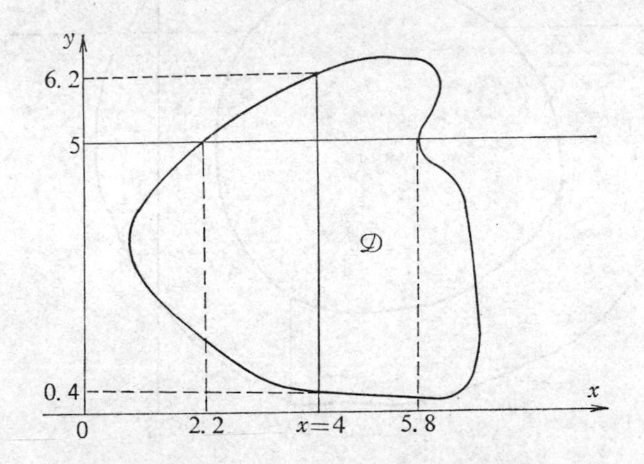

什麼叫做偏範圍?

範圍$\mathscr{D}$在 $x=4$ 時的偏範圍代表了一個線段，就是「$x=4$」這直線與D之交界(割線)，同理$\mathscr{D}$與 $y=5$ 也有交界，這就是“偏範圍”，但是被固定的變數就不提了，換言之，$x=4$ 定出了$\mathscr{D}$的偏範圍為 $0.4\leq y\leq 6.2$；而 $y=5$ 定出了$\mathscr{D}$的偏範圍是 $2.2\leq x\leq 5.8$，分別記做 $\mathscr{D}_4''$ 及 $\mathscr{D}_5'$.

【例】設$\mathscr{D}$代表了：$9\leq x^2+y^2\leq 25$這個區域，試求偏區域 $\mathscr{D}''_a$ 及 $\mathscr{D}_b'$（圖）。

【解】$\mathscr{D}$是兩圓 c_1: $x^2+y^2=9$ 及 c_2: $x^2+y^2=25$ 之間的範圍。

令 $x=a$，解 y，則 $9\leq a^2+y^2=25$,

即 $9-a^2\leq y^2\leq 25-a^2$,

又在這條件下尚須分成 $a^2<9$ 及 $a^2>9$ 兩種情況。

若 $a^2>9$，則 $9-a^2<0$，而 $9-a^2\leq y^2$ 是廢話，（當然成立.）故解出 $y^2\leq 25-a$.

即 $-\sqrt{25-a^2}\leq y\leq\sqrt{25-a^2}$.

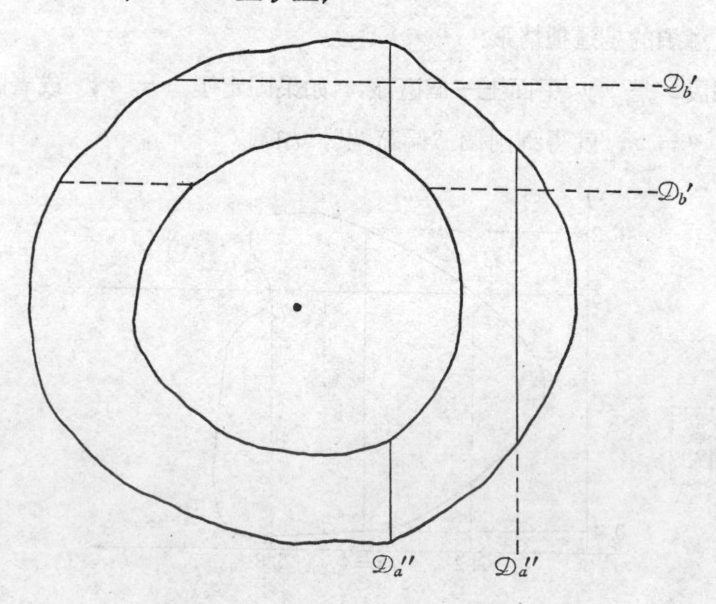

反之 $a^2<9$時，$9-a^2>0$，故得

$$\sqrt{9-a^2}\leq y\leq\sqrt{25-a^2}\text{或}-\sqrt{25-a^2}\leq y\leq-\sqrt{9-a^2}$$

所以 $\mathscr{D}_a''\equiv$區間$[-\sqrt{25-a^2};\sqrt{25-a^2}]$（當 $a^2\geq 9$）

或者$\mathscr{D}_a''=[-\sqrt{25-a^2};-\sqrt{9-a^2}]\cup[\sqrt{9-a^2};\sqrt{25-a^2}]$

（當 $a^2<9$）

$\mathscr{D}_b'$ 的情形也相似。

【例】 設$\mathscr{D}$為$9\leq x^2+y^2<25$，求

$f(x, y)=3x^2y+4xy^2$，對$\mathscr{D}_x''$之偏積分。

【解】 已知 $\mathscr{D}_x''$ 如上例，此時x固定，對y積分，則

$$\int_{\mathscr{D}_x''}f(x, y)dy=\frac{3}{2}x^2y^2+\frac{4}{3}xy^3.$$

若$x^2\geq 9$，則得$\mathscr{D}_x''=[-\sqrt{25-x^2};\sqrt{25-x^2}]$.

故上式 $\int_{\mathscr{D}_x''}f=\frac{3}{2}x^2[(25-x^2)-(25-x^2)]+$

$$+\frac{4}{3}x[(\sqrt{25-x^2})^3-(-\sqrt{25-x^2})^3]$$

$$=\frac{8}{3}x(25-x^2)^{3/2}.$$

反之若 $x^2<9$，則 $\mathscr{D}_x$ 是兩個區間之聯集，故

$$\int_{\mathscr{D}_x''}f=\frac{3}{2}x^2y^2\Big|_{y=-\sqrt{25-x^2}}^{y=-\sqrt{9-x^2}}+\frac{3}{2}x^2y^2\Big|_{y=\sqrt{9-x^2}}^{y=\sqrt{25-x^2}}$$

$$+\frac{4}{3}x\left[y^3\Big|_{-\sqrt{25-x^2}}^{-\sqrt{9-x^2}}+y^3\Big|_{\sqrt{9-x^2}}^{\sqrt{25-x^2}}\right]$$

$$=\frac{3}{2}x^2\{(9-x^2)-(25-x^2)+(25-x^2)$$

$$-(9-x^2)\}+\frac{4}{3}x\{-\sqrt{9-x^2}^3+\sqrt{25-x^2}^3$$

$$+\sqrt{25-x^2}^3-\sqrt{9-x^2}^3\}$$

$$=\frac{8}{3}x\{\sqrt{25-x^2}^3-\sqrt{9-x^2}^3\}.$$

答 $\int_{\mathscr{D}_x''}f(x, y)dy=\begin{cases}\frac{8}{3}x(25-x^2)^{3/2}, & \text{當 } 25>x^2\geq 9,\\ \frac{8}{3}x\{\sqrt{25-x^2}^3-\sqrt{9-x^2}^3\}, & \text{當 } x^2<9.\end{cases}$

【例】 如上，但作

$$\int_{\mathscr{D}_y'}f(x, y)dx=?$$

請大家注意：在上面兩例中，計算 $\int_{\mathscr{D}_x''}f(x, y)dy$ 時，是把 x 看成常數，積出的值當然跟 x 有關，變成了 x 的函數，反之，計算 $\int_{\mathscr{D}_y'}f(x, y)dx$ 時，是把 y 看成常數就積出個 y 的函數了!

現在我們再討論"全積分"。

#86　重積分原理的一般形式

假設$\mathscr{D}$是平面上一塊區域，我們要計算 $\int_{\mathscr{D}}f$ 根據定義，這就是

$$\lim\sum_k f(\xi_k, \eta_k)|D_k| \quad \text{或即}$$

$$\lim\sum_{i,j}(\xi_i, \eta_j)|D_{ij}|$$

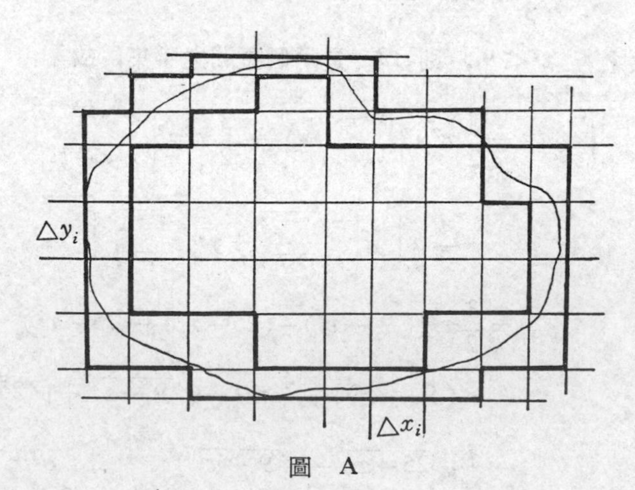

圖　A

我們現在採用“矩形分割法”，即用與x，y軸平行的直線來分割$\mathscr{D}$。

當然，$\mathscr{D}$本身不一定是（平行於x，y軸之）長方形所合成的區域，所以有些小塊**不一定是矩形**。這些是**邊緣的小塊**。

我們先進行積分的**前二步**。暫停！如何求和？我們可以有三個辦法來求和。

三種求和法

甲、“一口氣求和”（圖A中的“內和”有26塊）

乙、“分解動作”！第一步先橫列求和，第二步再縱行求和（圖A中有6個縱行的“內和”）。

丙、仿上，但行列順序顛倒。

我們就看乙吧，這是把和式的 $\sum_{(i,j)}$ 改成 $\sum_i(\sum_j)$，先做

$$\sum_j f(\xi_i,\eta_j)\,|D_{(i,j)}| \text{ 再做 } \sum_i$$

我們注意到 $\mathscr{D}_{ij}=\triangle x_i\triangle y_j$，都是矩形，——**只有邊界上的 $\mathscr{D}_{ij}$ 不合這要求**。所以

$$\sum_j f(\xi_i,\eta_j)\,|D_{(i,j)}|\sim\{\sum_j f(\xi_i,\eta_j)\triangle y_j\}\triangle x_i$$

因而接近於 $\left\{\int_{\mathscr{D}''_{\xi_i}} f(\xi_i,\,y)\,dy\right\}\triangle x_i.$

這裏 $\mathscr{D}''_{\xi_i}$ 代表y軸上的區間，就是區域，$\mathscr{D}$與直線 $x=\xi_i$ 之交界的y坐標的偏範圍。

我們就看出來：如果再做和$\sum_i$，就得到近似於 $\int_{\mathscr{D}_1} g(x)dx$ 的值；

但 $g(x)\equiv\int_{\mathscr{D}_x''} f(x,\,y)dy.$

而 $\mathscr{D}_1$ 是 $\mathscr{D}$ 在x軸之投影。再做極限，於是我們就得到了如下的定理。（**迭次積分原理**或**重積分定理**或 **Fubini 型定理**。）

重積分的Fubini型定理

$$\int_{\mathscr{D}}\int f(x, y)\,dA=\int_{\mathscr{D}_1}\left\{\int_{\mathscr{D}_x''} f(x, y)\,dy\right\}dx \quad (\text{圖 B})$$

$$(\text{同理}) =\int_{\mathscr{D}_2}\left\{\int_{\mathscr{D}_y'} f(x, y)\,dx\right\}dy \quad (\text{圖 C})$$

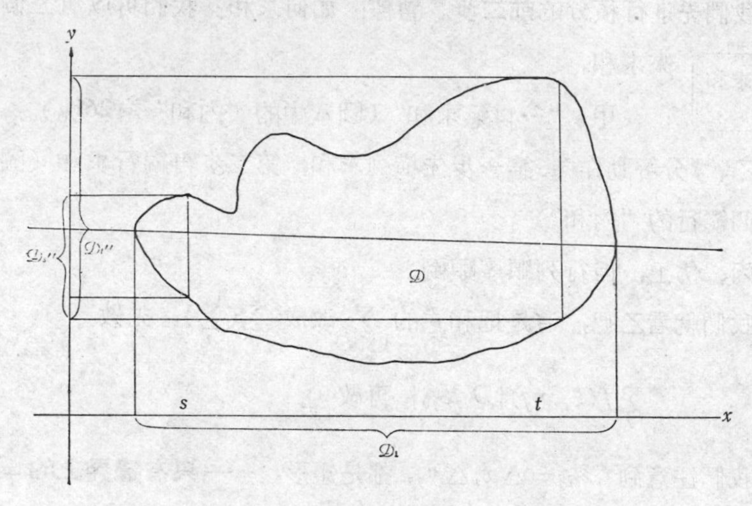

圖 B

其中 $\mathscr{D}_x''$ 及 $\mathscr{D}_y'$ 爲$\mathscr{D}$之偏區域，而 $\mathscr{D}_1, \mathscr{D}_2$ 是$\mathscr{D}$在 x 軸、y 軸之投

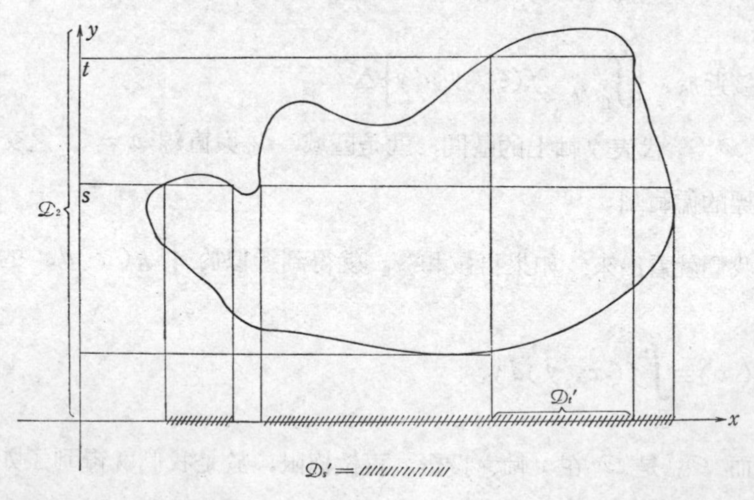

圖 C

影。換句話說，要算 $\iint_{\Omega} f(x, y)dx\ dy$，可暫時不管 x（或 y），把它當作常數看待，先對 y（或 x）作一維積分，y 積掉後，剩下的是一個 x（或 y）的函數，再對 x（或 y）作積分。因此兩重積分就變成**逐次積分** (iterated integral)。

用幾何圖形來說明，我們對立體的體積有三種看法:

甲圖是立體體積的定義；乙圖是先求平行 yz 平面的截面積（固定 x)，再對 x 積分，也得到立體的體積；丙圖是先求平行 xz 平面的截面積（固定 y），再對 y 積分，仍然得到立體的體積。〔這個原理馬上可推廣到更高維的情形。〕

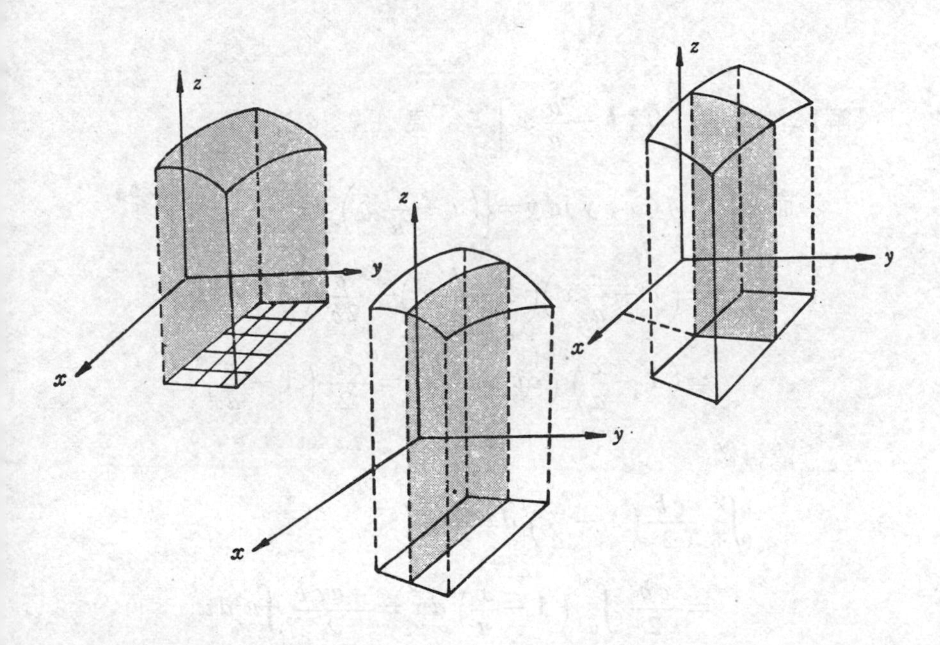

【例】 求函數

$$f(x, y) \equiv c - \frac{c}{a}x - \frac{c}{b}y$$

在 $\mathscr{D}$: $a \geq x \geq 0, 0 \leq y \leq b - \frac{b}{a} x$ 上的積分(圖)，但 a 、b 、c 均 > 0 。

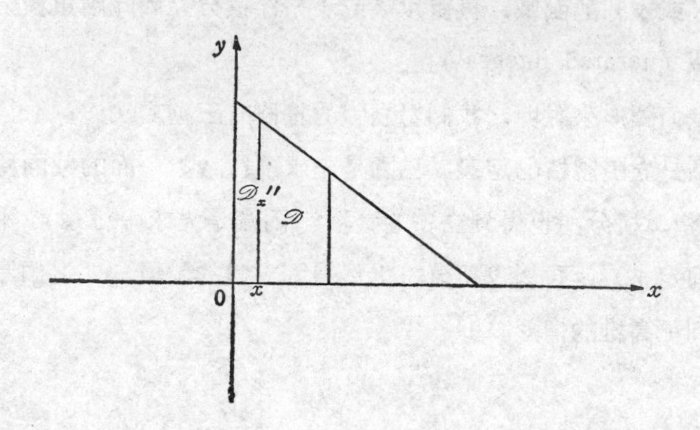

【解】 $\mathscr{D}_x''$ 爲 $\left[0\,; b - \frac{b}{a} x\right]$, $\mathscr{D}_1$ 爲 $[0\,; a]$,

而 $$\int_{\mathscr{D}_x''} f(x, y)\, dy = \left\{\left(c - \frac{c}{a} x\right) y - \frac{c}{2b} y^2\right\} \Big|^{b - \frac{b}{a} x}$$

$$= \left(c - \frac{c}{a} x\right)\left(b - \frac{b}{a} x\right) - \frac{c}{2b}\left(b - \frac{b}{a} x\right)^2$$

$$= \left(1 - \frac{x}{a}\right)^2 \left(cb - \frac{cb}{2}\right) = \frac{cb}{2}\left(1 - \frac{x}{a}\right)^2,$$

故再做

$$\int_0^a \frac{cb}{2}\left(1 - \frac{x}{a}\right)^2 dx$$

$$= \frac{cb}{2} \int_0^a \left(1 - \frac{x}{a}\right)^2 dx = \frac{-acb}{2} \int u^2 du,$$

$$\left(u \equiv \left(1 - \frac{x}{a}\right)\right) = \frac{acb}{6}(-u^3) \Big|_{x=0}^{x=a} = \frac{abc}{6}.$$

注意到本題的幾何意義! 在 $0 \leq z \leq f(x, y)$ 即 “曲面” $z =$

$f(x, y)$ 之下，$\mathscr{D}$上的體積就是 I，但這**平面**是 $\frac{x}{a}+\frac{y}{b}+\frac{z}{c}=1$；故這是四面體，底面爲三角形：$x\geq 0$，$y\geq 0$．$\frac{x}{a}+\frac{y}{b}\leq 1$（面積爲 $ab/2$）高爲 c，故體積爲 $abc/6$。

【例】 我們常聽說，臺北市某條道路拓寬後，政府就要徵收工程受益費。凡是越靠近道路兩旁的，地價越貴（金地銀地），收費要越多才公平。但是如何計算呢？爲此，當然政府事先得要規定幾個收費標準。今假設距離路旁 50 公尺之外的地區不收費，於是我們取坐標如下圖：

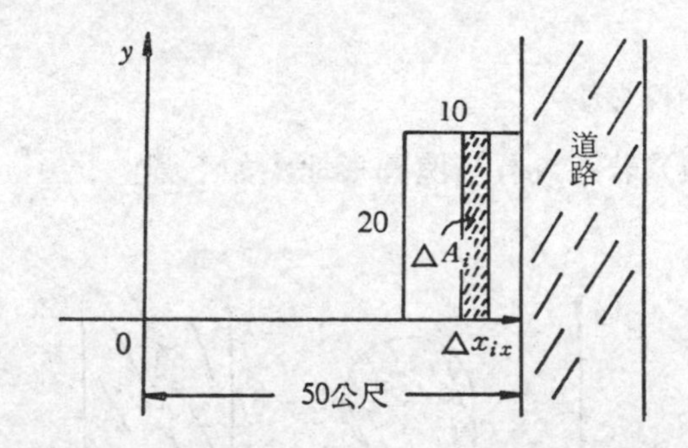

y軸與道路平行並且相距 50 公尺。再假設收費額與從 y 軸往右算的距離成正比，並且距離 y 軸 25 公尺處每平方公尺的土地收費 50 元。如果令 $U(x)$ 表示跟 y 軸相距 x 公尺的地方每平方公尺的受益費，那麼由上述假設馬上知道 $U(x)=2x$。今某人有一塊緊靠路旁的矩形地，長 20 公尺，寬 10 公尺，問應繳納多少受益費？

【解】 我們的辦法是將土地分割成小長條（跟道路平行），$\triangle A_i$ 爲其中一長爲 20 公尺，寬爲 $\triangle x_i$。故 $\triangle A_i$ 的土地稅額約爲

$$U(x)\triangle A_i=2x\times 20\triangle x$$

作和再取極限，就知道總稅額為

$$\int_{40}^{50} 2x\cdot 20\,dx = 20x^2 \Big|_{40}^{50} = 18,000\text{元}$$

【問】如果某人有一塊靠着路旁的三角形地如下：

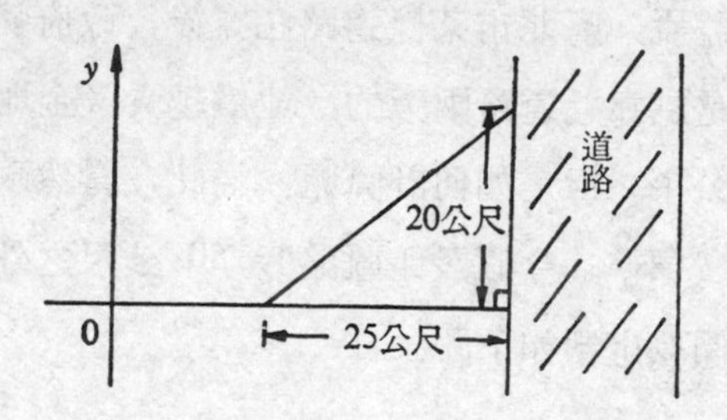

問應納稅多少？

【問】（繼續）若某人有一塊圓形地，如下圖：

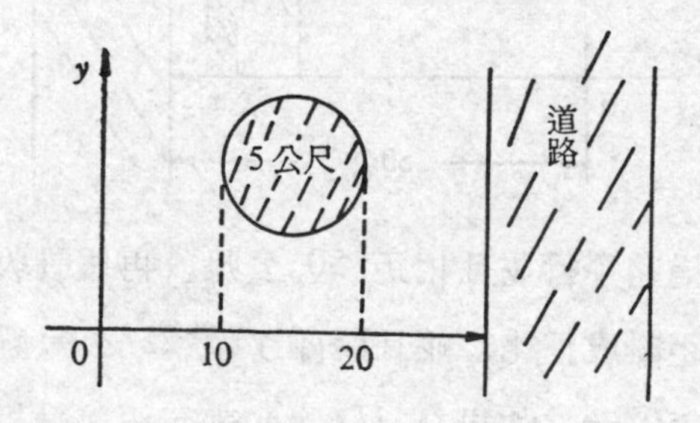

問應納稅多少？

#87

【註】將重積分化成一維的逐次積分， 有時不見得有好處〔特別是當一維的 Newton-Leibnitz 公式派不上用場時，見後述！〕。

此時只能求近似和，直接按定義來做反而比較簡單！ 另外要注意的是，逐次積分到底是先對 x 積分還是先對 y 積分呢？

手順的重要性

兩種做法的難易程度往往不同，我們應該擇其容易者來計算，就好像下圍棋時“手順”很重要一樣。最後還有**積分範圍**的表達問題，這兩件事都需要一些練習才行。

對稱性的考慮

#88　**對稱性的考慮**

【例】 若 $f(-x,-y)=-f(x,y)$，試證 $\iint_\Omega f(x,y)\,dx\,dy=0$，

$$\Omega=[-1;1]\times[-1;1].$$

【例】 若 $f(x,-y)=-f(x,y)$，試證 $\iint_\Omega f(x,y)\,dx\,dy=0$，

$$\Omega=[-1;7]\times[-1;1].$$

如上兩例，在例 1，Ω 只要對於原點對稱就好了。在例 2，Ω 只要對於 x 軸對稱就好了。

§3 導數與導函數

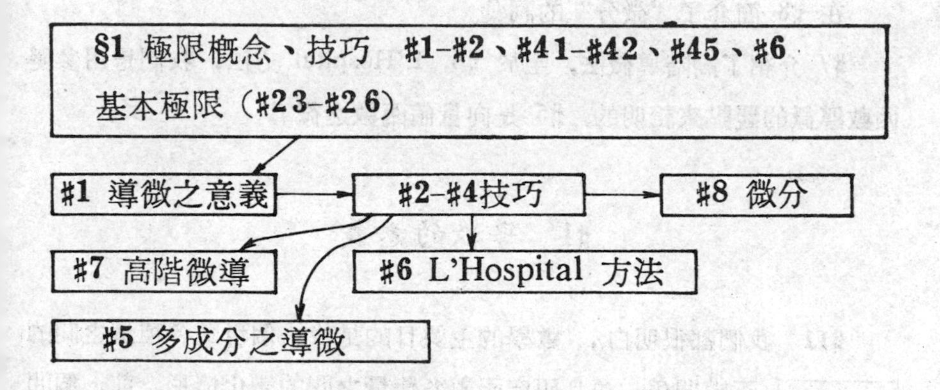

首先在 #1 中解釋了**導數的意義**， #11 以瞬時速度解釋， #12 提出**解析的定義**，引入記號 Df 及 $\dfrac{df(x)}{dx}$， #13 提出切線斜率的解釋， #14 提出放大率的解釋， #15 提出密度的解釋， #16 則提出經濟學上"邊際"一詞之解釋。

#17 介紹了左半導數， 右半導數， 並說明了可導性與連續性之關聯。

在 #2 中， **介紹了基本函數之導微**。如 #21—#22: Dx^n($n\in N$ 及 $n^{-1}\in N.$)，#23. $D\sin x$，$D\cos x$，#24，Da^x，#25 $D\ \log_a x$.

計算當中，**必須引用 §1 中的一些基本極限公式**，故必要時請讀者參考 §1。

在 #3 中介紹了導微運算的初等規則，此即線性（#31），Leibniz 之乘法規則（#321）及除法規則（#322），順便完成了 Dsh，Dch (#311) 及 Dtan，Dsech (#3221)，Dx^{-n}(#3222) 諸公式的推導。

在 #4 中，連鎖規則先被用來驗證一些公式 (#41)，但是，主要地被用來推出反函數規則 (#42)，及隱函數規則 (#43)，以及參變函數規則 (#44)，單變數微導的原則至此就完備了。

在 #8 簡介了"微分"的詞彙。

#7 介紹了高階導微法，至於 #6，L'Hospital 方法，我們是用參變函數導微的觀點來證明的，#5 是向量值函數之微導。

#1 導數的意義

#11 我們都很明白，數學的主要目的是找一個現象各種量之間的

變率及速度的研究導致微分法的產生

函數關係，並且研究函數各變量之間的變化情形。前一個問題層次較高，暫且不談，而後一個問題就是本節所要講述的內容。我們要來討論變量的變化率，所用的工具就是微分法。

微分學主要是 Newton 發明的，其目的是要討論物理上的速度問題。本章我們就由速度談起，由此引進導數的概念，並且給導數概念作各種幾何的與物理的解釋，再介紹求導數的技巧。然後講述利用導數來探求函數更細微的變化問題。

自由落體的研究

Galilei研究自由落體的運動，大致可以這樣描寫：從物體放手的時刻算起，在 t 時刻落下的距離（函數）爲

$$S(t)=\frac{1}{2}gt^2,$$

這裏常數 g 約爲 980 厘米／秒^2，叫做重力加速度。由經驗我們知道物體

是越落越快，這快慢的程度如何描述呢？假設我們要研究時刻 $t=3$ 秒的快慢問題。先考慮從時刻 $t=3$ 秒到 $t=3+h$ 秒之間落下的一段距離，它是

$$\frac{1}{2}g(3+h)^2-\frac{1}{2}g\times 3^2=3gh+\frac{g}{2}h^2,$$

所以在這一段時間的平均（下降）速度是 $3g+\frac{g}{2}h$（平均速度＝距離÷時間）。顯然這一平均速度跟我們考慮的時間 h 之久暫有關。我們可以考慮"瞬時速度"，即無窮小時間內的平均速度：令 $h\to 0$，則 $3g+\frac{g}{2}h$ 的極限爲 $3g$。我們就稱 $3g$ 爲物體在 $t=3$ 秒的瞬間速度，以後就簡稱瞬間速度爲速度。

【問題】 在上述問題中，求時刻 $t=5$ 秒的速度。

一般地說：若 x 代表時刻，y 代表質點（在 y 軸上）的位置（或距離）。$y=f(x)$ 代表了位置（或距離）函數，那麼，從時刻 t 到時刻 $t+h$，質點走了一段距離。

什麼是平均速度？瞬時速度？

$f(t+h)-f(t)$，平均速度爲

$[f(t+h)-f(t)]/h.$

（可正、可負，依軸向而定！）我們讓 h 趨近 0，而這平均速度之極限就可以叫做質點於時刻 t 之「瞬時」速度 $f'(t)$，而 $f': t\longmapsto f'(t)$ 就是這質點之速度函數。

什麼是速度函數？

#12 導數及導函數的解析定義

一般說來，給一個函數 $y=f(x)$，我們就可以考慮變數 x 自 c 變到 $c+h$ 時，變數 y 的變動量。這當然是

導數與導函數的定義

$\triangle y=f(c+h)-f(c).$

【註】 $\triangle y$ 是"y 的變動"，不是"$\triangle$ 乘以 y"，因此 $\triangle$ 及 y 要唸在一起。

所以變數 y 對變數 x 的"平均變率"是

$$\frac{\triangle y}{\triangle x}=\frac{f(c+h)-f(c)}{h} \text{（此地 } h \equiv \triangle x\text{）.}$$

我們再令 $h \to 0$，如果這"平均變率"有個極限，則這極限就叫做函數 f 在 $x=c$ 點處的**微分係數**或**微分商**，或**導數**等等，並以 $f'(c)$ 或 $Df(c)$ 或 $Df(x)\Big|_{x=c}$ 或 $\frac{df(x)}{dx}\Big|_{x=c}$ 等等表示。同時我們就說函數 f 在點 $x=c$ 處**可（以）導（微）**。如果函數 f 在某範圍中可導微，我們就說 f 在此範圍中**可導**。這時函數 $x \to f'(x)$ 叫做 f 的**導函數**（derivative)，記做 f' 或 Df。另一方面，f 叫做 f' 的一個**原始函數**。

正如定積分的口訣是"分割、取樣、求和、取極限"四部曲，我們也有求導數的口訣:"（讓 x 變化一點）$\triangle x$，（求 y 的變化量）$\triangle y$，作差分商（又叫牛頓商）$\frac{\triangle y}{\triangle x}\left(\text{即}\frac{f(x+\triangle x)-f(x)}{\triangle x}\right)$，取極限（令 $\triangle x \to 0$）"。顯然，求導數比算定積分簡單多多!

當 $\lim\limits_{\triangle x\to 0}\frac{\triangle y}{\triangle x}$ 存在時，我們也記此極限值爲 $\frac{dy}{dx}$。從表面上看起來，這好像是 $\triangle y$ 的極限爲 dy，而 $\triangle x$ 的極限爲 dx，因此 $\frac{\triangle y}{\triangle x}$ 的極限爲 $\frac{dy}{dx}$。其實這是不通的，因爲欲"商的極限等於極限的商"成立的話，

再次看到記號的適當創造與使用之重要性

必須分母 $\triangle x$ 的極限不爲 0。不過，使用記號 $\frac{dy}{dx}$ 也有道理（這是 Leibniz 發明的），你可以**想像**是 dy 比上 dx。這使得連鎖導微規則 $\frac{dz}{dx}=\frac{dz}{dy}\cdot\frac{dy}{dx}$（參見 #4），不但易記住，**在計算上也很方便**。我們再次強調，記號的掌握是數學的奧妙所在。

#131 導數的切線斜率解釋

導數就是切線的斜率

我們所定義的導微概念也有幾何的直觀意義，今說明如下：將函數 $y=f(x)$ 圖解：

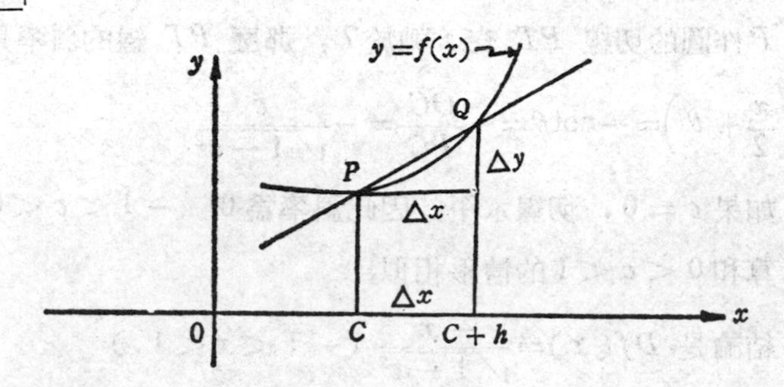

於是$\dfrac{\Delta y}{\Delta x}$就表示割線 PQ 的斜率。令$\Delta x\to 0$就表示讓Q點漸趨近於P點，即割線漸趨近於過P點的切線。因此若 $\lim\limits_{\Delta x\to 0}\dfrac{\Delta y}{\Delta x}$存在的話，這極限值就是導數，它代表過$P$點的切線之斜率。

【問題】求過曲線 $y=x^2$ 上的點（2，4）的切線斜率及切線方程式。

#132 事實上，Leibniz 用記號 dy/dx，他有一個意思是：想像 Q "無限地接近" P，水平距離Δx 記做 dx，是"無限小"，而鉛垂距離將為 $\Delta y=dy$，這"無限小的割線"就成為"切線"，斜率為 dy/dx.

【例】求 $D(\sqrt{1-x^2})$.

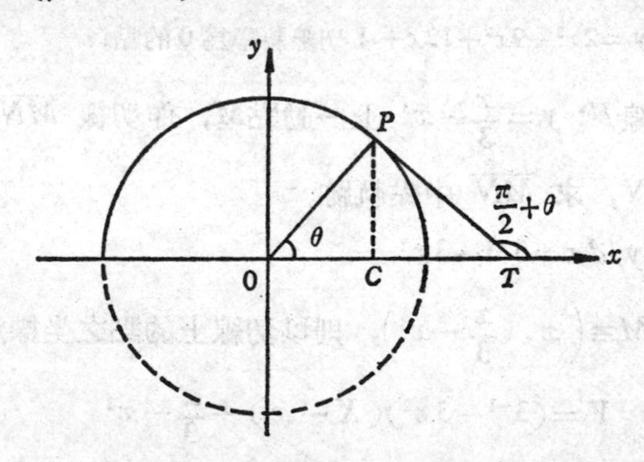

【解】我們可以用純幾何的辦法求出$\sqrt{1-x^2}$ 的導函數。

函數 $y=\sqrt{1-x^2}$ 的圖解就是單位圓 $x^2+y^2=1$ 的上半，取 c 而 $0<c<1$，鉛垂線 $x=c$ 和圓交於 $P=(c, f(c))$。自 P 作圓的切線 PT 交 x 軸於 T，那麼 PT 線的斜率是

$$\tan\left(\frac{\pi}{2}+\theta\right)=-\cot\theta=-\frac{\overline{OC}}{\overline{PC}}=-\frac{c}{\sqrt{1-c^2}}.$$

如果 $c=0$，切線水平，因此斜率爲 0，$-1<c<0$ 時，計算和 $0<c<1$ 的情形相似，

結論是 $Df(x)=\dfrac{-x}{\sqrt{1-x^2}}$ $(-1<x<1.)$

【習　　題】

求下列函數，過已知點的切線及法線方程式（1－2）:

(1) $y=3x^5-4x^2+1$, $(1, 0)$

(2) $y=(x^2-2x+3)^4$, $(1, 16)$

(3) 試證過拋物線 $y^2=4px$ 上一點 (x_1, y_1) 的切線方程式爲 $y_1y=2p(x+x_1)$.
［注意: 互換 x, y 的角色! ］

(4) 問曲線 $y=x^3$ 上那一點的切線斜率爲12?

(5) 問曲線 $y=x^3+x-2$ 上那一點的切線平行於直線 $y=4x-1$?

(6) 求曲線 $y=2x^3-9x^2+12x+1$ 切線斜率爲 0 的點。

【例】自曲線 Γ: $y=\dfrac{x}{3}-x^3$ 上一動點 M，作切線 $\overline{MN}$，交 Γ 於另一點 N，求 $\overline{MN}$ 中點軌跡。

【解】今 $dy/dx=3^{-1}-3x^2$.

當 $M\equiv\left(x, \dfrac{x}{3}-x^3\right)$，則以切線上的點之坐標爲 (X, Y)，

那麼 $Y=(3^{-1}-3x^2)(X-x)+\dfrac{x}{3}-x^3$

$$=\left(\frac{1}{3}-3x^2\right)X+2x^3, \tag{1}$$

故交點爲 $N=(X,Y)$，而 $Y=\dfrac{X}{3}-X^3.$ (2)

$$\therefore\ X=-2x,\ Y=\frac{-2x}{3}+8x^3, \tag{3}$$

故 $\overline{MN}$ 之中點爲 $(-x/2,\ -x/6+7x^3/2)=(\xi,\eta)$，

而 $\eta=\dfrac{\xi}{3}-28\xi^3.$

答 $y=\dfrac{x}{3}-28x^3.$

#133

【註解】在上一個例子中，我們用了坐標 (x,y) 以及 (X,Y)，(x,y) 是 Γ 上的點，當做已知之後，(X,Y) 就是切線上的點的坐標。

然後，又從而得出"中點坐標" (ξ,η)，利用 $(x,y)\in\Gamma$ 消去 x,y，所得之方程式乃 (ξ,η) 之方程式，故所求者乃是「再以 (x,y) 代 (ξ,η) 之方程式」。

#134 切線爲 $Y-y=\dfrac{dy}{dx}(X-x)$，

故切線影爲：「求 $Y=0$ 之 X，再算 $|X-x|$」，

即 $\overline{P'T}=\left|y\Big/\dfrac{dy}{dx}\right|$；法線爲

$$Y-y=-(X-x)\Big/\frac{dy}{dx},\ 而$$

法線影乃是由 $Y=0$ 時之 X，算 $|X-x|$，

即 $\left|y\dfrac{dy}{dx}\right|=\overline{P'N}$

"切線長"爲 $\overline{PT}=\left|\dfrac{y}{\dfrac{dy}{dx}}\right|\sqrt{1+\left(\dfrac{dy}{dx}\right)^2}$；

法線長為 $|y|\sqrt{1+\left(\dfrac{dy}{dx}\right)^2}=\overline{PN}$.

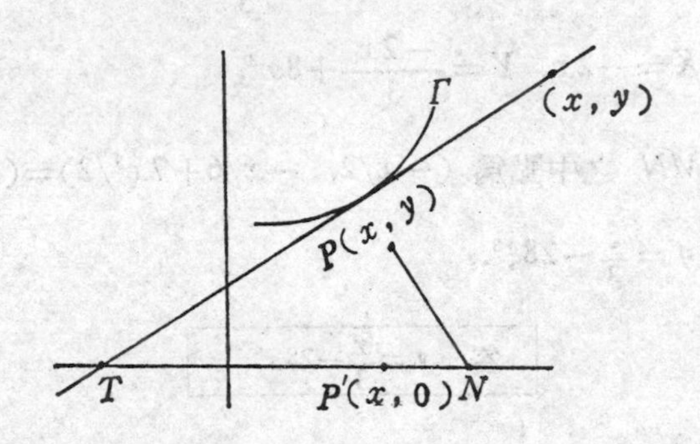

§14　導數的放大率解釋

讓我們想像函數 $y=f(x)$ 之變數 x 在某一直線 l_1 上變動，其值在平行的另一直線 l_2 上變動，並且兩直線間夾着一個特殊鏡片（如下圖）。

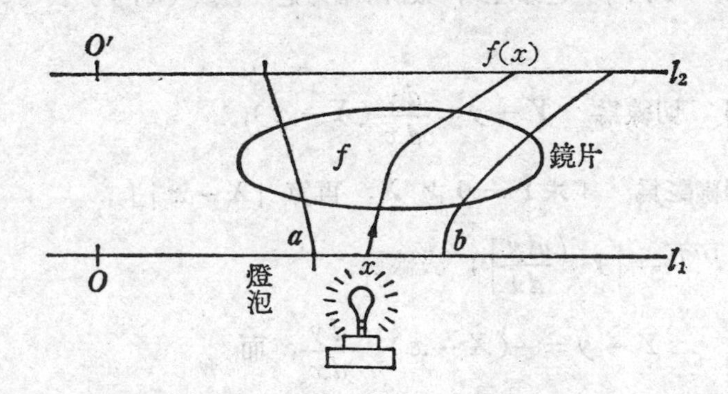

導數就是放大率

鏡片的作用相當於函數 f 的作用，把點 x 照射至點 $f(x)$。對如此的照射，我們來考慮其放大率的問題。顯然 f 將線段〔c；$c+h$〕照射成〔$f(c)$；$f(c+h)$〕，故其平均放大率為 $\dfrac{f(c+h)-f(c)}{h}$。令 $h\to 0$，則極限值 $\lim\limits_{h\to 0}\dfrac{f(c+h)-f(c)}{h}=$

$f'(c)$（若存在），就是f在$x=c$點處的**放大率**!

#15　導數的密度解釋

導數就是密度

有一非均勻的鐵絲，如右圖：

O　　　　　x

假設從原點O至x點之質量為$f(x)$，則從c點到$c+h$點的質量為$f(c+h)-f(c)$。於是"平均密度"(單位長的質量)為$\frac{f(c+h)-f(c)}{h}$

令$h\to 0$，若極限$\lim_{h\to 0}\frac{f(c+h)-f(c)}{h}=f'(c)$存在，這就是$f$在$x=c$點處之密度。

*#16　【附註】

在經濟學上，邊際（marginal）一詞，指的是**導微**。

經濟學上的邊際是指導微

例如"總收入"函數R對於"需求量"x之變化率$dR(x)/dx$稱為邊際收入（marginal revenue)，而總成本函數π對於生產量x之變化率$d\pi(x)/dx$稱為邊際成本。

在經濟學上，彈性（elasticity）一詞有它的有趣的定義：兩量y與

何謂彈性?

x之相對的彈性是

$$\frac{Ey}{Ex}=\frac{dy}{dx}\Big/\left(\frac{y}{x}\right)$$

$$=\lim[(\triangle y/y)\div(\triangle x/x)]$$

有時，這個數鐵定是負的，因而改以其絕對值為"彈性"。

以上我們介紹了導微的四種解釋 #1·1, #1·3, #1·4, #1·5（正如定積分也有各種解釋），這些解釋都要確實掌握。這在以後我們要解釋一些式子的意義時，會很有幫助。

#17　可導性與連續性的關係

在我們定義的導數概念$\lim_{h\to 0}\frac{f(c+h)-f(c)}{h}$中，自變數的微差

h 可正可負。如果只考慮 $h>0$ 的情形，所得的極限就是 **"右半導數"** 之概念。同理也可考慮 **"左半導數"**（$h<0$）。所以一個函數 f 在一點 c 可導就等於：「f 在 c 點左半可導及右半可導，並且兩個導數相等」。當然有兩邊可導，但不可（全）導的函數存在，一個例子如下：

可導必連續，反之不然

設函數 f 定義爲 $f(x)=|x|$，其圖形

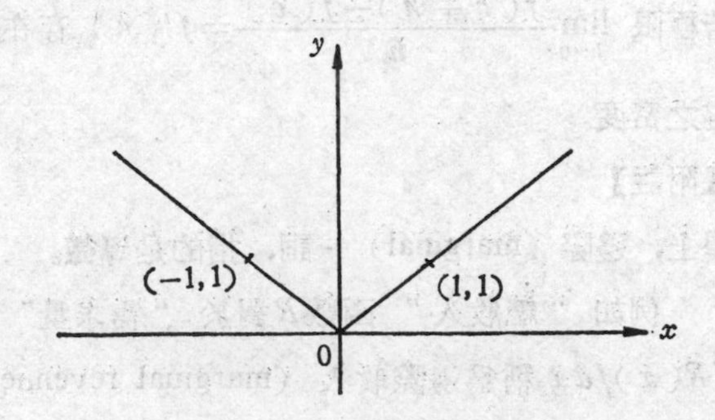

我們考慮在 $x=0$ 的左半及右半導數。右半導數爲 $\lim\limits_{h\to0}\dfrac{h-0}{h}=1$，（$h>0$）；左半導數爲 $\lim\limits_{h\to0}\dfrac{(-h)-0}{h}=-1$，（$h<0$）。換言之，$f$ 在 $x=0$ 點不可導，因兩邊導數存在卻不等！

顯然函數 $f(x)=|x|$ 在 $x=0$ 點是連續的，這說明了，函數在某一點連續無法保證在該點可導。反之，可導性卻可保證連續性，因此可導性對函數限制得比較苛。

【定理】 若 f 在 $x=c$ 點可導，則 f 在 c 點連續。

【證明】 $$f(c+h)-f(c)=\frac{f(c+h)-f(c)}{h}\cdot h$$

因爲 $\lim\limits_{h\to0}\dfrac{f(c+h)-f(c)}{h}=f'(c)$ 存在（有限！）

$$\therefore \lim_{h\to 0}[f(c+h)-fc)] = \lim_{h\to 0}\frac{f(c+h)-f(c)}{h}\cdot h$$

$$= f'(c)\times 0 = 0$$

即 $\lim_{h\to 0} f(c+h) = f(c)$，因此 f 在 c 點連續。

由上例看來，一個函數的圖形若在某一點有“角”，導數就不存在。事實上，一個函數在某一點可導就表示函數圖形在那一點附近相當“滑”(smooth)。讓我們再來舉一些不可導微的例子。

【例】 考慮函數 $f(x)=x^{2/3}$，$-\infty < x < \infty$.

顯然 $\lim_{x\to 0} x^{2/3} = 0 = f(0)$，即 $f(x)$ 在 $x=0$ 點連續。

但是 $\lim_{\triangle x\to 0}\frac{1}{(\triangle x)^{1/3}} = \infty$，所以 $f'(0)$ 不存在。事實上，我們有 $\lim_{\triangle x\to 0}\frac{(0+\triangle x)^{2/3}-0}{\triangle x} = f_+'(0) = +\infty$，(要求 $\triangle x>0$ 逼近於 0)；而 $\lim_{\triangle x\to 0}\frac{(0+\triangle x)^{2/3}-0}{\triangle x} = f_-'(0) = -\infty$，(要求 $\triangle x<0$ 逼近於 0)。

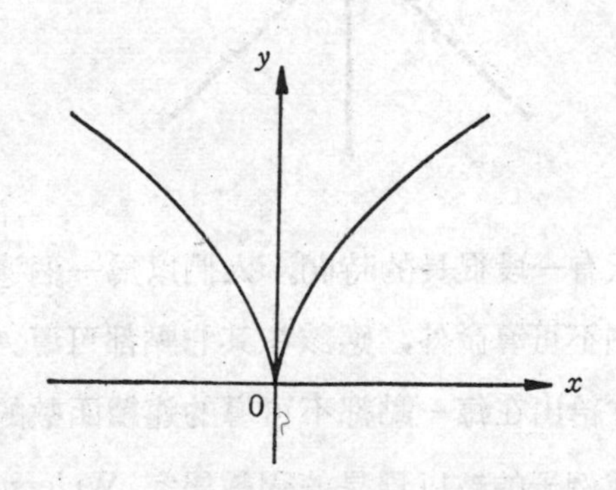

【註】 記號 $f_-'(c)$ 及 $f_+'(c)$ 分別表示在點 c 的左、右導數。

【例】 考慮函數:

$$f(x)=\begin{cases} x\sin\dfrac{1}{x}, & 當 x \neq 0；\\ 0, & 當 x=0. \end{cases}$$

由於無窮小量與有界變量之積仍是無窮小量，故知

$$\lim_{x\to 0} x\sin\frac{1}{x}=0=f(0)$$

所以 $f(x)$ 在 $x=0$ 點連續。但是此時

$$\lim_{\Delta x\to 0}\frac{f(0+\Delta x)-f(0)}{\Delta x}=\lim_{\Delta x\to 0}\frac{\Delta x\sin\dfrac{1}{\Delta x}}{\Delta x}=\lim_{\Delta x\to 0}\sin\frac{1}{\Delta x}$$

卻不存在，因此 $f'(0)$ 不存在。見下圖：

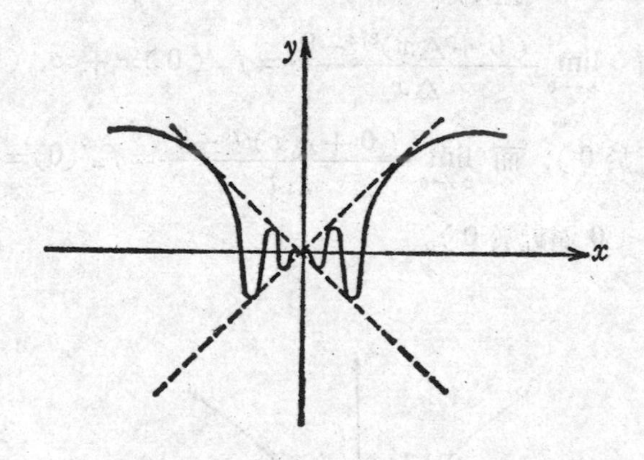

#171 歷史上有一段很長的時間，人們以爲一個連續函數除了幾個個別點不可導微外，應該在其它點都可導。直到上一世紀後半期才給出在每一點都不可導的連續函數的例子，第一個提出這種例子的被以爲是德國數學家 Weierstrass (1871 年)，事實上在 1830 年捷克數學家 Bolzano 就已建立了這種例子，而早在 1834 年 Lobachevsky 就已區別了連續性與可導性。

連續性與可導性的關係及區別

【習　　題】

1. 已知函數 $y=f(x)$ 的圖形如下:

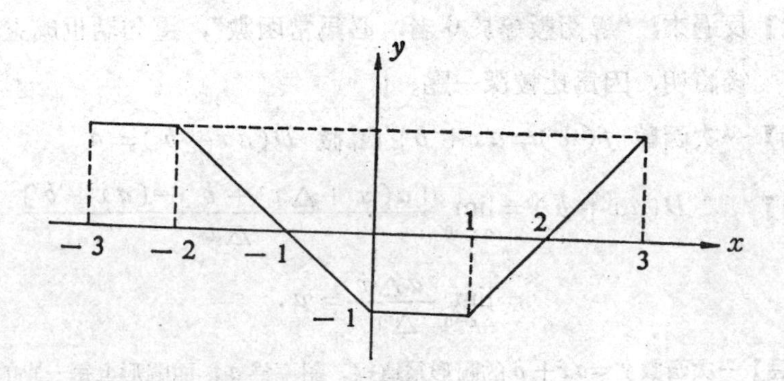

試作 $y=|f(x)|$, $y=f(|x|)$, $y=-f(x)$ 的圖形。

試討論各函數在那些點可導微，那些點不可導微。

2. 先作出下列各函數的圖形:

(1) $H(t)=\begin{cases} 1, & \text{當 } t\geq 0 \text{ 時} \\ 0, & \text{當 } t<0 \text{ 時} \end{cases}$ (這叫做 Heaviside 單位函數)

(2) $F(t)=H(t)-H(t-1)$

(3) $f(x)=H(x^2-4)$

(4) $g(t)=t^2[H(t)+H(t+1)]$

試討論各函數，在那些點可導微，那些點不可導微?

*3. 假設 f 可導微，試證明

$$\lim_{h\to 0}\frac{f(x+h)-f(x-h)}{2h}=f'(x)$$

#2　基本函數之導微

本段開始來介紹一些基本函數的導微。

一些基本函數的導微公式

【例】常函數 $f(x)\equiv c$ 的導微等於 0。

這是顯然的，因爲常函數的圖形爲水平線，故每一點的切線斜率爲 0。

【注意】反過來，“導函數等於 0 者，必爲常函數”，這句話也成立，容後證明，因爲比較深一點。!

【例】一次函數 $f(x)=ax+b$ 的導微 $D(ax+b)=a$.

【證明】
$$D(ax+b)=\lim_{\Delta x\to 0}\frac{[a(x+\Delta x)+b]-[ax+b]}{\Delta x}$$
$$=\lim_{\Delta x\to 0}\frac{a\Delta x}{\Delta x}=a.$$

【註】一次函數 $y=ax+b$ 的圖形爲直線，斜率爲 a；而圖形上每一點的切線跟圖形重合，故切線斜率爲 a。

【例】 $Dx^2=2x.$

【證明】
$$Dx^2=\lim_{\Delta x\to 0}\frac{(x+\Delta x)^2-x^2}{\Delta x}$$
$$=\lim_{\Delta x\to 0}\frac{2x\Delta x+(\Delta x)^2}{\Delta x}$$
$$=\lim_{\Delta x\to 0}(2x+\Delta x)=2x.$$

【例】 $Dx^3=3x^2.$

【證明】
$$Dx^3=\lim_{\Delta x\to 0}\frac{(x+\Delta x)^3-x^3}{\Delta x}$$
$$=\lim_{\Delta x\to 0}\frac{3x^2\Delta x+3x(\Delta x)^2+(\Delta x)^3}{\Delta x}$$
$$=\lim_{\Delta x\to 0}[3x^2+3x(\Delta x)+(\Delta x)^2]=3x^2.$$

#21 觀察了這些函數的導微公式， 我們很自然會猜測到下面的結果:

【定理】 $Dx^n=nx^{n-1}$, $n\in N$.

【證明】 $$Dx^n=\lim_{\Delta x\to 0}\frac{(x+\Delta x)^n-x^n}{\Delta x}\text{（利用二項式公式）}$$

$$=\lim_{\Delta x\to 0}\frac{\binom{n}{1}x^{n-1}\Delta x+\binom{n}{2}x^{n-2}(\Delta x)^2+\cdots+(\Delta x)^n}{\Delta x}$$

$$=\lim_{\Delta x\to 0}\left\{nx^{n-1}+\Delta x\left[\binom{n}{2}x^{n-2}+\cdots\right]\right\}$$

$$=nx^{n-1}.$$

【註】 以後我們會逐步證明，當 n 爲任何實數時，本定理的結果還是成立的。

§22 再算一些分數冪函數的導微:

$$Dx^{1/2}=\lim_{\Delta x\to 0}\frac{\sqrt{x+\Delta x}-\sqrt{x}}{\Delta x}$$

$$=\lim_{\Delta x\to 0}\frac{(\sqrt{x+\Delta x}-\sqrt{x})(\sqrt{x+\Delta x}+\sqrt{x})}{\Delta x(\sqrt{x+\Delta x}+\sqrt{x})}$$

（利用 $a^2-b^2=(a+b)(a-b)$）

$$=\lim_{\Delta x\to 0}\frac{\Delta x}{\Delta x(\sqrt{x+\Delta x}+\sqrt{x})}$$

$$=\lim_{\Delta x\to 0}\frac{1}{\sqrt{x+\Delta x}+\sqrt{x}}$$

$$=\frac{1}{2\sqrt{x}}=\frac{1}{2}x^{-1/2}.$$

一般地 $Dx^{1/n}=\lim_{\Delta x\to 0}\frac{\sqrt[n]{x+\Delta x}-\sqrt[n]{x}}{\Delta x}=$

$$\lim_{\Delta x\to 0}\frac{(\sqrt[n]{(x+\Delta x)}-\sqrt[n]{x})(\sqrt[n]{(x+\Delta x)^{n-1}}+\sqrt[n]{(x+\Delta x)^{n-2}x}+\cdots+\sqrt[n]{x^{n-1}})}{\Delta x(\sqrt[n]{(x+\Delta x)^{n-1}}+\sqrt[n]{(x+\Delta x)^{n-2}x}+\cdots+\sqrt[n]{x^{n-1}})}$$

（利用 $a^n-b^n=(a-b)(a^{n-1}+a^{n-2}b+\cdots+b^{n-1})$）

$$=\lim_{\Delta x\to 0}\frac{\Delta x}{\Delta x(\sqrt[n]{(x+\Delta x)^{n-1}}+\cdots+\sqrt[n]{x^{n-1}})}$$

$$=\lim_{\triangle x\to 0}\frac{1}{(\sqrt[n]{(x+\triangle x)^{n-1}}+\cdots+\sqrt[n]{x^{n-1}})}$$

$$=\frac{1}{n\sqrt[n]{x^{n-1}}}=\frac{1}{n}x^{(\frac{1}{n}-1)}.\qquad (n\in N)$$

#23 三角函數的導微

我們的出發點是:

$$\lim_{x\to 0}\frac{\cos x-1}{x}=0 \text{ 與 } \lim_{x\to 0}\frac{\sin x}{x}=0.$$

【例】 $D\sin x=\cos x.$

【證明】 $D\sin x=\lim_{\triangle x\to 0}\frac{\sin(x+\triangle x)-\sin x}{\triangle x}$

$$=\lim_{x\to 0}\frac{\sin x\cos\triangle x+\cos x\sin\triangle x-\sin x}{\triangle x}$$

$$=\lim_{\triangle x\to 0}\left[\sin x\left(\frac{\cos\triangle x-1}{\triangle x}\right)+\cos x\left(\frac{\sin\triangle x}{\triangle x}\right)\right]$$

$$=(\sin x)\times 0+(\cos x)\times 1=\cos x.$$

【問題】驗證 $D\cos x=-\sin x.$

$D\tan x=\sec^2 x.$

$D\cot x=-\csc^2 x,$

$D\sec x=\sec x\cdot\tan x,$

$D\csc x=-\csc x\cdot\cot x.$

#24 我們還漏掉兩個基本函數的導微: 即指數函數 $f(x)=a^x$ 及對數函數 $g(x)=\log_a x$（它們互為反函數）。

根據導微的定義，我們有

$$Da^x=\lim_{\triangle x\to 0}\frac{a^{x+\triangle x}-a^x}{\triangle x}=a^x\lim_{\triangle x\to 0}\frac{a^{\triangle x}-1}{\triangle x}$$

其中極限 $\lim_{\triangle x\to 0}\frac{a^{\triangle x}-1}{\triangle x}$ 存在，且只與 a 有關，就是 $\ln a$，（見 1.261）

故　　$Da^x = a^x \cdot \ln a$.

這就是說指數函數的導微跟自身成正比，比例常數爲 $\ln a$. 其次對數函數的導微爲

$$D\log_a x = \lim_{\Delta x\to 0}\frac{\log_a(x+\Delta x)-\log_a x}{\Delta x},\quad x>0$$

$$=\lim_{\Delta x\to 0}\frac{1}{x}\cdot\frac{\log_a\left(1+\dfrac{\Delta x}{x}\right)}{(\Delta x/x)}$$

$$=\frac{1}{x}\lim_{\Delta x\to 0}\left[\log_a\left(1+\frac{\Delta x}{x}\right)/(\Delta x/x)\right]$$

上面極限的實際形狀是 $\lim\limits_{\square\to 0}\dfrac{\log_a(1+\square)}{\square}$，這是一個只限 a 有關的常數，根本就是 $1/\ln a$.（見 1.262）

故　　$D\log_a x = 1/(x\ln a)$.

#3　初等規則

#31　今後我們要把導微的定義寫成

導微的疊合原理

$$Df(x)=\lim_{\Delta x\to 0}\frac{f(x+\Delta x)-f(x)}{\Delta x}$$

我們來驗證**疊合原理**.

$$\begin{cases} D(f+g)=Df+Dg, & \text{(加性)}\\ D(\alpha f)=\alpha Df. & \text{(齊性)}\end{cases}$$

【證明】　$$D(f+g)=\lim_{\Delta x\to 0}\frac{(f+g)(x+\Delta x)-(f+g)(x)}{\Delta x}$$

$$=\lim_{\Delta x\to 0}\frac{[f(x+\Delta x)-f(x)]+[g(x+\Delta x)-g(x)]}{\Delta x}$$

$$=\lim_{\Delta x\to 0}\frac{f(x+\Delta x)-f(x)}{\Delta x}+\lim_{\Delta x\to 0}\frac{g(x+\Delta x)-g(x)}{\Delta x}$$

$$=Df+Dg;$$

$$D(\alpha f)=\lim_{\Delta x\to 0}\frac{(\alpha f)(x+\Delta x)-(\alpha f)(x)}{\Delta x}$$

$$=\lim_{\Delta x\to 0}\frac{\alpha[f(x+\Delta x)-f(x)]}{\Delta x}$$

$$=\alpha\lim_{\Delta x\to 0}\frac{f(x+\Delta x)-f(x)}{\Delta x}$$

$$=\alpha Df.$$

【註】說得更嚴謹一點應該是:（以後都作如是觀）

若 Df 及 Dg 存在，則 $D(f+g)$ 及 $D(\alpha f)$ 亦存在，且有

$$D(f+g)=Df+Dg \text{ 及 } D(\alpha f)=\alpha Df。$$

【問題】$D(f_1+f_2+\cdots+f_n)=Df_1+Df_2+\cdots+Df_n$，試證之。

【問題】證明 $D(f-g)=Df-Dg$.

有了上述的公式，配合上疊合原理，則任何多項式的導微就完全解決了:

【例】 $D(x^3+3x^2-x+2)$

$$=Dx^3+D(3x^2)-Dx+D2$$

$$=3x^2+6x-1.$$

【例】 $D(a_nx^n+a_{n-1}x^{n-1}+\cdots+a_1x+a_0)$

$$=D(a_nx^n)+D(a_{n-1}x^{n-1})+\cdots+D(a_1x)+D(a_0)$$

$$=a_nDx^n+a_{n-1}Dx^{n-1}+\cdots+a_1Dx+0$$

$$=na_nx^{n-1}+(n-1)a_{n-1}x^{n-2}+\cdots+a_1.$$

#32 乘法與除法的導微規則:

乘積與商的導微公式

我們要對更多複雜的函數求導微，還需要介紹下面兩個導微公式:

#321

【定理】（兩函數乘積的導微公式，又叫 Leibniz 導微公式）

若 f 及 g 可導，則 $f\cdot g$ 亦可導，且有

$$D(f\cdot g)=g\cdot Df+f\cdot Dg.$$

【證明】$D(f\cdot g)=\lim\limits_{\triangle x\to 0}\dfrac{(f\cdot g)(x+\triangle x)-(f\cdot g)(x)}{\triangle x}$

$$=\lim_{\triangle x\to 0}\frac{f(x+\triangle x)g(x+\triangle x)-f(x)g(x)}{\triangle x}$$

$$=\lim_{\triangle x\to 0}\frac{f(x+\triangle x)g(x+\triangle x)-f(x)g(x+\triangle x)+f(x)g(x+\triangle x)-f(x)g(x)}{\triangle x}$$

$$=\lim_{\triangle x\to 0}\left[g(x+\triangle x)\left(\frac{f(x+\triangle x)-f(x)}{\triangle x}\right)+f(x)\left(\frac{g(x+\triangle x)-g(x)}{\triangle x}\right)\right]$$

$$=g\cdot Df+f\cdot Dg.$$

#322

【定理】（兩函數商之導微公式）

若 f 及 g 在 x_0 點可導，且 $g(x_0)\neq 0$，則 f/g 也在 x_0 點可導，且有

$$D(f/g)(x_0)=\frac{g(x_0)Df(x_0)-f(x_0)Dg(x_0)}{[g(x_0)]^2}$$

【證明】$D(f/g)(x_0)=\lim\limits_{\triangle x\to 0}\dfrac{f(x_0+\triangle x)/g(x_0+\triangle x)-f(x_0)/g(x_0)}{\triangle x}$

$$=\lim_{\triangle x\to 0}\left[\frac{1}{g(x_0)g(x_0+\triangle x)}\cdot\frac{f(x_0+\triangle x)g(x_0)-f(x_0)g(x_0+\triangle x)}{\triangle x}\right]$$

$$=\lim_{\triangle x\to 0}\frac{1}{g(x_0)g(x_0+\triangle x)}\left[g(x_0)\cdot\frac{f(x_0+\triangle x)-f(x_0)}{\triangle x}\right.$$

$$\left.-f(x_0)\cdot\frac{g(x_0+\triangle x)-g(x_0)}{\triangle x}\right]$$

$$=\frac{g(x_0)Df(x_0)-f(x_0)Dg(x_0)}{[g(x_0)]^2}.$$

#323 驗證 $D\tan x = D(\sin x/\cos x) = \sec^2 x$

【證明】
$$D\tan x = D\left(\frac{\sin x}{\cos x}\right)$$
$$= \frac{\cos x D\sin x - \sin x D\cos x}{\cos^2 x}$$
$$= \frac{\cos^2 x + \sin^2 x}{\cos^2 x}$$
$$= \frac{1}{\cos^2 x} = \sec^2 x.$$

疊合原理，積、商函數的導微公式是我們的利器，利用這些公式，我們就可以來對更複雜的函數求導數。今舉例說明如下:

#324
$$Dx^{-n} = D\left(\frac{1}{x^n}\right),\quad n \in N$$
$$= \frac{-Dx^n}{(x^n)^2} = \frac{-nx^{n-1}}{x^{2n}}$$
$$= -nx^{-n-1}.$$

因此公式 $Dx^n = nx^{n-1}$，對 $n \in Z$ 恆成立。

【例】
$$D(5x^{-2} + \tan x + 2x^3)$$
$$= D(5x^{-2}) + D(\tan x) + D(2x^3)$$
$$= 5D(x^{-2}) + D(\tan x) + 2D(x^3)$$
$$= 5(-2x^{-3}) + \sec^2 x + 2(3x^2)$$
$$= -10x^{-3} + 6x^2 + \sec^2 x.$$

【例】
$$D\left(\frac{1+x^2}{5+x^3}\right) = \frac{(5+x^3)D(1+x^2) - (1+x^2)D(5+x^3)}{(5+x^3)^2}$$
$$= \frac{(5+x^3)(2x) - (1+x^2)(3x^2)}{(5+x^3)^2}.$$

【例】 設你已知:

$$\sin x+\sin(x+\alpha)+\sin(x+2\alpha)+\cdots+\sin(x+n\alpha)$$
$$=\sin\left(x+\frac{n\alpha}{2}\right)\sin\left(\frac{n+1}{2}\right)\alpha\ \csc\frac{\alpha}{2}.$$

試求

$$I=\cos x+\cos(x+\alpha)+\cos(x+2\alpha)+\cdots+\cos(x+n\alpha)$$
$$II=\cos(x+\alpha)+2\cos(x+2\alpha)+\cdots+n\cos(x+n\alpha)$$

【解】由已予之式，對 x 微導，就得到

$$I=\cos x+\cos(x+\alpha)+\cdots+\cos(x+n\alpha)$$
$$=\cos\left(x+\frac{n\alpha}{2}\right)\cdot\sin\left(\frac{n+1}{2}\right)\alpha\ \csc\frac{\alpha}{2}.$$

另外，對 α 微分，就得到

$$II=\frac{n}{2}\cos\left(x+\frac{n\alpha}{2}\right)\sin\frac{n+1}{2}\alpha\ \csc\frac{\alpha}{2}+$$
$$+\frac{n+1}{2}\sin\frac{x+n\alpha}{2}\cos\frac{n+1}{2}\alpha\ \csc\frac{\alpha}{2}$$
$$+\left(\frac{-1}{2}\right)\sin\left(x+\frac{n\alpha}{2}\right)\sin\frac{n+1}{2}\alpha\cot\frac{\alpha}{2}\csc\frac{\alpha}{2}$$
$$=\frac{1}{2\sin^2\frac{\alpha}{2}}\left\{n\sin\left(x+\frac{2n+1}{2}\alpha\right)\sin\frac{\alpha}{2}-\sin\left(x+\frac{n\alpha}{2}\right)\sin\frac{n\alpha}{2}\right\}.$$

#33　我們知道 Leibniz 的導微規則為 $D(f\cdot g)=f\cdot Dg+g.Df$. 推廣開來，我們有

$$D(f_1\cdot f_2\cdots\cdots f_n)$$
$$=(Df_1)f_2\cdots f_n+f_1(Df_2)f_3\cdots f_n+\cdots+f_1\cdots f_{n-1}(Df_n).$$

【證明】（遞廻法！）$n=2$ 時，證過了。

今假設 $n=k$ 時，原式成立，即

$$D(f_1\cdots f_k)=(Df_1)f_2\cdots f_k+f_1(Df_2)\cdots f_k+\cdots$$

$$+f_1\cdots f_{n-1}(Df_k)$$

$$\therefore\ D(f_1\cdots f_k f_{k+1})=D[(f_1\cdots f_k)f_{k+1}]$$

$$=[D(f_1\cdots f_k)]f_{k+1}+(f_1\cdots f_k)Df_{k+1}$$

$$=[(Df_1)f_2\cdots f_k+f_1(Df_2)f_3\cdots f_k+\cdots$$

$$+f_1\cdots f_{k-1}(Df_k)]f_{k+1}+(f_1\cdots f_k)Df_{k+1}$$

$$=(Df_1)f_2\cdots f_k f_{k+1}+f_1(Df_2)f_3\cdots f_k f_{k+1}+\cdots$$

$$+f_1\cdots f_{k-1}(Df_k)f_{k+1}+f_1\cdots f_k(Df_{k+1})$$

此式就是原式當 $n=k+1$ 的情形，故由遞迴法證畢。

#331

【註】 寫成 $(D(f_1\cdots\cdots f_n))/(f_1\cdots\cdots f_n)$

對數微分法

$=\Sigma(Df_i)/f_i$. 此即所謂**對數微分法**（見後 #414)。

#332 試證

$$D[f(x)]^n=n[f(x)]^{n-1}f'(x).$$

#34 附錄：雙曲線函數

令 $\operatorname{ch} x=\dfrac{e^x+e^{-x}}{2}$（又記成 $\cosh x$)

$\operatorname{sh} x=(e^x-e^{-x})/2$（又記成 $\sinh x$)

再令 $\operatorname{th}x=\operatorname{sh}x/\operatorname{ch}x$，$\operatorname{cth}x=1/\operatorname{th}x$，$\operatorname{sech}x=1/\operatorname{ch}x$，$\operatorname{csch}x=1/\operatorname{sh}x$ 分別叫做雙曲餘弦 (hyperbolic cosine) 等等。〔命名："圓函數" cos, sin 等，出現在圓之參數表示式中：

$$x=r\cos\theta,\qquad y=r\sin\theta.$$

雙曲函數出現在雙曲線之參數表示式中：

$$x=a\operatorname{ch}x,\qquad y=b\operatorname{sh}x,$$

則 $\dfrac{x^2}{a^2}-\dfrac{y^2}{b^2}=1$〕

#341

【問題】 證明: (1) $D\text{sh}x=\text{ch}x$,

(2) $D\text{ch}x=\text{sh}x$.（此式與三角函數差個符號！）

(3) $D\text{th}x=\text{sech}^2x$.

(4) $D\text{cth}x=-\text{csch}^2x$.

(5) $D\text{sech}x=-\text{sech}x\cdot\text{th}x$.

(6) $D\text{csch}x=-\text{csch}x\cdot\text{cth}x$.

#35 思考題〔若念過 §0!〕

試做**微分與差分的對照**（連續與離散之間的類推）

#4 連鎖規則

假設 f 在點 $x=c$ 可導微，而且 g 在點 $f(c)$ 亦可導微，現在我們要問 $h=g\circ f$ 是否在點 $x=c$ 可導微？下面的定理回答了這個問題:

#40

【定理】（**複合函數的導微公式**，又叫**連鎖規則**（chain rule））

連鎖規則

假設 $h=f$ 在點 c 可導微，g 在點 $r=f(c)$ 亦可導微，則 $h\equiv g\circ f$ 在點 c 可導微，且有

$$Dh(c)=g'(f(c))\cdot f'(c).$$

【證明】 記 $r=f(c)$，且 $\triangle y=f(c+\triangle x)-f(c)$,

因此 $h(c+\triangle x)-h(c)=g(f(c+\triangle x))-g(f(c))$

$=g(r+\triangle y)-g(r)$

$=g'(r)\triangle y+p(\triangle y)\triangle y$〔註〕,

其中 $\lim\limits_{\triangle y\to 0}p(\triangle y)=0$；於是

$$\frac{h(c+\triangle x)-h(c)}{\triangle x}=g'(r)\frac{\triangle y}{\triangle x}+p(\triangle y)\frac{\triangle y}{\triangle x}$$

令 $\triangle x\to 0$，則 $\triangle y\to 0$（∵ f 在 c 點連續），$p(\triangle y)\to 0$，

而且$\dfrac{\triangle y}{\triangle x}\to f'(c)$。因此 $h'(c)=g'(r)\cdot f'(c)$.

【註】當 $y=f(x)$ 可導微時，這表示 $\lim\limits_{\triangle x\to 0}\dfrac{\triangle y}{\triangle x}=f'(x)$． 由極限的定義知，

當$\triangle x$够小時，$\dfrac{\triangle y}{\triangle x}$與 $f'(x)$ 相差很小，於是令其差額爲 $p(\triangle x)$，

則 $\triangle y=f'(x)\triangle x+p(\triangle x)\triangle x$，並且 $p(\triangle x)$ 滿足 $\lim\limits_{\triangle x\to 0}p(\triangle x)=0$.

【注意】當 $y=f(u)$，且 $u=g(x)$ 時，複合函數 $y=f(g(x))$ 的導微公式常寫成$\dfrac{dy}{dx}=\dfrac{dy}{du}\ \dfrac{du}{dx}$，（參見 #122 的註解）。

若把導數解釋成放大率，則連鎖規則就很自然而明白。

#41 如果我們用放大率的概念來解釋導數，則上段的公式就變得很自然易記。我們把 f 與 g 都想成一種照射，如下圖；

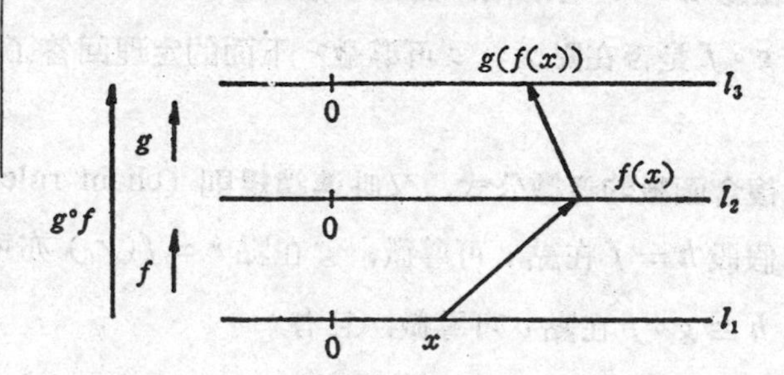

於是 $f'(x)$ 代表從 l_1 照射至 l_2，在 x 點的放大率；$g'(f(x))$ 代表從 l_2 照射至 l_3，在 $f(x)$ 點的放大率。合起來看，從 l_1 照射至 l_3 在 x 點的放大率爲 $D(g\circ f)(x)$，這等於兩個放大率 $g'(f(x))$ 與 $f'(x)$ 的乘積 $g'(f(x))\cdot f'(x)$。

【例】設 $f(x)=x^{20}$，$g(x)=x^2+1$，則

$$(f\circ g)(x)=f(g(x))=f(x^2+1)=(x^2+1)^{20}$$

因 $f'(x)20x^{19}$ 且 $g'(x)=2x$，故由連鎖公式得

$$\underbrace{D[(x^2+1)^{20}}_{(f\circ g)'(x)}=\underbrace{20(x^2+1)^{19}}_{f'(g(x))}\underbrace{\cdot\ 2x}_{\cdot\ g'(x)}$$

顯然這比直接展開 $(x^2+1)^{20}$ 再求導微快得多了!

【例】 求 $D\sin 2x$.

令 $y=\sin 2x$，$u=2x$，則 $y=\sin u$

$$\therefore\ D\sin 2x=\frac{dy}{dx}=\frac{dy}{du}\ \frac{du}{dx}=(\cos u)\cdot 2$$

$$=(\cos 2x)\cdot 2=2\cos 2x.$$

【例】 求 $D[\sin(1+x^2)]^3$.

令 $y=v^3$，$v=\sin u$，$u=1+x^2$

則 $\dfrac{dy}{du}=\dfrac{dy}{dv}\ \dfrac{dv}{du}=3v^2\cdot\cos u$,

再用一次連鎖公式;

$$\frac{dy}{dx}=\frac{dy}{du}\ \frac{du}{dx}=(3v^2\cos u)\cdot(2x),$$

把所有的變數換成 x，得

$$\frac{d}{dx}\{[\sin(1+x^2)]^3\}=3[\sin(1+x^2)]^2[\cos(1+x^2)]\cdot 2x.$$

#411 $Dx^{m/n}=D[x^{1/n}]^m=m[x^{1/n}]^{m-1}Dx^{1/n}$ （**連鎖公式**）

$$=mx^{(m-1)/n}\cdot\frac{1}{n}\cdot x^{(1/n)-1}\ （見 \#22.）$$

$$=\frac{m}{n}x^{(m/n)-1}.$$

【註】 至此公式 $Dx^r=rx^{r-1}$，對 r 爲有理數時均成立了。

#412 由於 $a^x=e^{x\ln a}$，$(\ln a\equiv\log_e a)$ 故由連鎖規則，$Da^x=De^{x\ln a}$ $=D(x\ln a)\cdot e^{x\ln a}=a^x\ln a$. 〔利用了 $De^x=e^x$〕.

〔附帶地也證明了 $\lim \dfrac{a^{\triangle x}-1}{\triangle x}=\ln a$.〕

#413　設　$f(x)=x^{\alpha}$, $\alpha \in \boldsymbol{R}$.（$x>0$）.

則 $x^{\alpha}=e^{\alpha \ln x}$　故令 $g(x)=e^{x}$　得 $x^{\alpha}=g \circ h(x)$, $h(x)=\alpha \ln x$,

故 $Dx^{\alpha}=e^{\alpha \ln x}$, $D(\alpha \ln x)=x^{\alpha} \cdot \alpha \cdot x^{-1}=\alpha x^{\alpha-1}$.

【註】至此已證明: $Dx^{\alpha}=\alpha x^{\alpha-1}$，對任何實數 α 均成立。（$x>0$）

【例】

$$\begin{aligned} D(\ln \sin x) &= \frac{1}{\sin x} D \sin x \text{（連鎖規則）} \\ &= \frac{1}{\sin x} \cos x \\ &= \cot x. \end{aligned}$$

【例】求　$f(x)=x^{x}$ 之導函數。

因爲 $x^{x}=e^{x \ln x}$ 故

$$\begin{aligned} Dx^{x} &= e^{x \ln x} \cdot D(x \ln x) \\ &= x^{x}(x D \ln x+\ln x \cdot D x) \\ &= x^{x}(1+\ln x). \end{aligned}$$

#414　對數導微法

公式 $\dfrac{d}{dx} \ln y=\dfrac{1}{y} \dfrac{dy}{dx}$ 常被用來做“先取對數再導微”，——

此即所謂對數導微法;

對於乘積式 $f=g \cdot h \cdots\cdots$

$$\frac{Df}{f}=\frac{Dg}{g}+\frac{Dh}{h}+\cdots\cdots$$

見（#331）

【例】已知 $\sin x \sin \left(x+\dfrac{\pi}{n}\right) \sin \left(x+\dfrac{2\pi}{n}\right) \cdots\cdots \sin \left(x+\dfrac{n-1}{n} \pi\right)$

$$=\frac{\sin n x}{2^{n-1}}.$$

求 $\text{I}=\cot x+\cot\left(x+\frac{\pi}{n}\right)+\cdots+\cot\left(x+\frac{n-1}{n}\pi\right)$ 及

$$\text{II}=\csc^2 x+\csc^2\left(x+\frac{\pi}{n}\right)+\cdots\cdots+\csc^2\left(x+\frac{n-1}{n}\pi\right).$$

【解】 由已予之乘積式欲求和式，自然地要從對數着手。於是，做對數導微，得

$\text{I}=n\cot nx$. 再導微一次，得

$\text{II}=n^2\csc^2 nx$.

試求下列各函數的導函數:

(1) $y=\frac{1}{\sqrt{x-1}}$　　(2) $y=\frac{3x-1}{x+3}$

(3) $y=2x^3-3$　　(4) $y=3x^5+5x^2+2$

(5) $y=(x^2+x+1)(x^2-2)$　　(6) $y=(x^2+1)^5$

(7) $y=(x-1)^5$　　(8) $y=(x-1)(x-2)(x-3)$

(9) $y=\sqrt{(x-3)^2}$　　(10) $y=(3x^2+x-1)^{1/3}$

(11) $y=\sqrt{x^2-1}+\sqrt[3]{3x^2+1}$　　(12) $y=\sqrt{x^2-1}+\frac{1}{\sqrt{x^2+1}}$

(13) $y=\cos\sqrt{x}$　　(14) $y=\tan 5x^2$

(15) $y=\sqrt{\cos x}$　　(16) $y=\frac{\sin^2 x}{\cos x}$

(17) $y=\sin^2(x^3)$　　(18) $y=\tan\left(\frac{1}{x}\right)$

(19) $y=\sin(\cos x)$　　(20) $y=\sin(x^2-1)$

(21) $y=\frac{\sqrt[4]{1+x^4}}{x}$　　(22) $y=\sqrt{\frac{1-x^2}{1+x^2}}$

(23) $y=\sec^2(ax+b)$　　(24) $y=\sin x^\circ$

(25) $y=\tan x+\frac{1}{3}\tan^3 x$　　(26) $y=\sin^2 x\cos^3 x$

(27) $y=\sqrt{x+\sqrt{x}}$　　(28) $y=\frac{x^2(1-x)^3}{(1+x)^2}$

(29) $y=\frac{\sin x}{a+b\cos x}$　　(30) $y=\frac{\cos x}{1+\cot x}$

(31) $y=\ln[(x^2+2x+1)^{1/2}]$ (32) $y=\dfrac{(\ln x)^2}{1+x^2}$

(33) $y=x^3\ln(x^5+5)$ (34) $y=\ln(x^2\sin x)$

(35) $y=\log_{10}(x^2+2x)^{1/3}$ (36) $y=e^{x^2}$

(37) $y=e^{-3x^2}$ (38) $y=e^{(x5+x4+2x^2)}$

(39) $y=5^{3x-2}$ (40) $y=3^{\sin x}$

(41) $y=\ln(x^2+3x-5)$ (42) $y=\ln(\sin x)$

(43) $y=\ln(x^5+x^3+2)$ (44) $y=\log_{10}x^2$

(45) $y=\log_2(x^3+1)$ (46) $y=x^3-x$

(47) $y=\dfrac{1-x}{1+x}$ (48) $y=\sin x-\cos x$

(49) $y=e^x-e^{-x}$ (50) $y=x\log x$

(51) $y=|x^2-x-2|$ (52) $y=x^{1/2}(1-x)$

(53) $y=x^{1/3}(1-x)$

#42 反函數的導微

#420 設函數 $f: x\longmapsto y$ 的反函數爲 $g: y\longmapsto x$，如何求 Dg 呢?

反函數的導微公式及其種種推導法

一個辦法是利用連鎖規則。因爲 $y=f(x)$, $x=g(y)$, 所以 $x=g(f(x))$，對 x 導微，得

$$1=g'(f(x))f'(x),$$

故當 $f'(x)\neq 0$ 時，我們有

$$g'(f(x))=\frac{1}{f'(x)},$$

或
$$g'(y)=\frac{1}{f'(x)}.$$

#4201 注意：這裏的**假設**是：f **局部地具有反函數** g，且 f，g 均可導微，則 $g'(y)=1/f'(x)$。所謂**反函數定理**是指：若 f' 在一個範圍內有定號，則反函數（局部地）存在。

反函數定理

#421 我們把 f 看成是從 x 到 y 的照射，則 g 是從 y 到 x，順原路回來的逆照射。導數解釋成放大率。那麼如果從 x 到 y 的照射之放大率是 3，則從 y 到 x 的逆照射之放大率就是 $\frac{1}{3}$。換言之，g 與 f 的放大率互逆，即

$$g'(y)=\frac{1}{f'(x)}$$

其中要求 $f'(x)\neq 0$。這就是**反函數的導數公式**。見下圖:

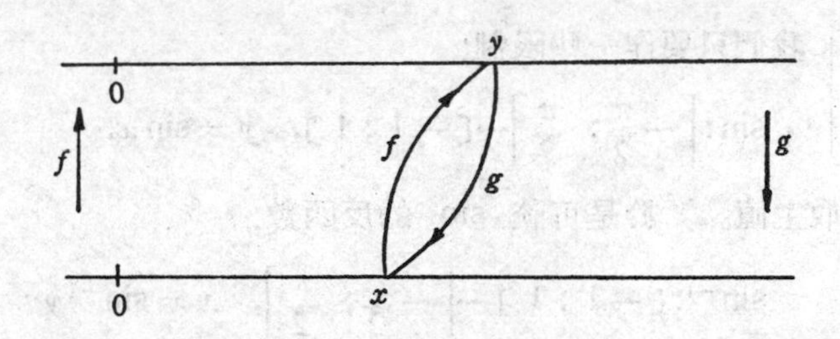

#422 我們也可以利用下面的幾何論證來推導上一個公式。見下圖:

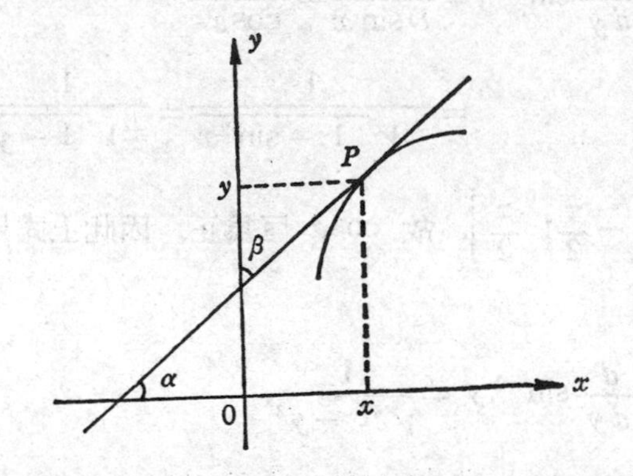

假設過曲線 $y=f(x)$ 或 $x=g(y)$ 上一點 P 的切線，與正向 x 軸的交角為 α，並且與正向 y 軸的交角為 β。利用導數是切線斜率的解釋，

則

$$f'(x)\tan\alpha,\quad g'(y)=\tan\beta.$$

今因$\alpha+\beta=\dfrac{\pi}{2}$，故$\alpha=\dfrac{\pi}{2}-\beta$，兩邊取 tan，得

$$\tan\alpha=\tan\left(\frac{\pi}{2}-\beta\right)=\cot\beta=\frac{1}{\tan\beta}.$$

換言之，$y=f(x)$ 與$x=g(y)$ 的導數互逆也。

#423　讓我們先來作反三角函數的導微。顯然 sin 不是對射，但我們只要作一些限制：

反三角函數的導微公式

$$\sin:\left[-\frac{\pi}{2};\ \frac{\pi}{2}\right]\to[-1\,;1],\quad y=\sin x.$$

（這叫做取主値。）於是可談 sin 的反函數：

$$\sin^{-1}:[-1\,;1]\to\left[-\frac{\pi}{2};\ \frac{\pi}{2}\right],\quad x=\sin^{-1}y$$

現在來求$\dfrac{d}{dy}\sin^{-1}y$。因爲 $y=\sin x$，$x=\sin^{-1}y$，故

$$\frac{d}{dy}\sin^{-1}y=\frac{1}{D\sin x}=\frac{1}{\cos x}$$

$$=\frac{1}{\pm\sqrt{1-\sin^2 x}}=\frac{1}{\pm\sqrt{1-y^2}},$$

由於限定$x\in\left[-\dfrac{\pi}{2};\ \dfrac{\pi}{2}\right]$，故 $\cos x$ 恒爲正。因此上式只取正號，於是得到

$$\frac{d}{dy}\sin^{-1}y=\frac{1}{\sqrt{1-y^2}},$$

通常我們習慣將x當獨立變數，故上式可改成

$$D\sin^{-1}x=\frac{1}{\sqrt{1-x^2}}.$$

【註解】 千萬不要將 $\sin^{-1}x$ 與 $\frac{1}{\sin x}$ 混爲一談! 又取主值

$$\sin:\left[-\frac{\pi}{2};\ \frac{\pi}{2}\right]\to[-1;1]$$ 純是習慣問題，你也可以取

$$\sin:\left[\frac{\pi}{2};\ \frac{3\pi}{2}\right]\to[-1;1]。$$

其它三角函數也都要作一些限制，才能談其反函數。我們把**習慣上的限制**寫在下面:

$$\cos:[0;\pi]\to[-1;1],$$

$$\tan:\left(-\frac{\pi}{2};\ \frac{\pi}{2}\right)\to(-\infty;\infty),$$

$$\cot:(0;\pi)\to(-\infty;\infty),$$

$$\sec:\left[0;\ \frac{\pi}{2}\right)\cup\left(\frac{\pi}{2};\ \pi\right]\to(-\infty;-1]\cup[1;\infty),$$

$$\csc:\left[-\frac{\pi}{2};\ 0\right]\cup\left(0;\ \frac{\pi}{2}\right]\to(-\infty;-1]\cup[1;\infty).$$

【例】 $$D\tan^{-1}x=\frac{1}{1+x^2}.$$

【證明】 令 $y=\tan^{-1}x$，則 $x=\tan y$，

$$\therefore\ D\tan^{-1}x=\frac{1}{D\tan y}=\frac{1}{\sec^2 y}=\frac{1}{1+\tan^2 y}=\frac{1}{1+x^2}.$$

同理

$$\begin{cases} D(\cos^{-1}x)=\dfrac{-1}{\sqrt{1-x^2}}. \\ D(\cot^{-1}x)=\dfrac{-1}{1+x^2}. \\ D(\sec^{-1}x)=\dfrac{1}{|x|\sqrt{x^2-1}}. \\ D(\csc^{-1}x)=\dfrac{-1}{|x|\sqrt{x^2-1}}. \end{cases}$$

【注意】 $\cos^{-1}x+\sin^{-1}x=\pi/2$. 〔等等〕！

【例】 $$D\left(\sin^{-1}\frac{x}{a}\right)=\frac{1}{\sqrt{1-\left(\frac{x}{a}\right)^2}}D\left(\frac{x}{a}\right)\text{（連鎖規則）}$$

$$=\frac{1}{\sqrt{a^2-x^2}}.$$

【例】 $$D\left(\tan^{-1}\frac{a+x}{1-ax}\right)=\frac{1}{1+\left(\frac{a+x}{1-ax}\right)^2}D\left(\frac{a+x}{1-ax}\right)$$

$$=\frac{1+a^2}{(1-ax)^2+(a+x)^2}=\frac{1}{1+x^2}.$$

#424 我們知道指數函數與對數函數互為反函數， 即 $\ln=\exp^{-1}$。由反函數的導微公式，只要我們會求其中一個的導微，另一個就會做了。例如:

已知 $De^x=e^x$. 對 $y=\ln x$，則

$$D\ln x=\frac{1}{\frac{d}{dy}\exp(y)}=\frac{1}{\exp y}$$

$$=\frac{1}{\exp(\ln x)}=\frac{1}{x}.$$

反過來說，設 $D\ln x=\frac{1}{x}$ 為已知，

（$a>0$ 且 $a\neq 1$,）求 Da^x，則因

$y=a^x$ 的反函數是

$$x=\phi(y)=\log_a y=\frac{\ln y}{\ln a},$$

$$\therefore\ \phi'(y)=\frac{1}{y\ln a},$$

於是 $D(a^x)=\frac{1}{\phi'(y)}=y\ln a$

$=a^x\ln a$.

***#425** 顯然 $x=\text{ch}\,y$ 爲偶函數（因 $-y$ 與 y 互換，函數值不變），故沒有反函數。取主值，限定 $y\geq 0$，就有反函數，記爲 $y=\text{ch}^{-1}x$。注意，此時 $x\geq 1$。因爲 $y=\text{ch}^{-1}x$，$x=\text{ch}\,y$，於是

$$D\,\text{ch}^{-1}x=\frac{1}{D\,\text{ch}\,y}=\frac{1}{\frac{e^y-e^{-y}}{2}}.\qquad\text{（甲）}$$

把 y 表成 x：由 $x=\dfrac{e^y+e^{-y}}{2}$，得

$$(e^y)^2-2xe^y+1=0$$

解得　$e^y=x+\sqrt{x^2-1}$（減號不成立，$y>0$），代入（甲）式，得

$$D\,\text{ch}^{-1}x=\frac{2}{(x+\sqrt{x^2-1})-(x+\sqrt{x^2-1})^{-1}}$$

$$=\frac{2(x+\sqrt{x^2-1})}{(x+\sqrt{x^2-1})^2-1}=\frac{(x+\sqrt{x^2-1})}{(x^2-1)+x\sqrt{x^2-1}}$$

$$=\frac{x}{\sqrt{x^2-1}}\frac{\sqrt{x^2-1}}{(\sqrt{x^2-1}+x)}=\frac{1}{\sqrt{x^2-1}}.$$

【註】求反函數的導微，原則上要把 y 化回 x。（當然也有辦不到的時候。）

$$D\,\text{sh}^{-1}x=\frac{1}{\sqrt{x^2+1}},$$

$$D\,\text{th}^{-1}x=\frac{1}{1-x^2}.$$

試求下列各函數的導微：

(1) $x\sin^{-1}x$　　(2) $x\sqrt{a^2-x^2}+a^2\sin^{-1}\dfrac{x}{a}\ (x>0)$

(3) $\cos^{-1}\left(\dfrac{1-x^2}{1+x^2}\right)$　　(4) $\tan^{-1}(\sec x+\cos x)$

(5) $\tan^{-1}\left(a\tan\dfrac{x}{2}\right)$　　(6) $\cot^{-1}\left(\dfrac{1+\sqrt{1+x^2}}{x}\right)$

(7) $\cos^{-1}\left(\dfrac{b+a\cos x}{a+d\cos x}\right)$　　(8) $\dfrac{x\sin^{-1}x}{\sqrt{1-x^2}}+\dfrac{1}{2}\log(1-x^2)$.

#43 隱函數的導微

假設y是x的函數：$y=\varphi(x)$，而φ沒有顯現出來，只隱含於關係式 $F(x,y)=0$ 中，我們將此式對x導微，就可以解出 $y'=\varphi'(x)$ 來。

隱函數的導微法

#431

【例】 令 $y=f(x)$ 爲隱含於 $x^3-3axy+y^3=0$ 中的隱函數，則

$$x^3-3axf(x)+[f(x)]^3=0,$$

對x導微，

$$3x^2-3axf'(x)-3af(x)+3[f(x)]^2f'(x)=0,$$

因此

$$f'(x)=\frac{3af(x)-3x^2}{3[f(x)]^2-3ax}$$

$$=\frac{3ay-3x^2}{3y^2-3ax}.$$

【例】 已知 $x^2+y^2=a^2$ 求 y'.

【解】 $2x+2yy'=0$,

$\therefore\ y'=-\dfrac{x}{y}$. 事實上 $y=\pm\sqrt{a^2-x^2}$，而

$y'=\mp x/\sqrt{a^2-x^2}$.

【例】 已知 $y^2=4px,(p>0)$，求$\dfrac{dy}{dx}$及通過 (x_0, y_0) 點的切線方程式。

【解】 對x求導微 $2yy'=4p$,

$$\therefore\ y'=\frac{2p}{y}.$$

因此通過 (x_0, y_0) 點的切線斜率爲 $\dfrac{2p}{y_0}$，於是切線方程式爲

$$\frac{y-y_0}{x-x_0}=\frac{2p}{y_0}$$

【例】有一直徑爲 5 公分，長爲 10 公分之圓金屬棒，以每分鐘 1 公分的速率延伸。試求 10 分鐘後，直徑之減少速度；但棒爲均匀延伸且體積不變。

【解】設直徑在 t（分鐘）時刻爲 $r(t)$，此時長度爲 $(10+t)$。由體積之不變性，知

$$\pi\cdot\left(\frac{r(t)}{2}\right)^2(10+t)=\pi\cdot\left(\frac{5}{2}\right)^2\times 10.$$

即 $r^2(t)(10+t)=250,$

對 t 導微:

$$2r(t)r'(t)(10+t)+r^2(t)=0,$$

於是 $r'(t)=\dfrac{-r(t)}{2(10+t)}$;

又當 $t=10$ 時，$r(t)=\sqrt{\dfrac{25}{2}}$,

故

$$r'(10)=\frac{-\sqrt{\dfrac{25}{2}}}{40}=-\frac{1}{8\sqrt{2}}\doteqdot -0.088.$$

負號表示 $r(t)$ 遞減。因此 10 分鐘後，直徑每分鐘之減少速率爲 0.088 公分。

【問題】

1. 設一崖高 10 公尺，崖頂至船的距離爲 50 公尺。今以一鋼纜繫於船上，由崖頂以每秒 1 公尺的速度拉向岸邊。試求 10 秒後，此船之速度爲若干?
2. 一長爲 5 公尺的棒子垂直靠着牆壁。今棒子下端以每秒 40 公

分的速度滑離壁角，當下端離牆角 3 公尺之瞬間，試求上端往下滑的速度。

3. 下面我們再舉個求變化率的例子。〔這是從 Polya 所著 "How to solve it" 一書中取來的。這本書專門解說 "解題方法論," 非常親切細膩，很值得一讀。張憶壽博士有翻譯本，書名叫怎樣解題。〕

有一圓錐形容器，高爲 b，頂半徑爲 a。（見下圖），今以每

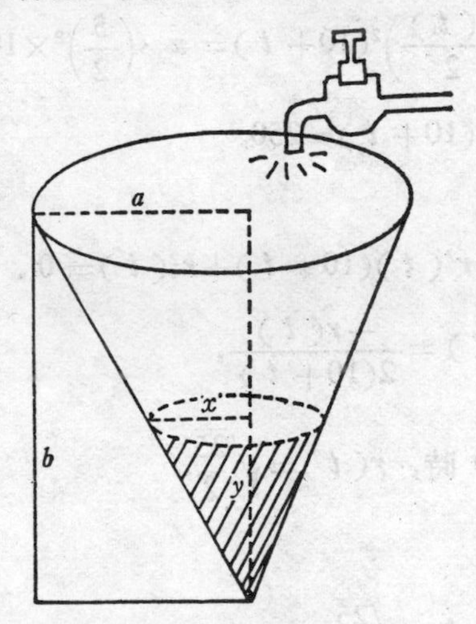

分鐘 r 立方公尺的水量注入其中，求當水深爲 y 時，水面上升的變率。設 $a=4$ 公尺，$b=3$ 公尺，$r=$ 每分鐘 2 立方公尺，求 $y=1$ 公尺時水面上升的變率。

答 $\dfrac{dy}{dt}=\dfrac{9}{8\pi}\doteqdot 0.359$

【習　題】

1. 在下列各方程式，求 $\dfrac{dy}{dx}$。

（1） $y^2=4px,(p>0)$

（2） $x^2+xy+y^2=1$

（3） $\sqrt{x}+\sqrt{y}=\sqrt{a},(a>0)$

（4） $x^{2/3}+y^{2/3}=a^{2/3},(a>0)$

（5） $x^3+y^3=3axy$

（6） $x^5+5x^4y+5xy^4+y^5=a^5$

（7） $x+2\sqrt{xy}+y=a$

（8） $x^2+a\sqrt{xy}+y^2=b^2$

（9） $x^y=y^x$ 〔答 $\dfrac{xy\log y-y^2}{xy\log x-x^2}$〕

(10) $\sin y=x\sin(a+y)$ 〔答 $\sin^2(a+y)\csc a.$〕

2. 試求下列各曲線已知點的切線斜率:

（1） $x^2+xy+2y^2=28,(2,3)$

（2） $x^3-3xy^2+y^3=1,(2,-1)$

（3） $\sqrt{2x}+\sqrt{3y}=5,(2,3)$

（4） $x^3-axy+3ay^2=3a^3,(a,a)$

（5） $x^2-2\sqrt{xy}-y^2=52,(8,2)$

（6） $x^2-x\sqrt{xy}-2y^2=6,(4,1)$

（7） $x^2y^2=a^3(x+y)$，原點 〔答 -1〕

3. （1） 求直線 $y=2x$ 與曲線 $x^2-xy+2y^2=28$ 的交角爲何?

（2） 試證兩拋物線 $y^2=2px+p^2$ 與 $y^2=p^2-2px$ 的交角爲直角。

【註】兩曲線在某交點的交角是指過此交點的兩切線的夾角。

（3） 圓 $x^2+y^2=8ax$ 與疾走線 $y^2=x^3/(2a-x)$ 之交角，〔在原點爲直角，在$\left(\dfrac{8}{5}a,\ \dfrac{16}{5}a\right)$爲 45°。〕

（4） 自曲線$\dfrac{x^m}{a^m}+\dfrac{y^m}{b^m}=1$做切線，自原點引出垂足，求垂足軌跡。

〔$(ax)^{m/(m-1)}+(by)^{m/(m-1)}=(x^2+y^2)^{m/(m-1)}$〕

4. (i) 有一人以每小時 5 公里之速度向一高爲 60 公尺之塔底走去。當此人距塔底 80 公尺時，問他趨近塔頂之速度爲何?

(ii) 假設有一質點在拋物線 $x^2=6y$ 上運動。已知當 $x=6$ 時，橫坐標之增加率爲每秒 2 公尺，問此時縱坐標之增加率爲何?

(iii) 有一等邊三角形，邊長爲 a 公分，今每秒鐘以 2 公分的速率增長，試求面積之增加率爲何?

(iv) 一正四面體，邊長 10 公分，以每分鐘 1 公分的速率增加，求體積之增加率。

(v) 有一矩形在某瞬間的長寬分別爲 a 及 b，而此時長寬的變率分別爲 m 及 n，試證此矩形面積之變率爲 $an+bm$。

(vi) 有一個在海中的燈塔，距平直海岸最近點 A 的距離爲 2 公里，以每分鐘旋轉 3 圈的速率照射。問當照射至距 A 點 1 公里的海岸時，光速在海岸上移動的速率爲若干?

(vii) 有兩艘船，由同一地點和時間出發。一艘往東，時速 15 公里；一艘往北，時速 20 公里。問經過 3 小時後，兩船離開的速度若干?

5. (i) 已知 $y=\dfrac{x}{1}+\dfrac{x}{1}+\dfrac{x}{1}+\cdots\cdots$ 求 $\dfrac{dy}{dx}$. 〔答 $\dfrac{1}{1+2y}$〕

(ii) 已知 $y=\sqrt{x+\sqrt{x+\sqrt{\cdots}}}$ 求 $\dfrac{dy}{dx}$. 〔答 $\dfrac{1}{2y-1}$〕

#44 在解析幾何或物理學中，我們常用參變函數

$$x=\varphi(t),\ y=\psi(t),$$

參變函數的導微公式

來描述某一質點的運動路徑，此時 t 代表時間，今假設 $x=\varphi(t)$ 的反函數 $t=\varphi^{-1}(x)$ 存在且可導微，那麼 $y=\psi(t)=\psi(\varphi^{-1}(x))$ 爲複合函數。由連鎖規則及反函數的導微公式得

$$\frac{dy}{dx}=\frac{dy}{dt}\cdot\frac{dt}{dx}$$

$$=\psi'(t)/\varphi'(t).$$

此式就是參變函數的導微公式。

【例】橢圓的參數方程式爲 $x=a\cos t$，$y=b\sin t$。於是

$$\frac{dy}{dx}=\frac{(a\sin t)'}{(b\cos t)'}=\frac{a\cos t}{-b\sin t}=-\frac{a}{b}\cot t.$$

特別是當 $t=\frac{\pi}{2}$時，$\frac{dy}{dx}=0$，即在（0，b）點具有水平切線。

【問題】在下列參數方程式中，求$\frac{dy}{dx}$:

（i） $x=2t+3$，$y=t^2$;

（ii） $x=e^t$，$y=e^{2t}$.

（iii） $x=\frac{3at}{1+t^3}$，$y=\frac{3at^2}{1+t^3}$

（iv） $x=\log|t|$，$y=\log(\log|t|)$.

【問】擺線 $x=a(t-\sin t)$，$y=a(1-\cos t)$ 在 $t=\pi/2$ 處切線長，法線影各爲何?

$\left[\frac{dy}{dx}=\sin t/(1-\cos t)=1\right.$. 法線: $y=-x+\frac{\pi a}{2}$，切線 $y=x-a\left(\frac{\pi}{2}-2\right)$切線長$\sqrt{2}a$，法線影 $\left.a\right]$。

#441 設極坐標方程式 $r=a\theta$，（$a>0$），求 $\frac{dy}{dx}$。

【解】由極坐標與直角坐標之關係，

$$\begin{cases} x=r\cos\theta=a\theta\cos\theta, \\ y=r\sin\theta=a\theta\sin\theta. \end{cases}$$

$$\therefore\quad \frac{dy}{dx}=\left(\frac{dy}{d\theta}\right)\Big/\left(\frac{dx}{d\theta}\right)$$

$$=\frac{a\sin\theta+a\theta\cos\theta}{a\cos\theta-a\theta\sin\theta}$$

$$=\frac{\sin\theta+\theta\cos\theta}{\cos\theta-\theta\sin\theta}.$$

此式對於 $\cos\theta-\theta\sin\theta\neq 0$ 的 θ 均成立。

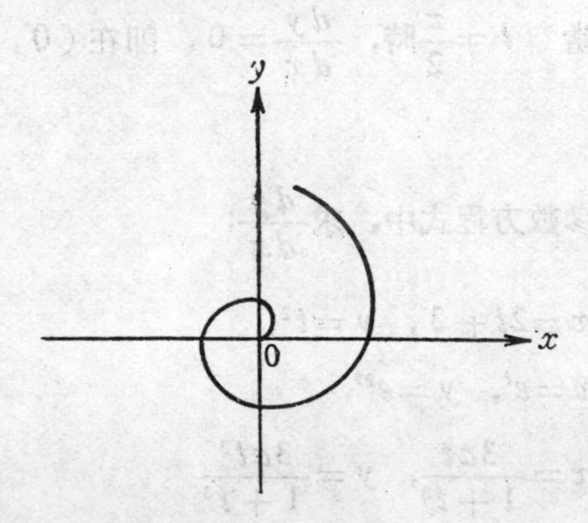

【註】此曲線叫做阿基米得（Archimedes）渦線。上圖所示僅是 $\theta\geq 0$ 之部份圖形。

【問】求心臟線 $r=a(1+\cos\theta)$ 之切線斜率。

#442 一般地，用極坐標時，切線之斜率 $\frac{dy}{dx}$ 可用 $\frac{d(r\sin\theta)/d\theta}{d(r\cos\theta)/d\theta}$

算出
$$=\frac{\frac{dr}{d\theta}\sin\theta+r\cos\theta}{\frac{dr}{d\theta}\cos\theta-r\sin\theta}.$$

若**切線上動點**之極坐標（ρ, φ），則由切線之**極方程式**爲

$$\frac{Y-y}{X-x}=dy/dx \text{ 得 } \frac{\rho\sin\varphi-r\sin\theta}{\rho\cos\varphi-r\cos\theta}=\frac{\frac{dr}{d\theta}\sin\theta+r\cos\theta}{\frac{dr}{d\theta}\cos\theta-r\sin\theta},$$

即
$$r^2=\rho r\cos(\theta-\varphi)-\rho\frac{dr}{d\theta}\sin(\varphi-\theta),$$

或即 $$\frac{1}{\rho}=\frac{1}{r}\cos(\theta-\varphi)+\left[\frac{d}{d\theta}\left(\frac{1}{r}\right)\right]\sin(\varphi-\theta);$$

法線則爲 $$\frac{1}{\rho}=\frac{1}{r}\cos(\varphi-\theta)+\sin(\varphi-\theta)\Big/\frac{dr}{d\theta}.$$

必須注意：若切線 $\overline{PT}$，法線 $\overline{PN}$，切點 P，而 $\overline{TN}$，與向徑 $\overline{OP}$ 垂直。

則 $$\begin{cases}\overline{PT}=r\sqrt{1+\left(r\dfrac{d\theta}{dr}\right)^2},\\[2ex]\overline{PN}=\sqrt{r^2+\left(\dfrac{dr}{d\theta}\right)^2},\end{cases}$$

可以分別叫做**極切線長**、**極法線長**，$\overline{OT}$，$\overline{ON}$ 各爲**極切影**、**極法影**，$\overline{OT}=r\tan\Psi$，$\overline{ON}=r\cot\Psi$，其中 Ψ 爲切線與向徑之交角(**徑切角**)，

$$\tan\Psi=r\Big/\frac{dr}{d\theta}.$$

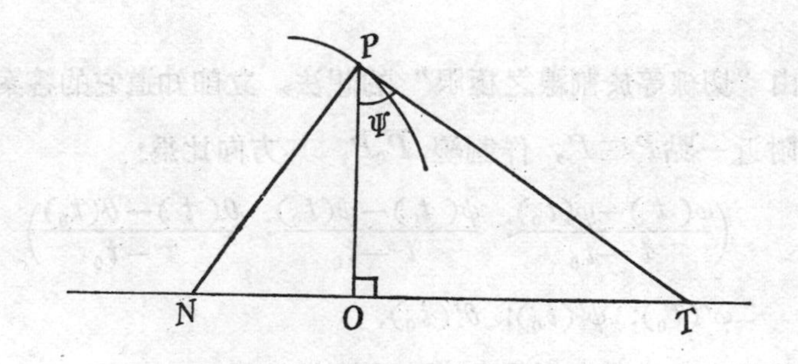

** 我們也可以**從定義出發**來導出切線方程式!

習　　題

1. 求對數螺線 $r=a^\theta$ 之極切線長

2. 〔問〕Archimedes 螺線 $r=a\theta$ 與逆螺線 $r=a/\theta$ 相直交!

3. 求兩曲線 $r=a(1+\cos\theta)$ 與 $r=b(1-\cos\theta)$ 之交角

4. 拋物線 $r=a\sec^2\dfrac{\theta}{2}$ 之切（線與 x 軸所成）角 φ 與徑切角 ψ 互補

5. 曲線 $r=a\sin^3\dfrac{\theta}{3}$ 之切角 φ，乃是徑切角 ψ 之四倍。

$$\left[\tan\psi=\tan\frac{\theta}{3}.\quad 而\ \varphi=\psi+\theta=\frac{4\theta}{3}\right].$$

6. 求 $r=a\sin 4\theta$ 在原點之切角。

7. 逆螺線 $r\theta=a$ 之極切影有定長。

#5 多個成分函數之導微

#51 空間曲線

假設有一條空間曲線 Γ : $x=\varphi(t)$, $y=\psi(t)$, $z=\theta(t)$；試問：在 Γ 上一點 $P_0(x_0=\varphi(t_0),\ y_0=\psi(t_0),\ z_0=\theta(t_0))$ 處，切線爲何?

我們由“切線等於割線之極限”的想法，立即知道它的答案，事實上取 P_0 附近一點 $P\in\Gamma$，作割線 $\overline{P_0P}$，其方向比爲:

$$\left(\frac{\varphi(t)-\varphi(t_0)}{t-t_0}:\ \frac{\psi(t)-\psi(t_0)}{t-t_0}:\ \frac{\theta(t)-\theta(t_0)}{t-t_0}\right).$$

極限就是 $\varphi'(t_0):\ \psi'(t_0):\ \theta'(t_0)$,

這就是切線的方向比，因而 Γ 在 P_0 處之切線爲

$$\frac{x-x_0}{\varphi'(t_0)}=\frac{y-y_0}{\psi'(t_0)}=\frac{z-z_0}{\theta'(t_0)}$$

所以法面爲

$$(x-x_0)\varphi'(t_0)+(y-y_0)\psi'(t_0)+(z-z_0)\theta'(t_0)=0.$$

【例】求曲線 $x=t$, $y=\sin t$, $z=\cos t$

在 $t=\pi/4$ 處之切線及法面。

【解】切向爲 $1:\cos t:-\sin t=1:\frac{1}{\sqrt{2}}:\frac{-1}{\sqrt{2}}=\sqrt{2}:1:-1$，

故切線爲

$$\frac{x-\frac{\pi}{4}}{\sqrt{2}}=\frac{y-\frac{\sqrt{2}}{2}}{1}=\frac{z-\frac{\sqrt{2}}{2}}{-1},$$

法面爲 $\sqrt{2}\left(x-\frac{\pi}{4}\right)+\left(y-\frac{\sqrt{2}}{2}\right)-\left(z-\frac{\sqrt{2}}{2}\right)=0$，

即 $\sqrt{2}\left(x-\frac{\pi}{4}\right)+y-z=0.$

【問】曲線 $x=t^2$，$y=t^3$，$z=t^4$ 在 $x=1$ 處切線爲何?

【例】空間曲線 $\Gamma: xyz=1$，$y^2=x$ 在點 $(1,1,1)$ 處方向爲何?

此時，以 y 爲參數，則 $x=y^2$，$z=(xy)^{-1}=y^{-3}$，故切向爲

$2y:1:-3y^{-4}=2:1:-3$，

方向餘弦爲 $\frac{2}{\sqrt{14}}:\frac{1}{\sqrt{14}}:\frac{-3}{\sqrt{14}}$.

【問】曲線 $\Gamma: 2x^2+3y^2+z^2=9$，$z^2=3x^2+y^2$，

在點 $(1,-1,2)$ 處之方向爲何?

【註】對於很難解出的隱函數關係，宜利用偏導微。

#52 矢値函數

除了（空間中的）曲線，其三個**坐標**爲一自變數 t 之函數，因而有導函數之外，我們也會遇到**矢値**（向量値）函數的導微；它也是對三個成分分別導微就好了!

向量値函數之導微定義

最簡單的例子在運動學中：若 $P(t)=(x(t),y(t),z(t))$ 是質點在 t 時刻的位置，則 $\frac{d}{dt}P(t)=\left[\frac{dx}{dt},\frac{dy}{dt},\frac{dz}{dt}\right]$ $=v(t)$ 是質點在 t 時刻的速度，這是矢値函數，於是，在 t 時刻之加速度是 $a(t)=\frac{d}{dt}v(t)$。

速度與加速度

【例】求 $\boldsymbol{u}(t)=\boldsymbol{i}5t^2+\boldsymbol{j}t-\boldsymbol{k}t^3$ 之導微。

答 $\boldsymbol{i}10t+\boldsymbol{j}-\boldsymbol{k}3t^2$.

【例】求 $\boldsymbol{v}(t)=\boldsymbol{i}\sin t-\boldsymbol{j}\cos t$ 之導微。

答 $\boldsymbol{i}\cos t+\boldsymbol{j}\sin t$.

#53 關於矢值函數之導微，我們必須注意到： 矢值函數的種種乘法符合了分配律，因而 Leibniz 規則也成立：

乘積之導微，是保留一因子，而乘另一因子之導數，再作和，

亦即

$$D(\boldsymbol{u}(t)\cdot\boldsymbol{v}(t))=[D\boldsymbol{u}(t)]\cdot\boldsymbol{v}(t)+\boldsymbol{u}(t)\cdot[D\boldsymbol{v}(t)]$$

$$D(\boldsymbol{u}(t)\varphi(t))=(D\boldsymbol{u}(t))\varphi(t)+\boldsymbol{u}(t)D\varphi(t).$$

$$D\boldsymbol{u}(t)\times\boldsymbol{v}(t)=(D\boldsymbol{v}(t))\times\boldsymbol{v}(t)+\boldsymbol{u}(t)\times D\boldsymbol{v}(t)$$

$$(D=d/dt)$$

所需特別注意的是：第三個式子中的因子之順序不能顛倒！

【例】用上例中的 $\boldsymbol{u}$，$\boldsymbol{v}$，求 $D(\boldsymbol{u}(t)\times\boldsymbol{v}(t))$。

答：

$$=\begin{vmatrix}\boldsymbol{i}, & \boldsymbol{j}, & \boldsymbol{k}\\ 5t^2, & t, & -t^3\\ \cos t, & \sin t, & 0\end{vmatrix}+\begin{vmatrix}\boldsymbol{i}, & \boldsymbol{j}, & \boldsymbol{k}\\ 10t, & 1, & -3t^2\\ \sin t, & -\cos t, & 0\end{vmatrix}$$

$$=\boldsymbol{i}(t^3\sin t-3t^2\cos t)+\boldsymbol{j}(-3t^2\sin t-t^3\cos t)$$

$$+\boldsymbol{k}(5t^2\sin t-11t\cos t-\sin t)$$

***#54**

【習題】方陣 A 之各元素 $a_{ij}(t)$ 是 t 的函數，求其行列式 $(\det A)$ 之導數。

#6　不定形的 L'Hospital 規則

我們在 §1 中看過，夾擠原則是求極限非常有力的工具。下面我們要來介紹另一個工具，卽 L'Hospital 規則，它專門對付，求“不定形”極限的問題。

我們常碰到要求商的極限 $\lim\limits_{t\to a}\dfrac{f(t)}{g(t)}$，例如像 $\lim\limits_{t\to 1}\dfrac{t^2+2}{t+2}$ 及 $\lim\limits_{t\to 0}\dfrac{\log(t+1)}{t}$。前者的極限很清楚：

$$\lim_{t\to 1}\frac{t^2+1}{t+2}=\frac{\lim\limits_{t\to 1}(t^2+1)}{\lim\limits_{t\to 1}(t+2)}=\frac{2}{3}$$

但是後者卻不能利用“商的極限等於極限的商”這條規則，因爲

$$\lim_{t\to 0} t=0=\lim_{t\to 0}\log(t+1).$$

什麼叫做不定形?

這種情形叫做“$\dfrac{0}{0}$”的“**不定形**”。還有一種“**不定形**”是“∞/∞”，這是當 $\lim\limits_{t\to a}f(t)=\pm\infty=\lim\limits_{t\to a}g(t)$ 時的情形。

#61　L'Hospital 規則：

設 f 及 g 在點 c 的近旁 $(a;b)$ 可以導微。再設 $g'(t)\neq 0$，當 $t\neq c$，且 $\lim\limits_{t\to c}f(t)=0=\lim\limits_{t\to c}g(t)$，〔或 $\lim\limits_{t\to c}f(t)=\lim\limits_{t\to c}g(t)=\pm\infty$,〕此時，若 $\lim\limits_{t\to c}\dfrac{f'(t)}{g'(t)}=k$，則 $\lim\limits_{t\to c}\dfrac{f(t)}{g(t)}=k$。

解釋爲參變函數：$x=g(t)$，$y=f(t)$. 在 $t=c$ 時，$(x,y)=(0,0)$，求曲線在原點處的切線斜率 dy/dx 卽是 $\lim f(t)/g(t)$，$=\lim\dfrac{f(t)-0}{g(t)-0}$，但依照參變函數微導規則 $=f'(c)/g'(c)$。

〔後面還有更好的證明，見 §4.26〕

【例】 我們在 1.23 看過的 $\lim\limits_{x\to 0}\dfrac{\sin x}{x}$，那時用夾擠原則來求算的，費的力氣很大，現在用 L'Hospital 規則（牛刀）來算就很簡單了，〔不過，要計算 $D\sin x$ 就先要 $\lim\sin x/x$ 啊〕

$$\lim_{x\to 0}\frac{\sin x}{x}=\lim_{x\to 0}\frac{D\sin x}{Dx}=\lim_{x\to 0}\frac{\cos x}{1}=1.$$

【例】 $$\lim_{x\to 0}\frac{e^x-1}{x}=\lim_{x\to 0}\frac{D(e^x-1)}{Dx}=\lim_{x\to 0}\frac{e^x}{1}=1.$$

【例】 $$\lim_{x\to 0+}x\log x=\lim_{x\to 0+}\frac{\log x}{(1/x)}=\lim_{x\to 0+}\frac{(1/x)}{(-1/x^2)}$$
$$=\lim_{x\to 0+}(-x)=0.$$

【例】 $$\lim_{x\to 0}\frac{\tan^{-1}x+\log(x+\sqrt{1+x^2})}{x}=2.$$

有時 L'Hospital 規則必須重複使用好幾次:

【例】 $$\lim_{x\to 0}\frac{x-\sin x}{x^3}=\lim_{x\to 0}\frac{1-\cos x}{3x^2}\text{（還是不定形）}$$
$$=\lim_{x\to 0}\frac{\sin x}{6x}\text{（還是不定形）}$$
$$=\lim_{x\to 0}\frac{\cos x}{6}=\frac{1}{6}.$$

我們已經看過 (§1.66)，指數函數可以罩住冪函數，現在很容易證明了：

【例】 $$\lim_{x\to\infty}\frac{x^n}{e^x}=\lim_{x\to\infty}\frac{nx^{n-1}}{e^x}=\lim_{x\to\infty}\frac{n(n-1)x^{n-2}}{e^x}$$
$$=\cdots\cdots=\lim_{x\to\infty}\frac{n!}{e^x}=0,$$

即 $x^n\prec e^x$ 或寫成 $x^n=o(e^x)$。

【問】試證：$\log(\log x) \prec \log x \prec x^a$。

但　$a>0$　　$(x\to\infty)$

#62　其他形狀的不定形我們可以想辦法把它變成 0／0 及 ∞/∞之形。今舉例說明如下：

【例】（∞^0 形）求 $\lim\limits_{x\to\infty} x^{1/x}$

令 $f(x)=x^{1/x}$，而 $g(x)=\log f(x)=\dfrac{1}{x}\log x.$

於是 $\lim\limits_{x\to\infty} g(x)=\lim\limits_{x\to\infty}\dfrac{\log x}{x}=\lim\limits_{x\to\infty}\dfrac{1/x}{1}=0.$

由於 $f(x)=e^{g(x)}$，今 $g(x)\to 0$，故 $f(x)\to 1$。

【例】（0^0 形）求 $\lim\limits_{x\to 0+} x^x$.

【解】$\because$ $x^x=\exp(x\log x)$

$\therefore$ $\lim\limits_{x\to 0+} x^x=\lim\limits_{x\to 0+}\exp(x\log x)$

$=\exp(\lim\limits_{x\to 0+} x\log x)$，（由 exp 的連續性）

$=\exp(0)=1$.（由 #710例 3.）

【問】試求下列各極限：

(i) $\lim\limits_{x\to 0}\dfrac{2^x-3^x}{x}$　　(ii) $\lim\limits_{x\to 0}\dfrac{e^x-x-1}{x^2}$

(iii) $\lim\limits_{x\to 0+}\left(\dfrac{1}{x}\right)^x$　　(iv) $\lim\limits_{x\to 0}\dfrac{e^x-2x}{x}$

(v) $\lim\limits_{x\to 0}\dfrac{3x-1}{4x}$　　(vi) $\lim\limits_{x\to 0}\dfrac{\cos[(\pi/2)+x]}{x}$

(vii) $\lim\limits_{x\to 0+}(\tan x)^{\sin x}$　　(viii) $\lim\limits_{x\to 0+} x^m(\log x)^n=0$　$(m, n>0)$

(ix) $\lim\limits_{x\to\infty}\left(1+\dfrac{3}{x}\right)^x$　　(x) $\lim\limits_{x\to 0}\dfrac{\sin x-x\cos x}{x^2\sin x}$.

(xi) $\lim_{x\to 0}\dfrac{\sin x+\cos x-e^{-x}+x^2-2x}{(e^x-1)^5}=?$

#63 高次算術平均

作爲 L'Hospital 規則的一個應用，我們來考慮“0次平均”該如何定義。

設 $x_1, x_2, \cdots\cdots x_N$ 爲N個正數，而$(p_1\cdots\cdots p_N)$爲狹義凸性係數，即

$$p_i>0,\ \sum p_i=1.$$

則 $X=(x_1,\cdots\cdots,x_N)$ 之k次加權平均爲

$$m_k(X;p)\equiv(\sum p_i x_i^k)^{1/k}.$$

何謂k次加權平均？以及其跟k次平均，算術平均，調和平均的關係。

此地 $k\in \boldsymbol{R}$, $k\neq 0$.

當然，若諸 $p_i\equiv\dfrac{1}{N}$, 則得通常的k次平均，$k\equiv 1$是算術平均，而$k=-1$是調和平均。至於幾何平均乃是$\prod x_i^{p_i}$，我們證明:

【補題】 $\lim_{k\to 0} m_k(X, p)=\prod x_i^{p_i}$.

我們記之以 $m_0(X;p)$ 此即“加權的幾何平均”。〔通常 m_1; m_0 及 m_{-1} 也記爲 $A.M.$; $G.M.$; 及 $H.M.$〕

【證明】 $\log m_k=(\log\sum p_i x_i^k)/k$,

若$k\to 0$，則分子、分母均$\to 0$。故可用 L'Hospital 規則，於是

$$\lim_{k\to 0}\log m_k=\lim_{k\to 0}\frac{\sum(p_i\log x_i)x_i^k}{\sum p_i x_i^k}\Big/1$$

$$=\sum p_i\log x_i=\log\prod x_i^{ki}.$$

我們學過 $H.M.<G.M.<A.M.$，也就是 $m_{-1}<m_0<m_1$，將來可以證明**高次平均不等式**。若 x_i **並不全等**，則 $m_k(X;p)$ 是k的狹義遞增函數，當 $k\in\boldsymbol{R}$。

♯64 無限小之階數

何謂 k 階無限小?

設 $x\to 0$，若 $\lim\limits_{x\to 0} f(x)/x^K=A$，且 $A\neq 0$，則 $f(x)$ 爲"K階"無限小〔以上之計算主要的是這個! 〕。

【例】 $\log(x+\sqrt{1+x^2})-x+\dfrac{x^3}{6}=f(x)\longrightarrow 0$

$$f'=\frac{1}{\sqrt{1+x^2}}-1+\frac{x^2}{2}\longrightarrow 0.$$

$$f''=-x(1+x^2)^{-3/2}+x\longrightarrow 0.$$

$$f'''=3x^2(1+x^2)^{-5/2}-(1+x^2)^{-3/2}+1\longrightarrow 0.$$

乘以 $(1+x^2)^{+5/2}$ 得

$$g(x)=2x^2-1+(1+x^2)^{5/2}\longrightarrow 0.$$

$$g'(x)=4x+5x(1+x^2)^{3/2}\longrightarrow 0.$$

$$g'(x)/x\longrightarrow 9.$$

故 $f(x)/x^5\longrightarrow$常數

（用 Taylor 展開可以快得多! 見後）

【例】 $\sqrt[3]{1+x^3}-1-\dfrac{x^3}{3}$爲6階無限小。

【例】 $x-3^{-1}\tan x-2\sin x/3$ 爲5階無限小。

【例】 $e^x-e^{-x}-2\sin x$ 爲3階無限小。

【例】 $e^x-\dfrac{1+ax}{1+bx}$，$(x\longrightarrow 0)$

$$\begin{cases} b-a\neq -1\text{時，1階;}\\ b-a=1\text{，且 } b\neq\dfrac{-1}{2}\text{時，2階;}\\ b-a=1\text{，且 } b=\dfrac{-1}{2}\text{時，3階。}\end{cases}$$

#7 高階導函數

設 f 在（a；b）可微，則 Df 為（a；b）上的函數，我們可以繼續考慮它的可導性；若 f 是〔a；b）或（a；b〕或〔a；b〕上的函數，在邊端上我們將用一側導數作為 Df 之值，於是在 Df 可微時，其導數記成 D^2f，依此類推。

高階導微的定義

特別在 $D^nf\in\mathscr{C}$（連續）時，我們記成 $f\in\mathscr{C}^n$，說成：「f 為 $\mathscr{C}^n$ 型」，「f 為 n 次連續可微」。

#701

【例】 $D^n\log x=(-1)^{n-1}(n-1)!x^{-n}.\ (n\in N)$

#702

【例】 $D^nx^\alpha=\alpha(\alpha-1)\cdots\cdots(\alpha-n+1)x^{\alpha-n}.\ (n\in N_0)$

#703

【例】 $D^n\sin x=\sin\left(x+\dfrac{n\pi}{2}\right).$

【問 1】求 $D^3\tan x$.

答 $2\sec^2x(2\tan^2x+\sec^2x)$.

【問 2】求 $D^3\sqrt{x^2+a^2}$.

答 $-3a^2x(x^2+a^2)^{-5/2}$.

【問 3】 $x=a(2\cos t+\cos 2t)$, $y=a(2\sin t-\sin t)$,

求 d^2y/dx^2.

【例 4】設 $y=\sin^2mx/\sin^2x$,

則，在 $Dy=0$ 之處，或 $D^2y\geq 0$，或

$D^2y=2(1-m^2)y$.

#71 計算高階導數之技巧，第一個就是活用疊合原理。

【例】求 $D^n\dfrac{7x}{(x+2)(3x-1)}$.

今 $\left[\dfrac{7x}{(x+2)(3x-1)}\right]=\dfrac{2}{x+2}+\dfrac{1}{3x-1}$.

故 $D^n[\quad]=2\dfrac{(-1)^n n!}{(x+2)^{n+1}}+\dfrac{1}{3}\dfrac{(-1)^n n!}{\left(x-\dfrac{1}{3}\right)^{n+1}}$.

【例】求 $D^n\dfrac{1}{x^2+a^2}$

【解】利用複數觀點，則

$$\frac{1}{x^2+a^2}=\frac{1}{(x-ai)}\frac{1}{(x+ai)}=\frac{1}{2ai}\left(\frac{1}{x-ai}-\frac{1}{x+ai}\right).$$

故 $D^n\dfrac{1}{(x^2+a^2)}=\dfrac{1}{2ai}(-1)^n n!\left[\dfrac{1}{(x-ai)^{n+1}}-\dfrac{1}{(x+ai)^{n+1}}\right]$

$$=(-1)^n n!\left\{\binom{n+1}{1}x^n-\binom{n+1}{3}a^2x^{n-2}+\cdots\cdots\right\}.$$

【例】求 $D^n\sin^3 x$.

今 $\sin^3 x=\dfrac{1}{4}(3\sin x-\sin 3x)$.

$\therefore$ $D^n\sin^3 x=\dfrac{1}{4}\left[3\sin\left(x+\dfrac{n\pi}{2}\right)-3^n\sin\left(3x+\dfrac{n\pi}{2}\right)\right]$.

【問】 $D^n\left(\dfrac{ax+b}{x^2-m^2}\right)$.

答 $\dfrac{(-1)^n!}{2m}\left\{\dfrac{am+b}{(x-m)^{n+1}}+\dfrac{am-b}{(x+m)^{n+1}}\right\}$.

【問】 $D^n(\sin x\cos^3 x)$.

答 $2^{n-2}\sin(2x+n\pi/2)+2^{2n-3}\sin(4x+n\pi/2)$.

【問】 $D^n(\sin ax\cos bx)=?$

答 $2^{-1}\{(a+b)^n\sin[(a+b)x+\frac{n\pi}{2}]$
$+(a-b)^n\sin[(a-b)x+n\pi/2]\}.$

【問】 $D^n\left(\frac{1-x}{1+x}\right).$

答 $(-1)^n\cdot 2\cdot(n!)(1+x)^{-n-1}.$

#72 Leibniz 規則

乘法的導微規則 $D(f\cdot g)=(Df)g+f\cdot(Dg)$

可以推廣成非常漂亮的 Leibniz 公式。

Leibniz 公式

今想像 D_1 是只對 f 作用的導微，D_2 是只對 g 作用的導徵；則上式可以寫成

$$D(f\cdot g)=D_1(fg)+D_2(fg),$$

於是，由簡單的遞廻法，就得到

$$D^n(f\cdot g)\equiv\sum_{k=0}^{n}(D^kf)(D^{n-k}g)C_k^n.$$

這只是 $D^n=(D_1+D_2)^n=\sum_{k=0}^{n}D_1{}^kD_2{}^{n-k}C_k{}^n$

之二項展開而已。

【問】 $D^n(x^{n-1}\log x)=?$

答 $(n-1)!x^{-1}.$

【問】 $D^n(x^2a^x).$

答 $a^x(\log a)^{n-2}\{(x\log a+n)^2-n\}.$

【例】由 $x^{a+b}=x^ax^b$，證明**【Vandermonde 定理】**：

若 ${}_aP_n\equiv a(a-1)\cdots(a-n+1).$

則　$_{a+b}P_n = {}_aP_n + {}_nC_1 \cdot {}_aP_{n-1} \cdot {}_bP_1 + \cdots$
$+ {}_nC_r \cdot {}_aP_{n-r} \cdot {}_bP_r + \cdots + {}_bP_n.$

〔對　$x^{a+b} = x^a x^b$，作 D^n，用 Leibniz 公式〕

#721　在一點之高階導數

【例】 設 $u = x/(e^x - 1)$. $n \in N$, $n > 1$，求證在 $x = 0$ 處，

$$_nC_1 \cdot D^{n-1}u + {}_nC_2 \cdot D^{n-2}u + \cdots\cdots + {}_nC_{n-1} \cdot Du + u = 0,$$

【證明】 對 $ue^x = u + x$. 適用 D^n 之 Leibniz 規則，得

$$e^x\{D^n u + {}_nC_1 \cdot D^{n-1}u + \cdots + {}_nC_{n-1} \cdot Du + u\} = D^n u, (n > 1).$$

#73

對於**高階導數**，並無**連鎖規則**請大家必須留心！所以：參變函數，反函數，隱函數等等之高階導微通常並不好做！

【例】 利用 $y = \tan z$，化簡如下方程式。

$$\frac{d^2y}{dx^2} - \frac{2(1+y)}{1+y^2}\left(\frac{dy}{dx}\right)^2 = 1.$$

【解】 今　$\dfrac{dy}{dx} = \dfrac{dy}{dz}\,\dfrac{dz}{dx} = \sec^2 z \dfrac{dz}{dx}$,

$$\frac{d^2y}{dx^2} = \sec^2 z \frac{d^2z}{dx^2} + 2\sec^3 z\ \sin z\left(\frac{dz}{dx}\right)^2,$$

故得原式為

$$1 = \sec^2 z \frac{d^2z}{dx^2} + 2\sec^3 z\ \sin z\left(\frac{dz}{dx}\right)^2 - \frac{2(1+\tan z)}{1+\tan^2 z}\sec^4 z \frac{dz}{dx},$$

即　$\dfrac{d^2z}{dx^2} - 2\left(\dfrac{dz}{dx}\right)^2 = \cos^2 z.$

【例】 用　$x = e^t$，改變方程式

$$x^3\frac{d^3y}{dx^3} + 3x^2\frac{d^2y}{dx^2} + x\frac{dy}{dx} + y = 0.$$

【解】以 $\dfrac{dy}{dx}=e^{-t}\dfrac{dy}{dt}$, $\dfrac{d^2y}{dx^2}=e^{-2t}\left(\dfrac{d^2y}{dt^2}-\dfrac{dy}{dt}\right)$,

$\dfrac{d^3y}{dx^3}=e^{-3t}\left(\dfrac{d^3y}{dt^3}-3\dfrac{d^2y}{dt^2}+2\dfrac{dy}{dt}\right)$, 代入，故

$$\frac{d^3y}{dt^3}+y=0.$$

***#741** 設 $v=\dfrac{au+b}{cu+d}$，且 u 是 x 的函數，而 $\dfrac{d}{dx}$ 記做 D，

則 $$\frac{D^3v}{Dv}-\frac{3}{2}\left(\frac{D^2v}{Dv}\right)^2=\frac{D^3u}{Du}-\frac{3}{2}\left(\frac{D^2u}{Du}\right)^2.$$

【問】 $$\frac{d^2y}{dx^2}+yx\frac{dy}{dx}+\sec^2x=0$$

用 $x=\arctan t$ 加以改變。

答 $(1+t^2)\dfrac{d^2y}{dt^2}+(2t+y\ \mathrm{arc\ tan}t)\dfrac{dy}{dt}+1=0.$

***#742**

【例】用極坐標 (ρ,θ) 及 $x=\rho\cos\theta$, $y=\rho\sin\theta$, $\rho=\rho(\theta)$

計算 $$K=\frac{d^2y}{dx^2}\Big/\left(1+\left(\frac{dy}{dx}\right)^2\right)^{3/2}$$

【解】 $$\frac{dx}{d\theta}=\cos\theta\frac{d\rho}{d\theta}-\rho\sin\theta,.$$

$$\frac{dy}{d\theta}=\sin\theta\frac{d\rho}{d\theta}+\rho\cos\theta,$$

$$\frac{dy}{dx}=\frac{\sin\theta\dfrac{d\rho}{d\theta}+\rho\cos\theta}{\cos\theta\dfrac{d\rho}{d\theta}-\rho\sin\theta},$$

$$\frac{d^2y}{dx^2}=\frac{2\left(\frac{d\rho}{d\theta}\right)^2-\frac{d^2\rho}{d\theta^2}\rho+\rho^2}{\left(\cos\theta\frac{d\rho}{d\theta}-\rho\sin\theta\right)^3},$$

故 $$\frac{d^2y/dx^2}{\left(1+\left(\frac{dy}{dx}\right)^2\right)^{3/2}}=\frac{2\left(\frac{d\rho}{d\theta}\right)^2-\rho\frac{d^2\rho}{d\theta^2}+\rho^2}{\left(\rho^2+\left(\frac{d\rho}{d\theta}\right)^2\right)^{3/2}}$$

注意: 由此可知: 在坐標之平移及旋轉之下，$K=\frac{d^2y}{dx^2}\Big/\left(1+\left(\frac{dy}{dx}\right)^2\right)^{3/2}$不變。事實上，在平移之下$dy/dx$不變，$\frac{d^2y}{dx^2}$亦然，故$K$不變。

在旋轉之下，$d\rho/d\theta$ 不變，（因ρ不變，$\theta\longmapsto\theta+\alpha$,）故 $d^2\rho/d\theta^2$ 亦不變，而$K=\frac{2\left(\frac{d\rho}{d\theta}\right)^2-\rho\frac{d^2\rho}{d\theta^2}+\rho^2}{\left(\rho^2+\left(\frac{d\rho}{d\theta}\right)^2\right)^{3/2}}$也不變。

#743

【例】由 $y=f(x)$ 解得 $x=g(y)$，以f

求 $\frac{dx}{dy}$, $\frac{d^2x}{dy^2}$, $\frac{d^3x}{dy^3}$

【解】今 $dx/dy=1/Df.\left(D\equiv\frac{d}{dx}\right).$

故 $$\frac{d}{dy}\left(\frac{dx}{dy}\right)=\left(\frac{d}{dx}\left(\frac{1}{Df}\right)\right)\frac{dy}{dx}=\frac{-D^2f}{(Df)^2}\cdot\frac{1}{Df}$$

$$=-D^2f/(Df)^3,$$

$$\frac{d}{dy}[-D^2f/(Df)^3]=-D[D^2f/(Df)^3]/Df$$

$$=-[(D^3f)(Df)-3(D^2f)^2]/(Df)^5.$$

#75

【例】由 $x^2+y^2+z^2=a^2$, $x^2+y^2=2ax$

試計算 $\dfrac{d^2y}{dx^2}$, $\dfrac{d^2z}{dx^2}$.

【解】今 $\begin{cases} x+y\dfrac{dy}{dx}+z\dfrac{dz}{dx}=0, \\ x+y\dfrac{dy}{dx}=a, \end{cases}$

故 $\dfrac{dy}{dx}=\dfrac{a-x}{y}$, 而 $\dfrac{dz}{dx}=-\dfrac{a}{z}$.

故 $\dfrac{d^2y}{dx^2}=\dfrac{-1}{y}-\dfrac{a-x}{y^2}\dfrac{dy}{dx}=-a^2/y^3$.

$\dfrac{d^2z}{dx^2}=\dfrac{a}{z^2}\dfrac{dz}{dx}=-a^2/z^3$.

#8 微 分

#80

【正名】中文"微分"一詞，被大大地濫用了，主要是由於中文的**詞性變化**沒有外表上的變化，因此我們在這裏想做一番正名的工作。我們以函數 sin 為例，這個函數的**導函數**（英：derived function，或者 derivative,）為 cos，這仍是個**函數**。在點 $\pi/3=60°$ 處，導函數之值為 1/2，這是個**實數**，叫做正弦函數在 $\pi/3$ 處的**導數**（英：derivative)。

從函數 sin，得到其**導函數**或其**導數**，這個工作叫做**導微**，英文之名詞為 differentiation，動詞為 to differentiate；名詞與動詞之差異，在運用時不會搞混，但是**導函數**抑或**導數**，其區別很重要，必須**仔細分**

辨，依照題意。

我們將把“微分”一詞，保留給英文的名詞 differential；它跟上面的概念**全然不同**。特別地，**微分商**將是**導函數**或是**導數**。

至於**積分**，我們把**不定積分**解釋爲**原始函數**，亦即把 f 視爲 f' 之**不定積分**（不必用動詞，不定積分即是 “antiderivative”,）。一般地，積分專指**定積分**；它是英文動詞 to integrate（名詞爲 integration）或者名詞 (definite) integral.

♯81 “微分”及“微分商”之概念主要來自 Leibniz。

導數 $f'(c)$

$$=\lim_{x\to c}\frac{f(x)-f(c)}{x-c}$$ 的意思是“差分 (difference) $\triangle y$,

$\triangle x$ 之商 $\dfrac{\triangle y}{\triangle x}$ 的極限”，其中，差分 $\triangle x\equiv x-c$，$\triangle y=f(x)-f(c)$。

Leibniz 首先採取記號 $\dfrac{dy}{dx}$ 來代表它，而稱 dy，dx 爲微分，$\dfrac{dy}{dx}$ 爲**微分商** (differential quotient)。這是一種“記號的觀點”，非常有趣，且影響深遠。

這種記號的觀點，**似乎意指着** $\lim\triangle y=dy$，$\lim\triangle x=dx$；但這當然是不通的，另外一個辦法如下：

採用函數的實體觀 x，y 各代表明確的物理量，我們考慮 x 與 y 的函數關係，$y\equiv f(x)$. Leibniz 認爲（點 c 處的）微分 dx 就代表了“變量 x 在點 c 處附近無限小範圍內變化時的差分”，換言之，dx 即是“$\triangle x$，**而變化範圍爲無限小者**”，同理（$f(c)$ 處的）微分 dy 即是“**變量 y 在點 $f(c)$ 處附近無限小範圍內變化時的差分**”。因之 differential＝infinitesimal difference。Leibniz 認爲這就使得連鎖規則之類的定理變得顯然了。

但這仍然有一些矛盾:

讓我們從一個具體的問題說起: 考慮邊長爲 x 的正方形面積 $S(x)=x^2$，若邊長給一個變化量 $\triangle x$，問相應的面積變化量 $\triangle S$ 爲若干? 這只是簡單的計算:

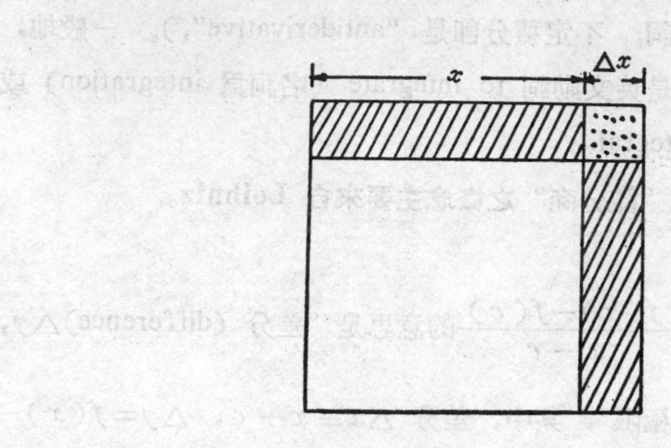

$$\triangle S=S(x+\triangle x)-S(x)$$
$$=(x+\triangle x)^2-x^2$$
$$=2x\triangle x+(\triangle x)^2,$$

此時，若把 $\triangle x$ 解釋爲無限小，改書爲 dx，S 也如此做，則

$$dS=2xdx+(dx)^2,$$
$$dS/dx=2x+(dx)\neq 2x.$$

〔等號若成立，則 $dx=0$，而除法沒有意義! 〕

#82 解決之道是定義: 任一變量 u 之微分 du 是無限小的差分之"線性主要部分"。以上一例而論，在

微分的定義

$$\triangle S=2x\triangle x+(\triangle x)^2$$

中，在**自變差分** $\triangle x\longrightarrow 0$ 時，

$$\triangle S=2x\triangle x+o(\triangle x),\qquad \triangle x\rightarrow 0.$$

換言之，面積的變化量 $\triangle S$ 分成兩部分: 第一部分 $2x\triangle x$ 是 $\triangle x$

的線性函數，叫做$\triangle S$ 的**線性主要部分**，即圖中兩陰影矩形面積的和；而第二部分 $(\triangle x)^2$ 是較 $\triangle x$ 爲高階的無窮小，即

$$(\triangle x)^2=o(\triangle x),\ (\triangle x\to 0)。$$

我們就用 dS 表示這個線性主要部分: $dS=2x\triangle x$.

#83 一般而言，給一個函數 $y=f(x)$，並給 x 一個變化量$\triangle x$，相應地函數的變化量爲$\triangle y=f(x+\triangle x)-f(x)$，(叫做 y 的差分)。現在我們要問: 是否$\triangle y$ 也可以表成如上述之兩部分? 換言之，

可微性的定義

$$\triangle y=A\triangle x+o(\triangle x).$$

是否成立? 其中A純爲x的函數而與 $\triangle x$ 無關。如果這個式子成立的話，我們就說$f(x)=y$在點x是可微的 (differentiable)，並且稱$A\triangle x$爲 $f(x)$ 在點x的線性主要部分或微分，記爲 dy 或 df，即 $dy=df=A\triangle x$。

我們要問: 一個函數的可微性與可導性有什麼關係呢? 先假設 $f(x)$ 在點x可微，即$\triangle y$ 可寫成

$$\triangle y=A\triangle x+o(\triangle x),$$

於是
$$\frac{\triangle y}{\triangle x}=A+\frac{o(\triangle x)}{\triangle x}.$$

令 $\triangle x\to 0$，對兩邊取極限，並且由小 o 的定義，得到

$$\lim_{\triangle x\to 0}\frac{\triangle y}{\triangle x}=A.$$

這就是說，極限 $\lim\limits_{\triangle x\to 0}\dfrac{\triangle y}{\triangle x}$存在且等於$A$。由導數的定義知，這個極限就是 $f'(x)$，故 $A=f'(x)$。從而有

$$dy=f'(x)\triangle x$$

反過來，假設 $f(x)$ 在點x可導，則有

$$\lim_{\triangle x\to 0}\frac{\triangle y}{\triangle x}=f'(x),$$

由極限的定義知

$$\triangle y=f'(x)\triangle x+o(\triangle x),\ (\triangle x\to 0).$$

再由微分的定義，這就是說函數 $f(x)$ 在點 x 可微，並且有

$$dy=f'(x)\triangle x.$$

結論是：對單變函數而言，函數的可導性與可微性是等價的，並且有關係式 $dy=f'(x)\triangle x$。

可微性等價於可導性

換言之，微分 dy 與差分 $\triangle y$ 的相差，是較 $\triangle x$ 爲高階的無窮小，即 $\triangle y-dy=o(\triangle x)$，$(\triangle x\to 0)$。這就是說，函數的微分 dy 是函數的變化量 $\triangle y$ 的主要部分；

必須強調的是：這樣定義的微分，並不（實質上）依賴於主要變數之選取！事實上，若以另一個變數 t 爲獨立變數，而 $x=g(t)$（並假設 $g'(t)\neq 0$），然則 $y=h(t)\equiv f(g(t))$，因而 $dy=h'(t)dt$，$dx=g'(t)dt$，與 $dy\equiv f'(x)dx$ 相符合。（這恰就是連鎖規則！）這一性質就叫做**一階微分的形式不變性**。

上述已經證明了關係式 $dy=f'(x)\triangle x$，對任意可導函數均成立。特別是，當 $f(x)=x$ 時也成立。此時 $f'(x)=1$，故 $df=dx=1\cdot\triangle x=\triangle x$。這就是說，獨立變量 x 作爲函數 x 而言，其微分等於其差分。因此，我們可以把 dx 當作一個符號來代替 $\triangle x$，於是有微分公式：

$$dy=f'(x)dx,$$

從而可得

$$\frac{dy}{dx}=f'(x).$$

注意：先前(#132)，我們用 $\frac{dy}{dx}$ 表示導數 $\lim_{\triangle x\to 0}\frac{\triangle y}{\triangle x}$，那時 $\frac{d}{dx}=D$ 看作

一個算子。現在有了微分的概念，我們可以把導數$\frac{dy}{dx}$看作是兩個微分 dy 與 dx 的比值。然而，此時 dy 與 dx 都不只是"無窮小"的量，它們都是$\triangle x$ 的線性函數。因此記號$\frac{dy}{dx}$，從今起就含有兩重意義了。

顯然，有一個導微公式就對應有一個微分公式。尤其是，由導微規則（見 #34），我們得到下面的微分規則（其實利用微分的定義也容易驗得）：

(1) $d[f(x)\pm g(x)]=df(x)\pm dg(x)$,

(2) $d[f(x)\cdot g(x)]=g(x)df(x)+f(x)dg(x)$,

(3) $d\left[\dfrac{f(x)}{g(x)}\right]=\dfrac{g(x)df(x)-f(x)dg(x)}{(g(x))^2}$.

另外還有一個連鎖微分規則：設複合函數 $y=f(u)$，$u=g(x)$，則有

(4) $dy=f'(g(x))g'(x)dx$.

事實上，$f'(g(x))=f'(u)$，$du=g'(x)dx$，故上式可寫成：

$$dy=f'(u)du.$$

（一階微分的形式不變性。）

【例】設 $y=\dfrac{\sin 2x}{x^2}$，求 dy.

【解】
$$dy=d\left(\frac{\sin 2x}{x^2}\right)$$
$$=\frac{x^2 d\sin 2x-\sin 2x\cdot dx^2}{x^4}\ (\text{由((3))})$$
$$=\frac{x^2(\cos 2x)\cdot 2dx-(\sin 2x)2x\cdot dx}{x^4}\ (\text{由 (4)})$$
$$=\frac{2(x\cos 2x-\sin 2x)}{x^3}dx.$$

【例】設 $y=e^{-u^2/2}$，求 dy.

【解】 $dy=d(e^{-u^2/2})=e^{-u^2/2}\,d\left(\dfrac{-u^2}{2}\right)$

$$=-ue^{-u^2/2}du.$$

【例】設 $x^2y+xy^2=1$，試求 dy。

【解】對等式兩邊微分，得

$$d(x^2y+xy^2)=d(1)=0$$

$$d(x^2y+xy^2)=d(x^2y)+d(xy^2)$$

$$=x^2dy+ydx^2+xdy^2+y^2dx.$$

$$=x^2dy+2xydx+2xydy+y^2dx$$

$$=(x^2+2xy)dy+(2xy+y^2)dx$$

$$=0,$$

因此得到 $dy=-\dfrac{2xy+y^2}{x^2+2xy}dx.$

【例】試求下列各式之 dy:

(i) $y=x^2+1$. (ii) $y=\sin\left(\dfrac{1}{x}\right)$.

(iii) $y=x\log x$. (iv) $x^2+y^2=1$.

【解】(i) $dy=2xdx$,

(ii) $dy=\cos\dfrac{1}{x}\,d\left(\dfrac{1}{x}\right)=-\dfrac{1}{x^2}\cos\left(\dfrac{1}{x}\right)dx.$

(iii) $dy=xd(\log x)+(\log x)dx$

$$=x\cdot\frac{1}{x}dx+(\log x)dx$$

$$=(1+\log x)dx.$$

(iv) $2xdx+2ydy=0$

$$\therefore\ dy=-\frac{x}{y}dx.$$

試求下列各函數的 dy:

(1) $y=\dfrac{x-1}{x+1}$. (2) $y=\sqrt{a^2-x^2}$, $a>0$.

(3) $y=\tan^{-1}\dfrac{1}{x}$. (4) $y=e^{x^2}$.

(5) $y=\log\sin x$. (6) $y=e^{-x}\sin 2x$.

(7) $x^2-3xy-y^2=1$. (8) $y=\dfrac{x}{a}+\dfrac{a}{x}$, $a>0$.

【例】用極坐標: $x=r\cos\theta$, $y=r\sin\theta$。

求 $xdy+ydx$ 及 $\dfrac{dy}{y}-\dfrac{dx}{x}=?$

今 $dx=(dr)\cos\theta-r\sin\theta d\theta$,

$dy=\sin\theta dr+r\cos\theta d\theta$.

故 $xdy+ydx=r\cos\theta\sin\theta dr+r^2\cos^2\theta d\theta$

$+r\sin\theta\cos\theta dr-r^2\sin^2\theta d\theta$

$=r\sin 2\theta dr+r^2\cos 2\theta d\theta$.

又 $\dfrac{dy}{y}-\dfrac{dx}{x}=\left(\dfrac{\sin\theta}{r\sin\theta}-\dfrac{\cos\theta}{r\cos\theta}\right)dr+\left(\dfrac{r\cos\theta}{r\sin\theta}+\dfrac{r\sin\theta}{r\cos\theta}\right)d\theta$

$=\dfrac{d\theta}{\sin\theta\cos\theta}$.

【問】 $\lambda=\left(x\dfrac{dy}{dx}-y\right)\Big/\sqrt{1+\left(\dfrac{dy}{dx}\right)^2}$ 呢?

答 $\lambda=\rho^2\Big/\sqrt{\rho^2+\left(\dfrac{d\rho}{d\theta}\right)^2}$.

§4 切近與變化

#0	“近似”之重要性
#1	一次切近與割近
#2	平均變率定理及相關結果
#3	微分法用於極值問題
#4	增減的一階判定
*#5	凹凸: 曲線之追跡
*#6	Lagrange 展開
#7	切近: Lagrange–Taylor
*#8	平面曲線的討論: 曲率
*#9	空間曲線

*表示: 若時間不足，可以省略。

#0 “近似”之重要性

很多人對數學有個誤解，以爲數學是精確的科學，根本不會出現**“差不多”**或**“近似”**。殊不知，精確是理想，永遠實現不了，而近似才是實在，因此才是最需要研究的。我們要研究什麼

近似估計的重要性

叫做“差不多”，如何才可得到較好的“近似”等等。本節我們就以求函數值及方程式的根爲例，來說明這個貫穿於數學領域中的逼近概念。

回想一下，世界上的函數何其多，有名字的與沒有名字的；而我們所知道的只是其中少數幾個簡單的函數，如多項函數、指數函數、對數函數、三角函數等等。這些都是長久以來人們研究各種現象，所精鍊出來的一些模型。我們就用這些模型，來作“以簡馭繁”的工作。

實際上，當我們研究一個現象時，一上來往往就先把次要因素棄除掉，這已經是作着“化約”與“近似”的處理了。“化約”使得問題容易對付，但是我們也同時要求“近似”不能太離譜。因此問題在於：兩者之間如何作適當的妥協。

舉個例子來說，假設給一個函數 f，我們要算 $f(7.312)$ 或求方程式 $f(x)=0$ 的根。理論上說來，這很簡單，直接硬算或查表，不過往往不容易算，因爲 f 可能很複雜，或根本就沒有表可查，甚至 f 壓根兒就沒有公式! 因此必須講求實在的近似估計。

目前由於高速計算機的發明，改變了許多近似計算的看法。例如在以前手算時代，認爲沒有希望的估計方法，現在卻行得通了。這在歷史上是常見的事。

微分積分學與“近似學”有密切的關係，這可以用一句話弄清楚：**微分積分學是研究極限的學問**，而有極限 lim 的，自然就涉及**近似**了，

微積分學是研究極限的學問

例如 $u_n \to a$，則在 n 够大時，u_n 近似於 a。而且我們要**强調**：近似是“對稱的”概念! 若 u 近似於 v，則 v 也近似於 u，因此所有的極限觀念，用到近似法來的時候都是“兩面双”!

#1 一次切近與割近

微分法應用到“近似學”，出發點就是基本定義

什麼是近似的第一原則或切線法？

$$f'(x)=\lim_{\triangle x\to 0}\{[f(x+\triangle x)-f(x)]/\triangle x\},$$

或即 $dy/dx=\lim_{\triangle x\to 0}(\triangle y/\triangle x)$.

這表示了〔**“近似的第一原則”**〕即〔**“切線法”**〕:

(1) $\triangle y/\triangle x \doteqdot dy/dx$,

(2) $[f(x+\triangle x)-f(x)]/\triangle x \doteqdot f'(x)$,

(3) $\triangle y \equiv f(x+\triangle x)-f(x) \doteqdot f'(x)\triangle x$,

(4) 割線斜率≑切線斜率,

(5) 平均速度≑（瞬時）速度,

(6) $f(x)\doteqdot f(a)+f'(a)(x-a)$,（當 x 很靠近 a 時。）

何謂一階Taylor多項式，其幾何意義是什麼？

右端叫做 f 的一階 Taylor 多項式。

注意,（6）式右端是 x 的一次多項式，其意義是: f 本身可能很複雜，函數值不易算，但是當 x 夠靠近 a 時，我們大可用簡單的一次多項式 $f(a)+f'(a)(x-a)$ 來取代 $f(x)$。

一階的 Taylor 多項式也有解析幾何的意思:

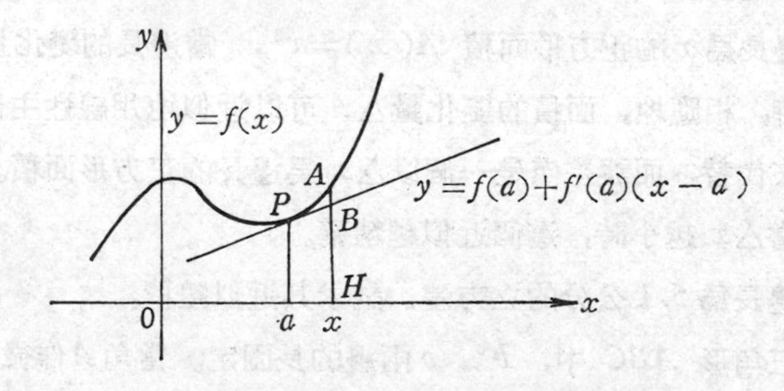

由點斜式知，過$P(a,f(a))$點的切線方程式爲

$$\frac{y-f(a)}{x-a}=f'(a)$$

或 $$y=f(a)+f'(a)(x-a).$$

此式跟（6）式比較得知，用 $f(a)+f'(a)(x-a)$取代 $f(x)$（在 a點附近）的幾何意義就是「用通過（$a,f(a)$）點的切線來取代原曲線（見上圖)」。換句話說，在局部範圍（如a點附近）我們可用平直取代彎曲！同理對於高維度的情形，我們就用切平面（平直）取代曲面，這是整個微分學的基本精神。

【註】 地球表面實際上是曲面，但是我們放眼望去卻覺得是平直的，這是因爲我們所能看見的範圍太小了。在這小範圍的曲面，看起來簡直就是平面。這也是“地圓說”遲遲被接受的原因。

#12 函數值的近似計算（切線法）

利用切線法作近似計算的一些例子

上面的式子，常用來作近似計算。例如我們要計算$\sqrt[3]{1.02}$的近似值。考慮函數$f(x)=\sqrt[3]{x}$，令 $x_0=1$，$\triangle x=0.02$於是利用上式，則得到

$$\sqrt[3]{1.02}=f(x_0+\triangle x)\doteq f(x_0)+f'(x_0)\triangle x$$
$$=1+\left(\frac{1}{3}x_0{}^{-2/3}\right)\triangle x\doteq 1.006.$$

【問題】 求近似值：$\sqrt[3]{996}$，$\sqrt{99}$。

【例】 邊長爲x的正方形面積 $A(x)=x^2$，當邊長的變化量是 $\triangle x$時，相應地，面積的變化量$\triangle A$可以近似地用線性主部$2x\triangle x$來代替，而誤差僅是一個以$\triangle x$ 爲邊長的正方形面積。顯然，當$\triangle x$ 越小時，這個近似越精確。

【問題】 邊長爲 5.1 公分的立方體，試求其近似體積。

【例】 三角形 ABC 中，b，c 兩邊的長固定。當角A作微小量$\triangle A$

之變化時，試求 a 的變化量。

【解】由餘弦定律

$$a^2=b^2+c^2-2bc\cos A,$$

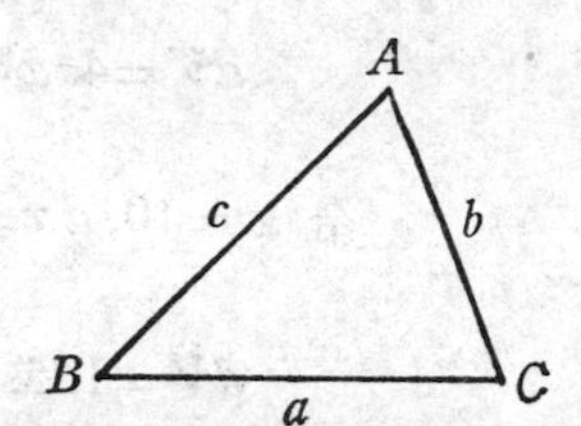

微分兩邊，得（把 a 考慮成 A 的函數）

$$2a\,da=2bc(\sin A)dA,$$

$$\therefore\quad da=\frac{bc}{a}(\sin A)dA,$$

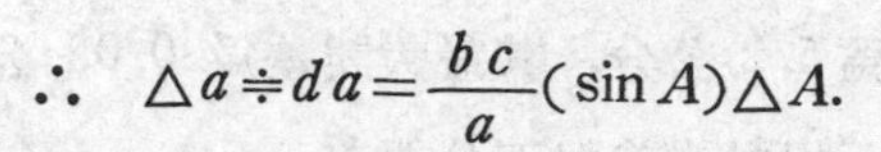

$$\therefore\quad \triangle a\doteqdot da=\frac{bc}{a}(\sin A)\triangle A.$$

【問題】若　$b=3$，$c=4$，$A=\pi/6, \triangle A=0.01$，試求 $\triangle a$。

【例】求　$\sec 60°30'$ 的值。

【解】令　$x=60°$，$\triangle x=30'$，$f(x)=\sec x$。

由　$D\sec x=\sec x\tan x$ 及 $D\sec 60°=2\times\sqrt{3}$，得

$$\sec 60°30'=f(x+\triangle x)\doteqdot f(x)+f'(x)\triangle x$$
$$=\sec 60°+(D\sec 60°)\times 30',$$

因為　$1°=\dfrac{\pi}{180}$（弧度），故　$30'=\dfrac{\pi}{360}$，

於是　$\sec 60°30'=2+(2\sqrt{3})\cdot\dfrac{\pi}{360}\doteqdot 2.03.$

【例】有一球殼，內半徑為10公分，厚度為$\dfrac{1}{10}$公分，試求其體積之近似值。

【解】因為半徑為 x 之球體，其體積為

$$V=\frac{4}{3}\pi x^3,$$

於是此球殼的體積為

$$\triangle V=\frac{4}{3}\pi\cdot\left(10\frac{1}{10}\right)^3-\frac{4}{3}\pi(10)^3,$$

這不容易算，又因爲厚度$\frac{1}{10}$公分很小，故可用微分 dV 來作線性迫近。今因

$$dV=4\pi x^2 dx$$

令 $x=10, dx=\frac{1}{10}$，則得近似值爲

$$dV=125.7 \text{ 立方公分。}$$

【例】設一圓之直徑量得爲 5.2 公分，其最大誤差爲 0.05 公分，試求面積之最大誤差、相對誤差與百分誤差。

【解】直徑爲 x 之圓面積爲

$$A=\frac{1}{4}\pi x^2$$

今 $dA=\frac{1}{2}\pi x dx$，令 $x=5.2, dx=0.05$，於是得

$$\triangle A \doteqdot dA=\frac{1}{2}\pi \times 5.2\times 0.05=0.41 \text{ 平方公分}$$

這是最大誤差的線性主部。其次相對誤差爲

$$\frac{dA}{A}=\frac{\frac{1}{2}\pi x dx}{\frac{1}{4}\pi x^2}=\frac{2}{x}dx,$$

令 $x=5.2, dx=0.05$ 代入，得$\frac{dA}{A}=0.0192$。最後，百分誤差爲 1.92%。

【註】上面我們都只算近似誤差。

【問】(1) 三角形三邊長爲 a，b，c，其中 a，b 固定。當 c 作一微小變化$\triangle c$ 時，試問面積 S 的變化爲何?

(2) 有一立方體邊長爲 6 公分，如量邊長的誤差爲 0.02 公分，試求其體積與表面積之近似誤差爲何?

（3）　已知半徑爲 r 的球表面積 $S=4\pi r^2$。今量一球的半徑爲 3 公分，若誤差爲0.01公分，求 S 的近似誤差？相對誤差？百分誤差？

利用微分工具求下列各數的近似值:

（4）　$\sqrt[3]{1010}$.　　（5）　$\sqrt[3]{120}$.　　（6）　$\sqrt{103}$.

（7）　$\sqrt{35}$.　　（8）　$\dfrac{1}{\sqrt{51}}$.

（9）　有一立方體金屬塊，受熱時，溫度每增加一度，其邊長即增加$\frac{1}{10}$公分。試證溫度每增加一度時，表面積增加 0.2%，體積增加 0.3%。

（10）　求$\frac{1}{x}$的微分，然後證明: (1)$\frac{1}{0.98}$約爲 1.02; (2)$\frac{1}{0.04}$約爲 0.96。

（11）　求 $\sin 31°$ 之近似值。

在下列各題中求 $\triangle y$ 及 dy:

（12）　$y=x^2-4$，$x=2$，$\triangle x=-0.02$;

（13）　$y=x^3+2x^2+1$，$x=1$，$\triangle x=0.01$;

（14）　$y=\dfrac{1}{x^2}$，$x=3$，$\triangle x=-0.01$;

（15）　$y=\sqrt{x}$，$x=100$，$\triangle x=21$.

♯13　近似根的 Newton 法

現在介紹 Newton 求近似根的辦法。舉個例子，求 $x^{10}-7x-1000=0$ 的一個根。乍看之下，這是一個10次方程式，不容易做。我們的辦法是先初步估計根的所在，然後再想法子逐步精進。

首先我們觀察到 $2^{10}=1024$，故 2 是一個近似根（零階近似）。而當 $x\doteqdot 2$ 時，

$$f(x) \doteqdot f(2)+f'(2)(x-2)$$

$$=10+5113(x-2),$$

故只要解簡單的一次方程式$10+5113(x-2)=0$，得到$x=2-\frac{10}{5113}$ $\doteqdot 1.998$，這就是第一階的近似根。

一般情形，我們要求 $f(x)=0$ 的根，作法如下:

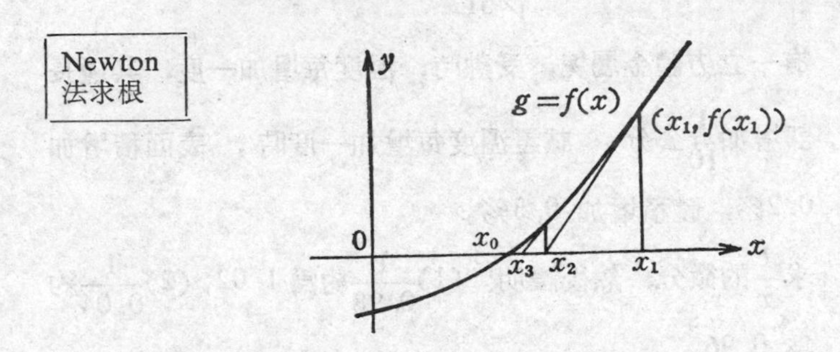

先適當取一個近似根 x_1（零階近似)(通常用觀察法或勘根定理)，然後過點$(x_1, f(x_1))$作切線交x軸於x_2點，算得$x_2=x_1-[f(x_1)/f'(x_1)]$，這是一階近似根。再精進，過 $(x_2, f(x_2))$ 點作切線交x軸於x_3點，同樣算得 $x_3=x_2-[f(x_2)/f'(x_2)]$，這是二階近似根。仿此繼續作下去，得到數列 $x_1, x_2, \cdots, x_n, \cdots$，其中

$$x_n=x_{n-1}+[f(x_{n-1})/f'(x_{n-1})]$$

通常情形 $x_n \to x_0$（當然需要某些條件），其中 x_0 表眞正的根，（見上圖）。這種逐步逼近的想法是一個非常有力的工具，許多問題都可用此法解決!

【註】在上述的討論中，我們當然要求 $f'(x_i) \neq 0$，否則切線與x軸不相交。更精細的討論在後面。

Newton 法用於求多項式的根：請看下例。

$P(x)=x^3+2x^2+10x-20=0.$ 令 $x_1=1$，

$$
\begin{array}{rrrrl}
1 & 2 & 10 & -20 & \mid \underline{1} \\
 & 1 & 3 & 13 & \\
\hline
1 & 3 & 13 & \mid \underline{-7} & =P(1) \\
 & 1 & 4 & & \\
\hline
1 & 4 & \mid \underline{17} & =P'(1). &
\end{array}
$$

故 $x_2=1-\dfrac{-7}{17}$

$=1.41$，

$$
\begin{array}{rrrrl}
1 & 2 & 10 & -20 & \mid \underline{1.41} \\
 & 1.41 & 4.81 & 20.88 & \\
\hline
1 & 3.41 & 14.81 & \mid \underline{0.88} & =P(x_2) \\
 & 1.41 & 6.80 & & \\
\hline
1 & 4.82 & \mid \underline{21.61} & =P'(x_2) &
\end{array}
$$

$x_3=1.41-\dfrac{0.88}{21.61}$

$=1.37$，

$$
\begin{array}{rrrrl}
1 & 2 & 10 & -20 & \\
 & 1.37 & 4.62 & 20.029 & \\
\hline
1 & 3.37 & 4.62 & \mid \underline{0.029} & =P(x_3) \\
 & 1.37 & 6.49 & & \\
\hline
1 & 4.74 & \mid \underline{21.11} & =P'(x_3) &
\end{array}
$$

$x_4=1.37-\dfrac{0.029}{21.11}$

$\doteq 1.37$，

【例】 求 $x^2-3=0$ 的正根。

【解】 令 $f(x)=x^2-3$，則 $f'(x)=2x$，

$$\therefore\quad x_2=x_1-[f(x_1)/f'(x_1)]$$

$$=\frac{x_1+3/x_1}{2},$$

如果我們取 $x_1=2$（初步估計），那麼

$$x_2=\frac{2+3/2}{2}=1.750,$$

$$x_3=\frac{x_2+3/x_2}{2}=1.732,$$

這已經很够用了。

【問題】求 $x^3-7=0$ 的正根。

【例】求 $f(x)=x^3-2x-5=0$ 的一個近似根。

【解】因 $f(2)=-1<0$，$f(3)=16>0$

故由勘根定理知道，2 與 3 之間至少有一根。今取 $x_1=2$，由牛頓法得到

$$x_2=x_1-\frac{f(x_1)}{f'(x_1)}=2-\frac{-1}{3\cdot 2^2-2}=2.1,$$

$$x_3=x_2-\frac{f(x_2)}{f'(x_2)}=2.1-\frac{0.061}{3\cdot(2.1)^2-2}=2.09.$$

【問題】求 $x^3+x-3=0$ 的實根

#14 牛頓法的每一步都是用切線代替曲線。下面介紹**割線法**（內插法）求近似根，原理是：用割線取代曲線。

割線法求近似根

假設 x_1 及 x_2 是 $f(x)=0$ 的兩個近似根，連結點 $(x_1,f(x_1))$ 及 $(x_2,f(x_2))$ 的割線交 x 軸於 ξ 點，則由割線方程式

$$\frac{y-f(x_1)}{x-x_1}=\frac{f(x_1)-f(x_2)}{x_1-x_2},\text{（兩點式）}$$

令 $y=0$，解得

$$\xi=\frac{x_1f(x_2)-x_2f(x_1)}{f(x_2)-f(x_1)}$$

$$=\frac{x_1f(x_2)-x_1f(x_1)+x_1f(x_1)-x_2f(x_1)}{f(x_2)-f(x_1)},$$

或
$$\xi=x_1-\frac{f(x_1)}{\dfrac{f(x_2)-f(x_1)}{x_2-x_1}},$$

當 $x_2\to x_1$ 時，這就變成牛頓法的公式了。又當 $f(x_1)$ 與 $f(x_2)$ 一正一負時，如下圖，這個公式特別有用，這是通常的情形。

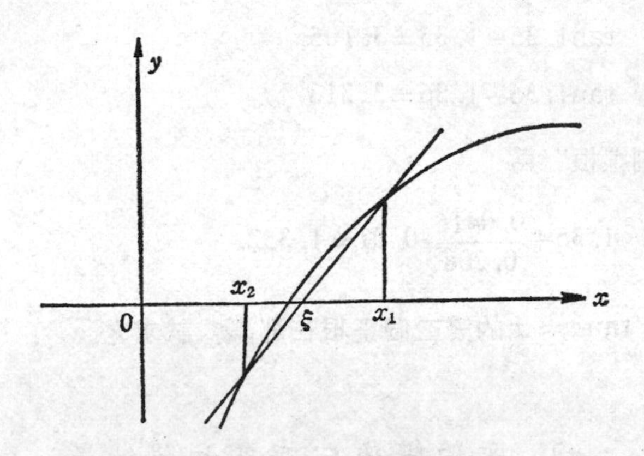

【註】對同一個問題，牛頓法與割線法可混合使用。

【例】求 $\tan x = x$ 之最小正根。

【解】令 $f(x) = \tan x - x$。因爲在第一象限 $\tan x > x$，故第一象限不含根，第二象限也不成。由下圖知，最小正根在第三象限。

為查表方便起見，令 $x = \alpha + \pi$，$0 < \alpha < \frac{\pi}{2}$，則 $x = \tan x$ 變成

$$x = \alpha + \pi = \tan(\alpha + \pi) = \tan\alpha，\text{或}\ \tan\alpha - \alpha = \pi$$

今查三角函數表知，

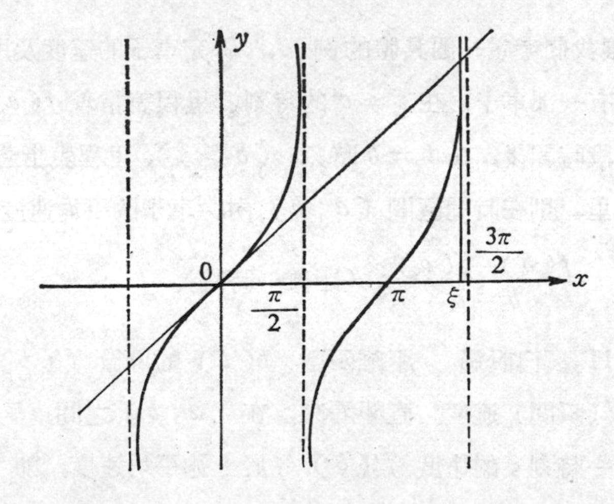

$$\tan 1.35-1.35=3.105,$$

$$\tan 1.36-1.36=3.313,$$

“割線根”爲

$$1.35+\frac{0.0416}{0.208}\cdot 0.01=1.352.$$

【問題】 問 $\tan x=x$ 的第二個正根在那裏？試求之。

#2 平均變率定理及相關結果

#20 回想一下，導數就是差分商的極限：

$$\lim_{x\to a}\frac{f(x)-f(a)}{x-a}=f'(a)$$

因此導數是局部性的概念，只能反映函數在某一點附近的平均變化行爲。比起來差分商則是稍微大域性的概念，反映函數在較大範圍內的平均變化行爲。這個大域性與局部性概念之間的連繫，就是平均變率定理的內容。

#21 讓我們考慮一個具體的例子，研究車子的速度及所走的里程問題。假設有一部車子，在 $t=a$ 的時刻，里程表指着 $f(a)$公里；當車子開了一段時間後，在 $t=b$ 時刻，$(b>a)$，里程表指着 $f(b)$ 公里，則在時間區間〔a；b〕內，車子的平均速度爲

平均變率定理的意思

$$\frac{f(b)-f(a)}{b-a}，（距離÷時間）。$$

我們在 §3.11 裏已說過，距離函數 $f(t)$ 的導微 $f'(t)$ 表示車子在 t 時刻的（瞬間）速度。直觀看來，在〔a；b〕之間車子時快時慢，但必定有某一時刻 ξ 的速度 $f'(\xi)$ 等於上述平均速度，即

$$f'(\xi)=\frac{f(b)-f(a)}{b-a} \tag{1}$$

這個公式就是平均變率定理的內容。它連繫着導數（極限操作的範疇）與差分商（算術操作的範疇），具有“化繁為簡”的意味，不過，我們也付出一點代價，即 ξ 只能確定至某一範圍。（又是互補原理！）

#210 **正名：** 首先我們要指出，一般人說平均值定理（mean value theorem）這個字眼並不恰當，因為在公式（1）中，一點都看不出有“平均值”的意味。因此我們建議，把它說成平均變率定理。

必也正名

#22 利用幾何圖形來說明更清楚。

以爬山為例來說明平均變率定理

在圖裏，通過 A，B 兩點割線的斜率為 $\frac{f(b)-f(a)}{b-a}$。因此平均變率定理告訴我們：存在 $\xi\in(a;b)$，使得通過點（$\xi,f(\xi)$）的切線平行於割線 AB，即（1）式成立。由圖看起來，這是很顯然的：

譬如你去爬山，有時昇高，有時下降，從 A 點走到 B 點，平均坡度就是 AB 的斜率，那麼一定有某一個地方的坡度等於平均坡度。用式子

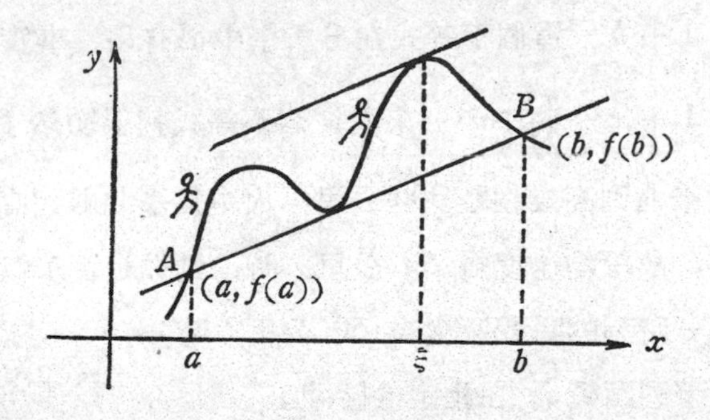

寫出來就是（1）式。

說得更明確一點，所謂平均變率定理如下：

【定理】（平均變率定理，又叫**微分的平均變率定理**）

平均變率定理的內容

設 f 在〔a；b〕上可導微，則至少存在一點 $\xi\in(a;b)$，使得

$$f'(\xi)=\frac{f(b)-f(a)}{b-a},$$

或寫成 $f(b)-f(a)=f'(\xi)(b-a)$,

或 $f(b)=f(a)+f'(\xi)(b-a)$。

【注意】〔最後一式跟一階 Taylor 展式很相像。〕由於 $\xi\in(a;b)$,

平均變率公式的改寫

只要令 $\theta=\dfrac{\xi-a}{b-a}$, 則 $0<\theta<1$, 並且 $\xi=a+\theta(b-a)$;

因此平均變率定理的公式常寫成：存在 $0<\theta<1$，使得

$$f(b)-f(a)=f'(a+\theta(b-a))(b-a)。$$

【例】設 $f(x)=e^x$，取 $a=0$，b 為任意正數，則 $f'(x)=e^x$。由平均變率定理知，存在 $\xi\in(0;b)$，使得

$$e^\xi=\frac{e^b-e^0}{b-0}=\frac{e^b-1}{b},$$

或 $e^b=1+be^\xi$，其中 $0<\xi<b$。

今因 $\xi>0$，故 $e^\xi>1$，因此我們證明了：若 $b>0$，則 $e^b>1+b$。這個不等式在分析學中很有用。事實上，由 $e^x=1+x+\dfrac{x^2}{2!}+\cdots\cdots$ 來看這個不等式就很顯然了。

【問】假設臺北到高雄相距 300 公里，火車從臺北開到高雄共用去 6 小時，故平均速度爲 50 公里／時，則你是否可以肯定火車曾在某一時刻的瞬間速度爲 50 公里／時?

(1) 下列函數，在指定的區間上，是否可以使用平均變率定理? 若不可以的話，請說出理由。若可以的話，求滿足 $f(b)-f(a)=f'(\xi)(b-a)$ 之 ξ:

(i) $f(x)=x^2+3x+2$, $[-1;0]$.

(ii) $f(x)=\sqrt{x}$, $[0;1]$.

(iii) $f(x)=\dfrac{x}{x-1}$, $[0;2]$.

(iv) $f(x)=x+\sqrt[3]{x}$, $[-1;1]$.

(v) $f(x)=\sin x$, $[0;\pi]$.

(2) 利用平均變率定理估計$\sqrt{17}$。

【解】令 $f(x)=\sqrt{x}$，取 $a=16$, $b=17$, 則

$$f(a)=4,\quad f'(x)=1/2\sqrt{x}.$$

由平均變率定理得

$$\sqrt{17}=4+(17-16)[1/2\sqrt{\xi}],$$

其中 $16<\xi<17$。因爲 $16<\xi<17$，故得

$$4+\frac{1}{2\sqrt{17}}<\sqrt{17}<4+\frac{1}{2\sqrt{16}}=4+\frac{1}{8}.$$

又由 $4+\dfrac{1}{10}=4+\dfrac{1}{2\sqrt{25}}<4+\dfrac{1}{2\sqrt{17}}$，故

$$4.100=4+\frac{1}{10}<\sqrt{17}<4+\frac{1}{8}=4.125.$$

(3) (i) 試利用平均變率定理，證明$4.300<\sqrt{19}<4.375$。

(ii) 再利用微分工具估計$\sqrt{19}$。

(iii) 查開方表，求$\sqrt{19}$。

(4) 設f爲一可導微函數。

(i) 對f圖形上的每一條切線，是否有一割線與此切線平行？提示：考慮 $f(x)=x^3$，在 $x=0$ 點的切線。

(ii) 對f圖形上的每一條割線，是否有一切線與此割線平行？

#23 在平均變率定理中，倘若 $f(a)=f(b)$，那麼就叫做 Rolle 定理，這是平均變率定理的特殊情形。

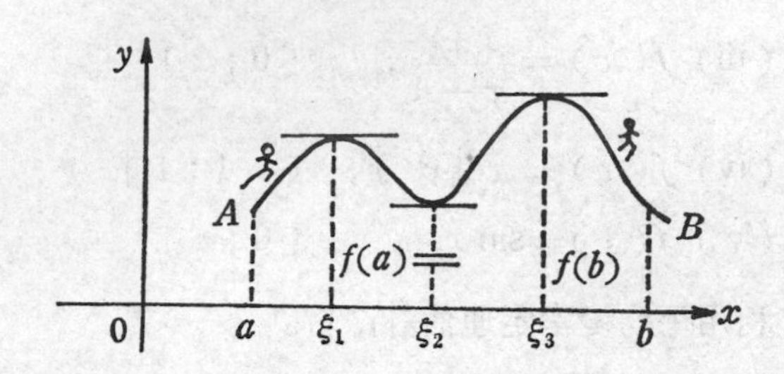

【定理】(Rolle 定理)

設 f 在〔a；b〕上可導微，並且 $f(a)=f(b)$，那麼至少存在一點 $\xi\in(a;b)$ 使得 $f'(\xi)=\dfrac{f(b)-f(a)}{b-a}=0$。(見上圖)。

Rolle 定理的意思很明白：你爬山，從A點走到B點，如果A，B兩點一樣高，這表示平均起來你並沒有昇降（當然中間過程有昇降），那麼，天經地義地，中間必有某一個地方是水平。

我們用下面的例子來說明 Rolle 定理。

【例】 設 $f(x)=x^4-2x^2+1$。顯然 $f(-2)=f(2)$(偶函數也)，並且 f 爲可導，故存在 $\xi\in(-2;2)$ 使得 $f'(\xi)=0$，今因 $f'(x)=4x^3-4x$，令 $4\xi^3-4\xi=0$ 解得 $\xi=0$ 或 $\xi=\pm\dfrac{1}{\sqrt{2}}$.
這些點都落在 $(-2;2)$ 之中。本例是很容易求得 ξ 的情形，當然也有不易求得 ξ 的例子。

Rolle 定理如何證明？

#231 讓我們來證明 Rolle 定理，想法很簡單：f 在〔a；b〕上可導⇒f 在〔a；b〕上連續⇒f 在〔a；b〕上至少有一最高點與最低點。當最高點的值與最低點的值跟端點值 $f(a)$ $(=f(b))$ 一致時，則 f 爲常函數，沒有什麼好證的。因此

可設最高點的值與最低點的值，至少有一個不是 $f(a)(=f(b))$，記之爲 $f(\xi)$。注意，此時 ξ 不能爲端點，亦即 $a<\xi<b$。立即看出 $f'(\xi)=0$，爲什麼呢？如果 $f(\xi)$ 是最大值，那麼 $f(x)\leq f(\xi)$，$\forall x\in[a;b]$，於是有

$$\begin{cases} \dfrac{f(x)-f(\xi)}{x-\xi}\leq 0, & \text{當 } \xi<x<b \text{ 時,} \\ \dfrac{f(x)-f(\xi)}{x-\xi}\geq 0, & \text{當 } a<x<\xi \text{ 時。} \end{cases}$$

令 $x\to\xi$，則前式給出 $f'(\xi)\leq 0$，後式給出 $f'(\xi)\geq 0$。因此 $f'(\xi)=0$。同理可證，當 $f(\xi)$ 是最小值的情形，亦有 $f'(\xi)=0$。

#24 在上面證明過程中，我們另有收穫：(**Fermat 定理**)

臨界點原理

【定理】 設 f 可導。若 ξ 爲 f 的極值點（即極大點或極小點）且非端點，則 $f'(\xi)=0$。（其逆不成立）

【反例】 令 $f(x)=x^3$，則 $f'(0)=0$，但 f 在點 $x=0$ 既不是極大點也不是極小點，作圖立知。

臨界點的定義

因此 $f'(\xi)=0$ 只是 ξ 爲極值點的必要條件，而非充分條件（若 $f'(\xi)=0$，則 ξ 稱爲 f 的一個臨界點）。

#25 顯然，當平均變率定理成立時，Rolle 定理也一定成立，因爲後者只是前者的特例。反過來，特例對的，一般而言**通例不見得對**。但是此地，Rolle 定理可用來證明平均變率定理。我們要請你注意，這種極有方法論意味的論證。怎麼說呢？

#251 在數學的思考過程中，往往是先由特例開始想起，分析那些是可以馬上解決或部分解決的，然後再推廣到通例的情形。或是一個通例到手，想辦法把它化約（reduction）成容易解決的特例，如此本末先後才能看淸。

#252 現在可以利用 Rolle 定理來證明平均變率定理了。先注意

到，我們只要將1的圖形稍作移動就可以把A，B兩點"擺平"（當然不純粹是平移），這就可用 Rolle 定理來處理了。見下圖:

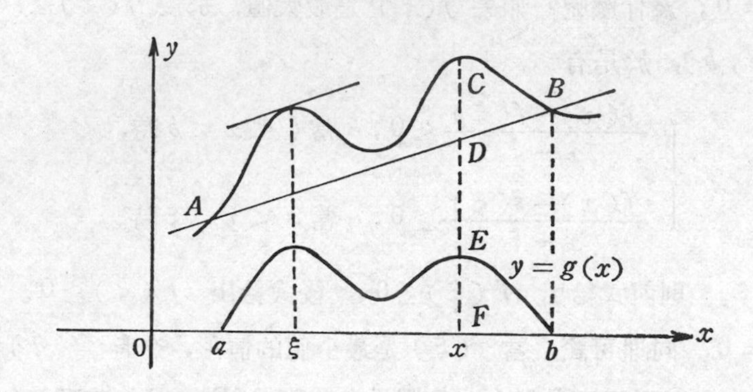

【平均變率定理的證明】在上圖中，對任意 $x\in[a;b]$ 取 EF＝CD＝CF－DF，其中 CF 是 f 在 x 點的值 $f(x)$，而 DF 是割線 AB 在 x 點的高度，如此就把原函數圖形擺平了！掌握住了這個想法，則以下的論證就易如反掌。

稍施一點手段就可用 Rolle 定理來證明平均變率定理!

今令 $\lambda=\dfrac{f(b)-f(a)}{b-a}$，則割線 AB 的方程式為 $y=f(b)+\lambda(x-b)$。定義新函數 $g(x)=f(x)-[f(b)+\lambda(x-b)]$。顯然 $g(b)=g(b)\ (\equiv 0)$，並且 g 可導。於是 Rolle 定理的條件均滿足，故存在 $\xi\in(a;b)$ 使得 $g'(\xi)=0$，用 f 表現，就是 $f'(\xi)=\dfrac{f(b)-f(a)}{b-a}$，證畢。

#26 推廣的平均變率定理

【Cauchy 定理】假設 f，g 在 $[a;b]$ 上可導微，而且 $g'(t)\neq 0$，$\forall t\in(a;b)$，則存在 $\xi\in(a;b)$，使得

Cauchy 的推廣的平均變率定理及其證明

$$\frac{f(b)-f(a)}{g(b)-g(a)}=\frac{f'(\xi)}{g'(\xi)}.\ \text{(Cauchy 公式)}$$

【注意】當 $g(t)\equiv t$ 時，則 $g'(t)=1$，這就是平均變率定理。

【證明】做參數曲線 $x=g(t)$，$y=f(t)$，如圖。由平均變率定理，存在 $\xi\in(a;b)$ 使通過點 $(g(\xi),f(\xi))$ 的切線平行於直線 l。但由參變函數的導微公式知，過點 $(g(\xi),f(\xi))$ 的切線斜率為 $\left.\dfrac{dy}{dx}\right|_{t=\xi}=\dfrac{f'(\xi)}{g'(\xi)}$，而 l 的斜率為 $\dfrac{f(b)-f(a)}{g(b)-g(a)}$。因此有

$$\frac{f'(\xi)}{g'(\xi)}=\frac{f(b)-f(a)}{g(b)-g(a)}$$

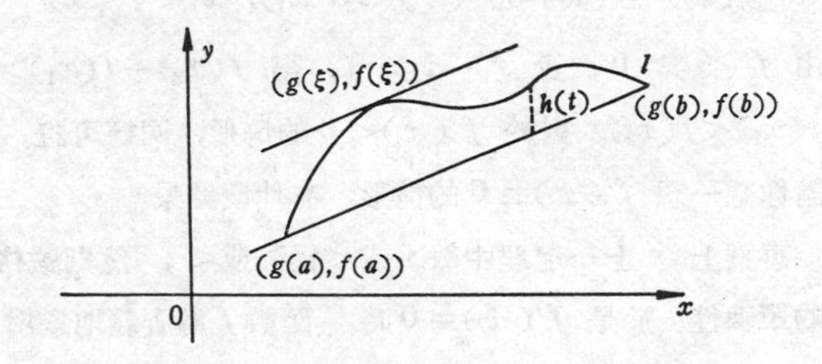

〔也可以利用 Rolle 定理直接證明。〕

【註】其想法跟平均變率定理的一樣：設 l 表示通過 $(g(a),f(a))$ 與 $(g(b),f(b))$ 兩點的割線。令 $h(t)$ 表示點 $(g(t),f(t))$ 到割線 l 的垂縱距離，然後對 $h(t)$ 使用 Rolle 定理就好了。

令 $\lambda=\dfrac{f(b)-f(a)}{g(b)-g(a)}$，這是 l 的斜率，故 l 的方程式為

$$y=f(a)+\lambda(x-g(a))=f(a)+\lambda(g(t)-g(a))$$

因此 $h(t)=f(t)-[f(a)+\lambda(g(t)-g(a))]$，顯然 $h(a)=h(b)=0$ 並且 h 可導。由 Rolle 定理得，存在 $\xi\in(a;b)$ 使

$$0=h'(\xi)=f'(\xi)-g'(\xi)\lambda$$

於是 $$\frac{f'(\xi)}{g'(\xi)}=\lambda=\frac{f(b)-f(a)}{g(b)-g(a)}，$$ 得證。

【註解】要求 $g'(t)\neq 0$，$\forall t\in(a;b)$，就可保證 $g(b)\neq g(a)$，這又是 Rolle 定理的結論。

#27 函數的增減性

#271

【定理】若 f 在某區間上，恒有 $f'(x)>0$，則 f 在此區上嚴格遞增，即若 $x_1<x_2$ 則 $f(x_1)<f(x_2)$。同理，若 $f'(x)<0$，則 f 為嚴格遞減，即若 $x_1<x_2$，則 $f(x_1)>f(x_2)$。

如何判別函數的增減性?

【證明】對區間〔$x_1;x_2$〕使用平均變率定理

$$f(x_2)-f(x_1)=f'(\xi)(x_2-x_1),\quad x_1<\xi<x_2$$

由 $f'(\xi)>0$，及 $x_2-x_1>0$，得 $f(x_2)-f(x_1)>0$，即 $f(x_1)<f(x_2)$。對於 $f'(x)<0$ 的情形，同樣可證。

【問題】請你想一想 $f'(x)\equiv 0$ 的情形，有什麼結果?

#272 事實上，上一定理中改$>$或$<$為$\geq$或$\leq$，然則**嚴格單調性**改成**廣義的單調性**。於是 $f'(x)\equiv 0$ 時，函數 f 為廣義地遞增，兼且遞減，結果只好成為**常數**!

這也可以用平均變率定理直接證明:

$$f(x_2)-f(x_1)=f'(\xi)(x_2-x_1)=0$$

因此有

微分方程的基本補題

微分方程的基本補題: 若 $f'=0$ 於一區間上，則 f 為常數。

〔這又叫做**不定積分的唯一性定理**〕

#28

作為平均變率定理的一個應用，我們來考慮 L'Hospital 規則，先看下例，用 L'Hospital 規則反倒不好做!

$$\lim_{x\to 0}\frac{e^x-e^{\sin x}}{x-\sin x}=1.$$

“較簡單”的辦法是用**平均變率定理到** exp，對兩點 x 與 $\sin x$，則得 ξ 介乎其間使 $(e^{x}-e^{\sin x})/(x-\sin x)=e^{\xi}$. $x\to 0$，則 $\sin x\to 0$ 而 $\xi\to 0$，故 $e^{\xi}\to 1$.

一般的 L'Hospital 規則: 若 $f(t)$ 及 $g(t)\to 0$，或 ∞，當 $t\to c$，而

$$\lim_{t\to c}\frac{f'(t)}{g'(t)}=k$$

存在，則

$$\lim_{t\to c}\frac{f'(t)}{g(t)}=k$$

我們利用推廣的平均變率定理，則，

$$\frac{f(t)}{g(t)}=\frac{f(t)-f(c)}{g(t)-g(c)}=\frac{f'(\xi)}{g'(\xi)},$$

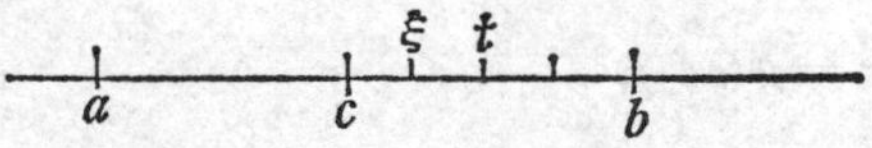

其中 ξ 介乎 c 與 t 之間。從而（$\because$ $t\to c$ 時，則 $\xi\to c$）

$$\lim_{t\to c}\frac{f(t)}{g(t)}=\lim_{\xi\to c}\frac{f'(\xi)}{g'(\xi)}=k.$$

至於“∞/∞”的情形。對〔$t;x$〕使用 Cauchy 定理，見下圖。於是有

$$\frac{f(x)-f(t)}{g(x)-g(t)}=\frac{f'(\xi)}{g'(\xi)}=\frac{f(t)}{g(t)}\cdot\frac{1-f(x)f(t)^{-1}}{1-g(x)g(t)^{-1}},$$

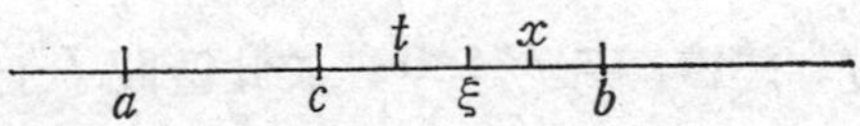

其中 $t<\xi<x$。令 t，x 均趨近於 c，使 t 比 x 趨近 c 更快，而有

$$\lim f(x)f(t)^{-1}=\lim g(x)g(t)^{-1}=0,$$

這由條件 $\lim\limits_{t\to c}f(t)=\lim\limits_{t\to c}g(t)=\pm\infty$ 可辦到。從而

$$\lim\frac{f(t)}{g(t)}=\lim\left[\frac{f'(\xi)}{g'(\xi)}\right]\left[\lim\frac{1-g(x)g(t)^{-1}}{1-f(x)f(t)^{-1}}\right].$$

$$=\lim\frac{f'(\xi)}{g'(\xi)}=k。$$

#29 另外一個應用是放大倍率的考慮:

迭代法 (iteration) 求根之收斂性

【定理】 設在區間 I 中有方程式 $x=g(x)$ 的一根 c，而且 $|g'(x)|\leq k<1$，於 I 中，然則

迭代法求根之收斂性

令 $x_{n+1}=g(x_n)$，$x_1\in I$，

就有 $\lim x_n=c$.

【證明】 因爲 $c=g(c)$，

且 $x_{n+1}=g(x_n)$，

故 $c-x_{n+1}=g(c)-g(x_n)=g'(\xi_n)(c-x_n)$，

因而 $|c-x_{n+1}|\leq k|c-x_n|\leq k^2|c-x_{n-1}|$

$\leq\cdots\leq k^n|c-x_1|$，故 $\to 0$，當 $n\to\infty$（$0\leq k<1$ 也）。

注意到: 若 k 够小，**則收斂很快**。

#291 Newton 法: $x_{k+1}\equiv x_k-\dfrac{f(x_k)}{f'(x_k)}=g(x_k)$ 等於是令 $g(x)\equiv x-\dfrac{f(x)}{f'(x)}$，求 $g(x)=x$ 之根; 故 $g'(x)=\dfrac{f(x)f''(x)}{f'(x)}$

Newton 逐步求根法的收斂性

若: "f" 連續，且 $f'\neq 0$，於此區間 I 上，且 I 含有 $f=0$ 之一根 "c"，則 $g'(c)=0$，且: $|g'(x)|<1$，只要 I 够小。

事實上這迭代法收斂很迅速:

$$g(x) \doteqdot g(c)+\frac{g''(c)}{2}(x-c)^2,\ [g'(c)=0 \text{ 也}]$$

因而

$$x_{n+1}-c=\frac{g''(c)}{2}(x_n-c)^2$$

#3　微分法用於極值問題

#30　整個應用數學的一大主題，就是求極大值與極小值的問題。我們研究基本的函數關係，大致說來有兩個目的：一是作爲迫近的工具，另一是求極值的問題。迫近問題在 #0 及 #1 已談過，以後我們還要繼續強調。本節就來談後一個問題。

極值問題

一個人開工廠，當然希望錢賺得越多越好。表面上看起來應該是，工資越低而產品價格越高越好。但這樣做是行不通的，因爲工資低工人可以怠工，而價格高，產品會賣不出去。因此就產生如下的問題：如何在可能的狀況下，使工資與價格恰到好處，而賺錢最多？這些都是極值問題，也叫**最適化問題** (optimization problem)。

假設有個函數 $f: \Omega \to \boldsymbol{R}$，如果在 $\omega_0 \in \Omega$ 處 f **取最大值**，那就是說：對於別的 $\omega \in \Omega$，

$$f(\omega) \leq f(\omega_0),$$

那麼 ω_0 叫做 f 的一個**最大點**。注意到上式的等號可以成立，因而最大點不必唯一，（也不必存在！）不過最大值若存在，就唯一了。

【**註**】依照中文的原意，最大卽極大，最小卽極小，不過本書卻加以分辨，理由如下：

（i）　極大點與極小點合稱爲**極值點** (extermum points)，而極大值與極小值合稱爲**極值** (extremum value)。說成"最值"，有點怪怪的，所以這種情形，我們用"極值"，

不用“最值”。

（ii）許多情形下，（許多書），用“**極小**”與“**極大**”表示“**局部極小**”，“**局部極大**”。局部是什麼意思？本來 f 定義在 Ω 上，現在改用“點 ω_0 的一個近旁”$\cap\Omega$ 來代替 Ω，討論極值，因此叫做局部極值！

說得更清楚些　設 $\Omega=[a:b]$，$\omega_0\in\Omega$ 有三種情形：

甲　$\omega_0\in(a,b)$，即 $a<\omega_0<b$，（ω_0 爲 Ω 之內點）

乙　$\omega_0=a$，爲左端

丙　$\omega_0=b$．爲右端

此時，ω_0 爲 $f:\Omega\to\boldsymbol{R}$ 之局部極大，就表示：**存在** $\delta>0$，使得

甲　$f(\omega_0)\geq f(\omega)$，當 $\omega_0-\delta<\omega<\omega_0+\delta$．（當然要求 $\delta\leq\omega_0-a$，$\delta\leq b-\omega_0$.）

乙　$f(a)\geq f(\omega)$，當 $a<\omega<a+\delta$（當然 $\delta<b-a$.）

丙　$f(b)\geq f(\omega)$　當　$b-\delta<\omega<b$．（當然 $\delta<b-a$.）

其實，在討論平均變率定理 Rolle 定理時，我們已經使用了這些個名詞：極值點，極大，極小，現在才加以嚴格定義。

同時我們要順便說明我們的用詞：“點”，“值”。

舉個具體例子：Ω 表示一根木棒，細長而均勻，使我們不必管橫截面方向的變化，因而，設棒長爲 l，棒上的“點”以 $x\in[0;l]=\Omega$ 來指示，設點 x 處之**溫度**爲 $\theta=f(x)$，我們有函數 f，也可以討論溫度之“最大點”，“最大值”。

解析幾何地說，f 之圖形是一曲線，設曲線上的最高“點”爲（ξ，

$f(\xi)$)，此時 ξ 在物理上代表一點，（它是棒上的一點之坐標！）但 $f(\xi)$ 並沒有**物理空間**的意義，它是 ξ 點處的溫度！所以，我們在討論極值問題時，說極大“點”，只指 ξ，不指（解析幾何所說的“點”）$(\xi, f(\xi))$。

#310 前面我們已經證明了 Fermat 定理，若 f 可導微，x_0 爲極值點，但不爲端點，則 $f'(x_0)=0$。因此，對於非端點（即“內點”）$f'=0$ 是極值點的必要條件，但不充分，我們稱滿足 $f'=0$ 的點爲**靜止點**（stationary point）或者**臨界點**（critical point）。

何謂靜止點或臨界點?

於是問題變成：如何分辨出極大點與極小點?

#311

【定理】 若 f 在 x_0 的某一近旁 $(x_0-\delta; x_0+\delta)$ 連續 $(\delta>0)$ 那麼有如下的判定法。

判別臨界點爲極值點的方法

(i) 若當 $x\in(x_0; x_0+\delta)$ 時，有 $f'(x)>0$；而當 $x\in(x_0-\delta; x_0)$ 時，有 $f'(x)>0$，則 x_0 爲 f 的極小點，$f(x_0)$ 爲極小值。(圖甲)

(ii) 若當 $x\in(x_0; x_0+\delta)$ 時，有 $f'(x)<0$：而當 $x\in(x_0-\delta; x_0)$ 時，有 $f'(x)>0$，則 x_0 爲 f 的極大點，$f(x_0)$ 爲極大值（圖乙）。

【證明】 我們只證 (i)；至於 (ii)，依樣畫葫蘆。假設 x 在 x_0 的近旁。讓我們來考慮 $f(x)-f(x_0)$ 的符號，由平均變率定理 $f(x)-f(x_0)=f'(\xi)(x-x_0)$，其中 ξ 介乎 x 與 x_0 之間。因此若 $x>x_0$ 則 $x-x_0>0$ 且 $f'(\xi)>0$，故 $f(x)-f(x_0)>0$，即 $f(x)>f(x_0)$；若 $x<x_0$ 則 $x-x_0<0$ 且 $f'(\xi)<0$，故 $f(x)-f(x_0)>0$，即 $f(x)>f(x_0)$；得證。

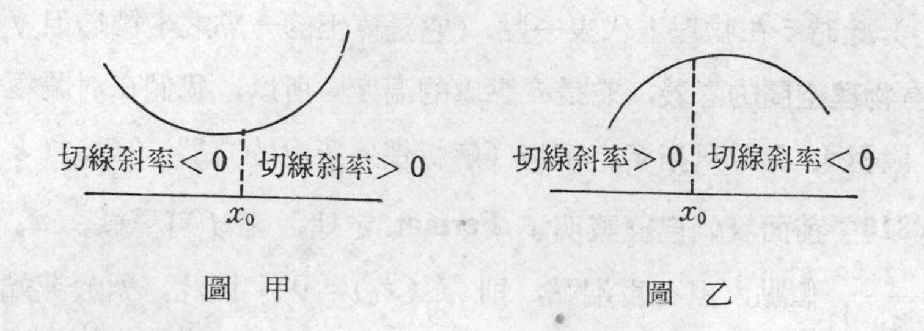

圖 甲　　　　圖 乙

【註】以下（x_0，$x_0+\delta$）叫做 x_0 的右近旁，（$x_0-\delta$，x_0）叫左近旁.（但 $\delta>0$）

【例】求 $f(x)=x^3-2x^2-4x+2$ 的極值。

【解】因爲 $f'(x)=3x^2-4x-4=(3x+2)(x-2)$，令 $f'(x)=0$ 解得 $x=2$ 或 $x=-\dfrac{2}{3}$，這兩點是極值點的候選人。今 $f'(x)$ 在 2 的左近旁爲負，右近旁爲正，故 2 爲極小點，極小值 -6 顯然當 x 在 $-\dfrac{2}{3}$ 點的左近旁時，有 $f'(x)>0$，在右近旁時，有 $f'(x)<0$，故 $x=-\dfrac{2}{3}$ 點爲極大點，極大值爲 $f\left(-\dfrac{2}{3}\right)=\dfrac{94}{27}$。

【例】$f(x)=(x+1)^3/(x-1)^2$ 之極值?

$$f'(x)=\frac{(x+1)^2(x-5)}{(x-1)^3}$$

$$f''(x)=24(x+1)/(x-1)^4.$$

$$f'(x)=0 \quad 則 \quad x=5 \quad 或 \quad -1$$

從而 $f''(5)>0$，$f''(-1)=0$.

實際上，f' 在 $x=-1$ 之左右均爲負，故 $x=-1$ 非極值。

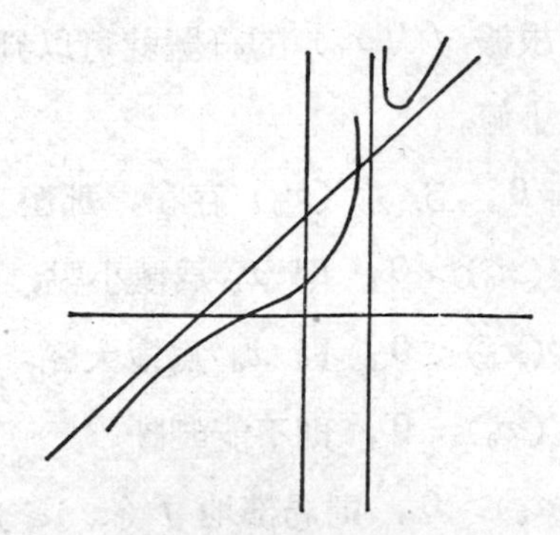

本例 $x=1$ 是"奇點"，$f(x)$ 取值 $+\infty$，定義域可認為是 $(-\infty,1)\cup(1,\infty)$ 兩段分開考慮，(無端點!)

#312

【補題】 設 $Dg(a)>0$，**則在 a 點附近，**當 $x>a$ 時，$g(x)>g(a)$，當 $x<a$ 時，$g(x)<g(a)$。反之，若 $Dg(a)<0$，則有顛倒之結論。

【證明】 今若 $Dg(a)>0$，則由

$$\frac{g(x)-g(a)}{x-a}\longrightarrow Dg(a),$$

知：$0<|x-a|$ **夠小時，**

$$\frac{g(x)-g(a)}{x-a}>0。$$

這補題與 #51 不同！此地只有 $Dg(a)>0$，並非"$Dg(x)$ 在 **x 接近 a 時恒為正**"，而結論也不是"g 在 a 點附近遞增"，只有更弱的比較："$g(x)\gtrless g(a)$，當 $x\gtrless a$"。

#32 用二階導數的極值判定法

對於 $f'(x_0)=0$ 的點，若 $f''(x_0)$ 又存在，則還可以把 #311 的定理修飾成下面的定理。這個定理告訴我

二階導數的極值判別法

們，只要根據 $f''(x_0)$ 的符號就可以判定 $f(x_0)$ 是否爲極大值或極小值。

【定理】設 $f'(x_0)=0$，且 $f''(x_0)$ 存在，那麼

(i) 若 $f''(x_0)>0$，則 x_0 爲極小點，而 $f(x_0)$ 爲極小值；

(ii) 若 $f''(x_0)<0$，則 x_0 爲極大點，而 $f(x_0)$ 爲極大值；

(iii) 若 $f''(x_0)=0$，則不能判斷。

【證明】(i) 若 $f''(x_0)>0$，則局部地 $f'(x)\gtreqless f'(x_0)$ 依 $x\gtreqless x_0$ 而定，即 #311 圖甲的情形，因此 x_0 爲極小點。同理可證 (ii)。

【註】雖然，在實用上，上定理比 #311 的定理簡便，但此時要求也更強了。它不但要求$f'(x_0)$存在，還需要$f''(x_0)$存在。例如在# 311 的例子中，$f'(0)$不存在，因而不能利用本定理。此外，對 $f(x)=x^3$ 而言，有 $f'(0)=0$，$f''(0)=0$，但前已看過 $f(0)$ 並非極值；但對 $f(x)=x^4$ 而言，也有 $f'(0)=f''(0)=0$，此時顯然 $f(0)=0$ 爲極小值。因此當 $f''(x_0)=0$ 時，須另行判斷。這時可以利用 #311 的定理來判斷，也可以用更高階的導數行爲來判斷。

例 $f(x)=x^3-2x^2-4x+2$（如前#3·11）$f'(x)=0$ 則 $x=2$，$-\frac{2}{3}$. $f''(x)=6x-4$，故 $f''(2)=8>0$，$f''\left(-\frac{2}{3}\right)=0$ 。因此 $x=2$ 爲極小點，$-\frac{2}{3}$爲極大點。

#33 極值問題的高階判定法

假設 $f'(c)=0=f''(c)$，我們不易判定 f 在 c 是否有局部極值，

極值的高階導數判定法

不過若有高階導數，就容易了。

利用 L'Hospital 規則立得：

$$\lim_{\triangle x\to 0}\frac{f(c+\triangle x)-\{f(c)+\triangle x f'(c)+\frac{(\triangle x)^2}{2!}f''(c)+\cdots+\frac{(\triangle x)^l}{l!}f^{(l)}(c)\}}{(\triangle x)^{l+1}}$$

$$=\frac{f^{(l+1)}(c)}{(l+1)!}$$

因此當 $\quad 0=f'(c)=f''(c)=\cdots\cdots f^{(k-1)}(c)$，$(k\geq 2)$

而 $\quad f^{(k)}(c)\neq 0$ 時，就有

$$\lim_{\triangle x\to 0}\frac{f(c+\triangle x)-f(c)}{(\triangle x)^k}=\frac{f^{(k)}(c)}{k!}.$$

結論 如果 k 是奇數，那麼 c 點一定不是 f 的局部極值點，如果 k 是偶數，那麼 k 是局部極值點，爲極大或極小，看 $f^{(k)}(c)<0$ 或 >0 而定!

如果極值點在邊界上呢? 對左端 a，依 $Df(a)>0$ 或 <0，可知 a 是（局部之）極小點或極大點，對右端 b，依 $Df(b)>0$ 或 <0 可知 b 是（局部之）極小或極大點。除了靜止點及端點可能是極值點之外，還有導數不存在的點亦可能是極值點，見下圖:

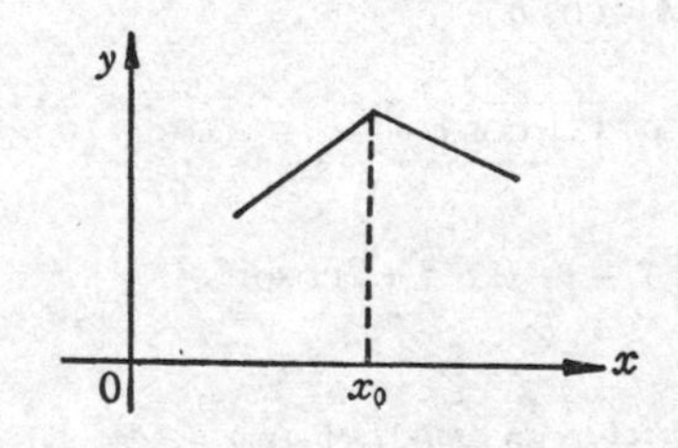

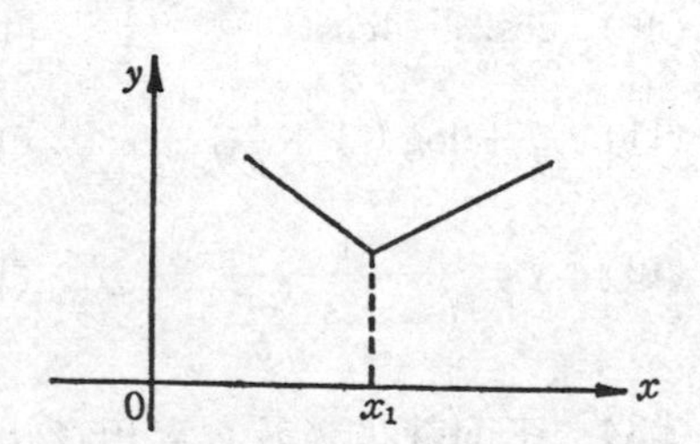

其中 x_0，x_1 都是極值點，但導數不存在。

總之，極值點的候選人如下：端點，靜止點及導數不存在的點，

【例】 $(x+1)^{3/2}(x-1)^{1/3}$ 在 $x\geq -1$ 中之極值爲何? 此題不宜用二階判定法! 算到

$$f'(x)=\frac{(x+1)^{1/2}(11x-7)}{6(x-1)^{2/3}},$$

就知道: $x=-1$ 爲極大,

$x=\frac{7}{11}$ 爲極小。

本例 $x=-1$ 為一端點，其處 $f'(x)=\infty$，但在其右近旁 $f'(x)<0$，故局部地遞減，因此 $x=-1$ 為極大。在 $x=1$ 處，$f'(x)=+\infty>0$，不是極大，也不是極小，在其左右均遞增!

【習　題】

求下列函數的極值:

(1) $3x^5-5^3x+1$　　(2) $\dfrac{2x}{1+x^2}$

(3) $x^{2/3}\left(1-\dfrac{2}{5}x\right)$　　(4) $4x^3-21x^2+18x+20$

(5) $\dfrac{x-1}{x^2+1}$　　(6) $\dfrac{x^2-2x-1}{x-1}$

(7) $(x^2-1)^{2/3}$　　(8) $\sin^2x\ \cos x$

(9) $\cos2x-4\cos x$　　(10) $e^{-x}\cos x$

(11) $\dfrac{x}{2}+\log\left(1+\dfrac{1}{x}\right)$　　(12) $\sqrt{1+\cos x}$

(13) $y=\dfrac{1}{1+\dfrac{1}{x}+\dfrac{ax}{b}}$　　(14) $y=e^x+x^{-x}+2\cos x$

#34 下面就來談最有實用意味的最大值與最小值問題。極大〔小〕值是局部的最大〔小〕值，而最大〔小〕值是**大域的極大〔小〕**值。我們知道:

何謂最大值與最小值?

【定理】 在閉區間〔a；b〕上連續的函數 f，必定有最大值與最小值。但是如何求得它們呢?

【注意】 此地閉區間的要求不可或缺，例如，$f(x)=\dfrac{1}{x}$ 在（0；1）上連續，可是沒有最大值，也沒有最小值。

顯然最大點與最小點一定是極值點，反之不成立。因此我們要找最大值或最小值，只要從極值的候選人中，找出最大的值或最小的值就好了。換言之，就是從端點 a，b，靜止點，以及導數不存在的點中，找出函數值最大的點或最小的點。

【註】 這裏又有方法論的意味，我們只要會求最大值，就會求最小值了（反之亦然）。例如說，我們要求 g 的最小值，令 $f=-g$，再求 f 的最大值，那麼這個最大值的變號就是 g 的最小值。

我們強調：在大多數情形下，二階導數不必計算！

尤其因爲 (i) 經常"有物理根據"可資判定"最大（或最小）" (ii) 二階導數僅能判斷**局部的**極大或極小而已！

假設 M 是 $f(x)$ 在〔a；b〕上的最大值，那麼我們有下面找 M 的**流程圖** (flow chart):

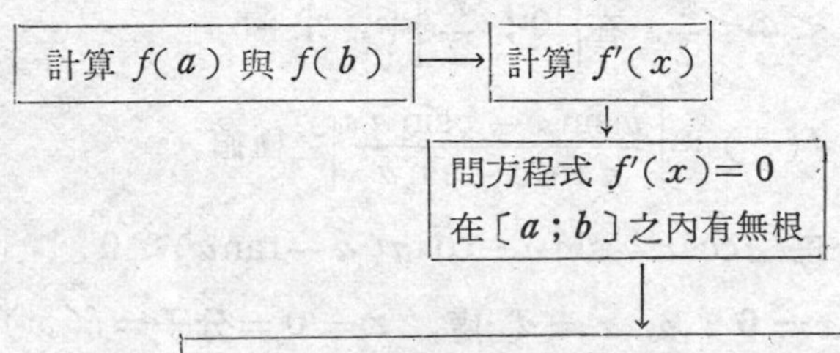

最大值的求法

1. 求得根爲 $x_1, x_2\cdots$ 等。
2. 導數不存在的點爲 $\xi_1, \xi_2, \cdots$ 等。
3. M 就是 $f(a)$, $f(b)$, $f(x_1)$, $f(x_2)\cdots f(\xi_1)$, $f(\xi_2)$, …中之最大者。

【例】 求函數 $f(x)=\dfrac{1}{10}(x^6-3x^2)$ 在〔-2；2〕上的最大值與最小值。

【解】 因 $f'(x)=\dfrac{1}{16}x(x^4-1)$，解 $f'(x)=0$，得 $x=0, 1, -1$。

計算 f 在這些點及端點上的值：

x	-2	-1	0	1	2
$f(x)$	5.2	-0.2	0	-0.2	5.2

因此最大值為 5.2，發生在端點 $x=-2$ 及 $x=2$ 上；而最小值為 -0.2，發生在 $x=-1$ 及 $x=1$ 兩點上。

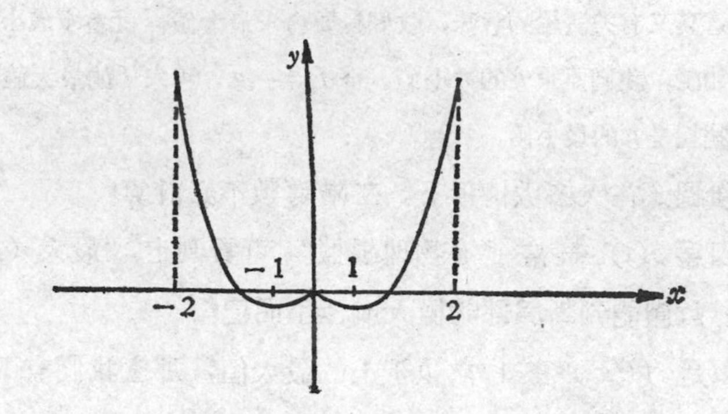

【例】設 $0<a<\dfrac{\pi}{2}$，在 $\left[0;\ \dfrac{\pi}{2}\right]$ 中，求

$$f(x)=\left|\frac{a\sin x-x\sin a}{a\cos a-\sin a}\right|$$之極值。

【解】今分母 $a\cos a-\sin a=\cos a(a-\tan a)<0$，

在 $x=0$ 及 $x=a$ 處，$z=0=$分子$=f(x)$，極小！現在分兩段考慮極大：

分子$=ax\cdot\left(\dfrac{\sin x}{x}-\dfrac{\sin a}{a}\right)>0$，當 $0<x<a$ 時，

而在 $a<x\leq\pi/2$ 時，則分子<0。

令 $-z=(a\sin x-x\sin a)$，

而 $f(x)=-z/$正常數（$0<x<a$）或$=z/$正常數（$a<x<\pi/2$）

$-z'=a\cos x-\sin a$，$-z''=-a\sin x$.

$z'=0\Rightarrow\cos x=\sin a/a$，而 $(-z'')<0$.

故得：$x=0$，及 $x=a$ 處，$f(x)$ 有極小。

在 $\cos x=\sin a/a$ 處，$f(x)$ 有極大，（此地 $0<x<a$）

右端 $\pi/2$ 也是極大!

【問】求下列函數的最大值與最小值:

(i) $3x-x^3$, $0\leq x\leq 2$.

(ii) $(x-3)^{2/3}$, $0\leq x\leq 3$.

(iii) x^2+2, $-2\leq x\leq 1$.

(iv) $\sqrt[3]{x-3}$, $2\leq x\leq 4$.

(v) $3x^3-6x+12$, $-1\leq x\leq 2$.

(vi) x^3+x^2-x, $-2\leq x\leq 1$.

(vii) $\sqrt{x^2-4x+4}$, $0\leq x\leq 3$.

(viii) $(x^2+4x+3)^5$, $-4\leq x\leq 1$.

(ix) $\sin x+\cos x$, $0\leq x\leq 2\pi$.

【問】求拋物線 $y=x^2$ 上的點，使其至 $(0, 3)$ 點的距離最短。$\left(0, \frac{1}{2}\right)$呢? $(0, -3)$ 呢? $(0, b)$ 呢?

#35 下面我們來舉一些應用的例子，這些問題往往歸結成為求函數的最大值或最小值的問題。解決應用問題的一大關鍵是，想法子把問題翻譯（轉化）成數學語言和符號，這樣才能數學地處理。下面我們多半只解出答案，而沒有去驗證確實是最大值（或最小值），這留給你來做。事實上，由物理的直觀，這些是很顯然的。

【例】有一艘汽船，在靜水中航行，每小時的油費跟速率的四次方成正比。今若此汽船於流速為 r 公里／時之河中逆流航行，問此船應以何速度航行最省油費?

【解】設此汽船在靜水中的航速為 v，而 l 表逆流航行 t 小時所走距離。於是逆航的速度為 $v-r$，因而有

$$t=\frac{l}{v-r}.$$

今每小時的油費爲 kv^4，因此 t 小時的總油費爲

$$C=kv^4\left(\frac{l}{v-r}\right)=\frac{klv^4}{v-r},$$

對 v 導微，得到

$$D_vC=\frac{kl[(v-r)4v^3-v^4]}{(v-r)^2}$$

$$=\frac{klv^3[3v-4r]}{(v-r)^2},$$

令 $D_vC=0$ 解得

$$v=\frac{4r}{3}\text{或}\ v=0.$$

我們丟掉 $v=0$ 的答案，因爲我們要船能逆航而上。故此船最經濟的航速爲$\frac{4r}{3}$。

【選取變數的注意】

【例】 設 P 爲單位半圓形上某一點，今過 P 點平行 x 軸與 y 軸切去右、上邊緣部分。問當殘餘部分之面積最大時，P 點應取於何處？

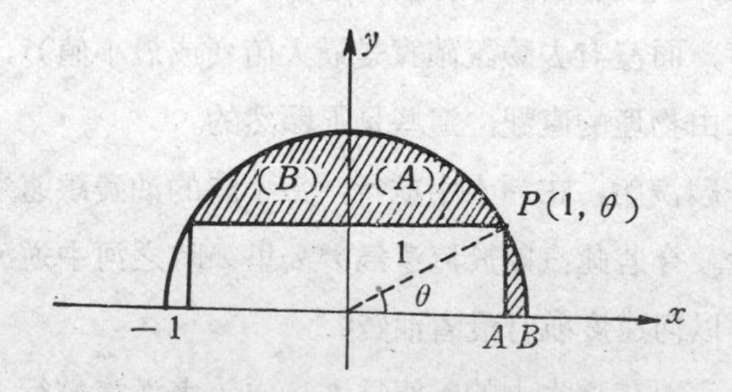

選取適當變數對解題的重要性

【解】 做一個題目，選取適當變數是很重要的考慮。如果我們採用直角坐標，這個問題會變得很麻煩，因爲用直角坐標來算扇形面積很不方便。

此地採用極坐標最方便，令P點的極坐標爲（1，θ），則上圖矩形面積爲 $2\cos\theta\sin\theta(=\sin 2\theta)$。由對稱性知（$B$）的面積等於（$A$）的面積，但是（$A$）的面積＝（扇形 OPB的面積）$-\triangle OPA$ 的面積

$$=\frac{1}{2}\theta-\frac{1}{2}\cos\theta\sin\theta$$

$$=\frac{1}{2}\theta-\frac{1}{4}\sin 2\theta.$$

因此上圖空白區域的面積爲

$$f(\theta)=\sin 2\theta+\frac{1}{2}\theta-\frac{1}{4}\sin 2\theta$$

$$=\frac{3}{4}\sin 2\theta+\frac{1}{2}\theta,\ 0<\theta<\frac{\pi}{2}。$$

令 $f'(\theta)=\frac{1}{2}+\frac{3}{2}\cos 2\theta=0$，解得 $\cos 2\theta=-\frac{1}{3}$。爲了要查表，稍作變形，因 $\cos 2\theta=-\sin(90°-2\theta)$，故 $\sin(90°-2\theta)=\frac{1}{3}$. 查表得 $90°-2\theta\doteqdot 19.5°$，於是 $\theta\doteqdot 35.3°$，這個答案才合乎「知行合一」！

【例】 試求圓 $x^2+y^2=1$ 上之點，使其距（2，0）點最近。

【解】 如果你按照常理的辦法，令（x，y）爲圓上一點，則（x，y）至（2，0）的距離爲$L=\sqrt{(x-2)^2+y^2}$。取x當獨立變數，由於 $x^2+y^2=1$，故 $y^2=1-x^2$，從而（x，y）至（2，0）的距離爲$L=\sqrt{5-4x}$，問題就變成求這個函數的最小值。事實上，求平方函數

$$L^2=5-4x$$

之最小值是同一回事。今微分並令其爲0就得到$-4=0$的矛盾結果。你也許覺得你的做法是按照書本教給你的，那爲什麼出毛病呢？理由很簡單，你只是死記書本的規則，然後盲目使用！你所記住的規則是碰到求極大或極小時，方法是「微分並

令其爲 0，解方程式。」

但是我們要學的是活鮮鮮的基本想法，而不是盲目記憶公式! 讓我們來分析上述的毛病，因爲我們知道 $L^2=5-4x$ 爲正的量（距離平方也），而且是線性函數。我們要它儘量的小，就必須 x 儘量的大。因爲 $x^2+y^2=1$，x 要最大的話，只有當 $y=0$ 時，因此 $x=1$。從而（1，0）爲所求的答案，作圖也可驗知。

學習基本的論證法，並不是立竿見影的事。我們要不斷練習，和思索問題。

【另解】由上述可知，本題若按常理來做，則會得到矛盾的結果。這是由於我們使用不恰當的獨立變數的原故。如果我們改用極坐標來做的話就不會發生問題了:

$$L^2=f(\theta)=(2-\cos\theta)^2+\sin^2\theta$$

令 $f'(\theta)=4\sin\theta=0$

解得 $\theta=0°$ 或 $180°$（不合），$f(0)=1$，$f(\pi)=9$

故 $\theta=0°$ 時 $f(\theta)$ 爲極小值，

因此答案爲（1，0）點。

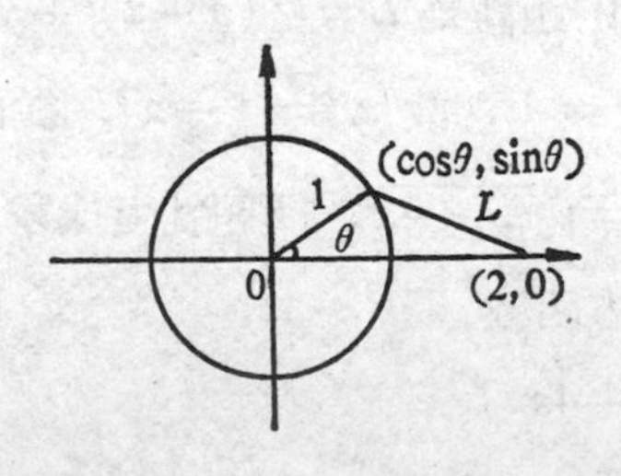

【註】以後我們講到 Lagrange 乘子法時，就不會有這個缺點，因爲它不偏好那一個變數，而把所有變數一視同仁。

【另解】令 $f(\theta)=4-4\cos\theta+\cos^2\theta+\sin^2\theta$

$= 5-4\cos\theta.$

故極小爲 $\cos\theta = 1$ 時!

【另解】 $L=\sqrt{5-4x}$ 極小, $|x|\leq 1$,

即 $L^2 = 5-4x$ 極小, 或卽 $4x$ 極大。

因而 $x=1$.（在端點!）

注意到: 這些解法都不必用到微分法!

【習　題】

1. 在定三角形 ABC 之外接正三角形中求面積之極大者。
2. 壁上掛了一圖, 上下長度 l; 其下端在觀者眼睛之上 h 處, 試問, 觀者應在圖前什麼地方, 可使圖之（上下）視角最大?
3. 長條狀的材料做成棺材狀的容器, 長度很長, 而兩端不必管（可以忽略）, 其正截面爲圓被割截之形, 故 $\widehat{ABC}$ 弧長固定, 且弧 ABC 的圓心角卽扇形角 $\theta \geq \pi$. 試問 θ 爲多少, 可使容積最大? 亦卽截形 ABC 最大?

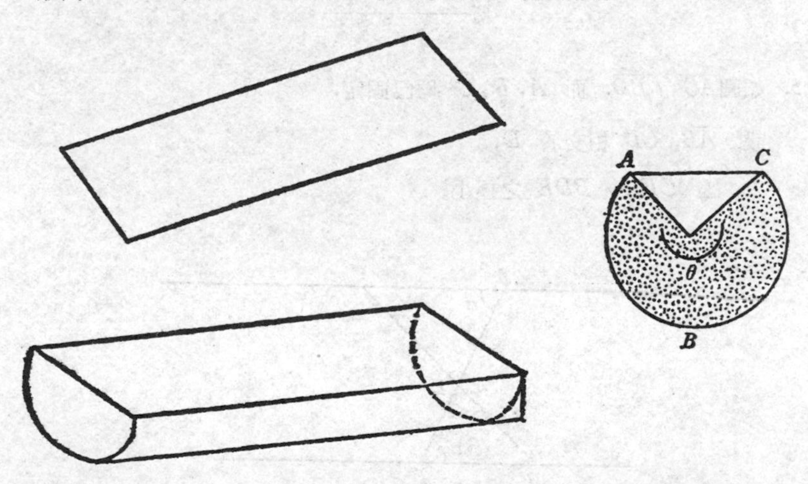

4. 寬爲 a 之長紙條, 自底端 $\overline{DE}$ 上取一點 A, 把 AEB 這一角摺折上來使 E 點對合到 $\overline{DC}$ 邊上之 C 點, 摺折線 $\overline{AB}$ 碰到另一邊 $\overline{BE}$ 上之 B 點, 問 A 要

如何才可使$\overline{AB}$ 最短？

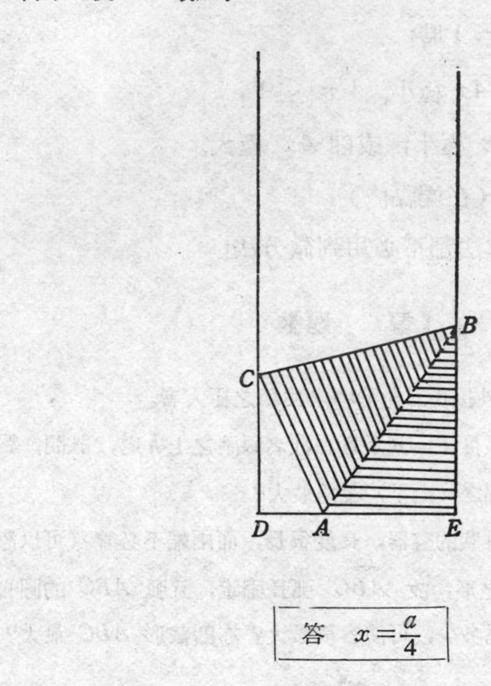

答 $x=\frac{a}{4}$

5. 如圖$\overline{AC}//\overline{BD}$，而 A, B, C 均已固定，

設 $\overline{AB}$，$\overline{CD}$ 相交於 E，

求 $\triangle ACE+\triangle BDE$ 之極小。

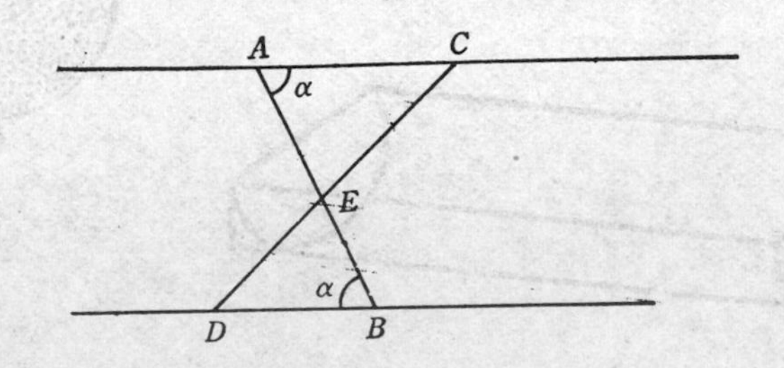

6. 自橢圓短軸一端點引一弦交長軸於P，另交橢圓於Q，作 $QR\perp$長軸，求直角三角形 PQR 之極值。

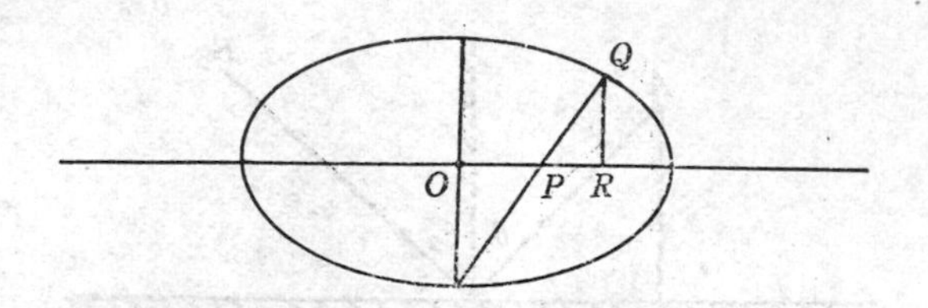

7. 橢圓 $x^2/a^2+y^2/b^2=1$ 之一對共軛直徑其長度之和何時最大？最小？

8. 拋物線上求一點M，使過此點之法線，交拋物線於另一點N，而MN極小。

*#36 極小原理

最大（小）值的問題在日常生活中也常見，每個人都有他自己的各式各樣的最大（小）值問題。譬如：有人希望以“最低”的代價獲得某樣東西；也有人要在某限定時間內盡“最大”的努力去完成一件事；更有人冒風險時，希望冒“最小”的風險，而賺“最多”的錢等等。凡此種種，我們不禁要猜測（類推），自然界可能也是按某種“最大”或“最小”的經濟原則來運行的。於是有 Fermat 的**最短時間原理**（principle of least time）及 Hamilton 的**最小作用量原理**（principle of least action）。這些構成人類心智成就最瑰麗的詩篇！人們用一個簡單的想法，就可以把自然界的各種現象“一以貫之”，這是多麼令人興奮的事！下面我們就舉例說明，如何利用最短時間原理來統一光的反射及折射現象這個問題。（至於最小作用量原理，它可以用來統一古典力學。）

Hero 氏對光的反射定律的解釋

#361 （光的反射定律）Hero 氏的解釋

在初中，我們學過光的反射定律：入射角等於反射角。現在我們利用最短路徑原理：光所走的路徑最短；重新來導出這個定律。這是什麼路徑呢？

因爲在同一介質中，光速固定不變，故最短時間路徑就是最短路徑。於是問題變成：如何找到鏡面上一點P，使得 $AP+PB$ 爲最小？作法

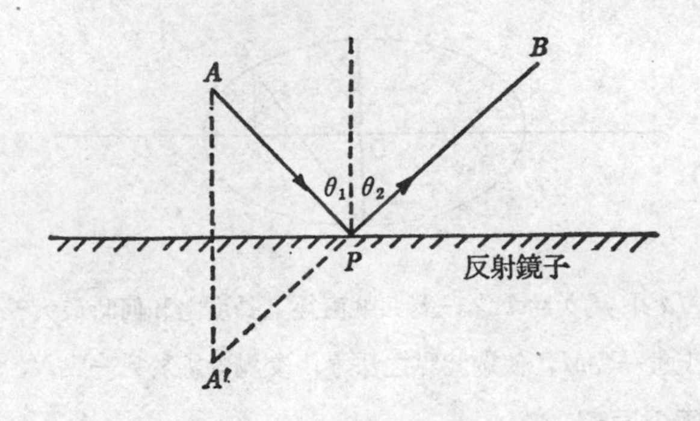

大家都很清楚：以鏡面爲對稱面，作P點的對稱點 A'，連結 $A'B$ 交鏡面於P點，則 $AP+PB$ 就是最短路徑。對這個最短路徑（即光所走的路徑），容易證得 $\angle\theta_1=\angle\theta_2$，這就是光的反射定律。

#362 （光的折射定律）Fermat 的解釋

Fermat 對光的折射定律的解釋

利用最短時間的原理也可導得折射定律。假設x軸分隔甲、乙兩種介質，而光在甲、乙兩介質中的速度分別爲 v_1，v_2。今光由A點走到B點，若所費時間最短，試證

$$\frac{\sin\theta_1}{\sin\theta_2}=\frac{v_1}{v_2},\text{（折射定律）},$$

其中 θ_1 爲入射角，θ_2 爲折射角，見下圖：

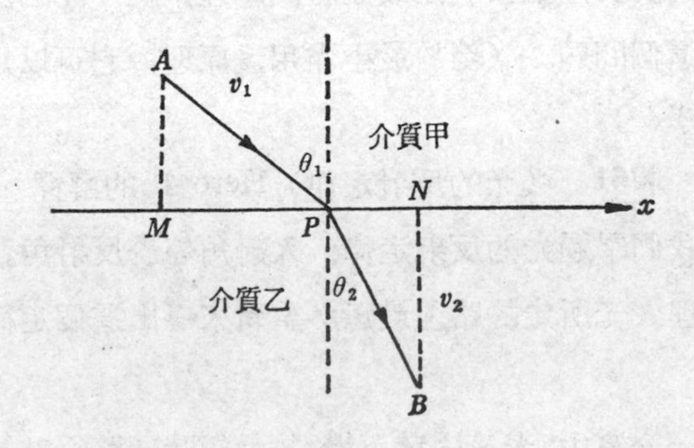

【解】我們的問題是：在x軸上找一點P，使得光沿 APB 走所費時

間最短。今設 $MA=a$, $NB=b$, $MN=c$, $MP=x$，則光沿 APB 走所費的時間為

$$f(x)=\frac{\sqrt{a^2+x^2}}{v_1}+\frac{\sqrt{b^2+(c-x)^2}}{v_2},$$

換言之，我們要求 $f(x)$ 的最小值。因為

$$f'(x)=\frac{x}{v_1\sqrt{a^2+x^2}}-\frac{(c-x)}{v_2\sqrt{b^2+(c-x)^2}}$$

$$=\frac{\sin\theta_1}{v_1}-\frac{\sin\theta_2}{v_2},$$

當 x 由 0 逐漸變動到 c 時，$\sin\theta_1$ 的值由 0 逐漸增加，而 $\sin\theta_2$ 之值逐漸減少至 0，故 $f'(x)$ 之值起初為負，而後逐漸增加，最後變為正。因此滿足 $f'(\xi)=0$ 的 ξ 值，$0<\xi<c$，可唯一決定，且使 $f(\xi)$ 為最小值。從而，$x=\xi$ 時，可得

$$\frac{\sin\theta_1}{v_1}=\frac{\sin\theta_2}{v_2}。$$

Fermat 用這個說法解釋了 Snell 的折射定律。

必須注意的是；其一千六百年前的前輩 Hero 認為光速無限!

【註】當 $v_1\neq v_2$ 時，$\theta_1\neq\theta_2$，此時 APB 並不是直線。換言之，走直線並不是最省時的路! 我們可以假想，有一個漂亮的女孩翻了船，在 B 處喊救命，x 軸是海岸線，你在陸地上 A 點看到了這個事故，你可以跑，也可以游泳。請問你應循什麼路線去「救美」？

(時間是最重要的考慮!)

【注意】本例最短路徑與最短時間路徑不一致，但在例 1 中卻一致。

【問題】見後圖，欲築一電纜連接電力站及某一工廠，若已知在陸上架設 1 公尺須費 3 元，在水底 1 公尺須 5 元。問如何架設法最省錢？(見後圖甲)

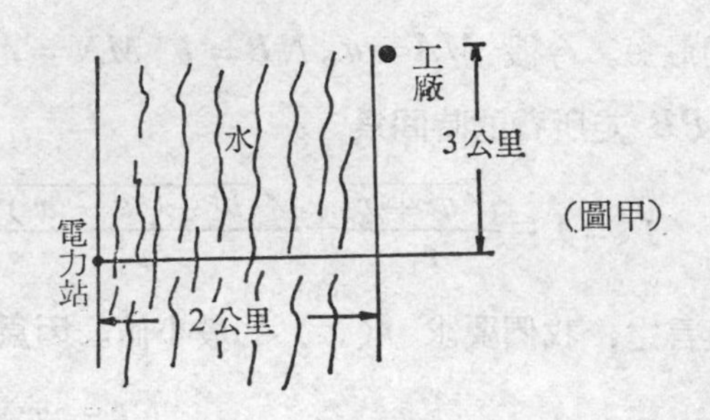

(圖甲)

【注意】這個問題跟前例是同一個問題，披着不同的外衣而已!

【問題】三種介質的情形，如圖乙，試證:

$$\frac{\sin\theta_1}{v_1}=\frac{\sin\theta_2}{v_2}=\frac{\sin\theta_3}{v_3}$$

光速v_1　θ_1　介質甲

光速v_2　θ_2　θ_2　介質乙

光速v_3　θ_3　介質丙

(圖乙)

【問1】令 ABC 表一三稜鏡之主截面。今有光線 PN 射於其 AB 面上，折射後，其射出之方向爲 MQ。試證當入射角卽 $\angle SNP=i$，($SNL\perp AB$,) 與出射角卽 $\angle TMQ=r$，($TML\perp AC$.) 相等之時，出射方向與入射方向相差之角（名爲偏差角,）$\angle VRQ$ 爲最小。

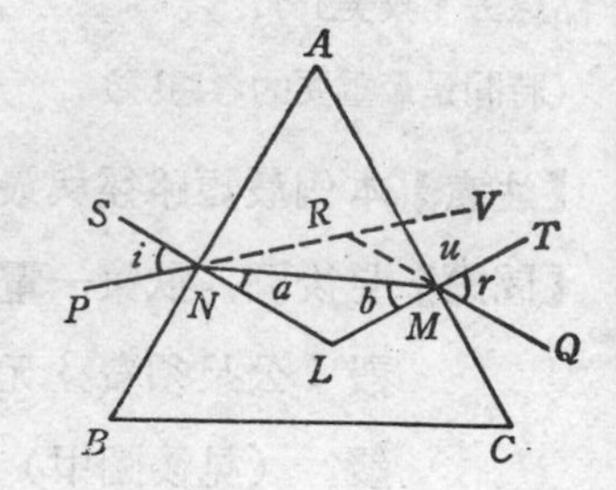

【問 2】考慮一個正六角柱 $ABCDEF$ $abcdef$. 如圖，今自角柱之中心軸 NV 上方取一點V，從而以三角形 VAC 之平面切稜線 Bb 於X，以平面 VAE 切 Ff 於Z，以平面 VCE 切 Dd 於Y從而得到一個**稜柱體**即 $abcdef$ $AXCYEZ$, 其體積與原來角柱相同。這個形狀是蜂窩之形！ 18 世紀初，Réaumur、Maraldi 等等博物學者開始測量蜂窩，R氏就請教瑞士數學家 Koenig，猜測：蜜蜂之作窩必然是最簡省的！即是表面積爲最小！

蜜蜂按最節省材料的方法作窩

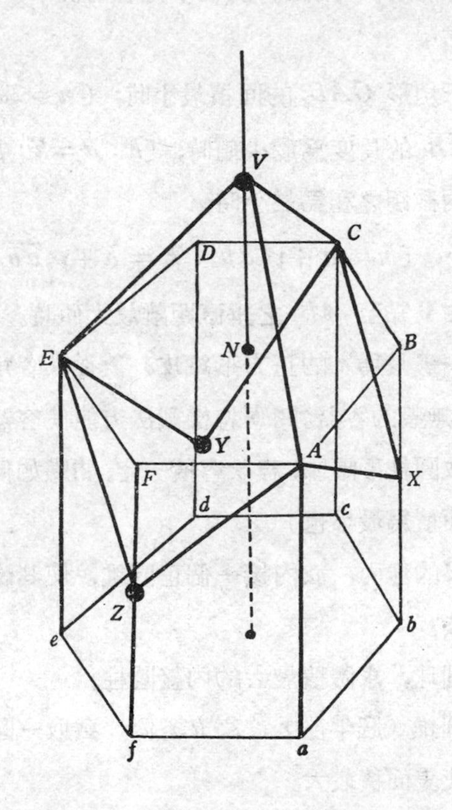

【問 3】一根柱子，長 l，欲繞過走廊；如圖，b 爲已予，問 a 最少要多長?

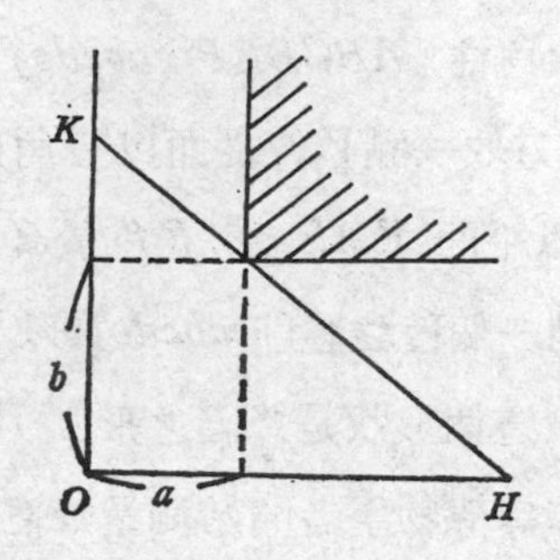

【問 4】設 $P(a, b)$ 爲第一象限內一點，過 P 點作一直線，交 x，y 軸的正半於 A, B 兩點。試在下列各情況下，求此直線在 x，y 軸的截距:

(i) 三角形 OAB 的面積最小時;〔$h=2a$, $k=2b$〕

(ii) $\overline{AB}$ 的長度爲最小值時;〔$h^3: a=k^3: b$〕

(iii) 兩截距之和爲最小時;

〔$h=a+\sqrt{ab}$, $K=b+\sqrt{ab}$, $h^2:k^2=a:b$〕

(iv) 由 0 點至 $\overline{AB}$ 之垂直距離最大值時。〔$h:k=b:a$〕

【問 5】假設有一邊長爲 a 的正方形鐵皮，欲從其各角截去相同的小方塊，折成無蓋的容器。問應怎樣截法方能使容器的容積爲最大?

【問 6】用鐵皮做圓柱形罐頭，若欲容積一定，問應如何做法最省材料?（即表面積爲最小也）

【問 7】半徑爲 R 的球內，欲內接一個正圓錐，使其體積爲最大，問如何內接法?

【問 8】對固定圓球，求體積最大的內接圓柱。

【問 9】在固定圓錐（底半徑 r，高 h）內，截取一圓柱。（底半徑 x，高 y）使表面積最大。

答　$x=\dfrac{rh}{2(h-r)}$，（當 $h>r$），$y=\dfrac{h}{r}(r-x)$

【問10】以正六邊形為底，作正角柱體，在體積固定時，怎麼樣才有最小之表面積?

【問11】由一單位圓形鐵皮，切去某一扇形，將殘餘部分作一圓錐容器，問當此容器之容積最大時，所切去扇形之中心角為何?

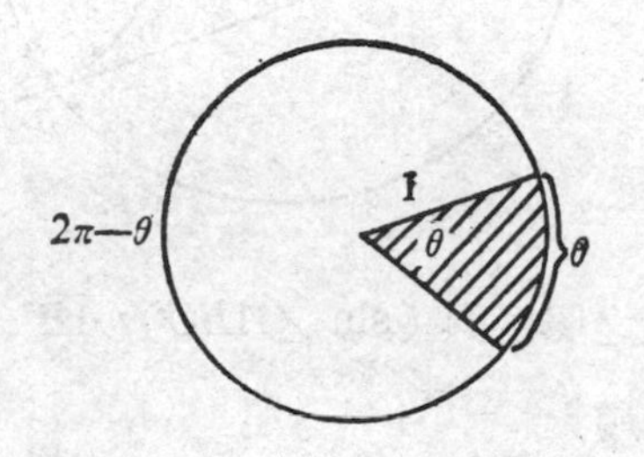

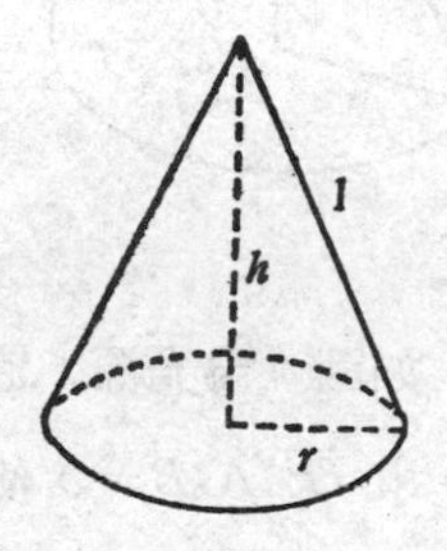

【註】注意到，若採用 θ 當變數，問題並不好做，若用 r 當變數，則好做一點；但是最簡單的情形還是採用 h。

【問12】欲做底面為正方形，而體積固定的矩形箱，若上下底的材料費是每平方公分 a 元，而四圍的材料費是每平方公分 b 元。問如何做最省錢?

【問13】在 $\triangle ABC$ 之兩邊 $\overline{AC}$, $\overline{BC}$ 線段內各取點 D, E 使 $\overline{DE}$ 平分了三角形，如何才使 $\overline{DE}$ 最短?

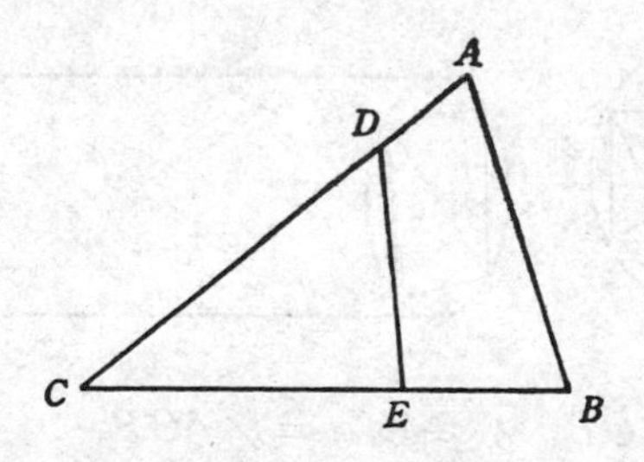

【問14】在定圓周（半徑 a）上取好一定點 C，以之為心，半徑 r，作一圓，此圓在定圓內部的一段弧長怎麼樣才極大?

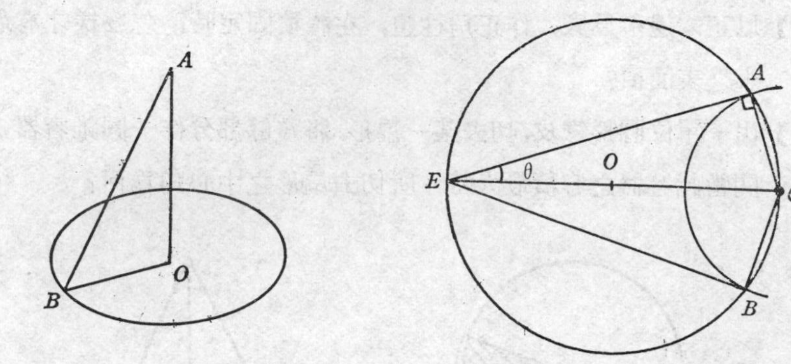

【問15】 如圖A爲光源，它在B處之照度與 $(\sin\angle ABO)/\overline{AB}^2$ 正比，求 $\overline{OA}/\overline{OB}=x$ 使照度爲最大。

($\overline{OB}$ 固定)

【問16】 自鉛垂直線外一點A，沿某一直線自由下降而到達該鉛垂直線問：傾角該如何，時間最短？

【問17】 在直徑爲d的圓形木材中，欲截成矩形，使其具有最大抗彎強度，問應如何截法？由材料力學知道，具有矩形截面的樑，其強度與 bh^2 成正比，其中 b 是底， h 是高。

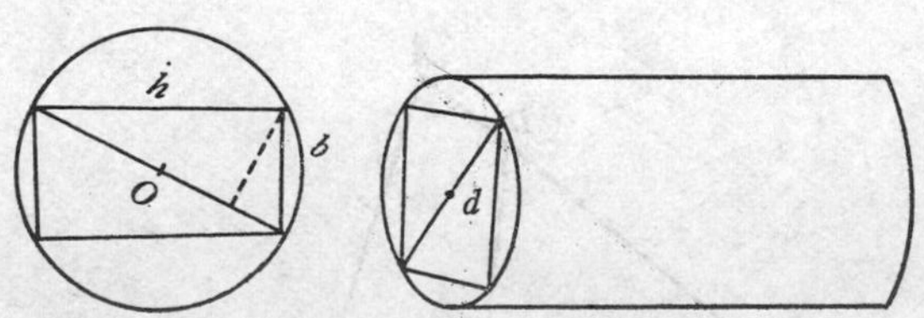

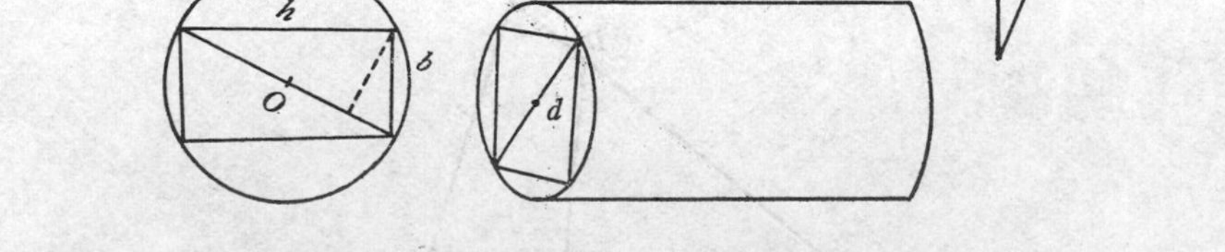

【問18】 兩直線 $\overline{OA},\overline{OB}$，夾角爲 $\alpha=\angle AOB$，

今兩動點分別自A, B以速度u，v向O運動，問何時距離L最近？

【問19】在不相交兩球球心 A, B，連線一點 P 上置一光源使照射到的球面上面積之和為極大。〔參見 §5.66 Archimedes 公式〕

【問20】一個圓錐頂角 2α，高 a，以之為容器而盛水，今以一球體（半徑 r）置入其中，問排出水量最大者，$r=?$

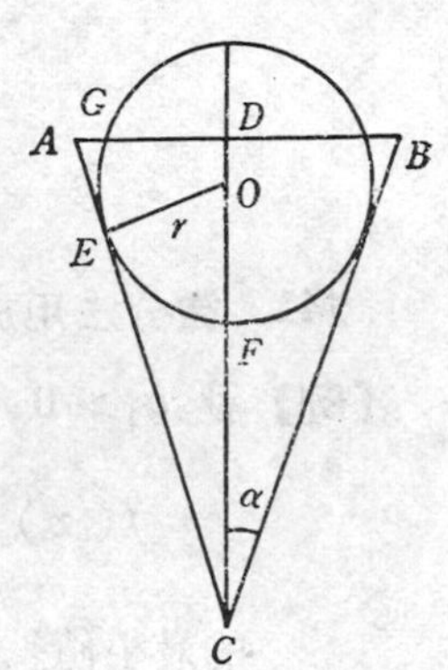

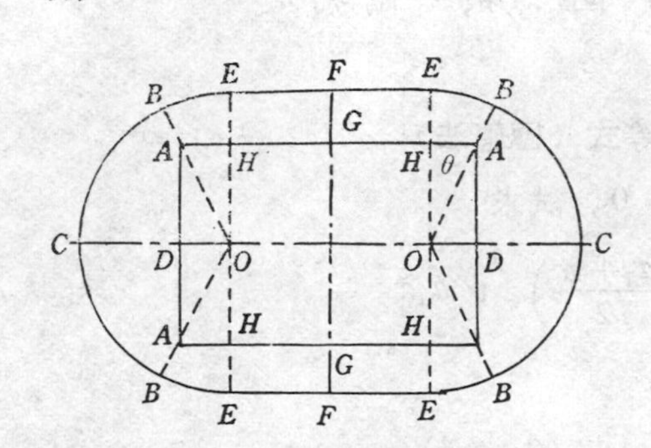

【問21】設有一球場，長為 $2b$，寬為 $2a(b>a)$，今欲在其外建造一跑道全長共為 $4c$。若跑道係由兩直路及兩半圓路所造成，且其最近於球場之點為最遠，問跑道應如何建造？

【問22】函數 $u=\dfrac{ax^3+3bx^2y+3cxy^2+dy^3}{ex^3+3fx^2y+3gxy^2+hy^3}$ 之極值滿足了某個四次方程式！

【問23】定直線 MN 之同側有定點 A 及 B，求 MN 上一點 P 使 $\overline{AP}+\overline{PB}$ 極小。

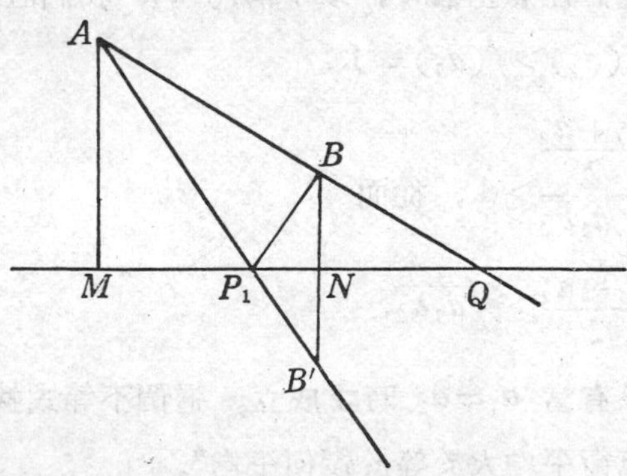

【問24】若 A, B 異側，求 $|\overline{AP}-\overline{BP}|$ 之極值。

【問25】過橢圓一焦點 F_2 作一弦 AB，使 $\triangle F_1AB$ 有極值，F_1 爲另一焦點。

#4 增減的一階判定

#41 微分法用於不等式（極值法）

【例】設 $a_1>0, x>0$，試求

$$f(x)=\left(\frac{a_1+x}{2}\right)\Big/\sqrt{a_1x}$$

的最小值。

【解】
$$f(x)=\frac{1}{2\sqrt{a_1}}\left(\frac{a_1+x}{x^{1/2}}\right),$$

算術平均大於幾何平均的一種證明法

$$\therefore\quad f'(x)=\frac{1}{2\sqrt{a_1}}\left[\frac{x^{1/2}-(a_1+x)\frac{1}{2}x^{-1/2}}{x}\right],$$

令 $f'(x)=0$，解得 $x=a_1$ 爲最小點，而最小値爲

$$f(a_1)=\frac{a_1+a_1}{2\sqrt{a_1a_1}}=1,$$

換言之，對任意正數 x，以下稱爲 a_2，我們恒有

$$f(a_2)\geq f(a_1)=1,$$

即 $\dfrac{\frac{a_1+a_2}{2}}{\sqrt{a_1a_2}}\geq 1$，從而

$$\frac{a_1+a_2}{2}\geq\sqrt{a_1a_2},$$

而等號只有當 $a_1=a_2$ 時才成立。這個不等式就是通常我們所說的“算術平均大於等於幾何平均”。

#412　設 $a_1>0$，$a_2>0$，$x>0$，試求

$$f(x)=\left(\frac{a_1+a_2+x}{3}\right)\Big/\sqrt{a_1a_2x}$$

之最小值，並導出

$$\frac{a_1+a_2+a_3}{3}\geq\sqrt[3]{a_1a_2a_3}.$$

#413　設 $a_1>0, a_2>0, \cdots, a_{n-1}>0$，試求

$$f(x)=\left(\frac{a_1+a_2+\cdots+a_{n-1}+x}{n}\right)\Big/\sqrt[n]{a_1a_2\cdots a_{n-1}x}$$

之最小值，並導出

$$\frac{a_1+a_2+\cdots+a_n}{n}\geq\sqrt[n]{a_1a_2\cdots a_n}.$$

#42

如上我們提到一些不等式: 一切極值問題之解自然都是一種不等式，不過，比較系統的辦法是:

若 $Df>0$，於 $(\alpha;\beta)$，則 f 在 $(\alpha;\beta)$ 中狹義遞增〔若改爲 $Df\geq 0$，則爲廣義遞增〕。

要點是: **通常 f 在〔$\alpha;\beta$〕中連續**，但在端點**不必可微**。

一個非常實用的推論是:

f 在區間 I **中連續**，而且，除了在 $t_0<t_1<\cdots\cdots<t_n$ 這些斷點之外，**均可導，且** $Df(x)>0$ 則 f 爲**狹義遞增**。

【例】 證明下面不等式，對 $x>0$ 均成立:

$$\sin x>x-\frac{x^3}{6}.$$

【證明】 令　$f(x)=\sin x-\left(x-\frac{x^3}{6}\right)$，則

$$f'(x)=\cos x-1+\frac{x^2}{2}=\frac{x^2}{2}-(1-\cos x)$$

$$=\frac{x^2}{2}-2\sin^2\frac{x}{2}=2\left[\left(\frac{x}{2}\right)^2-\left(\sin\frac{x}{2}\right)^2\right].$$

今因 $\sin x<x$，$\forall x>0$，故

$$f'(x)>0,\ \forall x>0.$$

因此 $f(x)$ 在 $(0;\infty)$ 上爲一遞增函數，但$f(0)=0$，於是

$$f(x)=\sin x-\left(x-\frac{x^3}{6}\right)>0,\ \forall x>0;$$

即 $\sin x>x-\frac{x^3}{6}$，$\forall x>0$；

【例】 證明：$x>\log(1+x)$，$\forall x>0$.

【證明】 令 $f(x)=x-\log(1+x)$，則

$$f'(x)=1-\frac{1}{1+x}>0,\ \forall x>0,$$

故 $f(x)$ 在$(0;\infty)$上爲一遞增函數。今因 $f(0)=0$，於是

$$f(x)=x-\log(1+x)>0,\ \forall x>0,$$

即 $x>\log(1+x)$，$\forall x>0$。

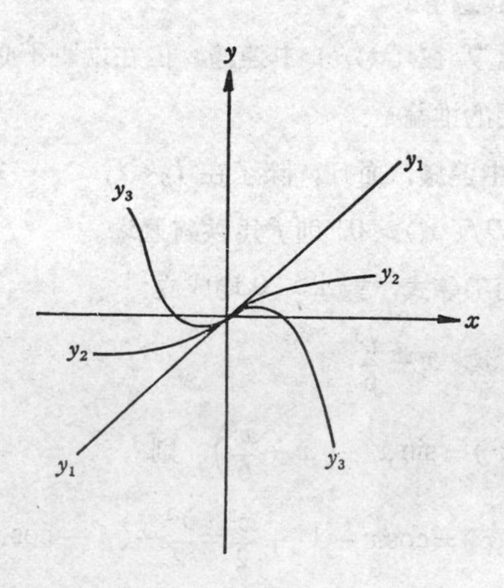

事實上，記 $y_1 = x$，$y_2 = \log(x+\sqrt{1+x^2})$, $y_3 = x - x^3/6$ 則在 $x > 0$ 有 $y_1 > y_2 > y_3$，在 $x < 0$ 有 $y_1 < y_2 < y_3$ 如圖上。

【問】 (1) 設 $0 < x < 1$，則 $\dfrac{x}{1+x} < \log(1+x) < \log\dfrac{1}{1-x}$.

(2) 設 $0 < x < \dfrac{\pi}{2}$，則 $x < \dfrac{1}{3}\tan x + \dfrac{2}{3}\sin x$.

(3) 設 $x > 0$，則 $x - \dfrac{x^2}{2} < \log(1+x) < x - \dfrac{x^2}{2} + \dfrac{x^3}{3}$.

(4) $x > 0$，則 $\cos x + \sin x > x - x^2$.

(5) $x > 0$，則 $0 < \dfrac{(x-2)e^{2x} + (x+2)e^x}{(e^x-1)^3} < \dfrac{1}{6}$.

(6) $y_1 = x^2$，$y_2 = \sin^2 x$，以及 $y_3 = x^2 - \dfrac{x^4}{4}$ 之大小關係如何?

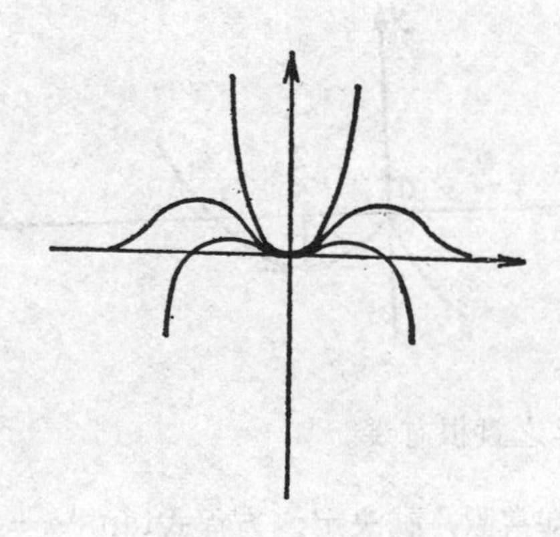

#43 實根個數

【例】 討論 $f(x) = (x-1)\sqrt[3]{x^2}$ 的變化及圖形。

【解】 這個函數定義域爲 $(-\infty; \infty)$，沒有端點。

我們有

$$f'(x) = x^{2/3} + \frac{2}{3}(x-1)x^{-1/3} = \frac{5x-2}{3\sqrt[3]{x}},\quad (\text{除非 } x=0)$$

從而，當 $x=\frac{2}{5}$ 時，$f'=0$；當 $x=0$ 時，f' 不存在。因此極點只可能發生在 $x=0$ 或 $x=\frac{2}{5}$ 這兩點。今利用 f' 的正負，判斷 f 的昇降行為（參看 §10），列表如下，表中↑表示上昇，↓表示下降：

x	$(-\infty;0)$	0	$\left(0;\ \frac{2}{5}\right)$	$\frac{2}{5}$	$\left(\frac{2}{5};\ \infty\right)$
f'	$+$	不存在	$-$	0	$+$
f	↗	極大值 0	↓	極小值 $-\frac{3}{5}\sqrt[3]{\frac{4}{45}}$	↘

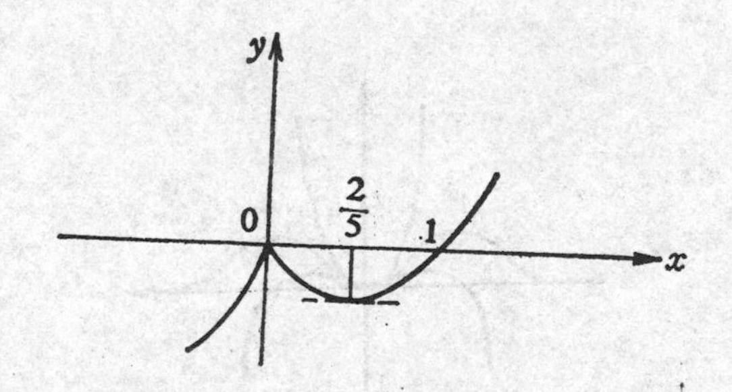

【問】$f(x)=\alpha$ 之實根有幾。

【例】設 a 為已知常數，試決定：方程式 $\tan^{-1}x=\frac{x}{1+x^2}+a$ 之實根個數。

【解】記　$y_a=\tan^{-1}x-\frac{x}{1+x^2}-a$，因而

$$y_a{}'=\frac{1}{1+x^2}-\frac{1}{1+x^2}+\frac{2x^2}{(1+x^2)^2}=\frac{2x^2}{(1+x^2)^2}>0\text{；（}y\text{ 遞升）}$$

今

$$\begin{cases} x=0\text{時}, & y_a=-a. \\ x=\infty\text{時}, & y_a=\dfrac{\pi}{2}-a. \\ x=-\infty\text{時}, & y_a=\dfrac{-\pi}{2}-a. \end{cases}$$

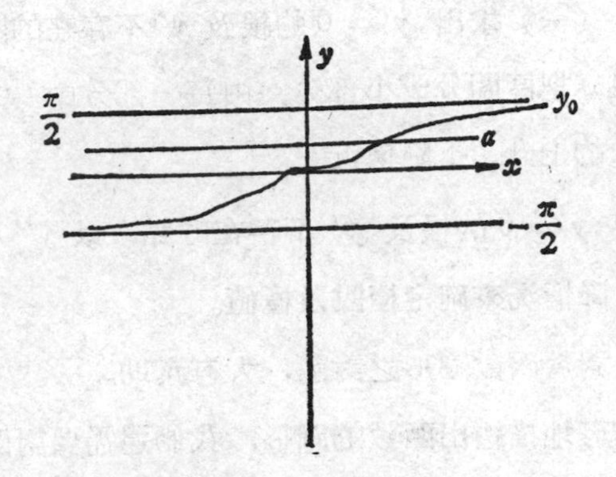

因之，$\dfrac{-\pi}{2}<a<\dfrac{\pi}{2}$時，恰有一實根，否則無根。

【問】(1) 方程 $x=\cos x$ 恰有一實根。

(2) 方程$\tan^{-1}x=\dfrac{x+x^2}{1+x^2}$有兩個實根。

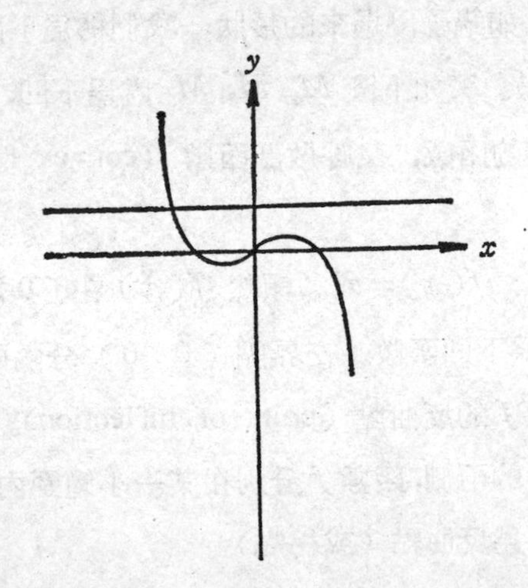

#5 凹凸：曲線之追跡

#50 我們已學會了可用導數來研究函數的性質：

用導函數的行爲來追究函數圖形的凹凸性

（一）求出 $y'=0$ 的根及 y' 不存在的點，以這些點爲分點，把區間分成小部分，由每一部分中 y' 的符號來決定函數的上升、下降情況。

（二）求出 $y'=0$ 的根及 y' 不存在的點，以 y''（如果存在）的符號或函數的升降情況來確定極點及極值。

這些東西，對於函數圖形之討論，大有幫助。

爲了比較準確地描繪出函數的圖形，我們還需要對函數作進一步的討論。例如，利用導數，我們只能判斷 $y=x^2$ 及 $y=x^{1/2}$ 在〔$0;\infty$) 上都是遞增函數，然而這兩個圖形卻很不相同！（見後圖）

#51 首先討論函數圖形彎曲的情形。曲線 $y=x^2$ 的圖形，如鍋子的形狀，我們稱爲上凹 (cancave upward)；而 $y=x^{1/2}$ 的圖形，如鍋子倒過來的形狀，我們稱爲下凹 (cancave downward)。又如下圖 M_1, M_3, M_5 處爲下凹，而 M_2 及 M_4 處爲上凹。一個上凹的函數，又叫做凸函數 (convex function)，如 $y=x^2$。

什麼叫下凹、上凹？什麼叫凸函數？

先看一個例子：$f(x)=x^3$。顯然 $f(x)$ 在〔$0;\infty$) 上爲凸函數，在 ($-\infty;0$〕上爲下凹函數。交界點（0，0）分隔兩種類型的彎曲，這叫做 f 的反曲點 (point of inflection)。一般而言，若在某點 c 的兩側，函數 f 分別在某一小範圍內是上凹及下凹時，則稱 c 爲反曲點（或拐點）。

何謂反曲點（或拐點）？

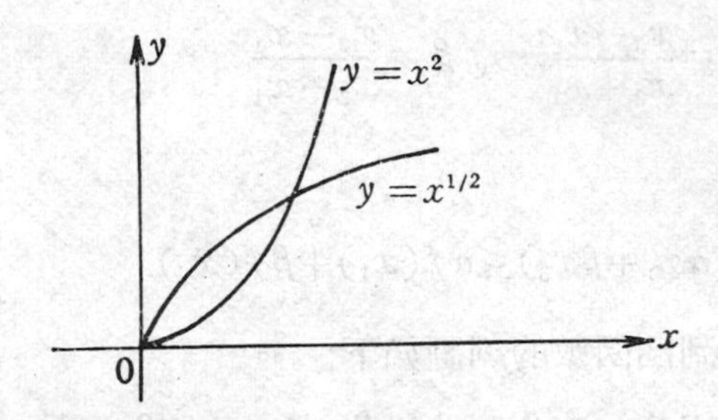

顯然，當 f 爲下凹時，則 $-f$ 必爲上凹（卽凸函數），反之亦然。故我們只需討論凸函數卽可，這是一種“化約”，就好像我們只要會求最大值就會算最小值一樣。

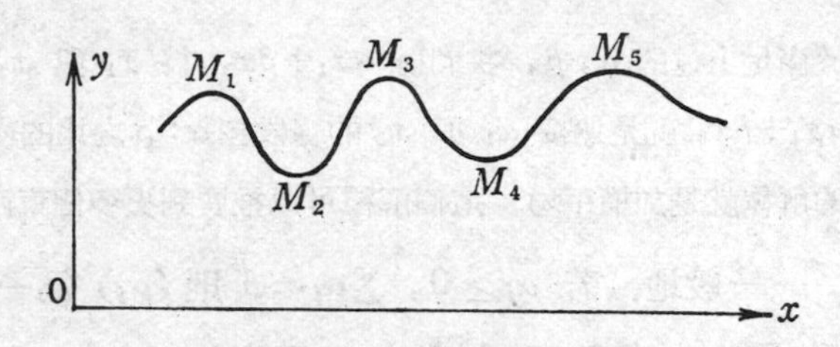

#52 現在我們來刻劃凸函數，所謂凸函數就是指 f 的圖解具有下列性質：當 $x_1<x_2<x_3$ 時，$y=f(x)$ 上的三點 $P_i=(x_i, f(x_i))$，$i=1, 2, 3$，恒滿足 P_2 會在 $\overline{P_1P_3}$ 連線之下方（見下圖）。

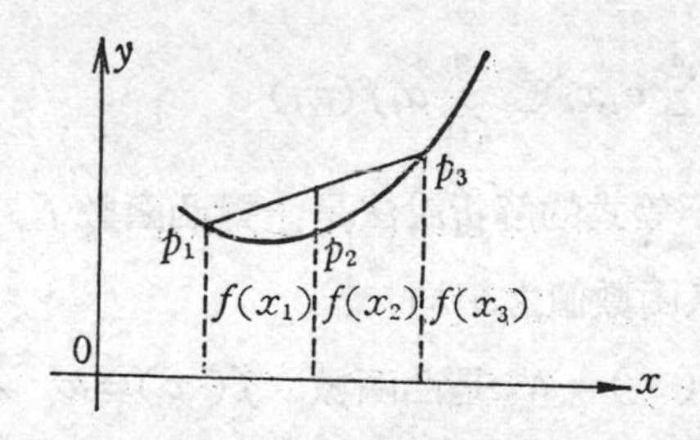

換言之，我們恒有

$$f(x_2)\leq f(x_1)+\frac{f(x_3)-f(x_1)}{x_3-x_1}(x_2-x_1) \qquad (1)$$

若令 $\alpha=\dfrac{x_3-x_2}{x_3-x_1},\qquad \beta=\dfrac{x_2-x_1}{x_3-x_1}$

則上式變成

$$f(\alpha x_1+\beta x_3)\leq\alpha f(x_1)+\beta f(x_3)$$

因此我們得到凸函數的刻劃如下:

凸函數的刻劃條件

「若 $\alpha\geq 0$, $\beta\geq 0$ 且 $\alpha+\beta=1$, 則恒有 $f(\alpha x_1+\beta x_3)\leq\alpha f(x_1)+\beta f(x_3)$。」

我們通常就用這式當作凸函數的解析定義。注意: 我們可以談局部的上凹或下凹!

【註】 對於滿足上述的 α,β, 我們稱 $\alpha x_1+\beta x_3$ 爲 x_1 與 x_3 的凸組合。由解析幾何知, $\alpha x_1+\beta x_3$ 就是連接 x_1 與 x_3 的線段按 $\alpha:\beta$ 之比的內分點。凸組合的另一個**算術的**解釋就是加權平均。這個解釋可以推廣到更多個東西的情形。

什麼叫做凸組合?

一般地: 若 $\alpha_i\geq 0$, $\sum\alpha_i=1$ 則 (α_i) 爲一組凸性係數, 而 $\sum\alpha_i x_i$ 稱做 (x_i) 的一個凸組合。

#53 利用**歸納遞迴法**, 容易證明

【命題】 (Jensen 不等式)

Jensen不等式及其證明

若 f 爲凸函數, $\alpha_i\geq 0$ 且 $\sum\alpha_i=1$, 則有

$$f\left(\sum_{i=1}^{n}\alpha_i x_i\right)\leq\sum_{i=1}^{n}\alpha_i f(x_i) \qquad \text{(甲)}$$

Jensen 不等式的解析說法是: 對凸函數 f, 諸點的平均之函數值小於其函數值之平均。

一些例子: $f(x)=x^2$ 是凸函數, $f(x)=x^3$ 在 $[0;\infty)$ 上是凸函數; $f(x)=-\sqrt{x}$ 在 $[0;\infty)$ 上也是凸函數, 這只要作圖, 馬上可看出。

#54 由圖解, 當**橫坐標的關係**是 $A<R<P<Q<B$ 時, $\overline{PQ}$ 在

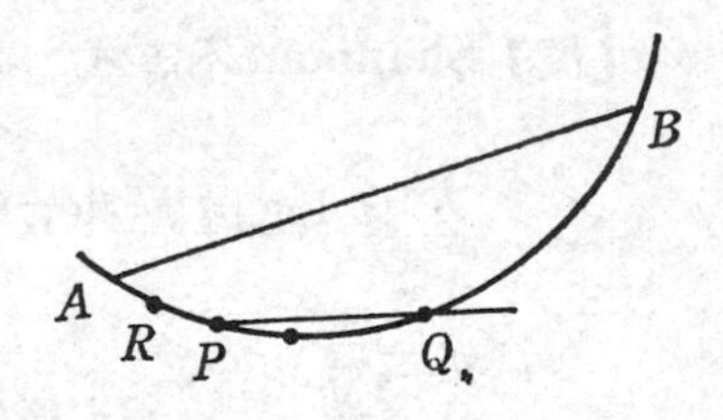

$\widehat{AB}$ 之下，$\overline{RP}$ 在 $\widehat{AB}$ 之下；
今令R 及 $Q\to P$，則 $\overline{PQ}$, $\overline{RP}$ 都成了切線 $\overline{PT}$，故知：**對凸函數 f，曲線 $y=f(x)$ 都在它的切線之上**。另外，線段$\overline{PQ}$在 $\overline{RP}$ 延長線上方，因而在 $\overline{AR}$ 延長線上方，讓$Q\to P$故P點切線斜率$\geq$ $\widehat{AR}$ 斜率。讓A趨近R，可知：

P處切線斜率$\geq R$處切線斜率，即：$\dfrac{df(x)}{dx}$爲遞增函數

或即：$$\frac{d^2f(x)}{dx^2}\geq 0$$

總結上述，我們有如下的結論：

凸函數的兩個刻劃條件

若 f 可導微，則下列幾個條件等價

(i) f爲凸函數，(ii) f' 爲遞增函數，(ii′) $f''\geq 0$.

(iii) 曲線 $y=f(x)$ 恒在其切線的上方。

尤其 (ii′) 對於判別一個函數在什麼範圍爲凸非常有用。

用二階導函數的行爲來判別凸函數

【例】設 $f(x)=-\log x$，則 $f(x)$ 爲一凸函數，因爲

$$f''(x)=\frac{1}{x^2}\geq 0,\ \forall x>0.$$

所以 $-\log\left(\dfrac{a_1+\cdots+a_n}{n}\right)\leq\dfrac{1}{n}(-\log a_1)+\cdots+\dfrac{1}{n}(-\log a_n)$

於是 $\log\left(\dfrac{a_1+\cdots+a_n}{n}\right)\geq\log\sqrt[n]{a_1\cdots a_n}$.

由 log 的遞增性，知

$$\frac{a_1+\cdots+a_n}{n}\geq\sqrt[n]{a_1\cdots a_n}.$$

凸函數的概念非常有用，因爲分析學中許多重要不等式，都是它的結論！上述只是一例。

【問】**Shannon 不等式**

$\sum_{i=1}^{N} p_i \log p_i^{-1} \leq \log N$，當 $p_i > 0$，$\sum_{1}^{N} p_i = 1$。等號表示諸 $p_i \equiv \frac{1}{N}$

#541 高次平均不等式

設 $x_i > 0$，$i=1,2,\cdots N$，$k \in R, k \neq 0$，$m = m_k = (\sum_{1}^{N} x_i^k / N)^{1/k}$，

何謂 k 次平均?

m 叫做 $(x_1, x_2 \cdots x_k)$ 之 **k 次平均**。

計算 $(m)^k = (\sum_{1}^{N} x_i^k / N)$.

所以 $k \log m = \log (\sum_{1}^{N} x_i^k / N)$,

$$\therefore \quad \log m + \frac{k}{m} \frac{dm}{dk} = \frac{\frac{1}{N} \sum x_i^k \log x_i}{(\sum_{1}^{N} x_i^k / N)},$$

$$\frac{k}{m} \frac{dm}{dk} = \frac{(1/N)}{\sum x_i^k / N} \{ \sum_i^k (\log x_i^k - \log m) \},$$

$$k^2 \cdot \frac{dm}{dk} = m^{1-k} \left\{ \frac{1}{N} \sum x_i^k (\log x_i^k - \log m^k) \right\}$$

> 0. 所以 $dm/dk > 0$.

【註】這裏用到 #5542，由 $f(x) = x \log x$ 之凸性；

$$f(m^k) < \frac{1}{N} \sum_{i=1}^{N} f(x_i^k); \quad 因 \quad m^k = \frac{1}{N} \sum_{i=1}^{N} x_i^k$$

高次平均不等式

【定理】若 $k_2 > k_1$ 則 k_2 次平均大於 k_1 次平均，除非**正數據** x_i 全等。

#55 上述已看過 $f''(x) \geq 0$ 表示 f 爲凸函數（卽上凹）。同理，$f''(x) \leq 0$ 表示 f 爲下凹函數。對於 $f''(x) = 0$ 的點，我們需要另外

考慮。它可能是（也可能不是）反曲點。照**反曲點**的定義:

在反曲點的兩側，若是一側的切線在曲線上方，那麼另一側的切線就在曲線下方。

今假設 c 點為反曲點，因為 f' 在 c 點的兩側各是（局部地）遞增

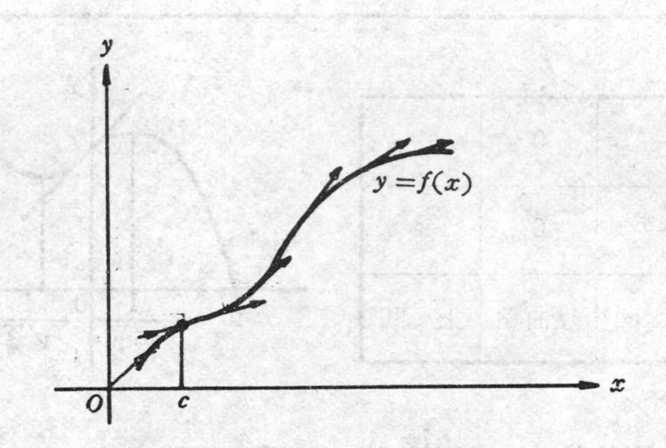

及遞減，這保證了點 c 是 $f'(x)$ 的局部極大點或極小點。特別是當 f 為二階可導微時，則必有 $f''(c)=0$（參見 #310）。當然（f'' 存在時），$f''(c)=0$ 只是 c 點為反曲點的必要條件，而不是充分條件，因為以 $f(x)=x^4$ 為例，$f'(x)=4x^3$，$f''(x)=12x^2$，因而 $f''(0)=0$，但 f 到處為凸函數，故 0 不是反曲點。

#56　描圖

【例】試討論下列函數圖形之增減及下凹性，並描繪其圖:

(1) $y=x^3-x+2$,　　(2) $y=\dfrac{2x}{1+x^2}$,

(3) $y=x\log x$,　　(4) $y=(x-1)\sqrt[3]{x^2}$,

(5) $y=x^2/(x+1)$.

【解】(1) $y=x^3-x+2$ 在區間 $-\infty<x<\infty$ 上可無窮多次導微，且 $y'=3x^2-1$，$y''=6x$。故可表列如下:

x	$-\infty$		$-\frac{1}{\sqrt{3}}$		$\frac{1}{\sqrt{3}}$		∞
y'		$+$	0	$-$	0	$+$	
y	$-\infty$	↗	極　大	↘	極　小	↗	∞

x	$-$	0	$+$
y''	$-$	0	$+$
y	下　凹	反曲點	上　凹

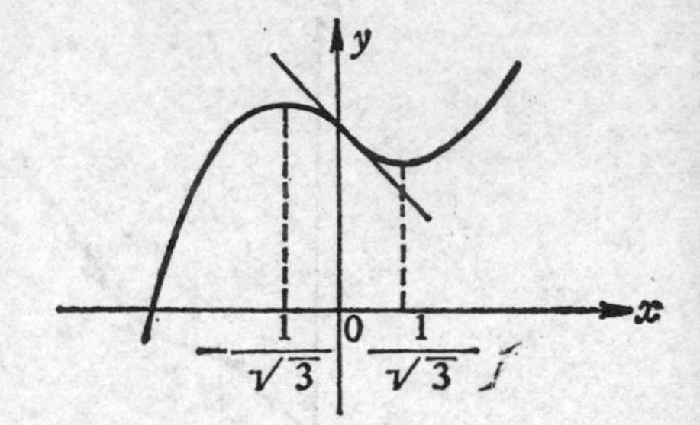

因此當 $x=-\frac{1}{\sqrt{3}}$時，取極大值爲 $2+\frac{2}{3\sqrt{3}}$；

當　$x=\frac{1}{\sqrt{3}}$時，取極小值爲 $2-\frac{2}{3\sqrt{3}}$；

而　$x=0$ 爲反曲點，即函數的上凹與下凹範圍銜接處。

(2)　$y=\frac{2x}{1+x^2}$於區間$-\infty<x<\infty$上可無窮多次導微，且

$$y'=\frac{2(1-x^2)}{(1+x^2)^2},\ y''=-\frac{4x(3-x^2)}{(1+x^2)^3}$$

於是可表列如下：

x	$-\infty$		-1		1		∞
y'		$-$	0	$+$	0	$-$	
y	0	↘	極　小	↗	極　大	↘	0

x		$-\sqrt{3}$		0		$\sqrt{3}$	
y''	$-$	0	$+$	0	$-$	0	$+$
y	下 凹	反曲點	上 凹	反曲點	下 凹	反曲點	上 凹

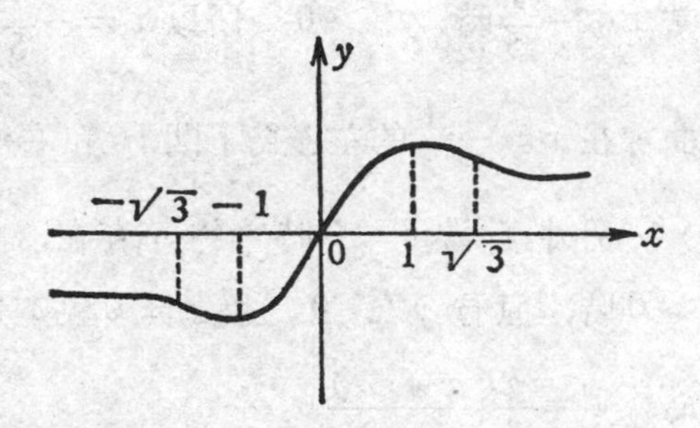

因此當 $x=-1$ 時，取極小值 -1；當 $x=1$ 時，取極大值 1；$x=0$，$\sqrt{3}$，$-\sqrt{3}$ 爲反曲點。又曲線對稱於 y 軸。

(3) $y=x\log x$ 在 $(0;\infty)$ 上可無窮次導微，且

$$y'=(\log x)+1\ ,\ y''=\frac{1}{x}>0\ .$$

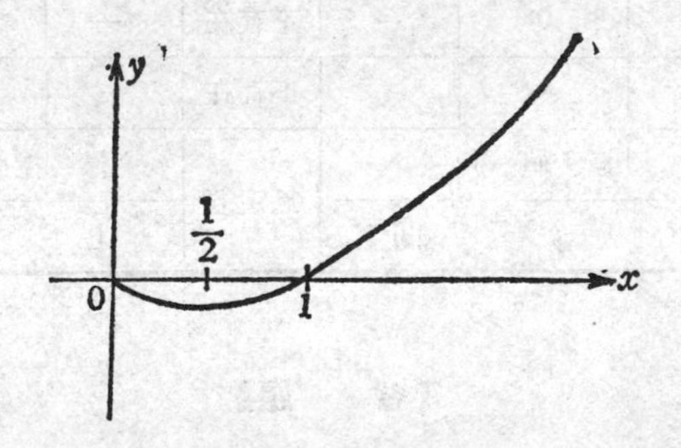

故知 $y=x\log x$ 恒爲凸函數，並且於 $(\log x)+1=0$，即 $x=e^{-1}$ 時，取極小值 $-e^{-1}$。

(4) 因爲 $y'=\frac{5}{3}x^{2/3}-\frac{2}{3}x^{-1/3}$,

且 $y''=\frac{10}{9}x^{-1/3}+\frac{2}{9}x^{-4/3}=\frac{2(5x+1)}{9x^{4/3}}$

於是當 $x=-\frac{1}{5}$ 時, $y''=0$。顯然, 當 $x>-\frac{1}{5}$ 時, $y''<0$;

而當 $x<-\frac{1}{5}$ 時, $y''>0$。所以 $x=-\frac{1}{5}$ 爲一個反曲點,

且曲線在 $x=-\frac{1}{5}$ 的左邊爲下凹, 在右邊爲上凹 (卽凸

也)。另外, 當 $x=0$ 時 y'' 不存在, 但是當 $x<0$ 及

$x>0$ 時, 恒有 $y''>0$, 故 $x=0$ 點不是反曲點。

(5) 因爲 $y'=\frac{x(x+2)}{(1+x)^2}$

故當 $x=0,-2$ 時, $y'=0$; 而 $x=-1$ 時, y' 不存在。

(iii) $y''=\frac{2}{(1+x)^3}$

故當 $x=-1$ 時, y'' 不存在。我們可以列表如下:

x	$(-\infty;-2)$	-2	$(-2;-1)$	-1	$(\ 1;0)$	0	$(0;+\infty)$
$f'(x)$	$+$	0	$-$	不存在	$-$	0	$+$
$f''(x)$	$-$	$-$	$-$	不存在	$+$	$+$	$+$
$f(x)$	↗	極大值−4	↘	無定義	↘	極小值0	↗
	下		凹		上		凹

【習 題】

1. 試討論下列函數之圖形之增減及上下凹性, 並描繪其圖。

(1) x^4-6x^2-8x+7　　(2) x^5-x^4-10

(3) $\dfrac{x}{x^2-1}$ (4) $\sin^2 x\cos x$

(5) xe^x (6) $e^{-x}\cos x$

(7) x^x (8) $x^{1/x}$

(9) $\dfrac{6x}{x^2+3}$ (10) $x^2+\dfrac{2}{x}$.

2. 描繪下列曲線:

(1) $y=x\tan^{-1}\dfrac{1}{x}$ (2) $y=\dfrac{x}{x^2-4}$

(3) $y=\dfrac{x^2-x+1}{x-1}$ (4) $y=\left(x^2+\dfrac{1}{2}\right)e^{-x^2}$.

【例 1】 $y=\dfrac{\sin x}{x}$之拐點有無限多個:

今 $D^2y=\dfrac{2-x^2}{x^3}\cos x\left\{\tan x-\dfrac{2x}{2-x^3}\right\}$,

在 $x>\sqrt{2}$時 $\dfrac{2x}{2-x^3}$不再變號，而 $\tan x-\dfrac{2x}{2-x^3}$在

$\left(\dfrac{2n-1}{2}\pi;\ \dfrac{2n+1}{2}\pi\right)$中都變一次號，都有個拐點。

【例 2】在 $y^2=f(x)$ 之拐點處

$(f'(x))^2=2f(x)f''(x)$.

〔因 $2y'^2+2yy''=f''$. 故在拐點處 $2y'^2=f''$，又

$y'=f'/y=f'/\pm\sqrt{f}$〕

【例 3】 $y=a^2(a-x)/(a^2+x^2)$ 之反曲點?

$dy/dx=a^2(x^2-2ax-a^2)/(a^2+x^2)^2$,

$$d^2y/dx^2=\frac{-2a^2(x+a)\{x-(2-\sqrt{3})a\}\{x-(2+\sqrt{3})a\}}{(a^2+x^2)^3}.$$

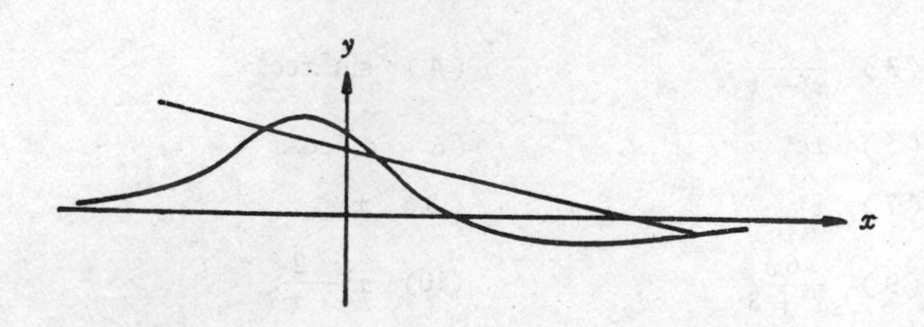

今 $x<-a \Longrightarrow d^2y/dx^2>0$,

$-a<x<(2-\sqrt{3})a \Longrightarrow d^2y/dx^2<0$.

$(2-\sqrt{3})a<x<(2+\sqrt{3})a \Longrightarrow d^2y/dx^2>0$,

$(2+\sqrt{3})a<x \Longrightarrow d^2y/dx^2<0$.

故有三個反曲點，對應的y值爲a，$\frac{1+\sqrt{3}}{4}a$，$\frac{1-\sqrt{3}}{4}a$，

而三點共線。

【問 1】 $y=ae^{-x^2}$ 之反曲點?

$$\left[\frac{d^2y}{dx^2}=0 \Longrightarrow x=\pm\frac{1}{\sqrt{2}}.\ 而\frac{dy}{dx}=\pm\sqrt{2}\,a/e.\right]$$

【問 2】 $y=\frac{6x}{1+x^2}$之拐點?

答 $x=0$及$\pm\sqrt{3}$處.

【問 3】 $y^3=a^3(1-x)^5$ 之拐點?

答 $x=1$，$y=0$時，此時 d^2y/dx^2 不存在!

#567 漸近線的求法

水平、垂直、斜漸近線的求法

我們知道: $x \longrightarrow +\infty$（或$-\infty$）而$y \longrightarrow b$時，

$y=b$是水平漸近線。

同理可求出垂直漸近線。

至於斜漸近線，$Y=\alpha X+\beta$，則可由

$\alpha=\lim\limits_{x\to\infty} y/x$ 求出，（但設 $x\longrightarrow\infty$ 時，$y\longrightarrow\infty$）.

從而　$\alpha=\lim dy/dx$,

至於　$\beta=\lim(y-\alpha x)=\lim\dfrac{\dfrac{y}{x}-\alpha}{\dfrac{1}{x}}$

$=\lim\left(y-x\dfrac{dy}{dx}\right)$. 等等。

【例】 求 $(y^2-b^2)y=(x^2-a^2)x,(a\geq b>0)$ 之漸近線。

此時，$y\longrightarrow\infty$ 就要求 $x\longrightarrow\infty$，反之亦然。故沒有水平及鉛直漸近線，對斜漸近線，$y=\alpha x+\beta$，令 $x\longrightarrow\infty$，$y\longrightarrow\infty$，$y/x=u\longrightarrow\alpha$，則有

$u^3-1+x^{-2}(a^2-b^2u)=0$. 故 $\alpha^3-1=0$，$\alpha\equiv1$.

其次，用 $y\equiv x+v$ 代入而求 $\lim v(x)=?$

則因 $\left(1+\dfrac{v}{x}\right)^3-1+x^{-2}\left[a^2-b^2\left(1+\dfrac{v}{x}\right)\right]=0$.

$\dfrac{3v}{x}+\dfrac{1}{x^2}[3v^2+(a^2-b^2)]+x^{-3}[v^3-b^2v]=0$,

$x\longrightarrow\infty$ 時，只考慮最低階無限小項。

$\therefore\quad v\longrightarrow0\doteq\beta$.

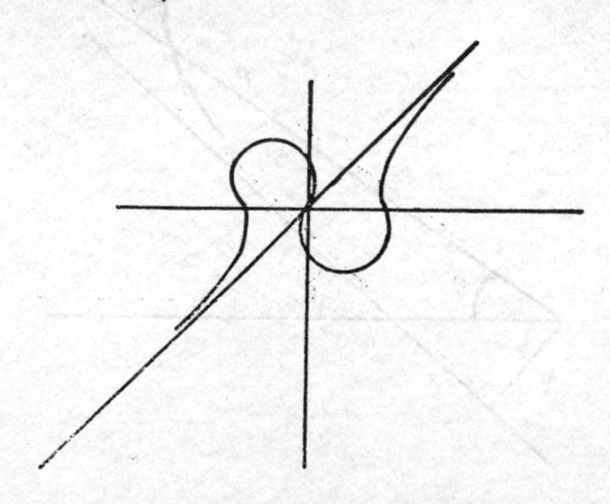

【問】求漸近線:

(1) $x(y-x)^2-3y(y-x)+2x=0$ 之漸近線?

答　斜漸近線有 $y=x+1$，$y=x+2$，鉛直的有 $x=3$.

(2) $y=e^x$. 　答　$y=0,(x\to-\infty)$.

(3) $y=\log x$. 　答　$x=0,(y\to-\infty)$.

(4) $y=\tan x$. 　答　$x=(2n+1)\pi/2$.

(5) $y=e^{1/x}-1$. 　答 $(x\to\pm\infty)\,y=0$, 及 $(y\to+\infty)$, $x=0$.

(6) $y=(1+x^{-1})^x$. 　答　$x=-1$，及 $y=e$.

(7) $xy^2+x^2y=a^3$. 　答　$x=0$, $y=0$，及 $x+y=0$.

#571 極坐標與漸近線

如果直線為 L: $\rho\sin(\alpha-\theta)=p$，則它和原點距離為 p，和 x 軸成斜角 α.

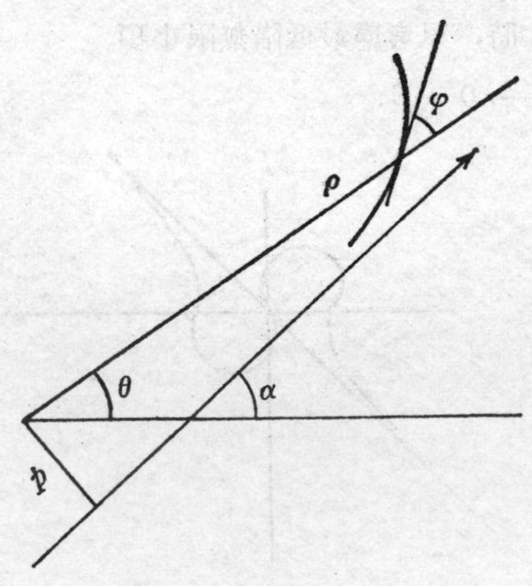

今問Γ: $\rho=f(\theta)$ 這曲線可否以L爲漸近線?

這就要求: $\theta\longrightarrow\alpha$ 時, $\rho\longrightarrow\infty$。

同時, 原點到切線之距離要趨近 p,

$$\rho\sin\psi=\rho^2\frac{d\theta}{d\rho}\cos\psi\longrightarrow p.$$

總之, 條件是: $\lim\limits_{\theta\to\alpha}\rho=\infty$, $\lim\limits_{\theta\to\alpha}\rho^2\frac{d\theta}{d\rho}=p$.

【例】 求 $\rho=a\tan\theta$ 之漸近線。

$$\rho\longrightarrow\infty \text{表示} \theta\longrightarrow\frac{\pm\pi}{2}.\ (\mathrm{mod}2\pi)$$

$$e^2\frac{d\theta}{d\rho}=a\tan^2\theta\cos^2\theta=a\sin^2\theta\longrightarrow a$$

故得漸近線

$$\rho\sin\left(\pm\frac{\pi}{2}-\theta\right)=a, \text{或即}\ \rho\cos\theta=\pm a.$$

【例】 求 $\rho=a\sec2\theta$ 之漸近線。

$$\left|\rho\cos\left(\theta\pm\frac{\pi}{4}\right)\right|=\frac{a}{2}.$$

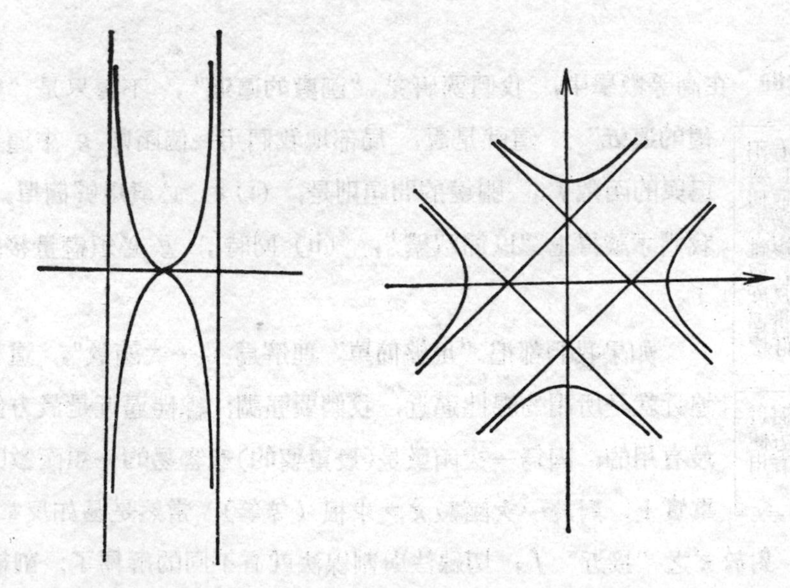

【問】求漸近線

(1) $\rho=a(\sec 2\theta+\tan 2\theta)$ 之漸近線。

> 答 $\rho\sin\left(\frac{\pi}{4}-\theta\right)=\pm a.$

(2) $\rho^2\sin(\theta-\alpha)+a\rho\sin(\theta-2\alpha)+a^2=0$ 之漸近線。

> 答 $\rho\sin(\theta-\alpha)=\pm a\sin\alpha.$

(3) 曲線 $\rho=\dfrac{a\theta}{\theta-1}$ 之漸近線?

> 答 $\rho\sin(\theta-1)=a.$
>
> **註:** **其漸近曲線**爲:（$\theta\to\infty$時）
>
> $\rho=a.$

#6 Lagrange 展開

#60 在高等數學中， 我們要研究 **“函數的逼近”**， 不再只是 **“數值的逼近”**。 這就是說， 局部地我們用一個函數 g 來逼近已與的函數 f， 關鍵的問題則是， (i) g 必須足够簡單， 我們才談得上“以簡馭繁”， (ii) 同時， g 必須盡量接近 f。

> 逼近有兩件事要做: 取何種函數來逼近複雜函數，取何種尺度來衡量逼近的好壞

如果我們都把“足够簡單”理解爲 “一次函數”， 這種迫近就是所謂的線性逼近，我們要強調: 線性逼近是最方便最有用的，因爲一次函數是(**最重要的**)**最容易的**一類函數! 事實上，對於一次函數 g 之求根（等等)，當然是易如反掌。不過，對於 g 之“接近” f，切線法與割線法就有不同的解釋了: **割線**

> 線性逼近是最方便且最有用的

法是使 f 與 g 在兩點 a, b 處最接近（即相同），因而

$$g(x)=f(a)+\frac{f(b)-f(a)}{b-a}(x-a)$$

切線法是使 f 與 g 在 a 點附近，在"一階無限小"程度內盡量接近!

♯61　我們現在介紹「高階割近法」，這就是 Lagrange 挿值法。問題如下：給一個函數 f，已知 $y_0=f(x_0)$，$y_1=f(x_1), \cdots, y_n=f(x_n)$ 的值，要找一個 n 次多項式 $g(x)$，通過 $(x_0, y_0), (x_1, y_1), \cdots, (x_n, y_n)$ 諸點。這個問題的解答，若存在的話，必唯一：因爲平面上相異 $n+1$ 點可唯一決定一個 n 次多項式（未定係數法原理）；至於存在性，實即建構，乃是 Vandermonde 行列式及 Cramer 規則解聯立方程式的應用:

【問題】試求 Vandermonde 行列式之值:

利用疊合原理來推導出 Lagrange挿值公式

$$\begin{vmatrix} 1 & x_0 & x_0^2 \cdots\cdots x_0^n \\ 1 & x_1 & x_1^2 \cdots\cdots x_1^n \\ \vdots & \vdots & \\ 1 & x_n & x_n^2 \cdots\cdots x_n^n \end{vmatrix}$$

如何求 $g(x)$ 呢? 如果我們令 $g(x)=a_0+a_1x+\cdots\cdots+a_nx^n$，然後解聯立方程式 $y_0=g(x_0), \cdots y_n=g(x_n)$，以定出各 a_i 的值，這樣的做法很難算。

我們的辦法是**疊合原理**。

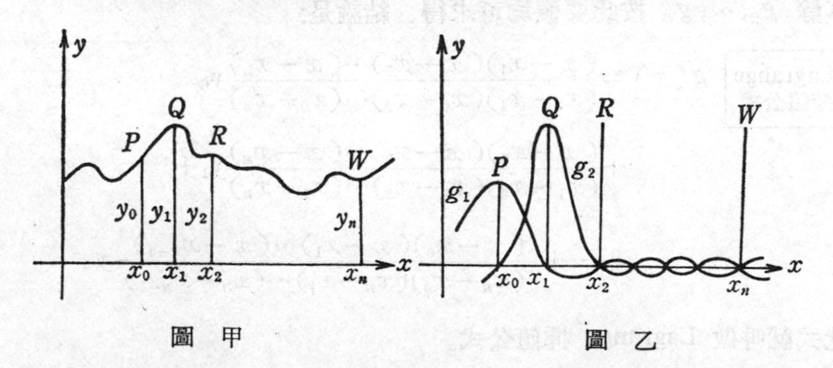

圖　甲　　　　圖　乙

我們要找一個n次多項式 $g(x)$ 通過 $P, Q, \cdots, W$ 諸點（見圖甲)。讓我們分析一下，如果能够找到n次多項式 $g_0, g_1, \cdots g_n$ 使得 g_0 通過$P, (x_1, 0), (x_2, 0), \cdots, (x_n, 0)$ 諸點，而 g_1 通過 $(x_0, 0), Q, (x_2, 0), \cdots, (x_n, 0)$ 諸點，……等等（見圖乙），則顯然（疊合！）

$$g \equiv g_0 + g_1 + \cdots\cdots + g_n$$

爲通過 $P, Q, \cdots, W$ 諸點的n次多項式，這就是我們所要求的（因爲解是唯一的）。要點是：各 g_i, $i = 0, 1, \cdots\cdots, n$，都很好求!

由餘式定理，可令

$$g_0(x) = k_0(x - x_1)(x - x_2)\cdots(x - x_n),$$

其中 k_0 爲未定常數。因爲 g_0 通過P點，故

$$y_0 = g_0(x_0) = k_0(x_0 - x_1)(x_0 - x_2)\cdots(x_0 - x_n),$$

解得 $$k_0 = y_0/[(x_0 - x_1)(x_0 - x_2)\cdots(x_0 - x_n)],$$

於是 $$g_0(x) = \frac{(x - x_1)(x - x_2)\cdots(x - x_n)}{(x_0 - x_1)(x_0 - x_2)\cdots(x_0 - x_n)} y_0$$

同理，令 $g_1(x) = k_1(x - x_0)(x - x_2)\cdots(x - x_n)$，仿上法求得

$$k_1 = y_1/[(x_1 - x_0)(x_1 - x_2)\cdots(x_1 - x_n)],$$

因此 $$g_1(x) = \frac{(x - x_0)(x - x_2)\cdots(x - x_n)}{(x_1 - x_0)(x_1 - x_2)\cdots(x_1 - x_n)} y_1.$$

其餘 $g_2, \cdots, g_n$ 按此要領均可求得。結論是:

Lagrange 挿值公式

$$g(x) = \frac{(x - x_1)(x - x_2)\cdots(x - x_n)}{(x_0 - x_1)(x_0 - x_2)\cdots(x_0 - x_n)} y_0 + \frac{(x - x_0)(x - x_2)\cdots(x - x_n)}{(x_1 - x_0)(x_1 - x_2)\cdots(x_1 - x_n)} y_1 + \cdots + \frac{(x - x_0)(x - x_1)\cdots(x - x_{n-1})}{(x_n - x_0)(x_n - x_1)\cdots(x_n - x_{n-1})} y_n$$

此式就叫做 Lagrange 挿值公式。

【注意】g只跟f在 $x_0, x_1, \cdots, x_n$ 這些點上的值相合，其它的點就不得而知。一個精進的辦法是 x_i 的點取得多一點，不過此時 $g(x)$ 的次數會變大，公式也越痲煩。

【問題】求一個四次多項式曲線通過$(-4, 3), (0, 5), (2, 9), (4, 1), (5, 7)$ 諸點。

#7　切近：Lagrange-Taylor

在微分學中也有更一般的n階"切近"的想法。這是"局部的"(local)的（其實是無限小範圍內的）接近。

兩個函數f與g在點$x=a$零階切近是指：$f(a)=g(a)$，記爲 $f\overset{0}{\underset{a}{\cong}}g$，（見圖甲）。

什麼叫做 k 階切近

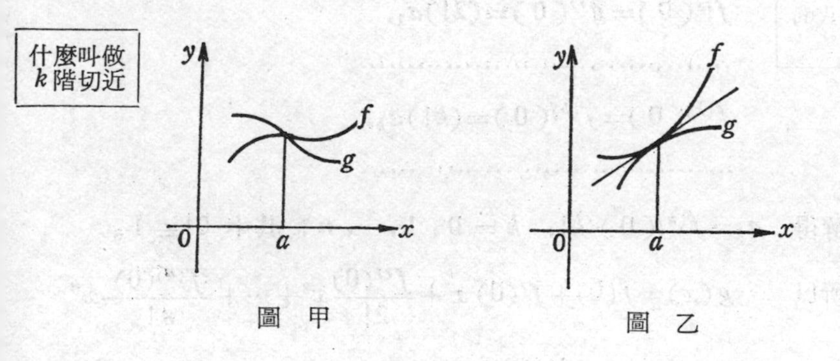

圖　甲　　　　圖　乙

爲求更精確，我們再考慮**一階切近**。f與g在a點一階切近是指：$f'(a)=g'(a)$ 且 $f(a)=g(a)$，記爲 $f\overset{1}{\underset{a}{\cong}}g$（見圖乙）。一般而言，$f$與$g$在$a$點$n$階切近是指：$D^k f(a)=D^k g(a)$，$k=0, \cdots, n$；記爲 $f\overset{n}{\underset{a}{\cong}}g$。注意：我們定義$D^0 f(a)\equiv f(a)$，又$k$階切近必爲$(k-1)$階切近。通常最常見也是最重要的是一階切近，亦即切線法的本義。

【註】$D^k f$ 或 $f(k)$ 表示對 f 導微 k 次。

#71 有了切近的概念，那麼 f 的一階 Taylor 多項式 $f(a)+f'(a)(x-a)$ 的代數意思就是：找一個一次多項函數跟原函數一階切近，結果所得到的就是 $f(a)+f'(a)(x-a)$。現在我們把問題**改成：**（甲）"給函數 f，要找一個 n 次多項函數 g，使得 g 與 f 在 a 點具有 n 階的切近。" 其實我們只要解決特殊情形 $a=0$ 就夠了，再用平移的技巧，問題（甲）自然就解決了。

今假設 $g(x)$ 爲 n 次多項式，可令

$$g(x)=a_0+a_1x+a_2x^2+\cdots\cdots+a_nx^n,$$

只要把係數 $a_0, a_1, \cdots, a_n$ 定出就好了。由題設 $f \overset{n}{\underset{0}{\cong}} g$，因此

Maclaurin 多項式與 n 階 Taylor 多項式的由來

$$f(0)=g(0)=a_0,$$

$$f'(0)=g'(0)=a_1,$$

$$f''(0)=g''(0)=(2!)a_1,$$

$$\cdots\cdots\cdots\cdots\cdots\cdots\cdots\cdots\cdots\cdots$$

$$f^{(k)}(0)=f^{(k)}(0)=(k!)a_k,$$

$$\cdots\cdots\cdots\cdots\cdots\cdots\cdots\cdots\cdots\cdots$$

於是解得 $a_k=f^{(k)}(0)/k!$，$k=0, 1, \cdots, n$；其中 $0!\equiv 1$。

所以
$$g(x)=f(0)+f'(0)x+\frac{f''(0)}{2!}x^2+\cdots+\frac{f^{(n)}(0)}{n!}x^n$$

$$=\sum_{k=0}^{n}\frac{f^{(k)}(0)}{k!}x^k. \tag{2}$$

這就是我們所要求的答案。我們稱 (2) 式爲 $f(x)$ 的 n 階 Maclaurin **多項式**（相對於點 $a=0$ 之 n 階 Taylor 多項式）。

利用平移，我們就得到

【定理】 任一個函數 f（如果 n 階可微）均可用一個 n 階多項式 $g(x)$

n階 Taylor 多項式

去切近它，於 a 點：$g(x)=\sum_{k=0}^{n}\frac{f^{(k)}(a)}{k!}(x-a)^k$，這叫做 f 在 $x=a$ 點的 n 階 Taylor **多項式**。

【註解】令 $a=0$ 就得到 Maclaurin 多項式，因此 Maclaurin 多項式是Taylor 多項式的特例。〔Brook Taylor 是 Newton 的學生〕

#72 當 f 本身是 n 次多項式時，f 的 n 次 Taylor 多項式就是 f 本身，**不論在哪一點展開**!

這可以用未定係數法原理證明，也可以利用微分方程基本補題對 n 遞廻而得證：

令 $$g(x)\equiv\sum_{k=0}^{n}\frac{f^{(k)}(a)}{K!}(x-a)^k$$

爲 k 次（以下）多項式，而且

$$g(a)=f(a),\quad 只要\ g'(x)\equiv f'(x)$$

就好了，但 $$g'(x)=\sum_{k=1}^{n}\frac{f^{(k)}(a)}{(k-1)!}(x-a)^{k-1}$$

恰好是 $f'(x)$ 之 Taylor 展開式〔$(n-1)$階〕，故依遞廻法，知

$$g(x)\equiv f(x)$$

【例】試將 $f(x)=x^3-x^2+1$ 表爲 $\left(x-\frac{1}{2}\right)$ 的乘冪，並求 $f(0.50028)$ 之值到小數點後五位。

【解】令 $u=x-\frac{1}{2}$，則 $x=u+\frac{1}{2}$，於是

$$f(x)=x^3-x^2+1=\left(u+\frac{1}{2}\right)^3-\left(u+\frac{1}{2}\right)^2+1$$

$$=u^3+\frac{1}{2}u^2-\frac{1}{4}u+\frac{7}{8}$$

$$=\left(x-\frac{1}{2}\right)^3+\frac{1}{2}\left(x-\frac{1}{2}\right)^2$$

$$-\frac{1}{4}\left(x-\frac{1}{2}\right)+\frac{7}{8},$$

【註】對多項式之 Taylor 展開，不如用綜合除法較快！上例

$$\begin{array}{rrrr|l}
1 & -1 & +0 & +1 & \boxed{1/2} \\
 & +1/2 & -1/4 & -1/8 & \\
\hline
1 & -1/2 & -1/4 & \underline{|7/8} & \\
 & 1/2 & 0 & & \\
\hline
1 & 0 & \underline{|-1/4} & & \\
 & 1/2 & & & \\
\hline
1 & \underline{|1/2} & & &
\end{array}$$

故得原答案！

$$f(0.50028)\doteqdot\frac{7}{8}-\frac{1}{4}(0.00028)=0.87493$$

【問】試將下列多項式表成 $x-a$ 的乘冪：

(1) x^2+5x+2, $a=1$;

(2) $2x^3+5x^2+13x+10$, $a=-1$;

(3) $5x^5+4x^4-3x^3-2x^2+x+1$, $a=-2$;

(4) $x^5+2x^4+3x^2+4x+5$, $a=3$.

試求下列函數在指定點的值：

(5) $x^5+x^4+x^3+x^2+x+1$, $x=1.994$;

(6) $4x^4-3x^2+10x+12$, $x=-0.9890$.

*【思考題】Maclaurin 展式之離散類推。

#73

只要 f 在 a 點可以導微 n 次，就可以做出 f 之 n 次 Taylor 多項式，特別地，若 f 爲 $\mathscr{C}^\infty$ 型，也就是可以無限次地導微，那麼我們可以寫出

Taylor級數

f（在 a 點的）Taylor 無限級數

$$\sum_{n=0}^{\infty} f^{(n)}(a)(x-a)^n/n!$$

什麼叫做解析函數

問題是: "這個級數的和不一定有意義，即使有意義也不一定就是 $f(x)$"。當問題的答案肯定時，f（在 a 點附近）為"解析"。記成"$f\in\mathscr{C}^{\omega}$"。

我們來計算一些例子: 這些函數不但可以無限次導微下去，而且可以得到 Maclaurin（或 Taylor）的無窮級數展開: $f\in\mathscr{C}^{\omega}$。

#731

【例】求 $f(x)=\sin x$ 的 Maclaurin 展開。

【解】$\because$ $f(x)=\sin x$, $\quad\therefore$ $f(0)=0$,

$f'(x)=\cos x$, $\quad f'(0)=1$,

$f''(x)=-\sin x$, $\quad f''(0)=0$,

$f^{(3)}(x)=-\cos x$, $\quad f^{(3)}(0)=-1$,

$f^{(4)}(x)=\sin x$, $\quad f^{(4)}(0)=0$,

…………………… ……………………

（循環）

因此 $\sin x=x-\frac{x^3}{3!}+\frac{x^5}{5!}-\frac{x^7}{7!}+\frac{x^8}{9!}-\cdots\cdots$.

#732

【例】求 $f(x)=\cos x$ 的 Maclaurin 展開。

【解】$\because$ $f(x)=\cos x$, $\quad\because$ $f(0)=1$,

$f'(x)=-\sin x$, $\quad f'(0)=0$,

$f''(x)=-\cos x$, $\quad f''(0)=-1$,

$f^{(3)}(x)=\sin x$, $\quad f^{(3)}(0)=0$,

$f^{(4)}(x)=\cos x$, $\quad f^{(4)}(0)=1$,

……………………………………………………

（循環）

因此 $\cos x = 1 - \frac{x^2}{2!} + \frac{x^4}{4!} - \frac{x^6}{6!} + \cdots\cdots$.

讓我們來作出 $\cos x$ 的前面幾階切近多項函數的圖形:

$y = \cos x$,

$y_1 = 1$,（0階切近，於 $x=0$ 點）

$y_2 = 1 - \frac{x^2}{2!}$,

$y_3 = 1 - \frac{x^2}{2!} + \frac{x^4}{4!}$,

$y_4 = 1 - \frac{x^2}{2!} + \frac{x^4}{4!} - \frac{x^6}{6!}$,

$y_5 = 1 - \frac{x^2}{2!} + \frac{x^4}{4!} - \frac{x^6}{6!} + \frac{x^8}{8!}$,

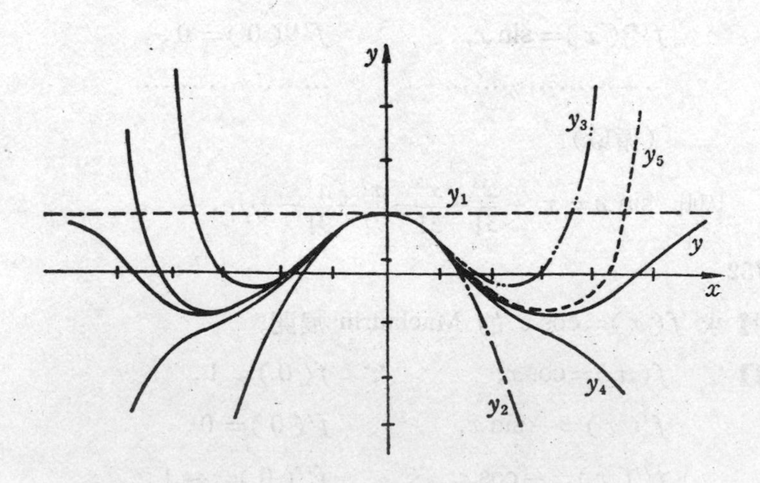

#733

【例】求 $f(x) = e^x (\equiv \exp(x))$ 的 Maclaurin 展式。

【解】 $\because \quad f(x)=e^x, \qquad \therefore \quad f(0)=1,$

$f'(x)=e^x, \qquad f'(0)=1,$

$f''(x)=e^x, \qquad f''(0)=1,$

$f^{(3)}(x)=e^x, \qquad f^{(3)}(0)=1,$

$\cdots\cdots \qquad \cdots\cdots$

因此 $e^x=1+\dfrac{x^2}{2!}+\dfrac{x^3}{3!}+\cdots\cdots$

【註】講 e^x 的定義時，差不多就是這個公式了。

【問題】求 $\tan x$ 之 Maclaurin 展式。

【問題】求 $e^x\cos x$ 的 Maclaurin 展式。

#734 如果我們不用煩惱無窮級數的收斂問題（事實上，以上三例均收斂），則馬上就可以得到著名的 Euler 公式:

Euler 公式

$$e^{i\theta}=\cos\theta+i\cos\theta.$$

理由如下:

$$e^{i\theta}=1+i\theta+\frac{(i\theta)^2}{2!}+\frac{(i\theta)^3}{3!}+\cdots\cdots \qquad (例 3)$$

$$=\left(1-\frac{\theta^2}{2!}+\frac{\theta^4}{4!}-+\cdots\right)+i\left(\theta-\frac{\theta^3}{3!}+\frac{\theta^5}{5!}-+\cdots\right)$$

$$=\cos\theta+i\sin\theta.$$

#735 其它常用之展式。

$$\log(1+x)=\sum x^n(-1)^{n-1}/n,$$

$$\log(1-x)=-\sum x^n/n, \qquad (比上式好記!)$$

故
$$\log\frac{1+x}{1-x}=2\sum_1^\infty x^{2n-1}/(2n-1),$$

$$\begin{cases}\cosh x=\sum_0 x^{2n}/(2n)!,\\ \sinh x=\sum_1 x^{2n-1}/(2n-1)!,\end{cases}$$

$$(1+x)^{\alpha}=1+\frac{\alpha}{1}x+\frac{\alpha(\alpha-1)}{1\cdot 2}x^2+\frac{\alpha(\alpha-1)(\alpha-2)}{1\cdot 2\cdot 3}x^3+\cdots.$$

（α 爲實數，$|x|<1$.）

#736　雜題

$$\arcsin x=\frac{x}{1}+\frac{1}{2}\ \frac{x^3}{3}+\frac{1}{2}\ \frac{3}{4}\cdot\frac{x^5}{5}+\frac{1}{2}\ \frac{3}{4}\ \frac{5}{6}\ \frac{x^7}{7}+\cdots\cdots,$$

$$\log(x+\sqrt{1+x^2})=\operatorname{arcsinh}x=\frac{x}{1}-\frac{1}{2}\ \frac{x^3}{3}+\frac{1}{2}\ \frac{3}{4}\ \frac{x^5}{5}-+\cdots.$$

【習　　題】

做 Taylor 展開

1. $\sin^2 x=?$

$$[=2^{-1}(1-\cos 2x)=\sum_1^{\infty}(-1)^{n-1}\frac{2^{2n-1}}{\lfloor 2n}x^{2n}]$$

2. $\cos^3 x=?$

$$[=4^{-1}(\cos 3x+3\cos x)=\sum_0(-1)^n\frac{3^{2n}+3}{4\lfloor 2n}x^{2n}.]$$

3. 以 $u=\sin x$ 表出 $x/\tan x$.

〔今　　$\tan x=u/\sqrt{1-u^2}$

故　　$\dfrac{x}{\tan x}=(\sqrt{1-u^2}\ \arcsin u)/u$

$$=1-\frac{1}{3}\left[u^2+\frac{2}{5}u^4+\frac{2}{5}\cdot\frac{4}{7}u^6+\cdots+\frac{2\cdot 4\cdots 2n-2}{5\cdot 7\cdots 2n+1}u^{2n}+\cdots\right]〕$$

4. 以 $u=\sin x$ 表出 $x/\cos x$.

$$[\frac{x}{\cos x}=(\arcsin u)/\sqrt{1-u^2}$$

$$=u+1\sum_1 u^{2n+1}\frac{2\cdot 4\cdot 6\cdots 2n}{3\cdot 5\cdot 7\cdots 2n+1}]$$

#74　餘項

若函數 f 並非多項式函數，則函數 f 與其（在 x_0 點之）Taylor 展

開式 $p_n(x)$ 就有差距。事實上，兩者只在 $x=x_0$ 點的附近，局部上很接近（n 階切近或差近！）至於它們之間是否大域地很接近，就不得而知。

一般而言，我們用 $p_n(x)$ 來當作 $f(x)$ 的迫近式，當然希望誤差項（剩餘項）$R_n(x)=f(x)-p_n(x)$ 很小，尤其是當我們用更高階的 Taylor 多項式來迫近 $f(x)$ 時，希望誤差越小。如果我們有辦法找出 $R_n(x)$ 的明白表式，那麼要研究利用 $p_n(x)$ 來迫近 $f(x)$ 的誤差就有希望了。

現在問： 餘項 $R_n(x)\equiv f(x)-P_n(x)=?$

【定理】 若 $f(x)$ 在 x_0 點附近具有直到 $n+1$ 階的導數，那末餘項 $R_n(x)$（它被稱爲 Lagrange 餘項）爲

$$R_n(x)=\frac{f^{(n+1)}(\xi)}{(n+1)!}(x-x_0)^{n+1},$$

其中 ξ 在 x 與 x_0 之間。

【證明】 作輔助函數

$$\varphi(t)=f(x)-f(t)-f'(t)(x-t)-\frac{f''(t)}{2!}(x-t)^2\cdots\cdots$$
$$-\frac{f^{(n)}(t)}{n!}(x-t)^n,$$

在區間〔$x_0;x$〕或〔$x;x_0$〕上，$\varphi(t)$ 是連續的，並且

$$\varphi(x_0)=R_n(x),\ \varphi(x)=0,$$
$$\varphi'(t)=-f'(t)-[f''(t)(x-t)-f'(t)]$$
$$-\left[\frac{f''(t)}{2!}(x-t)^2-f^{('')}(t)(x-t)\right]\cdots\cdots$$
$$-\left[\frac{f^{(n+1)}(t)}{n!}(x-t)^n-\frac{f^{(n)}(t)}{(n-1)!}(x-t)^{n-1}\right],$$

化簡後有

$$\varphi'(t)=-\frac{f^{(n+1)}(t)}{n!}(x-t)^n,$$

再引進一個輔助函數

$$\psi(t)=(x-t)^{n+1},$$

對函數 $\varphi(t)$ 和 $\psi(t)$ 利用 Cauchy 平均變率定理，得到

$$\frac{\varphi(x_0)-\varphi(x)}{\psi(x_0)-\psi(x)}=\frac{\varphi'(\xi)}{\psi'(\xi)},$$

其中 ξ 在 x 與 x_0 之間。將 $\varphi(x_0),\varphi(x),\varphi'(\xi)$ 以及 $\psi(x_0)$, $\psi(x),\psi'(\xi)$ 的表示式代入，得

$$R_n(x)=\frac{f^{(n+1)}(\xi)}{(n+1)!}(x-x_0)^{n+1},$$

這就是我們所要證明的結論。

【註】Lagrange 餘項還可以寫成以下形式:

具有 Lagrange 餘項之 Taylor 展式

$$R_n(x)=\frac{f^{(n+1)}(x_0+\theta(x-x_0))}{(n+1)!}(x-x_0)^{n+1}$$

其中 $0<\theta<1$. 公式

$$f(x)=f(x_0)+f'(x_0)(x-x_0)+\frac{f''(x_0)}{2!}(x-x_0)^2+\cdots\cdots$$

$$+\frac{f^{(n)}(x_0)}{n!}(x-x_0)^n+\frac{f^{(n+1)}(\xi)}{(n+1)!}(x-x_0)^{n+1}$$

稱爲**帶有 Lagrange 餘項的 Taylor 公式**。(餘項 $R_n(x)$ 尚有其他形式，此處不提了。)

【例】設 $f\in\mathscr{C}^3$ 則對 $a<b$，存在 $\theta\in(0;1)$，使得

$$f(b)=f(a)+(b-a)f'\left(\frac{a+b}{2}\right)+$$

$$+\frac{(b-a)^3}{24}f'''(a+\theta(b-a)).$$

【解】作 $E(x)=\left[f(b)-f(a)-f'\left(\frac{a+b}{2}\right)(b-a)\right]x^3$

$$+(-1)[f(a+2x)-f(a)-f'(a+x)\cdot 2x]\left(\frac{b-a}{2}\right)^3$$

但 $0 \leq x \leq \dfrac{b-a}{2}$，則 $E(0)=0=E\left(\dfrac{b-a}{2}\right)$，

故依 Rolle 定理，有 $\theta_1 \in (0;1)$，使 $E'\left(\theta_1 \dfrac{b-a}{2}\right)=0$，亦即

$$f(b)-f(a)-f'\left(\frac{a+b}{2}\right)2k\cdot 3\theta_1{}^2\cdot h^2$$

$$=2[f'(a+2\theta_1 k)-f'(a+\theta_1 k)-f''(a+\theta_1 h)\theta_1 h]h^3,$$

其中　$h=(b-a)/2$;

今右端之[　]$=\dfrac{(\theta_1 h)^2}{2}f'''(a+\theta_1 h+\theta_2\theta_1 h)$,

其中 $\theta_2 \in (0;1)$，故移項並除以 $3\theta_1{}^2 h^2$，將得

$$f(b)=f(a)-f'\left(\frac{a+b}{2}\right)(b-a)+$$

$$+\frac{h^3}{3}f'''(a+\theta_1 h+\theta_2\theta_1 h),$$

末一項$=\dfrac{(b-a)^3}{24}f'''(a+\theta(b-a))$.

Taylor-Maclaurin 展式餘項的例子

【例 1】 $e^x=1+x+\dfrac{x^2}{2!}+\dfrac{x^3}{3!}+\cdots+\dfrac{x^n}{n!}+\dfrac{e^{\theta x}}{(n+1)!}x^{n+1}, (0<\theta<1)$.

【例 2】 $\sin x=x-\dfrac{x^3}{3!}+\dfrac{x^5}{5!}-\cdots+(-1)^n\dfrac{x^{2n+1}}{(2n+1)!}+R_{2n+1}(x)$,

其中 $R_{2n+1}(x)=(-1)^{n+1}\dfrac{\cos\theta x}{(2n+3)!}x^{2n+3}$, $0<\theta<1$.

【例 3】 $\cos x=1-\dfrac{x^2}{2!}+\dfrac{x^4}{4!}-\cdots+(-1)^n\dfrac{x^{2n}}{(2n)!}+R_{2n}(x)$,

其中 $R_{2n}(x)=(-1)^{n+1}\dfrac{\cos\theta x}{(2n+2)!}x^{2n+2}$, $o<\theta<1$。

【例 4】 $(1+x)^{\alpha}=1+\alpha x+\dfrac{\alpha(\alpha-1)}{2!}x^2+\cdots+\dbinom{\alpha}{n}x^n+R_n(x)$,

其中 $R_n(x)=\dbinom{\alpha}{n+1}x^{n+1}(1+\theta x)^{\alpha-n-1}$, $0<\theta<1$,

又 $\dbinom{\alpha}{n}=\dfrac{\alpha(\alpha-1)\cdots(\alpha-n+1)}{n!}$為二項係數。

【例 5】 $\ln(1+x)=x-\dfrac{x^2}{2}+\dfrac{x^3}{3}-\cdots+(-1)^{n-1}\dfrac{x^n}{n}+R_n(x)$

其中 $R_n(x)=(-1)^n\dfrac{x^n}{n+1}(1+\theta x)^{n+1}$, $0<\theta<1$.

【問】試求下列各函數的 Maclaurin 展式餘項

(1) $\log(1+x)$　　(4) $\mathrm{sh}x$

(2) $\cosh x$　　(5) $\int_0^x e^{-t^2}dt$

(3) $\log x$　　(6) $\tan^{-1}x$

#746

【例】試求 e 之近似值正確至第七位小數。

【解】由 Taylor 定理知

$$e^x=1+x+\frac{x^2}{2!}+\cdots+\frac{x^n}{n!}+\frac{x^{n+1}}{(n+1)!}e^{\theta x},(0<\theta<1)$$

於是，設 $x=1$ 時，

$$e=1+1+\frac{1}{2!}+\cdots+\frac{1}{n!}+\frac{e^{\theta}}{(n+1)!},$$

今取 e 之近似值爲 $1+1+\dfrac{1}{2!}+\cdots+\dfrac{1}{n!}$時，其誤差將不會超

過$\dfrac{3}{(n+1)!}$。

以如下之方式求各項至小數第九位，而將第十位以下捨棄，e之值將可正確至第七位。實際$n=12$時，其誤差至多爲

e的近似值計算

$$\frac{3}{13!}<0.0000000006,$$

任右邊之計算對捨去之部分將不至影響第七位小數，故e之值正確至第七位小數。亦即，

$$e=2.7182818$$

$$1+1=2$$

$$\frac{1}{2!}=0.5$$

$$\frac{1}{3!}=0.166666666$$

$$\frac{1}{4!}=0.0416666660$$

$$\frac{1}{5!}=0.008333333$$

$$\frac{1}{6!}=0.001388888$$

$$\frac{1}{7!}=0.000198412$$

$$\frac{1}{8!}=0.000024801$$

$$\frac{1}{9!}=0.000002755$$

$$\frac{1}{10!}=0.000000275$$

$$\frac{1}{11!}=0.000000025$$

$$\frac{1}{12!}=0.000000002$$

$$\overline{2.718281823}$$

【例】有了 $R_n(x)$ 的解析表式,欲研究 $R_n(x)$ 的行爲(譬如漸近行爲及大小估計)就方便多了。今再舉一例,看看如何取 $p_n(x)$,使得誤差 $R_n(x)$ 在我們所要求的範圍內。

試求一個多項式 $p(x)$,使得 $|e^x-p(x)|<0.001$.

(i)對於所有滿足$-\frac{1}{2}\leq x\leq\frac{1}{2}$的 x 均成立,

(ii)對於所有滿足$-2\leq x\leq 2$ 的 x 均成立。

【解】由上例知,我們要取多項式

$$p_n(x)=1+x+\frac{x^2}{2!}+\cdots+\frac{x^n}{n!}$$

來迫近 e^x 到所要求的誤差程度內。爲此我們必須決定 n,使得 $|R_n(x)|=|e^x-p_n(x)|<10^{-3}$;

但剩餘項 $R_n(x)=\frac{e^{\theta x}}{(n+1)!}x^{n+1}$, $o<\theta<1$。

我們希望 n 越小越好,這樣可以減少實際計算 $p_n(x)$ 時的累積誤差。

(i) 當$-\frac{1}{2}\leq x\leq\frac{1}{2}$時,則

$$|R_n(x)|\leq\frac{e^{1/2}}{(n+1)!}\left(\frac{1}{2}\right)^{n+1},$$

我們要找 n,使得

$$\frac{e^{1/2}}{(n+1)!}\left(\frac{1}{2}\right)^{n+1}<\frac{1}{1000},$$

亦卽$\frac{1}{(n+1)!\,2^{n+1}}<\frac{1}{1000e^{1/2}}<\frac{1}{1648}$,

由計算，得

$$\frac{1}{4!2^4}=\frac{1}{384},\quad \frac{1}{5!2^5}=\frac{1}{3840},$$

因此取 $n+1=5$，卽 $n=4$，就得到我們所要找的多項式

$$p_4(x)=1+x+\frac{x^2}{2!}+\frac{x^3}{3!}+\frac{x^4}{4!}.$$

(ii) 當 $-2\leq x\leq 2$ 時，則

$$|R_n(x)|\leq\frac{e^2}{(n+1)!}\cdot 2^{n+1},$$

亦卽 $\dfrac{e^2}{(n+1)!}\cdot 2^{n+1}<\dfrac{1}{1000}$,

或 $\dfrac{2^{n+1}}{(n+1)!}<\dfrac{1}{7389}$;

由計算，得

$$\frac{2^{10}}{10!}=\frac{1024}{3628800}=\frac{4}{14175}\doteq\frac{1}{3544},$$

$$\frac{2^{11}}{11!}=\frac{2^{10}}{10!}\cdot\frac{2}{11}\doteq\frac{2}{38981}\doteq\frac{1}{19500},$$

因此取 $n+1=11$，卽 $n=10$，就得到所要找的多項式

$$p_{10}(x)=1+x+\frac{x^2}{2!}+\cdots+\frac{x^{10}}{10!}.$$

*【問 1】上面已經告訴我們，編製一個函數的數值表通常就利用 Taylor 多項式！今假設我們要編製 $\sin x$ 及 $\cos x$ 的數值表至 5 位小數，應如何進行？

利用 Taylor 展式編製函數表

*【問 2】按 δ，使得 $|x|<\delta$ 時，$\sin x$ 用 x 代替，誤差 $<10^{-3}$?

*【問 3】(Huygens 定理)

圓弧 $\widehat{AB}$ 之弦長爲 $\overline{AB}=c$,

半弧 $\widehat{AC}$ 之弦長爲 $\overline{AC}=b$.

則 $\widehat{AC}\doteqdot 3^{-1}(8b-c)$.

估計誤差!

【問 4】求 $\sqrt[3]{250}$ 到第 6 位小數

【問 5】 $\sqrt[3]{15}=$

【問 6】 $\sqrt{2}=$

#75

Taylor 展開有許多用途，其中之一是“解析計算”。

我們在這裏不仔細解釋“解析函數”的意義。大致說來，“在一點 a 處解析”的函數 f，就是 f 之 Taylor（無限）級數會收斂到 f 的這種函數。

$$f(x)=\sum_{0}^{\infty}D^{n}f(a)(x-a)^{n}/n!$$

這種無限級數的斂散問題，現在不管它。我們也把 a 平移成 0；於是，（在此點附近）解析的函數之間可以做種種的運算，不但是加減乘除，還有**“函數（合成）運算”**。

【例】由 $(1+x)^{1/2}=1+2^{-1}x-\dfrac{2^{-1}\cdot 2^{-1}}{2!}x^{2}+\dfrac{\frac{1}{2}\,\frac{-1}{2}\,\frac{-3}{2}}{3!}x^{3}+\cdots$,

$$\cos x=1-\frac{x^{2}}{2!}+\frac{x^{4}}{4!}-+-+\cdots\cdots,$$

所以

$$\sqrt{\cos 2x}=\sqrt{1+\left[\frac{-(2x)^{2}}{2!}+\frac{(2x)^{4}}{4!}+\frac{-(2x)^{6}}{6!}+\cdots\right]}$$

$$=1+2^{-1}[\quad]-\frac{1}{8}[\quad]^2+\frac{1}{16}[\quad]^3+\cdots\cdots$$

$$=1+2^{-1}\left(-2x^2+\frac{2}{3}x^4-\frac{2^6}{6!}x^6\cdots\right)$$

$$-\frac{1}{8}\left(4x^4+\frac{4}{9}x^8-\frac{8}{3}x^6\cdots\right)$$

$$=1-x^2+\frac{1}{3}x^4-\frac{1}{2}x^4+O(x^6).$$

同理 $\cos^3 x=1-\frac{3}{2}x^3+\frac{x^4}{8}-\cdots+\frac{3}{4}x^4\cdots\cdots.$

$$\left(=1+3\left[\frac{-x^2}{2!}+\frac{x^4}{4!}-\cdots\right]+3[\quad]^2+[\quad]^3.\right)$$

#76

【例】 求 $x\to 0$ 時，$1+2\cos^3 x-3\sqrt{\cos 2x}$ 之階數。

此時，上述計算就給我們

$$1+2-3x^2+\frac{x^4}{4}-\cdots+\frac{3}{2}x^4\cdots-3+3x^2-x^4+\frac{3}{2}x^4\cdots$$

$$=+\frac{9}{4}x^4+O(x^6).$$ 這是**四階無限小**。

其實有較佳之算法。〔變數代換！〕

記　$\sin x=z\approx x$：

而　$\cos x=\sqrt{1-z^2}$，$\cos 2x=\sqrt{1-2z^2}$，

故得原式$=1+2\sqrt{1-z^2}^{\,3}-3\sqrt{1-2z^2}$

$$=1+2\left(1-\frac{3}{2}z^2+\frac{3}{8}z^4+O(z^6)\right)-3\left(1-z^2-\frac{1}{2}z^4+O(z^6)\right)$$

$$=\frac{9}{4}z^4+O(z^6).$$

事實上，對於大部分的 L'Hospital 計算，用 Taylor 展開常常更快（你只要背幾個公式就够了！）。

【例】 $\lim\limits_{x\to 0}\dfrac{\sin^{-1}x-x}{x^3}=?$

$\sin^{-1}x=z$，則 $\dfrac{z-\sin z}{\sin^3 z}=\dfrac{z-\left(z-\dfrac{z^3}{6}+O(z^5)\right)}{z^3+O(z^5)}$

$=\dfrac{1}{6}+O(z^2).$ 答 $\lim=\cdot 6^{-1}$

在前面 L'Hospital 練習中，#7，尤其 #715，大都可以這樣做，請你做一些。

【例】 $\lim\limits_{x\to\infty}\dfrac{\sqrt{x^4+x^3}-x^2-\dfrac{x}{2}-\dfrac{1}{8}}{\sqrt[3]{x^6+x^5}-x^2-\dfrac{x}{3}-\dfrac{1}{9}}=?$

令 $z=x^{-1}\to 0$ 則得

$$\lim_{z\to 0}\frac{(1+z)^{1/2}-\left[1-\dfrac{z}{2}-\dfrac{z^2}{8}\right]}{(1+z)^{1/3}-\left\{1-\dfrac{z}{3}-\dfrac{z^2}{9}\right\}}$$

$$=\lim\frac{1+\frac{1}{2}z+\left(\frac{1}{2}\right)\left(\frac{-1}{2}\right)z^2/2!+\frac{1}{2}\cdot\frac{-1}{2}\cdot\frac{-3}{2}z^3/3!+\cdots-[\quad]}{1+\frac{1}{3}z+\frac{1}{3}\cdot\frac{-2}{3}z^2/2!+\frac{1}{3}\cdot\frac{-2}{3}\cdot\frac{-5}{3}z^3/3!-[\quad]}$$

$$=\lim\left\{\left[\frac{1}{16}z^3+0(z^4)\right]\Big/\left[\frac{5}{81}z^3+O(z^4)\right]\right\}$$

$$=\frac{81}{16.5}=\frac{81}{80}.$$

【例】 $\lim\limits_{x\to 0}\left(\dfrac{x+\sin x-4\sin\dfrac{x}{2}}{3+\cos x-4\cos\dfrac{x}{2}}\right)=\dfrac{128}{81}.$

【例】 $\lim\limits_{x\to -2}\dfrac{\sqrt[4]{-x^3-3x-1}+\sqrt{2-x}-3}{\sqrt[3]{x^2+x-1}+x+1}=\dfrac{69}{128}.$

【例】 $3x-\tan x-2\sin x$ 為5階無限小。$(x\to 0)$

【例】　$\sin x-\dfrac{x(1+ax^2)}{1+bx^2}$爲3階，$\left(a-b\neq\dfrac{1}{6}\right)$

或5階，$\left(a-b=\dfrac{-1}{6},\ 且(a-b)b\neq\dfrac{-1}{120}\right)$

或7階$\left(a-b=\dfrac{-1}{6},\ 且(a-b)b=\dfrac{-1}{120}\right)$。

【例】　$\lim\limits_{x\to\infty}\left\{x-x^2\log\left(1+\dfrac{1}{x}\right)\right\}=?$　　答　2^{-1}

【例】　$\lim\limits_{x\to 0}\dfrac{e-(1+x)^{1/x}}{x}=?$　　〔$\lim=e/2.$〕

$$\left[x^{-1}\log(1+x)=1-\frac{x}{2}+\frac{x^2}{3}-+\cdots\right.$$

$$(1+x)^{1/x}=e\left[1-\frac{x}{2}+\frac{x^2}{3}-+\cdots\cdots+\frac{1}{2}\left(\frac{-x}{2}+\frac{x^2}{3}\cdots\cdots\right)^2+\cdots\cdots\right]$$

#8　平面曲線的討論：曲率

微分法用於曲線的討論乃是微分法本身的一大“動機”。我們在 #5 中已經講了一些，現在所說的乃是微分幾何的出發點。

#80　高階切近

考慮兩條曲線　$y=f(x)$, $y=g(x)$，假設它們有個共通點 $(x_0, y_0)=M$；“它們在此點相切”的意思是 $f'(x_0)=g'(x_0)$，用分析的式子解釋，就是兩個函數 f, g 在點 x_0 處“切近”；亦即其 Taylor 一階展式相同。

> 什麼叫做兩曲線在一點相切？

$$f(x)=y_0+f'(x_0)(x-x_0)+\cdots\cdots$$

$$g(x)=y_0+g'(x_0)(x-x_0)+\cdots\cdots$$

餘項不同，而展式的第0，第1兩項全同。

我們可以推廣這個概念：若是

什麼叫做兩函數的 l 階切近？兩曲線的 l 階相切？

$$\frac{d^k f}{dx^k}(x_0)=\frac{d^k g}{dx^k}(x_0), \text{當 } k=0, 1, \cdots\cdots l.$$

我們就說兩函數爲 l 階切近，或兩曲線 $y=f(x)$, $y=g(x)$ 爲 l 階相切。

【例】 求一抛物線，它的軸和坐標軸平行，而且和圓：$5a^2=x^2+y^2$ 在點 $(a, 2a)$ 處二階相切。

【解】 設抛物線爲

$$(X-h)^2+m(Y-k)=0.$$

（軸和 y 軸平行），則有

$$2(X-h)+m\frac{dY}{dX}=0, \quad 2+m\frac{d^2Y}{dX^2}=0,$$

於切點 $(a, 2a)$ 處，另外，對圓而言，

$$dy/dx=-x/y=-1/2,$$

$$d^2y/dx^2=-[1+(dy/dx)^2]/y=\frac{-5}{8a}.$$

故 $$m=\frac{-2}{\dfrac{d^2Y}{dX^2}}=\frac{+16}{5},$$

$$h=a+\frac{m}{2}\ \frac{dy}{dx}=\frac{a}{5}, \text{ 而}$$

$$k=\frac{(x-h)^2}{m}+y=\frac{11}{5}a.$$

答 $\left(X-\frac{a}{5}\right)^2+\frac{16}{5}a\left(Y-\frac{11}{5}a\right)=0.$

【問】 若設軸向平行 x 軸呢？

答 $\left(Y-\frac{8a}{5}\right)^2+\frac{2a}{5}\left(X-\frac{7}{5}a\right)=0.$

【例】 設曲線 $y=f(x)$ 在其上一點 (x_0, y_0) 處與圓 $(X-\alpha)^2+(Y-\beta)^2=r^2$ 有第三階切觸，然則，於此點，將有

$$3f'(f'')^2=f'''[1+(f')^2]$$

並證明 $y=ax^2+bx+c$ 之頂點合乎此要求!

【解】 計算圓之各階導數:

$$\begin{cases}(X-\alpha)+(Y-\beta)\dfrac{dY}{dX}=0,\\[2ex] 1+\left(\dfrac{dY}{dX}\right)^2+(Y-\beta)\dfrac{d^2Y}{dX^2}=0,\\[2ex] 3\dfrac{dY}{dX}\ \dfrac{d^2Y}{dX^2}+(Y-\beta)\dfrac{d^3Y}{dX^3}=0,\end{cases}$$

由後二式可消去 $Y-\beta$. 得

$$3\frac{dY}{dX}\left(\frac{d^2Y}{dX^2}\right)^2=\frac{d^3Y}{dX^2}\left\{1+\left(\frac{dY}{dX}\right)^2\right\}.$$

圓與 $y=f(x)$ 有三階相切，故

$$\frac{dY}{dX}=f',\ \frac{d^2Y}{dX^2}=f'',\frac{d^3Y}{dX^3}=f''',$$

$Y=f$，於 (x_0, y_0) 處。

故待證式成立。

在 $y=ax^2+bx+c$ 時，

$$\begin{cases}\dfrac{dy}{dx}=2ax+2b,\\[2ex] \dfrac{d^2y}{dx^2}=2a,\\[2ex] \dfrac{d^3y}{dx^3}=0.\end{cases}$$

頂點在 $x=\dfrac{-b}{a}$，$y=c-b^2/a$ 處，故合乎

$$3\left(\frac{dy}{dx}\right)\left(\frac{d^2y}{dx^2}\right)^2=\frac{d^3y}{dx^3}\left\{1+\left(\frac{dy}{dx}\right)^2\right\}.$$

【問 1】 考慮這種橢圓：軸向平行於 x 軸及 y 軸，而且和曲線 $y=f(x)$ 在原點二階相切，這種橢圓之中心軌跡爲何？

【問】 已予一曲線 Γ，通過原點，並於此有 $y'=0$，$y'=m$，$y'''=n$，求橢圓（或雙曲線）與 Γ 在原點三階相切者之中心的軌跡。

答 $3m^2x+ny=0$ 之一半。

#81 我們將引入一個概念即"曲率"（curvature），來度量一個曲線在一點的彎曲程度。我們的着眼點是：一圓在它的任何一點處的**彎曲程度都相同**，而且半徑相同的圓在歐氏運動（平移）之後可以重合，因而曲率只與半徑有關；又因爲直線可以看成是半徑∞的圓，它的"曲率"又應該是零（因爲它平而"不曲"），所以我們定義：一圓的半徑 R 之倒數即爲其曲率，以後，我們定義了曲率，就把曲率的倒數叫做"曲率半徑"。

圓的曲率之定義

今考慮一圓 C，及其上一點 P，作切線 $\overline{PT}$，在靠近 P 的圓上一點 P'，作切線 $\overline{P'T'}$.

當曲線 C 從 P 走到 P' 時，切線方向轉了角度 $\triangle\theta$，而曲線 C 這一段的弧長是 $\widehat{PP'}=R\triangle\theta$，因之曲率 $R^{-1}=\triangle\theta/(R\triangle\theta)=\triangle\theta/\triangle s$.

於是我們採取如下的定義：

考慮一個有號曲線 Γ 及其上一點 P；對於 P 點附近一點 P'，考慮有號的弧長 $\widehat{PP'}=\triangle s$ 及 P 及 P' 處的切角 τ 及 τ'（$\tan\tau=P$ 處 Γ 的斜率）之差 $\triangle\tau=\tau'-\tau$，"平均曲率" $\triangle\tau/\triangle s$ 之極限，稱爲 Γ 在點 P 處之曲率，$\kappa=\lim\triangle\tau/\triangle s=d\tau/ds$.

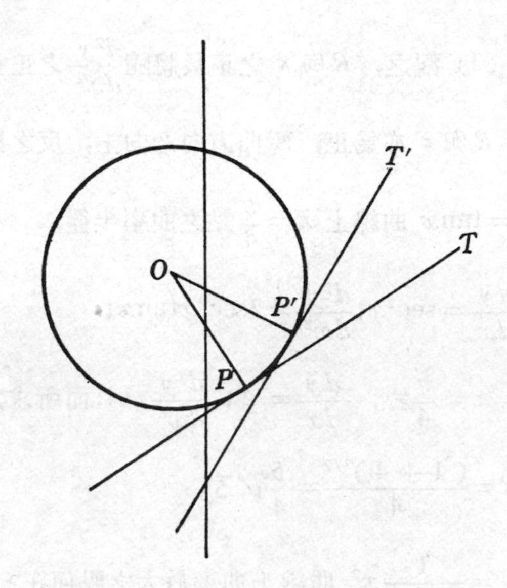

#82 若已知曲線之方程爲 $y=f(x)$，則$\dfrac{dy}{dx}$ 及 $\dfrac{d^2y}{dx^2}$可立即計得，而 κ 最好須用$\dfrac{dy}{dx}$與$\dfrac{d^2y}{dx^2}$表示方易應用。我們現在設 s 與 x 增加的方向相同，而切角 τ 有:

$$\tan\tau=\frac{dy}{dx} \quad 或 \quad \tau=\tan^{-1}\frac{dy}{dx}=\tan^{-1}Dy.$$

及
$$ds=\sqrt{1+(Dy)^2}\,dx$$

兩關係。微分 τ，即得 $d\tau=\dfrac{D(Dy)dx}{1+(Dy)^2}$, $\left(D\equiv\dfrac{d}{dx}\right)$

故
$$R=\frac{ds}{d\tau}=\frac{\sqrt{1+(Dy)^2}}{\dfrac{D^2y}{1+(Dy)^2}}=\frac{\left\{1+\left(\dfrac{dy}{dx}\right)^2\right\}^{3/2}}{\dfrac{d^2y}{dx^2}}, \tag{1}$$

而
$$\kappa=\frac{\dfrac{d^2y}{dx^2}}{\left\{1+\left(\dfrac{dy}{dx}\right)^2\right\}^{3/2}} \tag{2}$$

由方程（1）及（2）觀之，R與κ之正負將隨$\dfrac{d^2y}{dx^2}$之正負而定，換言之，當$\dfrac{d^2y}{dx^2}$為正時，R與κ亦為正，彎曲方向乃向上；反之則向下。

【例】求 $y=\tan x$ 曲線上$x=\dfrac{\pi}{4}$點之曲率半徑。

$$\frac{dy}{dx}=\sec^2 x;\frac{d^2y}{dx^2}=2\sec^2 x\tan x;$$

故在 $x=\dfrac{\pi}{4}$點，$\dfrac{dy}{dx}=2$；$\dfrac{d^2y}{dx^2}=4$；而所求之曲率半徑遂為

$$R=\frac{(1+4)^{3/2}}{4}=\frac{5}{4}\sqrt{5}.$$

【例】問 $y=\dfrac{1}{3\sqrt{5}}x^3$ 曲線上曲率最大之點何在？

$$\frac{dy}{dx}=\frac{x^2}{\sqrt{5}};\ \frac{d^2y}{dx^2}=\frac{2x}{\sqrt{5}};$$

$$\kappa=\frac{\dfrac{2x}{\sqrt{5}}}{\left(1+\dfrac{x^4}{5}\right)^{3/2}}=\frac{10x}{(5+x^4)^{3/2}};\ \frac{d\kappa}{dx}=\frac{10}{(5+x^4)^{3/2}}-\frac{15x(4x^3)}{(5+x^4)^{5/2}};$$

令此為0，即得$5+x^4-6x^4=0$，或 $x^4=1$，即 $x=\pm 1$。

當$|x|<1$時，$\dfrac{d\kappa}{dx}$為正，而當$|x|>1$時，$\dfrac{d\kappa}{dx}$為負，故於$x=\pm 1$點，$|\kappa|$ 實為極大。

§821

【例】曲率一定之曲線為圓。

【證】今 $\dfrac{dx}{ds}=\cos\tau$，$\dfrac{dy}{ds}=\sin\tau$，（τ為切角）

即 $\dfrac{dx}{d\tau}\,\dfrac{d\tau}{ds}=\cos\tau$ 或 $\dfrac{dx}{d\tau}=R\cos\tau$，$R$為常數，而得

$$x=R\sin\tau+x_0,\quad 同理\frac{dy}{d\tau}=R\sin\tau.,\ 故$$

$$y=-R\cos\tau+y_0,\quad 因而\ (y-y_0)^2+(x-x_0)^2=R^2.$$

#83　曲率圓與曲率中心

設圖中之PN表曲線上P點之法線。在此法線上，曲線之凹向內，

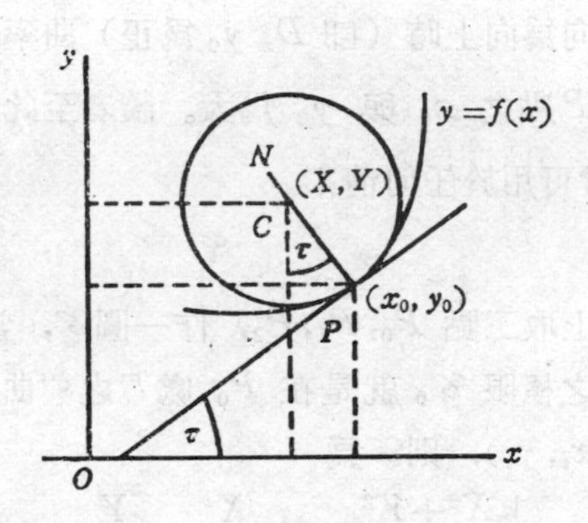

取一點C，使 PC 之長等於P點之曲率半徑。若以C爲中心，曲率半徑R爲半徑，畫一圓，則此圓不但將與曲線相切於P點，且二者於此點之曲率亦相同。因此二者在此爲二階切近，此圓名爲曲率圓 (circle of curvature)，其中心C則名爲曲率中心 (center of curvature)。曲線$y=f(x)$上(x_0, y_0)之曲率中心C，其坐標(X, Y)不難以 x_0 爲參變數而表示之。令過P點之曲率半徑爲 R_0，則自圖卽知

$$X=x_0-R_0\sin\tau,\quad Y=y_0+R_0\cos\tau, \tag{1}$$

惟
$$R_0=\frac{(1\,\overline{D_xy^2{}_0})^{3/2}}{D_x{}^2y^0};\quad \sin\tau=\frac{dy_0}{ds}=\frac{D_xy_0}{(1+\overline{D_xy^2{}_0})^{1/2}};$$

$$\cos\tau=\frac{dx_0}{ds}=\frac{1}{(1+\overline{D_xy^2{}_0})^{\frac{1}{2}}};$$

故
$$X=x_0-\frac{D_xy_0(1+\overline{D_xy^2{}_0})}{D_x{}^2y_0};\quad Y=y_0+\frac{1+\overline{D_xy^2{}_0}}{D_x{}^2y_0} \tag{2}$$

【注意】推求方程（1）時，雖用圖所示之特殊圖形，但方程（2）則可用於任何位置或形狀之圖線，此乃因若曲線之彎曲方向如係向下，則 $D_x^2 y_0$ 將為負，而曲率中心的橫坐標 X 將較 x_0 為大，其縱坐標 Y 將較 y_0 為小；換言之，方程（1）中 R_0 之符號均須改變。又如曲線之斜度角較 90° 為大，則 $D_x y_0$ 將為負。而當彎曲方向為向上時（即 $D_x^2 y_0$ 為正）曲率中心之橫與縱坐標將分別較 P 點之 x_0 與 y_0 為大。讀者至此應自行繪圖以示方程（2）實可用於任何情形。

#831

【定理】在曲線 Γ 上取三點 P_0, P_1, P_2，作一圓 $\mathscr{C}$，當 P_1 及 $P_2 \longrightarrow P_0$ 時，圓 $\mathscr{C}$ 之極限 $\mathscr{C}_0$ 就是在 P_0 處 Γ 之"曲率圓"。

令 $P_i=(x_i, y_i)$，則 $\mathscr{C}$ 為

$$(-1)\begin{vmatrix} X^2+Y^2 & X & Y & 1 \\ x_2^2+y_2^2 & x_2 & y_2 & 1 \\ x_1^2+y_1^2 & x_1 & y_1 & 1 \\ x_0^2+y_0^2 & x_0 & y_0 & 1 \end{vmatrix}=0.$$

再除以 (x_1-x_0)，並取 $\lim, (P_1 \longrightarrow P_0)$，因而

$$\begin{vmatrix} X^2+Y^2 & X & Y & 1 \\ x_2^2+y_2^2 & x_2 & y_2 & 1 \\ 2x+2yy' & 1 & y' & 0 \\ x_0^2+y_0^2 & x_0 & y_0 & 1 \end{vmatrix}=0.$$

對第二列，作 Taylor 二階展式，減去三、四兩列之線性組合，〔實即第三列再導微〕，

可得 $$\begin{vmatrix} X^2+Y^2 & X & Y & 1 \\ 2+2y'^2+2yy'' & 0 & y'' & 0 \\ 2x+2yy' & 1 & y' & 0 \\ x^2+y^2 & x & y & 1 \end{vmatrix}=0.$$

卽　$-(X^2+Y^2)y''-2X(y'+(y')^3-y''x)+2Y(1+y'^2+yy'')$

$=[2y+2y'^2y+x^2y''+y^2y''-2xy'-2x(y')^3]=0.$

這可配方成

$$\left\{X-\frac{y''x-y'[1+(y')^2]}{y''}\right\}^2+\left\{Y-\frac{1+(y')^2+yy''}{y''}\right\}^2$$

$$=[1+(y')^2]^3/(y'')^2.$$

所以半徑爲 $\pm R=(1+(y')^2)^{3/2}/|y''|$

中心爲 $\left(x-y'[1+(y')^2]/y'',\ y+\dfrac{1+(y')^2}{y''}\right).$

#832　曲率中心之軌跡——縮閉線　一曲線 Γ 上各點曲率中心之軌跡 $\bar{\Gamma}$，名爲該曲線之縮閉線 (evolute)。

上面方程 (1) 或 (2)， 加以適當解釋， 實卽縮閉線之參變方程。反過來說，Γ 叫做 $\overline{\Gamma}$ 之漸伸線。

【例】 求橢圓 $\dfrac{x^2}{a^2}+\dfrac{y^2}{b^2}=1$ 之縮閉線之方程。

$$\frac{dy}{dx}=-\frac{b^2x}{a^2y};$$

$$\frac{d^2y}{dx^2}=\frac{b^2}{a^2}\ \frac{x\dfrac{dy}{dx}-y}{y^2}=-\frac{b^2(b^2x^2+a^2y^2)}{a^4y^3}=-\frac{b^4}{a^2y^3}。$$

故若令 X 及 Y 爲所求縮閉線之動點坐標，而以 x_0 爲參變數，則自方程 (2) 得:

$$X=x_0+\frac{b^2x_0(1+b^4x_0^2/a^4y_0^2)}{-a^2y_0(b^4/a^2y_0^3)}=x_0-\frac{x_0(a^4y_0^2+b^4x_0^2)}{a^4b^2}$$

$$=x_0\left(\frac{a^2b^2x_0^2-b^4x_0^2}{a^4b^2}\right)=\frac{a^2-b^2}{a^4}x_0^3,$$

$$Y=y_0-\frac{a^2y_0^3(1+b^4x_0^2/a^4y_0^2)}{b^4}=y_0\left(\frac{b^2a^2y_0^2-a^4y_0^2}{a^2b^4}\right)$$

$$= \frac{b^2 - a^2}{b^4} y_0{}^3;$$

惟 $\dfrac{x_0{}^2}{a^2} + \dfrac{y_0{}^2}{b^2} = 1$，故所求縮閉線之直角坐標方程爲:

$$\left(\frac{aX}{a^2 - b^2}\right)^{2/3} + \left(\frac{bY}{b^2 - a^2}\right)^{2/3} = 1。$$

若用小寫之 x, y 代 X, Y，則得（圖如下）:

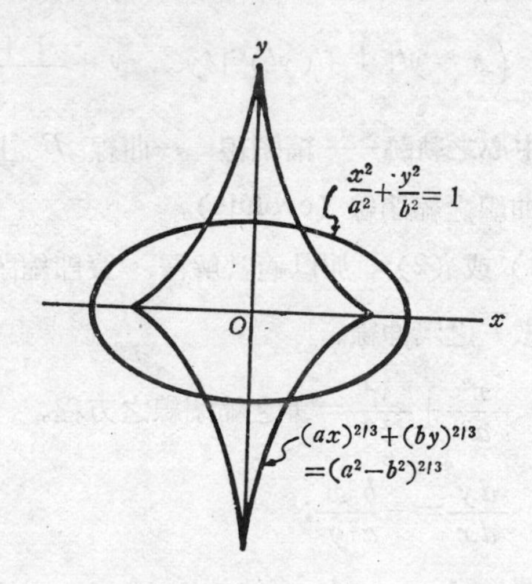

$$(ax)^{2/3} + (by)^{2/3} = (a^2 - b^2)^{2/3}。$$

【例】懸垂線 $y = a\cosh\left(\dfrac{x}{a}\right)$之曲率半徑爲何?

$$Dy = \sinh\frac{x}{a}, \quad 1 + (y')^2 = (y/a)^2,$$

$$D^2 y = \frac{1}{a}\cosh\frac{x}{a} = a^{-2} y.$$

$$\therefore \quad R = a\cosh^2\left(\frac{x}{a}\right) = y^2/a.$$

$$\cos\tau = a/y, \quad \sin\tau = \tanh x/a.$$

所以，縮閉線爲

$$\begin{cases} X = x - \dfrac{y^2}{a}\operatorname{th}\dfrac{x}{a} = x - \dfrac{a}{2}\operatorname{sh}(2x/a), \\ Y = y + y = 2y = 2a\operatorname{ch}(x/a). \end{cases}$$

#84　參數曲線

對於參數曲線，則有

$$R = \left[\left(\frac{dx}{dt}\right)^2 + \left(\frac{dy}{dt}\right)^2\right]^{3/2} \div \left[\frac{d^2y}{dt^2}\frac{dx}{dt} - \frac{dy}{dt}\frac{d^2x}{dt^2}\right],$$

$$\begin{cases} X = x - \left[\dfrac{\left(\dfrac{dx}{dt}\right)^2 + \left(\dfrac{dy}{dt}\right)^2}{\dfrac{d^2y}{dt^2}\dfrac{dx}{dt} - \dfrac{dy}{dt}\dfrac{d^2x}{dt^2}}\right]\dfrac{dy}{dt}, \\ Y = y + \left[\qquad\qquad\right]\dfrac{dx}{dt}. \end{cases}$$

#841　特別是參數 t 取自然參數卽弧長時，

$$R = \left[\left(\frac{d^2x}{ds^2}\right)^2 + \left(\frac{d^2y}{ds^2}\right)^2\right]^{-1/2},$$

這是因爲$\left(\dfrac{dx}{ds}\right)^2 + \left(\dfrac{dy}{ds}\right)^2 = 1$，而$\dfrac{d^2x}{ds^2}\dfrac{dx}{ds} = -\dfrac{d^2y}{ds^2}\dfrac{dy}{ds}$也；同時也可看出$\dfrac{d^2x}{ds^2} = \dfrac{-1}{R}\dfrac{dy}{ds}$，$\dfrac{d^2y}{ds^2} = \dfrac{1}{R}\dfrac{dx}{ds}$，

或卽　$\left[\dfrac{d^2x}{ds^2}, \dfrac{d^2y}{ds^2}\right] = \kappa \boldsymbol{n}$, $\boldsymbol{n}$ 爲法線單位矢。

【例】求星形線：$x = a\cos^3 t$，$y = a\sin^3 t$ 的縮閉線。試證它是同形曲線！

$$X = a(\cos^3 t + 3\sin^2 t\cos t),$$

$$Y = a(\sin^3 t + 3\cos^2 t\sin t),$$

$$X \pm Y = a(\cos t \pm \sin t)^3.$$

轉軸 45°，則知

$$\xi=2a\cos^3\left(t+\frac{\pi}{4}\right),\quad \eta=2a\sin^3\left(t+\frac{\pi}{4}\right).$$

【例 1】求曲線

$$x=a(t\sin t+\cos t),\quad y=a(\sin t-t\cos t)$$

之縮閉線。

【例 2】求擺線 $x=a(t-\sin t)$, $y=a(1-\cos t)$

之曲率半徑及縮閉線。

#842 試以極坐標（ρ, θ）表達曲率半徑。

設極坐標方程 $\rho=f(\theta)$表達了一個曲線Γ，試求其曲率半徑，κ^{-1}.

$$\text{答}\quad k=\frac{2\left(\frac{d\rho}{d\theta}\right)^2-\rho\frac{d^2\rho}{d\theta^2}+\rho^2}{\left[\rho^2+\left(\frac{d\rho}{d\theta}\right)^2\right]^{3/2}}$$

【例】求 $\rho=a(1+2\cos\theta)$ 的曲率半徑。

今 $\frac{d\rho}{d\theta}=-2a\sin\theta$, $\frac{d^2\rho}{d\theta^2}=-2a\cos\theta$,

故 $R=\frac{(5+4\cos\theta)^{3/2}}{(9+6\cos\theta)}a$,

順便求它的極大極小，則

$$dR/d\theta=\frac{-12(5+4\cos\theta)^{1/2}(\cos\theta+2)\sin\theta}{(9+6\cos\theta)^2}a,$$

故 $\theta=0$時，$R=\frac{9}{5}a$爲極大；

$\theta=\pi$時，$R=\frac{a}{3}$爲極小。

**#843

【例】對Γ上三點 P_0, P_1, P_2, 各作切線，再作一圓切此三直線，則此圓半徑在 P_1 及 P_2 趨近 P_0 時，就趨近 P_0 點處的曲率半徑。

【解】切線方程為

$$Dx(s)(Y-y(s))-Dy(s)(X-x(s))=0. \left(D\equiv\frac{d}{ds}\right)$$

對 $s=s_0, s_1, s_2$，得三切線 L_i，作（外）切圓，半徑為 r，圓心為 (ξ, η)，則自圓心到 L_i 之距離為 r，此即

$$0=[Dx(s)(\eta-y(s))-Dy(s)(\xi-x(s))]-r \quad (1)$$

對 $s=s_0, s_1, s_2$ 均成立，此地，ξ, η, r 均與 s_1, s_2 有關，令 s_1 及 $s_2 \longrightarrow s_0$，則由 (1) 式，知 $s=s_0$ 時，(1) 式及 D(1) 式，D^2(1) 式，均成立，即 (1) 式及

$$[D^2x(\eta-y)-D^2y(\xi-x)]=0. \quad (2)$$

$$D^3x(\eta-y)-D^3y(\xi-x)-D^2xDy+D^2yDx=0. \quad (3)$$

由此三式（在 $s=s_0$ 時），解 ξ, η（此乃三元一次），得到 $r=$分子/分母，

$$分子=\begin{bmatrix}-Dy, & Dx, & yDx-xDy \\ -D^2y, & +D^2x, & yD^2x-xD^2y \\ -D^3y, & D^3x, & yD^3x-xD^3y+D^2xDy-D^2yDx\end{bmatrix}$$

$$分母=\begin{bmatrix}-Dy, & Dx, & -1, \\ -D^2y, & D^2x, & 0, \\ -D^3y, & D^3x, & 0,\end{bmatrix}$$

$$=-[D^2xD^3y-D^2yD^3x]$$

$$=-k^3.$$

$$分子=\begin{bmatrix}-Dy, & Dx, & 0, \\ -D^2y, & D^2x, & 0, \\ -D^3y, & D^3x, & D^2xDy-D^2yDx,\end{bmatrix}$$

$$=-(D^2xDy-D^2yDx)^2=-k^2，故$$

$r=k^{-1}$. 即曲率半徑!

事實上（ξ，η）就是曲率中心，因爲此圓恒切於過 P_0 之切線也!

#851

【問 1】Bouquet 公式

【定理】設曲線 $y=f(x)$ 經過原點，且以 x 軸爲切線，y 軸爲法線，則它在原點之曲率半徑是 $\lim\limits_{x\to 0}\left|\dfrac{x^2}{2y}\right|$.

#852

**【問 2】試證：微弧長 s 與微弦長之差大約爲 $\delta=s^3/(24R^2)$。

#9 空間曲線

#91 密切平面

在 $\boldsymbol{x}=\boldsymbol{x}(t)$ 之上，點 $\boldsymbol{x}=\boldsymbol{x}(t_0)$ 之附近取兩點 $\boldsymbol{x}(t_1)$ 及 $\boldsymbol{x}(t_2)$，則過此三點之平面，在 t_1，$t_1\longrightarrow t_0$ 時，就趨近"密切面"，試求其方程式。

【解】平面 π 過三點，則方程式爲

$$\begin{vmatrix} \xi, & \eta, & \zeta, & 1 \\ x(t_2), & y(t_2), & z(t_2), & 1 \\ x(t_1), & y(t_1), & z(t_1), & 1 \\ x(t_0), & y(t_0), & z(t_0), & 1 \end{vmatrix}=0.$$

或者
$$\begin{vmatrix} \xi, & \eta, & \zeta, & 1 \\ x(t_1)-x(t_0), & y(t_2)-y(t_0), & z(t_2)-z(t_0), & 0 \\ x(t_1)-x(t_0), & y(t_1)-y(t_0), & z(t_1)-z(t_0), & 0 \\ x(t_0), & y(t_0), & z(t_0), & 1 \end{vmatrix}=0.$$

用平均變率定理括出 $(t_2-t_0)(t_1-t_0)$，則

$$\begin{vmatrix} \xi, & \eta, & \zeta, & 1 \\ \frac{dx}{dt}(t_2'), & \frac{dy}{dt}(t_2''), & \frac{dz}{dt}(t_2''), & 0 \\ \frac{dx}{dt}(t_1'), & \frac{dy}{dt}(t_1''), & \frac{dz}{dt}(t_1''), & 0 \\ x(t_0), & y(t_0), & z(t_0), & 1 \end{vmatrix} = 0.$$

此地 t_i' 在 t_0, t_i 之間（$i=1, 2$），接近 $(t_0+t_i)/2$，再用一次平均變率定理，

又得
$$\begin{vmatrix} \xi, & \eta, & \zeta, & 1 \\ \frac{d^2x}{dt^2}(t_3'), & \frac{d^2y}{dt^2}(t_3''), & \frac{d^2z}{dt^2}(t_3''), & 0 \\ \frac{dx}{dt}(t_1'), & \frac{dy}{dt}(t_1''), & \frac{dz}{dt}(t_1''), & 0 \\ x(t_0), & y(t_0), & z(t_0), & 1 \end{vmatrix} = 0.$$

再令 $t_1, t_2 \longrightarrow t_0$，則得

$$\begin{vmatrix} \xi, & \eta, & \zeta, & 1 \\ D^2x, & D^2y, & D^2z, & 0 \\ Dx, & Dy, & Dz, & 0 \\ x, & y, & z, & 1 \end{vmatrix} = 0. \quad \left(D \equiv \frac{d}{dt}\right)$$

這平面可以寫成 $det[\boldsymbol{\xi}-\boldsymbol{x}, D\boldsymbol{x}, D^2\boldsymbol{x}]=0$.

【註】這裏必須假定 $D\boldsymbol{x}\times D^2\boldsymbol{x} \neq 0$.

【例】求空間曲線 Γ: $y=x^2$, $z=x^3$ 之密切平面。

$D\boldsymbol{x}=\boldsymbol{i}1+\boldsymbol{j}2x+\boldsymbol{k}3x^2$,

$D^2\boldsymbol{x}=2\boldsymbol{j}+\boldsymbol{k}6x$,

故密切平面為

$$\begin{vmatrix} \xi-x & \eta-x^2, & \zeta-x^3 \\ 1 & 2x & 3x^3 \\ 0 & 2 & 6x \end{vmatrix} = 0.$$

即 $3x^2\xi-3x\eta+\zeta-x^3=0$

【問】如上，在Γ上之三點各作密切面相交於一點，則此點與此三點共面。

#92 重法線

【例】在曲線Γ上，取兩點 P_0，P_1 各作切線，$\overline{P_0T_0}$，$\overline{P_1T_1}$ 作公垂線。求其極限，當 $P_1\longrightarrow P_0$.

在 P_0 處 $t=t_0$，而位置在 $P_0=\boldsymbol{x}(t_0)$，切向爲 $D\boldsymbol{x}(t_0)$，$D=\dfrac{d}{dt}$，同理 $\overline{P_1T_1}$方向在 $D\boldsymbol{x}(t_0+\triangle t)$，公垂線與$D\boldsymbol{x}(t_0)$ 垂直，也和$\dfrac{D\boldsymbol{x}(t_0+\triangle t)-D\boldsymbol{x}(t_0)}{\triangle t}$垂直，因而取極限時，與 $D^2\boldsymbol{x}(t_0)$ 垂直。因而，設 $D\boldsymbol{x}(t_0)$ 與 $D^2\boldsymbol{x}(t_0)$ 方向不同，則 $D\boldsymbol{x}(t_0)\times D^2\boldsymbol{x}(t_0)$ 爲公垂線之極限方向。

公垂線經過$\overline{P_0T_0}$上之一點P_0'，則$\|\overline{P_0P_0'}\|\leq\overline{P_0P_1}\longrightarrow 0$，故這個公垂線之極限位置爲：「過 P_0，與 $Dx\times D^2x$ 同方向之直線」，這直線是Γ上過 P_0 點之重法線（或次法線）。

#93 **Frenet-Serret 公式**

空間的曲線Γ上的動點之向徑記做 $\boldsymbol{r}(s)$，並用弧長 s 做參數，那麼 $\boldsymbol{T}=\dfrac{d\boldsymbol{r}}{ds}$是切線方向的單位向量：$\boldsymbol{T}\cdot\boldsymbol{T}=1$. 微導之，則 $\boldsymbol{T}\cdot\dfrac{d\boldsymbol{T}}{ds}=0$.

何謂曲率、主法向、次法向、撓率？

我們用 k 表示$\dfrac{d\boldsymbol{T}}{ds}$的長度，叫**曲率**，用 N 表示其單位向量，叫做**主法向**。因而

$$\frac{d\boldsymbol{T}}{ds}=k\boldsymbol{N},\ \boldsymbol{N}\cdot\boldsymbol{T}=0,$$

令 $\boldsymbol{B}=\boldsymbol{T}\times\boldsymbol{N}$. 則$\dfrac{d\boldsymbol{B}}{ds}=\boldsymbol{T}\times\dfrac{d\boldsymbol{N}}{ds}+\dfrac{d\boldsymbol{T}}{ds}\times\boldsymbol{N}=\boldsymbol{T}\times\dfrac{d\boldsymbol{N}}{ds}$;

又由 $\boldsymbol{B}\cdot\boldsymbol{B}=1$，得 $B\cdot\dfrac{d\boldsymbol{B}}{ds}=0$. 因此$\dfrac{d\boldsymbol{B}}{ds}$和 $\boldsymbol{T},\boldsymbol{B}$ 都垂直，因此

Frenet-Serret 公式

$\dfrac{d\boldsymbol{B}}{ds}=-\tau\boldsymbol{N}$.（負號是**故意**加的。）$\tau$ 叫**撓率**，$\boldsymbol{B}$叫**次法向**。

最後我們有 Frenet-Serret 公式:

$$\frac{d\boldsymbol{T}}{ds}=k\boldsymbol{N},\ \frac{d\boldsymbol{B}}{ds}=-\tau\boldsymbol{N},\ \frac{d\boldsymbol{N}}{ds}=-\tau\boldsymbol{B}-k\boldsymbol{T}$$

【例】 曲線爲

$$x=t,\quad y=t^2,\quad z=\frac{2}{3}t^3,$$

則

$$\frac{d\boldsymbol{r}}{dt}=\boldsymbol{i}+2t\boldsymbol{j}+2t^2\boldsymbol{k},$$

$$\frac{ds}{dt}=\left|\frac{d\boldsymbol{r}}{dt}\right|=\sqrt{1+4t^2+4t^4}=1+2t^2;$$

因而

$$\boldsymbol{T}=\frac{d\boldsymbol{v}}{ds}=\frac{\boldsymbol{i}+2t\boldsymbol{j}+2t^2\boldsymbol{k}}{1+2t^2},$$

$$\frac{d\boldsymbol{T}}{dt}=\frac{-4t\boldsymbol{i}+(2-4t^2)\boldsymbol{j}+4t\boldsymbol{k}}{(1+2t^2)^2},$$

$$\frac{d\boldsymbol{T}}{ds}=\frac{d\boldsymbol{T}}{dt}\bigg/\frac{ds}{dt}=\frac{-4t\boldsymbol{i}+(2-4t^2)\boldsymbol{j}+4t\boldsymbol{k}}{(1+2t^2)^3};$$

$$k=\left|\frac{d\boldsymbol{T}}{ds}\right|=\frac{2}{(1+2t^2)^2},$$

$$\boldsymbol{N}=\frac{1}{k}\ \frac{d\boldsymbol{T}}{ds}=\frac{-2t\boldsymbol{i}+(1-2t^2)\boldsymbol{j}+2t\boldsymbol{k}}{(1+2t^2)};$$

$$\boldsymbol{B}=\boldsymbol{T}\times\boldsymbol{N}=\frac{2t^2\boldsymbol{i}-2t\boldsymbol{j}+\boldsymbol{k}}{1+2t^2},$$

$$\frac{d\boldsymbol{B}}{dt}=\frac{4t\boldsymbol{i}+(4t^2-2)\boldsymbol{j}-4t\boldsymbol{k}}{(1+2t^2)^2},$$

因而

$$\frac{d\boldsymbol{B}}{ds}=\frac{d\boldsymbol{B}}{dt}\bigg/\frac{ds}{dt}=\frac{4t\boldsymbol{i}+(4t^2-2)\boldsymbol{j}-4t\boldsymbol{k}}{(1+2t^2)^3}=-\tau\boldsymbol{N}.$$

表示 $\tau=\dfrac{2}{(1+2t^2)^2}$.

【問 1】求 T, N, B, τ, k 等:

$$x=\arctan s,\quad y=\frac{1}{2}\sqrt{2}\log(s^2+1),\quad z=5-\arctan s.$$

【問 2】求錐螺線

$$x=be^{\theta/a}\cos\theta,\quad y=be^{\theta/a}\sin\theta,\quad z=be^{\theta/a}\cot\alpha$$

之曲率、撓率

【問 3】求柱螺旋

$$x=a\cos\theta,\quad y=b\sin\theta,\quad z=b\theta$$

之撓率、曲率

【問 4】過原點作直線與柱螺線之重法線平行，則軌跡為錐面!

【例】以參數 t 及 $D\equiv d/dt$，計算出:

$$[\|D^2\boldsymbol{x}\|^2-(D^2s)^2]/(Ds)^4=\kappa^2$$

【證明】今 $\boldsymbol{T}=D\boldsymbol{x}/Ds$,

$(Ds)\boldsymbol{T}\equiv D\boldsymbol{x}$，一般地 $D=(Ds)\dfrac{d}{ds}$

$$D^2\boldsymbol{x}=D(\boldsymbol{T}Ds)=D\boldsymbol{T}Ds+\boldsymbol{T}D^2s,$$

而 $D\boldsymbol{T}\equiv(Ds)(\kappa\boldsymbol{N})$ 故

$$D^2\boldsymbol{x}=(Ds)^2\kappa\boldsymbol{N}+\boldsymbol{T}D^2s$$

故 $\|D^2\boldsymbol{x}\|^2=(Ds)^4\kappa^2+(D^2s)^2$

而 $\dfrac{\|D^2\boldsymbol{x}\|^2-(D^2s)^2}{(Ds)^4}=\kappa^2.$

【問】撓率呢?

#931

【例】曲線上兩點 P_0, P_1 之切線 $\overrightarrow{P_0P_0}$, $\overrightarrow{P_0T_1}$ 夾角與弧長之比的極

限是曲率 κ 。

$T(s_0)$ 與 $T(s_1)$ 均爲單位矢，其變化甚小，與夾角之比趨近於 1.

故 $\lim \dfrac{T(s_1)-T(s_0)}{s_1-s_0}=DT=\kappa N$, 而

$\lim\|\quad\|=\kappa(\geq\theta)$.

【註】故，在微分幾何學中，"不直叫曲"。

#932

【例】曲線上二點 P_0, P_1 之切觸平面之夾角對 $\widehat{P_0P_1}$ 弧長之變化率爲撓率!

【註】所以，在微分幾何學中，"不平爲撓"。

【證明】夾角爲 $d\theta$，則

$$\cos d\theta=B(s)\cdot B(s+ds),$$

利用 Taylor 展式（二階），

$$1-\frac{1}{2}\left(\frac{d\theta}{ds}\right)^2(ds)^2=B\cdot[B-\tau N ds-\frac{1}{2}\frac{d}{ds}(\tau N)(ds)^2],$$

故 $\left(\dfrac{d\theta}{ds}\right)^2=\tau^2$.

另外一種觀點是: $|DB|=|\tau|$，B 是切觸平面之法向，$B(s_0)$ 與 $B(s_0+ds)$ 之夾角約爲 $\|B(s_0+ds)-B(s_0)\|$ 也。

如上之兩例說明了：曲率 κ 與撓率 τ 都"部分地"擔任了平面曲線論中曲率的任務。

#933　設切線、重法線，各與定向量 A 成夾角 θ 與 φ，則

$$\frac{\sin\theta d\theta}{\sin\varphi d\varphi}=-\kappa/\tau.$$

【證明】 $\cos\theta = \boldsymbol{T}\cdot\boldsymbol{A}$, $\cos\varphi = \boldsymbol{B}\cdot\boldsymbol{A}$. （設 $\|A\|\equiv 1$）

故 $$\frac{\sin\theta D\theta\cdot ds}{\sin\varphi D\varphi\cdot ds} = \frac{(DT\cdot A)}{(DB\cdot A)} = \frac{\kappa}{-\tau}.$$

#934 設想你自己正駕駛飛機在空中翺翔。飛行的軌跡豈不就是一條空間曲線，一條隨着你的駕駛而定的空間曲線！我們可以把機身與機翼簡化成二條正交的直線段。它們所決定的平面也就是飛行軌跡的密切平面。飛機的尾舵決定了飛行軌跡的曲率，而它的翼舵就是用來決定飛行軌跡的撓率的。

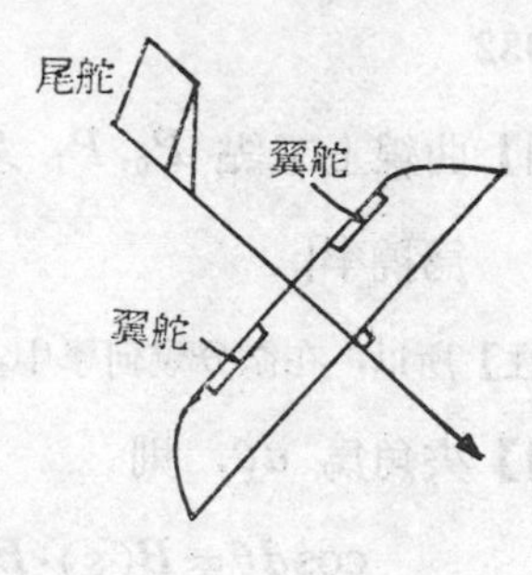

#9341

【例】若 $\kappa\equiv 0$，則曲線爲直線。

【證】 $DT=\kappa N\equiv 0$．故$T(s)$爲常向量 T.

而 $x(s)\equiv sT+a$ 爲一直線。（參見 #731）

#9342 若 $\tau\equiv 0$，則曲線爲平面直線！

【註解】 $\tau\equiv 0 \Longleftrightarrow [Dx, D^2x, D^3x]=0$．（參見 #732）

§5 不定積分與定積分

本章分成兩大截，前面 #1—#4 是理論，後面 #5—#9 是應用，（#6--#9涉及重積分）

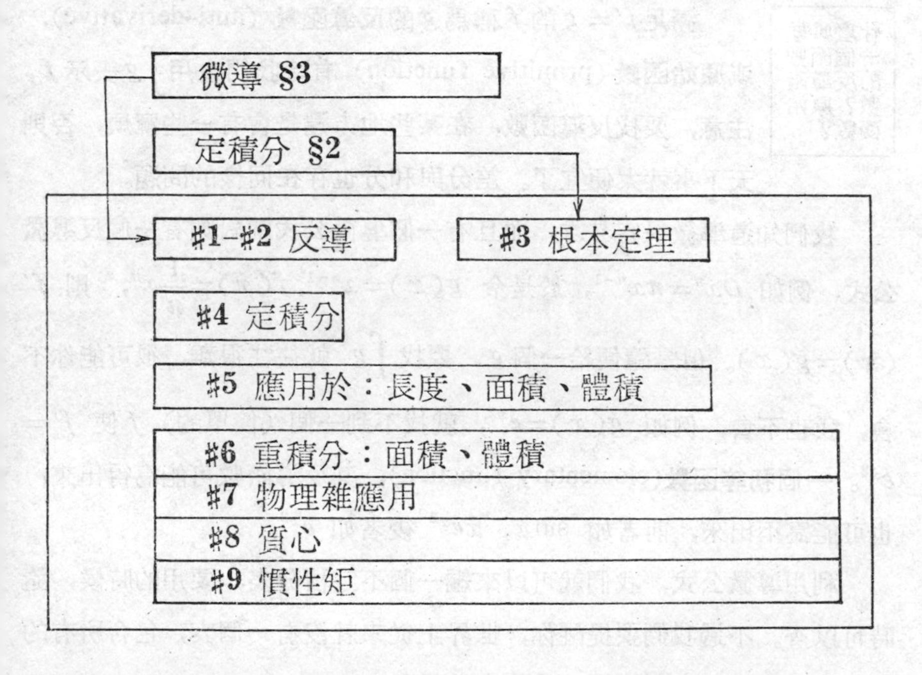

在 #1 我們討論了反導微的一般原則，尤其疊合原理（#14），我們同樣地把平移和伸縮特別提出來討論（#15），不和一般的變數代換（#21）一起講，後者和分部積分（#24），是反導微的基本技巧。#3 是

微積分根本定理。

在 #7—#9 中我們談一些**物理的應用**。（在一個較短暫的課程中，可以只挑一些來講。）而 #4—#6 則是**定積分的技巧**。在 #4 中，我們提到兩類變數代換（#41—#42），對稱性（#43）及漸化法（#44），在#5 中，我們主要把它用到**幾何上的求積**，並且只限於"一維積分"，其中 #56 尤其討論極坐標之用法。#6才討論高維（尤其二維）定積分。

#1 反 導 微

什麼叫做一個函數的反導函數？原始函數？

滿足$f'=g$的f稱為g的**反導函數**（anti-derivative），或**原始函數**（primitive function），有時我們也用$\int g$表示f，注意，要找反導函數，在某些地方還是會有一些麻煩，否則天下事就太便宜了。差分與和分也存在同樣的問題。

我們知道導微很容易求，而且有一個導微公式就對應有一個反導微公式，例如 $Dx^n=nx^{n-1}$，於是令 $g(x)=x^{n-1}, f(x)=\frac{1}{n}x^n$，則 $f'(x)=g(x)$。但是隨便給一個g，要找$\int g$ 就往往很難，很可能你不會，我也不會，例如 $g(x)=e^{x^2}$，就找不到一個（簡單的）f使 $f'=e^{x^2}$。一個**初等函數**(elementary function)，其反導函數可能寫得出來，也可能寫不出來，前者如 $\sin x$, xe^{x^2} 後者如 e^{x^2}。

利用導微公式，我們就可以來編一個不定積分表，要用的時候，隨時可以查。不過我們要提醒你，世界上從來就沒有一個表，包含所有的公式！因此還是必須把握一些基本技巧。

不定積分簡表

$Df(x)$	$f(x)$
x^{n-1}	$n^{-1}x^n\ (n \neq 0)$
x^{-1}	$\ln x$
$a^x \ln a$	a^x
$\cos x$	$\sin x$
$-\sin x$	$\cos x$
$\sec^2 x$	$\tan x$
$\sec x \tan x$	$\sec x$
$-\csc^2 x$	$\cot x$
$-\csc x \cot x$	$\csc x$
$1/\sqrt{1-x^2}$	$\sin^{-1} x\ (\lvert x \rvert < 1)$
$1/(1+x^2)$	$\tan^{-1} x$
$1/[x\sqrt{x^2-1}]$	$\sec^{-1} x\ (\lvert x \rvert > 1)$
$1/\sqrt{1+x^2}$	$\mathrm{sh}^{-1} x = \log(x+\sqrt{x^2+1})$
$1/\sqrt{x^2-1}$	$\mathrm{ch}^{-1} x = \log(x+\sqrt{x^2-1})(\lvert x \rvert > 1)$
$1/(1-x^2)$	$\mathrm{th}^{-1} x = \frac{1}{2}\log\left(\frac{1+x}{1-x}\right)(\lvert x \rvert < 1)$
$-1/(x^2-1)$	$\mathrm{ch}^{-1} x = \frac{1}{2}\log\left(\frac{x-1}{x+1}\right)(\lvert x \rvert > 1)$
$-1/(x\sqrt{1-x^2})$	$\mathrm{sech}^{-1} x = \log\left(\frac{1+\sqrt{1-x^2}}{x}\right)(\lvert x \rvert < 1)$
$-1/(x\sqrt{1+x^2})$	$\mathrm{csch}^{-1} x = \log\left(\frac{1+\sqrt{1+x^2}}{x}\right)$

怎麼求是一回事情，有沒有又是另一回事情。在數學中，碰到有沒有的問題，就是要問：存在嗎？若存在的話，唯一嗎？這分別就是存在性與唯一性的問題。

求反導函數問題的探討

#12 下面談唯一性的問題，此地又很有方法論的意味。我們證明唯一性的辦法，就是假設有兩個答案，然後證明它們相等。

今假設 f 及 h 都是 g 的反導函數，即 $f'=g$ 且 $h'=g$，我們要問 f 是否等於 h？這就是整個問題的定式化(formulation)。做任何事情，第一件事就是將問題定式化，這樣才能看出問題的關鍵所在，分辨出本末先後來。

定式化的重要性

如何做呢？利用“平移”，我們的問題就變成要問：$f-h=0$ 是否成立？如果把 $\varphi \equiv f-h$ 看作一個函數，我們的問題就化約成：已知 $\varphi'=0$，是否 $\varphi=0$？

答案很淸楚，是否定的，因爲 $\varphi=3$，$\varphi=\pi$ 等等都可以。因此我們的問題，否定地解決了，即：「唯一性不成立」。可是小心一點！讓我們再問一個積極的問題：已知 $\varphi'=0$，是否 φ 只可能是常函數呢？答案是肯定的：

$$\varphi \text{ 爲常函數} \Longleftrightarrow \varphi'=0\text{。}$$ (見 §4.272)

逆著上述的分析過程推導回去，我們就得到：

【補題】若兩個函數具有相等的導函數，則它們可能差個常數，而且最多僅差個常數。換言之，若 $f'=h'$，則 $f\equiv h+c$，其中 c 爲常數。

反導函數的存在性問題

#13 現在講存在性的問題：是否任何一個連續函數 g 均有原始函數呢？答案是肯定的，g 的不定積分 $\int_a^x g$ 就是一個！

(cf. #31)

什麼叫做不定積分？

因此，以下把“原始函數”又叫做**不定積分**。原始函數有個未定常數，就相當於“不定積分$\int_a^x g$的a可以任意取”。

#14【定理】（疊合原則）

不定積分的疊合原則

(i) $\int cf = c\int f$.（齊性）

(ii) $\int(f+g) = \int f + \int g$.（加性）

換句話說，不定積分的操作是線性的!

【證明】 設$\int f = F, \int g = G$，則 $F' = f, G' = g$.

由導微公式 $(cF)' = cF' = cf, (F+G)' = F' + G' = f + g$,

得到 $\int cf = cF = c\int f$ 及 $\int(f+g) = F + G = f + \int g$.

【例】

$$\int\left(\frac{3}{x^2} + \frac{5}{\sqrt{1-x^2}}\right)dx = 3\int\frac{1}{x^2}dx + 5\int\frac{1}{\sqrt{1-x^2}}dx$$

$$= 3\left(\frac{-1}{x}\right) + 5\sin^{-1}x.$$

【問題 1】 求下列的不定積分

(1) $\int(1+x^2-6x)dx$ (2) $\int 5x^3dx$ (3) $\int(1+x^2)^2dx$

(4) $\int(\cos x + 2\sin x)dx$ (5) $\int\frac{5}{(1+x^2)}dx$

【問題 2】 問 $\int fg = \int f \cdot \int g$ 成立嗎？若不成立的話，給一個反例。

#15 平移和伸縮

【定理】 設 $\int f(x)dx = F(x)$，則

$$\int f(x-\gamma)dx = F(x-\gamma), \quad (\gamma \in \boldsymbol{R})$$

$$\int f(x\gamma)dx = F(x\gamma)/\gamma. \qquad (\gamma \neq 0)$$

【證明】此時 $dF(x)/dx = f(x)$,

而 $dF(x-\gamma)/dx = f(x-\gamma)$,

$$\frac{d}{dx}F(x\gamma)/\gamma = f(x\gamma).$$

【例】 $\int\frac{dx}{x} = \ln x$，則 $\int\frac{1}{4x+7}dx = \frac{1}{4}\ln\left(x+\frac{7}{4}\right)$.

〔或者 $4^{-1}\ln(4x+7)$，只差一常數! 〕

又如 $\int\frac{dx}{1+x^2} = \tan^{-1}x$，故 $\int\frac{dx}{1+9x^2} = ?$

【問〕 $\int 5\sin 2x\,dx = ?$ $\int 6e^{-x}dx = ?$

【問】 $\int x\sqrt{x+a}\,dx = ?$ 〔解 $=\int(x+a)\sqrt{x+a}\,dx$

$-\int a\sqrt{x+a} = \cdots$〕

平移伸縮用得最多的是在**二次三項式**

$$ax^2+bx+c = a\left(x+\frac{b}{2a}\right)^2 - \left(\frac{b^2-4ac}{4a}\right),$$

所以：凡是

$$\int\frac{dx}{\sqrt{ax^2+bx+c}}$$

必可簡單地積出，

$$\int\frac{dx}{ax^2+bx+c}$$

亦然。

1. $\int \sqrt[3]{1-3x}\, dx$.

2. $\int \frac{dx}{\sqrt{2-5x}}$.

3. $\int \frac{dx}{(5x-2)^{5/2}}$.

4. $\int \frac{\sqrt[5]{1-2x+x^2}}{1-x} dx$.

5. $\int \frac{dx}{2+3x^2}$.

6. $\int \frac{dx}{2-3x^2}$.

7. $\int \frac{dx}{\sqrt{2-3x^2}}$.

8. $\int \frac{dx}{\sin^2\left(2x+\frac{\pi}{4}\right)}$.

9. $\int \frac{dx}{1+\cos x}$.

10. $\int \frac{dx}{1+\sin x}$.

11. $\int \frac{dx}{1-\cos x}$.

#16 以下談有理函數的不定積分法。設 $P(x)$ 與 $Q(x)$ 是兩個多項式，凡形如：

有理函數的不定積分法

$$\frac{P(x)}{Q(x)}$$

的函數稱為**有理函數** (rational function)。譬如說

$$\frac{x^4+x^3-3x+5}{x^3+2x^2+2x+1}$$

就是一個有理函數。我們不妨假設 $P(x)$ 的次數低於 $Q(x)$，否則以

$Q(x)$ 去除 $P(x)$，卽可分解爲多項式 $R(x)$ 與 $\dfrac{P_1(x)}{Q(x)}$ 之和，其中 $P_1(x)$ 的次數低於 $Q(x)$ 的。而 $R(x)$ 的積分毫無困難，所以我們只要考慮眞分式的積分就够了。

根據高中代數學，我們知道任何眞分式 $\dfrac{P(x)}{Q(x)}$ 分解成部分分式後，不外是下列四種類型的組合:

$$(甲)\ \frac{A}{x-a},\qquad (乙)\ \frac{A}{(x-a)^n}\,(n=2,3,\cdots),$$

$$(丙)\ \frac{Bx+C}{x^2+px+q},\quad (丁)\ \frac{Bx+C}{(x^2+px+q)^n}\,(n=2,3,\cdots).$$

其中 A, B, C, a, p, q 都是常數，並且我們可設 x^2+px+q 沒有實根，卽判別式 $p^2-4q<0$，否則（丙）、（丁）又可化約成（甲）、（乙）兩型。因此我們只要會求上面四種類型函數的不定積分，再利用疊合原理就可以求得任何有理函數的不定積分了。

今討論（甲）──（丁）的不定積分。（甲）、（乙）兩類的不定積分我們早已會求，它們分別爲:

$$\int \frac{A}{x-a}dx = A\ln|x-a|+c,$$

$$\int \frac{A}{(x-a)^n}dx = -\frac{A}{(n-1)}\cdot\frac{1}{(x-a)^{n-1}} + c\,(n=2,3,\cdots).$$

丙類的，最少對於

$$\int \frac{c}{x^2+px+q}dx，可以算出是 \frac{c}{a}\arctan\frac{x+\frac{p}{2}}{a}$$

$$\left(但\quad a \equiv \sqrt{q-\frac{p^2}{4}}\right)$$

丙、丁類的積分暫不講。（見 #25）

實際上，x^2+px+q 在 $p^2-4q<0$ 時，（“沒有實根”！）固然是**質式**，這只是就 $\boldsymbol{R}[x]$ 來說的，若允許**複係數**，（換言之，在 $\boldsymbol{C}[x]$ 中）則它可以分解成兩個一次式之積，因而丙、丁兩類積分以複數觀點看，仍是甲、乙兩類，因此可以積分！

讓我們來舉一些例子：

【例 1】求不定積分 $\int\frac{dx}{x^2-a^2}$.

【解】由於 $x^2-a^2=(x+a)(x-a)$，應用未定係數法，令

$$\frac{1}{x^2-a^2}=\frac{A}{x-a}+\frac{B}{x+a}.$$

從而　$1=(A+B)x+a(A-B)$,

比較兩邊同次冪的係數，得

$$\begin{cases}A+B=0,\\ a(A-B)=1,\end{cases}$$

解得　$A=\frac{1}{2a},\ B=-\frac{1}{2a}.$

因此　$\frac{1}{x^2-a^2}=\frac{1}{2a}\left(\frac{1}{x-a}-\frac{1}{x+a}\right),$

對兩邊求不定積分，得

$$\begin{aligned}\int\frac{1}{x^2-a^2}dx&=\frac{1}{2a}\left(\int\frac{dx}{x-a}-\int\frac{dx}{x+a}\right)\\&=\frac{1}{2a}(\ln|x-a|-\ln|x+a|)+c\\&=\frac{1}{2a}\ln\left|\frac{x-a}{x+a}\right|+c.\end{aligned}$$

【例 2】求 $\int\frac{x+1}{(x-1)^2(x-2)}dx.$

【解】令$\dfrac{x+1}{(x-1)^2(x-2)}=\dfrac{A}{x-1}+\dfrac{B}{(x-1)^2}+\dfrac{C}{x-2}$,

通分得 $x+1=A(x-1)(x-2)+B(x-2)$
$+C(x-1)^2$,

依次令 $x=1, 2$ 得 $2=-B$, $3=C$,

比較兩邊常數項，得 $1=2A-2B+B$，於是解得

$$A=\frac{1}{2}(1+2B-C)=\frac{1}{2}(1-4-3)=-3,$$

$$B=-2, C=3,$$

因此

$$\int\frac{x+1}{(x-1)^2(x-2)}dx$$

$$=-3\int\frac{dx}{x-1}-2\int\frac{dx}{(x-1)^2}+3\int\frac{dx}{x-2}$$

$$=-3\ln|x-1|+\frac{2}{x-1}+3\ln|x-2|+C.$$

【例 3】試求

$$\int\frac{x^2}{(x-1)(x-2)(x-3)}dx.$$

【解】令$\dfrac{x^2}{(x-1)(x-2)(x-3)}=\dfrac{A}{x-1}+\dfrac{B}{x-2}+\dfrac{C}{x-3}$,

通分後，得

$$x^2=A(x-2)(x-3)+B(x-1)(x-3)$$
$$+C(x-1)(x-2). \qquad (甲)$$

爲求係數A, B, C，我們也可以仿照上述各例的辦法，比較同冪次的係數，然後解聯立方程組。但是在這裏我們將用另一種“待定係數”法來求，這一方法在某些特殊情況下比上述方法

更爲簡便。在（甲）式中，依次令 $x=1, 2, 3$，則得 $1=2A$，$4=-B$，$9=2C$，於是

$$A=\frac{1}{2},\ B=-4,\ C=\frac{9}{2},$$

因此

$$\int\frac{x^2}{(x-1)(x-2)(x-3)}dx$$

$$=\frac{1}{2}\int\frac{dx}{x-1}-4\int\frac{dx}{x-2}+\frac{9}{2}\int\frac{dx}{x-3}$$

$$=\frac{1}{2}\ln|x-1|-4\ln|x-2|+\frac{9}{2}\ln|x-3|+c.$$

【問】 $\int\frac{x^2+1}{(x+1)^4}dx=?$

答 $\frac{-1}{x+1}+\frac{1}{(x+1)^2}-\frac{2}{3(x+1)^3}$

【例 4】試求 $\int\frac{1}{x^2+x+1}dx.$

【解】 $\int\frac{1}{x^2+x+1}dx=\int\frac{1}{\left(x+\frac{1}{2}\right)^2+\frac{3}{4}}dx,$

令 $x+\frac{1}{2}=\sqrt{\frac{3}{4}}u$，則 $dx=\sqrt{\frac{3}{4}}du$ 且 $u=\sqrt{\frac{4}{3}}\left(x+\frac{1}{2}\right)$

於是

$$\int\frac{1}{x^2+x+1}dx=\int\frac{1}{\frac{3}{4}u^2+\frac{3}{4}}\cdot\sqrt{\frac{3}{4}}du=\sqrt{\frac{4}{3}}\int\frac{du}{u^2+1}$$

$$=\sqrt{\frac{4}{3}}\tan^{-1}u$$

$$=\sqrt{\frac{4}{3}}\tan^{-1}\left[\sqrt{\frac{4}{3}}\left(x+\frac{1}{2}\right)\right]+C.$$

【問題】求下列之不定積分:

$$(1)\int\frac{dx}{x^3-1},\quad (2)\int\frac{x^3+1}{x(x-1)^3}dx,\quad (3)\int\frac{dx}{x^4(1+x^2)},$$

$$(4)\int\frac{x^3}{(x-1)(x-2)(x-3)}dx。$$

#2 變數代換與分部積分

#21 導微公式中最重要的就是連鎖規則，在不定積分中，對應地就有變數代換法:

連鎖規則導致變數代換法

【定理】設 f, φ, φ' 都是連續函數，並且

$$\int f(x)dx=F(x)+c,$$

則我們有 $\int f(\varphi(x))\varphi'(x)dx=F(\varphi(x))+c.$

【證明】因 $\int f(x)dx=F(x)+c$，故

$$\frac{d}{dx}F(x)\equiv F'(x)=f(x),$$

對 $F(\varphi(x))=F\circ\varphi(x)$ 使用連鎖規則，得到

$$\frac{d}{dx}[F\circ\varphi(x)]=F'(\varphi(x))\cdot\varphi'(x)=f(\varphi(x))\varphi'(x),$$

於是 $\int f(\varphi(x))\varphi'(x)dx=F(\varphi(x))+c$，得證。

變數代換法的意思

這個定理的意義是: 假定我們遇到的被積分函數 $\Phi(x)$ 可以寫成爲兩因子的乘積，一個因子 $\varphi'(x)$ 很容易積分，積成 $\varphi(x)$，另一個因子可以湊合成 $\varphi(x)$ 的複合函數，即呈 $f(\varphi(x))$

之形；則原來積分$\int \Phi(x)dx=\int f(\varphi(x))\cdot\varphi'(x)dx$就成爲$\int f(x)dx$的問題，只要做出$\int f(x)dx=F(x)$，則$\int \Phi(x)dx=F(\varphi(x))$.

【例 1】求 $\int 10(x^3+1)^9 3x^2dx$

【解】表面看起來，這個題目似乎很難做，但是只要令$u=x^3+1$，則$\int 10(x^3+1)^9 3x^2dx$ 就變成$\int 10u^9du$之形，這個問題大家都會做，答案是 u^{10}（因 $(u^{10})'=10u^9$ 也），再代回變數就得到 $(x^3+1)^{10}$，因此$\int 10(x^3+1)^9\cdot 3x^2dx=(x^3+1)^{10}$.

【例 2】

$$\int\frac{\tan^{-1}x}{1+x^2}dx=\int \tan^{-1}xD(\tan^{-1}x)dx$$

$$=\frac{1}{2}(\tan^{-1}x)^2+c.$$

【例 3】

$$\int\frac{dx}{x\ln x}=\int\frac{1}{\ln x}D(\ln x)dx=\ln|\ln x|+c.$$

【例 4】

$$\int\sin^3 x dx=\int\sin^2 x\sin x dx$$

$$=-\int(1-\cos^2 x)D\cos x dx=\int(u^2-1)du,$$

$$u=\cos x \text{ 故}=3^{-1}u^3-u+c$$

$$=\frac{1}{3}\cos^3 x-\cos x+c.$$

現在我們可以做完三角函數之積分:

#211

$$\int\tan x dx=\int\frac{\sin x}{\cos x}dx=-\int\frac{D\cos x}{\cos x}dx=-\int\frac{du}{u},$$

$(u=\cos x)$

故

$$=-\ln|\cos x|+c=\ln|\sec x|+c.$$

#212 $\int \sec x\,dx = \int \frac{dx}{\cos x} = \int \frac{\cos x}{\cos^2 x}dx = \int \frac{D\sin x}{1-\sin^2 x}dx$

$= \int \frac{du}{1-u^2}$(但 $u=\sin x$),

故 $= 2^{-1}\int\left(\frac{1}{1-u}+\frac{1}{1+u}\right)du$

$= 2^{-1}\int \frac{-dv}{v} + 2^{-1}\int\frac{dw}{w}$.

(但 $v = 1-u$, $w = 1+u$.)

故 $= 2^{-1}(\ln w - \ln v) = 2^{-1}\ln\frac{1+u}{1-u}$

$= 2^{-1}\ln\frac{1+\sin x}{1-\sin x}\left[= 2^{-1}\ln\frac{(1+\sin x)^2}{\cos^2 x}\right.$

$\left. = \ln\left|\frac{1+\sin x}{\cos x}\right|\right]$.

#213 同理 $\int \csc x\,dx = \ln\left|\frac{1-\cos x}{\sin x}\right| = \ln\tan\frac{x}{2}$.

【註】 $\int\frac{dx}{\sin x} = \int\frac{dx}{2\sin\frac{x}{2}\cos\frac{x}{2}} = \int\frac{\frac{1}{2}\sec^2\frac{x}{2}}{\tan\frac{x}{2}}dx$

$= \int\frac{d\left(\tan\frac{x}{2}\right)}{\tan\frac{x}{2}} = \log\left|\tan\frac{x}{2}\right| + c$.

【例 1】 求 $\int\frac{x\,dx}{1+x^4}$.

【解】 令 $u=x^2$，則 $du = 2x\,dx$

$\therefore \int\frac{x\,dx}{1+x^4} = \frac{1}{2}\int\frac{du}{1+u^2} = \frac{1}{2}\tan^{-1}u = \frac{1}{2}\tan^{-1}x^2$.

【注意】 如果我們令 $u=x^4$會如何呢？此時 $du = 4x^3dx$

$$\therefore\quad x\,dx=\frac{du}{4x^2}=\frac{du}{4\sqrt{u}}$$

於是 $\displaystyle\int\frac{x}{1+x^4}dx=\int\frac{1}{1+u}\ \frac{du}{4\sqrt{u}}=\frac{1}{4}\int\frac{1}{\sqrt{u}+u\sqrt{u}}du,$

這變得比原問題更難做，因此必須講究代換的技巧，做到“熟能生巧”的地步。

【例 2】求 $\displaystyle\int\frac{x}{\sqrt{x^2+4}}dx.$

【解】因 $D(\sqrt{x^2+4})=\dfrac{x}{\sqrt{x^2+4}}$

（先令 $u=x^2+4$，則 $du=2x\,dx$).

故 $\displaystyle\int\frac{x}{\sqrt{x^2+4}}dx=\sqrt{x^2+4}\Big|$

$$=\sqrt{20}-\sqrt{4}=2.472.$$

#214

【例】 $\displaystyle\int\frac{Bx+C}{x^2+px+q}=?$

這是前面討論有理函數之積分（#16）時出現的（丙）類的不定積分，利用變數代換法也可求出：將 x^2+px+q 配方得

$$x^2+px+p=x^2+2\cdot\frac{p}{2}x+\left(\frac{p}{2}\right)^2+\left(q-\frac{p^2}{4}\right)$$

$$=\left(x+\frac{p}{2}\right)^2+\left(q-\frac{p^2}{4}\right),$$

最後一個括號項爲一正數（判別式），不妨記爲 a^2。現在作變數代換，令 $t=x+\dfrac{p}{2}$，則 $dx=dt$，於是

$$\int\frac{Bx+C}{x^2+px+q}dx=\int\frac{Bt+\left(C-\dfrac{Bp}{2}\right)}{t^2+a^2}dt$$

$$=\frac{B}{2}\int\frac{2t\,dt}{t^2+a^2}+\left(C-\frac{Bp}{2}\right)\int\frac{dt}{t^2+a^2}$$

$$=\frac{B}{2}\ln(t^2+a^2)+\frac{1}{a}\left(C-\frac{Bp}{2}\right)\tan^{-1}\frac{t}{a}+c,$$

其中C為不定積分常數。再把變數代回，就得到

$$\int\frac{Bx+C}{x^2+px+q}=\frac{B}{2}\ln(x^2+px+q)+$$

$$+\frac{2C-Bp}{\sqrt{4q-p^2}}\tan^{-1}\frac{2x+p}{\sqrt{4q-p^2}}+C.$$

【例 1】試求$\int\frac{x}{x^2+x+1}dx.$

【解】 $$\frac{x}{x^2+x+1}=\frac{\frac{1}{2}(2x+1)-\frac{1}{2}}{x^2+x+1},$$

$$\therefore\ \int\frac{x}{x^2+x+1}dx=\frac{1}{2}\int\frac{2x+1}{x^2+x+1}dx-\frac{1}{2}\int\frac{1}{x^2+x+1}dx$$

$$=\frac{1}{2}\ln|x^2+x+1|-\frac{1}{2}\sqrt{\frac{4}{3}}\tan^{-1}\left[\sqrt{\frac{4}{3}}\left(x+\frac{1}{2}\right)\right]+C.$$

【問】 $$\int\frac{(5x^2-1)dx}{(x+3)(x^2-2x+5)}$$

答 $\log\frac{x^2-2x+5}{x^2+3}+\frac{5}{2}\arctan\frac{x-1}{2}-\frac{2}{\sqrt{3}}\arctan\frac{x}{\sqrt{3}}$

【問】 $$\int\frac{4dx}{x^4+1}=?$$

答 $\frac{1}{\sqrt{2}}\log\frac{x^2+\sqrt{2}\,x+1}{x^2-\sqrt{2}\,x+1}+\sqrt{2}\arctan\frac{\sqrt{2}\,x}{1-x^2}$

#215 由於二次三項式 ax^2+bx+c 都可以用伸縮及平均，化成 $a^2\pm x^2$ 或者 x^2-a，所以我們可以做形如

$$I=\int\frac{Mx+N}{\sqrt{ax^2+bx+c}}dx$$

的積分。先把它分成兩項，即

$$I=\frac{M}{2a}\int\frac{d(ax^2+bx+c)}{\sqrt{ax^2+b+c}}+\left(N-\frac{bM}{2a}\right)\int\frac{dx}{\sqrt{ax^2+bx+c}}$$

右端的第一個積分，立刻可以求出，第二個積分可把根式的二次三項式配成完全平方，使成爲

$$\int\frac{dx}{\sqrt{a\left(x+\frac{b}{2a}\right)^2+\left(c-\frac{b^2}{4a}\right)}}$$

於是視 a 及 $c-\frac{b^2}{4a}$ 之正、負情況，可將它化爲形如

$$\int\frac{dx}{\sqrt{a^2-x^2}}\text{或}\int\frac{dx}{\sqrt{x^2\pm a^2}}$$

的積分，而對於它們，我們是容易求出的。

【例 2】求積分

$$\int\frac{2x+1}{\sqrt{-x^2-4x}}dx.$$

我們有

$$\begin{aligned}\int\frac{2x+1}{\sqrt{-x^2-4x}}dx&=-\int\frac{d(-x^2-4x)}{\sqrt{-x^2-4x}}-3\int\frac{dx}{\sqrt{-x^2-4x}}\\&=-2\sqrt{-x^2-4x}-3\int\frac{dx}{\sqrt{4-(x+2)^2}}\\&=-2\sqrt{x^2-4x}-3\arcsin\frac{x+2}{2}+c_1.\end{aligned}$$

【習　題】

【問】

1. $\int \frac{x^2dx}{\sqrt[3]{a^3+x^3}}$ 〔答: $\frac{1}{2}(a^3+x^3)^{2/3}$〕

2. $\int \frac{x^2-a^2}{x^3-3a^2x}dx$ 〔答: $\frac{1}{3}\log(x^3-3a^2x)$〕

3. $\int \frac{\sec^2\theta}{1+3\tan\theta}d\theta$ 〔答: $\frac{1}{3}\log(1+3\tan\theta)$〕

4. $\int \frac{dx}{\sin x+\cos x}$ 〔分母爲三角一次式，答: $\frac{1}{\sqrt{2}}\log\tan\left(\frac{\pi}{8}+x\right.$ 〕

5. $\int \frac{dx}{x\sqrt{1-(\log x)^2}}$ 〔答: $\arcsin\log x$〕

6. $\int \frac{dx}{e^x+e^{-x}}$ 〔答: $\arctan e^x$〕

7. $\int \frac{e^{2x}}{(e^x+1)^{1/4}}dx$ 〔令 $z=e^x+1$〕

8. $\int \frac{e^x\sqrt{e^x-1}}{e^x+3}dx$ 〔若 $e^x=z^2-1$，則$=2z-4\arctan\frac{z}{2}$〕

9. $\int \frac{(2+5\log x)\sqrt{1+\log x}}{x}dx$

〔令 $1+\log x=z$，$dz=\frac{dx}{x}$.　答: $2z^{3/2}(z-1)$〕

#22 三角多項式之積分

對於形如

三角多項式的積分法

$\int \sin^m x\cos^n x dx$ 的積分

$m, n \in \boldsymbol{N}$（或竟是$\in \boldsymbol{Z}$），依m, n之奇偶性來討論。

#221 如果 m, n 中有一個爲奇數時， 可以像下面所舉例的方法來求得。

【例 0】求積分

$$\int \sin^3 x \cos^2 x\, dx.$$

我們有

$$\int \sin^3 x \cos^2 x\, dx = -\int \sin^2 x \cos^2 x\, d\cos x$$

$$= -\int (1-\cos^2 x)\cos^2 x\, d\cos x$$

$$= \int \cos^4 x\, d\cos x - \int \cos^2 x\, d\cos x$$

$$= \frac{1}{5}\cos^5 x - \frac{1}{3}\cos^3 x + c.$$

#222 如果m, n都是偶數，則利用

$$\sin u \cos u = \frac{1}{2}\sin 2u,$$

$$\sin^2 u = \frac{1-\cos^2 u}{2},$$

$$\cos^2 u = \frac{1+\cos^2 u}{2},$$

等關係，即可求出。

【例 1】求 $\int \cos^2 x\, dx.$

因 $\cos^2 x = \frac{1}{2}(1+\cos 2x)$,

故 $\int \cos^2 x\, dx = \frac{1}{2}\left(\int dx + \int \cos 2x\, dx\right)$

$$= \frac{1}{2}\left(x + \frac{1}{2}\sin 2x\right) + c.$$

【例 2】求積分

$$\int \sin^4 x\, dx.$$

我們有

$$\int \sin^4 x dx=\int(\sin^2 x)^2 dx=\int\left(\frac{1-\cos^2 x}{2}\right)^2 dx$$

$$=\frac{1}{4}\int(1-2\cos^2 x+\cos^2 2x)dx$$

$$=\frac{1}{4}\int\left(1-2\cos 2x+\frac{1+\cos 4x}{2}\right)dx$$

$$=\frac{1}{4}\left[x-\sin 2x+\frac{x}{2}+\frac{1}{8}\sin 4x\right)+c$$

$$=\frac{3}{8}x-\frac{1}{4}\sin 2x+\frac{1}{32}\sin 4x+c.$$

【問】(i)　$\int(1-\cos x)^2 dx.$　　〔答　$\frac{3}{2}x-2\sin x+\frac{1}{4}\sin 2x.$〕

【問】(ii)　$\int\frac{\sin^3 x}{1+k\cos x}dx.$〔雖然不是三角多項式，解法仍是令 $\cos x=u$，而 $\sin^3 x dx=(1-u^2)(-du)$〕

【問】(iii)　$\int \sin^5 x\sqrt{\sec x}\,dx.$

〔答　$-2\sqrt{\cos x}\left(1-\frac{2}{5}\cos^2 x+\frac{1}{9}\cos^4 x\right)$〕

【例 3】　$\int \tan^5 x dx=?$

【解】　$=\int \tan^3 x(\sec^2 x-1)=\int \tan^3 x d\tan x-\int \tan^3 x$

$$=\frac{1}{4}\tan^4 x-\int \tan x(\sec^2 x-1)dx$$

$$=\frac{1}{4}\tan^4 x-\frac{1}{2}\tan^2 x+\log\sec x.$$

【例 4】　$\int \tan^4 x dx=\int \tan^2 x(\sec^2 x-1)dx$

$$=3^{-1}\tan^3 x-\int\tan^2 x\,dx=3^{-1}\tan^3 x-\tan x+x.$$

【問】(i) $\int\cot^5\theta\csc^{3/2}\theta\,d\theta=?$

取　$u=\csc\theta$, $du=-\cot\theta\csc\theta\,d\theta$.
答　$\dfrac{-2}{11}(\csc\theta)^{11/2}+\dfrac{4}{7}(\csc\theta)^{7/2}-\dfrac{2}{3}(\csc\theta)^{3/2}$

【問】(ii) $\int(\tan\theta+\cot\theta)^3 d\theta=?$　答　$2^{-1}(\tan^2\theta-\cot^2\theta)+2\log\tan\theta.$

#23　關於變數代換，我們還有下面常用的規則（參數代換積分法）

【定理】設 $f(x)$, $x=\varphi(t)$, 及 $\varphi'(t)$ 均爲連續函數，$x=\varphi(t)$ 的反函數存在且可導微，並且

參數代換積分法

$$\int f(\varphi(t))\varphi'(t)dt=F(t)+c, \tag{1}$$

則我們有

$$\int f(x)dx=F(\varphi^{-1}(x))+c. \tag{2}$$

【證明】對 (2) 式導微，同時注意到 (1) 式，就得到:

$$\frac{d}{dx}[F(\varphi^{-1}(x))+c]=F'(t)[\varphi^{-1}(x)]',$$

$$=f(\varphi(t))\varphi'(t)\cdot\frac{1}{\varphi'(t)}=f(x)\text{，證得 (2) 式成立。}$$

換句話說，當我們要求 $\int f(x)dx$ 時，可以如下來計算：令 $x=\varphi(t)$，作變數代換，則 $\int f(x)dx$ 變成 $\int f(\varphi(t))\varphi'(t)dt$，算得結果爲 $F(t)+c$，再代回原變數就得到 $F(\varphi^{-1}(x))+c$。

【例】求 $\int \frac{dx}{\sqrt{x}+\sqrt[3]{x}}$.

【解】作變數代換 $x=t^6$，於是

$$\int \frac{dx}{\sqrt{x}+\sqrt[3]{x}}=\int \frac{6t^5dt}{t^3+t^2}=6\ \frac{t^3}{t+1}dt$$

$$=6\int\left(t^2-t+1-\frac{1}{t+1}\right)dt$$

$$=2t^3-3t^2+6t-6\ln|\ t+1\ |+c$$

$$=2\sqrt{x}-3\sqrt[3]{x}-6\ln|\ \sqrt[3]{t}+1\ |+c$$

【問】(i) $I=\int \frac{x^{1/2}}{x^{3/4}+1}dx=?$〔令 $z^4=x$，

則 $I=\frac{4}{3}z^3-\frac{4}{3}\log(z^3+1)$〕.

【問】(ii) $\int \frac{x^{1/6}+1}{x^{7/6}+x^{5/4}}dx$.

$$\left[\text{令}\quad x=z^{12},\ \text{則}\quad I=12\int \frac{z^2+1}{z^3(z+1)}dz.\right]$$

【問】(iii) $\int \frac{dx}{1+\sqrt[3]{x+1}}$.

$$\left[\text{令}\quad z^3=x+1,\ \text{則}\quad I=\int \frac{3z^2dz}{1+z}.\right]$$

【問】(iv) $\int \frac{x^2dx}{(a+bx)^{3/2}}$.

$$\left[\text{令}\quad a+bx=z^2.\quad I=\frac{2}{b^3}\int \frac{(z^2-a)^2}{z^2}dz.\right]$$

【問】求不定積分:

1. $\int x^2\sqrt[3]{1-x}\,dx$ 答 $\frac{-3}{140}(9+12x+14x^2)(1-x)^{4/3}$

2. $\int x^3(1-5x^2)^{10}dx$ | 答 $\frac{1+55x^2}{-6600}(1-5x^2)^{11}$

3. $\int \frac{x^2}{\sqrt{2-x}}dx$ | 答 $\frac{-2}{15}(32+8x+3x^2)\sqrt{2-x}$

4. $\int \frac{x^5}{\sqrt{1-x^2}}dx$ | 答 $\frac{-1}{15}(8+4x^2+3x^4)\sqrt{1-x^2}$

5. $\int x^5(2-5x^3)^{2/3}dx$ | 答 $\frac{6+25x^3}{-1000}(2-5x^3)^{5/3}$

#231 三角函數化

三角函數化之積分法

#2311

【例】求 $\int \frac{dx}{\sqrt{a^2-x^2}}$.

【解】令 $x=a\sin t$，作變數代換，於是

$$\int \frac{dx}{\sqrt{a^2-x^2}}=\int \frac{a\cos t}{a\cos t}dt=\int dt$$

$$=t+c=\sin^{-1}\frac{x}{a}+c.$$

#2312

【例】求 $\int \frac{dx}{\sqrt{a^2+x^2}}=\text{sh}^{-1}\frac{x}{a}$

【解】令 $x=a\tan t$，作變數代換，於是

$$\int \frac{dx}{\sqrt{a^2+x^2}}=\int \frac{a\sec^2 t}{a\sec t}dt=\int \sec t\,dt$$

$$=\ln|\sec t+\tan t|+c_1,\text{(#6例5)}$$

$$=\ln|\tan t+\frac{1}{a}\sqrt{a^2+a^2\tan^2 t}|+c_1$$

$$=\ln|\frac{x+\sqrt{a^2+x^2}}{a}|+c_1$$

$$=\ln|x+\sqrt{a^2+x^2}|+c,$$

其中 $c=c_1-\ln a$.

#2313

【例】求 $\int\frac{dx}{\sqrt{x^2-a^2}}=\text{ch}^{-1}\frac{x}{a}$.

【解】作變數代換 $x=a\sec t$，於是

$$\int\frac{dx}{\sqrt{x^2-a^2}}=\int\frac{a\sec t\tan t}{a\tan t}dt$$

$$=\ln|\sec t+\tan t|+c_1$$

$$=\ln|x+\sqrt{x^2-a^2}|+c,$$

其中 $c=c_1-\ln a$.

以上三者是典型的變換。

【例】求 $\int\frac{dx}{x^2\sqrt{1+x^2}}$.

【解】令 $x\equiv\tan t$，則

$$\text{積分}=\int\frac{\sec^2 t\,dt}{\tan^2 t\sec t}=\int(\sin^2 t)^{-1}\cos t\,dt$$

$$=\int u^{-2}du\,(u=\sin t)=-u^{-1}=-\frac{1}{\sin t}=-\frac{\sqrt{1+x^2}}{x}.$$

【問題】求下列的不定積分:

(1) $\int\frac{x^3}{\sqrt{16-x^2}}dx$ 〔提示: 令 $x=4\sin t$〕

(2) $\int\frac{1}{x^2+a^2}dx$ 〔用 $x=a\tan t$〕

(3) $\int\frac{dx}{x\sqrt{x^2+1}}$ 　答 $\log\frac{\sqrt{1+x^2}-1}{x}$

(4) $\int\frac{\sqrt{2x^2+3}}{x^2}dx$

答 $\sqrt{2}\log(\sqrt{2x^2+3}+\sqrt{2}\,x)-\dfrac{\sqrt{2x^2+3}}{x}$

(5) $\displaystyle\int\frac{dx}{(1-x^2)^{3/2}}$ 答 $\dfrac{x}{\sqrt{1-x^2}}$

(6) $\displaystyle\int\frac{x^2dx}{\sqrt{x^2-2}}$ 答 $\dfrac{x}{2}\sqrt{x^2-2}+\log|x+\sqrt{x^2-2}|$

(7) $\displaystyle\int\sqrt{a^2-x^2}\,dx$ 答 $\dfrac{x}{2}\sqrt{a^2-x^2}+\dfrac{a^2}{2}\arcsin\dfrac{x}{a}$

(8) $\displaystyle\int\frac{dx}{(x^2+a^2)^{3/2}}$ 答 $\dfrac{x}{a^2\sqrt{a^2+x^2}}$

(9) $\displaystyle\int\sqrt{\frac{a+x}{a-x}}\,dx$ 答 $-\sqrt{a^2-x^2}+a\arcsin\dfrac{x}{a}$

(10) $\displaystyle\int x\sqrt{\frac{x}{2a-x}}$ 答 $\dfrac{3a+x}{-2}\sqrt{x(2a-x)}+3a^2\arcsin\sqrt{\dfrac{x}{2a}}$

#24 分部積分法

連鎖規則是變數代換的基礎，而 Leibniz 的導微公式，乃是本段要介紹的**“分部積分法”**的依據。

> Leibniz 導微公式導致分部積分公式

假設 u，v 爲可導微函數，則由 Leibniz 的導微公式

$$(uv)'=u'v+uv',$$

得到

$$uv'=(uv)'-u'v.$$

兩邊作不定積分的運算得

$$\int uv'dx=\int(uv)'dx-\int u'v\,dx,$$

亦即

$$\int uv'dx=uv-\int vu'dx,$$

或

$$\int u\,dv=uv-\int v\,du.$$

這個分部積分法的意義就是：（參見§12.83）

把被積分函數 $\Phi(x)$ 寫成兩個因子 $u(x)$ 及 $\varphi(x)$ 之積，其中 $\varphi(x)$ 很容易積分，即是，

分部積分法的意義

$\varphi(x)\equiv v'(x)$ 於是

$$\int\Phi(x)dx=\int u(x)\varphi(x)dx=\int u(x)v'(x)dx$$

$$\equiv u(x)v(x)-\int u'(x)v(x)dx.$$

現在的問題是 $u'(x)v(x)$ 的積分，必須「這個積分比原來的積分容易」，才有意義!

另外一個注意：如何求得

$$\int u'(x)v(x)dx?$$

切記：不可以寫

$$\int u'(x)v(x)dx=u(x)v(x)$$

$$-\int u(x)v'(x)dx,$$

這是在"兜圈子"!

【例 1】 求 $\int\tan^{-1}x dx$,

【解】 利用分部積分公式，〔令 $u=\tan x, v'=1$.〕

$$\int\tan^{-1}x dx=x\tan^{-1}x-\int x d\tan^{-1}x$$

$$=x\tan^{-1}x-\int\frac{x}{1+x^2}dx$$

$$=x\tan^{-1}x-\frac{1}{2}\ln(x^2+1)+c.$$

【例 2】 求 $\int x^2\sin x dx$.

【解】利用分部積分公式，令 $u=x^2$，$v'=\sin x$，

$$\begin{aligned}\int x^2\sin x\,dx&=\int x^2 d(-\cos x)\\&=-x^2\cos x-\int(-\cos x)\,dx^2\\&=-x^2\cos x+\int 2x\cos x\,dx,\end{aligned}$$

再對 $\int 2x\cos x\,dx$ 施行分部積分法得〔$u=x$，$v'=\cos x$〕

$$\begin{aligned}\int 2x\cos x\,dx&=2\int x\,d\sin x\\&=2\left(x\sin x-\int\sin x\,dx\right)\\&=2x\sin x+2\cos x+c,\end{aligned}$$

$$\therefore\ \int x^2\sin x\,dx=-x^2\cos x+2(x\sin x+\cos x)+c.$$

【例 3】求 $\int xe^{ax}dx$.

【解】利用分部積分法，

$$\begin{aligned}\int xe^{ax}dx&=\frac{1}{a}\int x\,de^{ax}=\frac{x}{a}e^{ax}-\frac{1}{a}\int e^{ax}dx\\&=\frac{x}{a}e^{ax}-\frac{1}{a^2}e^{ax}+c\\&=\frac{e^{ax}}{a^2}(ax-1)+c.\end{aligned}$$

【例 4】 $\int x\tan^{-1}x\,dx=?$

【解】 $\int x\tan^{-1}x\,dx=\int\tan^{-1}x\,d\left(\frac{x^2}{2}\right)$，〔$u=\tan^{-1}x, v'=x$〕，

$$=\frac{x^2}{2}\tan^{-1}x-\frac{1}{2}\int x^2 d(\tan^{-1}x)$$

$$=\frac{x^2}{2}\tan^{-1}x-\frac{1}{2}\int\frac{x^2}{1+x^2}dx$$

$$=\frac{x^2}{2}\tan^{-1}x-\frac{1}{2}\int\left(1-\frac{1}{1+x^2}\right)dx$$

$$=\frac{x^2}{2}\tan^{-1}x-\frac{1}{2}\int(x-\tan^{-1}x)+c$$

$$=\frac{1}{2}(x^2+1)\tan^{-1}x-\frac{x}{2}+c。$$

【例 5】 求 $\int \ln x dx$.

【解】 (1) $\int \ln x dx = x\ln x-\int x d(\ln x)$

$$=x\ln x-\int dx=x\ln x-x+c.$$

【問】 求不定積分:

(i) $\int(e^x+xe^x\log x)\frac{dx}{x}$. [$=e^x\log x$]

(ii) $\int\frac{x\arctan x}{\sqrt{1-x^2}}dx$.

$$\left[=-\sqrt{1-x^2}\arctan x+\int\frac{\sqrt{1-x^2}}{1+x^2}dx\right]$$

(iii) $\int\frac{\arcsin\theta}{(1-\theta^2)^{3/2}}d\theta$. ($\sin x=\theta$, 則 $I=x\tan x-\log\sec x$.]

#241 "自含玄機法"

分部積分法還有另一種作用，對某些積分使用若干次分部積分法之後，常常會重現出原來要求的那個積分式，因而成為所求積分的一個方程式，解出這個方程式（把原來要求的那個積分當作未知量），就得到要求的積分。下面我們舉一些例子來說明分部積分法的這一作用。

自含玄機法

【例 1】 求 $I=\int\sqrt{x^2+a^2}dx.$

【解】利用分部積分法

$$I=\int\sqrt{x^2+a^2}dx=x\sqrt{x^2+a^2}-\int x\frac{x}{\sqrt{x^2+a^2}}dx$$

$$=x\sqrt{x^2+a^2}-\int\frac{x^2+a^2}{\sqrt{x^2+a^2}}dx+\int\frac{a^2}{\sqrt{a^2+x^2}}dx$$

$$=x\sqrt{x^2+a^2}-\int\sqrt{x^2+a^2}dx$$

$$+a^2\ln|x+\sqrt{a^2+x^2}|+c_1,$$（參見 #5 例2）

$$=x\sqrt{x^2+a^2}-I+a^2\ln|x+\sqrt{x^2+a^2}|+c_1,$$

此時等式右邊又出現原來我們要求的那個積分 I，由此解出 I，得:

$$I=\int\sqrt{x^2+a^2}dx=\frac{x}{2}\sqrt{a^2+x^2}$$

$$+\frac{a^2}{2}\ln|x+\sqrt{x^2+a^2}|+c,$$

其中 $c=\frac{1}{2}c_1.$

【例 2】求 $\int e^{ax}\cos bx dx$ 及 $\int e^{ax}\sin bx dx.$

【解】在這兩個不定積分中，我們分別令

$$u=\cos bx, dv=e^{ax}dx,$$

及 $u=\sin bx, dv=e^{ax}dx,$

然後利用分部積分法，得

$$\int e^{ax}\sin bx dx=\frac{1}{a}e^{ax}\sin bx-\frac{b}{a}\int e^{ax}\cos bx dx,$$

$$\int e^{ax}\cos bx dx=\frac{1}{a}e^{ax}\cos bx+\frac{b}{a}\int e^{ax}\sin bx dx,$$

令 $I_1=\int e^{ax}\sin bx\,dx, I_2=\int e^{ax}\cos bx\,dx$，則上面兩式變成

$$I_1=\frac{1}{a}e^{ax}\sin bx-\frac{b}{a}I_2,$$

$$I_2=\frac{1}{a}e^{ax}\cos bx+\frac{b}{a}I_1,$$

解聯立方程式，得

$$I_1=\int e^{ax}\sin bx\,dx=\frac{a\sin bx-b\cos bx}{a^2+b^2}e^{ax}+c\text{。}$$

$$I_2=\int e^{ax}\cos bx\,dx=\frac{b\sin bx+a\cos bx}{a^2+b^2}e^{ax}+c\text{。}$$

#25 有理函數之積分（續）

我們接續 #16 中的討論，作丁類的不定積分，今利用同樣的變數代數（配方法）

$$\int\frac{Bx+C}{(x^2+px+q)^n}=\frac{B}{2}\int\frac{2t\,dt}{(t^2+a^2)^n}+\left(C-\frac{Bp}{2}\right)\int\frac{dt}{(t^2+a^2)^n}$$

右式第一項的不定積分很容易算出:

有理函數之積分

$$\int\frac{2t\,dt}{(t^2+a^2)^n}=-\frac{1}{n-1}\cdot\frac{1}{(t^2+a^2)^{n-1}}+c,$$

對於第二項不定積分，可求得如下的漸化公式

$$I_n=\int\frac{dt}{(t^2+a^2)^n}=\frac{1}{a^2}\int\frac{(t^2+a^2)-t^2}{(t^2+a^2)^n}dt$$

$$=\frac{1}{a^2}\int\frac{t^2+a^2}{(t^2+a^2)^n}dt-\frac{1}{a^2}\int\frac{t^2}{(t^2+a^2)^n}dt$$

$$=\frac{1}{a^2}\int\frac{dt}{(t^2+a^2)^{n-1}}+\frac{1}{2a^2(n-1)}\int t\,d\left(\frac{1}{(t^2+a^2)^{n-1}}\right)$$

$$=\frac{1}{a^2}I_{n-1}+\frac{1}{2a^2(n-1)}\cdot\frac{t}{(t^2+a^2)^{n-1}}$$

$$-\frac{1}{2a^2(n-1)}\int\frac{dt}{(t^2+a^2)^{n-1}}\text{（分部積分）}$$

$$=\frac{1}{a^2}I_{n-1}+\frac{1}{2a^2(n-1)}\cdot\frac{t}{(t^2+a^2)^{n-1}}$$

$$-\frac{1}{2a^2(n-1)}I_{n-1}$$

$$=\frac{t}{2a^2(n-1)(t^2+a^2)^{n-1}}+\frac{2(n-1)-1}{2a^2(n-1)}I_{n-1}. \quad (1)$$

但是我們已經算出過

$$I_1=\int\frac{dt}{t^2+a^2}=\frac{1}{a}\tan^{-1}\frac{t}{a}+c_1,$$

於是按照上面的漸化公式，由 I_1 可推求出 I_2:

$$I_2=\frac{1}{2a^2}\ \frac{t}{(t^2+a^2)}+\frac{1}{2a^3}\tan^{-1}\frac{t}{a}+c_1$$

從而再推求出 I_3 為:

$$I_3=\frac{1}{4a^2}\cdot\frac{t}{(t^2+a^2)^2}+\frac{3}{8a^4}\ \frac{t}{t^2+a^2}+\frac{3}{8a^5}\tan^{-1}\frac{t}{a}+c_2$$

依次類推就可求得我們所要求的不定積分了。

【例】求$\int\frac{2x+2}{(x-1)(x^2+1)^2}dx.$

【解】先把眞分式表為部分分式。設

$$\frac{2x+2}{(x-1)(x^2+1)^2}=\frac{A_1}{x-1}+\frac{B_1x+C_1}{x^2+1}+\frac{B_2x+C_2}{(x^2+1)^2}.$$

右邊通分，再比較兩端分子同次冪係數，得到下面的方程組:

$$\begin{cases}A_1+B_1=0,\\ C_1-B_1=0,\\ 2A_1+B_2+B_1-C_1=0,\\ C_2+C_1-B_2-B_1=2,\\ A_1-C_1-C_2=2.\end{cases}$$

解之，得

$$A_1=1, B_1=-1, C_2=0, B_2=-2, C_1=-1.$$

因此

$$\int\frac{2x+2}{(x-1)(x^2+1)^2}dx=\int\frac{dx}{x-1}-\int\frac{x+1}{x^2+1}dx-\int\frac{2x}{(x^2+1)^2}dx$$

$$=\ln|x-1|-\int\frac{x}{x^2+1}dx-\int\frac{1}{x^2+1}dx-\frac{1}{x^2+1}$$

$$=\ln|x-1|-\frac{1}{2}\ln(x^2+1)-\tan^{-1}x-\frac{1}{x^2+1}+c.$$

【問】(i) $\int\frac{3x+2}{(x^2+x+1)^2}dx=?$

$$\left[\frac{x-4}{3(x^2+x+1)}+\frac{2}{3\sqrt{3}}\arctan\frac{2x+1}{\sqrt{3}}\right]$$

【問】(ii) $\int\frac{x^2dx}{(x+2)^2(x+4)^2}=?$

$$\left[2\log\frac{x+4}{x+2}-\frac{5x+12}{(x+2)(x+4)}\right]$$

【問】(iii) $\int\frac{2xdx}{(1+x)(1+x^2)^2}=?$

$$\left[\frac{1}{4}\log\frac{x^2+1}{(x+1)^2}+\frac{x-1}{2(x^2+1)}\right]$$

【問】(iv) $I=\int\frac{4x+3}{(4x^2+3)^3}dx=?$

$$\Big[=2^{-1}\int\frac{8xdx}{(4x^2+3)^3}+\int\frac{3dx}{(4x^2+3)^3}$$

$$=\frac{-1}{4(4x^2+3)^2}+\int\frac{dx}{(4x^2+3)^2}-\frac{1}{2}\int\frac{8x^2dx}{(4x^2+3)^3}$$

$$\text{末一積分}=\frac{-x}{2(4x^2+3)^2}+\frac{1}{2}\int\frac{dx}{(4x^2+3)^2}$$

$$\text{故}\quad I=\frac{x-1}{4(4x^2+3)^2}+\frac{3}{4}\int\frac{dx}{(4x^2+3)^2}$$

$$\text{末一積分}=\frac{1}{3}\int\frac{dx}{(4x^2+3)}-\frac{1}{6}\int x\cdot\frac{8xdx}{(4x^2+3)^2}$$

$$=\frac{1}{12\sqrt{3}}\arctan\frac{2x}{\sqrt{3}}+\frac{x}{6(4x^2+3)}\Big]$$

【問】（v）$\displaystyle\int\frac{9x^3dx}{(x^3+1)^2}=?$

〔被積函數$\displaystyle=\frac{1}{x+1}-\frac{1}{(x+1)^2}-\frac{x-3}{(x^2-x+1)}$

$\displaystyle+\frac{3x-3}{(x^2-x+1)^2}$

答：$\displaystyle\frac{1}{2}\log\frac{(x+1)^2}{x^2-x+1}-\frac{3x}{x^3+1}+\sqrt{3}\arctan\frac{2x-1}{\sqrt{3}}$〕

漸降積分法

#26　漸降法

【例 1】 $\displaystyle\int\tan^{2n}xdx=\frac{\tan^{2n-1}x}{2n-1}-\frac{\tan^{2n-3}x}{2n-3}+\cdots\cdots$

$+(-1)^{n+1}\tan x+(-1)^n x,\ n\in N.$

【證明】 $\displaystyle\int\tan^{2n}xdx=\int\tan^{2n-2}x(\sec^2x-1)dx$

$$=\frac{1}{2n-1}\tan^{2n-1}x-\int\tan^{2n-2}xdx.$$

遞迴之，並用上

$$\int\tan^2x=\tan x-x.$$

【例 2】 求　$I=\displaystyle\int\sin^n xdx.$

【解】 由分部積分公式，

$$I=\int \sin^n x\,dx=\int \overbrace{\sin^{n-1}x}^{u}\,\overbrace{\sin x\,dx}^{dv}$$

$$=\overbrace{(\sin^{n-1}x)}^{u}\ \overbrace{(-\cos x)}^{v}$$

$$-\int \overbrace{(-\cos x)}^{v}\overbrace{(n-1)\sin^{n-2}x\cos x\,dx}^{du}$$

$$=-\sin^{n-1}\cos x+(n-1)\int \sin^{n-2}\cos^2 x\,dx$$

$$=-\sin^{n-1}x\cos x+(n-1)\int \sin^{n-2}x(1-\sin^2 x)dx$$

$$=-\sin^{n-2}x\cos x+(n-1)\int \sin^{n-2}x-(n-1)I,$$

解得

$$I_n=-\frac{\sin^{n-2}x\cos x}{n}+\frac{n-1}{n}I_{n-2}$$

反覆利用這個公式，就可把次數逐漸降低，而求得答案。

【例 3】求 $\int \sin^m x\cos^n x\,dx$ 之漸降式。（但$m+n>2$.）

【解】令 $u=\sin^{m-1}x\cos^n x, dv=\sin x\,dx$，則

$du=[(m-1)\sin^{m-2}x\cos^{n+1}x-n\sin^m x\cos^{-1}x]dx,$

$v=-\cos x,$

由分部積分公式，

$$\int \sin^m x\cos^n x\,dx,$$

$$=-\sin^{m-1}x\cos^{n+1}x+(m-1)\int \sin^{m-2}x\cos^{n+2}x\,dx$$

$$-n\int \sin^m x\cos^n x\,dx.$$

因 $(m-1)\int\sin^{m-2}x\cos^{n+2}x\,dx$

$$=(m-1)\int\sin^{m-2}x\cos^{n}x\cos^{2}x\,dx$$

$$=(m-1)\int\sin^{m-2}x\cos^{n}x(1-\sin^{2}x)\,dx$$

$$=(m-1)\int\sin^{m-2}x\cos x\,dx-(m-1)\int\sin^{m}x\cos^{n}x\,dx,$$

代入上式得到

$$\int\sin^{m}x\cos^{n}x\,dx=-\sin^{m-1}x\cos^{n+1}x$$

$$+(m-1)\int\sin^{m-2}x\cos^{n}x\,dx$$

$$+(1-m)\int\sin^{m}x\cos^{n}x\,dx-n\int\sin^{m}x\cos^{n}x\,dx;$$

移項、化簡，得

$$\int\sin^{m}x\cos^{n}x\,dx$$

$$=\frac{1}{m+n}[-\sin^{m-1}x\cos^{n+1}x+(m-1)$$

$$\int\sin^{m-2}x\cos^{n}x\,dx],$$

這就是我們所要求的漸降式。

例如

$$\int\sin^{3}x\cos^{2}x\,dx=\frac{1}{5}[-\sin^{2}x\cos^{3}x+2\int\sin x\cos^{2}x\,dx]$$

$$=\frac{1}{5}[-\sin^{2}x\cos^{3}x-\frac{2}{3}\cos^{2}x]+c.$$

【問題】求下列的不定積分或其漸化式:

(1) $\int x^{n}e^{x}\,dx.$ (2) $\int x^{n}\cos x\,dx.$

(3) $\int x^2 e^{-ax} dx.$　　　　(4) $\int x^3 \sin x dx.$

(5) $\int \sin^4 x \cos^2 x dx.\left[=-\frac{\sin^3 x\cos^3 x}{6}+\frac{1}{16}\left(x-\frac{1}{4}\sin 4x\right)\right],$

(6) $\int \sin^6 x dx.\left[=-\frac{\cos x}{2}\left(\frac{\sin^5 x}{3}+\frac{5\sin^3 x}{12}+\frac{5\sin x}{8}\right)+\frac{5}{16}x\right]$

三角有理式之積分法

#27 三角有理式的積分

對於含有三角函數的有理式之積分，由於 $\sec x, \csc x$, $\operatorname{tg} x, \operatorname{ctg} x$ 都可化為 $\sin x$ 及 $\cos x$ 的函數，所以我們可以只討論$\int R(\cos\theta, \sin\theta)d\theta$ 型的積分，其中 $R(x, y)$ 為 x, y 的有理函數。($\operatorname{tg} x$ 是指 $\tan x$).

作代換 $\operatorname{tg}\frac{\theta}{2}=t$，就可將 $R(\cos\theta, \sin\theta)$ 化為 t 的有理函數，從而可以利用部分分式法去求積分，事實上，因為這時

$$\sin\theta=2\sin\frac{\theta}{2}\cos\frac{\theta}{2}=\frac{2\operatorname{tg}\frac{\theta}{2}}{\sec^2\frac{\theta}{2}}=\frac{2t}{1+t^2},$$

$$\cos\theta=\cos^2\frac{\theta}{2}-\sin^2\frac{\theta}{2}=\frac{1-\operatorname{tg}^2\frac{\theta}{2}}{\sec^2\frac{\theta}{2}}=\frac{1-t^2}{1+t^2},$$

$$d\theta=\frac{2dt}{1+t^2},$$

都是 t 的有理函數。

【例 1】　$I=\int\frac{1+\sin x}{\sin x(1+\cos x)}dx$

以 $\tan\dfrac{x}{2}=z$，$dx=\dfrac{2dz}{1+z^2}$,

$$\sin x=\frac{2z}{1+z^2},\quad \cos x=\frac{1-z^2}{1+z^2},$$

得 $$I=\int\frac{1+z^2+2z}{2z}dz=2^{-1}\int(z^{-1}+2+z)dz$$

$$=2^{-1}\log\tan\frac{x}{2}+2\tan\frac{x}{2}+\frac{1}{2}\tan^2\frac{x}{2}.$$

【例 2】 $$I=\int\frac{dx}{5+4\sin 2x.}$$

以 $\tan x=z$, $dx=\dfrac{dz}{1+z^2}$, $\sin 2x=\dfrac{2z}{1+z^2}$,

得 $$I=\int\frac{dz}{5z^2+8z+5}=\frac{1}{5}\int\frac{dz}{\left(z+\frac{4}{5}\right)^2+\frac{9}{25}}$$

$$=\frac{1}{3}\arctan\frac{5\tan x+4}{3}.$$

#281

可有化的積分

形如 $\int R\left(x,\ \sqrt[n]{\dfrac{ax+b}{cx+d}}\right)dx$ 的積分。

此處及以後 $R(u,v)$ 表示兩個變量 u, v 的**有理函數**。

令 $$\sqrt[n]{\frac{ax+b}{cx+d}}=t,$$

或解出 x:

$$x=\phi(t)=\frac{b-bt^n}{ct^n-a},$$

于是積分就變成如下形狀:

$$\int R(\phi(t),t)\phi'(t)dt,$$

由于 $\phi(t)$ 及 $\phi'(t)$ 均爲有理函數，所以 $R(\phi(t),t)\phi'(t)$ 仍爲有理函數，因此積分就已經化爲有理函數積分的形狀，由上述方法，就可最後求出這個積分了。

更一般些，對於形如

$$\int R\left(x,\sqrt[n_1]{\frac{ax+b}{cx+d}},\sqrt[n_2]{\frac{ax+b}{cx+d}},\cdots\cdots\sqrt[n_k]{\frac{ax+b}{cx+d}}\right)dx$$

的積分，作代換

$$t=\sqrt[n]{\frac{ax+b}{cx+d}},$$

其中 n 是 $n_1,n_2,\cdots\cdots,n_k$ 的最小公倍數。與上面敍述相同地，可以化成一個有理函數的積分。

【問】 $\displaystyle\int\frac{\sqrt[4]{1+x}}{x^2}dx=?$

〔提示：令 $u=\sqrt[4]{x+1}$，積分爲 $\int 4u^4(u^4-1)^{-2}du$〕

【例】求積分

$$\int\frac{dx}{\sqrt[3]{(x-1)(x+1)^2}}.$$

我們先把它改寫成

$$\int\frac{dx}{\sqrt[3]{(x-1)(x+1)^2}}=\int\sqrt[3]{\frac{x+1}{x-1}}\frac{dx}{x+1},$$

就化成本段所指出的類型了，于是令

$$\sqrt[3]{\frac{x+1}{x-1}}=t,$$

就可將此積分有理化了，此時化得

$$\int\frac{-3}{t^3-1}dt,$$

再利用部分分式，卽可求得此積分。

#282 形如 $\int R(x, \sqrt{ax^2+bx+c})dx$ 的積分。

這種類型的積分，也可以通過變換把它有理化，這種變換稱爲 Euler 變換。

（一）若 $a>0$，令

$$\sqrt{ax^2+bx+c}=\pm\sqrt{a}\,x+t,$$

兩邊平方後可得

$$bx+c=\pm 2\sqrt{a}\,xt+t^2,$$

從而有
$$x=\frac{t^2-c}{b\pm 2\sqrt{a}\,t},$$

這是一個有理函數，因此 $\sqrt{ax^2+bx+c}$ 即 $\sqrt{a}\,x\pm t$ 亦是 t 的有理函數。

〔在代換式中，±之一可以任取，都能將積分有理化，但是根據具體問題的不同，採用這種或那種代換，其繁簡可有不同!〕

（二）若 $c>0$，令

$$\sqrt{ax^2+bx+c}=xt\pm\sqrt{c},$$

兩邊平方後消去 c，並約去 x，得到

$$ax+b=xt^2\pm\sqrt{c}\,t,$$

或
$$x=\frac{b\pm 2\sqrt{c}\,t}{t^2-a},$$

由同樣的道理可知，作此代換就可使上列積分有理化。

（三）若方程 $ax^2+bx+c=0$ 有兩個實根 α 及 β，于是

$$\sqrt{ax^2+bx+c}=\sqrt{a(x-\alpha)(x-\beta)},$$

令
$$\sqrt{a(x-\alpha)(x-\beta)}=t(x-\alpha),$$

兩邊平方後，並消去 $x-\alpha$，可得

$$a(x-\beta)=t^2(x-\alpha),$$

從而有 $$x=\frac{\alpha t^2-a\beta}{t^2-a},$$

這就是所需要的代換，通過它可使上列積分有理化。

Euler變換　對於這種類型的積分，恆可用這三種 Euler 代換之一來使之有理化；因爲，如果 $ax^2+bx+c=0$ 有實根，那麼第三種 Euler 變換卽可達到目的；如果沒有實根，那麼必定 $b^2-4ac<0$，於是二次三項式

$$ax^2+bx+c=\frac{1}{4a}[(2ax+b)^2+(4ac-b^2)]$$

對一切 x 都與 A 同號，$a<0$ 時，根式 $\sqrt{ax^2+bx+c}$ 完全沒有實值，故一定 $a>0$，此時卽可用第一種 Euler 變換達到目的。這一結果同時也說明了這樣的事實：爲了在所有可能情況下，把這種類型的積分有理化，只須 Euler 第一，第三兩種變換卽已足够了。不過，由於某些具體問題的不同，有時使用第二種 Euler 變換可以使計算更爲簡便。

【例 1】 求積分

$$\int\frac{dx}{x+\sqrt{x^2+3x+2}}.$$

我們很容易看出，本例對上面三種情況適合，但爲了計算簡單起見，可令

$$\sqrt{x^2+3x+2}=x-t,$$

於是

$$x^2+3x+2=t^2+x^2-2xt,$$

$$x=\frac{t^2-2}{2t+3},$$

從而有

$$dx=\frac{2(t^2+3t+2)}{(2t+3)^2}dt,$$

代入積分，即得

$$\int\frac{dx}{x+\sqrt{x^2+3x+2}}=\int\frac{-(t^2+3t+2)}{(2t+3)(3t+2)}dt,$$

這時積分就已有理化，然後利用部分分式法即可求得最後那個積分。

【問 1】　$I=\int\frac{dx}{x\sqrt{x^2-x+2}}$

$\Big[$令　$\sqrt{\qquad}=z-x$，故$=\frac{z^2-z+2}{2z-1}$，

故　$x=\frac{z^2-2}{2z-1}$，$dx=\frac{2(z^2-z+2)}{(2z-1)^2}dz$，

故　$I=\int\frac{2dz}{z^2-2}\Big]$

【例 2】　$I=\int\frac{xdx}{(2+3x-2x^2)^{3/2}}.$

【解】令　$\sqrt{2+3x-2x^2}=(2x+1)z.$

$$x=\frac{2-z^2}{2z^2+1},\ (2+3x-2x^2)^{3/2}=\left(\frac{5}{2z^2+1}\right)^3z^3,$$

$$dx=\frac{-10zdz}{(2z^2+1)^2},$$

故　$I=\frac{-2}{25}\int\frac{2-z^2}{z^2}dz=\frac{4}{25}z^{-1}+\frac{2}{25}z.$

#283　$\int x^m(a+bx^n)^{r/s}dx,$

其中　$m, n, r, s\in\mathbf{Z}$，$n\in\mathbf{N}.$

若　$\frac{m+1}{n}\in\mathbf{Z}$，則令　$a+bx^n=t^s$，

$$\frac{m+1}{n}+\frac{r}{s}\in Z，令\quad a+bx^n=x^n t^s.$$

【例 1】 $I=\int x^3(1+x^2)^{1/2}dx.$

$$\frac{m+1}{n}=2\quad 故令\quad 1+x^2=z^2，得$$

$$x=\sqrt{z^2-1},\quad dx=z\,dz/\sqrt{z^2-1},$$

$$I=\int z^2(z^2-1)dz.$$

【註】也可用 $x=\tan\theta$.

【問】 $I=\int\frac{dx}{(1+x^2)^{3/2}}=?$

$$\left[\frac{m+1}{n}+\frac{r}{s}=\frac{1}{2}-\frac{3}{2}=-1.\ 令\ 1+x^2=x^2z^2=\frac{z^2}{z^2-1}\right.$$

$$\left.dx=-\frac{z\,dz}{(z^2-1)^{3/2}},\quad \cdots\cdots I=-\int\frac{dz}{z^2}.\right]$$

【例 2】 $I=\int\frac{dx}{x^2(a+x^3)^{5/3}}.$

$$令\quad \frac{m+1}{n}+\frac{r}{s}=\frac{-2+1}{3}-\frac{5}{3}=-2.$$

$$令\quad a+x^3=x^3z^3=az^3/(z^3-1),$$

$$dx=-a^{1/3}z^2dz/(z^3-1)^{4/3},$$

$$I=\frac{-1}{a^2}\int\frac{z^3-1}{z^3}dz.$$

【問 1】 $I=\int\frac{x\,dx}{(1+x^3)^{2/3}}=?$

$$\left[\frac{m+1}{n}+\frac{r}{s}=\frac{1+1}{3}-\frac{2}{3}=0，令\quad x^3+1=x^3z^3\right.$$

$$x=\frac{1}{(z^3-1)^{1/3}},\quad 1+x^3=\frac{z^3}{z^3-1},\ dx=\frac{-z^2dz}{(z^3-1)^{4/3}},$$

$$I=-\int\frac{dz}{z^3-1}\Big]$$

【問 2】 $I=\int\frac{(a+bx^n)^{3/4}}{x}dx=?$ 〔令 $a+bx^n=z^4$〕

【例 3】 $I=\int\frac{(x-x^3)^{1/3}}{x^4}dx=?$

今 $I=\int\frac{(1-x^3)^{1/3}}{x^{11/3}}dx$. 用 $x=z^3$ 代入，得

$$I=3\int\frac{(1-z^6)^{1/3}}{z^9}dz。$$

今 $\frac{m+1}{n}+\frac{r}{s}=-1$，故令 $1-z^6=z^6t^3$, $z=(t^3+1)^{-1/6}$,

$(1-z^6)=t^2/(t^3+1)$, $dz=-t^2dt/[2(t^3+1)^{7/6}]$，而

$$I=\frac{-3}{2}\int t^3dt.$$

【註】令 $x=u^{-1}$，改為

$I=-\int u(u^2-1)^{1/3}du$，更快。

#3〔微積分學基本定理〕

(The fundamental Theorem of Calculus)

微積分學基本定理的內容是什麼，如何證明？

假設 $f\in\mathscr{C}^1$, $Df=g$ 則有

$$\int_a^b g=f\Big|_a^b=f(b)-f(a).$$

此式叫做 Newton-Leibniz 公式。

〔這是 Newton 的貢獻。他寫道："我已經發現了用微分來算積分！"〕

【注意】在數學中，等號的兩邊往往可以作爲互相替代（或變形）之用。但是我們要指出：很少等號兩邊都是有用的時候。例如，在公式$\int_a^b g = f\Big|_a^b$ 中，左邊難算，我們就用右邊（易算）取代，而從來很少有人爲了要算$f\Big|_a^b$ 卻用$\int_a^b g$ 來取代的。

【證明】首先注意到，因爲 g 爲連續，故積分$\int_a^b g$ 的存在性不成問題。由定積分的定義知道

$$\lim\sum g(\xi_i)(x_i - x_{i-1}) = \int_a^b g \qquad (0)$$

並且這個極限跟分割與取樣的方法無關，（當然要求每一段的長度均趨近於0），對〔$x_{i-1};x_i$〕使用平均變率定理，得

$$f(x_i)-f(x_{i-1}) = f'(c_i)(x_i - x_{i-1}), (x_{i-1} < c_i < x_i)$$
$$= g(c_i)(x_i - x_{i-1}),$$

對上式作和$\sum$，得

$$\sum g(c_i)(x_i - x_{i-1}) = \sum[f(x_i) - f(x_{i-1})] = f(b) - f(a),$$

我們就取 (0) 式中的 ξ_i 爲 c_i，於是得到

$$\int_a^b g = \lim\sum g(c_i)(x_i - x_{i-1}) = f(b) - f(a).$$

【註】微積分實實在在說來就只有這三個重要定理：Taylor 展開、平均變率定理、微積分根本定理，而且微積分根本定理可視爲平均變率定理的一個結論。

根本定理的幾種解釋

#311 速度的解釋

有了上述導微的定義，我們看出，距離函數或位置函數的導函數就是速度函數，這是導微的第一個物理解釋。

反過來，如果有一部汽車，**里程表**（odometer）壞掉了，只剩**速度**

表(speedometer)可看，換言之，我只知道此汽車在 t 時刻的速度 $v(t)$。現在要問：從 $t=a$ 到 $t=b$ 之間，共走了多遠？

我把時間分成 n 段：

$$a=t_0<t_1<t_2\cdots<t_n=b.$$

在每段，自 t_{i-1} 到 t_i 間，我一邊開車，一邊偸瞄一下速度表，其時刻爲 ξ_i，$t_{i-1}\leq\xi_i\leq t_i$，而其時速度計指着 $v(\xi_i)$，我就估計 $v(\xi_i)(t_i-t_{i-1})$ 是這段走的距離。因此里程大約爲

$$\sum v(\xi_i)\Delta t_i,\ \Delta t_i\equiv t_i-t_{i-1}.$$

事實上，這是我們在 §2 中所討論的定積分問題。假設 $v(t)$ 的圖形如下：

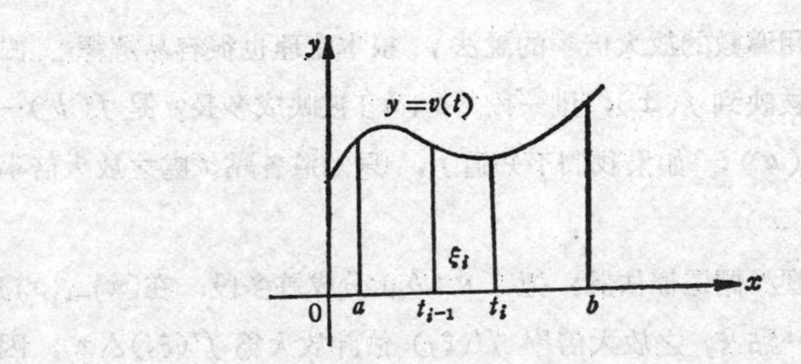

作〔a ; b〕的分割：$a=t_0<t_1<\cdots<t_n=b$，其中第 i 小長條的面積爲 $v(\xi_i)\Delta t_i$，這代表汽車在時間 Δt_i 內所走的大約距離（速度乘以時間等於距離也）。作近似和 $\sum v(\xi_i)\Delta t_i$，這代表汽車在〔a ; b〕時間內所走的近似距離。取極限（讓分割加細）

$$\lim\sum v(\xi_i)\Delta t_i=\int_a^b v(t)dt$$

這就是汽車在〔a ; b〕時間內所走的距離。換句話說，速度函數的積分就是距離。

#312 就用導數的幾何解釋，前面的基本定理也是很容易明白的:

微積分根本定理的幾何解釋

我從點$P=(a, f(a))$沿着$y=f(x)$升高到點$Q=(b, f(b))$，共爬了高度$f(b)-f(a)\equiv f\Big|_a^b$，如果我沒有“高度計”，我只能如此估計：從$P$到$Q$，水平地說，是一段區間〔$a$；$b$〕，我把它分成幾段：$x_0=a<x_1<x_2\cdots<x_n\equiv b$。在每一段，斜率變化（假設）不太大；那麼，在$x_{j-1}$到$x$這一段，隨便取一點$\xi_j$用該處切線斜率$f'(\xi_j)$代替平均斜率，則此段大致升高了$f'(\xi_j)\triangle x_j$,($\triangle x_j\equiv x_j-x_{j-1}$). 因此我一共爬高約$\sum f'(\xi_j)\triangle x_j$，其極限爲

$$\int_a^b f'(x)dx=f\Big|_a^b.$$

#313 採用導數的放大倍率的說法，根本定理也很容易解釋：點x被映到$f(x)$；則一段〔a；b〕被映成多長？是$f(b)-f(a)$；如果我們不知道f，只知道各點x處之放大倍率$f'(x)$.

利用導數是放大率的說法來解釋微積分學根本定理

那麼我們這樣估計：把〔a；b〕分成許多段，在〔x_{j-1}；x_j〕這一段，以任一點ξ_j之放大倍率$f'(\xi_j)$估計放大爲$f'(\xi_j)\triangle x_j$，因此整段映成的長度約爲$\sum f'(\xi_j)\triangle x_j$，其極限爲

$$\int_a^b f'(x)dx=f(b)-f(a).$$

利用導數是密度的說法來解釋微積分學根本定理

#314 採用導數的「質量密度」之解釋，則密度函數的積分是質量：這是因爲，從點a到點b之質量$f(b)-f(a)$應該是$\sum f'(\xi_j)\triangle x_j$的極限!

習　題

1. $\int_1^2 \frac{dx}{2x-1}\left[=\left(\frac{1}{2}\ln|2x-1|\right)\Big|_1^2=2^{-1}\ln 3\right]$.

2. $\int_1^4 \sqrt{x}\,dx\left[=\frac{2}{3}x^{3/2}\Big|_1^4=\frac{14}{3}\right]$.

3. 設 $f(x)=x^2/(1+x^4)$，試求$\int_0^1 f'(x)dx$

4. 求$\int_1^2 2^x dx$.

5. (1) 證明半徑爲a的圓之面積爲$4\int_0^a \sqrt{a^2-x^2}\ dx$,

 (2) 證明 $D\left(\frac{x}{2}\sqrt{a^2-x^2}+\frac{a^2}{2}\sin^{-1}\frac{x}{a}\right)=\sqrt{a^2-x^2}$,

 (3) 試利用 (2) 計算圓的面積。

#32　不定積分原理

首先，當g連續時，定積分的存在毫無問題！今隨便找一點a，計算$\int_a^x g$（一定存在），這個定積分隨x而變，故可看作是x的函數，我們叫它g的“不定積分”（積分上限未定！）。

不定積分定理及其證明

【定理】若　$f(x)=\int_a^x g$，

則　$f'(x)=g(x)$.（見圖）

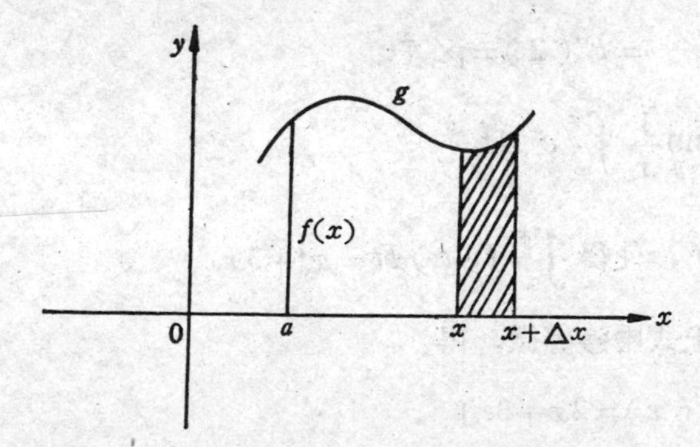

因爲$f(x+\triangle x)-f(x)$表示圖中陰影的面積，從而$\dfrac{f(x+\triangle x)-f(x)}{\triangle x}$表示陰影小長條的平均高度。 現在令$\triangle x\to 0$，則$\dfrac{f(x+\triangle x)-f(x)}{\triangle x}\to g(x)$，亦即 $f'=g$。

【註】事實上，根據**積分的中間值定理**，存在ξ，於x及$x+\triangle x$間，使得

$$\int_x^{x+\triangle x} g(x)=g(\xi)\text{，故}Df(x)$$

$$=D\int_a^x g=\lim_{\triangle x\to 0}\left(\frac{1}{\triangle x}\right)\left(\int_a^{x+\triangle x} g-\int_a^x g\right)$$

$$=\lim\frac{1}{\triangle x}\int_x^{x+\triangle x} g=\lim_{\triangle x\to 0} g(\xi),$$

（其中ξ在x，與$x+\triangle x$間，再依g之連續性，因爲$\xi\longrightarrow x,\triangle x\longrightarrow 0$）故$=g(x)$。

【例】求 $\displaystyle\lim_{\triangle h\to 0}\frac{1}{h}\int_2^{2+h}\sqrt{1+x^2}\,dx.$

【解】定義 $F(x)\equiv\int_0^x\sqrt{1+t^2}\,dt$，則 $F'(x)=\sqrt{1+x^2}$.

於是 $\displaystyle\lim_{h\to 0}\frac{1}{h}\int_2^{2+h}\sqrt{1+t^2}\,dt$

$$=\lim_{h\to 0}\frac{F(2+h)-F(2)}{h}$$

$$=F'(2)=\sqrt{5}.$$

【問題】求 $\displaystyle\lim_{x\to 0}\frac{1}{x}\int_0^x e^{t^2}dt.$

【例】求 f，使得$\displaystyle\int_0^x f(t)dt=x^2+3x.$

〔對上式兩邊導微，得

$f(x)=2x+3.$〕

【問】求 f 及 c，使

$$\int_c^x f(t)dt=\frac{1}{2}(1-\cos x^2).\ [f(x)=x\sin x^2,\quad c=0].$$

【例】設 f 爲連續函數，且 φ 及 ψ 可導微。試證

$$F(x)=\int_{\varphi(x)}^{\psi(x)} f(t)dt$$

可導微，且 $F'(x)=f(\psi(x))\psi'(x)-f(\varphi(x))\varphi'(x)$.

【證明】∵ $F(x)=\int_{\varphi(x)}^{\psi(x)} f(t)dt=\int_a^{\psi(x)} f(t)dt+\int_{\varphi(x)}^a f(t)dt$

$$=\int_a^{\psi(x)} f(t)dt-\int_a^{\varphi(x)} f(t)dt$$

故由微積分學根本定理及連鎖規則得

$$F'(x)=f(\psi(x))\psi'(x)-f(\varphi(x))\varphi'(x)。$$

【問】設 $f(x)$ 爲連續函數，試求 $\int_{2x}^{x^2} f(t)dt$ 之導微。

答 $2xf(x^2)-2f(2x)$

【問】求 f，使 $\int_0^t f(x)dx=(\sin t)/(1+t^2), \forall t$.

答 $\frac{\cos x}{1+x^2}-\frac{2x\sin x}{(1+x^2)^2}$.

【問】證明 $D\left(\int_0^{x^3} e^{t2}\ dt\right)=3x^2e^{x6}$.

♯33 互逆性的解釋

“導微與求積是互逆的操作”，這句話就是微積分學根本定理的內容。但是這裏牽涉到好幾個“算子”：

(i) $\int_a^b$，定積分算子。

(ii) D，導微算子。

(iii) $\int_a^x$，“不定積分算子”。

〔除了（i）把函數變爲數值之外，其它兩個均把函數變爲函數。〕

所謂根本定理，指的就是這兩個公式：

Newton-Leibniz 公式

$$\begin{cases} \int_a^b Df = f(b) - f(a). \text{ (Newton-Leibniz 公式)} \\ D\int_a^x g \equiv g \end{cases}$$

微積分學根本定理的內容爲何？

在大半情形下，“根本定理”指的是上一半，而不是下面那一小半。這個“小半的根本定理”，

又可以簡單地說成：

不定積分$\left(\int_a^x\right)$就是反導微（D^{-1}）。

〔**注意**：反導微 D^{-1} 的意思是：已知 g 求 f，使得 $Df=g$。〕

所以，在“積分與微分互逆”這句話中，必須把“積分”解釋爲“不定積分”，才是正確的。不過，如我們才說過的，這句話恰恰是根本定理的較不重要的小半！至於較重要的 Newton-Leibniz 公式，並不是說 $\int_a^b$ 與 D 互逆；（因爲 D 把函數變爲函數，而 $\int_a^b$ 把函數變爲常數，故當然**不可能**互逆。）這公式的意思是指：「欲求算 $\int_a^b g$，（“把定積分算子用到 g.”）有一個辦法是求 $D^{-1}g$，即是找到一個 f，使 $Df=g$，再計算 $f(b)-f(a)$，就好了」。如此：“**計算定積分**的**關鍵在於計算反導微**”；所謂“積分（即定積分！）與導微互逆”，指的就是這件事，讀者千萬不可咬文嚼字。

【思考】 試利用不定積分定理證明積分的第一平均值定理！

#34 設 $f(x)$ 在 $[a;b]$ 上連續，試證存在 $\xi\in(a;b)$，使得

$$\int_a^b f(x)dx=f(\xi)(b-a).$$

【問】設 f 在〔a；b〕上連續且 $\int_a^b f(x)dx=0$，試證 $f(x)=0$ 至少在 a 與 b 之間有一實根。

【例】設 $a_0, a_1, \cdots a_n$ 爲實數，滿足

$$\frac{a_0}{1}+\frac{a_1}{2}+\frac{a_2}{3}+\cdots\cdots\frac{a_n}{n+1}=0,$$

試證多項式 $f(x)=a_0+a_1x+a_2x^2+\cdots\cdots+a_nx^n$ 在0與1之間至少有一根。

【思考】試用 $\int_1^x \frac{1}{t}\,dt$ 作爲 $\ln x$ 之定義!

#4　利用根本定理的一些要點

#41

【定理】（定積分的分部積分公式）

假設 $u(x), v(x)$ 在〔a；b〕上連續，則

定積分的分部積分公式及其幾何意思

$$\int_a^b u\,dv=(u\,v)\Big|_a^b-\int_a^b v\,du.$$

將這個公式移項變成

$$\int_a^b u\,dv+\int_a^b v\,du=(u\,v)\Big|_a^b=u(b)v(b)-u(a)v(a)$$

這就有很簡單的幾何意思：考慮參數方程式

$$\begin{cases}u=u(t)\\ v=v(t)\end{cases},\ t\in[a;b],$$

其圖形 Γ 如下:

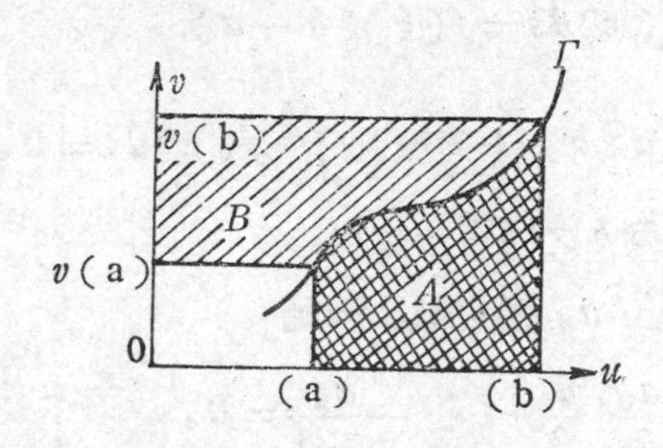

第一個積分是圖中B之面積，第二積分是圖中A之面積，而右邊兩項爲大矩形與小矩形之面積!

#421

【定理】定積分的參變數代換公式

定積分的變數代換法

假設f在$[a;b]$上連續。再設$x=\varphi(t)$在$[\alpha;\beta]$上具有連續導函數（即 $\varphi\in\mathscr{C}^1$）且 $\varphi'(t)$ 保持定號，則

$$\int_a^b f(x)dx=\int_\alpha^\beta f(\varphi(t))\varphi'(t)dt.$$

【註】(i)$\varphi'(t)$ 保持定號的條件說明，當x從a單調地變到b時，t亦單調地從α變到β。同樣地，如果 $\varphi'(t)\geq 0$ 或 $\varphi'(t)\leq 0$，但等號只有在有限個t之值成立時，結果還是成立的。

(ii) 作代換時，通常α,β由$a=\varphi(\alpha)$, $b=\varphi(\beta)$ 決定，故當 $\varphi^{-1}(x)$ 非單值時，α,β不唯一確定，但我們可以選取 $\varphi^{-1}(x)$ 的一個單值支來計算，只要它滿足定理的條件即可 。下例說明這件事:

【例 1】計算 $\int_1^4 \sqrt{x}\ dx$

【解】這個積分很容易直接計算，但爲了表明如何代換，我們就用代換 $x=t^2$ 來計算它。此時反函數不是單值的，有兩支 $t=\pm\sqrt{x}$，但我們可任選一支 $t=\sqrt{x}$，故有

$$\int_1^4 \sqrt{x}\,dx=\int_1^2 \sqrt{t^2}\,2t\ dt=2\int_1^2 t^2dt$$

$$=\frac{2}{3}t^3\Big|_1^2=\frac{14}{3}.$$

如果所選一支爲 $t=-\sqrt{x}$，需要注意的是當 $t<0$ 時，$\sqrt{t^2}=-t$，故有

$$\int_1^4 \sqrt{x}\,dx=\int_{-1}^{-2}\sqrt{t^2}\,2t\ dt=2\int_{-1}^{-2}(-t)t\ dt$$

$$=-\frac{2}{3}t^3\Big|_{-1}^{-2}=\frac{14}{3}.$$

我們再舉若干利用變數代換法計算定積分的例子。

【例 2】試求 $\int_0^a \sqrt{a^2-x^2}\ dx$.

【解】先注意到，此處必須限定 $|x|\leq a$，函數 $\sqrt{a^2-x^2}$ 才有意義。作代換 $x=a\sin t$，故 $dx=a\cos t\,dt$，並且 t 從 0 變到 $\pi/2$ 時，x 由 0 變到 a，因此

$$\int_0^a \sqrt{a^2-x^2}\,dx=\int_0^{\pi/2}\sqrt{a^2-a^2\sin^2 t}\ a\cos t\ dt$$

$$=a^2\int_0^{\pi/2}\cos^2 t\ dt=a^2\int_0^{\pi/2}\frac{1+\cos 2t}{2}dt$$

$$=\frac{a^2}{2}\left(t+\frac{1}{2}\sin 2t\right)\Big|_0^{\pi/2}=\frac{\pi a^2}{4}.$$

【註】可用不定積分，作分部積分，其中自含玄機!

【例 3】求 $\int_a^{2a}\frac{\sqrt{x^2-a^2}}{x^4}dx$ 之值。

【解】作代換 $x=a\sec t$，於是當 t 從 0 變到 $\frac{\pi}{3}$ 時，x 由 a 變到 $2a$，所以

$$\int_a^{2a}\frac{\sqrt{x^2-a^2}}{x^4}dx=\frac{1}{a^2}\int_0^{\pi/3}\sin^2 t\cos t\ dt$$

$$=\frac{1}{a^2}\int_0^{\pi/3}(1-\cos^2 t)\cos t\ dt$$

$$=\frac{1}{a^2}\int_0^{\pi/3}(\cos t-\cos^3 t)dt$$

$$=\frac{1}{a^2}\int_0^{\pi/3}\left(\cos t-\frac{\cos 3t+3\cos t}{4}\right)dt,$$

$$(\because \cos 3t=4\cos^3 t-3\cos t)$$

$$=\frac{1}{4a^2}\int_0^{\pi/3}(\cos t-\cos 3t)dt$$

$$=\frac{1}{4a^2}\left(\sin t-\frac{1}{3}\sin 3t\right)\Big|_0^{\pi/3}=\frac{\sqrt{3}}{8a^2}.$$

#422 變數代換

以上所述是參數變數代換: 以 $x=\varphi(t)$ 改 x 為 t 來計算; 也可以用 $\varphi(x)=z$, 改 x 為 z 來計算, 其道理也相同!

【例】 $\int_0^{2\pi}\frac{dx}{5+3\cos x}=?$

今用 $\tan\frac{x}{2}=z$ 時,

$$\cos x=\frac{1-z^2}{1+z^2},\ dx=\frac{2dz}{1+z^2},$$

則 $\int\frac{dx}{5+3\cos x}=\int\frac{dz}{4+z^2}=\frac{1}{2}\arctan\frac{z}{2}.$

問題在 $0\leq x\leq 2\pi$ 之變化,

在 $0\leq x\leq\pi$ 時, z 自 0 增加到 $+\infty$,

故 $\int_0^{\pi}\frac{dx}{5+3\cos x}=\frac{1}{2}\arctan\frac{z}{2}\Big|_{z=0}^{z=+\infty}$

$$=\frac{1}{2}\left(\frac{\pi}{2}-0\right)=\frac{\pi}{4};$$

另外，$\pi\leq x\leq 2\pi$ 時，$\tan\frac{x}{2}=z$ 自 $-\infty$ 升到 0，故

$$\int_{\pi}^{2\pi}\frac{dx}{5+3\cos x}=\frac{1}{2}\arctan\frac{3}{2}\Big|_{z=-\infty}^{0}=\frac{\pi}{4}.$$

這裏有兩點該注意:

1° 由對稱性之考慮，（見下 #43.）

$$\int_{0}^{2\pi}\frac{dx}{5+3\cos x}=2\int_{0}^{\pi}\frac{dx}{5+3\cos x},$$

則不必分成 $0\leq z<+\infty$ 與 $-\infty<z\leq 0$ 來計算了。

2° 原積分是平常的積分，連續函數 $(5+3\cos x)^{-1}\leq 2^{-1}$，（其實取值於〔$8^{-1};2^{-1}$〕）積分範圍有限，做變數代換後成了 $\frac{1}{4+z^2}$，其值在（$0;4^{-1}$）中，但積分範圍無限，成了“瑕積分”，（這在後面 §9 才講到），但是這個瑕積分收斂，

$$\int_{0}^{\infty}\frac{dz}{4+z^2}=\lim_{b\to+\infty}\int_{0}^{b}\frac{dz}{4+z^2}\text{存在,}$$

倒很顯然，（且即為$\frac{1}{2}\arctan\frac{z}{2}\Big|_{0}^{+\infty}$）。

【例 2】設 $0<a<b$，令 $x+\frac{1}{x}=t$，把 $\int_{a}^{b}f(x+x^{-1})dx$ 改為對 t 之積分。

【解】t 之極小值（於 $x\in(0;\infty)$上）為 2，

當 $0<x<1$ 時，　$dt/dx<0$，

當 $1<x$ 時，　　$dt/dx>0$，　　$x=2^{-1}(t\pm\sqrt{t^2-4})$，

$$\frac{dx}{dt}=2^{-1}(1\pm t/\sqrt{t^2-4});$$

故在 $1 \leq a < b$，或者 $0 < a < b \leq 1$ 時，

$$I = \int_a^b f(x+x^{-1})\,dx = 2^{-1}\int_{a+a^{-1}}^{b+b^{-1}} f(t)\left(1 \pm \frac{t}{\sqrt{t^2-4}}\right)dt$$

在 $a < 1 < b$ 時，分成兩段；$[a;b]=[a;1]\cup[1;b]$ 然則，

$$I = \int_2^{a+a^{-1}} \frac{f(t)t}{\sqrt{t^2-4}}dt +$$

$$\pm 2^{-1}\int_{a+a^{-1}}^{b+b^{-1}} f(t)\left(\pm 1 + \frac{t}{\sqrt{t^2-4}}\right)dt,$$

（在 $ab \gtrless 1$ 時）。

〔在 $ab = 1$ 時，後一項 $= 0$.〕

【習　題】

求下列的定積分:

1. $\int_1^2 x\ln x\,dx$,
2. $\int_1^2 x^2\sqrt{x-1}\ dx$
3. $\int_1^3 \frac{dx}{(x-2)^{1/3}}$,
4. $\int_0^e x^2\ln x\,dx$
5. $\int_0^a xe^{-x}dx$,
6. $\int_1^{e\pi} \cos(\ln x)dx$
7. $\int_1^{e4} [\ln(x^3)/x]dx$,
8. $\int_0^1 \frac{5-e^{-x}}{e^x}dx$
9. $\int_3^6 \frac{dx}{x-1}$,
10. $\int_0^1 (e^x+e^{-x})dx$
11. $\int_0^1 \frac{xdx}{x^2-4}$,
12. $\int_0^{\pi/4} \frac{\sec^2 x}{2-\tan x}dx$
13. $\int_{-\pi/2}^{\pi/2} \frac{\sin\theta}{8-\cos\theta}d\theta$,
14. $\int_3^5 \frac{dx}{\sqrt{x^2-9}}$
15. $\int_0^\pi x\sin x\,dx$,
16. $\int_0^1 \tan^{-1}x\,dx$

17. $\int_0^1 x(\tan^{-1}x)^2dx\left[=2^{-1}x^2(\tan^{-1}x)^2\Big|-\int_0^1\left(\frac{x^2\tan^{-1}x}{1+x^2}\right)dx\right.$

把$\left(\frac{x^2}{1+x^2}\right)$寫成$\left.\left(1-\frac{1}{1+x^2}\right)\right]$

答　$\frac{\pi}{4}\left(\frac{\pi}{4}-1\right)+2^{-1}\ln_2$

18. $\int_0^{2a} x\sqrt{2ax-x^2}\,dx.$　　答　$\frac{\pi}{2}a^3$

19. $\int_0^p (e^{ax}\cos bx)dx=?$

答　$e^{ap}\left(\frac{a\cos bp+b\sin bp}{a^2+b^2}\right)-\frac{a}{a^2+b^2}$

#43　對稱性的考慮

【例】 (1) $\int_0^{\pi/2} f(\sin x)dx=\int_0^{\pi/2} f(\cos x)dx.$

(2) $\int_0^{\pi} f(\sin x)\,dx=2\int_0^{\pi/2} f(\sin x)dx.$

【解】 (1) 設$x=\frac{\pi}{2}-t$，則$dx=-dt$. 因此x由0變至$\frac{\pi}{2}$時,

t由$\frac{\pi}{2}$變至0. 於是,

$$\int_0^{\pi/2} f(\sin x)dx=\int_{\pi/2}^0 f\left[\sin\left(\frac{\pi}{2}-t\right)\right](-dt)$$
$$=\int_0^{\pi/2} f(\cos t)dt;$$

明顯地,

$$\int_0^{\pi/2} f(\cos t)\,dt=\int_0^{\pi/2} f(\cos x)dx.$$

(2) $\int_0^{\pi} f(\sin x)dx=\int_0^{\pi/2} f(\sin x)\,dx+\int_{\pi/2}^{\pi} f(\sin x)dx.$

在右邊之第二積分中，設$x=\pi-t$，則 $dx=-dt$。當x由

$\frac{\pi}{2}$變至π時，t由$\frac{\pi}{2}$變至0，

$$\therefore \int_{\pi/2}^{\pi} f(\sin x)\, dx = \int_{\pi/2}^{0} f[\sin(\pi - t)](-dt)$$

$$= \int_{0}^{\pi/2} f(\sin t) dt = \int_{0}^{\pi/2} f(\sin x) dx,$$

$$\therefore \int_{0}^{\pi} f(\sin x) dx = 2\int_{0}^{\pi/2} f(\sin x) dx.$$

【問】 設 $f(x)$ 爲連續函數時，試證

$$\int_{0}^{a} f(x) dx = \int_{0}^{a} f(a-x) dx.$$

【例 2】 求 $\displaystyle\int_{0}^{\pi} \frac{x\sin x}{1+\cos^2 x} dx.$

【解】

$$\int_{0}^{\pi} \frac{x\sin x}{1+\cos^2 x} dx = \int_{0}^{\pi/2} \frac{x\sin x}{1+\cos^2 x} dx$$

$$+ \int_{\pi/2}^{\pi} \frac{x\sin x}{1+\cos^2 x} dx,$$

對後一積分作代換$x=\pi-t$，於是可改寫成

$$\int_{\pi/2}^{\pi} \frac{x\sin x}{1+\cos^2 x} dx = -\int_{\pi/2}^{0} \frac{(\pi-t)\sin t}{1+\cos^2 t} dt$$

$$= \int_{0}^{\pi/2} \frac{(\pi-t)\sin t}{1+\cos^2 t} dt,$$

因此所欲求的積分爲

$$\int_{0}^{\pi} \frac{x\sin x}{1+\cos^2 x} dx = \pi \int_{0}^{\pi/2} \frac{\sin t}{1+\cos^2 t} dt$$

$$= -\pi \tan^{-1}(\cos t)\Big|_{0}^{\pi/2} = \frac{\pi^2}{4}.$$

這個題目的意思是這樣子：用分部積分法，你可以做出不定積分 $\displaystyle\int \frac{x\sin x}{1+\cos^2 x} dx$. 但是利用對稱性之考慮，**可以棄掉** x，

變成

$$\int \frac{\sin x}{1+\cos^2 x} dx.$$

這是容易多了!

【問】設 $f(x)$ 爲連續函數時，試證

$$\int_0^\pi x f(\sin x) dx = \frac{\pi}{2}\int_0^\pi f(\sin x) dx.$$

*【問】 $\displaystyle\int_0^1 \frac{\ln(1+x)}{1+x^2} dx = ?$

#44 定積分中的遞推關係

#441 求 $\displaystyle\int_0^{\pi/2} \sin^n x dx$ 之值

【解】記此積分爲 I_n，則有

$$I_n = \int_0^{\pi/2} \sin^n x dx = -\int_0^{\pi/2} \sin^{(n-1)} x d\cos x$$

$$= (-\sin^{(n+1)} x \cos x)\Big|_0^{\pi/2} + \int_0^{\pi/2} \cos x d(\sin^{(n-1)} x)$$

$\displaystyle\int_0^{\pi/2} \sin^n x dx$ 的遞推公式

$$= 0 + (n-1)\int_0^{\pi/2} \sin^{(n-2)} x \cos^2 x dx$$

$$= (n-1)\int_0^{\pi/2} \sin^{(n-2)} x (1-\sin^2 x) dx$$

$$= (n-1) I_{n-2} - (n-1) I_n;$$

因此得到漸降式 $I_n = \dfrac{n-1}{n} I_{n-2}$。

反覆使用此公式，每次降低兩次方，最後總是可以到達

$$I_0 = \int_0^{\pi/2} dx = \frac{\pi}{2} \text{ 或 } I_1 = \int_0^{\pi/2} \sin x dx = 1.$$

今分兩種情形來討論:

(甲) 當 n 爲偶數時，則

$$I_n=\frac{n-1}{n}I_{n-2}=\frac{n-1}{n}\cdot\frac{n-3}{n-2}I_{n-4}=\cdots$$

$$=\frac{n-1}{n}\cdot\frac{n-3}{n-2}\quad\cdots\cdots\frac{3}{4}\cdot\frac{1}{2}I_0$$

$$=\frac{(n-1)(n-3)\cdots3\cdot1}{n\quad(n-2)\cdots4\cdot2}\cdot\frac{\pi}{2}$$

（乙）當n爲奇數時，則

$$I_n=\frac{n-1}{n}I_{n-2}=\frac{n-1}{n}\cdot\frac{n-3}{n-2}I_{n-4}=\cdots$$

$$=\frac{n-1}{n}\cdot\frac{n-3}{n-2}.\cdots\cdots.\frac{4}{5}\cdot\frac{2}{3}I_1$$

$$=\frac{(n-1)(n-3).\cdots.4\cdot2}{n\quad(n-2).\cdots.5\cdot3}.$$

【問題】 試證 $\int_0^{\pi/2}\sin^n x dx=\int_0^{\pi/2}\cos^n x dx.$

【問題】 求 $\int_0^{\pi} x\cos nx\ dx$ 及 $\int_0^{\pi} x\sin nx dx.$

#442 利用上例的結果，我們可以來推導古老而著名的

Wallis公式及其證明

【Wallis 公式】 $\lim_{n\to\infty}\frac{1}{n}\left(\frac{2\cdot4\cdot6\cdots(2n)}{1\cdot3\cdot5\cdots(2n-1)}\right)^2=\pi$

或稍作變形寫成

$$\lim_{n\to\infty}\frac{2^{2n}(n!)^2}{(2n)!\sqrt{n}}=\sqrt{\pi}.$$

【證明】 因爲當$0<x<\frac{\pi}{2}$時，我們恒有

$$0<\sin^{(2n+1)}x<\sin^{(2n)}x<\sin^{(2n-1)}x,$$

故　$0<I_{2n+1}<I_{2n}<I_{2n-1}$,，亦即

$$\frac{2\cdot4\cdots(2n)}{3\cdot5\cdots(2n+1)}\leq\frac{1\cdot3\cdots(2n-1)}{2\cdot4\cdots(2n)}\ \frac{\pi}{2}$$

$$\leq\frac{2\cdot 4\cdots(2n-2)}{3\cdot 5\cdots(2n-1)},$$

於是$\frac{2n}{2n+1}\leq\left(\frac{1\cdot 3\cdots(2n-1)}{2\cdot 4\cdots(2n)}\right)^2 n\pi\leq 1$.

由夾擊原則知

$$\lim_{n\to\infty}n\left(\frac{1\cdot 3\cdots(2n-1)}{2\cdot 4\cdots(2n)}\right)^2\pi=1,$$

從而

$$\lim_{n\to\infty}\frac{1}{n}\left(\frac{2\cdot 4\cdots(2n)}{1\cdot 3\cdots(2n-1)}\right)^2=\pi,$$

這就是 Wallis 公式。因為

$$2\cdot 4\cdot 6\cdots(2n)=2^n(1\cdot 3\cdot 5\cdots n)=2^n(n!),$$

$$1.3.5\cdots(2n-1)=\frac{1\cdot 2\cdot 3\cdots(2n-1)(2n)}{2\cdot 4\cdots(2n)}$$

$$=\frac{(2n)!}{2^n(n!)},$$

所以 Wallis 公式可以表成

$$\lim_{n\to\infty}\frac{2^{2n}(n!)^2}{(2n)!\sqrt{n}}=\sqrt{\pi}.$$

#443 利用 Wallis 公式還可以推導出另一個非常有用的 Stirling 公式。Stirling 公式的目的是要來估計 $n!$ 的值，這個階乘數在應用數學中常常出現。

Stirling 公式及其推導

【Stirling 公式】 $\lim_{n\to\infty}\frac{n!}{\sqrt{2\pi n}\ n^n e^{-n}}=1$.

或寫成　$n!\sim\sqrt{2\pi n}\ n^n e^{-n}$.

【證明】 令　$a_n=\frac{n!}{\sqrt{n}n^n e^{-n}}=\frac{n!}{(n/e)^n\sqrt{n}},$

我們要證明數列 (a_n) 遞減。

$$\because\quad \frac{a_n}{a_{n+1}}=\frac{1}{e}\left(1+\frac{1}{n}\right)^{n+1/2},$$

兩邊取對數得

$$\log\left(\frac{a_n}{a_{n+1}}\right)=-1+\left(n+\frac{1}{2}\right)\log\left(1+\frac{1}{n}\right),\quad (\text{由 } \log(1+x) \text{ 之 Taylor 展開})$$

$$=-1+\left(n+\frac{1}{2}\right)\left(\frac{1}{n}-\frac{1}{2n^2}+\frac{1}{3n^3}-\frac{1}{4n^4}+\cdots\right)$$

$$=\frac{1}{n^2}\left(\frac{1}{3}-\frac{1}{4}\right)-\frac{1}{n^3}\left(\frac{1}{4}-\frac{1}{6}\right)+\frac{1}{n^4}\left(\frac{1}{5}-\frac{1}{8}\right)+\cdots$$

$$+(-1)^k\frac{1}{n^k}\left(\frac{1}{k+1}-\frac{1}{2k}\right)+\cdots.$$

兩項兩項合併就知道 $\log\left(\frac{a_n}{a_{n+1}}\right)>0$，即 $\frac{a_n}{a_{n+1}}>1$，因此 (a_n) 爲遞減數列。顯然 (a_n) 有下界，故由**實數系的完備性**知 $\lim_{n\to\infty} a_n$ 存在，因此可設

$$\lim_{n\to\infty}a_n=a=\lim_{n\to\infty}\frac{n!}{(n/e)^n\sqrt{n}}.$$

今若令 $\varepsilon_n=\frac{n!}{(n/e)^n\sqrt{n}}-a,\ \delta_n=\frac{(2n)!}{(2n/e)^{2n}\sqrt{2n}}-a$，則

$$\lim_{n\to\infty}\varepsilon_n=\lim_{n\to\infty}\delta_n=0,$$

亦即

$$n!=a\left(\frac{n}{e}\right)^n\sqrt{n}(1+\varepsilon_n),$$

$$(2n)!=a\left(\frac{n}{e}\right)^{2n}\sqrt{2n}(1+\varepsilon_{2n}),$$

其中 $\varepsilon_n\to 0$. 利用 Wallis 公式得

$$\frac{(n!)^2 2^{2n}}{(2n)!\sqrt{n}}=\frac{a_n{}^2}{a_n}\ \frac{1}{\sqrt{2}}\to\sqrt{\pi}.$$

亦即　$\dfrac{a^2}{a}\dfrac{1}{\sqrt{2}}=\sqrt{\pi}$，於是　$a=\sqrt{2\pi}$

從而　$$\lim_{n\to\infty}\frac{n!e^n}{n^n\sqrt{n}}=\sqrt{2\pi}$$

或　$$\lim_{n\to\infty}\frac{n!e^n}{\sqrt{2\pi n}\,n^n}=1.$$

【例】試估計 100! 的位數。

【解】由 Stirling 公式

$$100!\doteqdot\sqrt{200\pi}(100/e)^{100}\doteqdot 25\times(37)^{100},$$

兩邊取常用對數，得

$$\log(100!)=\log 25+100\log 37$$
$$=1.3979+100\times(1.5682)$$
$$\doteqdot 158\ \text{（查對數表）}$$

故 100! 約有 158 位數。

【問題】證明$\displaystyle\lim_{n\to\infty}\frac{\sqrt[n]{n!}}{n}=\frac{1}{e}$.

提示: 利用$\sqrt[n]{n}\to 1$ 及 Stirling 公式。

#5　幾何求積

#51　面積

#510　直角坐標

定積分原先的目的就是要求面積的問題，例如下面兩圖的面積分別為$\displaystyle\int_a^b f(x)dx$ 及$\displaystyle\int_c^d f(y)dy$

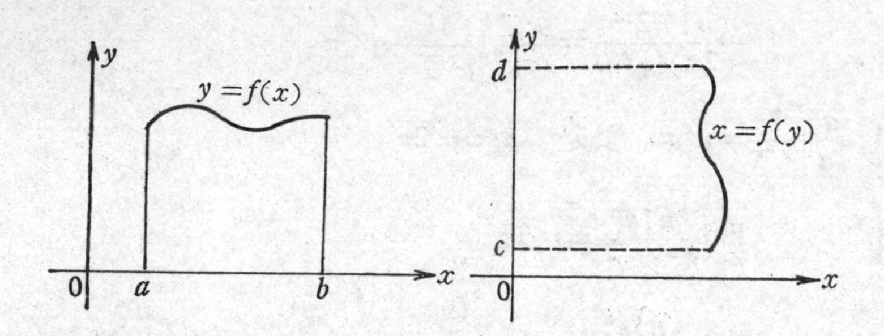

用定積分求算面積

而下圖甲的面積為 $\int_a^b (f-g)dx$:

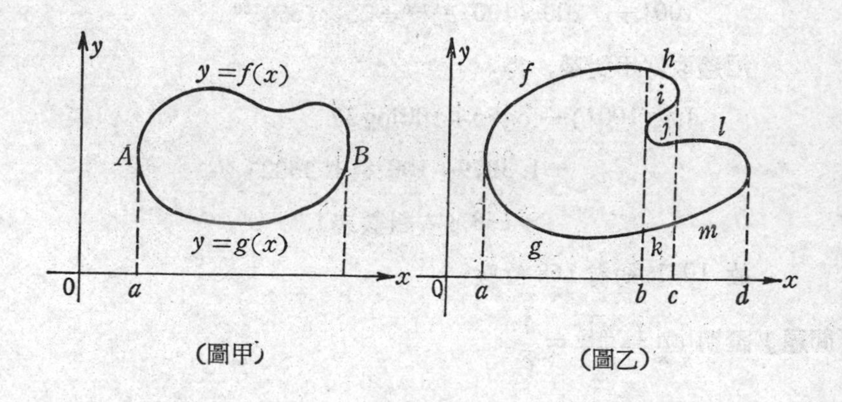

(圖甲)　　(圖乙)

對於更複雜一點的平面面積，如上圖乙，我們一塊一塊來做:

$$\int_a^b (f-g)dx+\int_b^c (h-i)dx+\int_b^c (j-k)dx$$
$$+\int_c^d (l-m)dx$$

其中 f, g, h, i, j, k, l, m 均為 x 的函數。

【例 1】求函數 $f(x)=x^3-3x^2+2x$ 與 $g(x)=-x^3+4x^2-3x$ 之圖形所圍成的面積。

【解】先求兩函數圖形的交點，即解

$$x^3-3x^2+2x=-x^3+4x^2-3x$$

$$\Rightarrow 2x^3-7x^2+5x=0,$$

$$\Rightarrow x(x-1)(2x-5)=0,$$

$$\Rightarrow x=0，或 x=1，或 x=\frac{5}{2}.$$

作圖如下:

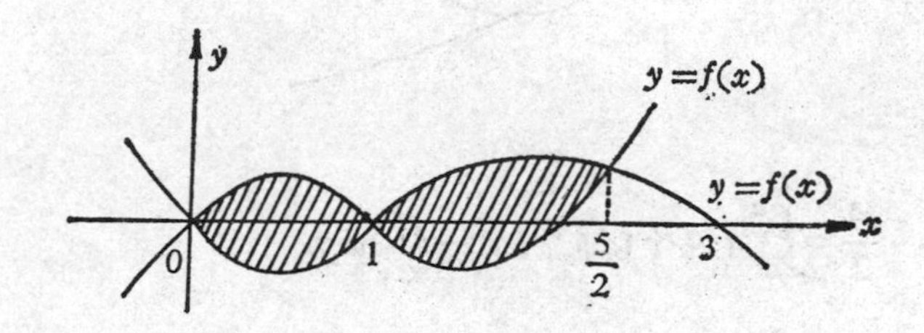

因此陰影的面積爲

$$\int_0^1 (f-g)\,dx+\int_1^{5/2} (g-f)\,dx$$

$$=\int_0^1 (2x^3-7x^2+5x)\,dx+\int_1^{5/2} (-2x^3+7x^2-5x)\,dx$$

$$=\left(\frac{x^4}{2}-\frac{7x^2}{3}-\frac{5x^2}{2}\right)\Bigg|_0^1+\left(-\frac{x^4}{2}+\frac{7x^3}{3}+\frac{5x^2}{2}\right)\Bigg|_1^{5/2}$$

$$=3252/96=33.9$$

【問題】求拋物線 $y^2=9-x$ 與直線 $y=x-3$ 所圍成的面積，並作圖。

（提示: 把 y 考慮成獨立變數較容易做。）

【例 2】圓 $y^2=2ax-x^2$ 之左，拋物線 $y^2=ax$ 之右所圍面積?

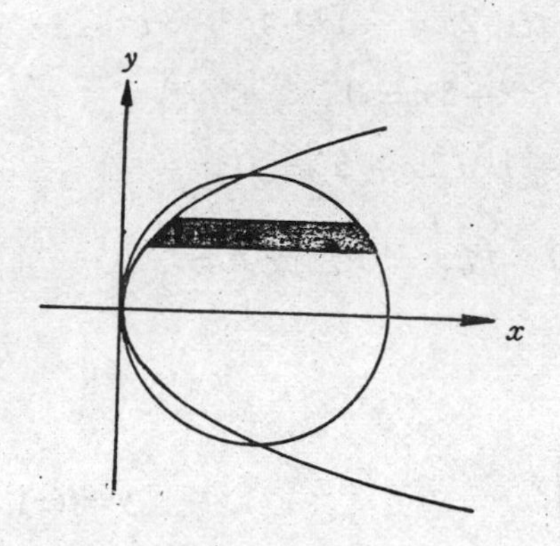

$$\frac{A}{2}=\int_0^a\left(a+\sqrt{a^2-y^2}-\frac{y^2}{a}\right)dy.$$

$$=\frac{2}{3}a^2+\frac{\pi}{4}a^2.$$

【問 1】拋物線$\sqrt{x}+\sqrt{y}=\sqrt{a}$與直線$x+y=a$之間夾了多少面積?

$$\left[A=\int_0^a\{(a-y)-(\sqrt{a}-\sqrt{y})^2\}dy=\frac{1}{3}a^2\right]$$

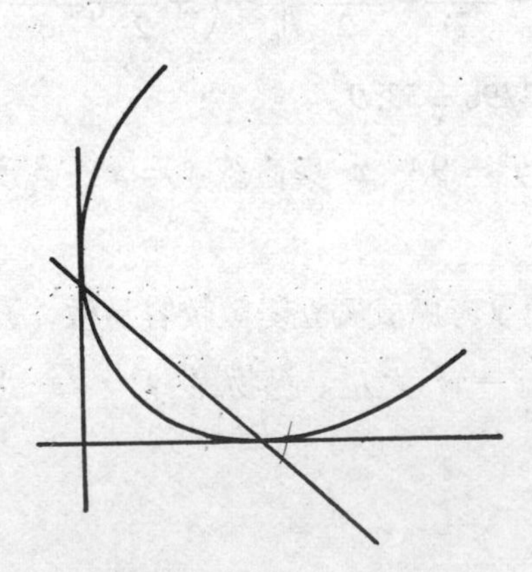

【問 2】求兩拋物線所夾之面積:

$$y^2=9+x \text{ 與 } y^2=9-3x.$$

答: 48

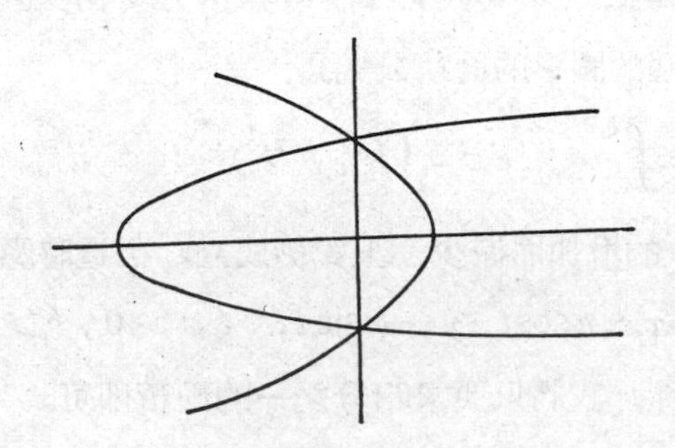

*【例3】試求拋物線 $y^2=2px$ 與 $x^2=2py$ 所圍成的面積，其中 $p>0$。

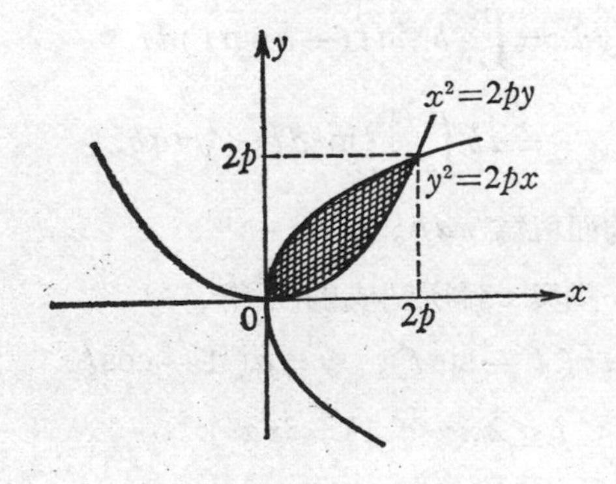

我們很容易算出兩拋物線的交點爲（0，0）及 $(2p,2p)$，於是陰影的面積爲

$$\int_0^{2p}\left(\sqrt{2px}-\frac{x^2}{2p}\right)dx=\frac{4}{3}p^2.$$

♯511　討論由參數方程的圖形所圍成的面積。假設某曲線的參數方程式爲 t 的連續函數:

$x=x(t)$, $y=y(t)$,

參數方程所圍成的面積之求算

並設 $x(t)$隨 t 遞增，可導微，且$x(\alpha)=a$，$x(\beta)=b$。那麼由曲線 $x=x(t)$，$y=y(t)$，x 軸及直線 $x=a$，$y=b$ 所圍的圖形的面積公式爲:

$$A=\int_a^b |y|dx=\int_\alpha^\beta |y(t)|x'(t)dt, \quad (2)$$

如果 $x(t)$ 隨 t 的增加而減少，上式仍成立，但這時應要求$\alpha>\beta$。

【例】求橢圓 $x=a\cos t$，$y=b\sin t$，（$a>0$，$b>0$，）的面積。

【解】由對稱性，我們只要求四分之一的面積卽可。

亦卽 $\int_0^a ydx$.

但是 $x(0)=a$，$x\left(\frac{\pi}{2}\right)=0$，所以

$$\int_0^a ydx=\int_{\pi/2}^0 b\sin t(-a\sin t)dt$$

$$=ab\int_0^{\pi/2}\sin^2 dt=\frac{1}{4}\pi ab.$$

故橢圓的面積爲 πab。

【問題】求擺線一拱與 x 軸所圍成的面積:

$x=a(t-\sin t)$， $y=a(1-\cos t)$.

（$0\leq t\leq 2\pi$. 得 $A=3\pi a^2$).

#5111 在下圖中，計算陰影的面積，雙曲線方程爲 $x^2-y^2=1$.

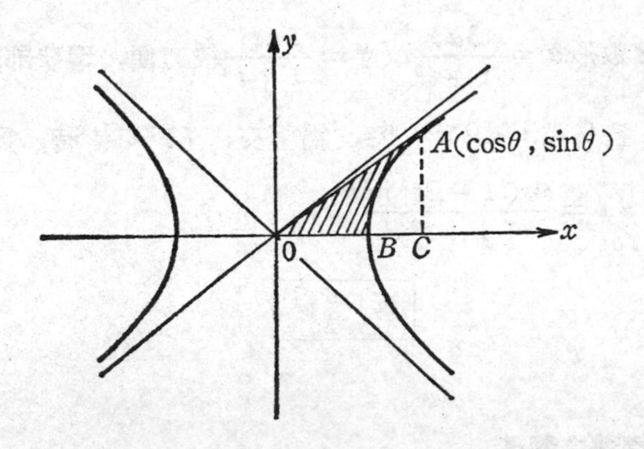

【解】由上圖知

OAB 的面積$=OAC$ 的面積 $-ABC$ 的面積,

可設A點的坐標爲 $(\text{ch}\theta, \text{sh}\theta)$, 於是 ABC 的面積爲

$$\int_0^c y\,dx=\int_0^\theta \text{sh}t\,d\,\text{ch}t$$

$$=\int_0^\theta \text{sh}^2 t\,dt$$

$$=\int_0^\theta \frac{(e^t-e^{-t})^2}{4}dt$$

$$=\frac{1}{4}\left(\frac{1}{2}e^{2t}-2t-\frac{1}{2}e^{-2t}\right)\Big|_0^\theta$$

$$=\frac{1}{2}\ \frac{e^{2\theta}-e^{-2\theta}}{4}-\frac{\theta}{2},$$

今因 OAC 的面積爲

$$\frac{1}{2}\text{ch}\theta\text{sh}\theta=\frac{1}{2}\ \frac{e^{2\theta}-e^{-2\theta}}{4},$$

因此 OAB 的面積$=\frac{1}{2}\ \frac{e^{2\theta}-e^{-2\theta}}{4}-\frac{1}{2}\ \frac{e^{2\theta}-e^{-2\theta}}{4}+\frac{\theta}{2}=\frac{\theta}{2}.$

【例】Descartes 蔓葉線 $x^3+y^3=3axy$ 之環狀部分面積。$(a>0)$

【解】用參數形 $x=\dfrac{3at}{1+t^3}$,　$y=\dfrac{3at^2}{1+t^3}$較方便，**環狀部**，乃 $0<t$ 也，且 $0<t<2^{-1/3}$ 時，爲下支，$t>2^{-1/3}$時，爲上支:

$$dx=\frac{3a(1-2t^3)dt}{(1+t^3)^2}.$$

答　$\dfrac{3}{2}a^2$

#512

#52　旋轉體之體積

設旋轉體是由兩條連續曲線 $y_1=f(x), y_2=g(x), (0\leq g\leq f)$, 以及兩條直線 $x=a, x=b, (a<b)$ 所圍成的面積（見下圖），繞 x 軸旋轉所產生的立體，其體積爲

$$V=\int_a^b \pi[f(x)]^2dx-\int_a^b \pi[g(x)]^2dx$$
$$=\pi\int_a^b ([f(x)]^2-[g(x)]^2)dx.$$

旋轉體的體積之計算

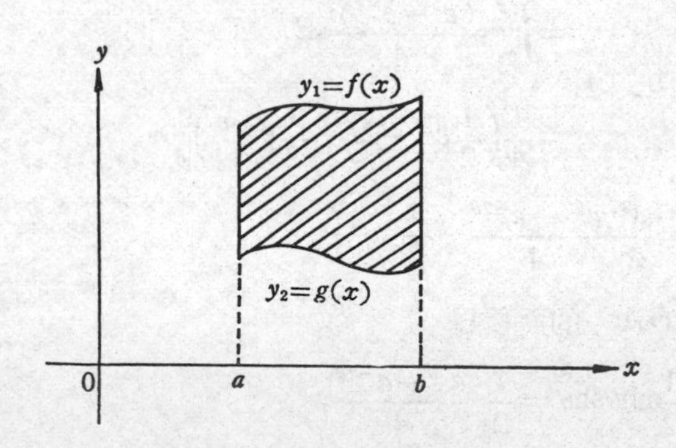

【例】曲線 Γ: $(x-4a)y^2=ax(x-3a)$ 之環狀部繞 x 軸廻轉所生體積爲何?

今曲線Γ對x軸對稱，截距為 0 與 $3a$,

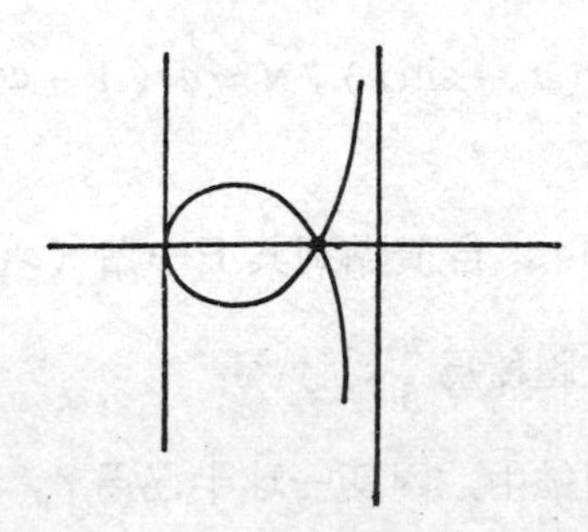

$$V=\pi\int_0^{3a}y^2dx$$
$$=\frac{\pi a^3}{2}(15-16\log 2).$$

【例】求 $x^2+(y-b)^2=a^2,(0<a\leq b)$ 繞x軸旋轉的體積。

【解】此旋轉體就是一個輪胎，見下圖。其體積

$$V=\pi\int_{-a}^{a}(b+\sqrt{a^2-x^2})^2dx-\pi\int_{-a}^{a}(b-\sqrt{a^2-x^2})^2dx$$
$$=\pi\int_{-a}^{a}4b\sqrt{a^2-x^2}dx=4\pi b\int_{-a}^{a}\sqrt{a^2-x^2}dx,$$

但 $\int_{-a}^{a}\sqrt{a^2-x^2}dx$ 表半徑為a之半圓的面積，故

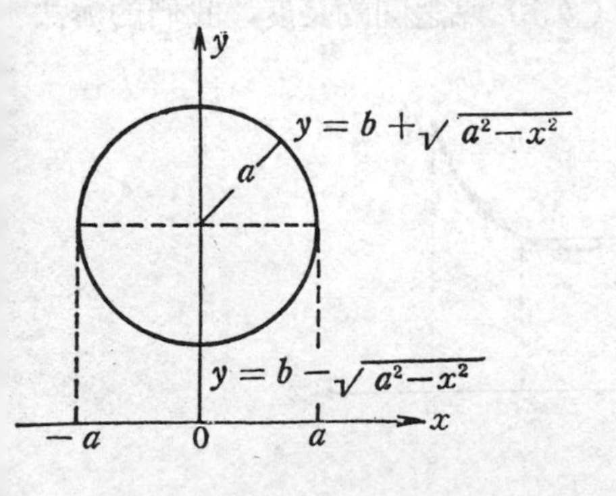

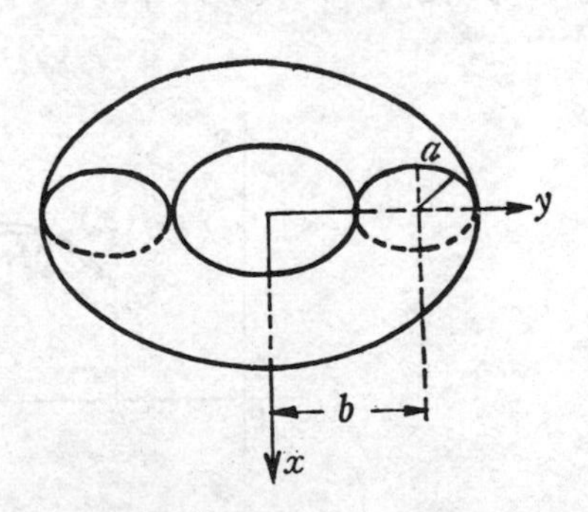

$$V=4\pi b\cdot\frac{\pi a^2}{2}=2\pi^2a^2b.$$

*【例】求擺線 $x=a(t-\sin t)$，$y=a(1-\cos t)$ 一拱繞 x 軸旋轉的體積。

【問】拋物線 $y^2=4ax$ 自頂點到其上一點 (x_1, y_1) 處之弧，繞 y 軸廻轉所生之體積爲 $\frac{\pi}{5}{x_1}^2{y_1}^2$。

*【問】頂角 60° 之圓錐中，內切一球半徑爲 r，求球與錐所夾體積。

【例】求曳引線 $\begin{cases} x=+\log\frac{1+\sin t}{\cos t}-\sin t, \\ y=a\cos t, \qquad (|t|<\pi/2,) \end{cases}$

繞 x 軸之廻轉體積。

【問】一個閉曲線 Γ 以一直線 l 爲對稱軸，而直線 m 平行於 l，又與 Γ 不相交，今以 m 爲軸，迴轉 Γ，得體積若干?

【問】曲線 $(x^2+y^2)^2=a^2x^2+b^2y^2$ 繞 x 軸廻轉所生體積若干? （設 $a>b>0$）

〔注意到：原點係弧立點！〕

§53 弧長

其次談曲線弧長（arc length）的求法。假設我們要計算曲線 $y=f(x)$ 從 $(a, f(a))$ 點到 $(b, f(b))$ 點之間的長度，我們的辦法

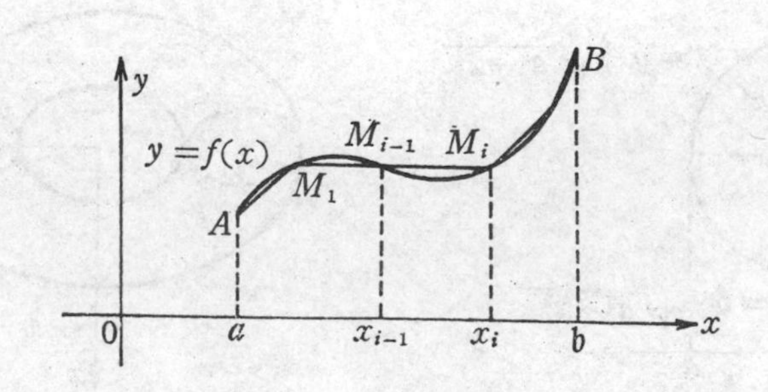

是: 用割線取代弧線! 見上圖:

將曲線從A到B任意取$n+1$個分點$M_0=A, M_1, M_2, \cdots M_n=B$, 然後用弦連接相鄰的分點，這就得到一條折線，其長度能够算出。於是我們定義: 當分點無限增加，同時每一段弦的長度均趨近於0時，這折線的長度如果趨近於某一極限，那麼此極限値就是曲線的長度。此時也稱曲線爲可求長的 (rectifiable)。

【註】我們在初等幾何學中早已遇到這種方法了，例如求圓周的長度時，我們用圓內接（或外接）正多邊形的周長來迫近圓周的長。

現在來推導曲線弧長的公式。由上圖，可知折線的長度爲

$$\sum\sqrt{(x_i-x_{i-1})^2+(f(x_i)-(f(x_{i-1}))^2} \quad \text{（畢氏定理）}$$

但這個表式還不合用，我們必須把它變形成$\sum\square\Delta x_i$的形式，才能看出它的極限是那個函數的定積分。今由平均變率定理

$$\begin{aligned}&\sum\sqrt{(x_i-x_{i-1})^2+(f(x_i)-f(x_{i-1}))^2}\\&=\sum\sqrt{(\Delta x_i)^2+[f'(\xi_i)]^2(\Delta x_i)^2}\\&=\sum\sqrt{1+[f'(\xi_i)]^2}\,\Delta x_i, \text{ 其中 } x_{i-1}<\xi_i<x_i\end{aligned}$$

於是曲線弧長

$$s=\lim\sum\sqrt{1+[f'(\xi_i)]^2}\,\Delta x_i=\int_a^b\sqrt{1+[f'(x)]^2}\,dx.$$

曲線弧長公式及其推導

注意: 當曲線給的是$x=f(y)$, $y\in[c;d]$, 則弧長公式爲

$$s=\lim\sum\sqrt{[f'(\xi_i)]^2+1}\,\Delta y_i=\int_c^d\sqrt{[f'(y)]^2+1}\,dy.$$

【例】求懸垂線 (Catenary) $y=\frac{1}{2}(e^x+e^{-x})=\text{ch}x$, x從0到a之間曲線的弧長。

【解】 $$\frac{dy}{dx}=\frac{1}{2}(e^x-e^{-x})=\text{sh}x,$$

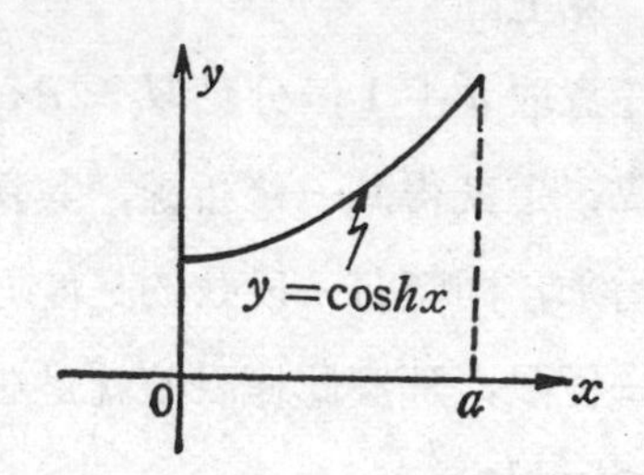

$$\left(\frac{dy}{dx}\right)^2 = \mathrm{sh}^2 x,$$

$$\therefore \quad 1+\left(\frac{dy}{dx}\right)^2 = 1+\mathrm{sh}^2 x = \mathrm{ch}^2 x,$$

於是$\sqrt{1+\left(\frac{dy}{dx}\right)^2} = \sqrt{\mathrm{ch}^2 x} = \mathrm{ch}x,$

因此弧長為

$$s = \int_0^a \mathrm{ch}x\,dx = \mathrm{sh}x\Big|_0^a = \mathrm{sh}a.$$

【問】求曲線 $y=2\sqrt{x}$ 從 $x=0$ 到 $x=1$ 的弧長。

注意 曲線弧長的公式，不必去背它，由幾何意思自動就記住了。求曲線弧長的想法是用割線代替弧線，讓我們看下圖:

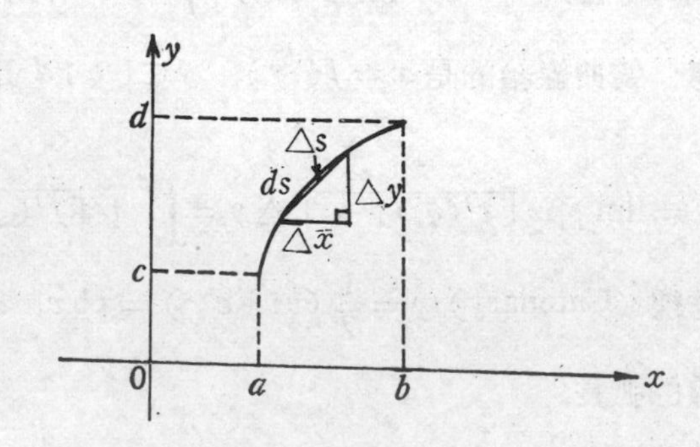

由畢氏定理知 $(\triangle s)^2 = (\triangle x)^2 + (\triangle y)^2,$

當分割越來越細時，就得到

$$(ds)^2=(dx)^2+(dy)^2$$

$$\therefore\quad ds=\sqrt{(dx)^2+(dy)^2},$$

它是曲線上無窮小的一段弧長。今因弧長 s 等於 ds 的積分，於是

$$s=\int_a^b ds=\int_a^b \sqrt{(dx)^2+(dy)^2}$$

再改寫成平常定積分的形式

$$s=\int_a^b \sqrt{1+\left(\frac{dy}{dx}\right)^2}\,dx,$$

或　　$$s=\int_c^d \sqrt{\left(\frac{dx}{dy}\right)^2+1}\,dy,$$（見上圖）。

到底用那一個公式來計算，那就要看你的題目，用那一個公式較方便了（微分不變性！）

#5311

【例】 求四尖內擺線全長。

由　$x^{2/3}+y^{2/3}=a^{2/3}$,

$$\frac{dy}{dx}=-y^{1/3}/x^{1/3},$$

$$\sqrt{1+\left(\frac{dy}{dx}\right)^2}=a^{1/3}x^{-1/3},$$

$$4^{-1}\quad L=\int_0^a (a^{1/3}x^{-1/3})dx=\frac{3}{2}a.$$

答　$L=6a$

【問 1】 求　$\sqrt{x}+\sqrt{y}=\sqrt{a}$ 之全長。

【問 2】 求　$4(x^2+y^2)-3a^{4/3}y^{2/3}=a^2$ 之全長。

【問 3】 自原點到 $x=a$，求

$8a^3y=x^4+6a^2x^2$ 之弧長。

【問 4】 求曳引線.

$$\left(\begin{array}{l} x=\ln\dfrac{1+\sin t}{\cos t}-\sin t \\ y=a\cos t.\ |t|<\pi/2 \text{ 之全長} \end{array}\right.$$

【問 5】在 $(x+y)^{2/8}-(x-y)^{2/3}=a^{2/3}$ 之上求兩點間之弧長。

#532 當曲線由參數方程式 $x=x(t)$, $y=y(t)$, $t\in[\alpha;\beta]$, 定義時，弧長的公式如何呢？因爲 $dx=\left(\dfrac{dx}{dt}\right)dt, dy=\left(\dfrac{dy}{dt}\right)dt$，故由 $ds=\sqrt{(dx)^2+(dy)^2}$ 得

$$ds=\sqrt{\left(\frac{dx}{dt}\right)^2+\left(\frac{dy}{dt}\right)^2}\,dt,$$

從而

$$s=\int_\alpha^\beta ds=\int_\alpha^\beta\sqrt{\left(\frac{dx}{dt}\right)^2+\left(\frac{dy}{dt}\right)^2}\,dt. \tag{7}$$

【例】求擺線 $x=(t-\sin t)$, $y=1-\cos t$ 一拱的長度。

【解】

$$s=\int_0^{2\pi}\sqrt{\left(\frac{dx}{dt}\right)^2+\left(\frac{dy}{dt}\right)^2}\,dt$$

$$=\int_0^{2\pi}\sqrt{(1-\cos t)^2+\sin^2 t}\,dt$$

$$=\sqrt{2}\int_0^{2\pi}\sqrt{1-\cos t}\,dt=2\int_0^{2\pi}\sin\frac{t}{2}dt=8.$$

【例】若 f', f'' 爲 f 之一、二階導函數，

參數曲線 $\begin{cases} x=\sin t f'(t)+\cos t f''(t), \\ y=\cos t f'(t)-\sin t f''(t), \end{cases}$

之弧長爲 s，則

$$s=f(t)+f''(t)+\cos st.$$

【證明】

$$\frac{ds}{dt}=?$$

$$\frac{dx}{dt}=\cos t(f'(t)+f'''(t)),$$

$$\frac{dy}{dt}=-\sin t(f'(t)+f'''(t)),$$

故　$$\frac{ds}{dt}=f'(t)+f''(t).$$

#54　旋轉體表面積

下面計算一種特殊的面積，即旋轉體的側表面積。見下圖:

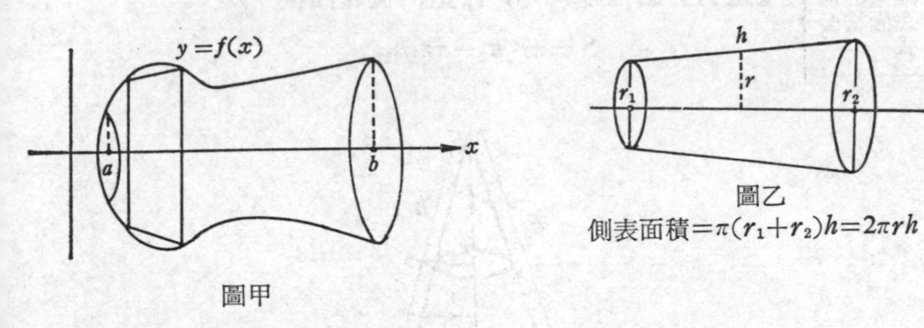

圖甲

圖乙
側表面積$=\pi(r_1+r_2)h=2\pi rh$

其中圖甲是由曲線 $y=f(x)\geq 0$, $x\in[a;b]$, 繞 x 軸旋轉所成的旋轉體，圖乙是用割線取代曲線後，一小塊的旋轉體。

整個微分學的想法就是很小的範圍內， 用切線或割線來取代 原 曲線，差不到那裏去! 今我們用割線取代原曲線，以估計割線的旋轉體之側面積。爲此，我們只要先計算圖乙的側表面積。

正圓錐的側表面積公式

#5411【補題】底半徑爲 r， 斜高爲 h 之正圓錐， 其側表面積爲 πrh。

【證明】我們還是利用定積分的原始想法：把底面的圓，用內接多邊形取代，然後計算所有側面三角形面積的和爲

$$\sum\frac{1}{2}h_i\triangle r_i.$$

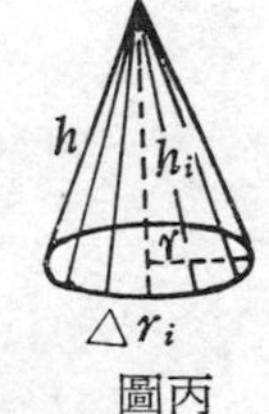

圖丙

當內接多邊形的邊數越來越大時，則 $h_i\rightarrow h$ 且 $\sum\triangle r_i\rightarrow 2\pi r$ （圓周長），因此

$$\sum\frac{1}{2}h_i\triangle r_i\to\frac{1}{2}h\cdot 2\pi r=\pi rh.$$

#5412

【補題】 上面圖乙錐臺的側表面爲 $\pi(r_1+r_2)h\ (=2\pi rh)$，其中

$$r=\frac{r_1+r_2}{2}.$$

錐臺的側表面積公式

【證明】 由補題 1 知，錐臺的側表面積 S 爲

$$S=\pi r_2h_2-\pi r_1h_1,$$

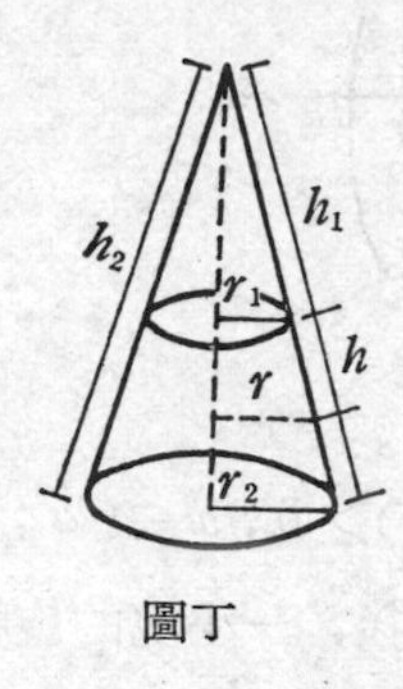

圖丁

但由相似形比例定理知

$$\frac{r_2}{r_1}=\frac{h_2}{h_1},$$

$$\Rightarrow r_2=\frac{h_2}{h_1}r_1,$$

$$\therefore S=\pi(r_2h_2-r_1h_1)$$

$$=\pi r_1\left(\frac{h_2^2-h_1^2}{h_1}\right)=\pi\frac{(h_2-h_1)(h_2+h_1)}{h_1}r_1$$

$$=\pi h\cdot\left(\frac{h_1+h_2}{h_1}\right)r_1=\pi h(r_1+r_2).$$

旋轉體側表面積公式及其推導

#5413 今考慮曲線 $y=f(x)\geq 0$， $x\in[a;b]$，繞 x 軸旋轉的側表面積。在下圖中，我們用割線取代曲線:

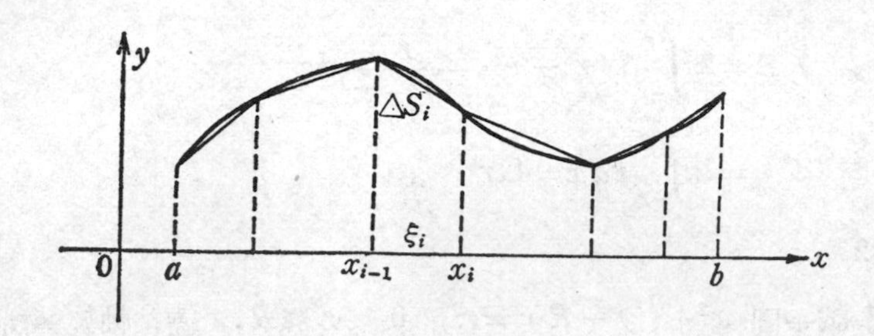

根據補題 #5412，每一小錐臺的側表面積爲

$$2\pi f(\xi_i)\triangle S_i,\ \text{其中}\ \xi_i=\frac{x_{i-1}+x_i}{2},$$

故所有小錐臺側表面積之和爲

$$2\pi\sum f(\xi_i)\triangle S_i,$$

讓分割加細，取極限，得旋轉體側表面積爲

$$A=\int_a^b 2\pi f(x)ds,$$

但是
$$ds=\sqrt{1+\left(\frac{dy}{dx}\right)^2}\,dx,\ \text{故}$$

$$A=\int_a^b 2\pi y ds=\int_a^b 2\pi y\sqrt{1+\left(\frac{dy}{dx}\right)^2}\,dx.$$

同理，曲線 $x=g(y)$, $y\in[c;d]$，繞 y 軸旋轉的側表面積，把 x，y 互換就得了:

$$A=\int_c^d 2\pi x\sqrt{1+\left(\frac{dx}{dy}\right)^2}\,dy.$$

這裏只敍述旋轉的側表面積，至於一般曲面的面積，我們不討論。

【例】求半徑爲 r 的球面之面積。

【解】這是由曲線 $y=\sqrt{r^2-x^2}$, $x\in[-r;r]$，繞 x 軸旋轉所得的表面積，代上述公式卽得

$$A=2\pi\int_{-r}^{r}\sqrt{r^2-x^2}\cdot\frac{r}{\sqrt{r^2-x^2}}dx$$

$$=2\pi\int_{-r}^{r}r\,dx=4\pi r^2.$$

#542

【例】試求圓 $x^2+(y-R)^2=r^2$，$0<r<R$，繞 x 軸旋轉所得旋轉體之表面積。（輪胎表面積！）

【解】此圓之上半部爲 $y_1=R+\sqrt{r^2-x^2}$，下半部爲 $y_2=R-\sqrt{r^2-x^2}$ 今設所求的表面積爲 A，則

$$A=2\pi\int_{-r}^{r}y_1ds_1+2\pi\int_{-r}^{r}y_2ds_2,$$

其中

$$ds_1=\sqrt{1+y_1'^2}dx=\frac{r}{\sqrt{r^2-x^2}}dx,$$

$$ds_2=\sqrt{1+y_2'^2}dx=\frac{r}{\sqrt{r^2-x^2}}dx,$$

$$\therefore\quad A=2\pi\int_{-r}^{r}(y_1+y_2)\frac{r}{\sqrt{r_2-x_2}}dx$$

$$=4\pi Rr\int_{-r}^{r}\frac{dx}{\sqrt{r^2-x^2}}=4\pi^2Rr.$$

（變數代換，令 $x=r\sin\theta$）

【問題】試求下列旋轉體之表面積及體積。

#543　橢圓 $\frac{x^2}{a^2}+\frac{y^2}{b^2}=1$，繞 x 軸旋轉。$\left[\text{面}2b^2\pi+\frac{a^2\pi}{e}\log\frac{1+e}{1-e}\right]$

#544　擺線 $x=a(t-\sin t)$, $y=a(1-\cos t)$, $(a>0)$ 一拱繞 x 軸旋轉。

【問】 (1) 曲線 $y=x(x-4)$，從 $x=1$ 到 $x=4$ 繞 x 軸旋轉。

(2) 拋物線 $y^2=4ax$ 自頂點到 $x=3a$ 處繞 x 軸迴轉。

答　$\frac{56}{3}\pi a^2$

(3) 口徑 6m，深 2m 之拋物迴轉面，面積爲何？

〔今 $y^2=ax$ 則 $x=2$, $y=3$. 得 $a=\frac{9}{2}$

$$A=2\pi\int_0^2 y\,ds=\frac{49}{4}\pi(m^2)〕$$

【問】 曲線 $4y=x^2-2\log x$ 自 $x=1$ 到 $x=4$，繞 y 軸所生之曲面積爲何？

〔$A=2\pi\int x\,ds$,

但　$\frac{dy}{dx}=\frac{x^2-1}{2x}$，故 $\frac{ds}{dx}=\frac{x^2+1}{2x}$, $x\,ds=\frac{x^2+1}{2}dx$,

故　$A=2\pi\int_1^4 \frac{x^2+1}{2}dx=24\pi.$〕

【問】 心臟形 $x=a(2\cos t-\cos 2t)$, $y=a(2\sin t-\sin 2t)$，繞 x 軸迴轉所得曲面積爲何？

$$〔A=2\pi\int_0^\pi y\frac{ds}{dt}dt=\frac{128}{5}\pi a^2.〕$$

#55　一維積分求體積

如果一個三維區域 $R\subset E^3$ 對每個 z 坐標所做之截形 (cross-section)

$$\{(x, y):(x, y, z)\in R\}\equiv R_z$$

之面積　$|R_Z|=A_z$

已經知道，則

$$\int A_z dz$$

就是R的體積。

事實上，廻轉體體積之公式是一個特例而已!

【例】考慮半徑a之定圓並固定其一直徑；今以圓上動點爲心，半徑a作一動圓，使此動圓之平面恆與定圓垂直，且與定直徑垂直，問此動圓畫出體積多少？今定圓Γ爲$x^2+y^2=a^2$，定直徑爲$y=0$，$z=0$　動圓爲

$$(X-x)^2+Z^2=a^2$$

且$Y\equiv y$，而$(x, y)\in\Gamma$.

今只論$y>0$之一側，此時，以$(\pm\sqrt{a^2-y^2}, y)$爲心，半徑a之二圓盤，其聯集之面積爲何?

今交截部份之面積爲 $a^2(2\alpha-\sin 2\alpha)$,

但　$\alpha=\arcsin(y/a)$,

故面積爲

$$A=a^2\left(2\pi-2\arcsin\frac{y}{a}+\frac{2y\sqrt{a^2-y^2}}{a}.\right)$$

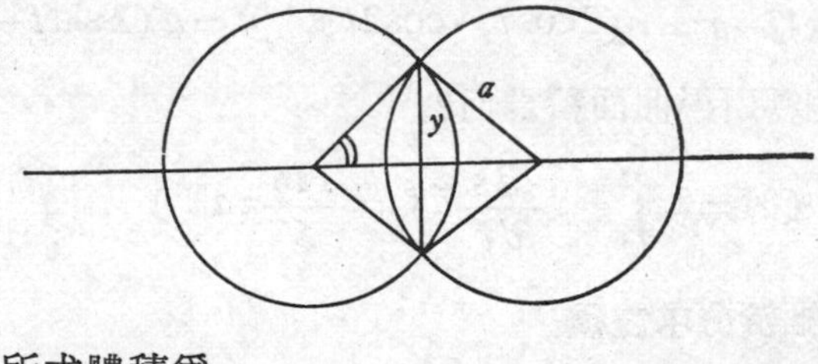

所以所求體積爲

$$2\int_0^a dyA(y)$$

$$=2a^2\int_0^a dy\left(2\pi-2\arcsin\frac{y}{a}+\frac{2y\sqrt{a^2-y^2}}{a}\right)$$

$$=2\pi a^3+\frac{16}{3}a^3.$$

【例】 圓柱體 $x^2+y^2\leq r^2$ 被 xy 面及平面 $z=mx(m>0)$ 所截之部分，體積爲何?

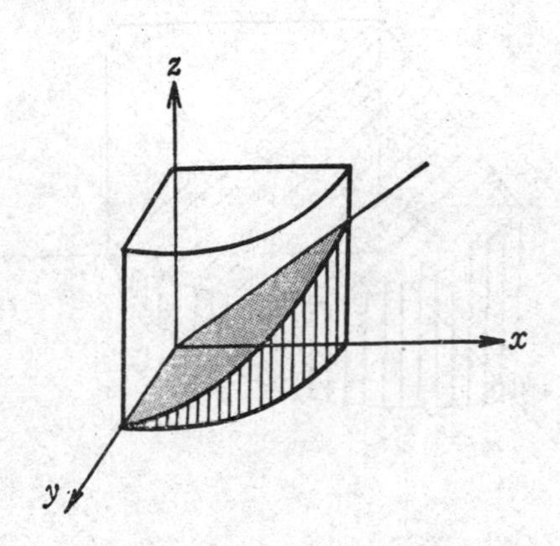

【解】 固定 x，則截面爲矩形：一底爲 $mx=z$，一邊爲 $\sqrt{r^2-x^2}=y$，故

$$V=\int_0^r mx\sqrt{r^2-x^2}\,dx=\frac{m}{3}r^3.$$

【問】 曲面 $x^2+y^2=z+1$ 與 xy 面之間夾了多少體積?

〔每個 z 面，切了一圓，面積爲 $\pi(z+1)$，故得

$$\int_{-1}^0 \pi(z+1)\,dz=\frac{\pi}{2}.〕$$

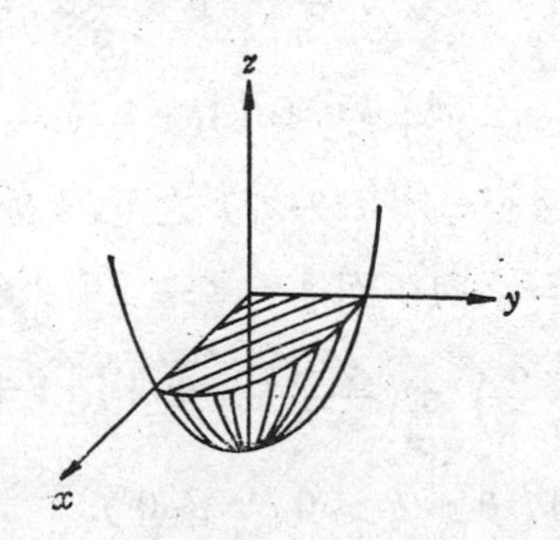

【例】已予正圓柱，高 a，底半徑 r，今自上底一個直徑作兩平面與下底圓相切，問所切夾之體積為何？

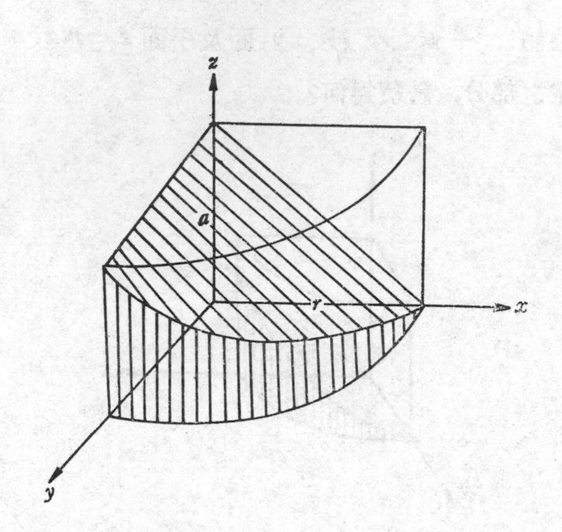

〔今圓柱體為 $x^2+y^2\leq r^2,\ 0\leq z\leq a$.

直徑為: $z=a,\ x=0$.

兩平面之下方為 $\frac{z}{a}\pm\frac{x}{r}\leq 1$，當 $0<x<a$ 時，截出一個長方形:

$$0\leq z\leq a-\frac{a}{r}x,\ |y|\leq\sqrt{r^2-x^2},$$

故 $V=4\int_0^r dx\sqrt{r^2-x^2}\left(a-\frac{a}{r}x\right)=ar^2\left(\pi-\frac{4}{3}\right).$〕

【問 1】試求曲面 $(x^2+y^2+z^2)^2+a^2(x^2+y^2-z^2)=0$ 所圍之體積。

【問 2】曲面 $x^2z+ay^2=z(a^2-z^2)$ 之下，$z>0$ 的部分，體積為何？

【問 3】曲面 $x^2+y^2=z$ 與平面 $z=x+y$ 所夾體積？

【問 4】兩曲面 $\left(\frac{x-\alpha}{a}\right)^2+\left(\frac{y-\beta}{b}\right)^2=1$，$xy=cz$ 與 $z=0$ 所包體積 $(\alpha>a>0,\ \beta>b>0,\ c>0)$.

【問 5】設 $a>b>0$，求二曲面

$$(x^2+y^2)^2=a^2x^2+b^2y^2 \text{ 及 } x^2+y^2+z^2=a^2$$

之間的體積。

【問 6】求二曲面

$$\frac{x^2}{a^2}+\frac{y^2}{b^2}+\frac{z^2}{c^2}=1,\ \frac{y^2}{b^2}+\frac{z^2}{c^2}=\frac{x}{a},$$

之間的體積（但 $a>0$，$b>0$，$c>0$）

【問 7】求曲面 $z^2+\beta^2y^2=\alpha x^2+r$ 及兩平面 $x=x_0$, $x=x_1$ 之間的體積。

#56 平面極坐標

在平面上，極坐標的關係式是

$$\begin{cases} x=r\cos\theta, \\ y=r\sin\theta, \end{cases}$$

徑向與輻角方向垂直， 其單位向量各為 $\boldsymbol{A}_r$ 及 $\boldsymbol{A}_\theta$；$\boldsymbol{A}_r=\boldsymbol{i}\cos\theta+\boldsymbol{j}\sin\theta=\boldsymbol{t}_r$, $\boldsymbol{A}_\theta=-\boldsymbol{i}\sin\theta+\boldsymbol{j}\cos\theta=\boldsymbol{t}_\theta/r$.

這裏 $\boldsymbol{t}_r\equiv \boldsymbol{i}dx/dr+\boldsymbol{j}dy/dr$,（固定 θ）

與 $\boldsymbol{t}_\theta\equiv \boldsymbol{i}dx/d\theta+\boldsymbol{j}dy/d\theta$,（固定 r）

分別是位置對 r 與對 θ 之微分商，其大小分別是 1 與 r。

若用極坐標，自點（r, θ）到點（$r+dr$, θ）做一微分（有向）弧 $\boldsymbol{t}_r$, 又自點（r, θ）到點（r, $\theta+d\theta$）做另一微分（有向）弧 $\boldsymbol{t}_\theta$, 則

$$\boldsymbol{t}_r=\boldsymbol{i}dr\cos\theta+\boldsymbol{j}dr\sin\theta,$$

$$\boldsymbol{t}_\theta=[-\boldsymbol{i}\sin\theta d\theta+\boldsymbol{j}\cos\theta d\theta]r, \quad (4.0)$$

#561 這個微分矩形面積為

$$dA=\rho d\rho d\theta.$$

#562

【問】 向徑（從原點到（ρ, θ））掃過 $d\theta$ 輻角，（改爲從原點到（$\rho+d\rho$, $\theta+d\theta$)），共掃過多少面積?

【解】 面積$=2^{-1}$. 兩邊. 夾角正弦。

$$\cong 2^{-1}\cdot\rho\cdot(\rho+d\rho)\cdot\sin d\theta$$

答　$dA=2^{-1}\rho^2 d\theta$，略去高階無限小

#5621

【又解】 將 $\rho d\rho d\theta$ 對 dr 積分，從 $\rho=0$ 到 $\rho=\rho$ 得 $2^{-1}\rho^2 d\theta$.

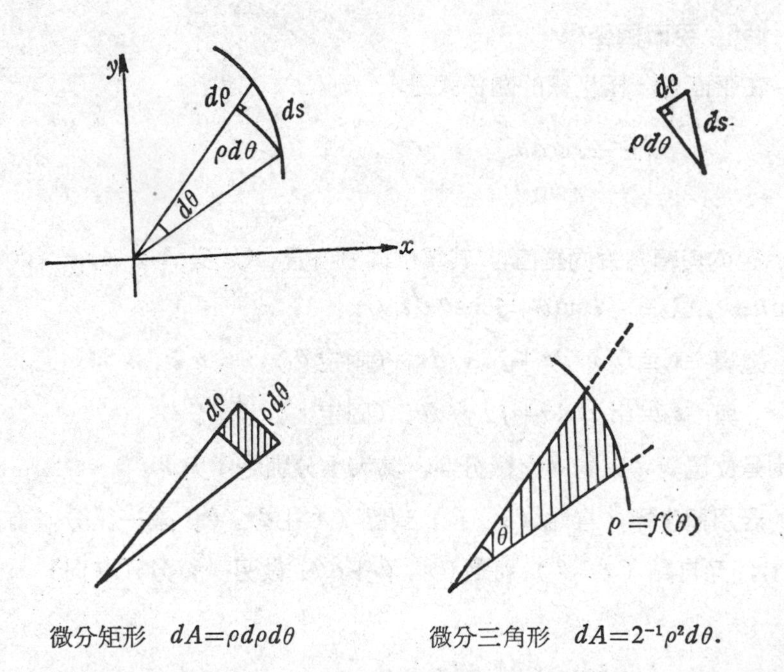

微分矩形　$dA=\rho d\rho d\theta$　　　微分三角形　$dA=2^{-1}\rho^2 d\theta$.

#563 如果曲線是由極坐標方程式 $\rho=f(\theta)$ 所給定，並且假設 $f(\theta)$ 在〔α；β〕上連續，$f(\theta)>0$，我們要來求由兩條向徑 $\theta=\alpha$ 與 $\theta=\beta$ 及曲線 $\rho=f(\theta)$ 所圍圖形的面積。見下圖:

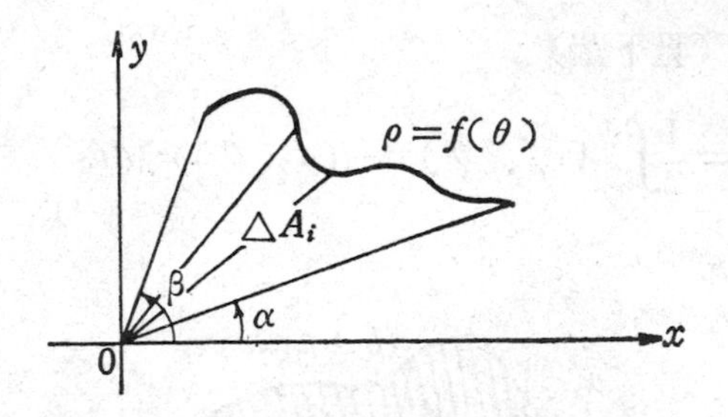

當然我們可以直接利用 Archimedes 的想法——窮盡法：我們把〔α；β〕分割成

$$\alpha=\theta_0<\theta_1<\cdots<\theta_n=\beta,$$

$$\triangle\theta_i=\theta_i-\theta_{i-1},\ (i=1,2,\cdots n,)$$

作 $n-1$ 條射線 $\theta=\theta_1$，$\theta=\theta_2,\cdots$，$\theta=\theta_{n-1}$，將圖形分割成 n 個小區域，每一小區域約略爲一個扇形。設 $\triangle A_i$ 爲第 i 小區域的面積，故總面積 A 爲

$$A=\sum_{i=1}^{n}\triangle A_i$$

但是由扇形面積公式 $\frac{1}{2}\theta r^2$，得

$$\triangle A_i \doteqdot \frac{1}{2}[f(\xi_i)]^2\triangle\theta_i,\ \text{其中}\ \xi_i\in[\theta_{i-1};\theta_i],$$

$$\therefore\ A\text{的近似和爲}\sum_{i=1}^{n}\frac{1}{2}[f(\xi_i)]^2\triangle\theta_i,$$

極坐標方程式所圍面積的求算公式

取極限就得到

$$A=\frac{1}{2}\int_{\alpha}^{\beta}(f(\theta))^2d\theta.$$

如果要求出由

$$\theta=\alpha,\ \theta=\beta,(\alpha<\beta)$$

及兩條連續曲線 $\rho=f_1(\theta)$，$\rho=f_2(\theta)$，$(f_2(\theta)\leq f_1(\theta))$，所圍成的

面積，則公式爲（見下圖）：

$$A=\frac{1}{2}\int_{\alpha}^{\beta}[(f_1(\theta))^2-(f_2(\theta))^2]d\theta$$

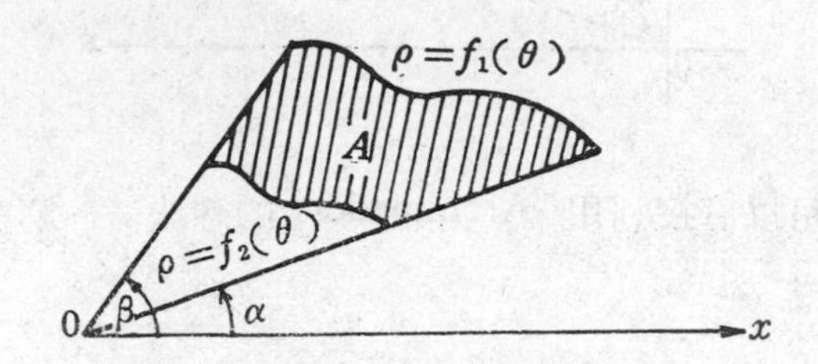

【例】求雙紐線 $\rho^2=\cos 2\theta$ 所圍成的面積。

【解】首先注意到，當 $\frac{\pi}{4}<|\theta|<\frac{3}{4}\pi$ 時，$\cos 2\theta<0$，此時 ρ 爲虛值，即無定義。由對稱性知

$$A=2\cdot\frac{1}{2}\int_{-\pi/4}^{\pi/4}\cos 2\theta d\theta=1.$$

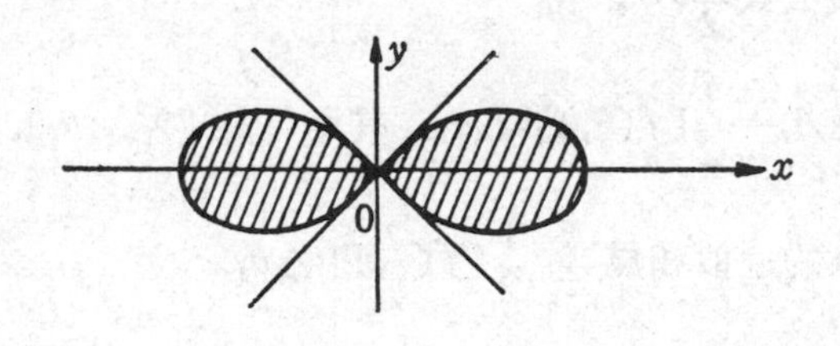

#5632

【例】求心臟線 $r=a(1+\cos\theta)$, $a>0$，所圍成的面積。

【解】由對稱性得

$$A=2\cdot\frac{1}{2}\int_0^{\pi}r^2d\theta=\int_0^{\pi}a^2(1+\cos\theta)^2d\theta=\frac{3}{2}\pi a^2.$$

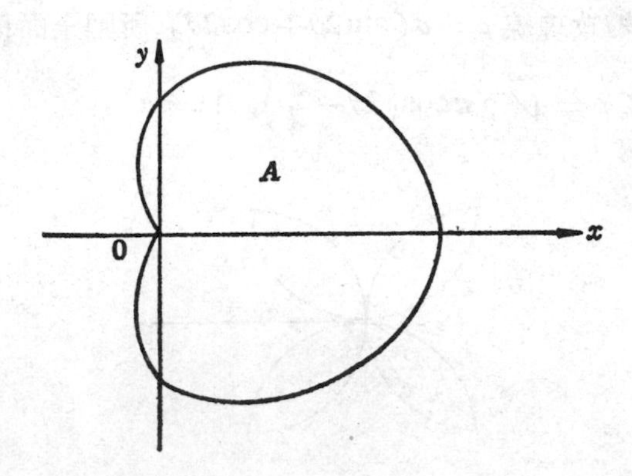

#5633

【例】求 Descartes 蔓葉線，環狀部之面積.

今　$x=\rho\cos\theta$,　$y=\rho\sin\theta$,

$$\rho=\frac{3a\sin\theta\cos\theta}{\cos^3\theta+\sin^3\theta},\ 0\leq\theta\leq\pi/2$$

$$A=\frac{9a^2}{2}\int_0^{\pi/2}\frac{\tan^2\theta\sec^2\theta}{(1+\tan^3\theta)^2}d\theta$$

$$=\frac{3}{2}a^2.$$（參見 #511.）

#5634　雜題

【問】求二圓 $\rho=6\sin\theta$,　$\rho=12\sin\theta$ 之間的面積。

答　27π，很顯然；內切，完全包容!

【問】圓 $\rho=2a\cos\theta$ 與心臟線 $\rho=a(1+\cos\theta)$ 之間的面積。

答　$\frac{\pi}{2}a^2$

【問】曲線 $\rho=a\sin 3\theta$ 之全面積爲其外接圓面積之 1/4.

〔證: $A/3=\frac{1}{2}\int_0^{\pi/3}\rho^2 d\theta=\frac{\pi}{12}a^2$.〕

【問】求四瓣玫瑰線 $\rho=a(\sin 2\theta+\cos 2\theta)$ 所圍全面積。

$$\left[\rho=\sqrt{2}\,a\cos\left(2\theta-\frac{\pi}{4}\right),\ A=\pi a^2.\right]$$

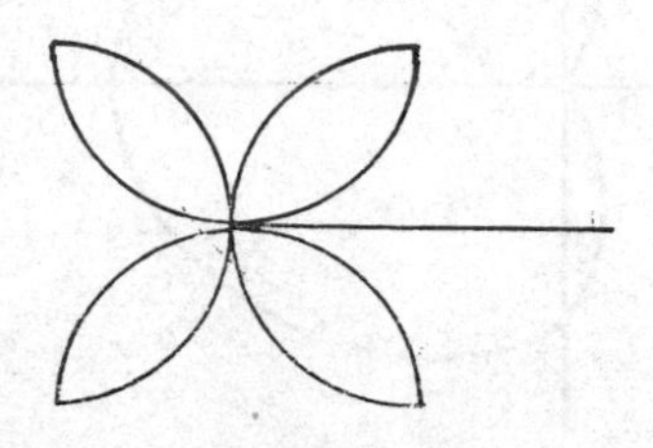

#571　首先讓我們考慮，由極坐標所給出的曲線

$$r=f(\theta)\ 在\ \alpha\leq\theta\leq\beta$$

中的弧長。

我們必須考慮極坐標下的微分弧長 ds，今在圖 #562 中，

$$dr=f'(\theta)d\theta,$$

當角度變化量 $s\theta$ 無窮小時，三角形可視爲直角三角形，故

$$(ds)^2=(dr)^2+(rd\theta)^2,$$

$$\therefore\quad ds=\sqrt{(dr)^2+r^2(d\theta)^2}.$$

極坐標的曲線弧長公式

$$=\sqrt{\left(\frac{dr}{d\theta}\right)^2+r^2}\,d\theta,$$

因此曲線弧長爲

$$s=\int_\alpha^\beta ds=\int_\alpha^\beta\sqrt{\left(\frac{dr}{d\theta}\right)^2+r^2}\ d\theta.$$

【例】求 Archimedes 螺線，$r=a\theta$ 最初一圈之弧長。

【解】$$s=\int_0^{2\pi}\sqrt{\left(\frac{dr}{d\theta}\right)^2+r^2}\ d\theta=\int_0^{2\pi}\sqrt{a^2+(a\theta)^2}\,d\theta$$

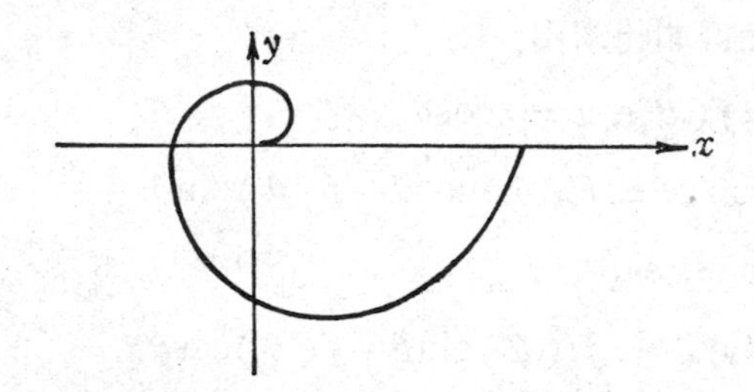

$$= a\int_0^{2\pi}\sqrt{1+\theta^2}d\theta,$$

今令 $\theta=\tan x$，則 $d\theta=\sec^2 x dx$，

$$\therefore\ \int\sqrt{1+\theta^2}\,d\theta=\int\sec^3 x dx=\int\sec x\sec^2 x dx$$

$$=\int\sec x(1+\tan^2 x)dx=\int\sec x dx+\int\sec x\tan^2 x dx$$

$$=\ln|\sec x+\tan x|+\int\tan x d\sec x$$

$$=\ln|\sec+\tan x|+\tan x\sec x-\int\sec x d\tan x$$

$$=\ln|\sec x+\tan x|+\tan x\sec x-\int\sec^3 x dx;$$

$$\therefore\ \int\sqrt{1+\theta^2}\,d\theta=\frac{1}{2}[\tan x\sec x+\ln|\sec x+\tan x|]$$

$$=\frac{1}{2}[\theta\sqrt{1+\theta^2}+\ln|\theta+\sqrt{1+\theta^2}|],$$

因此

$$s=\frac{a}{2}[\theta\sqrt{1+\theta^2}+\ln|\theta+\sqrt{1+\theta^2}|]\Big|_0^{2\pi}$$

$$=\frac{a}{2}[2\pi\sqrt{1+4\pi^2}+\ln(2\pi+\sqrt{1+4\pi^2})].$$

【問題】試求心臟線 $r=a(1+\cos\theta)$ 之全長。

#572

【注意】弧長又可如此求出:

今 $r=f(\theta)$, $x=r\cos\theta$, 故

$$dx/d\theta=f'(\theta)\cos\theta-f(\theta)\sin\theta,$$

而 $y=r\sin\theta$,

故 $dy/d\theta=f'(\theta)\sin\theta+f(\theta)\cos\theta$,

$\therefore\quad (ds/d\theta)^2=f'(\theta)^2+f(\theta)^2$,

卽 $ds=\sqrt{(dr)^2+r^2(d\theta)^2}$.

【問】求 $\rho=a\sin^3\dfrac{\theta}{3}$之全長。

〔今 $\sqrt{\rho^2+\left(\dfrac{d\rho}{d\theta}\right)^2}=a\sin^2\dfrac{\theta}{3},\ 0\leq\theta\leq 3\pi$,

故 $L=a\displaystyle\int_0^{3\pi}\sin^2\frac{\theta}{3}d\theta=\frac{3\pi}{2}a$〕

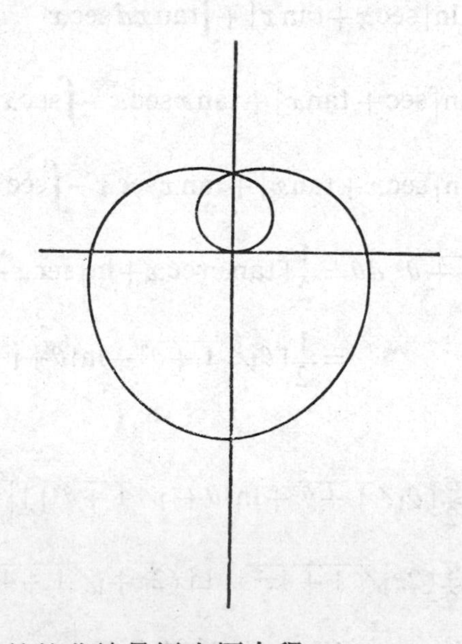

#573 若所給的曲線是極坐標方程

$$r=f(\theta),\ \alpha\leq\theta\leq\beta.$$

則其繞 x 軸的**側表面積** A 為

極坐標的旋轉體側表面積公式

$$A=\int_{\alpha}^{\beta} 2\pi y\ \ ds,$$

但由 #42，$ds=\sqrt{r^2+\left(\dfrac{dr}{d\theta}\right)^2}\,d\theta,$

$$\therefore\quad A=\int_{\alpha}^{\beta} 2\pi r\sin\theta\sqrt{r^2+\left(\frac{dr}{d\theta}\right)^2}\,d\theta.$$

【例】求心臟線 $r=(1+\cos\theta),(a>0)$，繞極軸旋轉所得旋轉體之表面積。

【解】$\because\quad \dfrac{dr}{d\theta}=-\sin\theta,\ \therefore\ \left(\dfrac{dr}{d\theta}\right)^2=\sin^2\theta,$

$$r^2=(1+\cos\theta)^2=1+2\cos\theta+\cos^2\theta,$$

$$\therefore\quad ds=\sqrt{r^2+\left(\frac{dr}{d\theta}\right)^2}\,d\theta=\sqrt{(2+2\cos\theta)}\ d\theta$$

$$=2\cos\frac{\theta}{2}d\theta,$$

因此側表面積為

$$\int_0^{\pi} 2\pi(1+\cos\theta)\sin\theta 2\cos\frac{\theta}{2}d\theta$$

$$=2\pi\int_0^{\pi} 2\sin\theta\cos\frac{\theta}{2}d\theta+2\pi\int_0^{\pi}\sin 2\theta\cos\frac{\theta}{2}d\theta$$

$$=2\pi\int_0^{\pi}\left(\sin\frac{3\theta}{2}+\sin\frac{\theta}{2}\right)d\theta+\pi\int_0^{\pi}\left(\sin\frac{5\theta}{2}+\sin\frac{3\theta}{2}\right)d\theta$$

$$=-2\pi\left(\frac{2}{3}\cos\frac{3\theta}{2}+2\cos\frac{\theta}{2}\right)\Big|_0^{\pi}-\pi\left(\frac{2}{5}\cos\frac{5\theta}{2}+\frac{2}{3}\cos\frac{3\theta}{2}\right)\Big|_0^{\pi}$$

$$=\frac{32\pi}{5}.$$

極坐標的迴轉臺體之體積公式

#5732 至於體積也可以直接算出． 由 $r=f(\theta)$，$0\leq\theta\leq\beta$，繞 x 軸迴轉的**臺體**，體積為

$$\pi\int y^2dx=\pi\int\rho^2\sin^2\theta\left(r\sin\theta-\frac{dr}{d\theta}\cos\theta\right)\cdot d\theta$$

【例】 心臟形 $r=1+\cos\theta$，繞 x 軸迴轉一圈有體積多少?

$$dr/d\theta=-\sin\theta.$$

$$r\sin\theta-\frac{dr}{d\theta}\cos\theta$$

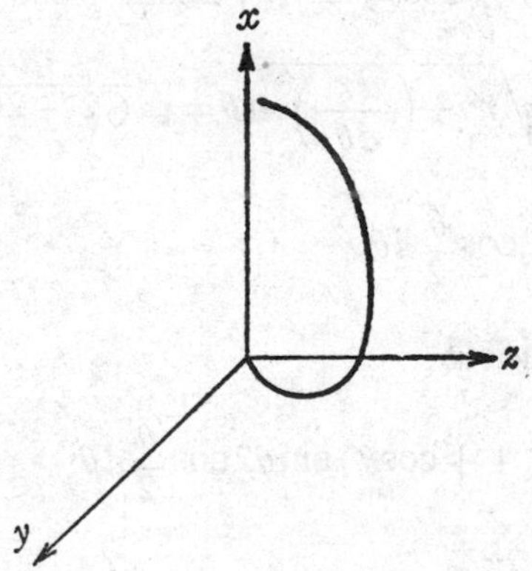

$$=\sin\theta+2\sin\theta\cos\theta$$

$$=\sin\theta+\sin2\theta.$$

$$V=\pi\int_0^\pi r^2\sin^2\theta(\sin\theta+\sin2\theta)d\theta$$

$$=\pi\int_0^\pi(1+\cos^2\theta+2\cos\theta)(\sin^3\theta+\sin^2\theta\sin^2\theta)d\theta$$

$$=\frac{8\pi}{3}.$$

#5733

【例】 曲線 $x^3-3axy+y^3=0$ 之環狀部以直線 $x+y=0$ 為軸而迴轉

之，求體積。

【解】以極坐標方程式

$$\rho=\frac{3a\sin\theta\cos\theta}{\cos^3\theta+\sin^3\theta},$$

知$0\leq\theta\leq\frac{\pi}{2}$代表了環狀部。但點（$\rho,\theta$）到$x+y=0$之距離爲$\rho\sin\left(\theta+\frac{\pi}{4}\right)$，故得

$$V=2\pi\int_0^{\pi/2}d\theta\int_0^{\rho}d\rho\rho^2\sin\left(\theta+\frac{\pi}{4}\right)$$

$$=9\sqrt{2}\pi a^3\int_0^{\pi/2}d\theta\,\frac{(\sin\theta+\cos\theta)\sin^3\theta\cos^3\theta}{(\sin^3\theta+\cos^3\theta)^3}$$

$$=9\sqrt{2}\pi a^3\int_0^{\infty}\frac{(1+t)t^3}{(1+t^3)^3}dt.\quad t=\tan\theta$$

$$=\frac{8\pi^2}{3\sqrt{6}}a^3.$$

#6　雙重積分的練習

#611　對矩形區域，只有一個麻煩：順序之選擇。

> 對矩形區域的雙重積分

【例】求 $\iint_{\Omega}\frac{dxdy}{x+y}$, $\Omega=[0;1]\times[1;2]$

【解】

$$\iint_{\Omega}=\int_0^1\left(\int_1^2\frac{dy}{x+y}\right)dx,$$

今固定x,

$$\int_1^2\frac{dy}{x+y}=\ln(x+y)\Big|_{y=1}^{y=2}=\ln(2+x)-\ln(1+x),$$

因此$\iint_{\Omega}=\int_0^1[\ln(2+x)-\ln(1+x)]dx,$

但是 $\int \ln u du = u\ln u - u + c$，（分部積分！）

於是 $\int_0^1 [\ln(2+x) - \ln(1+x)]dx$

$= [(2+x)\ln(2+x) - (2+x) - (1+x)$.

$\ln(1+x) + (1+x)]\Big|_0^1$

$= 3\ln 3 - 2\ln 2 - 2\ln 2 = \ln\left(\frac{17}{16}\right)$。

【例】求 $\iint_\Omega y\cos(xy)dxdy$, $\Omega = [0;1]\times[0;\pi]$

【解】若先對 y 積分，則

$$\iint_\Omega = \int_0^1 \left(\int_0^\pi y\cos(xy)dy\right)dx,$$

但是 $\int_0^\pi y\cos(xy)dy$ 雖不致於求不出來， 總是比較麻煩。

今變更順序

$$\iint_\Omega = \int_0^\pi \left(\int_0^1 y\cos xy dx\right)dy = \int_0^\pi y\left(\int_0^1 \cos xy dx\right)dy,$$

這就容易多了。由於

$$\int_0^1 \cos(xy)dx = \frac{1}{y}\sin(xy)\Big|_{x=0}^{x=1} = \frac{\sin y}{y},$$

故 $\iint_\Omega = \int_0^\pi y\cdot\frac{\sin y}{y}dy = \int_0^\pi \sin y dy = 2$.

【問題】求下列兩重積分

(1) $\iint_\Omega \frac{dxdy}{(x+y)^2}$, $\Omega = [0;1]\times[1;2]$.

(2) $\iint_\Omega y^2\sin(xy)dxdy$, $\Omega = [0;2\pi]\times[0;1]$.

(3) $\iint_\Omega e^y \sin(x/y)\,dx\,dy$,　$\Omega=\left[-\frac{\pi}{2};\ \frac{\pi}{2}\right]\times[1;2]$.

(4) $\iint_\Omega (1+x+y)(3+x-y)\,dx\,dy$,

　　$\Omega=[2;3]\times[2;3]$.

(5) $\iint_\Omega \sin(x+y)\,dx\,dy$,　$\Omega=\left[0;\frac{\pi}{2}\right]\times\left[0;\frac{\pi}{2}\right]$.

#612　雙重積分：非矩形區域之積分順序的變更。試變更積分順序：

【例】　$I=\int_0^{2a}dx\int_{x^2/4a}^{3a-x}dy\,f(x,y)$

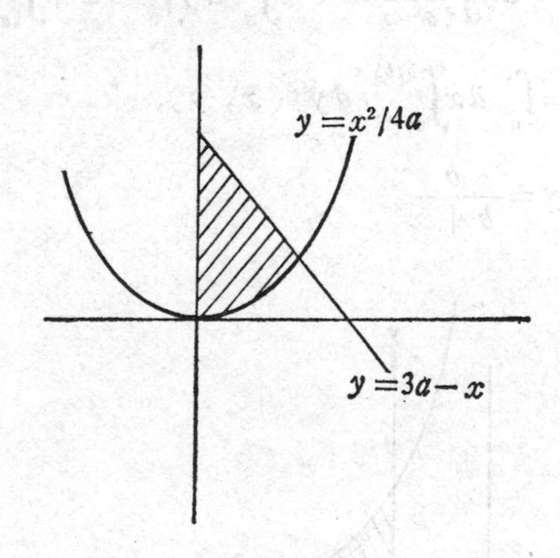

此時 y 自 0 變 a 時，x 自 0 到 $\sqrt{4ay}$ 而 $y\in[a,3a]$ 時，$x\in[0;3a-y]$.

答　$I=\left\{\int_0^a dy\int_0^{\sqrt{4ay}}dx+\int_a^{3a}dy\int_0^{3a-y}dx\right\}f(x,y)$

【例】　$I=\int_0^a dx\int_{\sqrt{a^2-x^2}}^{x+2a}dy\,f(x,y)$，如圖，立知

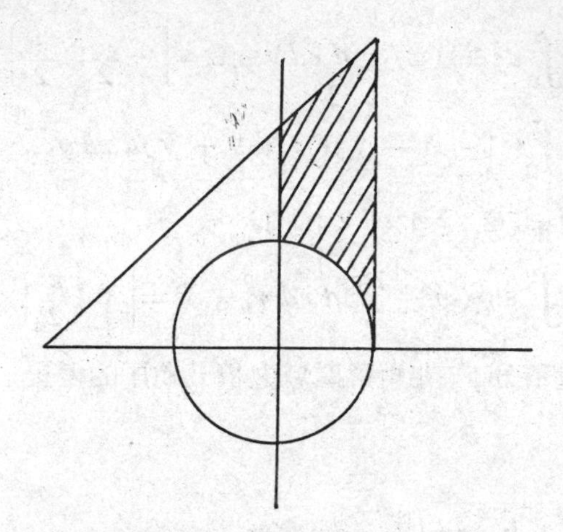

$$I=\left\{\int_0^a dy\int_{\sqrt{a^2-y^2}}^a dx+\int_a^{2a} dy\int_0^a dx+\int_{2a}^{3a} dy\int_{y-2a}^a dx\right\} f$$

【例】 $$I=\int_0^a dx\int_0^{b/b+x} dy f(x, y),$$

曲線 $y=\dfrac{b}{b+x}$,

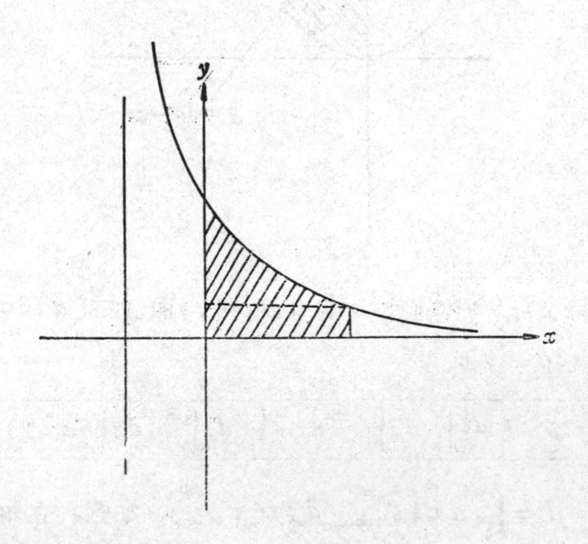

即 $x=(b-by)/y$,

故 $I=\left\{\int_0^{b/b+a} dy\int_0^a dx+\int_{b/(b+a)}^1 dy\int_0^{by-1-b} dx\right\}f(x, y)$.

【例】 $I=\int_0^a dx\int_{(a^2-x^2)/2a}^{\sqrt{a^2-x^2}} dy f=?$

$\widehat{AB}$ 爲 $y=(a^2-x^2)/2a$.（$x>0$, $y>0$），即

$x=\sqrt{a^2-2ay}$, $(0\leq y\leq\frac{a}{2})$,

$\widehat{AC}$ 爲 $y=\sqrt{a^2-x^2}$,，即 $x=\sqrt{a^2-y^2}$.

$$I=\left\{\int_0^{a/2} dy\int_{\sqrt{a^2-2ay}}^{\sqrt{a^2-y^2}}dx+\int_{a/2}^a\int_0^{\sqrt{a^2-y^2}}dx\right\}f.$$

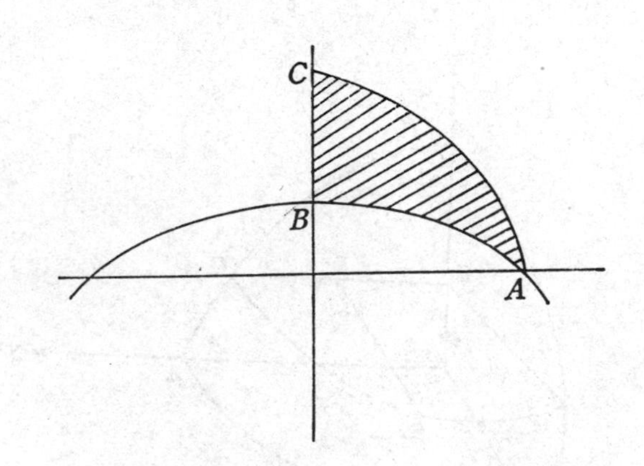

【例 1】 $I=\int_0^{2a}dy\int_{\sqrt{2ay-y^2}}^{\sqrt{4ay}}dx f=?$

【例 2】 $I=\int_0^{\pi/2} d\theta\int_0^{2a\cos\theta} d\rho f=?$

【問】試求積分範圍由 $y=ax$, $x=2a$, $x=3a$, 及 $y=x^2$ 圍成時之二重積分的兩種順序之寫法。

#613 三維區域，改變順序。

改如下積分順序爲先 $\int dx$, 再 $\int dy$, 再 $\int dz$.

【例】 $$I=\int_0^a dx\int_0^x dy\int_0^y dz\, f=?$$

今 $\mathscr{D}\equiv\{(x, y, z): 0\leq z\leq y\leq x\leq a\}$.

故 $$I=\int_{\mathscr{D}} f=\int_0^a dz\int_z^a dy\int_y^a dx\, f.$$

【例】 $$I=\int_0^1 dy\int_0^{\sqrt{1-y^2}} dx\int_0^{\sqrt{1-x^2-y^2}} dz\, f.$$

積分範圍實即么球之第一掛限部分，故得

$$I=\int_0^1 dz\int_0^{\sqrt{1-z^2}} dy\int_0^{\sqrt{1-z^2-y^2}} dx\, f.$$

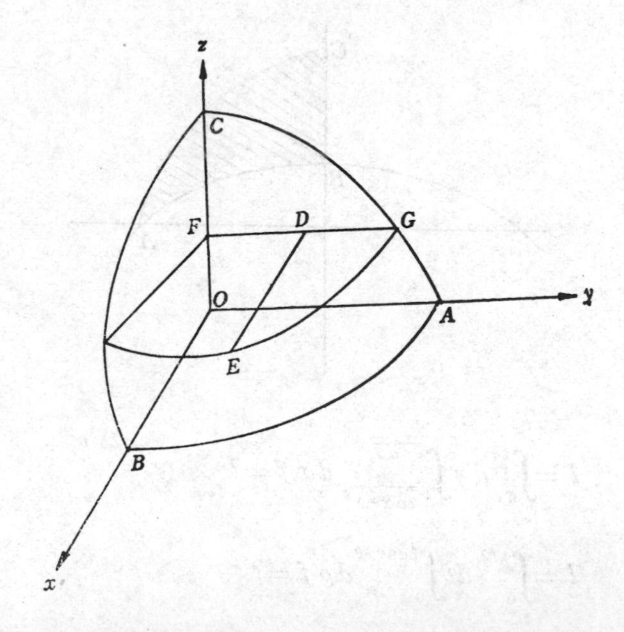

#614 以二重積分求體積。

【例】求 $I=\int_0^a\int_{-\sqrt{a^2-x^2}}^{\sqrt{a^2-x^2}} x\,dy\,dx=?$ 幾何意義爲何?

【解】在半圓盤 $\{x^2+y^2\leq a^2,\ x>0\}$ 上，令 $z=x$ 得一曲面，此曲面下，到 xy 坐標面之體積爲 I。

$$今\ I=\int_0^a 2x\sqrt{a^2-x^2}\,dx=\frac{2}{3}a^3.$$

若改變積分順序，則

$$I=\int_{-a}^a dy\frac{x^2}{2}\Big|_0^{\sqrt{a^2-y^2}}=\frac{1}{2}\int_{-a}^a dy(a^2-y^2)$$

$$=\frac{2}{3}a^3.$$（比較好做！）

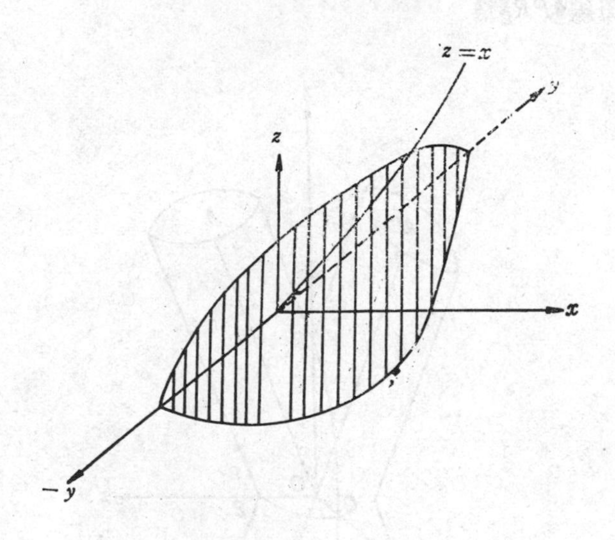

【例】半徑 a 的兩個圓柱，使軸成爲 α 角而相交，其交截部分之體積爲 $\frac{16a^3}{3\sin\alpha.}$ $\left[表面積爲\frac{16a^2}{\sin\alpha.}\right]$

【解】設兩軸 $\overline{OA},\overline{OA'}$ 交於原點，其平面爲 xz 面，而分角線爲 z 軸。故 $\overline{OA}$ 及 $\overline{OA'}$ 各爲

$$x=\pm\tan\frac{\alpha}{2}\,z.$$

現在只要在第一象限討論！ 圓柱面之方程式爲何？

是 $\left[\left(\cos\dfrac{\alpha}{2}\right)x\mp\left(\sin\dfrac{\alpha}{2}\right)z\right]^2+y^2=a^2,$

而圓柱體之方程式爲

$$\left(x\cos\frac{\alpha}{2}\mp z\cos\frac{\alpha}{2}\right)^2+y^2\leq a^2。$$

交截曲線爲 $\widehat{RQ}$: （即 $x=0$.）之橢圓

$$y^2+z^2\sin^2\frac{\alpha}{2}=a^2,$$

母線 $\overline{PR}$ 爲

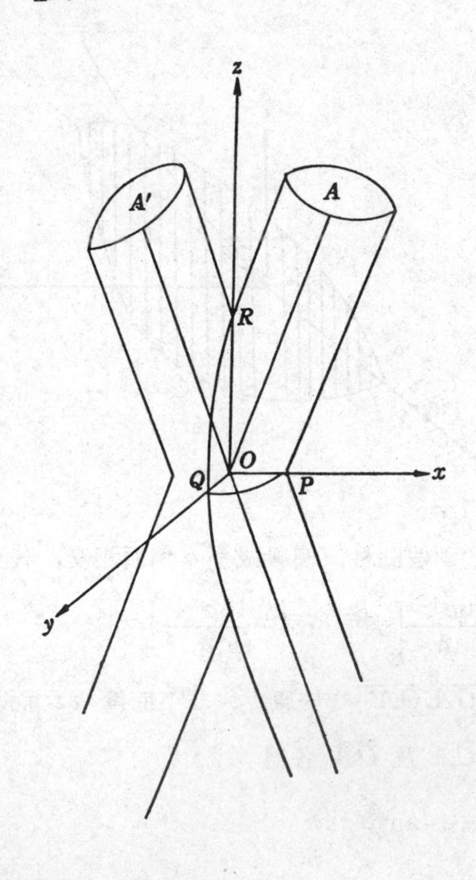

$$\begin{cases} y = 0\,, \\ x\cos\dfrac{\alpha}{2} + z\sin\dfrac{\alpha}{2} = a\,. \end{cases}$$

故P點爲 $y = 0 = z$，$x = a\sec\dfrac{\alpha}{2}$。先計算$O - PQR$之體積。

先投影到 xz 面，則高

$$y = \sqrt{a^2 - \left(\left(\cos\frac{\alpha}{2}\right)x + z\sin\frac{\alpha}{2}\right)^2},$$

故 $$V = 8\int_0^{\sec\alpha/2} dx \int_0^{(a - x\cos\alpha/2/\sin\alpha/2)} dz$$

$$\sqrt{a^2 - \left(x\cos\frac{\alpha}{2} + z\sin\frac{\alpha}{2}\right)^2} = \frac{16a^3}{3\sin\alpha}$$

【例 1】包容於第一掛限的$\left\{\sqrt{\dfrac{x}{a}} + \sqrt{\dfrac{y}{b}} + \sqrt{\dfrac{z}{c}} \leq 1\right\}$之體積爲何?

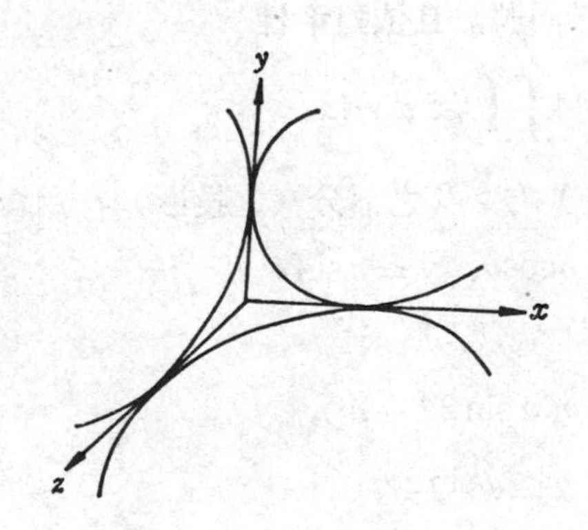

【例 2】有半徑 r 之直圓柱，以在柱面上之一點爲心，半徑 $2r$ 作一球，此球截出圓柱之體積爲何?

【例 3】抛物體 $y^2 + z^2 \leq 4ax$ 被圓柱$x^2 + y^2 \leq 2ax$ 所截之體積爲何?

【例 4】曲面$\sqrt{x^2 + y^2} + z = a$與兩個平面 $x = z$，及 $x = 0$ 所圍之體積爲何?

#62 極坐標做二維積分

用極坐標計算二重積分，整個要點就在於

極坐標原理

$$dxdy=\rho d\rho d\theta$$

此式可以稱爲**極坐標原理**。

實際應用來求積分時，如果採用幾何解釋：$z=f(x, y)$ 代表一曲面，在 $f\geq 0$ 時，$\iint_{\mathscr{D}} f\,dxdy$ 代表了此曲面到 xy 面之間，在 $\mathscr{D}$ 上的這部分之體積，於是，$\iint_{\mathscr{D}} g(\rho, \theta)\rho d\theta d\rho$ 就解釋成：在圓柱坐標（ρ, θ, z）之下，曲面 $z=g(\rho, \theta)$ 與 $z=0$ 之間 $\mathscr{D}$ 上這部分的體積（此地設 $g\geq 0$）。

【例】試求曲面 $z^2=\dfrac{2axy}{\sqrt{x^2+y^2}}-(x^2+y^2)$ 所包之體積。

【解】今 xy 必同號，**且依對稱性**

$$V=4\iint_{\mathscr{D}} z\,dydx.$$

$\mathscr{D}$ 爲 x 及 y 均 >0 之部分（之投影），用極坐標

$$x=\rho\cos\theta,\ y=\rho\sin\theta,$$

曲面爲

$$z^2=\rho(a\sin 2\theta-\rho),$$

故 $0\leq\rho\leq a\sin 2\theta$,

$$V=4\int_0^{\pi/2} d\theta\int_0^{a\sin 2\theta}\rho d\rho\sqrt{\rho(a\sin 2\theta-\rho)}$$

$$=\frac{\pi}{6}a^3.$$

【例】試求圓柱面 $x^2+y^2-rx=0$，平面 $px+my+nz=0$ 及平面 $qx+my+nz=0$ 三者所夾的體積（$0<p<q, n>0$）.

【解】取圓柱坐標（$\rho. \theta, z$），則圓柱面係

$$\rho = r\cos\theta,$$

兩平面係

$$z = \frac{-\rho(p\cos\theta + m\sin\theta)}{n},$$

及 $$z = -\frac{\rho(q\cos\theta + m\sin\theta)}{n},$$

因 $-\frac{\pi}{2} \leq \theta \leq \frac{\pi}{2}$，故 $\cos\theta > 0$，而若 $p < q$ 則得:

$$z_1 = \frac{-\rho(q\cos\theta + m\sin\theta)}{n} \leq z \leq \frac{-\rho(p\cos\theta + m\sin\theta)}{n} = z_2,$$

因此所求體積為

$$V = \int_{-\pi/2}^{\pi/2} d\theta \int_0^{r\cos\theta} \rho d\rho \{z_2 - z_1\}$$

$$= 2\frac{(q-p)}{n}\int_0^{\pi/2} d\theta \int_0^{r\cos\theta} \rho^2 d\rho \cos\theta$$

$$= \frac{\pi(q-p)r^3}{8n}.$$

【例】 一號角 $ACEFD$，係以半徑漸增之圓為其截面，其一邊則與一圓周（半徑為 a）相切如圖。設通過圓中心而與半徑 OA 作 θ 角之直線，適與號角截面相交於其直徑 CD，CD 之長 $2x$

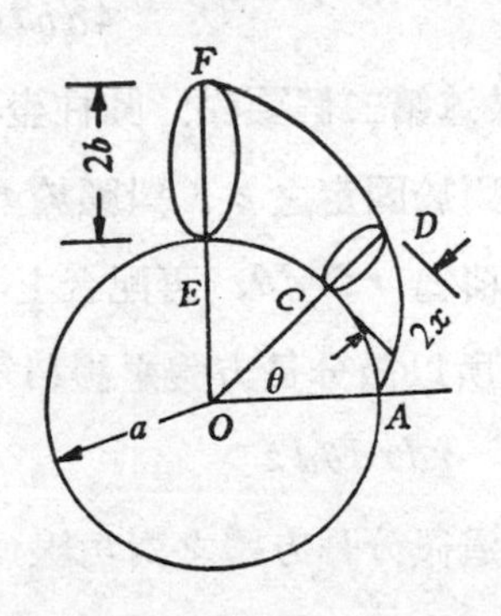

則與 θ 角成正比，而當 $\theta=90°$時，此直徑 EF 則為 $2b$，試求號角之體積。

【解】採用**圓柱坐標**，當 θ 從 0 變到 $\pi/2$ 時，r 的範圍係自 a 到 $\left(\frac{4}{\pi}b\theta+a\right)$，同時，$z$ 之範圍為

$$z^2+\left(r-\frac{2}{\pi}b\theta-a\right)^2\leq\left(\frac{2b\theta}{\pi}\right)^2,$$

故體積

$$V=\int_0^{\pi/2}d\theta\int_a^{(4/\pi b\theta+a)}2\sqrt{\left(\frac{2b\theta}{\pi}\right)^2-\left(r-\frac{2b\theta}{\pi}-a\right)^2}\,rdr.$$

【問 1】柱體 $r\leq1-\cos\theta$，被兩平面 $z=0$ 與 $z=x+2y+8$ 所夾之體積為何?

【問 2】求 $I=\int_0^a dx\int_0^b dy\left[\frac{1}{(c^2+x^2+y^2)^{3/2}}\right]=?$

【問 3】求 $I=\iint_{R^2}a(x^2+y^2+a^2)^{-3/2}(x^2+y^2+b^2)^{-1/2}dxdy$

【問 4】求 $\iint_{(R_+)^2}(dxdy)[\exp-(x^2+2xy\cos\alpha+y^2)]=I.$

【問 5】試證明

$$\iint_{R+}f(a^2x^2+b^2y^2)dxdy=\frac{\pi}{4ab}\int_0^\infty f(x)dx.$$

#63 我們現在再敍述第二個要點：圓柱坐標之使用。

利用圓柱坐標時，對於固定之 z，對應於 r 及 θ 之微分，可得平面上的一個微分矩形，面積為 $rdrd\theta$，再配合上 z 之微分 dz。

圓柱坐標之微分長方體之體積

#631 所以微分長方體之體積為

$$rdrd\theta dz$$

#632 這微分長方體之對角線長為

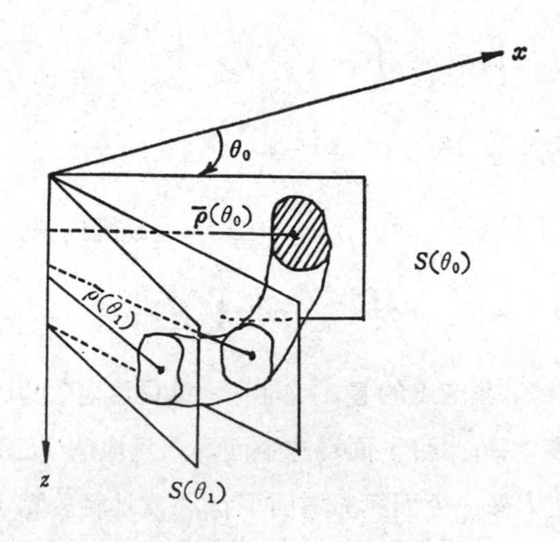

$$ds=\sqrt{r^2(d\theta)^2+(dr)^2+(dz)^2},$$

這就是曲線 $r=r(t)$, $\theta=\theta(t)$, $z=z(t)$ 之弧元,

【例】在 $D: x^2+y^2\leq 2az$, $x^2+y^2+z^2\leq 3a^2$ 之範圍內求 $x^2+y^2+z^2$之積分（$a>0$）。

【解】聯立得 $z^2+2az=3a^2$

$z=a$ 或 $z=-3a$. 後者不合，故知: 交線爲一圓 $z=a$，$x^2+y^2=2a^2$. 採用柱坐標 $x=\rho\cos\theta$, $y=\rho\sin\theta$, 則積分範圍是

$$0\leq\theta\leq 2\pi,\ 0\leq\rho\leq\sqrt{2}\,a,$$

而 $\rho^2/(2a)\leq z\leq\sqrt{3a^2-\rho^2}$ 故

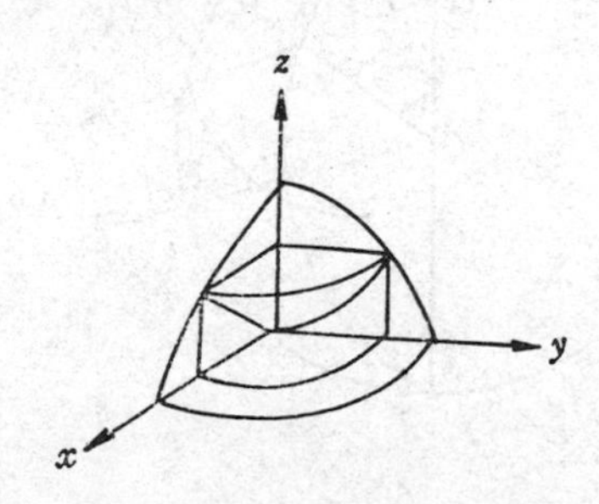

$$I=\int d\varphi\int\rho d\rho\int(\rho^2+z^2)dz$$

$$=\frac{\pi}{5}\left(18\sqrt{3}-16-\frac{1}{6}\right)a^5$$

【問】在 $x^2+y^2\leq ax, x^2+y^2+z^2\leq a^2$ 之範圍內積分 x（$a>0$）。

$$I=4\int_0^{\pi/2}d\theta\int_0^{a\cos\theta}\rho d\rho\int_0^{\sqrt{a^2-\rho^2}}\rho\cos\theta dz=\frac{8}{15}a^4.$$

＊＊♯64 附錄 經線上的長，如圖，以O為地球的球心，S、N為南、北極，代表z軸，x, y面為赤道面，P為地球（面）上一點。

如果經過點P做一平面與赤道面平行，交地軸於點O'，交球面於一圓，這圓不是球面的大圓；它就是緯線；緯線與zx面相交於點Q，這是與點P同緯而經度為O的點，$\overline{O'Q}$到$\overline{O'P}$的轉角就是經度φ；令$\overline{O'P}=\overline{O'Q}=\sqrt{x^2+y^2}=r'$，則（$r'$, φ）就是點P在同緯平面上以O'為原點，$\overline{O'Q}$為極軸的平面極坐標。數學上把（θ, φ）叫做球面坐標；其實我們看出來：改用$\xi=\pi/2-\theta$，較方便！而（ξ, φ）或（θ, φ）很可以叫做經緯坐標系。這是球面上的坐標系。球面是二維的，因此只用兩個坐標！

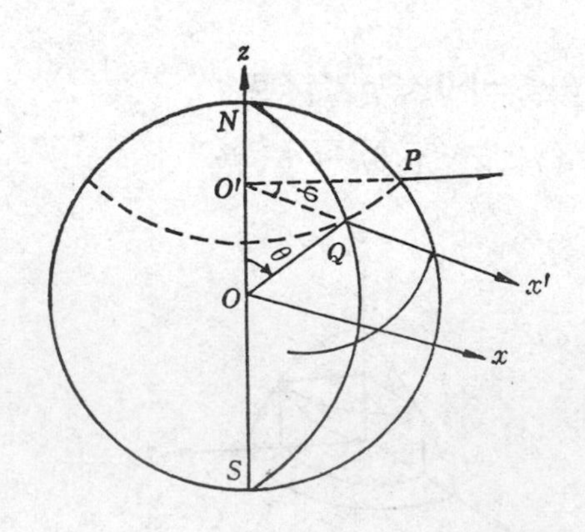

在 PQ 緯線上的一段，若經度差爲 $d\varphi$； 則長度 ds 可以應用初中學過的公式: 弧長＝半徑 ($\overline{O'Q}=r'=r\sin\theta=r\cos\xi$)乘以角度；故:

$$ds=r\sin\theta d\varphi(=r\cos\xi d\varphi) \tag{2}$$

因此對於同樣的經度差 $d\varphi$，所截緯線的長度是越近赤道越大: ξ 越小則 $\cos\xi$ 越大， 在赤道 $\xi=0, \cos\xi=\sin\theta=1$， 而在南北極 $\xi=\pm 90°$，則 $\cos\xi=\sin\theta=0$ ； 那是當然的， 因爲在南北極點談不上經度差!

至於在同一條經線上，不同緯線所截的長度也可以用弧長公式，只不過: 經線是球面上的大圓，半徑爲 r，因此有:

$$ds=r\cdot d\xi \tag{3}$$

所以，比例常數 r 與緯度 ξ 無關!

♯65 球極坐標

在 $\begin{cases} x=r\cos\zeta\cos\varphi=r\sin\theta\cos\varphi \\ y=r\cos\zeta\sin\varphi=r\sin\theta\sin\varphi \\ z=r\sin\zeta=r\cos\theta \end{cases}$

中，（這是球極坐標的公式）

令 $r=r_0$, $\zeta=\zeta_0$ 固定，令 φ 在 $\boldsymbol{R}$ (mod2π) 上變動，則得“緯線”，其方向爲

$$\boldsymbol{t}_\varphi=-\boldsymbol{i}r\cos\zeta\sin\varphi+\boldsymbol{j}r\cos\zeta\cos\varphi.$$

其次令 $r=r_0$, $\varphi=\varphi_0$ 固定，而 ζ 在 $\left[\frac{-\pi}{2};\frac{\pi}{2}\right]$ 中變動，則得經線方向爲

$$\boldsymbol{t}\zeta=-\boldsymbol{i}r\sin\zeta\cos\varphi-\boldsymbol{j}r\sin\zeta\sin\varphi+\boldsymbol{k}r\cos\zeta.$$

最後，固定 $\varphi=\varphi_0$, $\zeta=\zeta_0$ 而 r 在 $(0;\infty)$ 上變動，則得“向徑”，方向爲

$$\boldsymbol{t}_r=\boldsymbol{i}\cos\zeta\cos\varphi+\boldsymbol{j}\cos\zeta\sin\varphi+\boldsymbol{k}\sin\zeta.$$

立知: $\boldsymbol{t}_r, \boldsymbol{t}_\varphi, \boldsymbol{t}_\zeta$ 互垂直! 因而:

【定理】球極坐標系是**正交的**曲線坐標系!

其沿着 r, φ, ζ 增加的三個方向的基本**單位向量**為

$$\begin{cases} \boldsymbol{A}_r = \boldsymbol{i}\cos\zeta\cos\varphi + \boldsymbol{j}\cos\zeta\sin\varphi + \boldsymbol{k}\sin\zeta = \boldsymbol{t}_r, \\ \boldsymbol{A}_\varphi = -\boldsymbol{i}\sin\varphi + \boldsymbol{j}\cos\varphi = \boldsymbol{t}_\varphi/(r\cos\zeta), \\ \boldsymbol{A}_\zeta = -\boldsymbol{i}\sin\zeta\cos\varphi - \boldsymbol{j}\sin\zeta\sin\varphi + \boldsymbol{k}\cos\zeta = \boldsymbol{t}_\zeta/r. \end{cases}$$

#651　使用球極坐標, 自點(r, φ, ζ)到三點($r+dr$, φ, ζ), (r. $\varphi+d\varphi$, ζ)及(r, φ, $\zeta+d\zeta$)分別做微分(有向)弧 $\boldsymbol{u}, \boldsymbol{v}, \boldsymbol{w}$

球極坐標微分長方體的體積。

則 $\boldsymbol{u}=\boldsymbol{t}_r dr$, $\boldsymbol{v}=\boldsymbol{t}_\varphi d\varphi$, $\boldsymbol{w}=\boldsymbol{t}_\zeta d\zeta$. 三者成功一個微分長方體, **體積為**

$$r^2\cos\zeta\, dr\, d\varphi\, d\zeta.$$

#652　對角線長為

曲線弧元為何?

$$ds = \{(dr)^2 + (d\varphi)^2 r^2\cos^2\zeta + (d\zeta)^2 r^2\}^{1/2},$$

即是曲線 $r=r(t)$, $\varphi=\varphi(t)$, $\zeta=\zeta(t)$ 之弧元。

【例】求曲面 $(x^2+y^2+z^2)^2 = x^2+y^2-z^2$ 所圍之體積。

採用**極坐標,**

則 $x=\rho\cos\varphi\sin\theta$, $y=\rho\sin\theta\sin\varphi$, 因而曲面乃是:

$$\rho^2 = \sin^2\theta - \cos^2\theta,$$

$$\left[\text{故}\quad \frac{\pi}{4} \le \theta \le \frac{3}{4}\pi\right],$$

體積乃是

$$\int_0^{2\pi} d\varphi \int_{\pi/4}^{3\pi/4} d\theta\sin\theta \int_0^{\sqrt{\sin^2\theta-\cos^2\theta}} \rho^2 d\rho = \pi^2/(4\sqrt{2})$$

參見 #526.

【問】求 $\displaystyle\int_0^{2\pi} d\varphi \int_0^a d\rho \int_0^\pi d\theta \frac{\rho^2\sin\theta}{\sqrt{\rho^2+h^2-2hr\cos\theta}} = ?$

其幾何意義爲何?

【例】頂角 2α 的圓錐，被過其頂點，球心在其軸上的球交截，可得體積多少?

採用球極坐標，此球之方程式爲

$$0 \leq \rho \leq 2r\cos\theta, (0 \leq \theta \leq \pi/2)$$

而圓錐體爲 $0 \leq \theta \leq \alpha$（其頂點爲原點），因此體積爲

$$\int_0^{2\pi} d\varphi \int_0^{\alpha} d\theta \int_0^{2r\cos\theta} d\rho(\rho^2 \sin\theta) = \frac{4\pi}{3}(1-\cos^4\alpha)r^3.$$

【例】曲面 $(x^2+y^2+z^2)^3 = 27a^3xyz$ 所圍體積? 因爲 $xyz \geq 0$，故只有四個象限符合要求，由對稱性只須討論第一象限。今用上極坐標，則得方程式:

$$\rho^3 = 27a^3 \cos\theta \sin^2\theta \cos\varphi \sin\varphi.$$

從而

$$V = 4\int_0^{\pi/2} d\varphi \int_0^{\pi/2} d\theta \ \sin\theta \cdot 9a^3 \cos\theta \sin^2\theta \cos\varphi \sin\varphi$$

$$= \frac{9}{2}a^3.$$

♯66 Archimedes 定理

兩千年前 Archimedes 已經獲得了球面積公式，他得到如下的定理:

考慮球內切於一個圓柱，對球面上一點 x，可得柱軸 ns 上的唯一點 a 使 xa 垂直於柱軸，作直線 $\overline{ax}$ 交柱面於 $y \equiv \Phi(x)$。然則，球面上任一塊區域 $\mathscr{R}_2$ 之面積，恰恰就是其柱面投影 $\Phi(\mathscr{R}_2) = \mathscr{R}_1$ 之面積。

Archimedes定理

〔Archimedes 死後，別人在他墓上刻了“一球內切於圓柱”的雕刻；約 150 年後，Marcus Tullius Cicero 從而找出他的墓! 〕

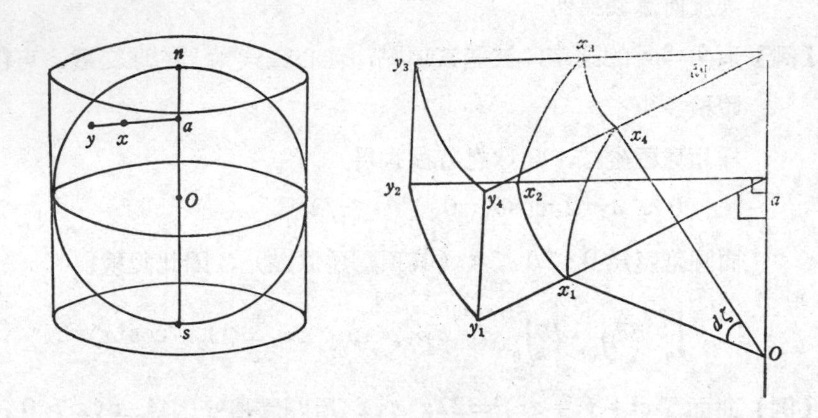

考慮“無限小矩形”$(x_1x_2x_3x_4)$ 於球面上，其中 x_1x_2 同緯度，ζ_1，x_3 x_4 同緯度，$\zeta+d\zeta$，x_1x_4 同一經度，$\varphi+d\varphi$，x_2x_3 同一經度，即 φ，於是，

$$\widehat{x_1x_4}=Rd\zeta,\ (R\text{爲球半徑})$$

$$\overline{y_1y_4}=R\cos\zeta d\zeta,$$

$$\widehat{y_1y_2}=Rd\varphi,$$

$$\overline{ax_1}=R\sin\angle aOx_1=R\sin\left(\frac{\pi}{2}-\zeta\right)=R\cos\zeta.$$

所以 $\widehat{x_1x_2}=R\cos\zeta d\varphi$,

$\therefore$ $\square\, x_1x_2x_3x_4=R^2\cos\zeta d\zeta d\varphi$,

$\square\, y_1y_2y_3y_4=R^2\cos\zeta d\zeta d\varphi=\square\, x_1x_2x_3x_4$.

【例】 半徑 a 之球面外一點 P 處有一光源，$\overline{OP}=b$，求光所照射之球面面積。

【解】 如圖所照射到的是個“球面圓盤”以 S 爲心，其周爲一圓，以 R 爲心，

$$\overline{OR}=a\cos\zeta=a\frac{a}{b}=a^2/b,$$

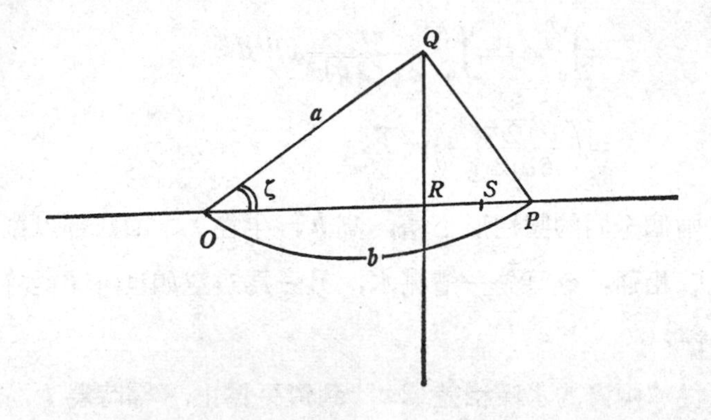

$$\overline{RS}=a-a^2/b=a(b-a)/b.$$

依照 Archimedes 定理，以 $\overline{OP}$ 爲軸，做球之外切圓柱，則此球面圓盤之柱投影面積爲

$$\frac{a(b-a)}{b}\cdot 2\pi a=\frac{2\pi a^2(b-a)}{b}.$$

#7 物理學上積分之應用

#71 水之自由流出

【例】 在深 h，半徑 r 的圓錐形漏斗中充滿了水，底下之小孔面積爲 a，問何時可以流光？

當水深爲 x 時，流出之水速是 $\sqrt{2gx}$。此時，水面之面積爲 $\pi r^2\left(\frac{x}{h}\right)^2$，在 dt 時間流出之水有

$$a\sqrt{2gx}\,dt=\pi r^2\left(\frac{x}{h}\right)^2 dx,$$

$$\therefore\quad dt=\frac{\pi r^2}{a\sqrt{2g}h^2}x^{3/2}dx;$$

$t=0$ 時，$x=0$，而

$$T=\int_0^T dt=\int_0^h \frac{\pi r^2}{a\sqrt{2gh^2}}x^{3/2}dx$$

$$=\left(\frac{\sqrt{2}\pi r^2}{5a\sqrt{g}}\right)\sqrt{h}.$$

【例】兩個全同的圓柱形小槽，高 h，半徑 r，而底部以截面 a 之細管相通，今原先一槽滿水，另一爲空空如也，問需時多久才平深?

從“兩邊的水深相差 $2x$”到齊平爲止，需時爲 t，則 $x=0$ 時 $t=0$.

今 $\pi r^2 dx=\sqrt{4gx}\ a dt$,

故 $dt=\dfrac{\pi r^2}{2a\sqrt{gx}}dx$,

$$T=\int_0^{h/2}\frac{\pi r^2}{2a\sqrt{gx}}dx=\frac{\pi r^2}{a}\sqrt{\frac{h}{2g}}.$$

【例】引水長渠，截面爲 V 字形，深 h，楔角 2θ，試問在洩出之一面，流量若干?

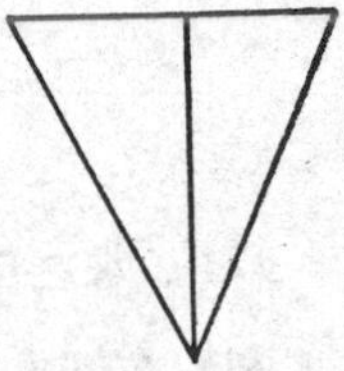

水深 x 到 $x+dx$ 間，截面 $2(h-x)\tan\theta dx$,

水速 $\sqrt{2gx}$. 故流量爲

$$\int_0^h 2(h-x)\tan\theta\sqrt{2gx}\ dx=\frac{8\sqrt{2g}}{15}h^{5/2}\tan\theta.$$

#72 作功

【例】氣體爆炸，自體積 v_0 變爲 v_1，不考慮溫度，則作了多少功?

今壓力與體積反比，故

$$pv=k.\quad p=k/v.$$

在體積變化了 dv 時，作功爲 pdv，故

$$\int_{v_0}^{v_1}pdv=\int_{v_0}^{v_1}kv^{-1}dv=k\log(v_1/v_0).$$

#73 水壓

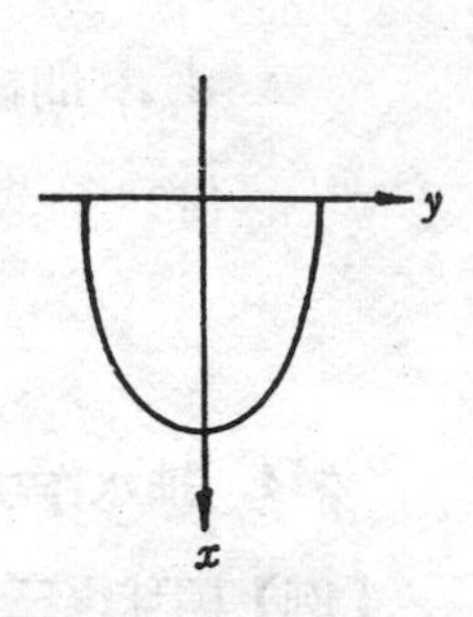

【例】有一水槽截面是半個橢圓，即上邊爲短軸，長爲 2，深度（半長徑）爲 2，求以此截面爲側邊的側邊總壓力（當水灌滿時）。截面爲

$$\frac{x^2}{4}+\frac{y^2}{1}=1,\quad x>0;$$

總壓力爲 $\rho g\int_0^2 x\cdot 2\sqrt{1-\frac{x^2}{4}}\,dx=\rho g\frac{8}{3}.$

ρ 爲水密度，g 爲重力加速度。

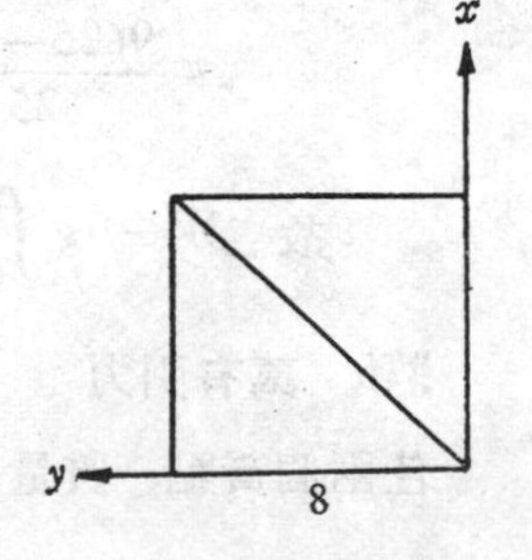

【例】長方形水槽，側邊爲邊長 g 之正方形，作其對角線，這側邊所受壓力在這兩半分別是 1：2 之比。

【證明】 $$\int_0^8 x(1-x)\,dx:\int_0^8 x^2\,dx$$

$$=\frac{256}{3}:\frac{512}{3}=1:2$$

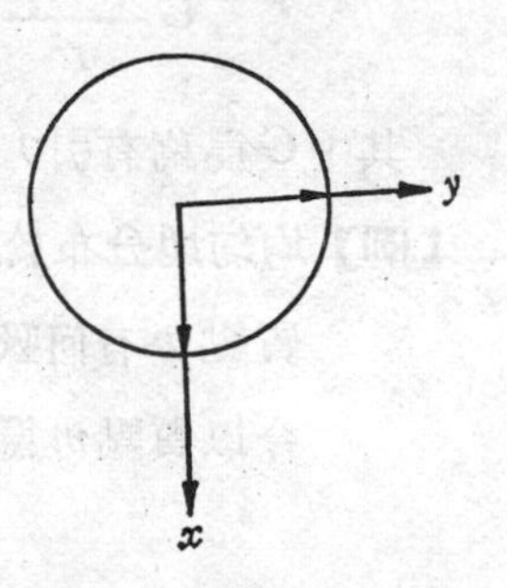

【例】球之直徑 6cm，球心在水下 10cm 處，求此球表面所受之總壓力。以球心爲原點，如圖，

x 與 $x+dx$ 間之一層球面，面積爲（依 Archimedes 原理）[illegible]$(2\pi\cdot 3\cdot dx)$，壓力爲

$$\int_{-3}^{3}(10+x)2\pi\cdot 3\cdot dx=360\pi g.\ \text{cgs}.$$

【例】拋物線以弦長 12 正割之，弦與頂點距離爲20；如此得一塊木

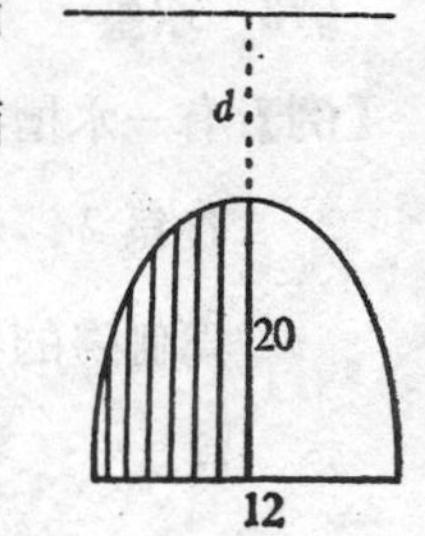

板，今此板正置於水面下，使頂點距離水面 d，問總壓力 $F(d)$ 何時爲 $F(0)$ 之兩倍?

答：12

#74 抽水作功

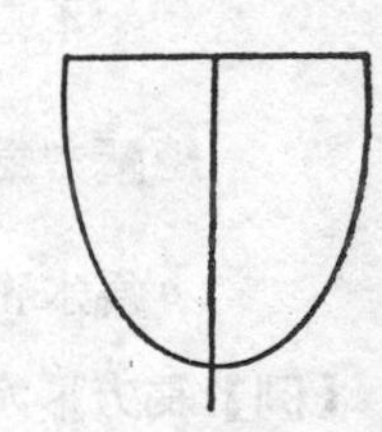

【例】橢球之三個半徑爲 5m, 3m, 3m, 使截口爲圓而切成一半，作爲水槽。問欲抽出全部的水，要作功多少?

今深 x 到 $x+dx$ 之水，體積爲

$$\pi\frac{9(25-x^2)}{25}dx.$$

故 $W=9g\int_0^5\frac{9\pi(25-x^2)}{25}x\,dx=\frac{225}{4}\pi$（重力單位）。

#75 萬有引力

任兩個質點，質量 m_1, m_2，相距 r，則其間互相有吸引力

$$G\frac{m_1m_2}{r^2}$$

其中 G 爲萬有引力常數。

【例】均勻地分布於一線段上的質量。對於線段延長線上距離 a 處之質點 m 有何吸引力? 但線段長 l，總質量 M，故密度 M/l。

今以質點 m 爲原點，x 與 $x+dx$ 處距離原點爲 x，故

$$F=G\int_a^{a+l}\frac{m\ \frac{M}{l}dx}{x^2}=G\frac{Mm}{a(a+l)},$$

換言之: 此棒之作用可以認爲集中於一點，位在 $x=\sqrt{a(a+l)}$

處；即棒之兩端位置的幾何平均處，不過這和原點位置有關!!

【例】均勻的線分布的質量如上例，在其中垂線上距離 a 之處置質量m，則引力若何?

$$F=G\int_{-l/2}^{l/2}\frac{m\cdot\frac{M}{l}dx}{a^2+x^2}=\frac{2GmM}{al}\arctan\frac{l}{2a}.$$

【例】矩形 $\{|x|\le a,|y|\le b\}$ 對軸上一點（0，0，c）之引力場爲何?

當然是沿着 z 向，大小爲

$$\iint\frac{\delta dxdyc}{(x^2+y^2+c^2)^{3/2}}$$

$$=4c\delta\int_0^a\frac{bdx}{(c^2+x^2)\sqrt{c^2+b^2+x^2}}$$

$$=4\delta\arctan\left(\frac{ab}{c\sqrt{a^2+b^2+c^2}}\right).$$

【問】求正多角形板對其軸上一點之引力場?

【例】正圓柱體，對在其軸上，柱體之外一點處有引力場多少?

【解】令此柱體爲 $0\le z\le a$，$0\le x^2+y^2\le a^2$. 今取柱坐標，改爲 $\{0\le\rho\le a,\ 0\le\theta\le 2\pi,\ 0\le z\le a\}$，而在點（0，0，$c$）處，引力場將沿着 z 軸方向。大小爲

$$\iiint\frac{\delta\rho d\rho d\theta dz(c-z)}{[\rho^2+(c-z)^2]^{3/2}}.$$

先做 $d\rho$. 再 $d\theta,dz$，則得

$$2\pi\delta\int_0^h\left\{1-\frac{c-z}{\sqrt{a^2+(c-z)^2}}\right\}dz$$

$$=(2\pi\delta h)\left[1-\frac{2c-h}{\sqrt{a^2+(c-h)^2+(a^2+c^2)}}\right].$$

【例】橢球$\frac{x^2+y^2}{a^2}+\frac{z^2}{b^2}\leq 1$在北極（$0,0,b$）處引力爲若干?

（$a>b>0.$）

【解】其大小爲，（用柱坐標！）

$$\delta\iiint\frac{\rho d\rho d\theta dz(b-z)}{\sqrt{\rho^2+(b-z)^2}^3}$$

$$=\delta 2\pi\int_{-b}^{b}dz\left\{1-\frac{b-z}{\sqrt{\frac{a^2}{b^2}(b^2-z^2)+(b-z)^2}}\right\}$$

$$=4\pi b\delta-2\pi b\delta\int_{-b}^{b}\frac{b-z}{\sqrt{a^2(b^2-z^2)+b^2(b-z)}}dz$$

$$=\delta\frac{4\pi b}{e^2}\left\{1-\frac{\sqrt{1-e^2}}{e}\arcsin e\right\}\cdot\quad e=\sqrt{a^2-b^2}/a.$$

【例】一個正圓錐體，對頂點處之引力場如何?

【解】取軸爲 z 軸，頂點爲原點，高 h，半頂角 α；而採用柱坐標，

則得引力場爲 z 軸向下，大小爲

$$\delta\int_0^{2\pi}d\theta\int_0^h dz\int_0^{z\tan\alpha}\rho d\rho\frac{z}{(\rho^2+z^2)^{3/2}}$$

$$=\delta 2\pi\int_0^h\left[\frac{-1}{\sqrt{\rho^2+z^2}}\right]_{\rho=0}^{\rho=z\tan\alpha}z\,dz$$

$$=2\pi\delta h(1-\cos\alpha).$$

*♯751　均勻球體的萬有引力

在 Newton 的推論中，假設太陽與行星都是點：因爲它們的大小與它們間的距離相比非常小，我們可以這樣假設。然而，當我們討論的物體距離很近時，又將如何?

當 Newton 想把萬有引力定律應用到地球上的物體時，他遭遇到這問題。

Newton 所得到的結果是：一個均勻球體，對他物相吸引就同它的質量都集中在它的中心一樣，我們將用積分來證明這個結果。

考慮一個質量爲M，半徑爲S之球心。設一個具有質量m之點在距球心H遠的地方，如果我們把球對着通過這質點及球心的直線旋轉，則代表這球的吸引力之向量也跟着旋轉，由於球體是均勻的。這旋轉了的向量與原來的向量應該一樣，所以我們假設球對這質點的吸引力，是指向球心的。

如果球的內部質量都在中心上，則球對這質點所產生的萬有引力之大小爲

$$\frac{GMm}{H^2}$$

其中G爲一常數，我們證明這個與均勻球體的引力相同。

我們引進球坐標系統，令原點在球心上，我們可以假設垂直的軸正的部分通過這質點。這並不失去一般性，設x表示球面上任一點P到這質點之距離，α表示垂直的軸與這兩點聯線之夾角。

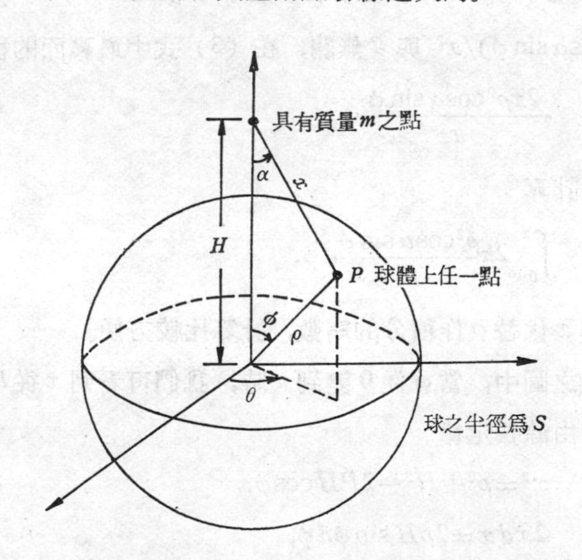

考慮球上一小塊區域R，其體積爲$\triangle V$，質量爲$\triangle M$，設P爲R上一點，由萬有引力定律，質量$\triangle M$對具有質量m之點的吸引力，其大小約等於

$$\frac{Gm\triangle M}{x^2},$$

因爲球的密度爲 $M/[(4/3)\pi s^3]$，質量 $\triangle M$ 等於$M\triangle V\Big/\left[\left(\frac{4}{3}\right)\pi s^3\right]$.
它所產生的吸引力在垂直方向之分量爲

$$(1)\qquad \frac{-GM\triangle M}{x^2}\cos\alpha=-\frac{Gm\cos\alpha}{\left(\frac{4}{3}\right)\pi s^3x^3}\triangle V,$$

（負號表示$\triangle M$把質量向下拉），於是所有球體作用在這質點之大小爲

$$(2)\qquad \int_s\frac{GmM\cos\alpha}{4/3\pi s^3x^2}dV=\frac{GmM}{4/3\pi s^3}\int_s\frac{\cos\alpha}{x^2}dV.$$

我們用球坐標的疊積分來計算 (2) 式，就得到

$$(3)\qquad \int_s\frac{\cos\alpha}{x^2}dV=\int_0^s\left[\int_0^\pi\left(\int_0^{2\pi}\frac{\cos\alpha}{x^2}\rho^2\sin\phi\,d\theta\right)d\phi\right]d\rho,$$

因爲 $(p^2\cos\alpha\sin\phi)/x^2$ 與 θ 無關，在 (3) 式中最裏面的積分值爲

$$\frac{2\pi\rho^2\cos\alpha\sin\phi}{x^2};$$

接着我們要計算

$$(4)\qquad \int_0^\pi 2\pi\frac{\rho^2\cos\alpha\sin\phi}{x^2}d\phi,$$

我們如果用x代替ϕ作積分的變數，計算比較方便。

在球S之圖中，當ϕ從0變到π時，我們可看到x從$H-P$變到$H+P$同時，由餘弦定律

$$(5)\qquad x^2=\rho^2+H^2-2PH\cos\phi,$$

於是 $2x\,dx=2\rho H\sin\phi\,d\phi,$

$$(6) \qquad \sin\phi\, d\phi = \frac{x\,dx}{\rho H},$$

我們用下面的關係把 $\cos\alpha$ 用 x 來表示:

$$x\cos\alpha + \rho\cos\phi = H,$$

從這裏我們得到

$$(7) \qquad \cos\alpha = \frac{H-\rho\cos\phi}{x},$$

而由 (5),

$$(8) \qquad \rho\cos\phi = \frac{\rho^2+H^2-x^2}{2H},$$

由 (7) 及 (8), 得

$$(9) \qquad \cos\alpha = \frac{H^2+x^2-\rho^2}{2Hx}.$$

由 (4),(6) 及 (9) 我們得到

$$\int_0^\pi \frac{2\pi\rho^2\cos\alpha\sin\phi}{x^2}d\phi = 2\pi\rho^2\int_{H-P}^{H+P}\frac{H^2+x^2-\rho^2}{(2Hx)x^2}\cdot\frac{x\,dx}{\rho H},$$

這就是

$$\frac{\pi\rho}{H^2}\int_{H-\rho}^{H+\rho}\left(\frac{H^2-\rho^2}{x^2}+1\right)dx = \frac{\pi\rho}{H^2}(4\rho) = \frac{4\pi\rho^2}{H^2},$$

把 (3) 的疊積分計算出來:

$$\int_0^s \frac{4\pi\rho^2}{H^2}d\rho = \frac{4\pi}{H^2}\int_0^s \rho^2 d\rho = \frac{4\pi s^3}{3H^2},$$

於是 (2) 式所表示的吸引力爲

$$\left(\frac{GmM}{4/3\pi s^3}\right)\left(\frac{4\pi s^3}{3H^2}\right) = \frac{GmM}{H^2}.$$

這結果顯示出一個位於球心的質量 M 對球外的一個質點所產生的力爲 GmM/H^2 也就是說一個均勻球體, 對他物相吸引就如同它的質點都集

中在它的中心一樣，這便是我們想證明的。

【問】(1) 在此，若假設$H<S$，則公式成立否？試計算之！

(2) 一般地，一個**均勻球殼對球外一點之引力**可以視同於把這球殼質量集中於球心，**但對於球殼內核中任一點之引力爲0**！

(3) 由此可以證明：均勻的球體，對於球內一質點之引力與此點到球心之距離**成正比**。

#76 位勢

【例】一線段在其外一點之位勢爲何？

此線段爲自 $A(-l, 0)$ 至 $B(l, 0)$；其外一點爲 $P(\xi, \eta)$，則位勢爲

$$V=\delta\int_{-l}^{l}\frac{dx}{\sqrt{(\xi-x)^2+\eta^2}}$$

$$=\delta\log\frac{(\xi+l)+\sqrt{(\xi+l)^2+\eta^2}}{(\xi-l)+\sqrt{(\xi+l)^2+\eta^2}}$$

$$=\delta\log\frac{\overline{AP}+\overline{BP}+\overline{AB}}{\overline{AP}+\overline{BP}-\overline{AB}}.$$

注意到$V=$常數$\Longleftrightarrow\overline{AP}+\overline{BP}=$常數，

故等位（勢）線是**橢圓**，以A, B爲焦點。

【問】求一圓板在其軸上一點之位勢。

圓板爲 $x^2+y^2\leq a$，$z=0$，軸上一點爲 $(0, 0, c)$，則位勢爲〔用極坐標〕，

$$V=\delta\int_0^{2\pi}d\theta\int_0^a\rho d\rho\frac{1}{\sqrt{c^2+\rho^2}}=2\pi\delta(\sqrt{c^2+a^2}-|c|).$$

【問】一圓柱，在其軸上一點之位勢爲何？

#8 質　心

下面討論重心跟慣性矩的求法，考慮下圖之蹺蹺板，大家都知道支點應該靠近較重的那一端，才能平衡：

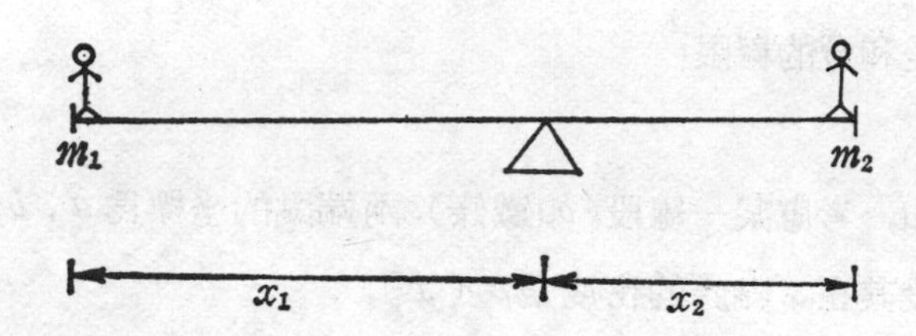

此時有　$m_1x_1=m_2x_2$.

今假設直線上置有兩個質點，質量分別爲 m_1, m_2，而距離原點 0 分別爲 x_1, x_2。見下圖：

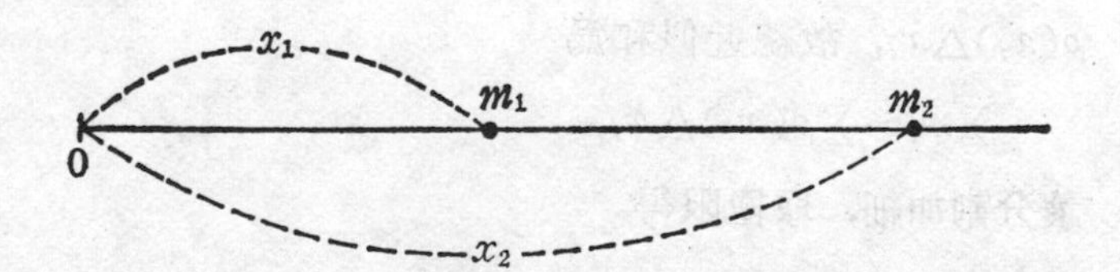

重心與矩的定義

#801　我們要問：平衡點（卽重心）的坐標 x 等於多少？答案是

$$\bar{x}=\frac{m_1x_1+m_2x_2}{m_1+m_2}$$

我們稱 m_1x_1 爲質點 m_1（相對於 0 點）的矩(moment)。因此重心爲 x 的意思是指，把質量 m_1 及 m_2 想像成集中在 x 點，如此對 0 點產生的矩，就等於 m_1 及 m_2 分別對 0 點產生的矩和。

一般而言，平面上 n 個質點，其位置爲 (x_i, y_i)，質量爲m_i,（$i=$

1，2，…，n)，則這個質點系的重心坐標 $(\bar{x},\bar{y})$ 為

$$\bar{x}=\frac{\sum m_i x_i}{\sum m_i},\quad \bar{y}=\frac{\sum m_i y_i}{\sum m_i} \tag{1}$$

這是離散質點系的情形。以下我們一直要用此公式及分割的辦法來求連續質量分佈的重心坐標， 此時只要把求和改成求積分就好了， 注意: 積分是和分的極限!

#802

【例】如，考慮某一線段(如鐵條)，兩端點的坐標為 a，b，($a<b$)。設其在 x 點處的密度為 $\rho(x)$，

我們要來求 其 重 心 坐標。

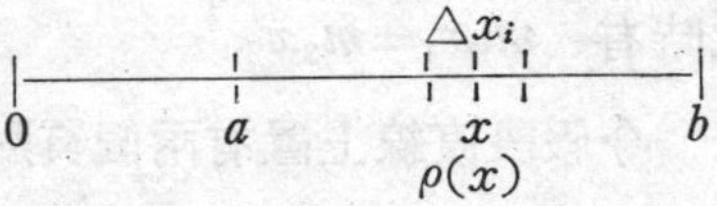

$\triangle x_i$ 0 a x b $\rho(x)$

利用定積分的想法，將此線段分割成一小段一小段，其中第 i 小段的質量 m_i 約為 $\rho(x_i)\triangle x_i$，故總近似和為

$$\sum m_i=\sum \rho(x_i)\triangle x_i,$$

讓分割加細，取極限得

$$\sum \rho(x_i)\triangle x_i\to\int_a^b \rho(x)dx;$$

並且 $\sum m_i x_i=\sum \rho(x_i)x_i\triangle x_i\to\int_a^b x\rho(x)dx$,

因此重心坐標

$$\bar{x}=\frac{\int_a^b x\rho(x)dx}{\int_a^b \rho(x)dx.} \tag{2}$$

重心坐標公式

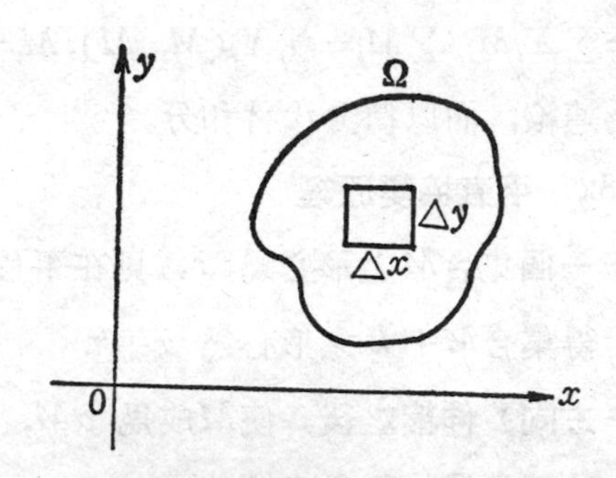

#803 同理，對於平面區域Ω，假設在點（x，y）處的（面）密度爲 $\rho(x,y)$，則其重心坐標（$\bar{x},\bar{y}$）爲:

$$\left.\begin{aligned}\bar{x}&=\frac{\iint_{\Omega}x\rho(x,y)\,dx\,dy}{\iint_{\Omega}\rho(x,y)\,dx\,dy},\\ \bar{y}&=\frac{\iint_{\Omega}y\rho(x,y)\,dx\,dy}{\iint_{\Omega}\rho(x,y)\,dx\,dy}.\end{aligned}\right\}\qquad(3)$$

#804 對於三維空間的立體Ω，那麼它的重心坐標（$\bar{x},\bar{y},\bar{z}$）就是

$$\bar{x}=\frac{\iiint_{\Omega}x\rho(x,y,z)\,dx\,dy\,dz}{\iiint_{\Omega}\rho(x,y,z)\,dx\,dy\,dz}\text{等等。}\qquad(4)$$

什麼叫做形心

#805【注意】當 ρ 爲一個常函數時，上述公式（2）至（4）中的 ρ 均可消去。此時重心由圖形的形狀完全決定，故又稱爲**形心**。

#81 平均原理

平均原理

設全系M可以分割成許多部分 $M_1, M_2, \cdots\cdots M_l$，各部分之質心爲 $X_1, X_2, \cdots X_l$，則全系M之質心爲

$$X=\sum X_iM_i/\sum M_i=\sum X_i(M_i/M), M=\sum M_i。$$

足碼可以改爲連續，而以積分代替和分。

平直協變原理是什麼?

♯82 平直協變原理

若一個集合M之形心爲 $\bar{x}$，則在平移 $x\longmapsto h+x$ 之後，所得集合$M+h$之形心爲 $\bar{x}+h$.

又，在（某一方向）伸縮之後，使M成爲 αM，則形心亦成爲 $\alpha\bar{x}$.

【問】 推導某一特殊區域的形心坐標公式。

假設平面區域是由非負連續函數 $y=f(x)$ 及直線 $x=a$，$x=b$，$y=0$ 所圍成的，而且質量均勻分佈，如下圖:

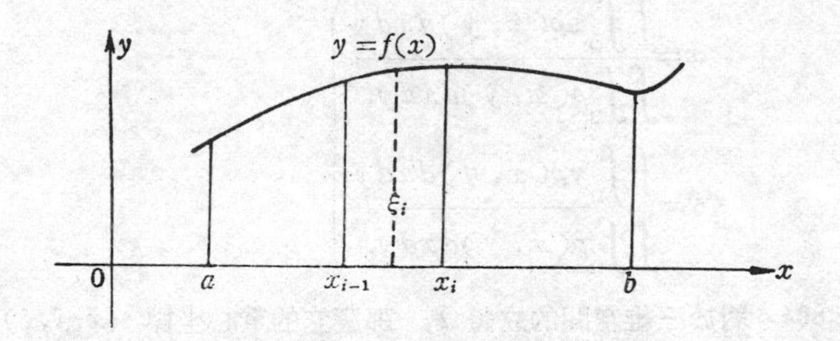

♯83 考慮曲線弧段的形心坐標。假設所給的曲線弧段爲

$$y=f(x), x\in[a;b]$$

並且f及 f' 皆連續，見下圖:

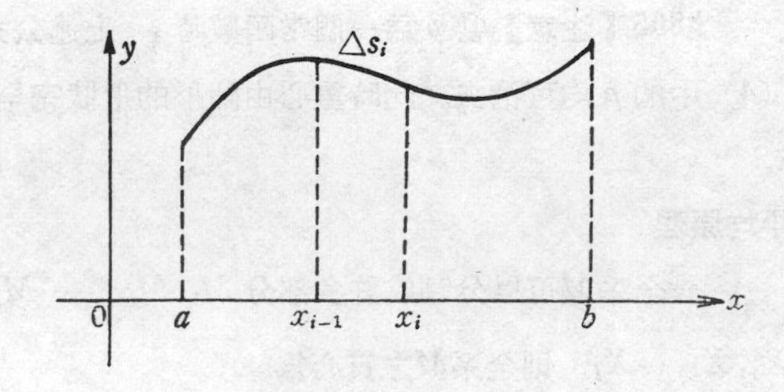

【例 1】求由 $y=4-x^2$, $x=-1$ 及 $y=0$ 所圍成平面區域的形心坐標。

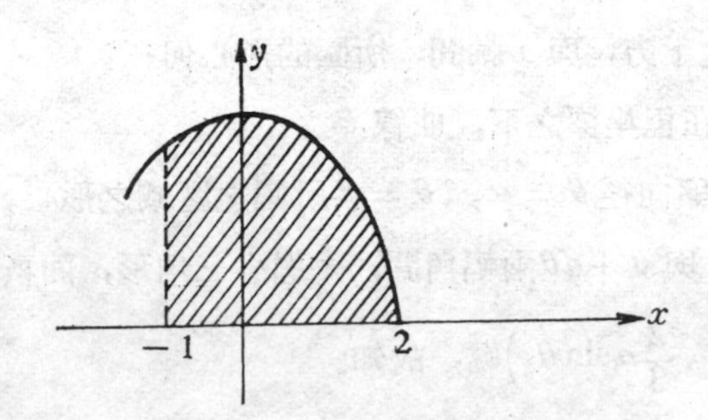

【解】由形心公式

$$\bar{x}=\frac{\int_{-1}^{2} x(4-x^2)dx}{\int_{-1}^{2}(4-x^2)dx}=\frac{\left(\frac{9}{4}\right)}{9}=0.25,$$

$$\bar{y}=\frac{\frac{1}{2}\int_{-1}^{2}(4-x^2)^2dx}{\int_{-1}^{2}(4-x^2)dx}=\frac{\left(\frac{153}{10}\right)}{9}=1.7,$$

因此形心坐標爲 (0.25, 1.7).

【例2】曲線 $2(2a-x)y^2=x^3$ 與 $x=2a$ 之間所圍區域之形心爲何?

就 y 爲偶函數，故 $\bar{y}=0$.

$$2\int_0^{2a} x\cdot\frac{x\sqrt{x}}{\sqrt{2a-x}}dx=5\pi a^3,$$

$$2\int_0^{2a}\frac{x\sqrt{x}}{\sqrt{2a-x}}dx=3\pi a^2,$$

$$\bar{x}=\frac{5}{3}a.$$

答　形心爲$\left(\frac{5a}{3}, 0\right)$

【問 1】拋物線 $y^2=4ax$, $(a>0)$ 與直線 $y=\frac{k}{h}x$ $(h, k>0)$ 交於

點（h，k）時，兩線之間的區域之形心爲$\left(\frac{2}{5}h,\frac{k}{2}\right)$，試證之。

【問 2】擺線　$x=a(t-\sin t)$，$y=a(1-\cos t)$

首擺之下方，與x軸間，所圍的形心何在？

#84　考慮在極坐標之下，曲線

$\rho=f(\theta)$與向徑$\theta=\alpha$，$\theta=\beta$所圍之區域之形心。

今向徑在θ與$\theta+d\theta$兩輻角間，畫過小三角形，面積$2^{-1}\rho^2d\theta$，而形心在$\left(\frac{2}{3}\rho\cos\theta,\frac{2}{3}\rho\sin\theta\right)$處，故知：

$$\begin{cases}\bar{x}=3^{-1}\int_\alpha^\beta\rho^3\cos\theta d\theta\Big/\left(2^{-1}\int_\alpha^\beta\rho^2d\theta\right),\\ \bar{y}=3^{-1}\int_\alpha^\beta\rho^3\sin\theta d\theta\Big/\left(2^{-1}\int_\alpha^\beta\rho^2d\theta\right).\end{cases}$$

【例】求　$\rho^2=a^2\cos 2\theta$　的環內區域之形心。

今形心在x軸上，角度　$|\theta|\leq\frac{\pi}{4}$，面積

$$2\int_0^{\pi/4}2^{-1}\rho^2d\theta=\frac{a^2}{2},$$

而　$2\int_0^{\pi/4}3^{-1}\rho^3\cos\theta d\theta=\frac{a^3}{8\sqrt{2}}\pi$.　　答　$\bar{x}=\frac{\pi}{4\sqrt{2}}a$

【例】設一木板乃在圓板　$x^2+y^2\leq a^2$　之上，鑿掉$x^2+y^2\leq ax$之部分。木板之密度乃與距原點之距正比，求質心。

【解】今採用極坐標則把函數$k\rho$　對面積元　$\rho d\rho d\theta$　在區域　$a\cos\theta\leq\rho\leq a$積分，得總質量　。而質心就是（$\bar{x},\bar{y}$）.

$$\bar{x}=\frac{2\int_0^{\pi/2}\cos\theta d\theta\int_{a\cos\theta}^a k\rho^3d\rho+2\int_{\pi/2}^{\pi}\cos\theta d\theta\int_0^a k\rho^3d\rho}{2\int_0^{\pi/2}d\theta\int_{a\cos\theta}^a k\rho^3d\rho+2\int_{\pi/2}^{\pi}d\theta\int_0^a k\rho^3d\rho}$$

$$=\frac{-4ka^4/15}{\frac{2k}{3}a^3\left(\pi-\frac{2}{3}\right)}=\frac{-6a}{5(3\pi-2)}，\text{而 } \bar{y} \text{ 當然是 } 0。$$

【問 1】設 $0<a<b$，兩圓 $x^2+y^2=ax$ 與 $x^2+y^2=bx$ 之間的木板，面密度乃與原點之距之 n 次方正比，求質心 $(\bar{x},\bar{y})$。

> 答 $\bar{y}=0$，而 $\bar{x}=\left(\frac{n+2}{n+4}\right)\frac{b^{n+3}-a^{n+3}}{b^{n+2}-a^{n+2}}$

【例 2】求半圓弧之形心，設半徑爲 1；採用極坐標較方便。

【例 3】求半圓盤之**幾何中心**。

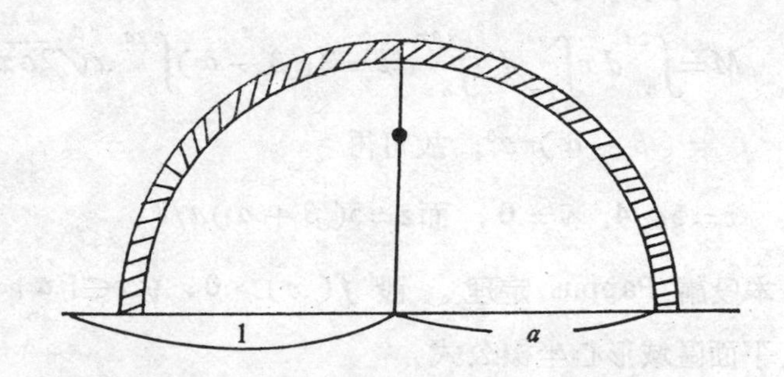

【問 4】圓盤的$\frac{1}{4}$部分形心在那裏？

> 答 $\left(\frac{4r}{3\pi},\ \frac{4r}{3\pi}\right)$

【問 5】一般地，一段圓弧，半徑 r，圓周角 α 時，其形心離圓心爲

$$\left(2r\sin\frac{\alpha}{2}\right)\Big/\alpha.$$

由此立知：圓扇之形心離圓心爲

$$\frac{4r}{3\alpha}\sin\frac{\alpha}{2}.$$

而當 $\alpha=90°$ 時立得上一問題之答案。

【問 6】半圓盤之形心在哪兒？

#85

【例】以曲面 $x^2+y^2=2ax$ 與二平面 $z=\alpha x$, $z=\beta x$ 所圍區域，質心為何？但 $\beta>\alpha>0$, $a>0$.

【解】今令 $y_-=-\sqrt{2ax-x^2}$,

$y_+=+\sqrt{2ax-x^2}$;

則 $$\bar{x}=\int_0^{2a}dx[x]\int_{y-}^{y+}dy\int_{\alpha x}^{\beta x}dz\Big/M,$$

$$\bar{y}=\int_0^{2a}dx\int_{y-}^{y+}dy[y]\int_{\alpha x}^{\beta x}dz\Big/M \text{等，而}$$

$$M=\int_0^{2a}dx\int_{y-}^{y+}dy\int_{\alpha x}^{\beta x}dz=2(\beta-\alpha)\int_0^{2a}x\sqrt{2ax-x^2}dx$$

$=(\beta-\alpha)\pi a^3$，故可得

$\bar{x}=5a/4$, $\bar{y}=0$，而 $\bar{z}=5(\beta+\alpha)a/8$.

#861 本段講 Pappus 定理。設 $f(x)>0$, $\forall x\in[a;b]$, 由

Pappus 定理

平面區域形心坐標公式

$$\bar{y}=\frac{1}{2}\int_a^b[f(x)]^2dx\Big/\int_a^b f(x)dx,$$

另外一方面，$y=f(x)$ 繞 x 軸旋轉所得**旋轉體體積**為，

$$V=\pi\int_a^b[f(x)]^2dx$$

$$=2\pi\bar{y}\int_a^b f(x)dx=2\pi\bar{y}A, \quad (1)$$

其中 A 為 $f(x)$ 在 $[a;b]$ 之上圍成的面積，上面 (1) 式的結果叫做 **Pappus 定理**。

【例】求圓 $x^2+(y-b)^2=a^2, (0<a\le b)$ 繞 x 軸旋轉的體積。

由於此圓的面積為 πa^2，而圓的形心之 y 坐標 $\bar{y}=b$，故由 (1) 式得旋轉體體積為

$$V=2\pi b\cdot\pi a^2=2\pi^2a^2b。$$

【例】半圓盤形心，離圓心 $\bar{y}$；半圓盤面積 $A=\pi r^2/2$，球體積 $4\pi r^3/3$，

故　$2\pi\bar{y}\pi r^2/2=4\pi r^3/3$　$\therefore\ \bar{y}=\dfrac{4r}{3\pi}$

【例】以三角形之一邊爲軸而旋轉之，其體積爲何？以三邊表之！以 c 邊爲軸，且爲 x 軸，則得體積爲 $2\pi\bar{y}\triangle$，其中 $\triangle=s(s-a)(s-b)(s-c)$，但形心 $(\bar{x},\bar{y})$，須有 $3\bar{y}=$高$=2\triangle/c$，故得

$$\text{體積}=\frac{4\pi}{3}\ \frac{s(s-a)(s-b)(s-c)}{c}.$$

$$(2s=a+b+c.)$$

#862　以下這定理也是 Pappus–Guldin 型的。

Pappus-Guldin 型定理

【定理】平面上曲線 Γ **與 x 軸不相交**，Γ 之形心爲 $(\bar{x},\bar{y})$，則 Γ 繞 x 軸之廻轉體**表面積**乃是 $2\pi|\bar{y}|$ 與 Γ 之周長 $|\Gamma|$ 的積。

【證】可設　$y>0$，$\bar{y}=\int y\,ds\Big/\int ds=\int y\,ds\Big/|\Gamma|$，

而表面積

$$\mathscr{S}=\int 2\pi y\,ds=(2\pi\bar{y})\cdot|\Gamma|.$$

【例】求擺線 $x=a(u-\sin u)$，$y=a(1-\cos u)$ 之**首半擺**，對 $x=\pi a$ 之廻轉面積 $\mathscr{S}$，今此擺之形心 $(\bar{x},\bar{y})$，如此算出，其全長

$$s=\int_0^{\pi}2a\sin\frac{u}{2}du=4a,$$

$$s\bar{x}=\int_0^{\pi}a(u-\sin u)2a\sin\left(\frac{u}{2}\right)du=\frac{16}{3}a^2.$$

故 $\bar{x}=4a/3$，而

$$\mathscr{S}=2\pi\left(\pi a-\frac{4a}{3}\right)\cdot 4a=8\pi\left(\pi-\frac{4}{3}\right)a^2.$$

#87　圓柱坐標與迴轉體之質心

設密度爲 δ，則採用圓柱坐標時，區域 $\mathscr{D}$ 之質心 $(\bar{x},\bar{y},\bar{z})$ 乃爲:

$$\bar{x}=\iiint_{\mathscr{D}}[\rho\cos\theta]\delta\rho d\rho d\theta dz/M,$$

$$\bar{y}=\iiint_{\mathscr{D}}[\rho\sin\theta]\delta\rho d\rho d\theta dz/M,$$

$$\bar{z}=\iiint_{\mathscr{D}}[z]\delta\rho d\rho d\theta dz/M;$$

而　$$M=\iiint_{\mathscr{D}}\delta\rho d\rho d\theta dz.$$

若以 xz 面上之區域 $\mathscr{D}_0$ 繞 z 軸迴轉生成 $\mathscr{D}$ 時，則 $\bar{x}=0=\bar{y}$，而且

$$\bar{z}=\iint_{\mathscr{D}_0}[z]\delta\rho d\rho dz\Big/\iint_{\mathscr{D}_0}\delta\rho d\rho dz.$$

【例】設三個曲面 $\dfrac{x^2}{a^2}+\dfrac{y^2}{b^2}=\dfrac{z^2}{c^2},\dfrac{x^2}{a^2}+\dfrac{y^2}{b^2}=\dfrac{2z}{c}$,

$$\frac{x^2}{a^2}+\frac{y^2}{b^2}+\frac{z^2}{c^2}=\frac{2z}{c},$$

包圍一物體；$(c>0)$密度乃與距 xy 面之距離 z 成正比。

【解】此時，**作伸縮不影響密度**!

故可設 $a=b=c=1$．於是得到

$$x^2+y^2=z^2,\ x^2+y^2=2z,\ 及\ x^2+y^2+z^2=2z.$$

這是繞 z 軸所生之**迴轉區**，原來之平面形爲

$$\{(0\leq)\,z<x,\ x^2+z^2<2z,\ x^2<2z\}.$$

答　$\bar{x}=0=\bar{y}$ 而 $\bar{z}=\dfrac{9}{7}c$．

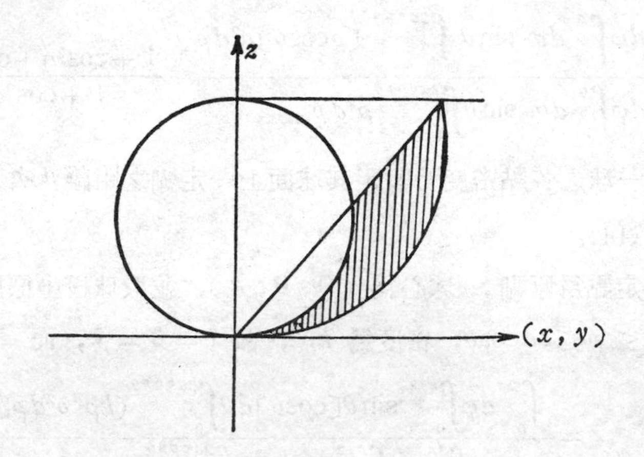

【例】取一個直圓錐，使其底面與一個半球吻合，而且此合成體之形心在底圓之中心，問錐高如何？

【解】令半徑爲 a，高爲 b，此係廻轉體之情形，$\bar{x}=0=\bar{y}$ 不在話下，——取底圓中心爲原點，錐軸爲 z 軸，——再取柱坐標，則須

$$\int_0^b z\,dz\int_0^{a(1-z/b)}\rho\,d\rho+\int_{-a}^0 z\,dz\int_0^{\sqrt{a^2-z^2}}\rho\,d\rho=0.$$

立得　$b^2=3a^2$,

答　$b=\sqrt{3}\,a$

而半頂角爲 $\arctan 1/\sqrt{3}=30°$.

§88　以球極坐標求質心

【例】若直圓錐之頂點在一定球面上，錐軸爲球之直徑，求錐內球內部分之形心。

【解】用球極坐標，表球爲 $\rho\leq 2a\cos\theta$，錐體爲 $0\leq\theta\leq\alpha$（α 爲半頂角）於是 $\bar{x}=0=\bar{y}$，而

$$\bar{z}=\frac{\int_0^{2\pi}d\varphi\int_0^{\alpha}d\theta\ \sin\theta\int_0^{2a\cos\theta}[\rho\cos\theta]\rho^2d\rho}{\int_0^{2\pi}d\varphi\int_0^{\alpha}d\theta\ \sin\theta\int_0^{2a\cos\theta}\rho^2d\rho}=\frac{1+\cos^2\alpha+\cos^4\alpha}{1+\cos^2\alpha}a.$$

【例】設一球之各點密度乃與距其球面上一定點之距離 n 次方正比，求質心。

【解】以定點爲原點， 球心爲（0，0，a），並取球極坐標則得球爲 $0\leq\rho\leq 2a\cos\theta$；密度爲 $k\rho^n$，故 $\bar{x}=0=\bar{y}$，而

$$\bar{z}=\frac{\int_0^{2\pi}d\varphi\int_0^{\pi/2}\sin\theta[\cos\theta]d\theta\int_0^{2a\cos\theta}(k\rho^n\rho^2d\rho[\rho])}{\int_0^{2\pi}d\varphi\int_0^{\pi/2}\sin\theta d\theta\int_0^{2a\cos\theta}k\rho^{n+2}d\rho}$$

$$=\frac{2n+6}{n+6}a.$$

#9 慣性矩

慣性矩的定義

#90 在剛體力學中， 轉動的討論必須引入**慣性矩**的觀念: 一個質點 m 對於一軸，（或一點，或一面）之慣性矩即爲此質量乘上相對距離之平方。全部質點系之**慣性矩**就是這些慣性矩之和，因此慣性矩合乎**疊合原理**。

#901 在物理上眞正有意義的是**對一軸**（直線）之慣性矩，不過在二維的情形， 若軸與此平面垂直， 則此慣性矩就等於對垂足來取，“對一點”與“對一軸”也沒有區別了。

何謂廻轉半徑？

#902 慣性矩除以總質量後再開方， 稱爲此系（對此軸）之廻轉半徑（radius of gyration）以下， **不特別聲明時，密度視爲均匀**。（因爲密度用 δ，故向徑長用 ρ.）

#91 平均原理

平均原理 用上慣性矩之疊合原理，立卽得到廻轉半徑之平均原理，此卽：系M被分割為 M_j 之和時，M 之廻轉半徑乃諸 M_j 之廻轉半徑之（加權的）2次平均，權為 M_j.

#92 伸縮原理

伸縮原理 若將到軸之距離伸縮，則廻轉半徑亦與之協變。

【例】直角三角形，兩邊長 a，b，求此板對直角頂點之慣性矩。

$$I=\delta\int_0^a dx\int_0^{b/a(a-x)} dy(x^2+y^2)=\frac{m}{12}ab(a^2+b^2).$$

【例】拋物線 $y^2=4ax$，直線 $x+y=3a$ 及 x 軸三者所圍兩區域對於 y 軸之慣性矩各為何？

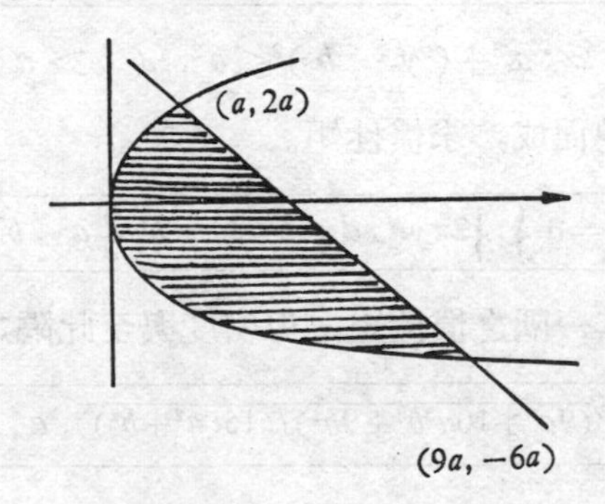

$$I=\delta\int_0^{2a} dy\int_{y^2/4a}^{3a-y} x^2dx=\frac{46}{7}a^4\delta.$$

$$及\ I=\delta\int_{-6a}^{0} dy\int_{y^2/4a}^{3a-y} x^2dx=\frac{6966}{7}a^4\delta.$$

【例】四面體，對於過其重心而平行於一面之平面，慣性矩為何？

底面積$\mathscr{S}$，高 h；並以 x 為垂直投影高度，故 x 處截面積為

$$\mathscr{S}\cdot\left(\frac{h-x}{h}\right)^2;$$

原 dx 之矩，則為

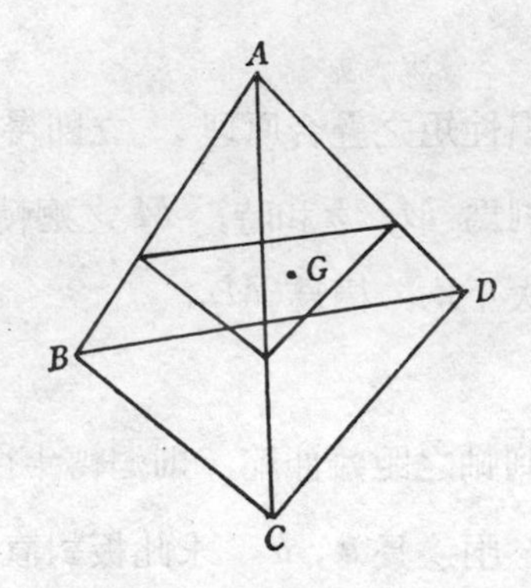

$$\left(x-\frac{1}{4}h\right)^2 \quad \mathscr{S}\left(\frac{h-x}{h}\right)^2 dx\cdot\delta$$

答 $I=\int_0^h\left(x-\frac{1}{4}h\right)^2\mathscr{S}\left(\frac{h-x}{h}\right)^2 dx\delta=\delta Sh^3\frac{1}{80}=\left(\frac{3}{80}h^2\right)$.（質量）

【問】輪胎體乃 $\mathscr{D}: x^2+(y-b)^2\leq a^2$.（$b>a>0$）

對 x 軸迴轉而成，求慣性矩。

答 $I=\delta\int\int 2\pi y\,dx\,dy\,y^2=2\pi^2a^2b\left(\frac{3}{4}a^2+b^2\right)\delta$

【問1】求矩形對其一隅之慣性矩，但密度與至此隅之距離平方正比。

答 迴轉半徑$\sqrt{(9a^4+10a^2b^2+9b^4)/(15(a^2+b^2))}$，$a$，$b$ 爲兩邊長。

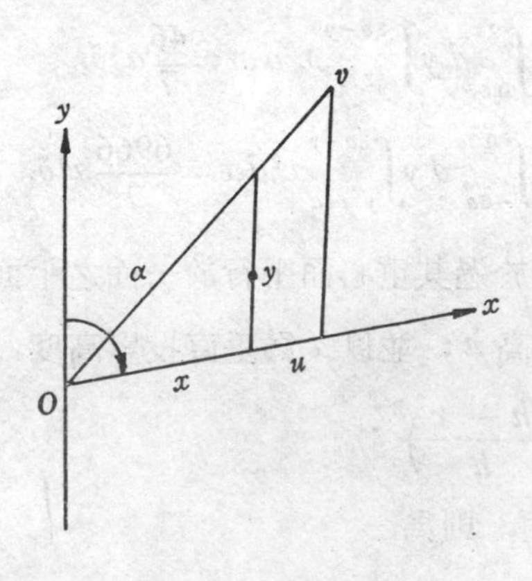

【問 2】一個三角形板，對於其形心之

迴轉半徑為$\frac{\sqrt{a^2+b^2+c^2}}{6}$.（$a$，$b$，$c$ 為三邊長）。

【問 3】圓板對圓周上一點O之慣性矩?

【問 4】圓板對其一直徑之慣性矩?

【問 5】試求均勻密度之橢圓板對其短軸的慣性矩。

【問 6】正n邊形區域對中心點之慣性矩?

【問 7】圓板對圓心之慣性矩為何?

【問 8】球對一直徑之慣性矩為何?

【問 9】考慮一個均勻“半球體”對於其軸的轉動慣量；若係對於“赤道面”上的一條直徑求轉動慣量又如何?

【問10】**連珠形** $\rho^2=a^2\cos 2\theta$ 所圍兩環對原點之慣性矩為何?

$$\left[2\delta\int_{-\pi/4}^{\pi/4}d\theta\int_0^{a\sqrt{\cos 2\theta}}\rho^3 d\rho=\frac{\pi a^4}{8}\delta.\right]$$

【問11】兩曲面 $x^2+y^2=az$，$x^2+y^2=2ax$ 所圍之區域，對 z 軸之迴轉半徑為何?

【問12】求一個球錐對於其軸之迴轉半徑?

【問13】又若是過錐頂，作一直線與錐軸垂直，則對此線而言，**迴轉半徑平方**為何?

♯93　慣性矩恆等式與慣性矩不等式

在一直線上，x_i 處配置了質量 m_i，此系對一點x之“慣性矩”為

$$\sum m_i(x_i-x)^2\equiv I(x)$$
$$=\sum m_i x_i^2+Mx^2-2\left(\sum m_i x_i\right)x.\ (M=\sum m_i.)$$

（依配方法）立知

$$\min_x I(x)=I(\bar{x}),$$

其中 $\bar{x}=\sum m_i x_i/\sum m_i=\sum m_i x_i/M$

係**平均**（算術平均，加權！）

而且 $I(x)=I(\bar{x})+M(x-\bar{x})^2.$

慣性矩恒等式與慣性矩不等式

此即**慣性矩恆等式**，相對於

$I(x)\geq I(\bar{x})$

這個**慣性矩不等式**而言。

對於多維的情形，公式仍然成立！

改和爲積分，亦不影響結論。

【例】 求高爲 h，半徑爲 a 之圓柱，旋轉於通過其中心一直徑之轉動慣量，以 Z 軸爲柱軸，通過中心之兩正交直徑爲 X 及 Y 軸，令 X 軸爲旋轉軸，於是若用柱坐標，則元體 $rdrd\theta dz$ 至旋轉軸距離之平方爲 $y^2+z^2=r^2\sin^2\theta+z^2$，按定義言之，所求之 I 爲下圖所示立體之轉動慣量之八倍，是以

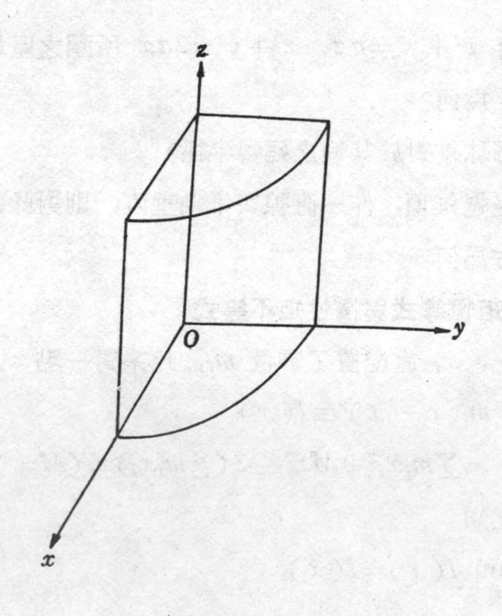

$$I=8\rho\iiint_r (r^2\sin^2\theta+z^2)dr$$

$$=8\rho\int_0^a rdr\int_0^{\pi/2} d\theta\int_0^{h/2} (r^2\sin^2\theta+z^2)dz$$

$$=8\rho\int_0^a rdr\int_0^{\pi/2} d\theta\left(2r^2\sin^2\theta+\frac{z^2}{3}\right)\Big|_0^{h/2}$$

$$=8\rho\int_0^a rdr\int_0^{\pi/2} \left(\frac{hr^2\sin^2\theta}{2}+\frac{h^3}{24}\right)d\theta$$

$$=4\rho\int_0^a hrdr\left\{r^2\left(\frac{\theta}{2}-\frac{\sin 2\theta}{4}+\frac{h^2}{12}\theta\right\}_0^{\pi/2}\right.$$

$$=\rho\int_0^a \pi hr\left(r^2+\frac{h^2}{6}\right)dr=\pi\rho\left(\frac{a^4h}{4}+\frac{h^3a^2}{12}\right)$$

$$=m\left(\frac{a^2}{4}+\frac{h^2}{12}\right).$$

因柱體之質量$m=\pi a^2h\rho$， 於是對於通過中心， 一直徑之廻轉半徑k，其平方為

$$k^2=\frac{a^2}{4}+\frac{h^2}{12}.$$

§6　偏微分法

本節討論多變數微積分；作爲第一步，我們強調偏導微。

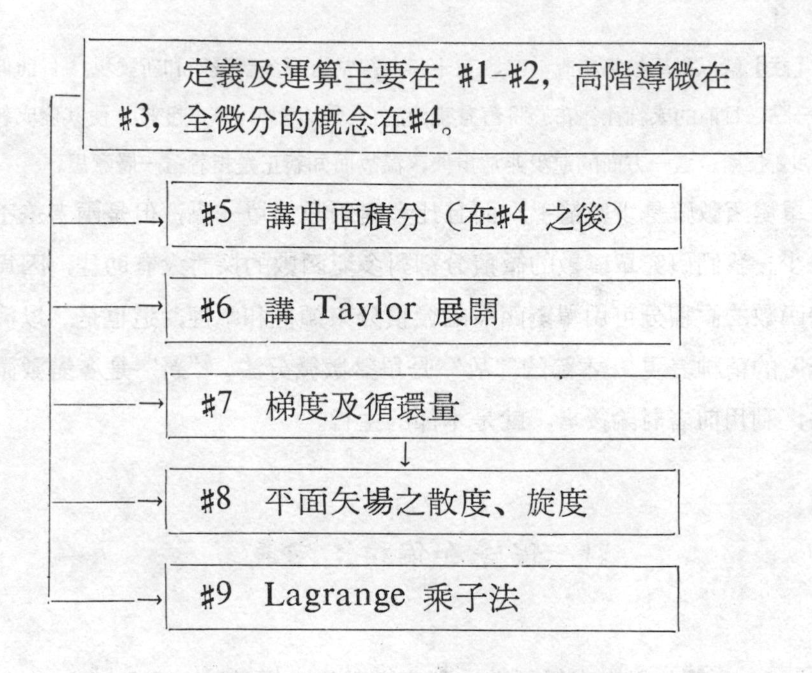

眞正的多變數微積分，放在線性算術之後；眞正的向量分析，本節的 #7—#8 也講不到。

本節我們所說的多變函數，恆是指多變元到單變元的對應關係，而且爲了方便起見，我們多半限於討論兩變元函數 $z=f(x, y)$ 或三變元函數 $w=f(x, y, z)$，更多變元的情形依樣畫葫蘆就得了。（至於多變元到多變元的函數關係，要等到講了線性算術之後再討論。）

每當我們遇到一個新問題時，常要問：用已學過的東西是否以對付新問題？卽舊瓶是否足以裝新酒？當然有時候可以，有時候不可以！

閒話溫故而知新

我們常說**"溫故而知新"**，照字面說，怎麼溫都溫不出新來！但是，事實上，除了突變之外，"太陽底下沒有新鮮事"，"溫故而知新"對大部分的情形都行得通，乃是因爲大部分的問題，其實並不新，只要將從前學過的東西，整理綜合起來就能够**"以舊御新"**！

【註】就以科學技術來說，二、三十年前經常有很多新發明和新發現。目前似乎少一點，目前的成就往往在於將舊有東西整合（integration）起來，使其變成新用途和新技術。這一方面的進步非常重要，溫故而知新正是指着這一層意思。

單變函數雖是少數情形，而且比多變函數簡單一點，但是兩者差不了多少。我們研究單變數的微積分卻對多變函數的探討大有助益，因爲多變函數的微積分可由單變函數的微積分來類推和掌握，這也是"以簡馭繁"的精神表現。本節的"故"是單變數微分法，"新"是多變數微分法；利用前者討論後者，就是本節的主旨。

#1 偏導和偏積：定義

#10 我們如果考慮偏函數，那麼導數就叫偏導數，例如

偏導數的定義

$$\lim_{y\to b}\frac{f(a,y)-f(a,b)}{y-b}=f_y(a,b)$$

是 f 在點 (a,b) 處對（第二）變數 y 的**偏導數**。通常又記爲 $\dfrac{\partial f(a,b)}{\partial y}$，而對第一變數 x 的導數就記成 $\dfrac{\partial f}{\partial x}$ 或 f_x 等等。

【例 1】若 $z=ax^2+2hxy+by^2+2gx+2fy+c$，

則 $\dfrac{\partial z}{\partial x}=2(ax+by+g)$,

$\dfrac{\partial z}{\partial y}=2(by+hx+f)$.

【例 2】氣體的體積 v，壓力 p，溫度 t 之間有如下的關係: $p=ct/v$ 因而

$$\frac{\partial p}{\partial v}=\frac{-ct}{v^2},\quad \frac{\partial p}{\partial t}=\frac{c}{v}.$$

【例 3】試求以方程式 $x^2+y^2+z^2=a^2$ 所定義之函數 $z=f(x,y)$ 之偏導函數。

【解】（因於 $x^2+y^2<a^2$ 之範圍,

$z=\pm\sqrt{a^2-x^2-y^2}$

爲偏微分可能，）今視 y 爲常數，行隱導微，對旣給之方程式關於 x 偏微分，則

$2x+2zz_x=0$,

$\therefore\quad z_x=\dfrac{x}{z}$（$z\neq 0$ 之點），

同理關於 y 偏微分，則

$2y+2zz_y=0$,

$\therefore\quad z_y=-\dfrac{y}{z}$（$z\neq 0$ 之點）.

【問】試問下列函數於 $(x,y)=(0,0)$ 偏微分可能否?

(1) $f(x,y)=(\sqrt{x^2+y^2}-1)^2$.

(2) $f(x,y)=\begin{cases}\dfrac{xy}{\sqrt{x^2+y^2}} & ((x,y)\neq(0,0)),\\ 0 & ((x,y)=(0,0)).\end{cases}$

【問 3】試求$\dfrac{\partial z}{\partial x}$, $\dfrac{\partial z}{\partial y}$, 但

$$z=x^3+3axy+y^3.$$

【例】已知$u=(y-z)(z-x)(x-y)$ 求$\dfrac{\partial u}{\partial x}+\dfrac{\partial u}{\partial y}+\dfrac{\partial u}{\partial z}=?$

用對數微分法

$$\frac{1}{u}\frac{\partial u}{\partial x}=\frac{-1}{z-x}+\frac{1}{x-y},$$

$\therefore \quad \sum=0.$

【問 4】已知 $u=x^y y^x$, 則$x\dfrac{\partial u}{\partial x}+y\dfrac{\partial u}{\partial y}=u(x+y)+u\log..$

【問 5】已知$u=\log(\tan x+\tan y+\tan z)$,

求 $\sum \sin 2x \dfrac{\partial u}{\partial x}=?$

答 2

【問 6】試求偏導函數: $z=\tan^{-1}(y/x)$.

【問】試求下列函數之偏導函數。

(i) $\sqrt{x^2+xy+y^2}$

(ii) $\sin^{-1}\dfrac{x}{\sqrt{x^2+y^2}}$

答 $\partial_x u=\dfrac{|y|}{x^2+y^2}, \partial_y u=\dfrac{-x\sin y}{x^2+y^2}$

(iii) $\tan^{-1}\dfrac{x+y}{x-y}$ (iv) $e^{ax}\cos\beta y$

(v) $e^x\cos^2 y-e^y\sin^2 x$ (vi) $x\sin(x+y)$

(vii) e^{xy} (viii) x^y

(ix)　$xy+\dfrac{x}{y}$

(x)　$\tan^{-1}(x/y)$

答　$\dfrac{y}{x^2+y^2}$, $\dfrac{-x}{x^2+y^2}$

(xi)　設 $z=\dfrac{e^{xy}}{e^x+e^y}$, 試證 $z_x+z_y=(x+y-1)z$.

(xii)　設 $z=\log[x^2+xy+y^2]$, 試證 $x\dfrac{\partial z}{\partial x}+y\dfrac{\partial z}{\partial y}=2$.

(xiii)　設 $z=xy+xe^{y/x}$, 試證 $x\dfrac{\partial z}{\partial x}+y\dfrac{\partial z}{\partial z}=xy+z$.

(xiv)　若 $z=\dfrac{y^2}{3x}+\varphi(x, y)$, 試證 $x^2\dfrac{\partial z}{\partial x}-xy\dfrac{\partial z}{\partial y}+y^2$
$=0$.

#11

【定理】 假設一切偏函數都連續，並且 $f_x(x, y)$（或 $f_y(x, y)$）爲有界函數，則函數（全）連續卽要證明：

$$\lim_{(x,y)\to(a,b)} f(x, y)=f(a, b).$$

我們計算

$$f(x, y)-f(a, b)=[f(x, y)-f(a, y)]+$$
$$+[f(a, y)-f(a, b)]$$

後一項，由於偏函數的連續性，就趨近0，因而問題在前項，但是 $f(x, y)-f(a, y)=(x-a)f_x(a+\theta(x-a), y)\longrightarrow 0$, 當 $x\longrightarrow a$；因爲連續函數 f_x 局部地有界：$|f_x(x, y)|\leq$ 定數M，證明就完畢了。

#12　偏不定積分

【例】設 $\dfrac{\partial f(x,y)}{\partial y}\equiv 0$，則 $f(x,y)$ 只是 x 的函數，與 y 無關，

這是 §#4.272 "微分方程基本補題" 的結論。

【例】已知 $\dfrac{\partial u}{\partial x}=x+y+5$，求 u.

今 $\quad u=\int(x+y+5)dx=2^{-1}x^2+xy+5x+c.$

"常數" c 對 x 是常數，對 y 不必是常數，應寫成 $c(y)$。

【例】已知 $\dfrac{\partial}{\partial y}\left(\dfrac{\partial u}{\partial x}\right)=x^2+y^2$，求 u.

今 $\quad \dfrac{\partial u}{\partial x}=\int(x^2+y^2)dy=x^2y+3^{-1}y^3+c_1(x)$,

故 $\quad u=\int(x^2y+3^{-1}y^3+c_1(x))dx$

$$=3^{-1}x^3y+3^{-1}y^3x+c_2(x)+c_3(y).$$

〔其中 $\int c_1(x)dx$，改書做 $c_2(x)$〕

【問】解下列方程

(i) $\dfrac{\partial^2 z}{\partial x^2}=0$

答 $\quad z=x\varphi(y)$

(ii) $\dfrac{\partial^2 z}{\partial x\partial y}=0$

答 $\quad z=\varphi(x)+\psi(y)$

(iii) $\dfrac{\partial^n z}{\partial y^n}=0$

答 $\quad z=\sum_{k=0}^{n-1}y^k\varphi_k(x)$

(iv) $\dfrac{\partial^2 z}{\partial x \partial y} = x + y$，且 $z(x,0)=x, z(0,y)=y^2$.

答 $z = x + y^2 + 2^{-1}xy(x+y)$

***13 Cauchy 氏函數方程定理**

【例】 設 f 爲可微函數，求解如下三個函數方程。

i. $f(x+y)=f(x)+f(y)$.

ii. $f(x+y)=f(x)f(y)$.

iii. $f(x+y)=f(x)+f(y)+2xy$.

(i) 對 x 微分，$f'(x+y)=f'(x)$.

同理 $=f'(y)$，故 $=a$，常數，

所以 $f(x)=ax+c$，但代入 i 故 $c=0$。

答 $f(x)=ax$

(ii) 對 x 微分，$f'(x+y)=f'(x)f(y)$,

同理 $=f(x)f'(y)$，（除非 $=0$，否則可得）

$$\frac{f'(x)}{f(x)}=\frac{f'(y)}{f(y)}=c \text{ 常數}$$

則 $f(x)=b\cdot a^x$ （a, b 常數）

代入 ii，$b\equiv 1$.

答 $f(x)=a^x$.（或 $\equiv 0$）

(iii)

答 $f(x)=x^2+ax$

#2 偏導數之計算

偏導數既然是單變數的導微，它當然滿足了單變數導微的一切性

質: 疊合原理（線性），Leibniz 的乘法導微原則，以及連鎖規則。

關於後者我們可以做一些補充。

#21 函數之函數的偏導數: 連鎖規則

考慮 $z=f(x,y), x=\varphi(t), y=\phi(t)$ 的情形下，如何求$\frac{dz}{dt}$? 這計算很單純: t 的增量是 $\triangle t, x, y, z$ 之增量各設為 $\triangle x, \triangle y, \triangle z$, 因而

$$\begin{aligned}\triangle z &= f(x+\triangle x, y+\triangle y)-f(x,y)\\ &=\{f(x+\triangle x, y+\triangle y)-f(x, y(\triangle y)\}+\{f(x, y+\triangle y)\\ &\quad -f(x,y)\}\\ &=\triangle x\frac{\partial}{\partial x}f(x+\theta_1\triangle x, y+\triangle y)+\triangle y\frac{\partial}{\partial y}f(x, y+\theta_2\triangle y),\end{aligned}$$

$$(0<\theta_1, \theta_2<1)$$

因而 $$\lim_{\triangle t\to 0}\frac{\triangle z}{\triangle t}=\frac{dz}{dt}=f_x\frac{dx}{dt}+f_y\frac{dy}{dt}.$$

【註】此地假設 f_x, f_y 存在且連續，這是過度的要求!

【系】若 $z=f(x,y)$, $y=g(x)$ 則

連鎖規則 $$\frac{dz}{dx}=\frac{\partial z}{\partial x}\bigg|_y+\frac{\partial z}{\partial y}\bigg|_x\frac{dy}{dx}$$ （讀者當能了解$|_y$的意義吧!）

我們其次設 $z=f(x,y), x=\varphi(u,v), y=\phi(u,v)$

於是 $$\frac{\partial z}{\partial u}\bigg|_v=\frac{\partial z}{\partial x}\bigg|_y\frac{\partial x}{\partial u}\bigg|_v+\frac{\partial z}{\partial y}\bigg|_y\frac{\partial y}{\partial u}\bigg|_v.$$

【定理】對於 $z\equiv f(x_1\cdots x_m)$, $x_i\equiv g_i(u_1\cdots u_n)$, $i=1,\cdots n$,

有 $\partial z/\partial u_j|_u\equiv\sum_i(\partial f/\partial x_i)(\partial g_i/\partial u_j)$.

這就是所謂**連鎖原理**。

【注意】有時 $|_v$ 等等的記號非常必要，例如說，$u=x$的情形，就應

寫做

$$\begin{cases} \left.\dfrac{\partial z}{\partial x}\right|_v = \left.\dfrac{\partial z}{\partial x}\right|_y + \left.\dfrac{\partial z}{\partial y}\right|_x \left.\dfrac{\partial y}{\partial x}\right|_v, \\ \left.\dfrac{\partial z}{\partial v}\right|_x = \left.\dfrac{\partial z}{\partial y}\right|_x \left.\dfrac{\partial y}{\partial v}\right|_x, \end{cases}$$

在第一式中，一去掉 $|_v$ 及 $|_y$ 就引起麻煩了。

【例】 若　$z=x^2+y^2$，$x=r\cos t$，$y=r\sin t$，

則　$\dfrac{dz}{dt}=\dfrac{\partial z}{\partial x}\dfrac{dx}{dt}+\dfrac{\partial z}{\partial y}\dfrac{dy}{dt}$

$$=2x(-r\sin t)+2yr\cos t$$

$$=2x(-y)+2yx=0.$$

（當然，由於 $z=r^2$，也可得這結論）

【例】 若　$z=u^2+v^2$，$u=x+y$，$v=\dfrac{1}{2}xy$，

則　$2(z+v^2)=x\dfrac{\partial z}{\partial x}+y\dfrac{\partial z}{\partial y}$.

【證】 $\dfrac{\partial z}{\partial x}=\dfrac{\partial z}{\partial u}\dfrac{\partial u}{\partial x}+\dfrac{\partial z}{\partial v}\dfrac{\partial v}{\partial x}=2u+2v\dfrac{1}{2}y=2u+vy$,

同理 $\dfrac{\partial z}{\partial y}=2u+vx$,

因而 $x\dfrac{\partial z}{\partial x}+y\dfrac{\partial z}{\partial y}=2u(x+y)+2vxy$

$$=2(z+v^2).$$

【問】 直圓錐體，底面半徑 r，高 h，若 $\dfrac{dr}{dt}=a$，$\dfrac{dh}{dt}=b$，求體積增加率。

答　$v=3^{-1}\pi r^2h$，故 $\dfrac{dv}{dt}=\dfrac{\pi r}{3}(2ah+br)$

【問】設 $u=e^{ax}(y-z)$, $y=a\sin x$, $z=\cos x$, 求$\dfrac{du}{dx}$。

$$\left[\frac{du}{dx}=\frac{\partial u}{\partial x}+\frac{\partial u}{\partial y}\,\frac{dy}{dx}+\frac{\partial u}{\partial z}\,\frac{dz}{dx}\right.$$

$$=ae^{ax}(y-z)+e^{ax}a\cos x+-e^{ax}(-\sin x)$$

$$=e^{ax}\{a(y-z)+a\cos x+\sin x\}$$

$$=e^{ax}\{a^2\sin x-a\cos x+a\cos x+\sin x\}$$

$$\left.=e^{ax}\sin x(a^2+1).\right]$$

【問】設 $u=f(\xi,\eta,\zeta)$, $\xi=y+\dfrac{1}{z}$, $\eta=z+x^{-1}$, $\zeta=x+y^{-1}$,

求證 $x\dfrac{\partial u}{\partial x}+y\dfrac{\partial u}{\partial y}+z\dfrac{\partial u}{\partial z}+\xi\dfrac{\partial u}{\partial \xi}+\eta\dfrac{\partial u}{\partial \eta}+\zeta\dfrac{\partial u}{\partial \zeta}$

$$=2\left(x\frac{\partial u}{\partial \zeta}+y\frac{\partial u}{\partial \xi}+z\frac{\partial u}{\partial \eta}\right).$$

【注意】 $\dfrac{\partial u}{\partial x}$ 係 $\left.\dfrac{\partial u}{\partial x}\right|_{y,z}$

#211

【例】設 z 爲 x, y 之函數，且 $x=\rho\cos\theta$, $y=\rho\sin\theta$, 試以 z 關於 ρ, θ 之偏導函數表下列三式。

(1) $\partial z/\partial x$, (2) $\partial z/\partial y$, (3) $\left(\dfrac{\partial z}{\partial x}\right)^2+\left(\dfrac{\partial z}{\partial y}\right)^2$.

#22 隱函數與參變函數之導微

這種計算和單變數的情形相似，也是連鎖規則的結論。

例如要由 $f(x,y,z)=0$，隱約解出 z， 從而求 $\partial z/\partial x$, 我們考慮

$$\partial f/\partial x|_y=0,$$

因而有　$$\left.\frac{\partial f}{\partial x}\right|_{y,z}+\left.\frac{\partial f}{\partial z}\right|_{x,y}\left.\frac{\partial z}{\partial x}\right|_{y}=0.$$

結果　$$\partial z/\partial x|_{y}\equiv-\partial f/\partial x|_{(y,z)}\Big/\left.\frac{\partial f}{\partial z}\right|_{(x,y)}。$$

【問】設　$z=f\left(\dfrac{y-nz}{x-mz}\right)$, 試證$(x-mz)z_x+(y-nz)z_y=0$.

【問】設　$u^2+v^2+x+y=0$, $uv+xy=f(u+v+x+y)$,
試求u, v關於x及y之偏導函數。

【問】設　$x=u^2+v^2$, $y=u^2-v$, $z=uv$,
試求$\dfrac{\partial z}{\partial x}$, $\dfrac{\partial z}{\partial y}$。

#221　我們從前所做的單變的隱函數的導微也可以看做是連鎖規則的應用，例如由 $f(x, y)=0$ 定出y爲x的函數時，由

$$f_x(x, y)+f_y(x, y)\frac{dy}{dx}=0 \quad 得到$$

$$\frac{dy}{dx}=-\frac{f_x}{f_y}$$

又，由　$f(x, y, z)=0$, $g(x, y, z)=0$,

定出y, z均爲x的函數時，記$\dfrac{dz}{dx}=z'$, $\dfrac{dy}{dx}=y'$, 就由連鎖規則得到$f=0$, $g=0$的導微爲:

$$\begin{cases}f_x+f_yy'+f_zz'=0,\\ g_x+g_yy'+g_zz'=0,\end{cases}$$

解出:

$$y'=\frac{-\begin{vmatrix}f_x & f_z\\ g_x & g_z\end{vmatrix}}{\begin{vmatrix}f_y & f_z\\ g_y & g_z\end{vmatrix}}, \qquad z'=\frac{-\begin{vmatrix}f_y & f_x\\ g_y & g_x\end{vmatrix}}{\begin{vmatrix}f_y & f_z\\ g_y & g_z\end{vmatrix}},$$

此處設分母（稱爲f，g對y，z的 Jacobi 行列式）不爲 0.

【例】設 $x^2+y^2+z^2=a^2$, (1)

$x^2+y^2=2ax$, (2)

求 $\dfrac{dy}{dx}=y', z', y'', z''$.

【解】兩式對x導微得:

$x+yy'+zz'=0$, (3)

$x+yy'=a$, (4)

故 $zz'=-a$, (5)

又把 (4)(5) 式再導一次，得

$1+(y')^2+yy''=0$, (6)

$(z')^2+zz''=0$, (7)

由 (3) 及 (5)，得

$$y'=\frac{a-x}{y},\quad z'=-\frac{a}{z}.$$

代入 (6),(7) 得

$$y''=\frac{1+(y')^2}{-y}=-\frac{y^2+(a-x)^2}{y^3}=-\frac{x^2+y^2-2ax+a^2}{-y^3},$$

故 $y''=-\dfrac{a^2}{y^3}$，$z''=-\dfrac{(z')^2}{z}=-\dfrac{a^3}{z^3}$.

【問】設 $x^2+y^2+z^2=a^2$，$lx+my+nz=p$,

試求$\dfrac{dy}{dx}$，$\dfrac{dz}{dx}$。

【例】由隱函數關係

$f(u, v, x)=0$，$g(u, v, x)=0$,

試計算 $du/dx=Du$，D爲何?

【解】今 $Df=\frac{\partial f}{\partial x}+\frac{\partial f}{\partial u}Du+\frac{\partial f}{\partial v}Dv=0$,

$$Dg=\frac{\partial g}{\partial x}+\frac{\partial g}{\partial u}Du+\frac{\partial g}{\partial v}Dv=0,$$

設 $\triangle=\begin{vmatrix}\frac{\partial f}{\partial u}, & \frac{\partial f}{\partial v}\\ \frac{\partial g}{\partial u}, & \frac{\partial g}{\partial v}\end{vmatrix}\neq 0$,

則 $Dv=-\begin{vmatrix}\frac{\partial f}{\partial x} & \frac{\partial f}{\partial v}\\ \frac{\partial g}{\partial x} & \frac{\partial g}{\partial v}\end{vmatrix}\Big/\triangle$, Dv 仿此.

【問】D^2u 呢?

♯222 在 §3.43 中提到了隱函數的導微這是指"由 $f(x, y)=0$ 若能定出隱函數 $y=\varphi(x)$ 關係，那麼，把 $f(x, y)=0$ 這一式導微，再移項，就可以解出 $\frac{dy}{dx}=\varphi'(x)$"。

1. 在那裏，因爲沒有偏微導的概念，所以不能乾脆地寫出 $\frac{dy}{dx}=-\frac{\partial f}{\partial x}\Big/\frac{\partial f}{\partial y}$，雖然那裏所有的例子，實質上都用到這種計算!

2. 何時可以定出隱函數? 所謂隱函數定理告訴我們: "若 $\partial f/\partial y\neq 0$，則**局部地**可以解 $y=\varphi(x)$ 來"。請參考反函數定理 §3.4201 的說法，反函數定理是隱函數定理的一種特例，〔何故? 〕但是在沒有偏導數之前，無法敍述隱函數定理!

隱函數定理

【註】已給 $x=\psi(y)$，欲求反函數 $\varphi=\psi^{-1}$，即是（局部地）解出 $y=\varphi(x)$，則可以寫成 $f(x, y)=0$，$f(x, y)=x-\psi(y)$，故 $\partial f/\partial y=d\psi(x)/dx\neq 0$ 乃是所需之條件。

3. **隱函數之偏導微**，最一般的定式應該是:

隱函數之偏導微

$$\text{由}\begin{cases} f_1(x_1\cdots\cdots x_n, y_1\cdots\cdots y_m)=0 \\ f_2(x_1\cdots\cdots x_n, y_1\cdots\cdots y_m)=0 \\ \cdots\cdots\cdots\cdots\cdots\cdots\cdots\cdots \\ f_m(x_1\cdots\cdots x_n, y_1\cdots\cdots y_m)=0 \end{cases}$$

之條件下，隱約地解出諸 y，從而作出偏導數 $\partial y/\partial x$。

這種定理乃是“高等微積分”的一大主題。然而 $\partial y/\partial x$ 的意思，是除了一個 x_i 之外，其餘的 x 均固定，所以，關鍵只在“一變數常導微”，即 $n=1$ 之情形，所以此地的例題都是**常導微**，如 $f(x, y, z)=0=g(x, y, z)$ 而求 $\frac{dy}{dx}$，$\frac{dz}{dx}$ 之類的。

隱函數導微的雜例

求 $\frac{\partial z}{\partial x}$，$\frac{\partial z}{\partial y}$。

1. $x+y+z=\exp-(x+y-z)\cdot\left[\frac{\partial z}{\partial x}=-1,\ \frac{\partial^2 z}{\partial x^2}=0.\right]$

2. $F(x, x+y, x+y+z)=0.\ F=F(u, v, w).$

答 $\frac{\partial z}{\partial x}=-\left(1+\frac{F_u+F_v}{F_w}\right)$，$\frac{\partial z}{\partial y}=-\left(1+\frac{F_v}{F_w}\right)$.

3. $F(xz,\ yz)=0.\left[\frac{\partial^2 z}{\partial x^2}=-(xF_u+yF_v)^{-3}\right.$ 乘

$\left.\{y^2z^2(F_v{}^2F_{vu}-2F_uF_vF_{uv}+F_u{}^2F_{vv})-2z(xF_u+F_v)yF_u{}^2\}\right]$

4. 設 $ze^z=xe^x+ye^y$，而 $u=\frac{x+z}{y+z}$，求 $\frac{\partial u}{\partial x}$ 及 $\frac{\partial u}{\partial y}$.

答 $\frac{1}{y+z}+\frac{(x+1)}{(z+1)}\ \frac{(y-x)}{(y+z)^2}e^{x-z}$，及

$-\frac{x+z}{(y+z)^2}+\frac{(y+1)}{(z+1)}\ \frac{(y-x)}{(y+z)^2}e^{y-z}.$

5. 設 $f(x, y, z)=0$，解出 $\left.\frac{\partial z}{\partial x}\right|_y$ 從而證明

$$\left.\frac{\partial x}{\partial y}\right|_z \cdot \left.\frac{\partial y}{\partial z}\right|_x \cdot \left.\frac{\partial z}{\partial x}\right|_y = -1 .$$

*6. 設 $z=x+y\varphi(z)$，而 $u=f(z)$，則

$$\frac{\partial^n u}{\partial y^n}=\frac{\partial^{n-1}}{\partial x^{n-1}}\left\{\varphi(z)^n\frac{\partial u}{\partial x}\right\},\quad n\in N.$$

♯23　Euler 定理

設 $f(x_1, x_2, \cdots\cdots, x_n)$ 爲 $x_1, x_2\cdots\cdots, x_n$ 之 m 次齊次函數，則

$$x_1\frac{\partial f}{\partial x_1}+x_2\frac{\partial f}{\partial x_2}+\cdots\cdots+x_n\frac{\partial f}{\partial x_n}=mf,$$

反之，設函數 $f(x_1, x_2\cdots, x_n)$ 滿足此偏微分方程式，則 $f(x_1, x_2 \cdots, x_n)$ 必爲 $x_1, x_2\cdots\cdots x_n$ 之 m 次齊次函數。

Euler 定理

【解】設 $u_1=tx_1, u_2=tx_2\cdots, u_n=tx_n$，當 $f(x_1, x_2\cdots x_n)$ 爲 m 次齊次函數時，

$$f(u_1, u_2\cdots\cdots, u_n)=t^m f(x_1, x_2, \cdots\cdots, x_n);$$

在此將 $x_1, x_2, \cdots\cdots, x_n$ 固定，對 t 微分之，則

$$\left(x_1\frac{\partial}{\partial u_1}+x_2\frac{\partial}{\partial u_2}+\cdots\cdots+x_n\frac{\partial}{\partial u_n}\right)f(u_1, u_2, \cdots\cdots u_n)$$

$$=mt^{m-1}f(x_1, x_2\cdots\cdots x_n). \tag{1}$$

設 $\frac{\partial}{\partial u_i}f(u_1, u_2\cdots\cdots u_n)=f_i(u_1, u_2\cdots\cdots u_n)$，則 $t=1$ 時，

$$f_i(x_1, x_2\cdots\cdots, x_n)=\frac{\partial}{\partial x_i}f(x_1, x_2\cdots\cdots, x_n).$$

所以由上面之等式 (1)，設 $t=1$，則

$$x_1\frac{\partial f}{\partial x_1}+x_2\frac{\partial f}{\partial x_2}+\cdots\cdots+x_n\frac{\partial f}{\partial x_n}=mf.$$

反之，設 $f(x_1, x_2, \cdots x_n)$ 滿足此偏微分方程式。則將 $f(u_1, u_2 \cdots u_n)$ 視爲 t 之函數，以 $\varphi(t)$ 表之，則

$$\varphi'(t)=\left(x_1\frac{\partial}{\partial u_1}+x_2\frac{\partial}{\partial u_2}+\cdots+x_n\frac{\partial}{\partial u_n}\right)f(\varphi_1, \varphi_2\cdots, \varphi_n),$$

$$\therefore t\varphi'(t)=\left(u_1\frac{\partial}{\partial u_1}+u_2\frac{\partial}{\partial u_2}+\cdots+u_n\frac{\partial}{\partial u_n}\right)f(u_1, u_2\cdots\cdots u_n),$$

由假設知右邊等於

$$mf(u_1, u_2, \cdots\cdots u_n),$$

$$\therefore\ t\varphi'(t)=m\varphi(t),$$

$$\therefore\ \frac{\varphi'(t)}{\varphi(t)}=\frac{m}{t}.$$

二邊積分得 $\log|\varphi(t)|=m\log(t)+c$（與 t 無關）。

$$\therefore\ |\varphi(t)|=(t)^m e^c,\ (t>0),$$

$$\therefore\ \varphi(t)=c_1 t^m,$$

在此，設 $t=1$，則 $\varphi(1)=c_1$，亦卽 $c_1=f(x_1, x_2, \cdots\cdots x_n)$，

$$\therefore\ f(tx_1, tx_2\cdots\cdots tx_n)=t^m f(x_1, x_2, \cdots\cdots x_n)$$

#24 反函數原則

假設 $x_1, \cdots\cdots x_n$ 爲 $y_1, \cdots\cdots y_n$ 的函數，而且反過來 $y_1\cdots\cdots y_n$ 也可解成 $x_1\cdots\cdots x_n$ 的函數，則計算 $\partial y_j/\partial x_i]_x$，及 $\partial x_i/\partial y_j]_y$，然則，由於 $\partial x_i/\partial x_k|_x\equiv\delta_{ik}=\begin{cases}1, & i=k\\ 0, & i\neq k\end{cases}$ 可知$\sum_j(\partial x_i/\partial y_j)(\partial y_j/\partial x_k)\equiv\delta_{ik}$。

如果用矩陣的記號，（用〔$\partial x/\partial y$〕表示方陣〔$\partial x_i/\partial y_j$〕，）則有

$$[\partial x/\partial y][\partial y/\partial x]=\mathbf{1}\equiv[\delta_{ij}].$$

換句話說:〔$\partial x/\partial y$〕及〔$\partial y/\partial x$〕爲**互逆方陣**。

#241

【例】在球極坐標 $x=r\sin\theta\cos\varphi$，$y=r\sin\theta\sin\varphi$，及 $z=r\cos\theta$，有 $\det\partial(x, y, z)/\partial(r, \theta, \varphi)=\partial r^2\sin\theta$，見 #10 例 6。所

以由方陣 $\partial(x,y,z)/\partial(r,\theta,\varphi)$ 可求其逆:

$$\begin{cases}\partial r/\partial x=x/r \text{ 等等,}\\ \partial\theta/\partial x=z^{-1}\cos\varphi,\ \partial\theta/\partial y=z^{-1}\sin\varphi,\ \partial\theta/\partial z=-z^{1-}\tan\theta,\\ \partial\varphi/\partial x\equiv-\tan\varphi/x,\ \partial\varphi/\partial y\equiv1/x,\ \partial\varphi/\partial z\equiv0.\end{cases}$$

#242 設 $x=\varphi(u,v)$, $y=\psi(u,v)$, $z=z(u,v)$,

求$\dfrac{\partial z}{\partial x}$, $\dfrac{\partial z}{\partial y}$.

令 $$I\equiv\frac{\partial\varphi}{\partial u}\ \frac{\partial\psi}{\partial v}-\frac{\partial\psi}{\partial u}\ \frac{\partial\varphi}{\partial v}\equiv\frac{\partial(\varphi,\psi)}{\partial(u,v)},$$

則 $$\frac{\partial z}{\partial x}=-\frac{\partial(\psi,x)}{\partial(u,v)}\Big/I,\ \frac{\partial z}{\partial y}=-\frac{\partial(x,\varphi)}{\partial(u,v)}\Big/I.$$

#25 多變函數的極大極小

從應用數學的觀點來看，研究函數最重要的目的是求極大極小的問題。可是我們也注意到，單變函數的極值問題，往往沒有什麼用，這是因爲很少問題是單變函數的! 這點我們要特別強調。

回想一下單變函數極値的求法: 先求出靜止點$f'(x)=0$，再用二階導數 f'' 分辨出極大與極小的情形。有時候根本不必用到二階導數，只要用物理思考就可以判別出極大或極小。你能够說出一個合理的原因就好。

多變函數的情形呢? 稍微麻煩一點，但是“溫故知新”還是能做! 多變函數的極值問題才有意思!

考慮兩變數函數 $f(x,y)$，它將平面上某集Ω的每一點 (x,y) 對應到 $f(x,y)$。用空間直角坐標系來說，$z=f(x,y)$ 的圖形爲一曲面:

正如單變元函數,我們對兩變元函數也可以談論極值: 假設$f(x,y)$的定義域爲Ω。若$M=f(a,b)$，其中$(a,b)\in\Omega$且 $f(x,y)\leq M$,

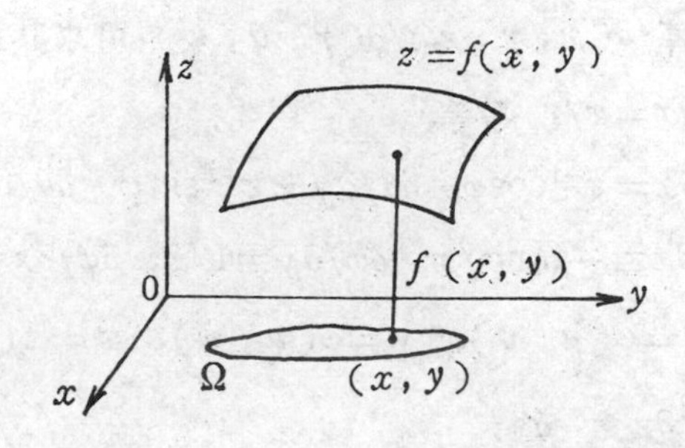

$\forall(x, y)\in\Omega$，則稱M為 f 在 Ω 上的**最大值**。若（a, b）$\in\Omega$，存在點（a, b）的近旁（即包含（a, b）的圓盤）D，使得 $f(x, y)\leq f(a, b)$, $\forall(x, y)\in D\cap\Omega$，則稱 $f(a, b)$ 為 f 在點（a, b）的（局部）**極大值**。（最小值與極小值可類似定義）。

如果我們把函數圖形想像成建立在Ω上的眾山峯，那麼最大值就是在整個區域Ω上的最高峯之高度，而極大值就是某一座山的峯頂高。

今假設我們只會求單變函數的極值，如何求多變函數的極值呢？首先注意到，我們可以把兩變元函數 $f(x, y)$ 化約成單變元函數，於是就有辦法“以舊馭新”。我們的辦法是：固定x（或y），只讓y（或x）變動，就得到單變元函數，這就屬於我們的能力範圍了。譬如說，固定$x\equiv 3$，考慮函數$g(y)\equiv f(3, y)$，這是y的函數，用單變元的工具就可以對付了。

為了解決極值問題，假設 $f(a, b)$ 為極大值，讓我們來分析看看 f在點（a, b）具有什麼樣的性質，考慮偏函數 $g(x)\equiv f(x, b)$ 及 $h(y)\equiv h(a, y)$，顯然 $g(x)$ 在點 $x=a$ 有極大值，$h(y)$ 在點 $y=b$ 也有極大值，見下圖：

$h(x)$ 在點 $x=a$ 有極大值，

$g(y)$ 在點 $y=b$ 有極大值。

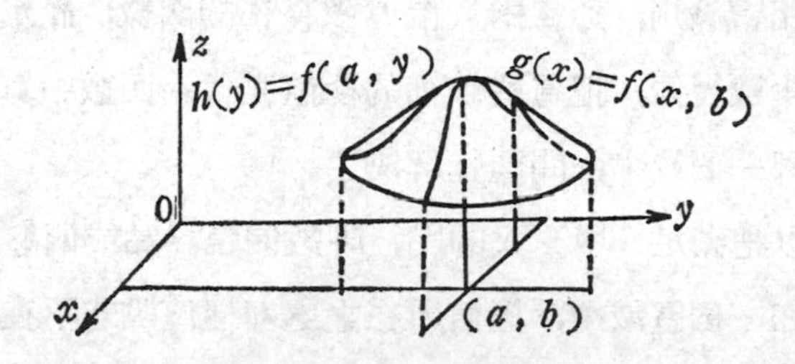

因此 $\left.\dfrac{dg}{dx}\right|_{x=a}=0$ 且 $\left.\dfrac{dh}{dy}\right|_{y=b}=0$．通常 $\left.\dfrac{dg}{dx}\right|_{x=a}$ 與 $\left.\dfrac{dh}{dy}\right|_{y=b}$ 分別寫成 $\dfrac{\partial f(a, b)}{\partial x}$ 與 $\dfrac{\partial f(a, b)}{\partial y}$，叫做**偏導數** (partial derivatives)，換言之，對偏導數存在的 $f(x, y)$ 而言，在點 (a, b) 有極值的**必要條件**是

$$\frac{\partial f(a, b)}{\partial x}=0=\frac{\partial f(a, b)}{\partial y} \qquad (甲)$$

但是這個條件**並不充分**！例如函數 $z=xy$ 在點 $(0, 0)$ 有

$$\frac{\partial f(0, 0)}{\partial x}=0=\frac{\partial f(0, 0)}{\partial y},$$

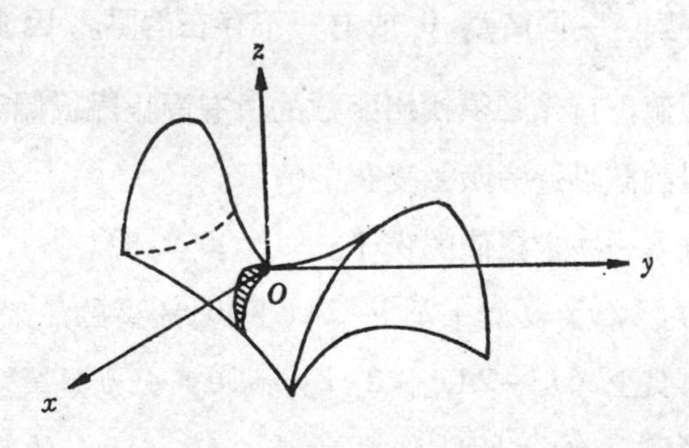

然而由解析幾何知道，此函數的圖形爲一馬鞍面，$(0, 0)$ 點爲**鞍**

點 (Saddle point)，因而不是極值點。見上圖

雖然（甲）式只是極值的必要條件，但是用來處理最大值與最小值的問題已經相當够用！通常對於偏導數存在的函數，滿足（甲）式的點只有一個或少數幾個，把這些候補的極值點代進函數中算一下，看看那一個最大，那一個最小，問題就解決了。

我們可以把滿足（甲）式的點，叫做**偏臨界點**或**偏靜止點**，因此，

何謂偏臨界點？

在一個區域中，極值所在之處即極值點**若不在邊界上**，而且函數偏可微，那麼極值點必是（偏）靜止點，這叫（偏）靜止點原理，我們再解釋**靜止點**的意義，也同時會說明，幾何地說：極值只可能發生在切面爲水平的地方！相當於單元函數時“極值只可能發生於切線爲水平的地方”一樣。

此外，**在偏導數不存在的點**，仍然可能有極值，例如：

$$z=\begin{cases} x & x\geq 0 \\ -xy^2, & x<0 \end{cases}$$

原點顯然是極小點，不過

$\partial z/\partial x$ 在原點不存在。

綜合上述可知，函數 $f(x, y)$ 的極值點除了在定義域邊界上之外，必爲$\dfrac{\partial f}{\partial x}$與$\dfrac{\partial f}{\partial y}$同時爲 0 或有一不存在的點。因此，要找函數 $f(x, y)$ 的極值，首先必須找出函數的所有靜止點或偏導數不存在的點，然後再討論該點近旁函數變化的情形。

讓我們來舉一些求極值的例子：

【例】求 $f(x, y)=6x^2+2y^2-24x+36y+2$ 的最大值與最小值。

【解】〔事實上 $6x^2-24x+2$，$2y^2+36y$ 分別是單變函數！〕首先注意到，當 $|x|$ 與 $|y|$ 很大時，$f(x, y)$ 的值也很大，因爲 $f(x, y)$ 的主宰項爲 $6x^2+2y^2$，因此 $f(x, y)$ 沒有最大

值。爲了求最小值，解方程式:

$$\begin{cases} \dfrac{\partial f}{\partial x}=12x-4=0\,, \\ \dfrac{\partial f}{\partial y}=4y+36=0\,, \end{cases}$$

得到 $x=2$， $y=-9$，

這就是最小值發生的點，故最小值爲 $f(2,-9)=-184$。

【例】 求 $f(x,y)=x^2-2xy^2+y^4-y^5$ 的極值。

【解】 $\because \dfrac{\partial f}{\partial x}=2x-2y^2, \dfrac{\partial f}{\partial y}=-4xy+4y^3-5y^4,$

解 $\dfrac{\partial f}{\partial x}=0=\dfrac{\partial f}{\partial y}$，得　$x=y=0$.

今令點 (x,y) 在拋物線 $y^2=x$ 上移動，則 $f(x,y)=f(y^2,y)=-y^5$。所以，在 $y=\sqrt{x}$ 上，$f(x,y)<0$，在 $y=-\sqrt{x}$ 上，$f(x,y)>0$，但 $f(0,0)=0$。故 f 在點 $(0,0)$ 不取極值。

【例】 如下圖，由 x 軸、y 軸及直線

$$x+y-1=0 \qquad (甲)$$

圍成三角形 OAB。試在此三角形內找一點，使其至三頂點的距離平方和爲最小。

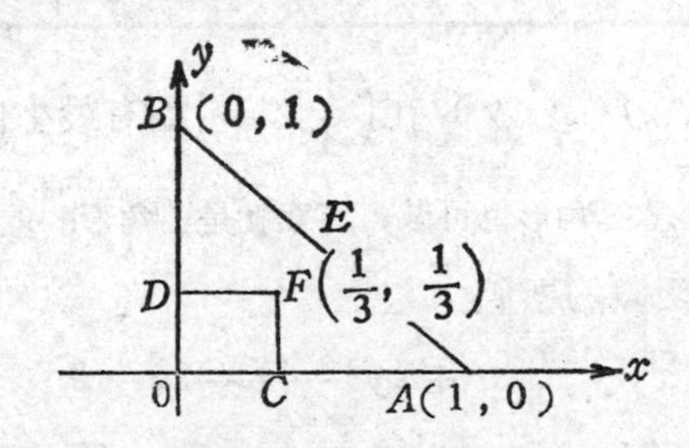

【解】假設所欲求的點之坐標為（x, y），於是問題變成要求函數

$$f(x, y)=2x^2+2y^2+(x-1)^2+(y-1)^2$$

的最小值。令第一階偏導數等於 0，解得靜止點為 $x=y=\frac{1}{3}$。很容易驗證$\left(\frac{1}{3}, \frac{1}{3}\right)$點為 $f(x, y)$ 的極小點，而極小值為$\frac{4}{3}$。注意到點$\left(\frac{1}{3}, \frac{1}{3}\right)$在$\triangle OAB$內。今再考慮 $f(x, y)$ 在$\triangle OAB$ 的三邊上的變化情形。當（x, y）在 OA 邊上變動時（即令 $y=0$），則

$$f(x, y)=2x^2+(x-1)^2+1,\quad 0\leq x\leq 1。$$

由單變元函數求極值的方法，得知當 $x=\frac{1}{3}$時，$f(x, y)$ 在 OA 上的最小值為 5/3。同理當 $y=\frac{1}{3}$時，$f(x, y)$ 在 OB 上的最小值為 5/3。最後研究 $f(x, y)$ 在 AB 上的變化情形，由（甲）式知，此時 $y=1-x$，故

$$f(x, y)=3x^2+3(x-1)^2,\quad 0\leq x\leq 1.$$

容易求得。當 $x=y=\frac{1}{2}$時，$f(x, y)$ 在 AB 上的最小值為 3/2。列成下表:

(x, y)	$\left(\frac{1}{3}, \frac{1}{3}\right)$	$\left(\frac{1}{3}, 0\right)$	$\left(0, \frac{1}{3}\right)$	$\left(\frac{1}{2}, \frac{1}{2}\right)$
$f(x, y)$	$\frac{4}{3}$	$\frac{5}{3}$	$\frac{5}{3}$	$\frac{3}{2}$

因而看出，$f(x, y)$ 在$\left(\frac{1}{3}, \frac{1}{3}\right)$點有最小值 4/3。

【註】本題改成任意三角形也可做，答案就是三角形的重心!

【問】求下列各函數的極值:

（a） $f(x, y)=x^2+2y^2-4x+4y-3$

（b） $f(x, y)=x^2+xy+y^2+3x-3y+4$

(c)　$f(x,y)=x^2+2y^2-4x+4y+2xy+3$

(d)　$f(x,y)=-4x^2-5y^2+4x-2y+12xy$

(e)　$f(x,y)=(x^2+y^2)e^{-(x^2+y^2)}$

(f)　$f(x,y)=(1+x-y)(1+x^2+y^2)^{-1/2}$

(g)　$f(x,y)=1-(x^2+y^2)^{2/3}$

#251　以關係式 $f(x,y,z)=0$，定出 (x,y) 之隱函數 z，求其極值。

此時 $\begin{cases} \dfrac{\partial z}{\partial x}f_z+f_x=0, \\ \dfrac{\partial z}{\partial y}f_z+f_y=0, \end{cases}$

故　$\partial z/\partial x=0=\partial z/\partial y, \Longrightarrow f_x=0=f_y.$

(但設 $f_z \neq 0$)

【例】由　$(cy-bz)^2+(az-cx)^2+(bx-ay)^2=1$

求 z 之極值。

【解】此時 $-2c(az-cx)+2b(bx-ay)=0$，

且　$2c(cy-bz)-2a(bx-ay)=0$.

∴　$az-ax:cy-bz:bx-ay$

$=b:a:c$,

故　$\dfrac{x}{a}=\dfrac{y}{b}=\dfrac{z}{c}$，但這不符合 $f=1$。

答　無解

【問】求 (x,y) 之隱函數 z 之極值〔參見 #351〕。

(i)　$x^2+y^2+z^2-2x+2y-4z-10=0$.

〔極小 -2 在 $(1,-1)$，極大 6〕

(ii)　$x^2+y^2+z^2-xz-yz+2x+2y+2z-2=0$.

〔$x=y=-3\pm\sqrt{6}$時，$z=\pm2\sqrt{6}-4$.〕

(iii) $(x^2+y^2+z^2)^2=a^2(x^2+y^2-z^2)$.

$$\left[x^2+y^2=\frac{3a^2}{8}\text{時}\ z=\pm\frac{a}{2\sqrt{2}}\right]$$

#252 條件極值

【例】若 $x^2+y^2+z^2=1$,, 求 $u=x-2y+2z$ 之極值。〔我們把 Lagrange 方法放在後面講，見 #9〕

今 z 爲 x, y 之隱函數，故

$$\frac{\partial z}{\partial x}=-\frac{x}{z},\ \frac{\partial z}{\partial y}=-\frac{y}{z},$$

而得 $\frac{\partial u}{\partial x}=1-2x/z=0$, $\frac{\partial u}{\partial y}=-2-2y/z=0$,

$z=2x=-y$ 代入，得 $9x^2=1$，$x=\pm1/3$,

$y=\mp2/3$，$z=\pm2/3$，$u=\pm3$.

【問】若 $x+2y+3z=a>0$，求 $u=xy^2z^3$

在第一象限之極大值，$\left[x=y(=z)=\frac{a}{6}\text{，時}\ u=\left(\frac{a}{6}\right)^6\right]$

【問】求 $u=(x-\xi)^2+(y-\eta)^2+(z-\zeta)^2$ 之極值，當

$Ax+By+Cz=0$，$x^2+y^2+z^2=R^2$, $\frac{\xi}{l}=\frac{\eta}{m}=\frac{\zeta}{n}$,

已予 A, B, C, R 及 l, m, n. $(l^2+m^2+n^2=1)$

〔局部極大爲 R^2；極小爲 $R^2(Al+Bm+Cn)^2/(A^2+B^2+C^2)$

【習　　題】

1. 若 $x+y+z=a$ 求 $u=x^my^nz^p$ 之極值。

　　$(a, m, n, p$, 均$>0)$

答: $x/m=y/n=z/p=a/(m+n+p)$ 時極大。

2. 若$0<x, y, z$，$x+y+z=\pi/2$ 求

$u=\sin x\sin y\sin z$ 之極大。〔$x=y=z=\pi/6$〕.

3. 若$\frac{x_1}{a_1}+\frac{x_2}{a_2}+\cdots+\frac{x_n}{a_n}=1$，(諸 $a>0$，)

求　　$x_1^2+x_2^2+\cdots+x_n^2$ 之極值。

(考慮$n=3$的情形馬上知道幾何意義)

答: 極小值 $(\sum a_i^{-2})^{-1}$ 當 $x_i a_i=(\sum a_j^{-2})^{-1}$ 時。

4. 若 $x_1+x_2+\cdots+x_n=a$, (>0) $p>1$，求

$x_1^p+x_2^p+\cdots+x_n^p$ 之極值。〔極小在 $x_i=a/n$〕.

#26　包絡線

假設對於每個參數 α, $f(x, y, \alpha)=0$ 都是一個曲線。我們想要找一條曲線 $F(x, y)=0$，使得它和每個曲線 $f(x, y, \alpha)$ 都相切，這曲線叫做這族曲線 $f(x, y, \alpha)=0$ 的**包絡線**。

什麼叫做包絡線？

今設想切點爲 $x=\varphi(\alpha)$, $y=\psi(\alpha)$，〔以α爲參數，則$F(x, y)=0$是$x=\varphi(\alpha)$，$y=\psi(\alpha)$〕消去α之結果!

然則包絡線上的切線方向爲

$$\frac{dy}{d\alpha}\bigg/\frac{dx}{d\alpha},$$

另外，$f(x, y, \alpha)=0$ 在此點之切線方向爲$-\left(\frac{\partial f}{\partial x}\bigg/\frac{\partial f}{\partial y}\right)$，二者相同，故得$\frac{\partial f}{\partial x}\frac{dx}{d\alpha}+\frac{\partial f}{\partial y}\frac{dy}{d\alpha}=0$，於切點 $x=\varphi(\alpha)$，$y=\psi(\alpha)$. 但切點恒滿足 $f(\varphi(\alpha), \psi(\alpha), \alpha)=0$.

因而　$\frac{\partial f}{\partial x}\frac{d\varphi}{d\alpha}+\frac{\partial f}{\partial y}\frac{d\psi}{d\alpha}+\frac{\partial f}{\partial \alpha}=0$.

結論是: 切點 $x=\varphi(\alpha)$，$y=\psi(\alpha)$ 須滿足 $\left.\frac{\partial f}{\partial \alpha}\right]=0$.

因之包絡線 $x=\varphi(\alpha)$, $y=\psi(\alpha)$,

為
$$\begin{cases} f(x, y, \alpha)=0, \\ \dfrac{\partial f}{\partial \alpha}(x, y, \alpha)=0, \end{cases}$$

之解

注意到這裏假定 $f(x, y, \alpha)=0$ 沒有重複點,

即 $\partial f/\partial x$, $\dfrac{\partial f}{\partial y}$不同時為 0.

【註】考慮導微變化 α 時，曲線族中相鄰兩條的交點。

$$\begin{cases} f(x, y, \alpha)=0, \\ f(x, y, \alpha+\triangle\alpha)=0. \end{cases}$$

則得 $f(x, y, \alpha)=0$，$\dfrac{\partial f}{\partial \alpha}(x, y, \alpha+\theta\triangle\alpha)=0$.

令 $\triangle\alpha \longrightarrow 0$，則得交點為

$f(x, y, \alpha)0$，$\partial f/\partial\alpha=0$之解! 故包絡線為: 此族曲線中無限地相鄰的兩條交點的軌跡。

【例 1】考慮一族圓，以定橢圓 $\dfrac{x^2}{a^2}+\dfrac{y^2}{b^2}=1$,（$a>b>0$）的諸縱弦（$x=$常數 t）為直徑，試求此族圓之包絡線。

今 $x=t$ 時，橢圓之弦為 $|y|\leq\theta$，但

$$\theta=b\sqrt{\left(1-\frac{t^2}{a^2}\right)},$$

而圓為 $(x-t)^2+y^2=\theta^2=b^2\left(1-\dfrac{t^2}{a^2}\right)$,

即 $(x-t)^2+y^2+b^2t^2/a^2-b^2=0$.

故包絡線為上式與

$$-2(x-t)+2b^2t/a^2=0$$

之聯立解，亦即:

$$x=t\left(1+\frac{b^2}{a^2}\right),\quad y=\pm b\sqrt{1-\frac{a^2+b^2}{a^4}t^2},\ |t|\leq a$$

因而 $\dfrac{x^2}{a^2+b^2}+\dfrac{y^2}{b^2}=1$

這橢圓就是所求包絡線。

【例 2】考慮拋物線 $y^2=4ax$ 上的動點 (x, y)，以之爲心，過原點畫一動圓，此族動圓之包絡線爲何？

動圓之心爲 (x, y)，圓上的點坐標爲 (X, Y)，

則 $(X-x)^2+(Y-y)^2=x^2+y^2$，

但 $y^2=4ax$. 故得圓爲

$$(X-y^2/4a)^2+(Y-y)^2=y^2+y^4/(16a^2),$$

此地 y 爲參數；故所求包絡線爲此式與

$$\frac{-y}{2a}(X-y^2/4a)^2-2(Y-y)=2y+4y^3/(16a^2)$$

之聯立解。

答 $X^3+Y^2(X+2a)=0$，〔須 $-2a<X\leq 0$〕.

【問 1】以拋物線 $y^2=4ax$ 之弦之垂直於軸者爲直徑作圓，此圓系之包絡線爲何？

答 $y^2=4a(x+a)$,〔形狀全同，只平移了一下！〕

【問 2】在雙曲線 $xy=a^2/2$ 上取動點(x, y)，以此點及焦點(a, a)爲對角線，作矩形平行於兩軸，再做此矩形的另一個對角線 △；△與動點 (x, y) 有關，故爲動線，此族動線之包絡線爲何？

【問 3】求 $y^3=c(x+c)^2$，（c 爲參數）

這族曲線之包絡線。

【問 4】以拋物線 $y^2=4(x+1)$ 的焦弦爲直徑作圓 Γ_m，此圓系之包絡線爲何?

【問 5】已予函數 f，求直線羣 Γ_α:

$$x\cos\alpha+y\sin\alpha=f(\alpha)$$

之包絡線 Γ，

*再求 Γ 及 Γ 之縮閉線之曲率半徑 R 及 ρ。

#261 參數法求包絡線

【例】在原點處以初速 v_0，射角 α 發出一彈，彈道爲

$$x=vt\cos\alpha,\quad y=vt\sin\alpha-2^{-1}gt^2.$$

對種種 α，求諸彈道之包絡線。

辦法之一是先消去 t

$$y=x\tan\alpha-gx^2/[2v^2\cos^2\alpha].$$

故做 $\partial/\partial\alpha$，得

$$x\sec^2\alpha-gx^2\sin\alpha/[v^2\cos^3\alpha]=0$$

$$\therefore\quad \tan\alpha=v^2/(gx).$$

$$y=\frac{v^2}{g}-\frac{g^2x^2+v^4}{2v^2g}=\frac{v^2}{2g}-\frac{g}{2v^2}x^2.$$

#262 消去冗餘參數之法

【例】一族橢圓，有相同長短軸，而且長短徑之和爲定長，它們之包絡線是什麼?

【解】 $\dfrac{x^2}{a^2}+\dfrac{y^2}{b^2}=1$. 或 $b^2x^2+a^2y^2-a^2b^2=0$,

在 $a+b=m$ 之下作 $\dfrac{\partial}{\partial a}$，得 $-2bx^2+2ay^2-2ab^2+2a^2b=0$.

$$\text{故在}\begin{cases} b^2x^2+a^2y^2=a^2b^2, \\ a+b=m, \\ bx^2-ay^2+ab^2-a^2b=0, \end{cases}$$

之下消去 a 及 b，得

$$x^{2/3}+y^{2/3}=m^{2/3}.$$

#263　以極坐標考慮包絡線

【例】 過曲線 $\rho^n\cos n\theta=\alpha^n$ 上之動點，作直線與動徑垂直，這些直線之包絡線爲何?

設直線上動點之極坐標爲 (R,Θ).

則有　$R\cos(\Theta-\theta)=\rho.$　(1)

但 (ρ,θ) 滿足了

$$\rho^n\cos n\theta=\alpha^n. \tag{2}$$

作對 θ 之導微，則以

$$\frac{d\rho}{d\theta}n\rho^{n-1}\cos n\theta-n\rho^n\sin n\theta=0 \tag{2'}$$

代入 (1) 對 θ 之導微

$$+R\sin(\Theta-\theta)=\frac{d\rho}{d\theta}=\rho\tan n\theta \qquad (3)=(1)$$

自 (1), (2), (3), 消去 ρ, θ, 則得:

首先 $+\tan(\Theta-\theta)=\tan n\theta$, 故 $\theta=\dfrac{\Theta}{n+1}$,

故　$\rho=R\alpha^n/\rho^n$,

答　$R^{\frac{n}{u+1}}\cos\left(\dfrac{n}{n+1}\Theta\right)=\alpha^{n/(n+1)}$.

#264

【定理】 一個平面曲線 Γ 的法線族之包絡線，即爲曲線 Γ 之縮閉線。

【證明】法線上的點坐標記爲 (X, Y),

此法線爲 $\Gamma_t\colon (X-x)\varphi'(t)+(Y-y)\psi(t)=0$ (1)

此地以 t 爲參數，而

$$\Gamma\colon x=\varphi(t),\quad y=\psi(t)$$

於是此族法線之包絡線爲 (1) 與 $0=\dfrac{\partial\Gamma_t}{\partial t}$ 之聯立解，即 (1) 與

$$\begin{aligned}&(X-x)\varphi''(t)+(Y-y)\psi''(t)\\&=[(\varphi'(t))^2+(\psi'(t))^2]\end{aligned} \tag{2}$$

之聯立解:

$$X=\varphi(t)+\left[\frac{\varphi'(t)^2+\psi'(t)^2}{\varphi''(t)\psi'(t)-\varphi'(t)\psi''(t)}\right]\psi'(t),$$

$$Y=\psi(t)-[\qquad\qquad]\varphi'(t),$$

此即: (X, Y) 爲 Γ 之縮閉線!

【例】求雙紐線 $(x^2+y^2)^2=a^2(x^2-y^2)$ 之縮閉線 Γ。

用參數式, $y=x\tan\theta$,

故 $y=a\sin\theta\sqrt{\cos2\theta}$,

$x=a\cos\theta\sqrt{\cos2\theta}$,

此時 $\dfrac{dx}{d\theta}=-\dfrac{\sin3\theta}{\sqrt{\cos2\theta}},\quad \dfrac{dy}{d\theta}=a\dfrac{\cos3\theta}{\sqrt{\cos2\theta}}$,

法線爲 $(X-x)\dfrac{dx}{d\theta}+(Y-y)\dfrac{dy}{d\theta}=0$,

即 $X\sin3\theta-Y\cos3\theta=\dfrac{a}{2}\dfrac{\sin4\theta}{\sqrt{\cos2\theta}}$.

此族直線之包絡線，即 Γ，爲上式與

$$X\cos3\theta+Y\sin3\theta=\frac{a}{6}\,\frac{1+3\cos4\theta}{\sqrt{\cos2\theta}},$$

之聯立解:

$$X=\frac{2a}{3}\ \frac{\cos 3\theta}{\sqrt{\cos 2\theta}},\quad Y=\frac{2a}{-3}\ \frac{\sin 3\theta}{\sqrt{\cos 2\theta}},$$

亦即
$$(X^{2/3}+Y^{2/3})^2\,(X^{2/3}-Y^{2/3})=\frac{4a^2}{9}.$$

關係如下:

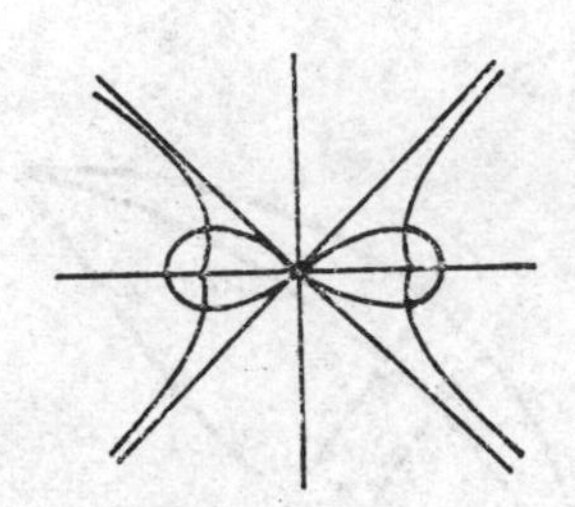

【例】 橢圓　$\dfrac{x^2}{a^2}+\dfrac{y^2}{b^2}=1$（參見#33）

上一動點（$a\cos\varphi$, $b\sin\varphi$）之法線為

$$y-b\sin\varphi=\frac{a\sin\varphi}{b\cos\varphi}(x-a\cos\varphi). \tag{1}$$

對 φ 微分，得

$$b\cos\varphi=\frac{a}{b}\sec^2\varphi(x-a\cos\varphi)-\frac{a^2}{b}\cos\varphi,$$

故　$x=\dfrac{a^2-b^2}{a}\cos^3\varphi$，因而代入（1）式，

得　$y=\dfrac{b^2-a^2}{b}\sin^3\varphi$，消去 φ，得

$$(ax)^{2/3}+(by)^{2/3}=(a^2-b^2)^{2/3}.$$

【問】 四尖內擺線 $x^{2/3}+y^{2/3}=a^{2/3}$ 之縮閉線。

#27　曲率與弧長

〔**註:** 本段取自**項武義**微積分要義〕

曲率 $\kappa(s)=\dfrac{d\theta}{ds}$度量着曲線上方向的變率。概括地說，也就是從"角度"上來度量它和直線的"偏差"。現在讓我們來看一看如何從長度上來說明曲率的幾何意義。（例如直線就可以用二種特徵性質來個別加以描述，即：(i)$\kappa(s)=\dfrac{d\theta}{ds}\equiv 0$，(ii) 它是最短通路。）如下圖所示:

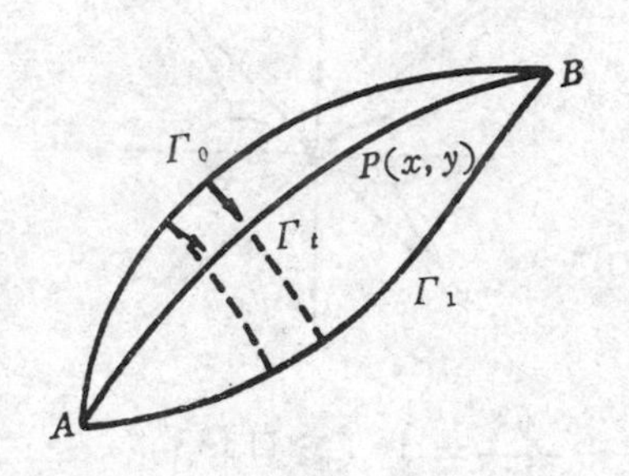

$\{\Gamma_t \mid 0\leq t\leq 1\}$ 是一系列連續改變的由A到B的曲線。用解析的式子表示，即 Γ_t 上動點的參數表示是

$$x=x(s,t),\quad y=y(s,t),\quad a\leq s\leq b$$

而且$A=(x(a,t),y(a,t))$, $B=(x(b,t),y(b,t))$, $x(s,t)$ 和 $y(s,t)$ 分別是定義在長方區域

$$R_0=\{(s,t)\mid a\leq s\leq b,\ 0\leq t\leq 1\}$$

上的二變數可微分函數。爲了計算方便，我們不妨假設在 $t=0$ 時 s 度量着 Γ_0 上的弧長，亦即

$$\left[\frac{d}{ds}x(s,0)\right]^2+\left[\frac{d}{ds}y(s,0)\right]^2\equiv 1。$$

$$L(t)=\int_a^b\sqrt{\left(\frac{\partial x}{\partial s}\right)^2+\left(\frac{\partial y}{\partial s}\right)^2}\,ds=\Gamma_t \text{ 的長度。}$$

現在讓我們來算一下$\left.\dfrac{d}{dt}L(t)\right|_{t=0}$。

$$\frac{d}{dt}L(t)\bigg|_{t=0}=\int_a^b\left\{\frac{d}{dt}\sqrt{\left(\frac{\partial x}{\partial s}\right)^2+\left(\frac{\partial y}{\partial s}\right)^2}\right\}_{t=0}ds,$$

而 $$\frac{d}{dt}\sqrt{\left(\frac{\partial x}{\partial s}\right)^2+\left(\frac{\partial y}{\partial s}\right)^2}\bigg|_{t=0}$$

$$=\left\{\frac{1}{\sqrt{\left(\frac{\partial x}{\partial s}\right)^2+\left(\frac{\partial y}{\partial s}\right)^2}}\left(\frac{\partial x}{\partial s}\right)\left(\frac{\partial^2 x}{\partial t\partial s}\right)+\left(\frac{\partial y}{\partial s}\right)\left(\frac{\partial^2 y}{\partial t\partial s}\right)\right\}_{t=0}$$

$$=\left(\frac{\partial x}{\partial s}\,\frac{\partial^2 x}{\partial t\partial s}+\frac{\partial y}{\partial s}\,\frac{\partial^2 y}{\partial t\partial s}\right)_{t=0}\left[\because\left\{\left(\frac{\partial x}{\partial s}\right)^2+\left(\frac{\partial y}{\partial s}\right)^2\right\}_{t=0}=1\right],$$

令 $f_1(s)=\frac{\partial x}{\partial s}(s,0),\ g_1(s)=\frac{\partial x}{\partial t}(s,0),$

則 $\frac{\partial^2 x}{\partial t\partial s}(s,0)=\frac{d}{ds}g_1(s)$。

$$\int_a^b f_1(s)\left(\frac{d}{ds}g_1(s)\right)ds=\Big[f_1(s)\cdot g_1(s)\Big]_a^b-\int_a^b\left(\frac{d}{ds}f_1(s)\right)\cdot g_1(s)ds$$

$$=-\int_a^b\frac{d}{ds}f_1(s)\cdot g_1(s)ds$$

〔用部分積分公式和 $g_1(a)=\frac{\partial}{\partial t}x(a,t)=0,\ g_1(b)=\frac{\partial}{\partial t}x(b,t)=0$。〕

同樣的計算可得 $\int_a^b\left\{\frac{\partial y}{\partial s}\,\frac{\partial^2 y}{\partial t\partial s}\right\}_{t=0}\cdot ds=-\int_a^b\left\{\frac{\partial^2 y}{\partial s^2}\,\frac{\partial y}{\partial t}\right\}_{t=0}ds$。

總結上面的計算，即得

$$\frac{d}{dt}L(t)\bigg|_{t=0}=-\int_a^b\left\{\frac{\partial^2 x}{\partial s}\,\frac{\partial x}{\partial t}+\frac{\partial^2 y}{\partial s^2}\,\frac{\partial y}{\partial t}\right\}_{t=0}ds$$

$$=-\int_a^b\kappa(s)(\boldsymbol{n}(s)\cdot\boldsymbol{v}(s))ds$$

其中 $\boldsymbol{v}(s)=\left(\frac{\partial x}{\partial t}(s,0),\frac{\partial y}{\partial t}(s,0)\right)$ 是固定 s 後沿着 t 變動時的

起始速度向量，$\boldsymbol{n}(s)$ 是 Γ_0 的法向量，$\kappa(s)$ 是 Γ_0 的曲率。

$$\frac{d}{dt}L(t)\Big|_{t=0}=-\int_a^b \kappa(s)\cdot\boldsymbol{n}(s)\cdot\boldsymbol{v}(s)\cdot ds$$

叫做弧長的第一變分公式， 它也就充分說明了曲率在長度上的幾何意義。

#3 高階偏導微

我們已定義了兩種偏導數，那麼更高階的偏導數有幾種?

例如說，二階偏導數是偏導數的偏導數，因此共有四種，卽是

$$f_{xx}=\frac{\partial}{\partial x}\frac{\partial}{\partial x}f,\ f_{xy}=\frac{\partial}{\partial y}f_x,$$

$$f_{yx}=\frac{\partial}{\partial x}f_y,\ f_{yy}=\frac{\partial}{\partial y}\frac{\partial}{\partial y}f,$$

【例】試求下列函數 $z=f(x,y)$ 之第二次偏導函數

(1) $z=ax^2+2hxy+by^2+2gx+2fy+c$

(2) $z=\tan^{-1}\dfrac{x}{y}$

【解】(1) $\dfrac{\partial z}{\partial x}=2(ax+hy+g)$, $\dfrac{\partial z}{\partial y}=2(h_x+by+f)$,

$\therefore\ \dfrac{\partial^2 z}{\partial x^2}=2a$, $\dfrac{\partial^2 z}{\partial x\partial y}=2h$, $\dfrac{\partial^2 z}{\partial y^2}=2b$.

(2) $\dfrac{\partial z}{\partial x}=\dfrac{y}{x^2+y^2}$, $\dfrac{\partial z}{\partial y}=-\dfrac{x}{x^2+y^2}$,

$\therefore\ \dfrac{\partial^2 z}{\partial x^2}=-\dfrac{2xy}{(x^2+y^2)^2}$,

$$\frac{\partial^2 z}{\partial x\partial y}=\frac{(x^2+y^2)-y\cdot 2y}{(x^2+y^2)^2}=\frac{x^2-y^2}{(x^2+y^2)^2},$$

$$\frac{\partial^2 z}{\partial y^2}=\frac{2xy}{(x^2+y^2)^2}.$$

#31 【(Schwartz) 定理】

若在點 (a, b) 的附近，f_y，f_{xy} 都存在，且在點 (a, b) 處連續，

Schwartz 定理

又 f_{yx} 也存在，那麼

$$f_{xy}(a, b)=f_{yx}(a, b)$$

*【證】今令 $g(x)\equiv f(x, b+k)-f(x, b)$ 於是 g 爲可微函數，因而依平均值定理，$g(a+h)-g(a)=hg'(a+\theta_1 h)$ 即是 $[f(a+h, b+k)-f(a+h, b)]-[f(a, b+k)-f(a, b)]=h[f_x(a+\theta_1 h, b+k)-f_x(a+\phi_1 h, b)]$ 但 $f_x(a+\theta_1 h, y)$ 對 y 也是可微，因而依均值定理，上式$=hkf_{xy}(a+\theta_1 h, b+\theta_2 k)$;

即 $$\frac{[f(a+h, b+k)-f(a+h, b)]-[f(a, b+k)-f(a, b)]}{hk}$$

$$=f_{xy}(a+\theta_1 h, b+\theta_2 k).$$

左邊: 在 $k\longrightarrow 0$ 時，趨近於 $\dfrac{f_y(a+h, b)-f_x(a, b)}{h}$，而右邊依 f_{xy} 之連續性，很接近 $f_{xy}(a, b)$，因而固定 h 時，

$\dfrac{f_y(a+h, b)-f_y(a, b)}{h}$ 也近於 $f_{xy}(a, b)$，……再令 $h\longrightarrow 0$，就好了。

【問】設 (1) $u=x^2-2xy-3y^2$

(2) $u=xy^2$

(3) $u=\text{arc cos}\sqrt{\dfrac{x}{y}}$

分別驗證等式$\dfrac{\partial^2 u}{\partial x \partial y}=\dfrac{\partial^2 u}{\partial y \partial x}$成立。

【例】設 $f(x, y)=\begin{cases} xy\dfrac{x^2-y^2}{x^2+y^2}, & ((x, y)\neq(0, 0)), \\ 0 & ,((x, y)=(0, 0)), \end{cases}$

試求 $f_{xy}(0, 0)$ 及 $f_{yx}(0, 0)$ 之值。

【解】因 $f_{xy}(0, 0)=\lim\limits_{y\to}\dfrac{f_x(0, y)-f_x(0, 0)}{y}$,

$$f_{yx}(0, 0)=\lim_{x\to}\frac{f_y(x, 0)-f_y(0, 0)}{x},$$

首先，求 $f_x(0, y), f_x(0, 0), f_y(x, 0), f_y(0, 0)$.

$$f_x(0, y)=\lim_{x\to 0}\frac{f(x, y)-f(0, y)}{x}=\lim_{x\to 0}y\frac{x^2-y^2}{x^2+y^2}=-y,$$

$$f_x(0, 0)=\lim_{x\to 0}\frac{f(x, 0)-f(0, 0)}{x}=\lim_{x\to 0}0=0,$$

$$f_y(x, 0)=\lim_{y\to 0}\frac{f(x, y)-f(x, 0)}{y}=\lim_{y\to 0}x\cdot\frac{x^2-y^2}{x^2+y^2}=x,$$

$$f_y(0, 0)=\lim_{y\to 0}\frac{f(0, y)-f(0, 0)}{y}=\lim_{y\to 0}0=0,$$

$$\therefore\ f_{xy}(0,0)=\lim_{y\to 0}\frac{-y-0}{y}=-1,\ f_{yx}(0,0)=\lim_{x\to 0}\frac{x-0}{x}=1.$$

【問】設 $f(x, y)=\begin{cases} xy\tan^{-1}\left|\dfrac{y}{x}\right|, & (x\neq 0) \\ 0, & (x=0) \end{cases}$

試求 $f_{xy}(0, 0)$ 及 $f_{yx}(0, 0)$ 之值。

【問】試求下列函數之第二階偏導函數。

(1) $\sqrt{a^2-x^2-y^2}$ (2) $e^{-x^2-y^2}$

(3) $u = x\sin(x+y) + y\cos(x+y)$

#321 隱函數之二階導微

【例】$f(x, y, z) = 0$，試求 $\dfrac{\partial^2 z}{\partial x \partial y} = ?$

$$\frac{\partial f}{\partial x} + \frac{\partial f}{\partial z}\frac{\partial z}{\partial x} = 0,$$

$$\therefore \quad \frac{\partial^2 f}{\partial y \partial x} + \frac{\partial^2 f}{\partial z \partial x}\frac{\partial z}{\partial y} + \frac{\partial^2 f}{\partial y \partial z}\frac{\partial z}{\partial x} + \frac{\partial^2 f}{\partial z^2}\frac{\partial z}{\partial x}\frac{\partial z}{\partial y}$$

$$+ \frac{\partial f}{\partial z}\frac{\partial^2 z}{\partial x \partial y} = 0.$$

以 $\partial z/\partial x = -\partial f/\partial x \Big/ \dfrac{\partial f}{\partial z}$ 及 $\dfrac{\partial z}{\partial y} = -\dfrac{\partial f}{\partial y}\Big/\dfrac{\partial f}{\partial z}$

代入，則

$$\frac{\partial f}{\partial z}\frac{\partial^2 z}{\partial x \partial y} = \frac{-\partial^2 f}{\partial y \partial x} + \frac{\partial^2 f}{\partial z \partial x}\frac{\partial f}{\partial y}\Big/\frac{\partial f}{\partial z}$$

$$+ \frac{\partial^2 f}{\partial y \partial z}\frac{\partial f}{\partial x}\Big/\frac{\partial f}{\partial z} - \frac{\partial y}{\partial z^2}\frac{\partial f}{\partial x}\frac{\partial f}{\partial y}\Big/\left(\frac{\partial f}{\partial z}\right)^2,$$

$$\text{故得}\left(\frac{\partial f}{\partial z}\right)^3 \frac{\partial^2 z}{\partial x \partial y} = \begin{vmatrix} 0 & \dfrac{\partial f}{\partial x} & \dfrac{\partial f}{\partial z} \\ \dfrac{\partial f}{\partial y} & \dfrac{\partial^2 f}{\partial x \partial y} & \dfrac{\partial^2 f}{\partial y \partial z} \\ \dfrac{\partial f}{\partial z} & \dfrac{\partial^2 f}{\partial x \partial z} & \dfrac{\partial^2 f}{\partial z^2} \end{vmatrix}$$

【問 1】設　$z = f(x, y)$, $y = g(x)$ 時，試以

$\dfrac{\partial f}{\partial x}$, $\dfrac{\partial f}{\partial y}$, $\dfrac{\partial^2 f}{\partial x^2}$, $\dfrac{\partial^2 f}{\partial x \partial y}$, $\dfrac{\partial^2 f}{\partial y^2}$, $\dfrac{dy}{dx}$, $\dfrac{d^2 y}{dx^2}$表

$\dfrac{dz}{dx}$, $\dfrac{d^2 z}{dx^2}$

【問 2】曲線 $F(x, y) = 0$之反曲點如何找?

#322

【問】 設 $z=f(u,v)$, $u=\varphi(x,y)$, $v=\psi(x,y)$,

導出$\dfrac{\partial^2 z}{\partial x^2}$, $\dfrac{\partial^2 z}{\partial x\partial y}$, $\dfrac{\partial^2 z}{\partial y^2}$公式。

【例】 若 $x=\cos\varphi\cos\psi$, $y=\cos\varphi\sin\psi$而 $z=\sin\varphi$

求 $\dfrac{\partial^2 z}{\partial x^2}=?$

一個方法是用**反函數法**:

$$\frac{\partial x}{\partial\varphi}=(-\tan\varphi)x,\ \frac{\partial y}{\partial\varphi}=(-\tan\varphi)y,$$

$$\frac{\partial x}{\partial\psi}=-y,\ \frac{\partial y}{\partial\psi}=x$$

$$\frac{\partial(x,y)}{\partial(\varphi,\psi)}=-(x^2+y^2)\tan\varphi=-\cos^2\varphi\tan\varphi=-\sin\varphi\cos\varphi.$$

$$\therefore\ \begin{bmatrix}\dfrac{\partial\varphi}{\partial x} & \dfrac{\partial\psi}{\partial x}\\ \dfrac{\partial\varphi}{\partial y} & \dfrac{\partial\psi}{\partial y}\end{bmatrix}=\begin{bmatrix}\dfrac{\partial x}{\partial\varphi} & \dfrac{\partial y}{\partial\varphi}\\ \dfrac{\partial x}{\partial\psi} & \dfrac{\partial y}{\partial\psi}\end{bmatrix}^{-1}=\frac{1}{-\sin\varphi\cos\varphi}$$

$$\cdot\begin{bmatrix}x, & +\tan\varphi y\\ +y, & -\tan\varphi x\end{bmatrix}$$

$$=\begin{bmatrix}-\cos\psi/\sin\varphi, & -\sin\psi/\cos\varphi\\ -\sin\psi/\sin\varphi, & \cos\psi/\cos\varphi\end{bmatrix},$$

$$\frac{\partial z}{\partial x}=\frac{\partial z}{\partial\varphi}\ \frac{\partial\varphi}{\partial x}=\cos\varphi\cdot\frac{\partial\varphi}{\partial x}=-\cot\varphi\cos\psi,$$

而 $$\frac{\partial\varphi}{\partial x}\cdot\frac{\partial}{\partial\varphi}(-\cot\varphi\cos\psi)+\frac{\partial\psi}{\partial x}\frac{\partial}{\partial\psi}(-\cot\varphi\cos\psi)$$

$$=\left(-\frac{\cos\psi}{\sin\varphi}\right)\csc^2\varphi\cos\psi+\left(-\frac{\sin\psi}{\cos\varphi}\right)(\cot\varphi\sin\psi)$$

$$=-(\cos^2\psi\csc^3\varphi+\sin^2\psi\csc\varphi)=\frac{\partial^2 z}{\partial x^2}.$$

另外一方面我們也可以用隱函數微分法!

由於 $x^2+y^2+z^2=1$，故 $\partial z/\partial x=-x/z$，

$$\frac{\partial}{\partial x}(-x/z)=-z^{-1}+xz^{-2}\frac{\partial z}{\partial x}$$

$$=-(z^{-1}+x^2z^{-3})=-z^{-3}(z^2+x^2).$$

〔也$=-\csc^3\varphi(\sin^2\varphi+\cos^2\varphi\cos^2\psi)$

$$=-\csc^3\varphi[\cos^2\psi(\cos^2\varphi+\sin^2\varphi)+\sin^2\varphi\sin^2\psi]$$

$$=-\csc^3\varphi[\cos^2\psi+\sin^2\varphi\sin^2\psi]$$

答案相同! 〕

一般地說：用隱函數導微法較簡潔!

【問】若 $e^{u/x}\cos\left(\frac{v}{y}\right)=x/\sqrt{2}$，$e^{u/x}\sin\left(\frac{v}{y}\right)=y/\sqrt{2}$，

求$\frac{\partial^2 u}{\partial x^2}$於 $x=1=y$，$u=0$，$v=\pi/4$ 處.

$$\left[\text{今} e^{2u/x}=(x^2+y^2)/2.\quad u=\frac{x}{2}\ln\left(\frac{x^2+y^2}{2}\right)\right]$$

#33 Laplace 算子△

#331

【例】設 $u=\sqrt{x^2+y^2}$，試計算$\frac{\partial^2 u}{\partial x^2}+\frac{\partial^2 u}{\partial y^2}$.

【解】 $$\frac{\partial u}{\partial x}=\frac{x}{\sqrt{x^2+y^2}},\quad \frac{\partial^2 u}{\partial x^2}=\frac{1}{\sqrt{x^2+y^2}}-\frac{x^2}{\sqrt[2]{(x^2+y^2)^3}},$$

x 及 y 互換時，可得

$$\frac{\partial^2 u}{\partial y^2}=\frac{1}{\sqrt{x^2+y^2}}-\frac{y^2}{\sqrt{(x^2+y^2)^3}},$$

$$\therefore\quad \frac{\partial^2 u}{\partial x^2}+\frac{\partial^2 u}{\partial y^2}=\frac{2}{\sqrt{x^2+y^2}}-\frac{x^2+y^2}{\sqrt{(x^2+y^2)^3}}=\frac{1}{\sqrt{x^2+y^2}},$$

#332 設 $u=\sqrt{x^2+y^2+z^2}$，試計算$\dfrac{\partial^2 u}{\partial x^2}+\dfrac{\partial^2 u}{\partial y^2}+\dfrac{\partial^2 u}{\partial z^2}$.

#333

【例】 以極坐標計算$\dfrac{\partial^2 z}{\partial x^2}+\dfrac{\partial^2 z}{\partial y^2}=?$

故

$$\frac{\partial^2 z}{\partial x^2}=\frac{\partial}{\partial x}\left(\frac{\partial z}{\partial x}\right)=\cos\theta\frac{\partial}{\partial r}\left(\frac{\partial z}{\partial r}\cos\theta-\frac{\sin\theta}{\rho}\ \frac{\partial z}{\partial \theta}\right)$$

$$-\frac{\sin\theta}{\rho}\ \frac{\partial}{\partial \theta}\left(\frac{\partial z}{\partial \rho}\cos\theta-\frac{\sin\theta}{\rho}\ \frac{\partial z}{\partial \theta}\right)$$

$$=\cos\theta\left(\frac{\partial^2 z}{\partial \rho^2}\cos\theta+\frac{\sin\theta}{\rho^2}\frac{\partial z}{\partial \theta}-\frac{\sin\theta}{\rho}\ \frac{\partial^2 z}{\partial \rho\partial \theta}\right)$$

$$-\frac{\sin\theta}{\rho}\left(\frac{\partial^2 z}{\partial \rho\partial \theta}\cos\theta-\frac{\partial z}{\partial \rho}\sin\theta-\frac{\cos\theta}{\rho}\ \frac{\partial z}{\partial \theta}\right.$$

$$\left.-\frac{\sin\theta}{\rho}\ \frac{\partial^2 z}{\partial \theta^2}\right)$$

$$=\frac{\partial^2 z}{\partial \rho^2}\cos^2\theta-2\frac{\partial^2 z}{\partial \rho\partial \theta}\cdot\frac{\sin\theta\cos\theta}{\rho}+\frac{\partial^2 z}{\partial \theta^2}\cdot\frac{\sin^2\theta}{\rho^2}$$

$$+\frac{\partial z}{\partial \rho}\cdot\ \frac{\sin^2\theta}{\rho}+2\frac{\partial z}{\partial \theta}\cdot\frac{\sin\theta\cos\theta}{\rho^2},$$

同理

$$\frac{\partial^2 z}{\partial y^2}=\frac{\partial}{\partial y}\left(\frac{\partial z}{\partial y}\right)=\sin\theta\frac{\partial}{\partial \rho}\left(\frac{\partial z}{\partial \rho}\sin\theta+\frac{\cos\theta}{\rho}\ \frac{\partial z}{\partial \theta}\right)$$

$$+\frac{\cos\theta}{\rho}\ \frac{\partial}{\partial \theta}\left(\frac{\partial z}{\partial \rho}\sin\theta+\frac{\cos\theta}{\rho}\ \frac{\partial z}{\partial \theta}\right)$$

$$=\frac{\partial^2 z}{\partial \rho^2}\sin^2\theta+2\cdot\frac{\partial^2 z}{\partial \rho\partial \theta}\cdot\frac{\sin\theta\cos\theta}{\rho}+\frac{\partial^2 z}{\partial \theta^2}\cdot\frac{\cos^2\theta}{\rho^2}$$

$$+\frac{\partial z}{\partial \rho}\cdot\frac{\cos^2\theta}{\rho}-2\frac{\partial z}{\partial \theta}\frac{\sin\theta\cos\theta}{\rho^2},$$

所以

$$\frac{\partial^2 z}{\partial x^2}+\frac{\partial^2 z}{\partial y^2}=\frac{\partial^2 z}{\partial \rho^2}+\frac{1}{\rho^2}\frac{\partial^2 z}{\partial \theta^2}+\frac{1}{\rho}\frac{\partial z}{\partial \rho}.$$

#334

【例】 設 $u=f(x, y)$，$v=g(x, y)$ 且

$$\frac{\partial u}{\partial x}=\frac{\partial v}{\partial y},\quad \frac{\partial u}{\partial y}=-\frac{\partial v}{\partial x},$$

則對 u 及 v 之任意函數 $F(u, v)$，試證

$$\frac{\partial^2 F}{\partial x^2}+\frac{\partial^2 F}{\partial y^2}=\left(\frac{\partial^2 F}{\partial u^2}+\frac{\partial^2 F}{\partial v^2}\right)\left\{\left(\frac{\partial u}{\partial x}\right)^2+\left(\frac{\partial u}{\partial y}\right)^2\right\}.$$

#335　設 $u=f(x, y)$ 爲兩變元實值函數，若 u 滿足 Laplace 方程 $\frac{\partial^2 U}{\partial x^2}+\frac{\partial^2 U}{\partial y^2}=0$，則稱爲**調和函數** (harmonic function)。

註: 我們用記號 ∇^2（或$\triangle$）表示算子$\frac{\partial^2}{\partial x^2}+\frac{\partial^2}{\partial y^2}$，叫做 Laplace 算子。有人說，一半以上的分析學都跟算子 ∇^2 有關，可見其重要性。它在物理上的應用甚廣，尤其是在偏微分方程及 Fourier 分析的討論上，佔有擧足輕重的地位。

【問】 試驗證下列各函數 $U=f(x, y)$ 均滿足 Laplace 方程，因而爲調和函數。

(1) x^2-y^2　　(2) $(x+1)(y+1)$

(3) x^2-3xy^2　　(4) $y/(x^2+y^2)$

(5) $(x^2-y^2)/(x^2+y^2)^2$　　(6) $x/(x^2+y^2)$

(7) $\log\sqrt{x^2+y^2}$

***#336**　一般而言，對 n 變數 $x_1, x_2\cdots, x_n$ 之函數 $u=f(x_1, \cdots x_n)$ 以 $\triangle u$ 表示 $\frac{\partial^2 u}{\partial x_1^2}+\frac{\partial^2 u}{\partial x_2^2}+\cdots\cdots+\frac{\partial^2 u}{\partial x_n^2}$，　而稱微分算子$\triangle$，$\triangle\equiv\frac{\partial^2}{\partial x_1^2}$

$+\frac{\partial^2}{\partial x_2{}^2}+\cdots+\frac{\partial^2}{\partial x_n{}^2}$爲 Laplace 算子。滿足 $\triangle u=0$ 之函數 u 稱爲**調和函數**。又 $\triangle u=0$ 之偏微分方程式稱爲 Laplace 方程。試證下列各函數均爲調和函數:

(1) $u=e^x\cos y+z$

(2) $u=(x_1{}^2+x_2{}^2+\cdots+x_n{}^2)^{1-n/2}$ $(n\geq 3)$

[故$\frac{1}{\sqrt{x^2+y^2+z^2}}$爲調和函數，但$\frac{1}{\sqrt{x^2+y^2}}$就不是。]

(3) 設 $u=f(x, y, z)$ 爲調和函數，試證 $xu_x+yu_y+zu_z$ 亦爲調和函數。

【問】 設 $u=f(x+y+z,\ x^2+y^2+z^2)$.

求 $\triangle u=\frac{\partial^2 u}{\partial x^2}+\frac{\partial^2 u}{\partial y^2}+\frac{\partial^2 u}{\partial z^2}$.

***#337**

【例】 讓我們考慮一變元的調和函數。此時 Laplace 算子就是二階導微算子 $D^2\equiv\frac{d^2}{dx^2}$。換言之，滿足 Laplace 方程 $D^2f(x)=0$ 的函數 f，就是單變元的調和函數，即一次函數 $ax+b$。

***#338**

【問】 試以球極坐標計算

$$\triangle u=\frac{1}{\rho^2}\frac{\partial}{\partial\rho}\left(\rho^2\frac{\partial u}{\partial\rho}\right)+\frac{1}{\rho^2\sin\theta}\frac{\partial}{\partial\theta}\left(\sin\theta\frac{\partial u}{\partial\theta}\right)+\frac{1}{\rho^2\sin^2\theta}\frac{\partial^2 u}{\partial\varphi^2}.$$

#34　更高階的偏導微

【問】 (1) $u=x\ln(xy)$,　　　求 $\frac{\partial^3 u}{\partial x^2\partial y}$

(2) $u=\ln(ax+by+cz)$，求 $\dfrac{\partial^4 u}{\partial x^4}$，$\dfrac{\partial^4 u}{\partial x^2\partial y^2}$

#4　可導微性

#40　回想一下，單變函數微分學的要點有兩個看法（參見 §14. 3），從**幾何觀點**來看，函數 $f(x)$ 在點 a 可導微的意思是指在 a 點很小的近旁內，可以用切線取代原曲線；從**代數觀點**來看，是指在 a 點很小的近旁內，可以用一次函數 $g(x)=f(a)+f'(a)(x-a)$ 來迫近 $f(x)$，誤差是 $o(x-a)$，$x\to a$。

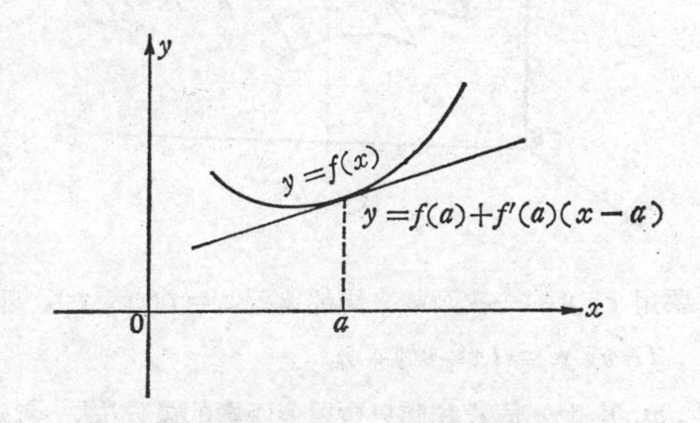

總之，整個微分學的構想就是“**用直的取代曲的**”。這個構想對多變函數的情形也成立!

我們以兩變元函數 $z=f(x,y)$ 來說明。代數的說法：$f(x,y)$ 在點 (a,b) 可導微的意思是指在點 (a,b) 的附近，可用 x, y 的一次函數來取代 $f(x,y)$，亦即 $f(x,y)\cong lx+my+n$。其它更多變元的情形依此類推! 例如，函數 $w=f(x,y,z,u,v)$ 在點 $P=(a,b,c,d,e)$ 可導微是指 w 在 P 點附近的行爲跟 x, y, z, u, v

的一次函數差不多。說法完全一致：**用一次函數迫近複雜的函數**！（局部地）

幾何的說法：本來的函數 $z=f(x, y)$ 是三維空間的一個曲面（可能很複雜而不易掌握），但是在點 $P=(a, b)$ 附近的小範圍內，我要用一個平面迫近它，這個平面就是**切平面**（tangent plane）。見下圖：

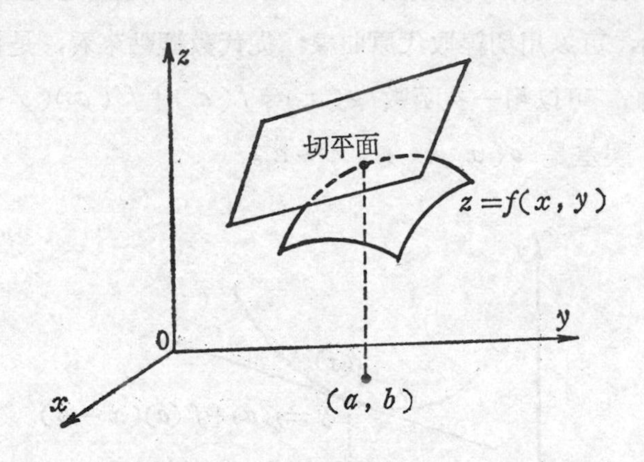

#401　要用 x, y 的一次函數來局部迫近 $z=f(x, y)$，即

$$f(x, y)\cong lx+my+n.$$

如何決定 l, m, n 呢？假設我們只會單變函數的微分法，考慮偏函數 $f(x, b)$，那麼上式就變成

$$f(x, b)\cong lx+mb+n. \tag{1}$$

但是由單變函數的微分法知

$$f(x, b)\cong(a, b)+(x-a)\frac{\partial f(a, b)}{\partial x}, \tag{2}$$

由 (1), (2) 兩式得

$$lx+mb+n=f(a, b)+(x-a)\frac{\partial f(a, b)}{\partial x}, \tag{3}$$

同理，固定 $x\equiv a$，考慮偏函數 $f(a, y)$，可得

$$la+my+n=f(a, b)+(y-b)\frac{\partial f(a, b)}{\partial y}, \quad (4)$$

解 (3), (4) 兩式，得

$$l=\frac{\partial f(a, b)}{\partial x}, \quad m=\frac{\partial f(a, b)}{\partial y},$$

$$n=f(a, b)-\frac{\partial f(a, b)}{\partial x}\cdot a-\frac{\partial f(a, b)}{\partial y}\cdot b,$$

因

$$f(x, y)\cong\frac{\partial f(a, b)}{\partial x}(x-a)+\frac{\partial f(a, b)}{\partial y}(y-b)+f(a, b). \quad (5)$$

這個式子是單變函數情形的推廣，很重要，也很容易記。

【結論】 $z=\frac{\partial f(a, b)}{\partial x}(x-a)+\frac{\partial f(a, b)}{\partial y}(y-b)+f(a, b)$

是通過 $(a, b, f(a, b))$ 點而切於曲面 $z=f(x, y)$ 之切平面，**如果** $z=f(x, y)$ **有**切平面的話!

換句話說：如果函數 f **允許**“一次函數的切近”於點 (a, b)處，則所要的一次函數，恰恰就是 (5) 式的右端!

♯402　這裏，切近的意思當然是：

$$\lim_{\substack{x\to a\\ y\to b}} R_1(x, y)/\sqrt{(x-a)^2+(y-b)^2}=0,$$

什麼叫做完全可微?

其中，

$$R_1(x, y)\equiv f(x, y)-\left[\frac{\partial f(a)}{\partial x}(x-a)+\frac{\partial f(b)}{\partial y}(y-b)+f(a, b)\right]$$

爲“一次餘項”。

在這個“切近”的意義下，我們說 f **(完全) 可微**。

【問題】證明 $f(x,y)=\sqrt{|xy|}$ 在 $(0,0)$ 點連續，$f_x(0,0)$，$f_y(0,0)$ 存在，但在 $(0,0)$ 點不可微分。

【問題】證明：

$$f(x,y)=\begin{cases}\dfrac{xy}{\sqrt{x^2+y^2}}, & \text{當}\quad x^2+y^2\neq 0,\\ 0, & \text{當}\quad x^2+y^2=0,\end{cases}$$

在 $(0,0)$ 點之鄰域中連續，$f_x(0,0)$，$f_y(0,0)$ 有界，但在 $(0,0)$ 點不可微。

【問題】設 $f(x,y)=\begin{cases}(x^2+y^2)\sin\dfrac{1}{x^2+y^2}, & \text{當}\quad x^2+y^2\neq 0,\\ 0, & \text{當}\quad x^2+y^2=0,\end{cases}$

則 $f_x(x,y)$，$f_y(x,y)$ 存在且不連續，在 $(0,0)$ 點的任何鄰域中無界，但 f 在 $(0,0)$ 點可微。

#41 全導微定理

【定理】設 f 在一點 (a,b) 的兩個偏導數 $f_x(a,b)$ 及 $f_y(a,b)$ 都存在。又設 f_x（或 f_y）在 (a,b) 的附近存在且連續，則 f 在 (a,b) 可以全導微。

*【證明】今

$$\begin{aligned}&f(a+\triangle x,\ b+\triangle y)-f(a,b)\\&=[f(a+\triangle x,\ b+\triangle y)-f(a,b+\triangle y)]\\&\quad+[f(a,b+\triangle y)-f(a,b)]\\&=\triangle x f_x(a+\theta\triangle x,\ b+\triangle y)+\triangle y(f_y(a,b)+\epsilon_2)\\&=\triangle x(f_x(a,b)+\epsilon_1)+\triangle y(f_y(a,b)+\epsilon_2)\end{aligned}$$

其中 $\lim\limits_{\substack{\triangle x\to 0\\ \triangle y\to 0}}\epsilon_1=0 \qquad \lim\limits_{\substack{\triangle x\to 0\\ \triangle y\to 0}}\epsilon_2=0$，

證明完畢。

【系】特別是 f_x，f_y 都存在且連續時，f 為全可微。

#42　偏導微可換定理

【定理】 若在點 (a, b) 的近旁。f_x, f_y 都存在，而在點 (a, b) 處，f_x, f_y 都是全可微，那麼 $f_{xy}(a, b) = f_{yx}(a, b)$，(Young)。

*【證明】我們有，(令 $\triangle y = \triangle x$)

$$\varepsilon \equiv f(a+\triangle x, b+\triangle x) - f(a+\triangle y, b) - f(a, b+\triangle x) + f(a, b)$$
$$= \triangle x \{f_x(a+\theta_1 \triangle x, b+\triangle x) - f_x(a+\theta_1 \triangle x, b)\},$$

再依 f_x 之全可微性，得

$$= \triangle x\{f_x(a, b) + \theta_1 \triangle x f_{xx}(a, b) + \triangle x f_{xy}(a, b) + \rho_1[|\triangle x| + |\theta_1 \triangle x|]\}$$
$$- \triangle x\{f_x(a, b) + \theta_1 \triangle x f_{xx}(a, b) + \rho_2 \theta_1 \triangle x\},$$

其中 $\lim_{\triangle x \to 0} \rho_1 = 0 = \lim_{\triangle x \to 0} \rho_2$，故得

$$\varepsilon = (\triangle x)^2 f_{xy}(a, b) + (\triangle x)^2 \rho_3,$$

但 $\lim_{\triangle x \to 0} \rho_3 = 0$，

但在上面，$\triangle y$ 代以 $\triangle x$，可得相似結論：

$$\varepsilon = (\triangle x)^2 f_{yx}(a, b) + (\triangle x)^2 \rho_4, \tag{2}$$

但 $\lim_{\triangle x \to 0} \rho_4 = 0$；

因此 $f_{xy}(a, b) = f_{yx}(a, b)$.

#421

【註】 設 $z = f(x, y)$ 爲全可微，則在

$x = \varphi(t)$, $y = \psi(t)$ 時，$dz/dt = \frac{\partial f}{\partial x} \frac{d\varphi}{dt} + \frac{\partial f}{\partial y} \frac{d\psi}{dt}$.

因爲此時 $\triangle z = f_x(x, y)\triangle x + f_y(x, y)\triangle y + \rho$，其中 $\rho/(|\triangle x| +$

$|\triangle y|) \to 0$，當 $\triangle x, \triangle y \to 0$。於是

$$\frac{dz}{dt} = \lim \frac{\triangle z}{\triangle t} = f_x \frac{dx}{dt} + f_y \frac{dy}{dt}。$$

♯43 在連鎖規則中

$$\frac{dz}{dt} = \frac{\partial z}{\partial x} \frac{dx}{dt} + \frac{dz}{\partial y} \frac{dy}{dt},$$

把 dt 消去就得到

$$dz = \frac{\partial z}{\partial x} dx + \frac{\partial z}{\partial y} dy. \tag{3}$$

全微分 此式叫做 z 的全微分 (total differential)，這代表什麼意思呢？

回想單變函數 $y=f(x)$ 的情形，x 作無窮小量的變化 dx 時，y 變化了 $dy=f'(x)dx$。但是當 z 的變化牽涉到 x, y 兩個因素時，z 如何變化呢？先固定一個因素，例如 y，那麼 x 作無窮小量的變化 dx 時，則 z 的變化量爲

$$dz = \frac{\partial z}{\partial x} dx \tag{4}$$

同理，固定 x，那麼當 y 變化 dy 時，則 z 的變化量爲

$$dz = \frac{\partial z}{\partial y} dy \tag{5}$$

【注意】(4), (5) 兩式都是單變函數的微分公式。

今 x, y 同時作無窮小量的變化 dx, dy 時，則將 (4), (5) 兩式疊合起來就得到 z 的變化量（全微分）

$$dz = \frac{\partial z}{\partial x} dx + \frac{\partial z}{\partial y} dy$$

換句話說，z 跟很多因素有關，因素的變化導致的 z 之變化可能很

複雜，但是在無限小的範圍內，z 的變化量對各因素都是線性的，而所有因素均作無限小量的變化時，只要將 z 對各因素的變化量疊合起來，就得到 z 的變化量了。

#431　我們說過，$dy=f'(x)dx$ 是 $\triangle y=f(x+\triangle x)-f(x)$ 的線性主要部分（參見 §3.5）。同理，$dz=\frac{\partial z}{\partial x}dx+\frac{\partial z}{\partial y}dy$ 也是 $\triangle z=f(x+\triangle x, y+\triangle y)-f(x, y)$ 的線性主要部分！因此 dz 是 $\triangle z$ 很好的線性迫近，通常當 x，y 的變化量 $\triangle x$，$\triangle y$ 很小時，我們就用 $\frac{\partial z}{\partial x}\triangle x+\frac{\partial z}{\partial y}\triangle y$ 來當作 $\triangle z$ 的迫近。見下圖：

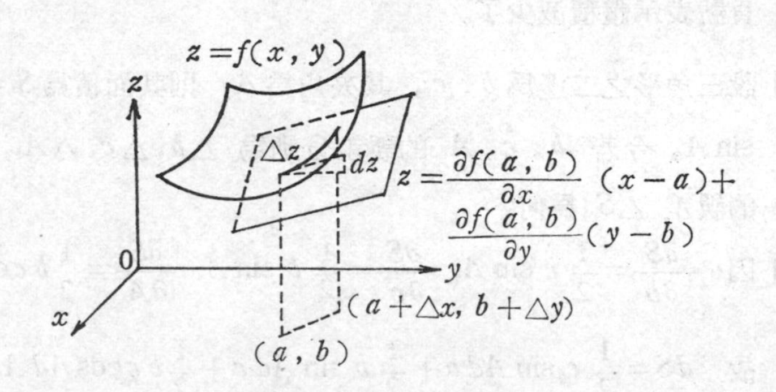

換句話說，在很小的範圍內，我們差不多可以把差分 $\triangle z$（難算）看成微分 dz（易算）！

【例】有一個圓柱形罐頭，底半徑為 5 公分，高為10公分。今若底半徑改成 4.9 公分，高改成10.2公分，問罐頭的體積改變多少？

【解】設罐頭的底半徑為 r，高為 h，則體積為兩變元函數

$$V(r, h)=\pi r^2 h,$$

我們要估計

$$\triangle V=V(4.9, 10.2)-V(5, 10)$$
$$=V(5+(-0.1), 10+(0.2))-V(5, 10).$$

這個不好算，我們改計算

$$\frac{\partial V(5,10)}{\partial r}\triangle r+\frac{\partial V(5,10)}{\partial h}\triangle h,$$

今 $\triangle r=-0.1, \triangle h=0.2, \frac{\partial V}{\partial r}=2\pi rh, \frac{\partial V}{\partial h}=\pi r^2$，因此

$$\frac{\partial V(5,10)}{\partial r}=2\pi\times 5\times 10=100\pi,$$

$$\frac{\partial V(5,10)}{\partial h}=\pi\times 5^2=25\pi,$$

從而$\triangle V\doteqdot(100\pi)\times(-0.1)+(25\pi)\times 0.2$

$=-5\pi=-15.7$（立方公分），

負號表示體積減少了。

【例】設三角形之二邊爲 b，c，其夾角爲A，則其面積爲 $S=\frac{1}{2}bc\sin A$。今若 b，c，A 的誤差分別爲 $\triangle b, \triangle c, \triangle A$，試問$S$的誤差 $\triangle S$ 爲何?

【解】因 $\frac{\partial S}{\partial b}=\frac{1}{2}c\sin A, \frac{\partial S}{\partial c}=\frac{1}{2}b\sin A, \frac{\partial S}{\partial A}=\frac{1}{2}bc\cos A,$

故 $dS=\frac{1}{2}c\sin A\,db+\frac{1}{2}b\sin A\,dc+\frac{1}{2}bc\cos A\,dA.$

$\therefore\ \triangle S\doteqdot\frac{1}{2}c\sin A\triangle b+\frac{1}{2}b\sin A\triangle c+\frac{1}{2}bc\cos A\triangle A.$

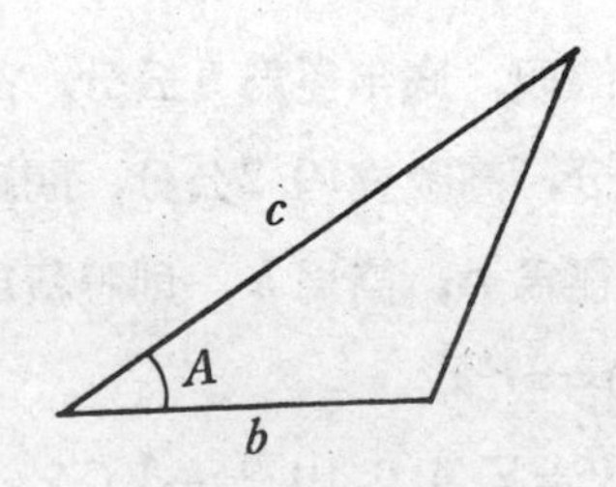

【例】求曲線 $f(x,y,z)=0=g(x,y,z)$ 之切線與法面

在交線上，$\partial_x f\,dx+\partial_y f\,dy+\partial_z f\,dz=0$，且

$$\partial_x g\,dx+\partial_y g\,dy+\partial_z g\,dz=0.$$

故 $dx:dy:dz=\begin{vmatrix} f_y, & f_z \\ g_y, & g_z \end{vmatrix}:\begin{vmatrix} f_z, & f_x \\ g_z, & g_x \end{vmatrix}:\begin{vmatrix} f_x, & f_z \\ g_x, & g_y \end{vmatrix}.$

#44　切面與法線之例題

求切面與法線:

【例】 $z=\arctan y/x$ 在 $x=1=y$ 處。

今 $\dfrac{\partial z}{\partial x}=\dfrac{-y/x^2}{1+(y/x)^2}=\dfrac{-1}{2}$, $\dfrac{\partial z}{\partial y}=\dfrac{1/x}{1+(y/x)^2}=\dfrac{1}{2}$,

$z=\pi/4$, 故切面爲

$$z-\pi/4=\frac{-1}{2}(x-1)+2^{-1}(y-1).$$

#441　曲面用隱函數的形式表達出來是很常見的:

今若曲面爲 $f(x, y, z)=0$, 則由

$$\frac{\partial f}{\partial x}+\frac{\partial f}{\partial z}\ \frac{\partial z}{\partial x}=0=\frac{\partial f}{\partial y}+\frac{\partial f}{\partial z}\ \frac{\partial z}{\partial y}$$

求出　$\partial z/\partial x=-\left(\dfrac{\partial f}{\partial x}\right)\Big/\left(\dfrac{\partial f}{\partial z}\right)$及$\dfrac{\partial z}{\partial y}=-\left(\dfrac{\partial f}{\partial y}\right)\Big/\left(\dfrac{\partial f}{\partial z}\right)$(1)

之後, 切面爲

$$(Z-z)=\left[-\left(\frac{\partial f}{\partial x}\right)\Big/\left(\frac{\partial f}{\partial z}\right)\right](X-x)+$$

$$+\left[-\left(\frac{\partial f}{\partial y}\right)\Big/\left(\frac{\partial f}{\partial z}\right)\right](Y-y)\quad(2)$$

但是以**記憶法則**來說, 我們不如這樣子想:

今 $f(x, y, z)=0$ 之全微分爲

$$\frac{\partial f}{\partial x}dx+\frac{\partial f}{\partial y}dy+\frac{\partial f}{\partial z}dz=0.\qquad(3)$$

其中　$dz=\frac{\partial z}{\partial x}dx+\frac{\partial z}{\partial y}dy$　(4)，故以（4）代入（3）得

$$\left(\frac{\partial f}{\partial x}+\frac{\partial z}{\partial x}\ \frac{\partial f}{\partial z}\right)dx+\left(\frac{\partial f}{\partial y}+\frac{\partial z}{\partial y}\ \frac{\partial f}{\partial z}\right)dy=0\ .\quad(5)$$

在（5）式中，使 dx, dy 之係數均爲 0 就得到（1），今以（3）式與（2）式比較，立知:

在曲面方程式的全微分式（3）中，以 $Z-z$，$X-x$，$Y-y$ 代替 dz, dx, dy，就得切面方程式。換言之，法向爲

$$(\partial f/\partial x : \partial f/\partial y : \partial f/\partial z)$$

【例】求 $z=y+\ln(x/z)$ 在（1，1，1）處之切面。

今　$dz=dy+\frac{dx}{x}-\frac{dz}{z}=dy+dx-dz$，

故　$2(Z-1)=(Y-1)+(X-1)$ 爲所求切面

或即　$2Z=X+Y$.

【例】二次曲面

$$\varphi(x, y, z)=ax^2+\cdots\cdots=0$$

在其上一點之切面爲何?

今齊二次式、齊一次式及常數各記爲　$ax^2+bxy+\cdots=\varphi_2, dx+\cdots=\varphi_1$ 及 φ_0，則得全微分式

$$d\varphi=d\varphi_2+d\varphi_1+d\varphi_0=0\ ,$$

如 ax^2，微分爲 $2axdx$，

如 αx，微分爲 αdx，故所求切面爲

$$2ax(X-x)+bx(Y-y)+by(X-x)+\cdots\cdots$$
$$+\alpha(X-x)+\cdots\cdots+0=0$$

除以 2，再加上 $\varphi=0$ 則得

$$axX+b\left(\frac{xY+yX}{2}\right)+\cdots\cdots+\alpha\left(\frac{X+x}{2}\right)+\cdots+\varphi_0=0.$$

這恰好是我們在高中所學的規則!

【問】求 $x^2+2y^2+3z^2=21$ 之切面之平行於

$x+4y+6z=0$ 者.

#442 我們再考慮參數表示式的情形:

對曲面 $x=f(u,v)$, $y=g(u,v)$, $z=h(u,v)$, 我們算出

$$\partial z/\partial x=\frac{\partial z}{\partial u}\frac{\partial u}{\partial x}+\frac{\partial z}{\partial v}\frac{\partial v}{\partial x}$$

$$=\left[\frac{\partial(x,y)}{\partial(u,v)}\right]^{-1}\left[\frac{\partial z}{\partial u}\frac{\partial y}{\partial v}-\frac{\partial z}{\partial v}\frac{\partial y}{\partial u}\right]$$

$$=\frac{\partial(z,y)}{\partial(u,v)}\Big/\frac{\partial(x,y)}{\partial(u,v)},$$

故
$$\frac{\partial z}{\partial x}:\frac{\partial z}{\partial y}:-1=\frac{\partial(z,y)}{\partial(u,v)}:\frac{\partial(x,z)}{\partial(u,v)}:\frac{\partial(y,x)}{\partial(u,v)}$$

因此和
$$\left(i\frac{\partial x}{\partial u}+j\frac{\partial y}{\partial u}+k\frac{\partial z}{\partial u}\right)\times\left(i\frac{\partial x}{\partial v}+j\frac{\partial y}{\partial v}+k\frac{\partial z}{\partial v}\right)$$
同方向!

【例】求 $x=a\cos\phi\cos\varphi$, $y=b\cos\phi\sin\varphi$, $z=c\sin\phi$之切平面。

法向爲

$$(i-a\sin\varphi+kb\cos\varphi)\cos\phi$$
$$\times(-ia\sin\phi\cos\varphi-jb\sin\phi\cos\varphi+kc\cos\phi)$$

或即
$$\begin{bmatrix} i & j & k \\ -a\sin\varphi & b\cos\varphi & 0 \\ -a\sin\phi\cos\varphi & -b\sin\phi\sin\varphi & c\cos\phi \end{bmatrix}$$

$$=ibc\cos\varphi\cos\phi+j(+ac\sin\varphi\cos\phi)+k(ab\sin\phi)$$

$$=\frac{ixbc}{a}+\frac{jyac}{b}+\frac{kzab}{c},$$

切面為

$$\frac{X}{a}\cos\psi\cos\varphi+\frac{Y}{b}\cos\psi\sin\varphi+\frac{Z}{c}\sin\psi=1.$$

註: 你可用隱函數法:

$$\frac{x^2}{a^2}+\frac{y^2}{b^2}+\frac{z^2}{c^2}=1, \text{得切面}$$

$$\frac{xX}{a^2}+\frac{yY}{b^2}+\frac{zZ}{c^2}=1$$

#5 曲面的面積元

#51 假設有一個曲面 Γ: $z=f(x,y)$, 那麼在其上一點 (x, y, z) 處, 切面是

$$Z-z=(X-x)\frac{\partial z}{\partial x}+(Y-y)\frac{\partial z}{\partial y}$$

〔此地 (X,Y,Z) 是切面上的點〕。

微分法的要義就是用這切面來逼近曲面, 在 (x, y, z) 點附近, 一小塊曲面, 若投影在 XY 面是 $(dx)\times(dy)$ 的 (無限) 小矩形, 則在切面上的面積是

切面及曲面的面積元

$$\sqrt{1+\left(\frac{\partial z}{\partial x}\right)^2+\left(\frac{\partial z}{\partial y}\right)^2}\,dxdy=d\mathscr{S}. \qquad (*)$$

因而 Γ 上的微分面積就是 (*) 式。

註: 若曲面改用 $y=f(x,z)$ 來表示, 則 (當然了!) 微分面積改為

$$\sqrt{1+\left(\frac{\partial y}{\partial x}\right)^2+\left(\frac{\partial y}{\partial z}\right)^2}\,dxdz,$$

【註】以下我們用 $||\text{gard } z||$ 表示 $\sqrt{1+\left(\frac{\partial z}{\partial x}\right)^2+\left(\frac{\partial z}{\partial y}\right)^2}$, grad讀做gradient，**梯度**，其涵義詳述於後（尤其 #73）。

【例】兩相等圓柱，若中心軸垂直相交，求其一被另一所截之表面積。如圖，

$$x^2+z^2=r^2$$

被 $x^2+y^2\leq r^2$ 所截之部份，其 8 分之 1 爲 ABC.

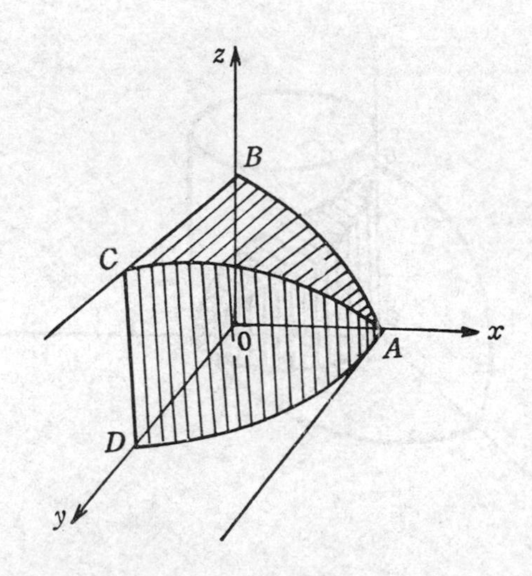

此時 $\dfrac{\partial z}{\partial y}=0$，$\dfrac{\partial z}{\partial x}=-\dfrac{x}{z}$,

$$\sqrt{1+\left(\frac{\partial z}{\partial x}\right)^2+\left(\frac{\partial z}{\partial y}\right)^2}=\frac{r}{z}=\frac{r}{\sqrt{r^2-x^2}},$$

而 $$\mathscr{S}=8\int_0^r dx\int_0^{\sqrt{r^2-x^2}}dy\frac{r}{\sqrt{r^2-x^2}}=8r^2.$$

【例】在直徑 r 的圓柱面上取一點作爲球心，以 r 爲半徑作一球，此**球面**被圓柱所截部分之面積爲何?

可取圓柱爲 $x^2-rx+y^2\leq 0$,

而球面爲 $x^2+y^2+z^2=r^2$.

故所截之面積爲（ 之兩倍）

$$4\int_0^r dx\int_0^{\sqrt{rx-x^2}} dy\sqrt{1+\left(\frac{\partial z}{\partial x}\right)^2+\left(\frac{\partial z}{\partial y}\right)^2}$$

$$=4\int_0^r dx\int_0^{\sqrt{rx-x^2}} dy\sqrt{\frac{r^2}{r^2-x^2-y^2}}=2(\pi-2)r^2.$$

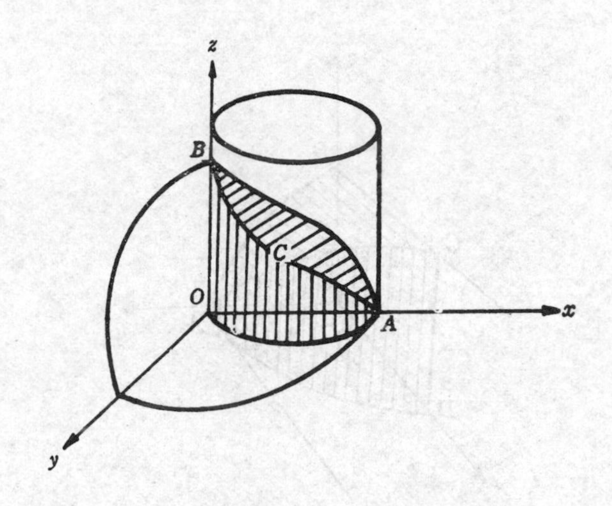

【註】4是什麼意思？今如圖（$x>0$!）（y，z）有四種全同的部分 $y>0$，$e>0$、$y>0$，$z<0$、$y<0$，$z>0$及$y<0$，$z<0$.

【問】反之，求上題球所截之柱面面積。

此時可投影到 xz 面而討論積分（此乃 之四倍）

曲線 ACB 爲

$$z^2+rx=r^2,\ (z>0,\ x>0.)$$

故以$\left[1+\left(\frac{\partial y}{\partial x}\right)^2+\left(\frac{\partial y}{\partial z}\right)^2\right]=\left[1+\frac{(r-2x)^2}{4y^2}\right]$

$$=\left(\frac{r}{2\sqrt{rx-x^2}}\right)^2,$$

得面積

$$4\int_0^r dx\int_0^{\sqrt{r^2-rx}}\frac{r}{2\sqrt{rx-x^2}}dz=4r^2.$$

【問 1】求：在圓錐 $x^2+z^2\leq y^2$ 內的球面

$$x^2+y^2+z^2=2ay$$

之部份面積。

【問 2】已給 $\alpha\in\left(0;\ \frac{\pi}{2}\right)$，求圓柱面

$$z^2+(x\cos\alpha+y\sin\alpha)^2=r^2$$

在第一象限部分之面積。

【問 3】拋物面 $y^2+z^2=4ax$ 被平面 $x=3a$ 及柱面 $y^2=ax$ 所截部分之面積有多少?

【問 4】半徑 a 的兩個圓柱，軸以 α 角相交，求交截部份之表面積。

#52 平面極坐標（或即柱坐標）$z=z(\rho,\theta)$，今改用平面極坐標（ρ,θ）來代替（x,y），此時

$$\left(\frac{\partial z}{\partial x}\right)^2+\left(\frac{\partial z}{\partial y}\right)^2=\left(\frac{\partial z}{\partial\rho}\right)^2+\rho^2\left(\frac{\partial z}{\partial\theta}\right)^2,$$

所以
$$\|gradz\|=\sqrt{1+\left(\frac{\partial z}{\partial\rho}\right)^2+\rho^{-2}\left(\frac{\partial z}{\partial\theta}\right)^2},$$

而有
$$d\mathscr{S}=\|gradz\|\rho d\rho d\theta.$$

注意到公式很好記，用極坐標微分矩形，則 $z\equiv f(\rho,\theta)$ 在 ρ 方向上

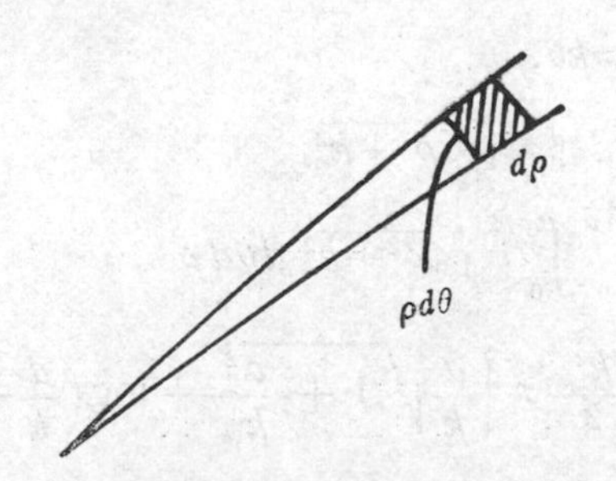

之斜率為

$$\partial z/\partial\rho,$$

在 θ 方向上則為

$$\frac{1}{\rho}\ \frac{\partial z}{\partial\theta}$$

投影面積為 $\rho d\theta d\rho$，故馬上得到公式!

【例】求 $(x^2+y^2)^{1/3}+z^{2/3}=a^{2/3}$ 之全面積。

以 $\rho^{2/3}+z^{2/3}=a^{2/3}$,

$$\frac{\partial z}{\partial\rho}=-(a^{2/3}-\rho^{2/3})^{1/2}\rho^{-1/3},$$

得 $\|\rho grad z\|=a^{1/3}\rho^{2/3}$.

投影乃 $x^2+y^2\leq a^2$，即 $\rho\leq a$.

故 $$\mathscr{S}=8\int_0^a\int_0^{\pi/2}a^{1/3}\rho^{2/3}d\theta d\rho$$

$$=\frac{12}{5}\pi a^2$$

【註】也可用「旋轉體表面積」之法求之!

【例】在第一掛限中，曲面

$$z=k\ \arctan\frac{y}{x}$$

被圓柱 $x^2+y^2\leq a^2$ 所截面積為何?

【解】於此，$z=k\theta$,

$$\|\rho grad z\|=\sqrt{\rho^2+k^2},$$

而 $$\mathscr{S}=\int_0^a\int_0^{\pi/2}\sqrt{\rho^2+k^2}\,d\theta d\rho$$

$$=\frac{k^2}{4}\pi\left\{\frac{a}{k}\sqrt{1+\frac{a^2}{k^2}}+\log\left(\frac{a}{k}+\sqrt{1+\frac{a^2}{k^2}}\right)\right\}.$$

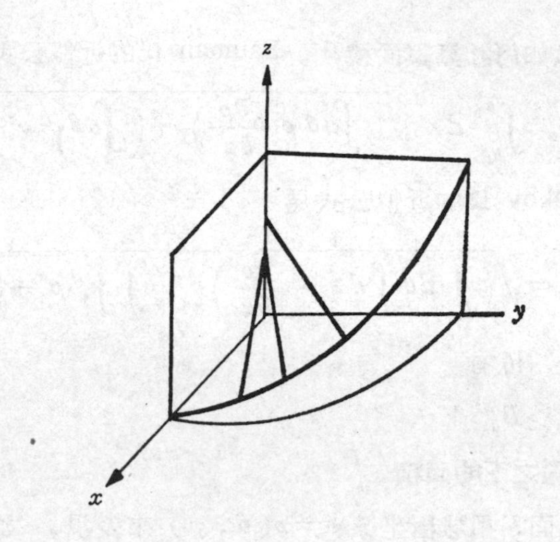

*【問】在曲面

$$l x^2+m y^2=n z^2 \tag{1}$$

之內側，

球面 $x^2+y^2+z^2=2az$ (2)

之部分面積為

$$\frac{4\pi a^2 n}{\sqrt{(l+n)(m+n)}}.$$

**53 柱坐標: $\rho=\rho(z, \theta)$，等高線法。

設在 $z_0 \leq z \leq h_1$ 之範圍內，等高線可表為 $\rho=\rho(z, \theta)$， z 為高度，而 ρ 對 z 遞降。

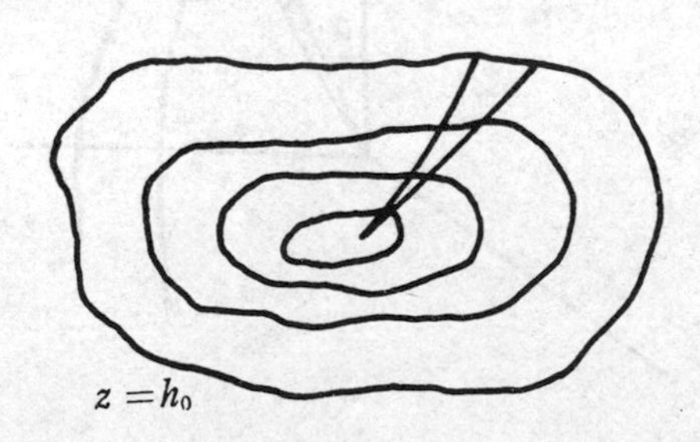

試思考如何計算表面積$\mathscr{S}$。Bauman 氏的近似公式爲

$$B_a=\int_{h_0}^{h_1} dz\sqrt{\left(\int d\theta\,\rho\,\frac{\partial\rho}{\partial z}\right)^2+\left(\int d\theta\sqrt{\rho^2+\left(\frac{\partial\rho}{\partial\theta}\right)^2}\right)^2}$$

而 Volkov 氏的近似公式爲

$$V_0=\sqrt{\left(\int d\theta\int dz\,\rho\,\frac{\partial\rho}{\partial z}\right)^2+\left(\int\int\sqrt{\rho^2+\left(\frac{\partial\rho}{\partial\theta}\right)^2}\right)^2}$$

事實上，恆有

$$\mathscr{S}\geq B_a\geq V_0$$

#54 球坐標之下的面積

假設一個曲面Γ用球極坐標 $\rho=\rho(\theta,\varphi)$ 來表現， 如何算出其面積？今考慮無限小的變化 $d\theta, d\varphi$，於是，以θ及φ之增加方向爲e_1, e_2，而ρ之增加方向爲 e_3，這構成了右手單正系，曲面爲一平行四邊形，一邊是向量 $e_1(\rho d\theta)+e_3\left(\frac{\partial\rho}{\partial\theta}\right)d\theta$。一邊是 $e_2(\rho\sin\theta)d\varphi+e_3\left(\frac{\partial\rho}{\partial\varphi}d\varphi\right)$ 其面積是兩者外積之絕對值。但外積

$$=e_3(\rho^2\sin\theta d\theta d\varphi)+e_2\left(-\rho\frac{\partial\rho}{\partial\varphi}d\theta d\varphi\right)$$

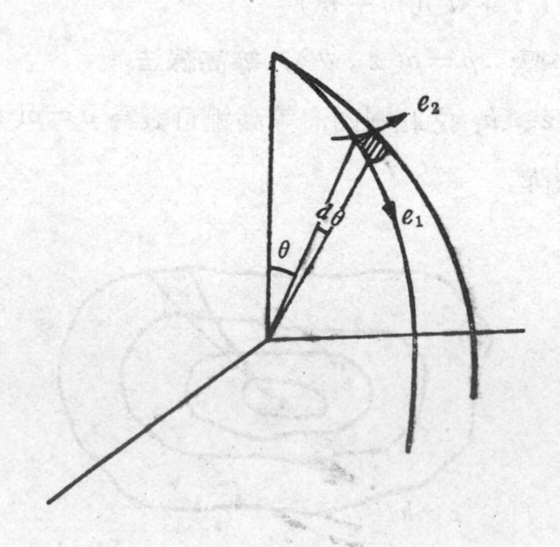

$$+e_1\left(-\rho\frac{\partial\rho}{\partial\theta}\sin\theta\right)d\theta d\varphi.$$

括出$A=\rho^2\sin\theta d\theta d\varphi$，則有

$$\left(e_3-e_2\frac{1}{\rho\sin\theta}\ \frac{\partial\rho}{\partial\varphi}-e_1\frac{1}{\rho}\ \frac{\partial\rho}{\partial\theta}\right),$$

其範方爲

$$\left[1+\rho^{-2}\csc^2\theta\left(\frac{\partial\rho}{\partial\varphi}\right)^2+\rho^{-2}\left(\frac{\partial\rho}{\partial\theta}\right)^2\right],$$

記爲 $\|grad\rho\|^2$，所以所求之面積元爲

$$\left[1+\rho^{-2}\csc^2\theta\left(\frac{\partial\rho}{\partial\varphi}\right)^2+\rho^{-2}\left(\frac{\partial\rho}{\partial\theta}\right)^2\right]^{1/2}\rho^2\sin\theta d\theta d\varphi$$

$$=\|grad\rho\|\rho^2\sin\theta d\theta d\varphi.$$

特例 $\partial\rho/\partial\varphi=0$ 時，就成爲

$$\sqrt{1+\rho^{-2}\left(\frac{\partial\rho}{\partial\theta}\right)^2}\ \rho^2\sin\theta d\theta d\varphi.$$

【例】 在曲面 $4x^2+3y^2+z^2=2z$ 內側，球面 $x^2+y^2+z^2=z$ 之部分的面積。

今用極坐標

$x=\rho\sin\theta\cos\varphi$ 等，得球面爲

$\rho=\cos\theta.$

橢球爲　$\rho\{\sin^2\theta(2+\cos^2\varphi)+1\}\leq 2\cos\theta.$

而交線爲　$\sin^2\theta\cdot(2+\cos^2\varphi)=1.$

以　$\rho=\cos\theta$，得　$\dfrac{\partial\rho}{\partial\theta}=-\sin\theta,$

$$\frac{\partial\rho}{\partial\varphi}=0\,;\|grad\rho\|=\sec\theta$$

所求兩積爲

$$\int_0^{2\pi} d\varphi \int_0^{\theta_1} \sin\theta\cos\theta \ d\theta = \int_0^{2\pi} d\varphi \left[\frac{\sin^2\theta}{2}\right]_0^{\theta_1}.$$

〔但 $\sin^2\theta_1(2+\cos^2\varphi)=1$,

故〕 $$=2\int_0^{\pi/2} \frac{d\varphi}{2+\cos^2\varphi} = 2\int_0^{\pi/2} \frac{\sec^2\varphi}{3+\tan^2\varphi} d\varphi$$

$$=\frac{\pi}{\sqrt{6}}.$$

***#55** 設空間曲面S的參數表示是

$$\boldsymbol{r}=\boldsymbol{r}(u, v);$$

以u, v爲參數。在任一點，我們都要求

$$\frac{\partial \boldsymbol{r}}{\partial u} \times \frac{\partial \boldsymbol{r}}{\partial v} \neq 0$$

S上兩點$\boldsymbol{r}(u, v)$，及 $\boldsymbol{r}(u+du, v+dv)$ 之距離如何？由 Taylor 一階展開

$$\boldsymbol{r}(u+du, v+dv)=\boldsymbol{r}(u, v)+du\frac{\partial \boldsymbol{r}}{\partial u}+dv\frac{\partial \boldsymbol{r}}{\partial v}$$

因此位移爲 $du\frac{\partial \boldsymbol{r}}{\partial u}+dv\frac{\partial \boldsymbol{r}}{\partial v}$，距離平方爲

第一基本式

$$ds^2=Edu^2+2Fdudv+Gdv^2 \text{（第一基本形式）},$$

其中 $E=\left\|\frac{\partial \boldsymbol{r}}{\partial u}\right\|^2$，$F=\frac{\partial \boldsymbol{r}}{\partial u}\cdot\frac{\partial \boldsymbol{r}}{\partial v}$，$G=\left\|\frac{\partial \boldsymbol{r}}{\partial v}\right\|^2$.

#551 法線方向爲 $\frac{\partial \boldsymbol{r}}{\partial u} \times \frac{\partial \boldsymbol{r}}{\partial v}$，要求出單位法向 $\boldsymbol{n}$ 必須除以向量 $\frac{\partial \boldsymbol{r}}{\partial u} \times \frac{\partial \boldsymbol{r}}{\partial v}$之範數。

但 $\frac{\partial \boldsymbol{r}}{\partial u} \times \frac{\partial \boldsymbol{r}}{\partial v}$之範方$g$爲

$$\left\|\frac{\partial \boldsymbol{r}}{\partial u}\right\|^2\left\|\frac{\partial \boldsymbol{r}}{\partial v}\right\|^2-\left(\frac{\partial \boldsymbol{r}}{\partial u}\cdot\frac{\partial \boldsymbol{r}}{\partial v}\right)^2=EG-F^2=g,$$

故
$$\vec{n}=\frac{1}{\sqrt{g}}\frac{\partial \boldsymbol{r}}{\partial u}\times\frac{\partial \boldsymbol{r}}{\partial v}.$$

#552　自點 $\boldsymbol{r}(u, v)$ 作兩個位移，到兩點，$\boldsymbol{r}(u+du, v)$，以及 $\boldsymbol{r}(u, v+dv)$，此三角形面積 $(1/2)dS$ 爲何？換言之，其兩倍，卽一個平行四邊形面積爲何？

$$\boldsymbol{r}(u+du, v)-\boldsymbol{r}(u, v)=\frac{\partial \boldsymbol{r}}{\partial u}du,$$

$$\boldsymbol{r}(u, v+dv)-\boldsymbol{r}(u, v)=\frac{\partial \boldsymbol{r}}{\partial v}dv,$$

故
$$dS=\left\|\frac{\partial \boldsymbol{r}}{\partial u}du\times\frac{\partial \boldsymbol{r}}{\partial v}dv\right\|=dudv\sqrt{g}$$

【例】（顯函數標準形）$z=f(x, y)$，此時

$$\frac{\partial r}{\partial x}=\boldsymbol{i}+\boldsymbol{k}\frac{\partial z}{\partial x},\quad \frac{\partial r}{\partial y}=\boldsymbol{j}+\boldsymbol{k}\frac{\partial z}{\partial y},$$

$$\frac{\partial r}{\partial x}\times\frac{\partial r}{\partial y}=\boldsymbol{k}-\boldsymbol{i}\frac{\partial z}{\partial x}-\boldsymbol{j}\frac{\partial z}{\partial y},$$

$$g^2=1+\left|\frac{\partial z}{\partial x}\right|^2+\left(\frac{\partial z}{\partial y}\right)^2,$$

$$\sqrt{g}=\|gradz\|=\sqrt{1+\left(\frac{\partial z}{\partial x}\right)^2+\left(\frac{\partial z}{\partial y}\right)^2}.$$

另一個例子是球極坐標:

$$\rho=f(\theta, \varphi),$$

此時
$$\boldsymbol{r}=\boldsymbol{i}\rho\sin\theta\cos\varphi+\boldsymbol{j}\rho\sin\theta\sin\varphi+\boldsymbol{k}\rho\cos\theta,$$

$$\frac{\partial \boldsymbol{r}}{\partial \theta}=\boldsymbol{i}\left(\rho\cos\theta\cos\varphi+\frac{\partial \rho}{\partial \theta}\sin\theta\cos\varphi\right)+$$

$$+\boldsymbol{j}\left(\rho\cos\theta\sin\varphi+\frac{\partial\rho}{\partial\theta}\sin\theta\sin\varphi\right)+$$

$$+\boldsymbol{k}\left(\frac{\partial\rho}{\partial\theta}\cos\theta-\rho\sin\theta\right),$$

$$\frac{\partial\boldsymbol{r}}{\partial\varphi}=\boldsymbol{i}\left(\frac{\partial\rho}{\partial\varphi}\sin\theta\cos\varphi-\rho\sin\theta\sin\varphi\right)+$$

$$+\boldsymbol{j}\left(\frac{\partial\rho}{\partial\varphi}\sin\theta\sin\varphi+\rho\sin\theta\cos\varphi\right)+\boldsymbol{k}\left(\frac{\partial\rho}{\partial\varphi}\cos\theta\right)$$

$$\frac{\partial\boldsymbol{r}}{\partial\theta}\times\frac{\partial\boldsymbol{r}}{\partial\varphi}=?$$

答 $\boldsymbol{i}\left(\rho\frac{\partial\rho}{\partial\varphi}\sin\varphi+\rho^2\sin^2\theta\cos\varphi-\rho\frac{\partial\rho}{\partial\theta}\sin\theta\cos\theta\cos\varphi\right)$

$+\boldsymbol{j}\left(\rho^2\sin^2\theta\sin\varphi-\rho\frac{\partial\rho}{\partial\varphi}\cos\varphi-\frac{\partial\rho}{\partial\theta}\sin\theta\cos\theta\sin\varphi\right)$

$+\boldsymbol{k}\left(\rho^2\cos\theta\sin\theta+\rho\frac{\partial\rho}{\partial\theta}\sin^2\theta\right).$

$$g^2=?$$

答 $\left(\rho\frac{\partial\rho}{\partial\theta}\sin\theta\right)^2+\left(\rho\frac{\partial\rho}{\partial\varphi}\right)^2+(\rho^2\sin\theta)^2.$

【例】 又一個例子是柱坐標（“等高線法”！）

$$x=\rho(z,\theta)\cos\theta,\quad y=\rho(z,\theta)\sin\theta,\quad z=z.$$

$$\frac{\partial\boldsymbol{r}}{\partial\theta}=\boldsymbol{i}\left(-\rho\sin\theta+\frac{\partial\rho}{\partial\theta}\cos\theta\right)+\boldsymbol{j}\left(\rho\cos\theta+\frac{\partial\rho}{\partial\theta}\sin\theta\right),$$

$$\frac{\partial\boldsymbol{r}}{\partial z}=\boldsymbol{i}\frac{\partial\rho}{\partial z}\cos\theta+\boldsymbol{j}\frac{\partial\rho}{\partial z}\sin\theta+\boldsymbol{k},$$

$$\frac{\partial\boldsymbol{r}}{\partial\theta}\times\frac{\partial\boldsymbol{r}}{\partial z}=\boldsymbol{i}\left(\rho\cos\theta+\frac{\partial\rho}{\partial\theta}\sin\theta\right)+$$

$$+\boldsymbol{j}\left(-\frac{\partial\rho}{\partial\theta}\cos\theta+\rho\sin\theta\right)+\boldsymbol{k}\left(-\rho\frac{\partial\rho}{\partial z}\right).$$

$$g^2=\rho^2+\left(\frac{\partial\rho}{\partial\theta}\right)^2+\rho^2\left(\frac{\partial\rho}{\partial z}\right)^2.$$

故 $d\mathscr{S}=\sqrt{\rho^2+\left(\frac{\partial\rho}{\partial\theta}\right)^2+\rho^2\left(\frac{\partial\rho}{\partial z}\right)^2}\,d\theta dz.$

***♯56** 我們考慮變數代換的公式

如果參數 (u, v) 改爲 (u', v')，那麼，在 ♯551 中，g 改爲

$$g'=\left\|\frac{\partial \boldsymbol{r}}{\partial u'}\right\|^2\left\|\frac{\partial \boldsymbol{r}}{\partial v'}\right\|^2-\left|\frac{\partial \boldsymbol{r}}{\partial u'}\cdot\frac{\partial \boldsymbol{r}}{\partial v'}\right|^2$$

$$=\det\left(\begin{bmatrix}\frac{\partial \boldsymbol{r}}{\partial u'}\\ \frac{\partial \boldsymbol{r}}{\partial v'}\end{bmatrix}\cdot\left[\frac{\partial \boldsymbol{r}}{\partial u'},\ \frac{\partial \boldsymbol{r}}{\partial v'}\right]\right)$$

所以 $$g'=\left(\frac{\partial(u, v)}{\partial(u', \partial v')}\right)^2 g.$$

但 $$\frac{\partial(u, v)}{\partial(u', v')}=\det\begin{bmatrix}\frac{\partial u}{\partial u'}, & \frac{\partial v}{\partial u'}\\ \frac{\partial u}{\partial v'}, & \frac{\partial v}{\partial v'}\end{bmatrix}$$

因此 $$d\mathscr{S}=\sqrt{g}\,dudv=\sqrt{g'}\,du'dv'$$

$$=\left|\frac{\partial(u, v)}{\partial(u', v')}\right|g\,du'dv'.$$

也就是說：改寫

$$\int f(u, v)\,dudv \text{ 成}\int f(u(u', v'), v(u', v'))\left|\frac{\partial(u, v)}{\partial(u', v')}\right|du'dv'$$

時，只要記得 $dudv\equiv\left|\frac{\partial(u, v)}{\partial(u', v')}\right|du'dv'$ 就好了。

【例】 令 $y=xu$，$x=\frac{v}{1+u}$ 改 (x, y) 爲 (u, v)

$$I=\int_0^a dx\int_0^x f(x,y)dy.=\iint_R f\left(\frac{v}{1+u},\ \frac{uv}{1+u}\right)\frac{v}{1+u^2}$$

$dudv$ 今三邊爲甲，$y=0$，卽 $u=0$。到了 $x=a$，$y=0$ 處（卽 $u=0$，$v=a$）轉至乙: $x=a$，（卽 $v-au=1$），到了 B 點 $x=a=y$ 時，$x=a=y$，故 $u=1$，$v=2a$ 再轉到丙: $\overline{BO}$ 線 $u\equiv 1$。$\mathscr{R}$如圖。〔$\overline{00'}$ 對應到原點! 〕

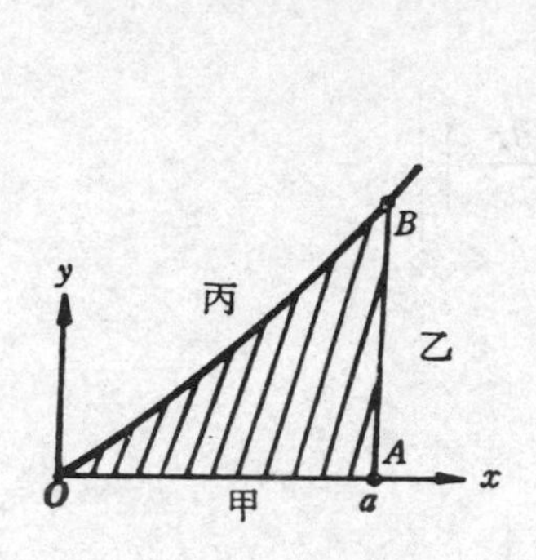

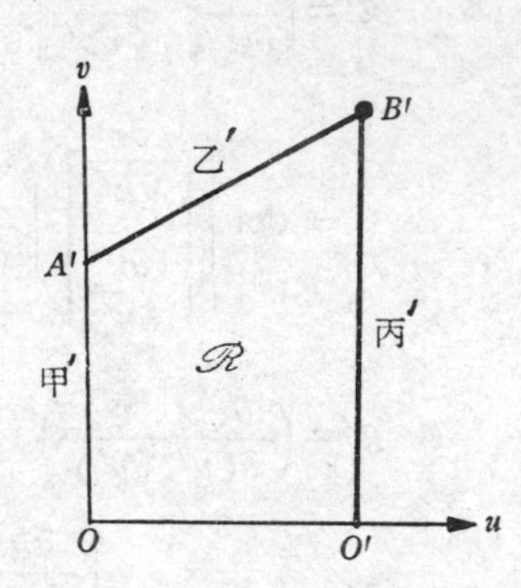

注意到

$$\frac{\partial x}{\partial u}=\frac{-v}{(1+u)^2},\quad \frac{\partial x}{\partial v}=\frac{1}{1+u},$$

$$\frac{\partial y}{\partial u}=\frac{+v}{(1+u)^2},\quad \frac{\partial y}{\partial v}=\frac{u}{1+u},$$

$$\frac{\partial(x,y)}{\partial(u,v)}=\frac{-v}{(1+u)^2},\ 而\left|\frac{\partial(x,y)}{\partial(u,v)}\right|=\frac{v}{(1+u)^2}.$$

【例】 令 $x+y=u$，$y=uv$，而變換

$$I=\int_0^a dx\int_0^{a-x} dy\ f(x,y).$$

今 $x=u-uv$，$\partial x/\partial u=1-v$，$\dfrac{\partial x}{\partial v}=-u$，

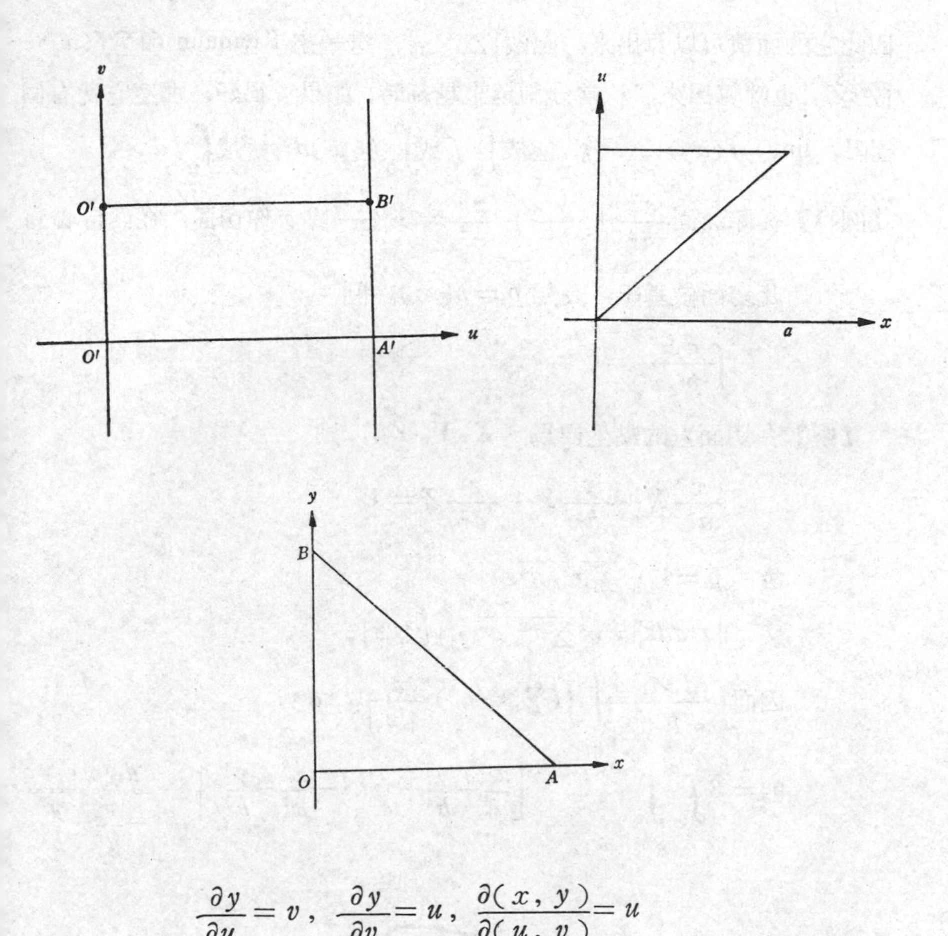

$$\frac{\partial y}{\partial u}=v\,,\quad \frac{\partial y}{\partial v}=u\,,\quad \frac{\partial(x,y)}{\partial(u,v)}=u$$

♯57　曲面積分

我們已說過：凡是能夠用“分割取樣求和取極限”來做的都是積分。現在我們考慮這樣子的問題。假設Ω是一個“很好的”曲面的（很好的）一部分，$f:\Omega\longrightarrow\boldsymbol{R}$是個很好的函數；我們把Ω分割成許多小塊區域：$\Omega=\bigcup_j \Delta\mathscr{S}_j$，其中每個 $\Delta\mathscr{S}_j$ 都是（很好的）很小一塊區域，而且任兩個的交界都只是**一段（很好的）曲線**，然後，各在 $\Delta\mathscr{S}_j$ 上，取了一點 x_j，計算函數值 $f(x_j)$。今因每個 $\Delta\mathscr{S}_j$ 都“很好”，

因此它的面積可以算出來，記做$|\triangle\mathscr{S}_j|$，這一來 Riemaun 和$\sum f(x_j)|\triangle\mathscr{S}_j|$也就算出來了。當分割越來越細時，如果$f$很好，那麼它就有個極限，$\lim\sum f(x_j)|\triangle\mathscr{S}_j|$，記成$\int_\Omega f$或$\int_\Omega f(x)d^2x$ 或$\int_\Omega fd\mathscr{S}$。

【例 1】 從橢球面$\dfrac{x^2}{a^2}+\dfrac{y^2}{b^2}+\dfrac{z^2}{c^2}=1$上一點$x$作切面，從而自心到此切面做垂線，長爲$p=p(x)$，問

$$\int\frac{d\mathscr{S}}{p(x)}=?$$

【解】 今切面上的點坐標爲(X,Y,Z)，則

$$\frac{x}{a^2}X+\frac{y}{b^2}Y+\frac{z}{c^2}Z=1.$$

故 $p=1/\sqrt{\sum x^2/a^4}$.

又 $\|gradz\|=\sqrt{\sum x^2/a^4}\cdot|c^2/z|$,

因而$\displaystyle\int\frac{d\mathscr{S}}{p}=\int\int\left(\sum x^2/a^4\right)\cdot\frac{c^2}{|z|}dxdy.$

即$\displaystyle=8\int_0^a\int_0^{b/a\sqrt{a^2-x^2}}\left[\frac{x^2}{a^4}+\frac{y^2}{b^4}+\frac{1}{c^2}\left(1-\frac{x^2}{a^2}-\frac{y^2}{b^2}\right)\right]\frac{cdydx}{\sqrt{1-\frac{x^2}{a^2}-\frac{y^2}{b^2}}}$

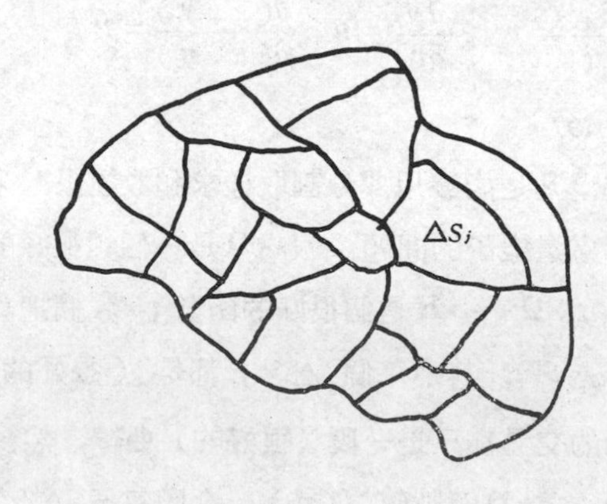

$$=8abc\int_0^1 d\xi\int_0^{\sqrt{1-\xi^2}} d\eta\left[\frac{\xi^2}{a^2}+\frac{\eta^2}{b^2}+\frac{1}{c^2}(1-\xi^2-\eta^2)\right].$$

乘$\dfrac{1}{\sqrt{1-\xi^2-\eta^2}}$

$$=\frac{4\pi}{3abc}(a^2b^2+b^2c^2+c^2a^2).$$

【例 2】積分$\iint_{S(a)}(x^2+y^2+z^2)\,d\mathscr{S}$與$\iint_{\Omega}(x^2+y^2+z^2)\,d\mathscr{S}$

相差多少，$S(a)$ 爲 $x^2+y^2+z^2=a^2$ 這球面，而Ω是內接於此球之**八面體** $|x|+|y|+|z|=a$

【解】前一積分當然是 $a^2(4\pi a^2)$，後一積分呢？**在第一掛限中**，計算

$$\iint x^2 d\mathscr{S}=\sqrt{3}\iint_{\substack{0\le y,z\\ y+z\le a}}(a-y-z)^2 dy\,dz$$

$$=\sqrt{3}\left(\frac{a^4}{2}+\frac{a^4}{12}+\frac{a^4}{12}+\frac{a^4}{12}-\frac{a^4}{3}-\frac{a^4}{3}\right)=\frac{\sqrt{3}}{12}a^4.$$

依對稱性，得第二積分爲 $(8\cdot 3)\dfrac{\sqrt{3}}{12}a^4=2\sqrt{3}\,a^4$。

【問 1】計算$\iint_{\Omega}z\,d\mathscr{S}$，$\Omega$爲曲面$x^2+z^2=2az\ (a>0)$被 $z=\sqrt{x^2+y^2}$ 所割下的部分。

答　$\frac{7}{2}\pi\sqrt{2}\,a^3$

【問 2】求$\iint_{\Omega}(x+y+z)\,d\mathscr{S}$，$\Omega$ **爲么球面之上半**。

答　πa^3，對稱性之考慮!

【問 3】求$\iint_{\Omega}(x^2+y^2)\,d\mathscr{S}$，$\Omega$爲$\sqrt{x^2+y^2}\le z\le 1$ 之邊界〔Ω分爲**錐面**及（上）**底面**兩部分，後者爲$\iint\rho^2(\rho\,d\rho\,d\theta)\equiv\dfrac{\pi}{2}$。前

者呢，用剪開攤平法

得到$\int\int\frac{\rho^2}{2}(\rho d\rho d\theta)$: $\left\{0\leq\rho\leq\sqrt{2}, 0\leq\theta\leq\frac{2\pi}{\sqrt{2}}\right\}=\frac{\pi}{\sqrt{2}}$]

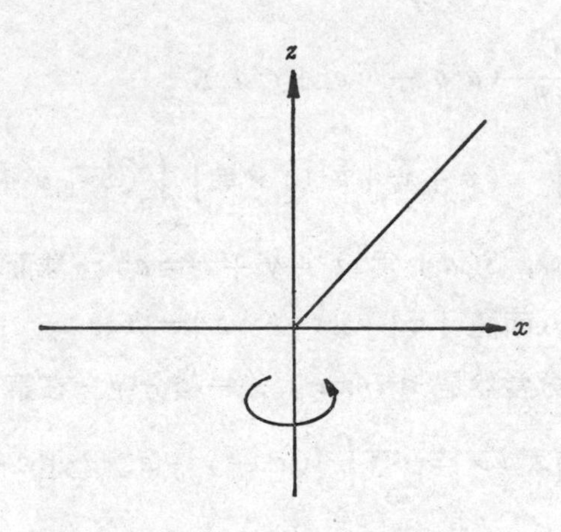

【問 4】$\int\int_{\Omega}\frac{d\mathscr{S}}{(1+x+y)^2}=$? 但Ω係四面體

$x+y+z\leq 1$, $x\geq 0$, $y\geq 0$, $z\geq 0$ 之邊界.

#6 Taylor 展式

我們講多元函數的 Taylor 展開，這只須利用一元函數的公式就可以推得了。此地我們只舉兩變元的例子來說明。更多變元的情形，差不了多少。

假設我們要將 $z=f(x, y)$ 對點 (a, b) 作 Taylor 展開。我們的想法只是一句話：把問題化成單變函數的情形。為此，引進參數 t

令 $\begin{cases} x=a+tu \\ y=b+tv \end{cases}$，其中 u, v 為常數。

考慮函數 $\varphi(t)=f(a+tu,\ b+tv)$，那麼

$$\varphi(0)=f(a,b),\varphi(1)=f(a+u,\ b+v);$$

對 $\varphi(t)$ 使用一元函數的 Maclaurin 公式，得到

$$\varphi(1)=\varphi(0)+\varphi'(0)+\frac{\varphi''(0)}{2!}+\cdots\cdots \tag{1}$$

今由連鎖規則，得

$$\varphi'(t)=\left[\frac{\partial}{\partial x}f(a+tu,\ b+tv)\right]u+\left[\frac{\partial}{\partial y}f(a+tu,\ b+tv)\right]v, \tag{2}$$

$$\begin{aligned}\varphi''(t)&=\Big[\frac{\partial}{\partial x}(\varphi'(t))u+\frac{\partial}{\partial y}(\varphi'(t))v\\&=\left[\frac{\partial^2}{\partial x^2}f(a+tu,b+tv)\right]u^2+\left[\frac{\partial^2}{\partial x\partial y}f(a+tu,b+tv)\right]uv\\&\quad+\left[\frac{\partial^2}{\partial y\partial x}f(a+tu,b+tv)\right]vu+\left[\frac{\partial^2}{\partial y^2}f(a+tu,b+tv)\right]v\\&=\left[\frac{\partial^2}{\partial x^2}f(a+tu,b+tv)\right]u^2+2\left[\frac{\partial^2}{\partial x\partial y}f(a+tu,b+tv)\right]uv\\&\quad+\left[\frac{\partial^2}{\partial y^2}f(a+tu,\ b+tv)\right]v^2.\quad\text{(參見\#3·41)}\end{aligned} \tag{3}$$

如果我們規定

$$\left(u\frac{\partial}{\partial x}+v\frac{\partial}{\partial y}\right)^{(p)}f(x,y)=\sum_{r=0}^{p}\binom{p}{r}u^rv^{p-r}\frac{\partial^p f(x,y)}{\partial x^r\partial y^{p-r}}$$

則 (3) 式就是$\left(u\dfrac{\partial}{\partial x}+v\dfrac{\partial}{\partial y}\right)^{(2)}f(a+tu,\ b+tv)$ 之“二項式展開”。

在 (2), (3) 兩式中令 $t=0$，代入 (1) 式，則得

Taylor展開公式

$$\begin{aligned}f(a+u,\ b+v)&=f(a,b)+\left(\frac{\partial f(a,b)}{\partial x}u+\frac{\partial f(a,b)}{\partial y}v\right)\\&\quad+\frac{1}{2!}\left[\frac{\partial^2 f(a,b)}{\partial x^2}u^2+2\frac{\partial^2 f(a,b)}{\partial x\partial y}uv+\frac{\partial^2 f(a,b)}{\partial y}v^2\right)\end{aligned}$$

(4)

此式叫做 **Taylor** **展開公式**（對點（a, b））。當 $a=0$, $b=0$ 時，又叫做 **Maclaurin** 公式。

有時 Taylor 公式也寫成下形：令 $a+u=x$, $b+v=y$，則 (9) 式變成

$$f(x,y)=f(a,b)+\left[\frac{\partial f(a,b)}{\partial x}(x-a)+\frac{\partial f(a,b)}{\partial y}(y-b)\right]$$

$$+\frac{1}{2!}\left[\frac{\partial^2 f(a,b)}{\partial x^2}(x-a)^2+2\frac{\partial^2 f(a,b)}{\partial x\partial y}(x-a)(y-b)\right.$$

$$\left.+\frac{\partial^2 f(a,b)}{\partial y^2}(y-b)^2\right]+\cdots\cdots$$

通常我們只展開到二階，階數越高越麻煩。

【問題】 寫出 $\left(u\frac{\partial}{\partial x}+v\frac{\partial}{\partial y}\right)^{(3)}x^2y$ 之展式。

#61　由上面的公式，可知一階的 Taylor 展式為

$$z=f(a,b)+\frac{\partial f(a,b)}{\partial x}(x-a)+\frac{\partial f(a,b)}{\partial y}(y-b)$$

但是由#401知，這是通過點（a, b, $f(a,b)$）的切平面方程式！更進一步，我們在 §4 中所談的切近概念，對多變函數的情形也適用。

#62　二元函數的平均變率定理

二元函數的平均變率定理

假設 $f(x,y)$ 的一階偏導數 $\frac{\partial f}{\partial x}$ 及 $\frac{\partial f}{\partial y}$ 均存在且連續，則

$$f(x+u,y+v)-f(x,y)=u\frac{\partial}{\partial x}f(x+\theta u,y+\theta v)+$$

$$+v\frac{\partial}{\partial y}f(x+\theta u,y+\theta v).$$

其中　　$0<\theta<1$.

【證明】這個定理的證明要點跟 Taylor 展示的證法完全一樣：引進參數 t，化成單變函數的情形。令 $\varphi(t)=f(x+tu, y+tv)$，然後對 $\varphi(t)$ 在〔0；1〕上使用（單變）平均變率定理，得到

$$\varphi(1)-\varphi(0)=\varphi'(\theta)(1-0),\quad 0<\theta<1.$$

但是 $\varphi(1)=f(x+u, y+v)$，$\varphi(0)=f(x, y)$，

$$\varphi'(\theta)=u\frac{\partial f}{\partial x}(x+\theta u, y+\theta v)+v\frac{\partial}{\partial y}f(x+\theta u, y+\theta v),$$

（連鎖規則）

因此

$$f(x+u, y+v)-f(x, y)=u\frac{\partial}{\partial x}f(x+\theta u, y+\theta v)+$$

$$+v\frac{\partial}{\partial y}f(x+\theta u, y+\theta v).$$

【問題】若 $\frac{\partial f}{\partial x}$ 與 $\frac{\partial f}{\partial y}$ 恒等於0，試證 $f(x, y)\equiv c$。這跟“$f'(x)\equiv 0 = f(x)\equiv c$” 一樣。

下面讓我們來舉一些 Taylor 展開的例子：

【例】設 $f(x, y)=x^2+xy-y^2$。試將 $f(x, y)$ 對點 $(1, -2)$ 作 Taylor 展開。

【解】　$f(1, -2)=-5$，$\frac{\partial}{\partial x}f(1, -2)=0$，$\frac{\partial}{\partial y}f(1, -2)=5$

$$\frac{\partial^2 f}{\partial x^2}=2,\qquad \frac{\partial^2 f}{\partial y\partial x}=1,\qquad \frac{\partial^2 f}{\partial y^2}=-2$$

而三階以上的偏導數均爲零。因此，根據 Taylor 公式

$$f(x, y)=x^2+xy-y^2$$

$$=-5+5(y+2)+\frac{1}{2}[2(x-1)^2+2(x-1)(y+2)-2(y+2)^2].$$

【註】此式可用代數方法驗證。

【例】試求 $f(x, y)=e^{ax}\cos by$ 之 Maclaurin 展式至三次項。

【解】 $f_1=a^2e^{ax}\cos by$, $f_2=-b^{ax}\sin by$

$f_{11}=a^2e^{ax}\cos by$, $f_{12}=-abe^{ax}\sin by$

$f_{22}=-b^2e^{ax}\cos by$, $f_{111}=a^3e^{ax}\cos by$

$f_{112}=-a^2be^{ax}\sin by$, $f_{221}=-ab^2e^{ax}\cos by$

$f_{222}=b^3e^{ax}\sin by$.

於是對（0，0）點，可求得 $f(x, y)$ 以及各階偏導數的值。從而

$$f(x,y)=e^{ax}\cos by=1+ax+\frac{1}{2}(a^2x^2-b^2y^2)+\frac{1}{6}(a^3x^3-3ab^2xy^2)+\cdots\cdots$$

【問題】試求下列各函數的 Taylor 展式:

(1) $f(x, y)=x^3-2xy^3$, 在（1，1）點;

(2) $f(x, y)=x^2y$, 在（1，2）點;

(3) $f(x, y)=x^2+4xy+y^2$, 在（1，－1）點;

(4) $f(x, y)=(1-3x+2y)^3$, 在（0，0）點。

【問題】試求下列各函數的 Taylor 展式至三次項:

(1) $f(x, y)=x^y$, 在（1，1）點;

(2) $f(x, y)=e^{x+y}$, 在（0，0）點;

(3) $f(x, y)=x^2y+\sin y+e^x$, 在（1，π）點;

(4) $f(x,y)=e^{xy}$，在 $(1,1)$ 點;

(5) $f(x,y)=\sin x+\sin y-\sin(x+y)$，$(\pi,\pi)$。

求下列各函數的 Maclaurin 展式:

(6) $f(x,y)=\ln(1+x+y)$，到三次項爲止;

(7) $f(x,y)=\sin(1+x^2+y^2)$，到三次項爲止;

(8) $f(x,y)=\sqrt{1-x^2-y^2}$，到三次項爲止。

♯63　對極值問題的應用: 二變元情形的二階判定法

回想一下單變數的情形，我們求得靜止點 $f'(x)=0$ 後，再利用二階導數來辨別，何時是極大點，何時是極小點；例如 $f''>0$ 時是極小點，$f''<0$ 時是極大點。但是二階導數若還是等於 0，那麼就比較麻煩，我們不去深究。

對於兩變元函數 $z=f(x,y)$。我們求得靜止點後，要進一步探討函數在該點附近的變化情形，Taylor 公式是我們的有力的工具！爲什麼?

譬如說，我們已經求得點 (a,b) 爲靜止點，亦即

$$\frac{\partial f(a,b)}{\partial x}=0=\frac{\partial f(a,b)}{\partial y}$$

我們要問: 到底 (a,b) 是極大點或極小點?

我們不妨假設 (a,b) 爲原點，這只要作一下坐標平移就可辦到。今對 $f(x,y)$ 作二階 Taylor 展開得

對於二變元函數，用二階導微來判定其極值的方法

$$f(x,y)\doteqdot f(0,0)+\frac{1}{2}[Ax^2+2Bxy+Cy^2],$$

其中

$$A=\frac{\partial^2 f(0,0)}{\partial x^2},\quad B=\frac{\partial^2 f(0,0)}{\partial x\partial y},\quad C=\frac{\partial^2 f(0,0)}{\partial y^2}.$$

上面我們也用到了

$$\frac{\partial f(0,0)}{\partial x}=0=\frac{\partial f(0,0)}{\partial y}$$

的條件。回想 Taylor 展開的意思：$f(x, y)$可能很複雜而不易對付，於是我們用較容易對付的二階 Taylor 展式

$$f(0,0)+\frac{1}{2}[Ax^2+2Bxy+Cy^2].$$

來作爲 $f(x, y)$ 在點$(0, 0)$附近的局部迫近。換句話說，$f(x, y)$ 在點（0，0）附近（很小範圍內）的行爲跟上式差不多！

亦即 $$f(x,y)-f(0,0)\doteqdot\frac{1}{2}[Ax^2+2Bxy+Cy^2].$$

因此我們只要研究 x 及 y 的二次式

$$Q(x,y)=Ax^2+2Bxy+Cy^2$$

在（0，0）點附近的行爲就可以决定點$(0, 0)$是極大點或極小點了。譬如，若$Q(x, y)$ 在（0，0）點附近均大於 0（或小於0），則顯然（0，0）點爲極小點（或極大點）。

#630 我們來引進一些方便的術語。如果二次式$Q(x, y)$在$(0, 0)$點附近（除（0，0）點外）均大於0（或小於0），則稱 $Q(x, y)$ 在該近旁爲正定 (Positive definite)（或負定 (negative definite)）。因此，要判別（0，0）點是極大點或極小點，問題就變成：判別二次式 $Q(x, y)$ 在（0，0）點近旁的正定性或負定性。

何謂二次式的正定或負定？

#631 爲解決上述問題，讓我們先來討論二次式 $Q(x, y)=Ax^2+2Bxy+Cy^2$ 的正定或負定問題。由**配方法**得

$$Q(x,y)=Ax^2+2Bxy+Cy^2$$

$$=\frac{1}{A}[A^2x^2+2ABxy+ACy^2],\text{（假設 } A\neq 0\text{）}$$

$$=\frac{1}{A}[(Ax+By)^2+(AC-B^2)y^2]$$

於是若$A>0$，且$AC-B^2>0$，則$Q(x,y)>0$，$\forall(x,y)\neq(0,0)$。因此我們得到下面的結果:

【補題】 設 $Q(x,y)=Ax^2+2Bxy+Cy^2$ 爲一個二次式。如果

正定與負定的判定法

$A>0$ 且$\begin{vmatrix} A & B \\ B & C \end{vmatrix}>0$（即$\begin{vmatrix} A & B \\ B & C \end{vmatrix}$的各主要小行列式均$>0$）那麼 $Q(x,y)$ 爲正定。

【推論】 若$A<0$ 且$\begin{vmatrix} A & B \\ B & C \end{vmatrix}>0$，則 $Q(x,y)$ 爲負定。

有了上述補題及推論，我們就解決了二元函數的極值問題。

#632

【定理】 假設在 (a,b) 點的近旁，$f(x,y)\in \mathscr{C}^2$，並且

極大值與極小值的判定法

$$\frac{\partial f(a,b)}{\partial x}=0=\frac{\partial f(a,b)}{\partial y}.$$

令 $A=\dfrac{\partial^2 f(a,b)}{\partial x^2}$，$B=\dfrac{\partial^2 f(a,b)}{\partial x\partial y}$，$C=\dfrac{\partial^2 f(a,b)}{\partial y^2}$，

那麼當 Hesse 行列式

$$H\equiv\begin{vmatrix} A & B \\ B & C \end{vmatrix}$$

之各主要小行列式均大於0時，則f在 (a,b) 點有極小值。如果A（與C均）<0，且$AC-B^2>0$則f在 (a,b) 點有極大值。

【註】 換言之，利用二階偏導數，可以判別何時爲極大點，何時爲極小點。這跟單元函數的情形一樣。

上述結果可以推廣到更多元函數的情形！

#633 我們只討論極大值與極小值的判別法，下面再講鞍點的判別法。假設（a, b）點爲 $f(x, y)$ 的靜止點，即

$$\frac{\partial f(a, b)}{\partial x}=0=\frac{\partial f(a, b)}{\partial y}.$$

如果在（a, b）的每個近旁內，

$$\triangle f(a, b)=f(a+u, b+v)-f(a, b)$$

何謂鞍點

取有正負值，則稱（a, b）爲**鞍點** (saddle point)。

【定理】 假設在（a, b）點的近旁，$f(x, y)\in \mathscr{C}^2$，並且（a, b）爲靜止點。那麼當 Hesse 行列式 $H<0$ 時，則（a, b）點爲鞍點，並非極值點!

【證明】 由 Taylor 展式知

鞍點的判定法

$$\triangle f=f(a+u, b+v)-f(a, b)$$

$$\doteqdot\frac{1}{2}[Au^2+2Buv+Cu^2]$$

其中 $A=f_{11}(a, b)$，$B=f_{12}(a, b)$，$C=f_{22}(a, b)$。

今分三種情形來討論:

（甲）若 $A\neq 0$，首先取 $u=\lambda$, $v=0$，則

$$\lim_{\lambda\to 0}\frac{\triangle f}{\lambda^2}\doteqdot\lim_{\lambda\to 0}\frac{A}{2}=\frac{A}{2}, \tag{1}$$

其次取 $u=-\lambda B$, $v=\lambda A$，則

$$\lim_{\lambda\to 0}\frac{\triangle f}{\lambda^2}\doteqdot\lim_{\lambda\to 0}\frac{1}{2}[AB^2-2BAB+CA^2]$$

$$=\frac{A}{2}(AC-B^2)=\frac{A}{2}H, \tag{2}$$

但因 $H<0$，故當 λ 很小時（即 u, v 很小），由 (1) 及 (2) 兩式知 $\triangle f$ 有時正，有時負，即點（a, b）爲鞍點。

（乙）若$C\neq 0$仿（甲）可證得。

（丙）若$A=C=0$，則因$H=AC-B^2<0$，故$B\neq 0$。先取$u=v=\lambda$，於是

$$\lim_{\lambda\to 0}\frac{\triangle f}{\lambda^2}=B,$$

次取$u=-v=\lambda$，於是

$$\lim_{\lambda\to 0}\frac{\triangle f}{\lambda^2}=-B,$$

仿（甲）就得到所欲求的結果。

#634　另外還有一種情形沒討論：靜止點而又滿足$H=0$的情形。此時(a,b)可能是極大點，或極小點，也可能是鞍點！換句話說，這是不定的情形。例如

$$f(x,y)=y^2-x^3$$

顯然原點$(0,0)$爲靜止點而且滿足$H=0$，但是$(0,0)$卻不是極值點，這只要考慮函數f在曲線$y=x^2$上的點之變化情形即知。因此$(0,0)$爲$f(x,y)$的鞍點。其次考慮，

$$g(x,y)=y^2+x^4+y^4,$$

則$(0,0)$點亦爲靜止點且滿足$H=0$，而顯然$(0,0)$爲極小點。我們在此不打算討論$H=0$的情形。

總結上述，可知兩變元函數$f(x,y)$，極值的求法如下：

（一）先求偏導函數f_1及f_2，然後解出靜止點：

$$f_1=0,\ f_2=0;$$

（二）假設(a,b)是（一）中解出的靜止點，令

$$A=\frac{\partial^2 f(a,b)}{\partial x^2},\quad B=\frac{\partial^2 f(a,b)}{\partial x\partial y},\quad C=\frac{\partial^2 f(a,b)}{\partial y^2}$$

則我們有下面的判定表：

$H=AC-B^2$	$+$		$-$	○
A	$+$	$-$	鞍點	不能確定
	極小	極大		

下面讓我們來舉一些例子:

【例】 求 $f(x,y)=x^2+y^2+y^3$ 之極值。

【解】 令 $\dfrac{\partial f}{\partial x}=\dfrac{\partial f}{\partial y}=0$，解得靜止點:

$$\begin{cases} x=0 \\ y=0 \end{cases} \quad \text{與} \quad \begin{cases} x=0 \\ y=-\dfrac{2}{3} \end{cases}.$$

今因 $\dfrac{\partial^2 f}{\partial x^2}=2,\ \dfrac{\partial^2 f}{\partial x\partial y}=\dfrac{\partial^2 f}{\partial y\partial x}=0,\ \dfrac{\partial^2 f}{\partial y^2}=2+6y,$

故 $\dfrac{\partial^2 f(0,0)}{\partial x^2}=2>0$，且 $H=\begin{vmatrix} 2 & 0 \\ 0 & 2 \end{vmatrix}=4>0$；

因而(0,0)爲極小點，而極小值爲 $f(0,0)=0$。但是 $\left(0,-\dfrac{2}{3}\right)$ 就不是極值點，它是鞍點，因 $\begin{vmatrix} 2 & 0 \\ 0 & -2 \end{vmatrix}=-4<0$ 也。

【例】 討論函數 $f(x,y)=\dfrac{x^2}{2a^2}+\dfrac{y^2}{2b^2}\ (a>0,\ b>0)$ 的極值。

【解】 顯然靜止點爲 $(0,0)$，所以在原點可能有極值。進一步計算得到

$$A=\frac{1}{a},\ B=0,\ C=\frac{1}{b},$$

因此 $H=AC-B^2=\dfrac{1}{ab}>0$ 且 $A>0$，故在點 $(0,0)$ 函數有極小值。見下圖:

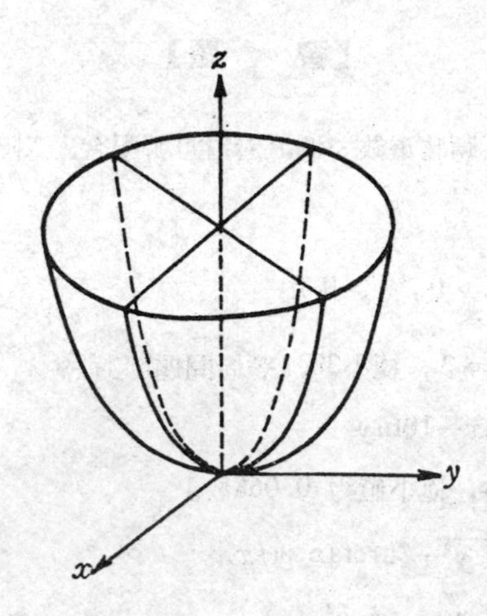

【例】討論 $f(x,y)=\dfrac{x^2}{2a}-\dfrac{y^2}{2b}$，（$a>0$，$b>0$）的極值。

【解】顯然靜止點爲（0，0）。進一步計算得

$$A=\frac{1}{a},\ B=0,\ C=-\frac{1}{b}$$

從而$H<0$，故（0，0）爲鞍點，因此函數無極值。

【例】求 $xy(ax+by+c)$ 之極值，$abc\neq 0$

$$\begin{cases} f_x=y(ax+by+c)+axy=0 \\ f_y=x(ax+by+c)+bxy=0 \end{cases}$$

得 $x=0=y$ 及 $x=0,\ y=\dfrac{-c}{b}$

$$x=\frac{-c}{a},\ y=0 \qquad x=\frac{-c}{3a},\ y=\frac{-c}{3b}$$

共四組。前三組是鞍點，末一個爲極大或極小，依$abc>0$或<0而定。

【習　　題】

求極值　參考 #25，應該重做一遍，看看可否配合“二階判定法”！下面的是一些補充：

1. $xy+\frac{50}{x}+\frac{20}{y}$（當 $x>0$，$y>0$）

〔答：$x=5$，$y=2$，極小30，等周問題！〕

2. $x^2+xy+y^2-4\ln x-10\ln y$

〔$x=1$，$y=2$ 時，極小值約 0.0685.〕

3. $x-2y+\ln\sqrt{x^2+y^2}+3\arctan\ y/x$.

$\left[\frac{\partial^2}{\partial x^2}=\frac{y^2-x^2+6xy}{(x^2+y^2)^2}=-\frac{\partial^2}{\partial y^2}\right.$，鐵定是**鞍點**！在（1，1）點.$\left.\right]$

#7　平面上的向量分析

#701　本段討論平面上的向量分析學，因此 $\mathscr{R}$ 代表 $\boldsymbol{E}^2$（平面）的一個領域，$\mathscr{R}$ 上的一個函數 φ，就叫做一個“場”(field)；暫時我們只對兩種值域有興趣，一是 $\boldsymbol{R}$，此時 $\varphi:\mathscr{R}\longrightarrow\boldsymbol{R}$ 叫做“標量(scaler)場”；一是 $\boldsymbol{R}^2$，此時 $\varphi:\mathscr{R}\longrightarrow\boldsymbol{R}^2$ 叫做（二維）“向量(vector)場”，〔而用厚體字！〕，或叫矢性場。

#702　標量場 $\varphi:\mathscr{R}\longrightarrow\boldsymbol{R}$，依着問題的不同，可以有種種不同的解釋。

#7021　例如，幾何地用 $z=\varphi(x,y)$，畫出一個曲面，而 φ 代表高度，特別地，$\varphi(x,y)=c$ 代表 $\mathscr{R}$ 中一條曲線，即**等高線**。

#7022　當然 $\varphi(x,y)$ 可能代表點（x，y）處的**溫度**，則 $\varphi(x,y)=c$ 是 $\mathscr{R}$ 中一條等溫線。

#7023　有時，φ 代表物理學上種種“位勢”；此時，$\varphi=$const. 代

表一條等位線。

#703 若 $\boldsymbol{F}:\mathscr{R}\longrightarrow\boldsymbol{R}^2$ 是個向量場，我們寫出$\boldsymbol{F}$的成分，P及Q，因而寫$\boldsymbol{F}=[P, Q]$，或者 $\boldsymbol{F}=iP+jQ$。

#7031 矢場 $\boldsymbol{F}$ 可能代表“力場”， 這就是說， 一個質點處在位置 (x, y) 時，就受力 $\boldsymbol{F}(x, y)$。

#7032 矢場$\boldsymbol{F}$可能代表“速度場”；$\mathscr{R}$是流體，在點(x, y)處，流體的一點依速度 $\boldsymbol{F}(x, y)$ 而流動。

如果記 $\boldsymbol{F}=[u, v]$，那麼流體中的一個流點之位置$(x(t), y(t))$就滿足了

$$\frac{dx}{dt}=u(x, y), \frac{dy}{dt}=v(x, y). \tag{1}$$

如果我們對流線（即軌跡）已經清楚：

$$y=\eta(x, c) \tag{2}$$

這時路徑之求法就簡單了，

代入 (1) $$\frac{dx}{u(x, \eta(x, c))}=dt,$$ 即

$$t-t_0=\int_{x_0}^{x}\frac{dx}{u(x, \eta(x, c))} \tag{3}$$

我們現在追究這兩種場的關聯：

#71 方向導數與梯度

回想一下，偏導數的意思：$\dfrac{\partial f(a, b)}{\partial x}$，$\dfrac{\partial f(a, b)}{\partial y}$分別表示函數 $z=f(x, y)$ 在點 (a, b) 處的 x, y 方向的變化率，〔幾何地說，就是 x 方向與 y 方向的切線斜率，見下圖〕

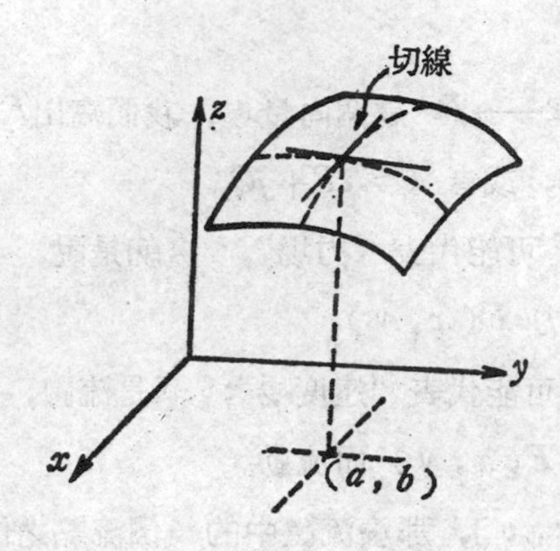

設 $\boldsymbol{u}$ 爲平面上的**單位向量**，欲求函數 $z=f(x, y)$ 在 (a, b) 點處，$\boldsymbol{u}$ 方向的變化率。今過點 (a, b) 而以 $\boldsymbol{u}$ 爲方向的直線 l，其參數方程式爲

$$\begin{cases} x=a+t\cos\theta \\ y=b+t\sin\theta \end{cases}$$

其中 θ 爲 $\boldsymbol{u}$ 與 x 軸的夾角，見下圖:

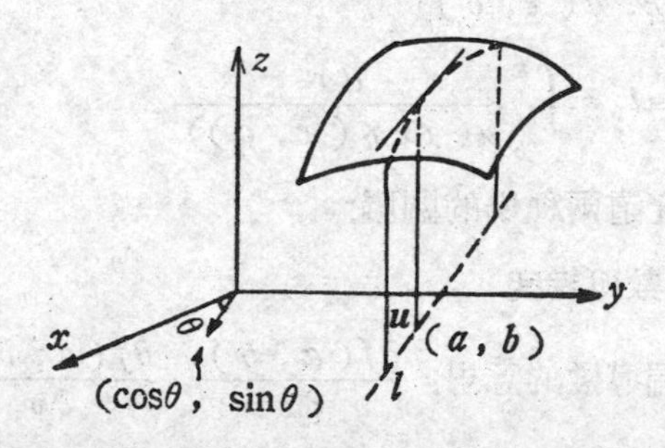

於是我們的問題就變成，求函數 f 在 l 上點 (a, b) 的變化率，這就是求

$$F(t)=f(a+t\cos\theta,\ b+t\sin\theta),\ t\in \boldsymbol{R}$$

在 $t=0$ 處的導數（這是多變數**單變化**的典型方法）。由**連鎖規則**得

$$F'(t)|_{t=0} \quad \frac{\partial f(a,b)}{\partial x}\cos\theta+\frac{\partial f(a,b)}{\partial y}\sin\theta$$

何謂方向導數?

這就叫做 f 在點 (a,b) 處 $\boldsymbol{u}$ 方向的**方向導數** (directional derivative of f at (a,b) in direction $\boldsymbol{u}$), 記爲 $D_u f(a,b)$。

#710 如果我們令 $\nabla f(x,y)=\dfrac{\partial f(x,y)}{\partial x}\boldsymbol{i}+\dfrac{\partial f(x,y)}{\partial y}\boldsymbol{j}$, 稱爲

何謂梯度

f 在點 (x,y) 在梯度 (gradient), 則 $D_u f(a,b)$ 可以寫成

#711 $$D_u f(a,b)=\nabla f(a,b)\cdot \boldsymbol{u}$$

這個式子用來計算方向導數非常方便。

【注意】 偏導數是方向導數的特例, 取 $\boldsymbol{u}=\boldsymbol{i}$ 或 $\boldsymbol{u}=\boldsymbol{j}$ 就得到

$$\frac{\partial f(a,b)}{\partial x} \text{ 或 } \frac{\partial f(a,b)}{\partial y}。$$

#712

【問】 如果 $\boldsymbol{u}$ **不是**單位向量, 方向導數該如何定義?

有一種辦法是, 假設 $\boldsymbol{u}\neq 0$, 則 $\boldsymbol{u}/\|\boldsymbol{u}\|$ 乃是 $\boldsymbol{u}$ 方向的單位向量,

何謂 Lie 氏導數

因而 $(\boldsymbol{u}\cdot\nabla f)/\|\boldsymbol{u}\|$ 就是沿着 $\boldsymbol{u}$ 方向的**方向導數**。一般地, $\boldsymbol{u}\cdot\nabla f$ 則是 f 相對於向量 $\boldsymbol{u}$ 之 Lie 氏導數 (此時 $\|\boldsymbol{u}\|$ 可以任意), 試求 $f(x,y)=x^2y^2$ 在點 $(1,2)$ 處 $\boldsymbol{u}=2\boldsymbol{i}-\boldsymbol{j}$ 方向的方向導數。

【解】 $\because \nabla f=\dfrac{\partial f}{\partial x}\boldsymbol{i}+\dfrac{\partial f}{\partial y}\boldsymbol{j}=(2xy^3)\boldsymbol{i}+(3x^2y^2)\boldsymbol{j}$

$\therefore \nabla f(1,2)=16\boldsymbol{i}+12\boldsymbol{j}$

又 $\boldsymbol{u}$ 方向的單位向量爲

$$a=\frac{\boldsymbol{u}}{\|\boldsymbol{u}\|}=\frac{2\boldsymbol{i}-\boldsymbol{j}}{\sqrt{2^2+(-1)^2}}=\frac{2}{\sqrt{5}}\boldsymbol{i}-\frac{1}{\sqrt{5}}\boldsymbol{j}$$

故方向導數為

$$\nabla f(1,2)\cdot a=(16\boldsymbol{i}+12\boldsymbol{j})\cdot\left(\frac{2}{\sqrt{5}}\boldsymbol{i}-\frac{1}{\sqrt{5}}\boldsymbol{j}\right)$$

$$=\frac{32}{\sqrt{5}}-\frac{12}{\sqrt{5}}=\frac{20}{\sqrt{5}}=4\sqrt{5}.$$

【問】求下列各函數在指定點及指定方向的方向導數:

(a) $f(x,y)=x^3+y^2$, $P=(1,2)$, $\boldsymbol{u}=\boldsymbol{i}+\boldsymbol{j}$

(b) $f(x,y)=x^3-3xy^2$, $P=(0,2)$, $\boldsymbol{u}=\boldsymbol{i}+2\boldsymbol{j}$

(c) $f(x,y)=e^x\cos y$, $P=(2,\pi)$, $\boldsymbol{u}=2\boldsymbol{i}+3\boldsymbol{j}$

#72 現在考慮在點 (a,b) 處，函數 $z=f(x,y)$ 在那一個方向的變化率最大?

由公式

$$D_u f=\nabla f\cdot\boldsymbol{u}$$
$$=\|\nabla f\|\cdot\|\boldsymbol{u}\|\cos\theta$$
$$=\|\nabla f\|\cos\theta\quad(\because\|\boldsymbol{u}\|=1)$$

其中 θ 為 $\triangle f$ 與 $\boldsymbol{u}$ 的夾角， 所以當 $\theta=0$ 時， 即當 ∇f 與 $\boldsymbol{u}$ 的方向一致

梯度的性質及意義

時，$D_u f$ 的值最大! 此時方向導數最大值為 $\|\nabla f\|$。換句話說，**梯度的方向是方向導數最大的方向!**

讀者一定會問: 為什麼叫梯度?

實際上，在點 (a,b) 的附近來畫函數 f 的等高線 $f(x,y)=$常數，對不同的常數這給出不同的等高線， 就好像在曲面 $z=f(x,y)$ 上有一階一階的梯田一樣，梯度的方向就是最快爬高的方向，其大小就是那方向的斜坡的斜率! 見下圖:

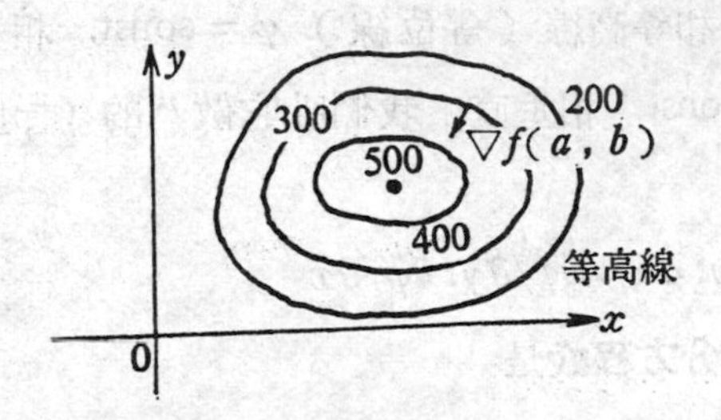

【問】設 $f(x, y)=x^2y$ 表平面上的溫度分佈，今有一隻螞蟻在點（1，2）處覺得很冷，牠要往溫度高的地方走，問牠應往何方向走溫度昇高最快？最大方向導數爲何？

【解】 $\because \nabla f=(2xy)\boldsymbol{i}+x^2\boldsymbol{j}$,

$\therefore \nabla f(1, 2)=4\boldsymbol{i}+4\boldsymbol{j}$

是螞蟻應該走的方向；而最大方向導數爲

$$\|\nabla f(1, 2)\|=\sqrt{4^2+4^2}=4\sqrt{2}.$$

【例】函數 $z=x^2-y^2$，在點（1，1）處，沿着斜角60°方向之（方向）導數爲何？

今　$grad z=\boldsymbol{i}2x-\boldsymbol{j}2y=2\boldsymbol{i}-2\boldsymbol{j}$,

斜角 60° 方向爲

$$\boldsymbol{i}\cos 60°+\boldsymbol{j}\sin 60°=\frac{1}{2}\boldsymbol{i}+\frac{\sqrt{3}}{2}\boldsymbol{j},$$

故得方向導數（$1-\sqrt{3}$）。

【問】函數 x^2+y^2 在（2，0）處及（0，ε）處梯度之方向差多少？

〔今 $grad\ u=\boldsymbol{i}2x+\boldsymbol{j}2y=\boldsymbol{i}2\varepsilon$ 與 $\boldsymbol{j}2\varepsilon$，成直角！〕

#721　“梯度”的意義。設 $\varphi: \mathscr{R} \longrightarrow \boldsymbol{R}$ 爲一個標量場，那麼就有一個向量場 $grad\varphi\equiv\left[\frac{\partial\varphi}{\partial x}, \frac{\partial\varphi}{\partial y}\right]$，叫做 φ 的**梯度**。這個命名是由（#7021）幾何解釋而來。

#722 梯度和等高線（等位線）$\varphi=$const. 相垂直。一個曲線 γ 若到處與 $\varphi=$const. 相垂直，我們叫它做 φ 的（梯度的）場線；對於 γ，

$$dy:dx=\partial\varphi/\partial y:\partial\varphi/\partial x$$

因之，**場線的微分方程式**是

$$\left(\frac{\partial\varphi}{\partial y}\right)dx-\partial\left(\frac{\partial\varphi}{\partial x}\right)dy=0.$$

【例】 $U=\log\dfrac{x+l+\sqrt{(x+l)^2+y^2}}{x-l+\sqrt{(x-l)^2+y^2}}$,

求梯度、等位線，等等。

此時，令

$$r_2=\sqrt{(x+l)^2+y^2},\ r_1=\sqrt{(x-l)^2+y^2},$$

$$\exp U=\frac{x+l+r_2}{x-l+r_1}=\frac{x-l-r_1}{x+l-r_2}=\frac{2l+r_2+r_1}{-2l+r_1+r_2},$$

故 $r_1+r_2=2l\coth\dfrac{U}{2}$，因而

等位線 $U=$常數，爲橢圓，其焦點爲 $(\pm l,0)$。

梯度爲

$$u=\left(\frac{1}{r_2}-\frac{1}{r_1}\right)i-\frac{1}{y}\left(\frac{x+l}{r_2}-\frac{x-l}{r_1}\right)j,$$

場線之方程式

$$\left(\frac{x-l}{r_1}-\frac{x+l}{r_2}\right)dx+\left(\frac{1}{r_1}-\frac{1}{r_2}\right)ydy=0,$$

乘以 $2(r_1-r_2)$ 再積分，得

$$(r_1-r_2)^2=c^2,$$

場線爲雙曲線，和諸橢圓共焦點，從而梯度場在一點 P 平分角

$\angle BPA=\theta$，其中A, B分別爲焦點；不難算出 $\|\boldsymbol{u}\|=\dfrac{1}{y}\sin\dfrac{\theta}{2}$。

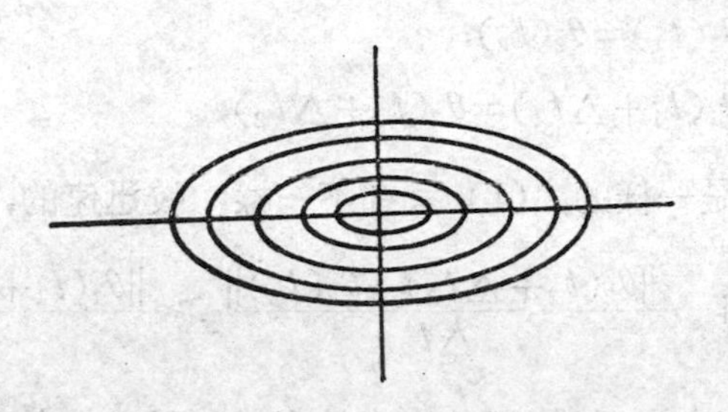

#730　假設φ是$\mathscr{R}$中一個標量場，而Γ是$\mathscr{R}$中一條（平滑的）定了號的曲線。這就是說：$\Gamma\subset\mathscr{R}$，而且它是某個映射　$\theta:[a;b]\longrightarrow\mathscr{R}$的影；$\Gamma=\theta([a;b])$，映射本身叫**路徑**（path）。我們要求的**平滑性**是指θ爲（$\mathscr{C}^1$）型，並且我們也要求$\left\|\dfrac{d\theta}{dt}\right\|\neq 0$，($\forall t$)。記住：若有“$\theta(s)=\theta(t)$, $s<t\Longrightarrow s=a$, $t=b$”則θ爲簡單路徑，而Γ爲**簡單曲線**，如果特別地$\theta(a)=\theta(b)$，那麼Γ叫做**簡單閉曲線**。我們不妨把$\theta(t)$看成一質點（或“人”）在t時刻之位置，因而“θ爲路徑”，Γ爲其“軌跡”，在幾何的立場，θ不重要，Γ才重要，但在物理學中θ更重要。

#731　我們可以想像φ解釋成“**溫度**”，或者“**高度**”。於是差分商

$$[\varphi(\theta(t+\triangle t))-\varphi(\theta(t))]/\triangle t \tag{1}$$

表示：**在這段時間內**，質點（所感受到的）溫度之變化率，或者人之**爬坡速率**。另外一方面$\|\theta(t+\triangle t)-\theta(t)\|$是這兩點的直線距離，因而

$$\frac{\varphi(\theta(t+\triangle t))-\varphi(\theta(t))}{\|\theta(t+\triangle t)-\theta(t)\|} \tag{2}$$

乃是在這段短暫**路程**中，溫度變化的程度，或者路面的平均坡度，這裏

乃是放棄了時間觀念，改用空間觀念：如果兩質點（或人）的路徑不同而軌跡相同，那麼，$\theta_1 \neq \theta_2$，

$$\begin{cases}\theta_1(t_1)=\theta_2(t_2),\\ \theta_1(t_1+\triangle t_1)=\theta_2(t_2+\triangle t_2),\end{cases}$$

算出的（2）式是一樣的，（1）式卻不一樣；較迅速的，

（如 $\dfrac{\|\theta_2(t_2+\triangle t_2)-\theta_2(t_2)\|}{\triangle t_2} > \dfrac{\|\theta_1(t_1+\triangle t_1)-\theta_1(t_1)\|}{\triangle t_1}$

即$(0<)\triangle t_2 < \triangle t_1$)，將使爬坡速率較大，（(1)式範數較大）。取$\lim\limits_{\triangle t\to 0}$，

那麼（2）式恰好就是φ之**方向導數** $\partial_l\varphi$ 即是，“φ在點 $\theta(t)$ 處，沿着$\dfrac{d}{dt}\theta(t)=l(t)$方向的導數”；它和（1）**式的極限**$\dfrac{d\varphi(\theta(t))}{dt}$有簡單的關係：

$$\frac{d\varphi(\theta(t))}{dt}=\|l(t)\|\cdot\partial_l\varphi(\theta(t)). \tag{3}$$

我們要問：從 $t=a$ 到 $t=b$ 這段時間內，溫度（或高度）總差是多少？當然是

$$\varphi(\theta(b))-\varphi(\theta(a))=\int_a^b \frac{d\varphi(\theta(t))}{dt}dt; \tag{4}$$

最後式當然是微積分學根本定理而已。

我們現在改用幾何的，而非物理的觀點，用方向導數來敍述（4），那麼，以（3）代入（4）得：

$$\begin{aligned}\varphi(\theta(b))-\varphi(\theta(a))&=\int_a^b \partial_l\varphi(\theta(t))\|l(t)\|dt\\ &=\int_\Gamma \partial_l\varphi ds.\end{aligned} \tag{5}$$

（5）式右端這樣子解釋：$ds=\|l(t)\|dt$ 是Γ上的微分弧長；$l(t)=$

$\frac{d\theta}{dt}$是速度向量，而 $\partial_l\varphi$ 是φ沿着 $l(t)$ 方向的**方向導數**；(5) 式右端乃是個“第一種”循線積分。

#732　一般地說：若ψ是$\mathscr{R}$中的函數，Γ是$\mathscr{R}$中一條曲線，循線積分$\int_\Gamma \psi ds$ 也只是平常的“分割取樣求和求極限”而已：把Γ分割成許多段，在每段取一點 P_i 當做樣本點，計算函數值 $\psi(P_i)$，作$\sum\psi(P_i)\triangle s_i$，其中$\triangle s_i$ 是小段的**弧長或割弦長**（兩者不相同！），再取極限。如果Γ是很平滑的曲線，ψ也連續，那麼這極限就存在，這就是$\int_\Gamma \psi ds$的定義。

如果Γ是路徑θ:〔a；b〕⟶$\mathscr{R}$之影，則 $P_i=\theta(\tau_i), \triangle s_i$（解釋爲割弦長時）$=\|\theta(t_i)-\theta(t_{i-1})\|, t_{i-1}\le\tau_i\le t_i$ 因而

$$\int_\Gamma \psi ds=\int_a^b \psi(\theta(t))\left\|\frac{d\theta}{dt}\right\|dt$$

#733　在前面我們其實已經 算過很多的這種 循線積分了！ 現在只是再做個複習而已。

【例】 計算$\int_\Gamma (x+y)ds$，Γ爲以$O=(0,0), A=(1,0), B=(0,1)$爲頂點之三角形。今在 $\overline{OA}$ 上$_{ds=dx}$，$y=0$，故

$$\int_{\overline{OA}}(x+y)ds=\int_{\overline{OA}}xdx=2^{-1}.$$

在 $\overline{AB}$ 上，取 $\theta(t)\equiv(1-t, t)$，$0\le t\le 1$，

故　$$\left\|\frac{d\theta}{dt}\right\|=\sqrt{2},$$

而　$x+y=1-t+t=1$，因而

$$\int_{\overline{AB}}(x+y)ds=\sqrt{2}\int_0^1 1\,dt=\sqrt{2}.$$

在 $\overline{BO}$ 上，$ds=-dy$, $x\equiv 0$，

故 $$\int_{\overline{BA}} \overline{x+y}\,ds=-\int_1^0 y\,dy=\int_0^1 y\,dy=2^{-1}.$$

$$\boxed{\text{答}\quad \int_\Gamma (x+y)ds=\sqrt{2}+1}$$

【例】在雙曲線 $\Gamma: x^2-y^2=a^2$ 上計算$\int_\Gamma xy\,ds$，但起點爲$(a,0)$，終點爲 $(a\,\mathrm{ch}t_1, a\,\mathrm{sh}t_1)$。

【解】今將Γ表示成

$$x=a\,\mathrm{ch}t,\quad y=a\,\mathrm{sh}t,\quad 0\leq t\leq t_1,$$

那麼$$\left(\frac{dx}{dt}\right)^2+\left(\frac{dy}{dt}\right)^2=a^2(\mathrm{ch}^2t+\mathrm{sh}^2t)=\left(\frac{ds}{dt}\right)^2$$
$$=a^2\mathrm{ch}2t$$

$xy=a^2\mathrm{ch}t\,\mathrm{sh}t$，所以

$$\int_0^{t_1} a^3(\mathrm{ch}t\,\mathrm{sh}t)\sqrt{\mathrm{ch}^2t+\mathrm{sh}^2t}\,dt$$
$$=2^{-1}a^3\int_0^{t_1}\sqrt{\mathrm{ch}2t}\ \mathrm{sh}2t\,dt=6^{-1}a^3(\mathrm{ch}^{3/2}t_1-1)$$

【習　題】

求$\int_\Gamma \phi\,ds$.

1. Γ是擺線，$x=a(t-\sin t)$, $y=a(1-\cos t)$ 之一拱 $0\leq t\leq 2\pi$, 而$\phi=y^2$.

 [答 $\frac{256}{15}a^3$]

2. Γ是曲線$x=a(\cos t+t\sin t)$，$y=a(\sin t-t\cos t)$，$0\leq t\leq 2\pi$，而 $\phi=x^2+y^2$。 〔答 $2\pi^2a^3(1+2\pi^2)$〕

3. Γ是內擺線 $x^{2/3}+y^{2/3}=a^{2/3}$，而 $\phi=x^{4/3}+y^{4/3}$.

 〔此時宜用$x=a\cos^3t$，$y=a\sin^3t$，答 $4a^{7/3}$〕

4. Γ 是扇形之邊 $\rho=a$，$\varphi=0$，及 $\varphi=\pi/4$，而 $\phi=e^\rho$。

答　$2(e^a-1)+\frac{\pi}{4}ae^a$

5. Γ是雙紐線，$(x^2+y^2)^2=a^2(x^2-y^2)$，而 $\psi=|y|$。〔答　$2a^2(2-\sqrt{2})$〕
6. Γ是對數螺線 $\rho=ae^{k\varphi}$ 在 $\varphi\leq 0$ 的部分，而 $\psi=x$。

〔答　$2ka^2\sqrt{1+k^2}/(1+4k^2)$ 這是個瑕積分〕

#734　我們現在介紹一下“第二種循線積分”，如果：Γ如前，$\boldsymbol{u}$ 是$\mathscr{R}$中的一個**向量場**，我們令 $\psi(P)=\boldsymbol{u}(P)\cdot\boldsymbol{l}(P)$, $P\in\Gamma$，而 $\boldsymbol{l}(P)$ 是Γ在點P處之切向**單位向量**，那麼$\int_\Gamma\psi ds$ 叫做**第二種循線積分**。如果向量u是“力”，那麼這積分是爲沿Γ所作之功（work)。

我們必須註解：Γ在點P處，切向有二，不過，Γ的“正負號已決定”(oriented)，即起點終點，走向已確定，因而我們可以在這兩向之中選定一個，因而 $\boldsymbol{l}(P)$ 就確定了。

第二個註解是：在上面講“第一種循線積分$\int_\Gamma\psi ds$”時，ψ只要是**定義在 Γ 上**的連續函數就好了！此地，令 $\psi(P)=u(P)\cdot\boldsymbol{l}(P)$，對 $P\in\Gamma$有定義，對$P\notin\Gamma$不必定義。因爲 $\boldsymbol{l}(P)$ 是單位向量，我們也可以改寫成

$$\psi(P)=u_l(P)=\|u(P)\|\cos(\boldsymbol{l},\boldsymbol{u}(P)),$$

$u_l(P)$ 是 $\boldsymbol{u}(P)$ 在方向 $\boldsymbol{l}$ 上的投影成分。

我們常把向量 $\boldsymbol{u}(P)$ 用成分寫出：

$$\boldsymbol{u}(P)=[u(P),v(P)]=\boldsymbol{i}u(P)+\boldsymbol{j}v(P),$$

則

$$\|\boldsymbol{u}(P)\|\cos(\boldsymbol{l},\boldsymbol{u}(P))ds$$

$$=\left(u(P)\frac{dx}{ds}+v(P)\frac{dy}{ds}\right)ds,$$

$$\left[\text{因爲 } \boldsymbol{l}=\boldsymbol{i}\frac{dx}{ds}+\boldsymbol{j}\frac{dy}{ds}\right]$$

所以“第二種循線積分”常寫做：

$$\int_\Gamma u\,dx+v\,dy,\quad 或者\int_\Gamma \boldsymbol{u}\cdot d\boldsymbol{x},$$

叫做向量場 $\boldsymbol{u}$ 沿着曲線 Γ 的循環量。

【例】求 $\int_\Gamma (x^2-2xy)dx+(y^2-2xy)dy$，$\Gamma$ 爲

$$y=x^2 \qquad x\in[-1;1]$$

今 $dy=2xdx$，故得積分式爲

$$\int_{-1}^{1}\{(x^2-2x^3)+(x^4-2x^3)2x\}dx$$

$$=\int_{-1}^{1}(2x^5-4x^4-2x^3+x^2)dx=-\frac{14}{15}.$$

【問】計算如下的循線積分

1. $\int_\Gamma (x^2+y^2)dx+(x^2-y^2)dy$,

   Γ: $y=1-|1-x|$, $0\leq x\leq 2$

   答 4/3

2. $\int_\Gamma (x+y)dx+(x-y)dy$, Γ 爲 $\frac{x^2}{a^2}+\frac{y^2}{b^2}=1$.

   答 由對稱性，$\Gamma=0$.

3. $\int_\Gamma (2a-y)dx+xdy$, Γ 爲擺線一拱:

   $x=a(t-\sin t)$, $y=a(1-\cos t)$, $t\in[0;2\pi]$

   答 $-2\pi a^2$

4. $(x^2+y^2)dx+2xydy$ 是否爲全微分？其循線積分，自點（0，0）到點（1，2），沿直線，或沿拋物線 $y^2=4x$，各爲何？

   答 13/3

5. $\int_{(0,0)}^{(1,2)}[(x+y^2)dx+2xy^2dy]$ 與積分路線有關否？試沿直線，及沿拋物線 $y^2=4x$ 分別計算之。

#74 我們可以把 #7·31 中的式子(5)之右端改成 $\int_{\Gamma} grad\varphi\cdot dx$，因而得到了如下的

#741 梯度定理：若$\boldsymbol{u}=\text{grad}\varphi$，那麼

$$\int_{\Gamma}\boldsymbol{u}\cdot d\boldsymbol{x}=\varphi\Big|_{\partial\Gamma}=\varphi\ (\Gamma\text{之終點})-\varphi(\Gamma\ \text{之起點})。$$

特別地，這循環量只與曲線Γ之起點、終點有關，與中間經過之點無關。

一個向量場 $\boldsymbol{u}$ 寫成 $\boldsymbol{u}=\boldsymbol{i}P+\boldsymbol{j}Q$，則$\int_{\Gamma}\boldsymbol{u}\cdot d\boldsymbol{x}$ 可以寫成

$$\int_{\Gamma}Pdx+Qdy,$$

如果 $\boldsymbol{u}$ 是成梯的，

$$P=\frac{\partial\varphi}{\partial x},\quad Q=\frac{\partial\varphi}{\partial y},$$

那麼
$$Pdx+Qdy=\frac{\partial\varphi}{\partial x}dx+\frac{\partial\varphi}{\partial y}dy=d\varphi,$$

也就是說微分式 $Pdx+Qdy$ 是個“全微分”$d\varphi$，因而

$$\int_{\Gamma}Pdx+Qdy=\int_{\Gamma}d\varphi=\varphi\Big|_{\partial\Gamma}$$

也就很容易記了!

【例】 計算出$\int_{\Gamma}(x^4+4xy^3)dx+(6x^2y^2-5y^4)dy=62,$

其中Γ是自點（$-2,-1$）到點（3，0）的任何一條曲線。

【證明】 我們設法證明

$$(x^4+4xy^3)dx+(6x^2y^2-5y^4)dy=Pdx+Qdy$$

是個全微分，或即：矢場 $iP+jQ$ 成梯；

$$\begin{cases} x^4+4xy^3=\partial\varphi/\partial x, \\ 6x^2y^2-5y^4=\partial\varphi/\partial y, \end{cases}$$

爲此，我們從第一式得到

$\varphi=x^5/5+2x^2y^3+y$ 的函數，

再由第二式得

$\varphi=x^5/5+2x^2y^3-y^5$（＋常數），

所以

$$\int_\Gamma Pdx+Qdy=\int_\Gamma \text{grad}\varphi\cdot dx=\int_\Gamma d\varphi$$

$$=[x^5/5+2x^2y^3-y^5]\Big|_{(-2,-1)}^{(3,0)}=62.$$

【習　　題】

驗證出被積分向量場的成梯性，從而計算循環量$\int_\Gamma u\cdot dx$。

1. $u=iy+jx$ Γ自（-1，2）到（2，3）　〔答　$\varphi=xy$, 8〕
2. $u=ix+jy$ Γ自（0，1）到（3，-4）　〔答　$\varphi=(x^2+y^2)/2$, 12〕
3. $u=i(x+y)+j(x-y)$，Γ 自（0，1）到（2，3）
　〔答　$u=2^{-1}x^2+xy-2^{-1}y^2$, 4〕
4. $u=i\left(1-\frac{y^2}{x^2}\cos\frac{y}{x}\right)+j\left(\sin\frac{y}{x}+\frac{y}{x}\cos\frac{y}{x}\right)\Gamma$自（1，$\pi$）到（2，$\pi$）.

　答：$\varphi=x+y\sin\frac{y}{x}$，$\pi+1$

#742 我們說一個向量場 $u=iP+jQ$ 是保守的，如果它的循環量只與積分所循曲線之端點有關，與曲線本身再無關係。如上我們已知道成梯的矢場是保守的，我們現在證明它的逆命題：

如果 $u=iP+jQ$ 是個保守的向量場，任取一點 (x_0, y_0)，爲基

準，又令

$$W(x, y) \equiv \int_{(x_0, y_0)}^{(x, y)} \boldsymbol{u} \cdot d\boldsymbol{x}, \tag{5}$$

其中積分路線是自點（x_0, y_0）到點（x, y）的任何一條足够平滑的路線，由保守的定義，這積分與路線無關。

由定義，

$$W(x', y') - W(x, y) = \int_{(x, y)}^{(x', y')} \boldsymbol{u} \cdot d\boldsymbol{x}$$

若 $x' \equiv x$，則由**不定積分定理**，

$$\frac{\partial W}{\partial y} = Q$$

同理令 $y' = y$，又得$\dfrac{\partial W}{\partial x} = P$。

因而立知:

$$\frac{\partial W}{\partial x} = P, \quad \frac{\partial W}{\partial y} = Q$$

所以 $\boldsymbol{u} = \boldsymbol{i}P + \boldsymbol{j}Q$ 是W的梯度，故保守的向量場必是成梯的。

#743 “保守的”一詞，乃由力學而來: 矢場 $\boldsymbol{i}P + \boldsymbol{j}Q = \boldsymbol{F}$，解釋爲力場，則循線積分代表力場所作之功，今如上我們定出的函數W滿足

$$\int_{(x, y)}^{(x', y')} \boldsymbol{F} \cdot d\boldsymbol{x} = W(x', y') - W(x, y).$$

但另一方面，根據 Newton 第二定律:

$$m\frac{d^2x}{dt^2} = P, \quad m\frac{d^2y}{dt^2} = Q. \text{ 因而}$$

$$\int_{t_0}^{t_1} m\left(\frac{d^2x}{dt^2}\ \frac{dx}{dt} + \frac{d^2y}{dt^2}\ \frac{dy}{dt}\right)dt$$

$$= \int_{t_0}^{t} \left(P\frac{dx}{dt} + Q\frac{dy}{dt}\right)dt$$

$$=W(x_1, y_1)-W(x_0, y_0). \tag{1}$$

假設在 t_i 時粒子跑到 (x_i, y_i) 的位置，若令動能爲

$$T=\frac{1}{2}mv^2=\frac{1}{2}m\left[\left(\frac{dx}{dt}\right)^2+\left(\frac{dy}{dt}\right)^2\right] \tag{2}$$

那麼$\dfrac{dT}{dt}=m\left(\dfrac{d^2x}{dt^2}\ \dfrac{dx}{dt}+\dfrac{d^2y}{dt^2}\ \dfrac{dy}{dt}\right)$，因此上式成了

$$T(t_1)-T(t_0)=W(x_1, y_1)-W(x_0, y_0). \tag{3}$$

若記$U=-W$稱做位能，那麼 t_i 時刻的總能量是

$$T(t_i)+U(x_i, y_i)$$

而上式就表示**能量不變**。（又叫**不滅**）； 而且力$\boldsymbol{F}$和位能U的關係是

$$P=-\frac{\partial U}{\partial x},\ \ Q=-\frac{\partial U}{\partial y} \tag{4}$$

或即 $\boldsymbol{F}=-\mathrm{grad}U$，即$U$的負梯度。

#744 保守性也可以換用如下的方式來陳述:

若把 C' 逆向，接在C之後，那麼用$\Gamma=C+(-C')$ 表示，"自點A循C到B，再循 $(-C')$ 回到A的**閉曲線**"，那就有:

$$\oint_\Gamma (Pdx+Qdy)=0，\text{對一切閉路}\Gamma$$

#75 本段的敍述其實和維數無關 。 維數更高只是讓幾何形象的形成有困難而已: 梯度的形象不成立了，而等溫線的說法在三維時，改爲等溫面（更高維就不行了。）

梯度，在三維時，記成

$$\nabla\equiv \boldsymbol{i}\partial_k+\boldsymbol{j}\partial_y+\boldsymbol{k}\partial_z,$$

也用記號 grad 表示。

【問】在點（1，2，2）處，兩個函數

$$u=x+y+z$$

與 $v=x+y+z+0.001\sin(10^6\pi\sqrt{x^2+y^2+z^2})$

梯度差多少?

$$\left[\text{grad}(v-u)=10^{-3}\cos(10^6\pi\sqrt{x^2+y^2+z^2})\cdot 10^6\pi\left(\frac{ix+jy+kz}{\sqrt{\quad}}\right)\right.$$
$$=10^3\pi\cos(10^6\pi\sqrt{\quad})[(ix+jy+kz)/\sqrt{\quad}].$$

其中 $\|[\quad]\|\equiv 1$，在點 (1, 2, 2) 處 $\cos(\quad)=1$，故 grad$u$ 與 grad$v$ 相差達 $10^3\pi$! 但 $|u-v|\leq 0.001$.（到處！）

#751 我們在三維空間中討論。我們假設$\mathscr{R}$是 $\boldsymbol{R}^3$ 中的一個區域，φ是$\mathscr{R}$中一個標量場，即是$\varphi:\mathscr{R}\longrightarrow\boldsymbol{R}$，$u$是$\mathscr{R}$中一個向量場，即是$\boldsymbol{u}:\mathscr{R}\longrightarrow\boldsymbol{R}^3$。我們再設 $\theta:[a;b]\longrightarrow\mathscr{R}$是個簡單的 $\mathscr{C}^1$ 型路徑。這時候我們可以定義循線積分

循線積分的定義

$$\int_a^b \varphi(\theta(t))\|d\theta(t)\|$$

以及
$$\int_a^b \boldsymbol{u}(\theta(t))\cdot\frac{d\theta}{dt}dt.$$

此地我們都設 $\boldsymbol{u}$，φ為 $\mathscr{C}^0$ 型，故積分都存在，實際上我們可把前者解釋成

$$\lim\sum_1^n \varphi(\theta(\tau_i))\|\theta(t_i)-\theta(t_{i-1})\|$$

後者解釋成

$$\lim\sum_1^n \boldsymbol{u}(\theta(\tau_i))\cdot[\theta(t_i)-\theta(t_{i-1})]$$

這裏 $a=t_0<t_1<\cdots\cdots<t_n=b$

而讓 $\max_\lambda \Delta t_i\longrightarrow 0$，　$\Delta t_i\equiv t_i-t_{i-1}$

可以證明參數 t 的選擇不重要。要點不在於路徑 θ，而在於 θ 的影，即"曲線" $\theta([a;b])=\Gamma$。因之，我們記這兩個積分為

$$\int_\Gamma \varphi(\boldsymbol{r})dl$$

以及 $$\int_\Gamma \boldsymbol{u}(\boldsymbol{r})\cdot d\boldsymbol{r}$$

我們說後者爲"向量場 $\boldsymbol{u}$ 沿着有號曲線 Γ 的**循環量** (circulation)"此地，Γ 的"符號"〔自 $\theta(a)$ 到 $\theta(b)$〕也有重要性；反向的結果可使積分變號!

何謂循環量?

【例】 $\boldsymbol{u}=(3x^2+6y)\boldsymbol{i}-14yz\boldsymbol{j}+20xz^2\boldsymbol{k}$,

Γ: $x=t$, $y=t^2$, $z=t^3$, $0\leq x, y, z\leq 1$

求 $\int_\Gamma \boldsymbol{u}\cdot d\boldsymbol{r}$

【解】
$$\int_\Gamma \boldsymbol{u}\cdot d\boldsymbol{r}=\int\{(3x^2+6y)dx-14yzdy+20xz^2dz\}$$

$$=\int_0^1 \{(3t^2+6t^2)dt-14t^5d(t^2)+20t^7d(t^3)\}$$

$$=\int_0^1 \{9t^2dt-28t^6dt+60^9dt\}=5$$

【習　題】

計算（第一種）循線積分 $\int_\Gamma \varphi(x)ds$

1. $\varphi=x^2+y^2+z^2$, Γ: $x=a\cos t$, $y=a\sin t$, $z=bt$,

$0\leq t\leq 2\pi$. $\left[\text{答: } \frac{2\pi}{3}(3a^2+4\pi^2b^2)\sqrt{a^2+b^2}\right]$

2. $\varphi=x^2$, Γ: $x^2+y^2+z^2=a^2$, $x+y+z=0$ 〔答 $2\pi a^3/3$〕

3. $\varphi=z$, Γ: $x=t\cos t$, $y=t\sin t$, $z=t$, $0\leq t\leq t_0$

〔答 $[(2+t_0^2)^{3/2}-2^{3/2}]/3$.〕

4. $\varphi=z$. Γ: $x^2+y^2=z^2, y^2=ax$, 從點 $(0,0,0)$ 到 $(a,a,a\sqrt{2})$.

$$\left[\text{答 } \frac{a^2}{256\sqrt{2}}\left[100\sqrt{38}-72-17\ln\frac{25+4\sqrt{38}}{17}\right]\right]$$

計算（第二種循線積分）循環量

1. $\int_{\Gamma}(y^2-z^2)dx+2yzdy-x^2dz$，$\Gamma: x=t, y=t^2, z=t^3$，自 $t=0$到 $t=1$.

答 $\frac{1}{35}$

2. $\int_{\Gamma}(y-z)dx+(z-x)dy+(x-y)dz$.

$\Gamma: x^2+y^2+z^2=a^2$ 且 $y=x\tan\alpha$.

答 $2\pi\sqrt{2}\,a^2\sin\left(\frac{\pi}{4}-\alpha\right)$

3. $\int_{\Gamma}(y^2-z^2)dx+(z^2-x^2)dy+(x^2-y^2)dz$,

Γ為么球面上，第一掛限的外緣

〔答 4，有三段：$x=0$的一段以$z=\cos t$，$y=\sin t$，$0\leq t\leq\pi/2$，得 $\int_0^{\pi/2}(\cos^3 t+\sin^3 t)dt=4/3$.〕

【例】以$F=3xy\boldsymbol{i}-5z\boldsymbol{j}+10x\boldsymbol{k}$ 把一物自點（2，2，1）沿$x=t^2+1$，$y=2t^2$，$z=t^3$ 推到點（5，8，8）求所做功。

【解】
$$\int \boldsymbol{F}\cdot d\boldsymbol{r}=\int\{3xydx-5zdy+10xdz\}$$
$$=\int_0^1\{3(t^2+1)(2t^2)2tdt-5t^3 4tdt+10(t^2+1)3t^2dt\}$$
$$=303$$

§76 梯度定理（循 環量定理）

【定理】〔設 u,φ,Γ 如上〕向量場 gradφ（φ的梯度）沿着Γ的循環量$\int_{\Gamma}\mathrm{grad}\varphi\cdot d\boldsymbol{r}=\varphi(\theta(b))-\varphi(\theta(a))\equiv\varphi|_{\partial\Gamma}$

此地，$\partial\Gamma$ 表示有號曲線Γ的端緣，以終點 $\theta(b)$ 為"正"，起點 $\theta(a)$ 為"負"。

【證明】記 $\boldsymbol{u}=\mathrm{grad}\varphi$ 則

$$\int_\Gamma \boldsymbol{u}(\boldsymbol{r})\cdot d\boldsymbol{r}=\lim\sum \boldsymbol{u}(\theta(\tau_i))\cdot[\theta(t_i)-\theta(t_{i-1})]$$

另外考慮 $\varphi(\theta(b))-\varphi(\theta(a))$

$$=\sum_{i=1}^{n}[\varphi(\theta(t_i))-\varphi(\theta(t_{i-1}))]$$

$$=\sum \boldsymbol{u}(t_i)\cdot[\theta(t_i)-\theta(t_{i-1})]$$

在分割越來越細時，這兩個極限一樣！事實上，$d\theta/dt\neq 0$，於是

$$\left\|\frac{d\theta}{dt}\right\|^{-1}\frac{d\theta}{dt}\cdot\boldsymbol{u}(\theta(t))=\left\|\frac{d\theta}{dt}\right\|^{-1}\frac{d\theta}{dt}\cdot\operatorname{grad}\varphi(\theta(t))$$

是沿着 $\theta(t)$ 的單位切向的 φ 的**方向導數**，若乘上距離 $\|\theta(t_i)-\theta(t_{i-1})\|$，就約為 $\varphi(\theta(t_i))-\varphi(\theta(t_{i-1}))$ 而

$$\sum\left\|\frac{d\theta}{dt}^{(t_i)}\right\|^{-1}\frac{d\theta}{dt}\cdot u(\theta(t))\|\theta(t_i)-\theta(t_{i-1})\|$$

之極限則為 $\int_\Gamma \boldsymbol{u}(x)\cdot d\boldsymbol{x}$

【注意】 若空間維數為 1，則這定理就是 Newton—Leibniz 公式！

【例題】 1. $\int_{(1,1,1)}^{(2,3,-4)}(xdx+ydy-z^3dz)\left[=\frac{-233}{4}\right]$

2. $\int_{(1,2,3)}^{(6,1,1)}(yzdx+xzdy+xydz)$

〔令 $\varphi(x,y,z)=xyz$〕

3. $\int_P^Q(x^2-2yz)dx+(y^2-2xz)dy+(z^2-2xy)dz$

$=\varphi(Q)-\varphi(P)$，求 φ.

答 $\varphi=3^{-1}(x^3+y^3+z^3)-2xyz+c$

#8 平面矢場的散度與旋度

#81 考慮一個向量場 $\boldsymbol{u}=\boldsymbol{i}P+\boldsymbol{j}Q$，如果 $\boldsymbol{u}$ 是成梯的，$\boldsymbol{u}=\mathrm{grad}\varphi$，因而

$$P=\frac{\partial\varphi}{\partial x},\ Q=\frac{\partial\varphi}{\partial y},$$

當然有
$$\frac{\partial P}{\partial y}=\frac{\partial^2\varphi}{\partial x\partial y}=\frac{\partial Q}{\partial x}.$$

所以 $\frac{\partial Q}{\partial x}-\frac{\partial P}{\partial y}$ 是一個量度，量度 $\boldsymbol{u}$ "和"梯度"差了多少？" 我們把它叫做 u 的旋度，記成 $\mathrm{rot}\boldsymbol{u}$；若 $\mathrm{rot}\boldsymbol{u}=0$，則 $\boldsymbol{u}$ 爲無旋的。

【例】假設剛體只能繞定點 (x_0, y_0) 旋轉，那麼一般點

$$x=x_0+r\cos\varphi,\ y=y_0+r\sin\varphi.$$

只能變動 φ：

$$\begin{cases} v_x\dot{x}=-r\sin\varphi\cdot\dot{\varphi}=-(y-y_0)\omega,\ \omega=\dot{\varphi}=d\varphi/dt; \\ v_y=\dot{y}=r\cos\varphi\cdot\dot{\varphi}=(x-x_0)\omega, \end{cases}$$

此地 $\omega=\dot{\varphi}$ 是角速度。

而 $$\frac{\partial v_y}{\partial x}-\frac{\partial v_x}{\partial y}=2\omega.$$

即：速度場 $\boldsymbol{v}$ 之旋度爲角速兩倍。

#82 **Stokes** 定理：

$$\oint_{\partial\mathscr{R}}(Pdx+Qdy)=\int_{\mathscr{R}}\left(\frac{\partial Q}{\partial x}-\frac{\partial P}{\partial y}\right)dxdy.$$

其中 $\partial\mathscr{R}$ 爲 $\mathscr{R}$ 的邊緣，依逆時向。

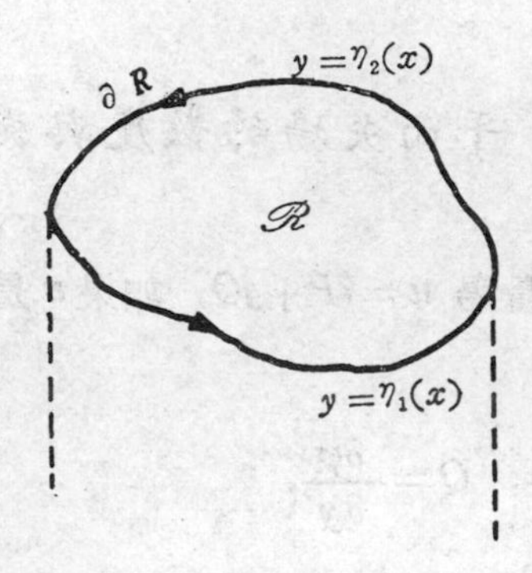

假設是上圖的形狀，那麼

$$\int_{\eta_1}^{\eta_2}\frac{\partial P}{\partial y}dy=P(x,\eta_2(x))-P(x,\eta_1(x)).$$

因此 $$\iint_{\mathscr{D}}\frac{\partial P}{\partial y}dxdy=-\oint_C P(x,\eta_2(x))$$

（注意符號！）同理計算另一項，而證明了 Stokes 公式。

我們可把 Stokes 公式重寫成：

$$\iint_{\mathscr{R}}\text{rot}\boldsymbol{u}\ dxdy=\int_{\partial\mathscr{R}}\boldsymbol{u}\cdot d\boldsymbol{x}$$

但 $\partial\mathscr{R}$ 的方向要注意，是右旋的，反時針方向，如果$\mathscr{R}$是單連通的，如上圖。

♯821 更複雜的，如下圖。以用分割的辦法化約成單連通的情形：

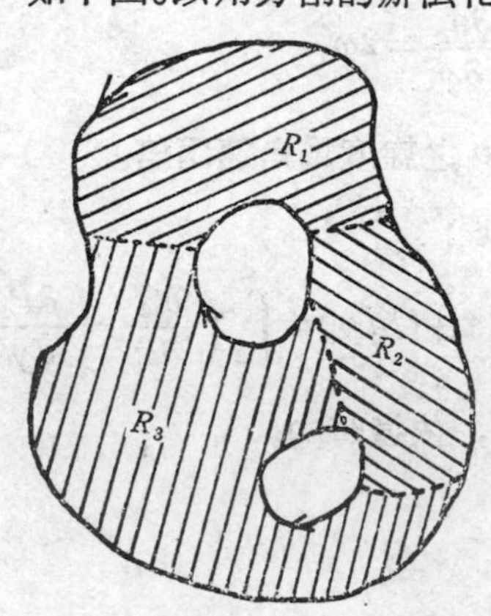

【例】計算$\oint_\Gamma xy^2dy-x^2ydx$，$\Gamma$為 $x^2+y^2=a^2$.

【解】
$$=\iint\left[-\frac{\partial}{\partial y}(-x^2y)+\frac{\partial}{\partial x}(xy^2)\right]dxdy$$
$$=\iint(x^2+y^2)dxdy=\pi a^4/2.$$

【問】計算如下循環量。

1. $\oint_\Gamma e^x[(1-\cos y)dx-(y-\sin y)dy]$

   而Γ為$0<x<\pi$，$0<y<\sin x$ 之緣。

答　$-5^{-1}(e^\pi-i)$

2. $\int_\Gamma(e^x\sin y-my)dx+(e^x\cos y-m)dy.$

   Γ為自（a，0）到（0，0）的**上半圓周**。

【註】湊上一段自（0，0）到（a，0）之線段!〔答　$\pi a^2m/8$〕

#83　由 Stokes 公式，我們就知道:

若$\boldsymbol{u}$為 $\mathscr{C}^1$ 型矢場，且無旋，則成梯:

今　　$\mathrm{rot}\boldsymbol{u}=0$，$\boldsymbol{u}=\boldsymbol{i}P+\boldsymbol{j}Q$，則

$$\iint_{\mathscr{R}}\mathrm{rot}\boldsymbol{u}\,dxdy=\oint_{\partial\mathscr{R}}\boldsymbol{u}\cdot d\boldsymbol{x}=0$$

因而$\boldsymbol{u}$是保守的。

保守性是一種“積分表達”，其微分表達為“成梯性”：$\boldsymbol{u}=\mathrm{grad}\varphi$，或即

$$Pdx+Qdy=d\varphi \text{ 之全微分性,}$$

而這些都等價於無旋性：$\mathrm{rot}\boldsymbol{u}=0$，當然，rot grad$=0$只是$\frac{\partial}{\partial x}\frac{\partial}{\partial y}=\frac{\partial}{\partial y}\frac{\partial}{\partial x}$而已，以上這些敍述常被稱做 Poincaré 補題。

#8301 若把矢場 $\boldsymbol{u}$ 解釋成流體中的速度場， 無旋性又叫**無渦性**(vortex-free)，流叫做**層流** (laminar flow)，這時候， $\boldsymbol{u}=\text{grad}\varphi$，而 φ 叫做**速度位**。

#831 【**註**】如果討論的範圍是平面上的一個**多重連通域** $\mathscr{R}$（如圖是雙重連通），那麼要求

「 $\int_c \boldsymbol{F}\cdot d\boldsymbol{x}$

只跟 C 的起終點有關」，(即 $\boldsymbol{F}$ 之為梯度）是比「$\boldsymbol{F}$ 之無旋性」強得多 （一般地)。後者，一般地，只保證局部位勢的存在。

例如在 $\mathscr{R}=$「平面扣去原點」時，

令 $$P=\frac{y}{x^2+y^2},\quad Q=\frac{-x}{x^2+y^2},$$

則 $$\text{rot}\boldsymbol{F}=0\text{，但 }\boldsymbol{F}=-\text{grad}\theta,$$

其中 θ 是點 (x, y) 的輻角—— 多值函數!

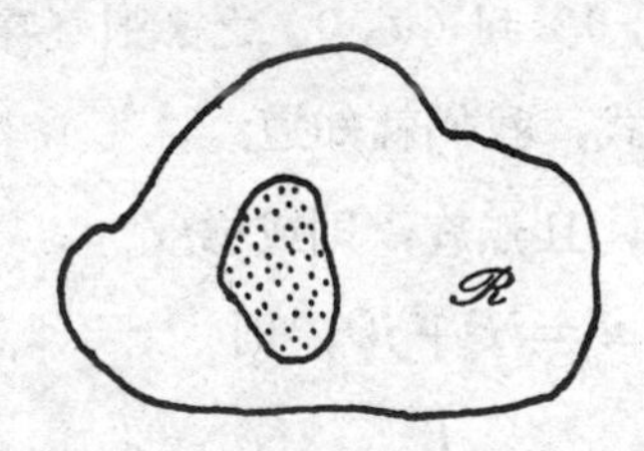

****#832** 關於旋度的註解，由公式

$$\text{rot}\boldsymbol{F}(P)=\lim_{S\to P}\frac{1}{|S|}\oint_{\partial S}\boldsymbol{F}\cdot ds \tag{14}$$

這裏，區域 S 漸漸縮小到 P，而 $|S|$ 是 S 的面積。這個公式可以做為旋度的定義。請注意這個定義的幾何性: $\text{rot}\boldsymbol{F}$ 顯然和坐標系的取法無關。

#84 以下我們的敍述和維數 2 有特別關係， 這些向量分析， 雖然可以推廣到三維，乃至一般的 n 維空間，然而在 2 維時比較特別。

#841 平面上的向量代數為什麼特別呢?

對平面上的向量$\boldsymbol{w}=u\boldsymbol{i}+v\boldsymbol{j}$，以 $\boldsymbol{w}^k$ 表示向量

$$\boldsymbol{w}^k=-v\boldsymbol{i}+u\boldsymbol{j}.$$

這個運算是二維空間的特殊之處!

於是，我們把 $\boldsymbol{w}^k\cdot\boldsymbol{c}$ 寫成 $\boldsymbol{w}\times\boldsymbol{c}$，換句話說（當$\boldsymbol{w}=u\boldsymbol{i}+v\boldsymbol{j}$,）對$\boldsymbol{c}=a\boldsymbol{i}+b\boldsymbol{j}$，再令

$$\boldsymbol{w}\times\boldsymbol{c}=ub-va,$$
$$\boldsymbol{w}\cdot\boldsymbol{c}=ua+bv.$$

必須注意的是: 在三維空間的 Gibbs 代數中，我們應該有 $\boldsymbol{w}\times\boldsymbol{c}=\boldsymbol{k}(ub-va)$，這裏的規定卻不一樣，因而$\boldsymbol{w}\times\boldsymbol{c}$是個**標量**。實際上這只是在 Gibbs 乘積中，扣掉「向量$\boldsymbol{k}$」這個單位因子而已。

#8411 $\boldsymbol{w}^{kk}\equiv-\boldsymbol{w}$

#85 我們知道 $\boldsymbol{u}\longmapsto\boldsymbol{u}^k$ 只是把向量右旋了一個直角，因而（P, Q）改為（$-Q, P$）。現在就用這辦法把 Stokes 公式改寫，那就成了

$$\oint_{\partial\mathscr{R}}(Pdy-Qdx)=\int_{\mathscr{R}}\left(\frac{\partial P}{\partial x}+\frac{\partial Q}{\partial y}\right)dxdy.$$

這叫 Green 公式（二維的），或者二維 Gauss 公式，這裏出現的$\left(\frac{\partial P}{\partial x}+\frac{\partial Q}{\partial y}\right)$叫做 $\boldsymbol{i}P+\boldsymbol{j}Q=\boldsymbol{w}$ 的**散度**（divergence），$\operatorname{div}\boldsymbol{w}$。

#851 我們可以引入（Hamilton 的）nabla 算子 ∇ 來寫這些公式:

$$\nabla\equiv\left(\boldsymbol{i}\frac{\partial}{\partial x}+\boldsymbol{j}\frac{\partial}{\partial y}\right)，則$$

$$\nabla\varphi=\boldsymbol{i}\frac{\partial}{\partial x}\varphi+\boldsymbol{j}\frac{\partial}{\partial y}\varphi，叫\varphi的梯度 \operatorname{grad}\varphi，$$

$$\nabla\cdot\boldsymbol{w}=\frac{\partial}{\partial x}u+\frac{\partial}{\partial y}v，叫\boldsymbol{w}的散度\operatorname{div}\boldsymbol{w},\ \boldsymbol{w}=\boldsymbol{i}u+\boldsymbol{j}v.$$

$$\nabla \times \boldsymbol{w} = \frac{\partial v}{\partial x} - \frac{\partial u}{\partial y}, \text{ 叫 } \boldsymbol{w} \text{ 的旋度 } \operatorname{rot} \boldsymbol{w}, \quad \boldsymbol{w} = \boldsymbol{i}u + \boldsymbol{j}v$$

當然有

$$\nabla \cdot \boldsymbol{w}^k = -\nabla \times \boldsymbol{w},$$

$$\nabla \times \boldsymbol{w}^k = \nabla \cdot \boldsymbol{w}.$$

#852 Green (或 Gauss) 的公式就成了:

$$\iint_S \nabla \circ \boldsymbol{w}\, ds = \oint_{\partial S} \boldsymbol{w} \times d\boldsymbol{x} \quad \text{(Green 公式)}$$

S 爲簡單區，$\boldsymbol{w}$ 爲 $\mathscr{C}^1$ 型矢場。

這裏 $\boldsymbol{w} = \boldsymbol{i}u + \boldsymbol{j}v,$

$$d\boldsymbol{x} = \boldsymbol{i}dx + \boldsymbol{j}dy,$$

因而 $\boldsymbol{w} \times d\boldsymbol{x} = u\,dy - v\,dx,$

它的大小是 $\|\boldsymbol{w}\| \cdot ds$ 乘上 $\boldsymbol{w}$ 與 $d\boldsymbol{x}$ 夾角正弦，如果我們用 ds^n 表示 $-d\boldsymbol{x}^k$，即

$$ds = \boldsymbol{i}\,dy - \boldsymbol{j}\,dx,$$

它的大小仍是 $ds = \sqrt{(dx)^2 + (dy)^2}$，而方向爲 $d\boldsymbol{x}$ 微分弧的"外"法向，那麼

$$\boldsymbol{w} \times d\boldsymbol{x} = \boldsymbol{w} \cdot ds^n$$

其積分稱做 $\boldsymbol{w}$ 在這段弧上的通量 (flux)

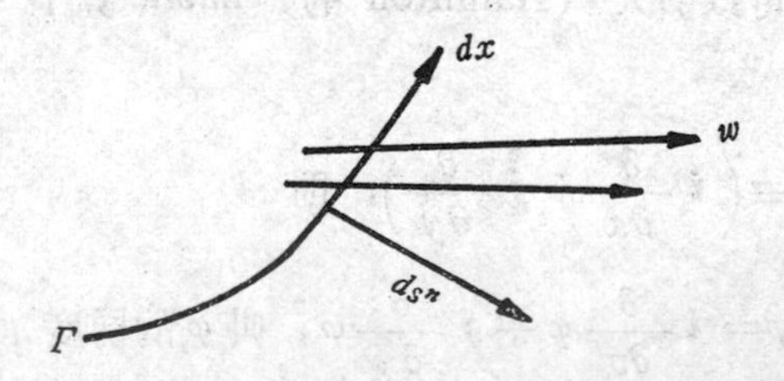

#853 事實上，如果 $\boldsymbol{w}$ 是速度場，那麼 $\int_\Gamma \boldsymbol{w} \cdot ds^n$ 在單位時間內，

自Γ的內側流通到外側的流體之面積（“容積”），至於散度一詞，只要考慮到

$$\operatorname{div} \boldsymbol{w}(\boldsymbol{x})=\lim_{S\to x}[(\oint w\, d\cdot s^{n})/|S|]$$

意義也就明白了。

#854

【注意】 散度之幾何性也就清楚了（參見 #832.）。

#86 以上我們已經利用 $\boldsymbol{w}\longmapsto\boldsymbol{w}^k$ 把 Stokes 定理改成 Gauss-Green 公式，這個對照表可以做完全些，爲此我們另外引入：一個尺量場φ之旋度爲

$$\operatorname{rot}\varphi=\nabla_k\times\varphi\equiv \boldsymbol{i}\frac{\partial\varphi}{\partial y}-\boldsymbol{j}\frac{\partial\varphi}{\partial x}=-(\nabla\varphi)^k$$

#860 【註】這是Gibbs向量分析中的$\nabla\times(\boldsymbol{k}\varphi)$.

#861 $\nabla\varphi\times\nabla\psi=\det\frac{\partial(\varphi,\psi)}{\partial(x,y)}$是$\varphi$，$\psi$對$x$，$y$的 Jacobi 行列。

$$\begin{cases}\nabla\cdot(\phi\cdot\boldsymbol{w})=\phi(\nabla\cdot\boldsymbol{w})+(\nabla\phi)\cdot\boldsymbol{w},\\ \nabla\times(\phi\boldsymbol{w})=\phi(\nabla\times\boldsymbol{w})+(\triangle\phi)\times\boldsymbol{w}.\end{cases}$$

#862 $\operatorname{rot}\psi$ 的大小是 $|\operatorname{grad}\psi|=|\operatorname{rot}\psi|$，但是方向差了一個直角。一個最簡單的例子是$\varphi=\sqrt{x^2+y^2}$,

這時 $$\operatorname{rot}\psi=\left[\frac{y}{r},\ \frac{-x}{r}\right].$$

#863 由 $\operatorname{rot}\psi$ 可定出ψ，最多只差一個常數；ψ是$v=\operatorname{rot}\psi$ 的渦位。

#864 假設流速場 $\boldsymbol{u}=[u,v]$ 具有渦位ψ，那麼 $\psi(x,y)=$常數，就是流線。

#865 請注意這裏旋度的意義：$\operatorname{rot}\psi\times d\boldsymbol{x}=d\psi$

#866 （逆）Poincaré 補題

矢場 $\boldsymbol{u}$ 爲無源的（source-free, divergence free）即 $\mathrm{div}\boldsymbol{u}=0 \Longleftrightarrow$ $\boldsymbol{u}$ 爲旋度（$\boldsymbol{u}$ 爲成旋的）。〔這只是（#8·3）Poincaré 補題: $\mathrm{rot}\boldsymbol{w}=0$ $\Rightarrow \boldsymbol{w}=\mathrm{grad}\varphi$ 的改寫! 〕

#87 我們把 $\dfrac{\partial^2}{\partial x^2}+\dfrac{\partial^2}{\partial y^2}$ 叫做 Laplace 算子，記成$\triangle$。

#871 所以，對於標量場 φ。

$$\triangle\varphi=(\nabla\cdot\nabla)\varphi=\nabla^2\varphi=\left(\frac{\partial^2}{\partial x^2}+\frac{\partial^2}{\partial y^2}\right)\varphi.$$

【問】求$\nabla\varphi$.

$$\varphi=\frac{1}{\sqrt{x^2+y^2}},\quad \varphi=\log\sqrt{x^2+y^2}.$$

#872 對矢性場 $\boldsymbol{w}$，則 $\mathrm{rot\ rot}\boldsymbol{w}-\mathrm{gard\ div}\boldsymbol{w}=\triangle\boldsymbol{w}$，這個式子我們將稱爲 Helmholtz 恒等式。

#873

【例】在 Green 公式中令 $\boldsymbol{w}=\varphi\nabla\psi$，就得

$$\iint_S(\varphi\nabla^2\psi+\nabla\varphi\cdot\triangle\psi)dS=\oint_{\partial S}\varphi\nabla\psi\times d\boldsymbol{x}.$$

（Green 第一恒等式）。

φ,ψ 互換，再相減，則得 **Green 第二恒等式:**

$$\iint_S(\varphi\nabla^2\psi-\psi\nabla^2\varphi)dS=\oint_{\partial S}(\varphi\nabla\psi-\psi\nabla\varphi)d\boldsymbol{x}.$$

#88 我們對於“二維流”的形象要弄清楚！ 物理上的流體都是三維的，我們假設流體中一點（x, y, z）處之流速向量爲

$$\boldsymbol{i}u(x,y,z)+\boldsymbol{j}v(x,y,z)+\boldsymbol{k}w(x,y,z),$$

如果: “$w\equiv 0$，而且 u, v 均與 z 無關”，問題才退化成“二維流”!!

我們已經舉出兩類重要的流 $\boldsymbol{v}$:

無渦的，rot$\boldsymbol{v}$= 0 (laminar) 及無湧的，div$\boldsymbol{v}$= 0 (solenoidal) 二者不互斥!

必須註解一點：一般地，流體的（面）密度記爲 ρ，則在一塊區域 $\mathscr{R}$上，流出的質量是

$$\iint_{\mathscr{R}} \operatorname{div}(\rho \boldsymbol{v}) = \int_{\partial \mathscr{R}} (\rho \boldsymbol{v}) \times d\boldsymbol{x},$$

這應等於
$$\frac{-d}{dt}\iint_{\mathscr{R}} \rho\, dx\, dy = \iint_{\mathscr{R}} \left(\frac{-\partial \rho}{\partial t}\right) dx\, dy$$

即
$$\iint_{\mathscr{R}} \left[\operatorname{div} \rho v + \frac{\partial \rho}{\partial t}\right] dx\, dy = 0, \forall \mathscr{R}.$$

因此
$$\frac{\partial}{\partial t}\rho - \operatorname{div}(\rho \boldsymbol{v}) = 0.$$

這叫“連續性方程”，這是因爲“質量不滅”，不能突然變沒了。

在 $\rho \equiv$常數的情形（狹義的不可壓縮流）。因而流體有

$$\operatorname{div}\boldsymbol{v} = 0.$$

即是，無源的。

#9 Lagrange 乘子法

這是在限制條件下，求函數極值的典型方法。

#91 我們的問題是：在$g(x, y) = c$ 的條件下，求 $f(x, y)$ 的極值。在下圖中，我們作出 $f(x, y)$ 與 $g(x, y)$ 一些等高線：

Lagrange 乘子法

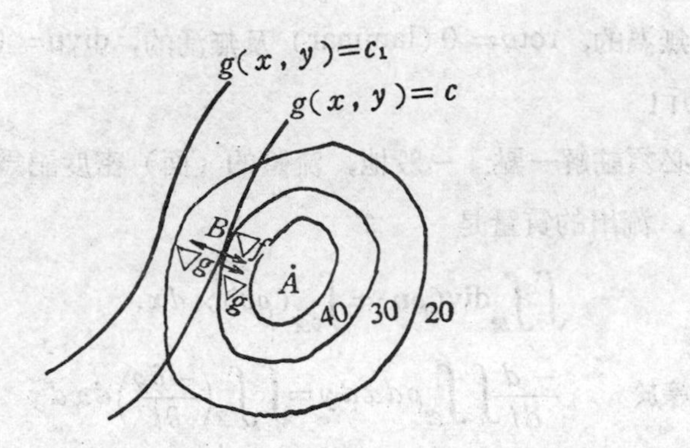

由圖看出，f 的極值應該發生在等高線相切的點，如圖之 B 點。如何求出 B 點的坐標 (x_0, y_0) 呢？由於兩等高線相切，故在 B 點具有相同的切線，而梯度跟這個切線垂直，故 ∇f 及 ∇g 在 B 點落在同一直線（法線）上，即存在 λ_0，使得

$$\nabla f(x_0, y_0)=(-\lambda_0)\nabla g(x_0, y_0).\text{（負號故意取的）}$$

用向量成分來表示，就得到

$$\begin{cases}\dfrac{\partial f(x_0, y_0)}{\partial x}+\lambda_0\dfrac{\partial g(x_0, y_0)}{\partial x}=0,\\[2ex] \dfrac{\partial f(x_0, y_0)}{\partial y}+\lambda_0\dfrac{\partial g(x_0, y_0)}{\partial y}=0.\end{cases}$$

這就是極點 (x_0, y_0) 應滿足的必要條件。總結上述，Lagrange 法求極值的程序是這樣的：

Lagrange 乘子法求極值的步驟

令　$H(x, y)=f(x, y)+\lambda g(x, y)$,

其中 λ 叫Lagrange **不定乘子**，然後解聯立方程式

$$\begin{cases}\dfrac{\partial H}{\partial x}=0=\dfrac{\partial H}{\partial y},\\[2ex] g(x, y)=c.\end{cases}$$

【例】 試在 $x^2-xy+y^2=4$ 的條件下，求 x^2+y^2 的極值。

【解】 令　$H(x, y)=x^2+y^2+\lambda(x^2-xy+y^2)$

對 x 及 y 偏導微，再設等於 0，得

$$2x+\lambda(2x-y)=0\;; \tag{1}$$

$$2y+\lambda(-x+2y)=0\,, \tag{2}$$

(1),(2) 兩式與 $x^2-xy+y^4=4$ 合而解之;

將 (1),(2) 兩式整理成

$$\begin{cases}(2+2\lambda)x-\lambda y=0\,,\\(-\lambda)x+(2+2\lambda)y=0\,,\end{cases}$$

因此只有當係數行列式

$$\begin{vmatrix}2+2\lambda & -\lambda\\ -\lambda & 2+2\lambda\end{vmatrix}=3\lambda^2+8\lambda+4=0$$

時，x,y 才有非零解（因為零解不滿足 $x^2-xy+y^4=4$）

所以 $\lambda=-2$ 或 $\lambda=-\dfrac{2}{3}$.

當 $\lambda=-2$ 時，得 $x=y=\pm 2$，此時 $x^2+y^2=8$；

當 $\lambda=-\dfrac{2}{3}$ 時，得 $x=-y=\pm\dfrac{2}{\sqrt{3}}$，此時 $x^2+y^2=\dfrac{8}{3}$;故極大值為 8，極小值為 8/3。

【問】求下列函數在所給條件下的極值:

(a) $f(x,y)=x+y$, 若 $x^2+y^2=1$;

(b) $f(x,y)=\dfrac{1}{x}+\dfrac{1}{y}$, 若 $x+y=2$;

(c) $f(x,y)=\cos^2 x+\cos^2 y$, 若 $x-y=3/4$。

【例】在周界為定長 l 之矩形中，何者的面積為最大?

【解】利用求單變元函數的極值方法，很快就可以解答這個問題。今我們用 Lagrange 法求如下:

設矩形的邊長為 x 與 y，於是問題變成:

在 $2x+2y=l$ 的條件下，求 $V=xy$ 的最大值。

令 $h=xy+\lambda(2x+2y)$，解

$$\begin{cases} y+2\lambda=0, \\ x+2\lambda=0, \\ 2x+2y=l, \end{cases}$$

得 $x=y=l/4$，$\lambda=-l/8$。因此最大面積的矩形為正方形。

我們在 §3.9 中看過，單變元函數極值的求法，跟獨立變數的取法很有關。Lagrange乘子法就沒有這個缺點，它對各變數一視同仁。今舉例來說明:

求拋物線 $y^2=4x$ 上的點，至（1，0）最近者。

【解】我們要在 $y^2=4x$ 的條件下，求

$$z=f(x,y)=(x-1)^2+y^2$$

的最小點。如果我們消去 y，令 $\frac{dz}{dx}=0$，解得 $x=-1$。這個答案不合理，因為拋物線 $y^2=4x$ 上沒有橫坐標為負者。

改用 Lagrange 乘子法，令

$$h=(x-1)^2+y^2+\lambda(y^2-4x)$$

解聯立方程組

$$\begin{cases} 2(x-1)-4\lambda=0, \\ 2y+2\lambda y=0, \\ y^2-4x=0, \end{cases}$$

得 $\lambda=-1$，$x=-1$，$y=0$（不合）；並且 $\lambda=-\frac{1}{2}$，$x=0$，$y=0$（合）。

答案是: 拋物線 $y^2=4x$ 上，點（0，0）距（1，0）最近。

【問】 1. 求橢圓 $x^2+3y^2=12$ 的內接等腰三角形，使其底邊平行於橢圓的長軸，而其面積最大。

2. 試求拋物線 $y^2=4x$ 上的點，使它與直線 $x+y+4=0$ 相距最近。

3. 已知矩形之週長 $2p$，將它繞一邊旋轉而構成一立體，求使此立體體積爲最大的那個矩形。

#92 同理，對於更多變元的函數，Lagrange 乘子法也行得通：我們的問題是，在 $g_1(x, y, z)=c_1, g_2(x, y, z)=c_2$ 的條件下，欲求 $f(x, y, z)$ 的極值。我們的辦法是

令　$H(x, y, z)=f(x, y, z)+\lambda_1 g_1(x, y, z)+\lambda_2 g_2(x, y, z)$

然後解聯立方程組

$$\begin{cases} \frac{H\partial}{\partial x}=0=\frac{\partial H}{\partial y}=\frac{\partial H}{\partial z}, \\ g_1(x, y, z)=c_1, \\ g_2(x, y, z)=c_2, \end{cases}$$

就得到極値點了。（＊證明略）

底下的例子，很奇怪，我們只是要呈現不定乘子法而已!

【例】在 $x^2+y^2=1$ 及 $z=2$ 的條件下，求 $f(x, y, z)=x+y+z$ 的極値。

【解】令　$H(x, y, z)=(x+y+z)+\lambda_1(x^2+y^2)+\lambda_2 z$,

解聯立方程組

$$\begin{cases} \frac{\partial H}{\partial x}=0=\frac{\partial H}{\partial y}=\frac{\partial H}{\partial z}, \\ x^2+y^2=1, \\ z=2, \end{cases}$$

亦即，解

$$\begin{cases} 1+2\lambda_1 x=0, \\ 1+2\lambda_1 y=0, \\ 1+\lambda_2=0, \\ x^2+y^2=1, \\ z=2, \end{cases}$$

求得

$$\lambda_2=-1, \lambda_1=\pm\frac{1}{\sqrt{2}},$$

並且

$$x=y=\pm\frac{1}{\sqrt{2}}, \quad z=2.$$

於是極大值爲$\sqrt{2}+2$，極小值爲$-\sqrt{2}+2$。

【問 1】若 $x+y+z=1$, $x-y+2z=2$, 求$f(x,y,z)=3x-y+2z^2$ 的極值。

【問 2】設$\frac{x^2}{a^2}+\frac{y^2}{b^2}+\frac{z^2}{c^2}=1$， $lx+my+nz=0$ $(a>b>c>0)$，試求 $x^2+y^2+z^2$ 之極值。

*#93

【定理】在 $g(x,y,z)=0$之條件下，$f(x,y,z)$之極值點滿足了方程組: $\partial_x H=0$，$\partial_y H=0$，$\partial_z H=0$， $g=0$，但是 $H=f(x,y,z)+\lambda g(x,y,z)$， λ 爲某一常數。（證明略）

【例】求原點至平面 $Ax+By+Cz=D$ 最短的距離。

【解】這個問題事實上就是要在限制條件 $Ax+By+Cz=D$ 之下，求 $f(x,y,z)=x^2+y^2+z^2$ 的極小值。

令 $H(x,y,z)=x^2+y^2+z^2+\lambda(Ax+By+Cz)$.

解聯立方程組

$$\begin{cases}\frac{\partial H}{\partial x}=0=\frac{\partial H}{\partial y}=\frac{\partial H}{\partial z},\\ Ax+By+Cz=D,\end{cases}$$

亦卽，解

$$\begin{cases}2x+\lambda A=0, & (1)\\ 2y+\lambda B=0, & (2)\\ 2z+\lambda C=0, & (3)\\ Ax+By+Cz=D. & (4)\end{cases}$$

由 (1),(2),(3) 式得到

$$x=-\frac{1}{2}\lambda A,\quad y=-\frac{1}{2}\lambda B,\quad z=-\frac{1}{2}\lambda C,$$

代入 (4) 式得

$$\lambda=\frac{-2D}{A^2+B^2+C^2},$$

故得極小點的坐標爲

$$x_0=\frac{AD}{A^2+B^2+C^2},\ y_0=\frac{BD}{A^2+B^2+C^2},\ z_0=\frac{CD}{A^2+B^2+C^2},$$

從而最短距離爲

$$\sqrt{x_0{}^2+y_0{}^2+z_0{}^2}=\frac{|D|}{\sqrt{A^2+B^2+C^2}}.$$

【習　　題】

求函數 f 的條件極值:

(1) $f=x-2y+2z$，若 $x^2+y^2+z^2=1$.

(2) $f=xyz$，若$\frac{1}{x}+\frac{1}{y}+\frac{1}{z}=\frac{1}{a}$.$(x>0, y>0, z>0, a>0)$.

(3) $f=x^m y^n z^p$ 在條件 $x+y+z=a$, $(a>0, m>0, n>0, p>0,)$ $x>0$, $y>0$, $z>0$ 之下（的最大值）。

(4) 若 $\sum a_i x_i = A(>0)$， $f=\sum x_i^p$，($a_i>0$，且 $p>1$)

【註】由此可得 Hölder 不等式

$$\sum y_i x_i \leq (\sum y_i^q)^{1/q} (\sum x_i^p)^{1/p},$$

其中$\frac{1}{p}+\frac{1}{q}=1$.

(5) 若 $\sum_{j=1}^{n} x_{ij}^2 = s_i$， $i=1,2,\cdots n$，$f(x_{11},\cdots\cdots x_{nn})=\det[x_{ij}]$.

【註】由此可得 Hadamard 不等式

$$(\det[x_{ij}])^2 \leq \prod_{i=1}^{n} (\sum_{j=1}^{n} x_{ij}^2).$$

§7 向量分析淺介

#0 場的概念

考慮流動的水，設在一點（x，y，z）處的流速為V(x，y，z)，這就有了一個**向量場**V。所謂"場"，只是函數之意，只是我們習慣上認爲空間有了這麼一個函數時，空間就多了個構造，這“空間及構造”才是“場”之本義。

若考慮在一點（x, y, z）處有溫度 $\theta(x, y, z)$，則這 θ 是個**標量（scalar）場**。

#01 【註】場的英文 field 另有一義，即是法文 Corps，德文 Körper，體，如“實數體”與“複數體”，若譯成“實場”、“複場”，未免太可怕了！

我們這一節中要介紹梯度，散度，旋度及對應的**微積分學根本定理**——廣義的 Stokes 公式。在 #3, #4 及 #5 中，其前，先計算 #1 場對於單體之積分，#2，平直的場之積分，在 #6 中對 nabla 算子作種種綜合，並且在 #9 中對種種正交曲線坐標系計算了 ∇ 的成分，#7, #8 則是調和函數與位勢的簡介。

#1 場對於“單體”的積分

#11 設 P_1, P_2 爲空中兩點，我們做出它們的連線，**則線段上的**點可以表示成

$$x_t = t(P_2 - P_1) + P_1, \quad 0 \leq t \leq 1.$$

循線積分就可以改爲對 t 的積分了。

#111 例如 $\int_{\overrightarrow{P_1P_2}} \boldsymbol{v}(x) \cdot dl$

$$= \int \boldsymbol{v}(x_t) \cdot (P_2 - P_1) dt$$

#112 而 $\int_{\overrightarrow{P_1P_2}} \varphi(x) dl = \int \varphi(x_t) \overline{P_1P_2}\ dt$

#113

【例】設 $\boldsymbol{v}(x) \equiv Ax + b$，試計算

$$I=\int_{\overrightarrow{P_1P_2}}\boldsymbol{v}(x)\cdot dl.$$

我們以A表示方陣，x，b爲行陣，則得

$$I=\int_0^1(P_2-P_1)^{\sim}A[t(P_2-P_1)+P_1+b]dt$$
$$=(P_2-P_1)^{\sim}A(P_1+b)+2^{-1}(P_2-P_1)^{\sim}A(P_2-P_1)$$
$$=2^{-1}(P_2-P_1)^{\sim}A(b+P_1+P_2).$$

#12 設 $P_1P_2P_3$ 爲空中不共線三點，作出 $\triangle P_1P_2P_3$，我們可把$\triangle$中的點表示成

$$x_{s,t}=(1-s-t)P_1+sP_2+tP_3,$$
$$0\leq s,\ 0\leq t,\ s+t\leq 1.$$

於是循面積分可以改爲對 s，t 的積分。

#121 例如 $\iint\boldsymbol{v}(x)\cdot dS$ 就是

$$I=\int_0^1\int_0^{1-t}[\boldsymbol{v}(x_{s,t})\cdot(P_2-P_1)\times(P_3-P_1)]dsdt$$

#122 例如 $\boldsymbol{v}(x)=A\boldsymbol{x}+\boldsymbol{b}$ 時將如何?

此地向量 $\boldsymbol{v},\boldsymbol{x},\boldsymbol{b}$ 寫爲行陣，A爲方陣。我們知道被積分函數〔 〕將是 s，t 的一次函數，看做三角形：$0\leq s$，t，$s+t\leq 1$ 上的一次函數之積分，採用**幾何解釋**，〔 〕看成高度，這積分是**底面積**（三角形）乘以**平均高度**（卽 $s=3^{-1}=t$ 時之值）故

$$I=2^{-1}\left[A\left(\frac{P_1+P_2+P_3}{3}\right)+b\right]\cdot(P_2-P_1)\times(P_3-P_1)$$

#13 一般曲線積分如何？我們可以用折線代替曲線，然後取極限，同理循面積分也如此，因而積分都有了意義。

#132 一個向量場對一個定號（oriented）曲面的通量是

$$\int_S A\circ\overrightarrow{dS}=\int_{S_1}A_1dydz+\int_{S_2}A_2dzdx+\int_{S_3}A_3dxdy.$$

把 A解釋爲流速，S 曲面的小面元 $\overrightarrow{dS}$ 以法線爲方向（兩向之中擇好其一了），則左邊表示在單位時間內通過這曲面 S 的流體。

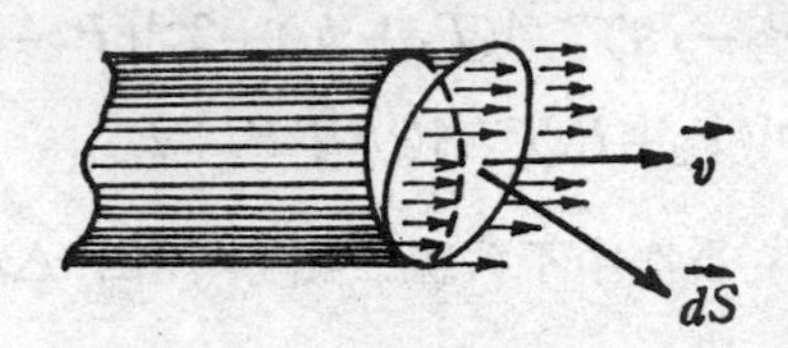

此地 S_1、S_2、S_3是$\overrightarrow{S}$在 $y-z$ 面、等等各自的投影。爲什麼呢？因爲這流量元對$\boldsymbol{V}$當然是線性的；對$\boldsymbol{V}=V_1\boldsymbol{i}$，即$\boldsymbol{V}$平行於 x 軸向，則在無窮小的範圍內 $\boldsymbol{V}\cdot\overrightarrow{dS}=V_1dydz$ 依此類推，再利用線性，可知 $\boldsymbol{V}\cdot\overrightarrow{dS}=V_1dydz+V_2dzdx+V_3dxdy$ 一般地成立。

【例】設 S 是平面 $2x+3y+6z=12$ 之在 $x\geq0$, $y\geq0$, $z\geq0$ 的部份。求

$$\iint_S\{18z\boldsymbol{i}-12\boldsymbol{j}+3y\boldsymbol{k}\}\overrightarrow{dS}$$

【解】($\overrightarrow{dS}$ 的方向爲法向 $\boldsymbol{n}$)$\boldsymbol{n}=\frac{2}{7}\boldsymbol{i}+\frac{3}{7}\boldsymbol{j}+\frac{6}{7}\boldsymbol{k}$

$$dS:dxdy=7:6$$

因此積分爲

$$\iint_R(18z\boldsymbol{i}-12\boldsymbol{j}+3y\boldsymbol{k})\cdot\left(\frac{2}{7}\boldsymbol{i}+\frac{3}{7}\boldsymbol{j}+\frac{6}{7}\boldsymbol{k}\right)\frac{7}{6}dxdy$$

$$=\iint_R(6-2x)dxdy$$

R爲S之投影於（x, y）面上，即$0\leq y$，且

$2x+3y\leq 12$，故積分爲

$$\int_{x=0}^{6}\int_{y=0}^{(12-2x)/3}(6-2x)\,dy\,dx=24$$

【問】錐面 $z^2=x^2+y^2$，在 $z\leq 4$ 間，求面積分。

$$\iint \boldsymbol{u}\cdot\overrightarrow{d\boldsymbol{S}} \text{ 但 } \boldsymbol{u}=4xz\boldsymbol{i}+xyz^2\boldsymbol{j}+3z\boldsymbol{k}$$

#2　平直的場之積分

我們首先考慮**平直的場**。以下，令

$$\begin{cases}\varphi(x)\equiv \boldsymbol{a}\cdot\boldsymbol{x}+b\\ \boldsymbol{V}(x)\equiv A\cdot\boldsymbol{x}+\boldsymbol{b}\end{cases}$$

（A爲方陣）

於是我們考慮三種積分。

（I）　循線積分

$$\int_\Gamma \boldsymbol{a}\cdot\boldsymbol{dl} \text{ 其中}\Gamma\text{ 是線段 } \overrightarrow{P_1P_2},$$

（II）　循面積分

$$\int_\Gamma \boldsymbol{A}_\perp\cdot\boldsymbol{dS} \text{ 其中}\Gamma\text{是三角形 } P_1,P_2,P_3,$$

向量 $\boldsymbol{A}_\perp\equiv\boldsymbol{i}(a_{32}-a_{23})+\boldsymbol{j}(a_{13}-a_{31})+\boldsymbol{k}(a_{21}-a_{12})$

$\boldsymbol{dS}$ 是沿（依右手螺旋規則定出的）法線方向，**以面積爲值的向量**。

（III）體積分

$$\int_\Gamma A_{//}\,dx\,dy\,dz \text{ 其中}\Gamma\text{是四面體 } P_1P_2P_3P_4.$$

而數量 $A_{//}\equiv a_{//}+a_{22}+a_{33}$。

在上述，$P_j\equiv(x_j, y_j, z_j)$，於是我們算出。

#21 $(I)=a_1(x_2-x_1)+a_2(y_2-y_1)+a_3(z_2-z_1)$

#22 $(II)=?$

今Γ的法向是 $\overrightarrow{P_1P_2}\times\overrightarrow{P_1P_3}$，故

$$\Gamma\equiv 2^{-1}\begin{vmatrix} \boldsymbol{i} & \boldsymbol{j} & \boldsymbol{k} \\ x_2-x_1, & y_2-y_1, & z_2-z_1 \\ x_3-x_1, & y_3-y_1, & z_3-z_1 \end{vmatrix}\text{，因而}$$

$$(II)=2^{-1}\begin{vmatrix} a_{32}-a_{23}, & a_{13}-a_{31}, & a_{21}-a_{12} \\ x_2-x_1, & y_2-y_1, & z_2-z_1 \\ x_3-x_1, & y_3-y_1, & z_3-z_1 \end{vmatrix}$$

$$=2^{-1}(a_{21}-a_{12})[x_2y_3-x_3y_2-x_1y_3+x_3y_1-x_2y_1+x_1y_2]+\text{他二項}$$

#23 $(III)=(a_{11}+a_{22}+a_{33})\cdot|\Gamma|$，

$|\Gamma|$是Γ之體積。

#3 梯度定理

我們馬上算出

#31 $(I)=\varphi(P_2)-\varphi(P_1)$； 如果用 $\partial\Gamma$ 表示Γ之邊緣， 即兩點 P_1，P_2 但以 P_2 爲正（外向），P_1 爲負（內向），就可以寫成

$$(I)=\varphi|\partial\Gamma.=\int_\Gamma \boldsymbol{a}\cdot d\boldsymbol{l} \qquad (I*)$$

我們再考慮一般的（$\mathscr{C}^1$ 型）曲線γ，設用一小段一小段的折線 Γ 來逼近γ，在Γ上，φ也用平直函數逼近，於是

$$a_i\doteqdot\partial\varphi/\partial x_i$$

我們再把諸Γ的式子（$I*$）相加，於是最終得到（**循線積分定理，梯度**

定理）：

#32　$$\varphi|\partial\gamma=\int_{\gamma}\text{grad}\ \varphi(x)\cdot dl$$

#33　其中向量 $\mathbf{grad}\varphi(x)$ 的成分是$\dfrac{\partial\varphi}{\partial x}$，$\dfrac{\partial\varphi}{\partial y}$，$\dfrac{\partial\varphi}{\partial z}$。（即前此已介紹了的梯度）

#4　旋度定理

#41

【補題】　$$(II)=\int_{\partial\Gamma}\boldsymbol{v}\cdot dl$$

此地 $\partial\Gamma$ 是 $\Gamma=\triangle P_1P_2P_3$ 之邊緣，亦即

$$\overrightarrow{P_1P_2}\cup\overrightarrow{P_2P_3}\cup\overrightarrow{P_3P_1}$$

【證】根據 #1．

$$\int_{\partial\Gamma}\boldsymbol{v}\cdot dl=2^{-1}\sum_{\text{cycl}}(P_2-P_1)^{\sim}A(b+P_1+P_2),$$

（cycl是輪換）

$$=2^{-1}\sum_{\text{cycl}}(P_2-P_1)^{\sim}Ab+\sum_{\text{cycl}}(P_2-P_1)^{\sim}A(P_1+P_2)$$

前者爲0，故

$$=2^{-1}\sum_{\text{cycl}}(P_2-P_1)^{\sim}A(P_1+P_2)$$

$$=2^{-1}\sum_{j=1}^{3}\sum_{\text{cycl}}(x_2-x_1)a_{11}(x_1+x_2)$$

$$+2^{-1}\sum_{(x,y)}\sum_{\text{cycl}}(x_2-x_1)a_{12}(y_1+y_2)$$

前者爲0，因爲$\sum_{\text{cycl}}(x_2{}^2-x_1{}^2)a_{11}=0$。故

$$=2^{-1}\sum_{\text{cycl}}[(x_2-x_1)a_{12}(y_1+y_2)+(y_2-y_1)a_{21}(x_1+x_2)]$$

$+(y, z)$ 項$+(z, x)$ 項

$$=2^{-1}\{a_{12}\sum_{\text{cycl}}[x_2y_2-x_1y_1+x_2y_1-x_1y_2]$$

$$+a_{21}\sum_{\text{cycl}}[x_2y_2-x_1y_1+x_1y_2-x_2y_1]\}$$

$+(y, z)$ 項$+(z, x)$ 項

$$=2^{-1}\{\sum_{\left(\substack{\text{cycl}\\ \text{三點}}\right)}(x_2y_1-x_1y_2)[a_{12}-a_{21}]\}+(y,z)\text{項}+(z,x)\text{項}$$

$$=(II)$$

結論是：若 $\boldsymbol{v}(\boldsymbol{x})$ 是平直矢性函數，

$$\boldsymbol{v}(\boldsymbol{x})=A\cdot\boldsymbol{x}+\boldsymbol{b}$$

而△是三角形

則 $$\int_{\partial\triangle}\boldsymbol{v}(\boldsymbol{x})\cdot d\boldsymbol{l}=\int_{\triangle}A_{\perp}\cdot dS \qquad (II*)$$

#42　今設 $v(x)$ 爲一般的（$\mathscr{C}^1$ 可微的）矢性場，Γ是個 $\mathscr{C}^1$ 可微的曲面，邊界也是 $\mathscr{C}^1$ 型，則有（Kelvin-Stokes 公式）

定理 $$\int_{\partial\Gamma}\boldsymbol{v}(\boldsymbol{x})\cdot d\boldsymbol{l}=\int_{\Gamma}\text{rot}\boldsymbol{v}(\boldsymbol{x})\cdot dS$$

（循環量定理，旋度定理）

其中 $$\text{rot}\boldsymbol{v}(\boldsymbol{x})=\begin{vmatrix}\boldsymbol{i}, & \boldsymbol{j}, & \boldsymbol{k}\\ \dfrac{\partial}{\partial x}, & \dfrac{\partial}{\partial y}, & \dfrac{\partial}{\partial z}\\ v_1(\boldsymbol{x}), & v_2(\boldsymbol{x}), & v_3(\boldsymbol{x})\end{vmatrix}$$

$$=\boldsymbol{i}\left(\frac{\partial}{\partial y}v_3(\boldsymbol{x})-\frac{\partial}{\partial z}v_2(\boldsymbol{x})\right)+\cdots\cdots$$

【證明】把曲面Γ用很小的三角形△所綴成的折面來逼近，並且，局部地用平直的矢性場代替 $\boldsymbol{v}(\boldsymbol{x})$；在各小三角形上，公式（$II*$）

成立，但此時

$$a_{ij} \doteq \frac{\partial v_i}{\partial x_j},\quad A_{\perp} \doteq \mathrm{rot}\,\boldsymbol{v}(\boldsymbol{x}).$$

今把各△的式子加起來，則右邊接近於$\int_{\Gamma} \mathrm{rot}\boldsymbol{v}(\boldsymbol{x})\cdot d\boldsymbol{S}$，左邊的循線積分只剩下最外面的部份，故近於$\int_{\partial\Gamma} \boldsymbol{v}(\boldsymbol{x})\cdot d\boldsymbol{l}$

#421 請注意，在二維向量場〔P, Q〕，可認爲係 $\boldsymbol{v}=$〔$P, Q, 0$〕之情形，且$\frac{\partial}{\partial z}\equiv 0$，則（15）式只有最後的$k$成分，而和二維時的定義一致！又，對偶地，若把二維平面上尺量場φ看成三維向量場 $\boldsymbol{v}=(0, 0, \varphi)$，$\left(\frac{\partial}{\partial z}\equiv 0\right)$則由（15）式得到 $\mathrm{rot}\,\boldsymbol{v}$ 的最後成分爲 0，仍得一個二維矢場，且和從前的定義一致。

#422 另外來推導 Stokes 公式如下：

設A是個矢場，$d\boldsymbol{l}=\boldsymbol{i}dx+\boldsymbol{j}dy+\boldsymbol{k}dz$ 是個小線元，那麼可以考慮其內積 $\boldsymbol{A}\cdot d\boldsymbol{l}=A_1dx+A_2dy+A_3dz$。如果$\Gamma$是一條曲線，$\boldsymbol{A}$是力場，那麼 $\boldsymbol{A}\cdot d\boldsymbol{l}$ 是力場沿Γ所作的功，如果Γ是個閉曲線，那麼$\oint_{\Gamma}\boldsymbol{A}\cdot d\boldsymbol{l}$是$\boldsymbol{A}$對 Γ 的**循環量**（circulation），必須注意 $\oint_{\Gamma}\boldsymbol{A}\cdot d\boldsymbol{l}=\oint_{\Gamma}(A_1dx+A_2dy+A_3dz)$。

如果Γ是 $y-z$ 面上的小方塊之週邊，（逆時針方向），而$\boldsymbol{A}$方向爲z向，則$\boldsymbol{A}$在 DA 邊上積分得 $-A_3(y)dz$，在 BC 邊上得$A_3(y+dy)dz$，他兩邊爲 0。因此得到循環量$\frac{\partial A_3}{\partial y}dydz$，如果 $\boldsymbol{A}$ 有 y 成分，則同法可得循環量$-\frac{\partial A_2}{\partial z}dydz$，所以總和是

$$\left(\frac{\partial A_3}{\partial y}-\frac{\partial A_2}{\partial z}\right)dydz.$$

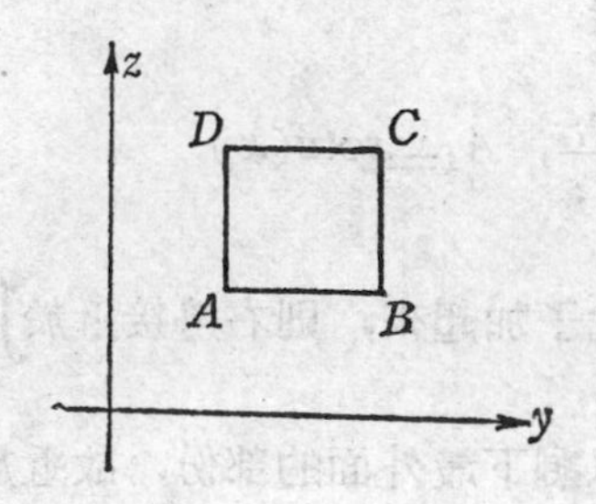

如果Γ是空間中的一個平行四邊形，一個面積元 dS 的週邊（依右旋法則定向），我們可以得到A對Γ的循環量爲

$$\left(\frac{\partial A_3}{\partial y}-\frac{\partial A_2}{\partial z}\right)dydz+\left(\frac{\partial A_1}{\partial z}-\frac{\partial A_3}{\partial x}\right)dzdx$$
$$+\left(\frac{\partial A_2}{\partial x}-\frac{\partial A_1}{\partial y}\right)dxdy,$$

此地 $$\boldsymbol{dS}=\boldsymbol{i}dydz+\boldsymbol{j}dzdx+\boldsymbol{k}dxdy \tag{17}$$

"取無窮小量的和爲積分"，因此，一般地說，A對一個閉路Γ的循環量

$$\oint_{\Gamma}\boldsymbol{A}\cdot\boldsymbol{dl}=\int_S\sum\left(\frac{\partial A_3}{\partial y}-\frac{\partial A_2}{\partial z}\right)dydz$$
$$=\int_S \mathrm{rot}\boldsymbol{A}\cdot\boldsymbol{dS} \tag{18}$$

此地 S 爲 Γ 所圍的任一曲面（依正旋轉規則定向），而A的旋量，在$p(x,y,z)$點，就依

$$\mathrm{rot}A(P)_n=\lim_{S\to\{p\}}\frac{\oint_{\Gamma}\boldsymbol{A}\cdot\boldsymbol{dl}}{|S|} \tag{19}$$

而定義出:

rot A是A的旋度，在 P 點的值是個向量，其在 $\boldsymbol{n}$ 方向的成分爲上式，其中極限的意義爲:

S爲一小面積元，法向爲 $\boldsymbol{n}$，週邊爲Γ，$|S|$是S的面積，而S收

斂成一點P。

#433　旋度的幾何意義告訴我們：定義

$$\operatorname{rot} A = \boldsymbol{i}\left(\frac{\partial A_3}{\partial y}-\frac{\partial A_2}{\partial z}\right)+\boldsymbol{j}\left(\frac{\partial A_1}{\partial z}-\frac{\partial A_3}{\partial x}\right)+\boldsymbol{k}\left(\frac{\partial A_2}{\partial x}-\frac{\partial A_1}{\partial y}\right)$$

式右邊和正座標系的取法無關——這一點也可用直接計算而證出！

【例題】　$\operatorname{rot}\{xz^2\boldsymbol{i}-2x^2yz\boldsymbol{j}+2yz^4\boldsymbol{k}\}$

$$=\begin{vmatrix} \boldsymbol{i}, & \boldsymbol{j}, & \boldsymbol{k} \\ \dfrac{\partial}{\partial x}, & \dfrac{\partial}{\partial y}, & \dfrac{\partial}{\partial z} \\ xz^3, & -2x^2yz, & 2yz^4 \end{vmatrix} =\boldsymbol{i}(2z^4+2x^2y)+3xz^2\boldsymbol{j} -4xyz\boldsymbol{k}$$

【問題 1】 求　$\operatorname{rot}\ \operatorname{rot}\{x^2y\boldsymbol{i}-2xz\boldsymbol{j}+2yz\boldsymbol{k}\}$.

答　$(2x+2)\boldsymbol{j}$.

【問題 2】 求　$\operatorname{rot}\{2xz^2\boldsymbol{i}-yz\boldsymbol{j}+3xz^3\boldsymbol{k}\}$.

答　$\boldsymbol{i}y+\boldsymbol{j}(4\times z-3z^2)$.

【例題】 $\boldsymbol{u}=(2x-y)\boldsymbol{i}-yz^2\boldsymbol{j}-y^2z\boldsymbol{k}$.

令S爲半球面　$x^2+y^2+z^2=1$，$z\geq 0$，

求　$\displaystyle\int_S \operatorname{rot}\boldsymbol{u}\cdot d\boldsymbol{S}$.

【解】　$\displaystyle\int_{x+y=1, z=0}\boldsymbol{u}\cdot d\boldsymbol{r}=\int(2x-y)\cdot dx$

$\displaystyle=\int_0^{2\pi}(2\cos t-\sin t)(-\sin t)dt=\pi$.

【問題 3】 設$\boldsymbol{u}=2yz\boldsymbol{i}-(x+3y-2)\boldsymbol{j}+(x_2+z)\boldsymbol{k}$,

S爲x, y, $z\geq 0$，$x^2+y^2\leq a^2$, $x^2+z^2\leq a^2$.

求 $\displaystyle\iint \operatorname{rot}\boldsymbol{u}\circ d\boldsymbol{S}$.

#5 散度定理

#51 其次我們對於一個四面體Γ，來計算體積分 (III)，並驗證

$$(III)=\iint_{\partial\Gamma} \boldsymbol{v}(\boldsymbol{x})\cdot d\boldsymbol{S} \qquad (III*)$$

此地 $\partial\Gamma$ 是Γ之邊緣，即四個三角形，法線向外。

證明，右邊有四個三角形，可根據 #2 來計算！〔須注意方向！如圖，則三角形 $\triangle P_1P_2P_3$ 意思是向內！〕故得

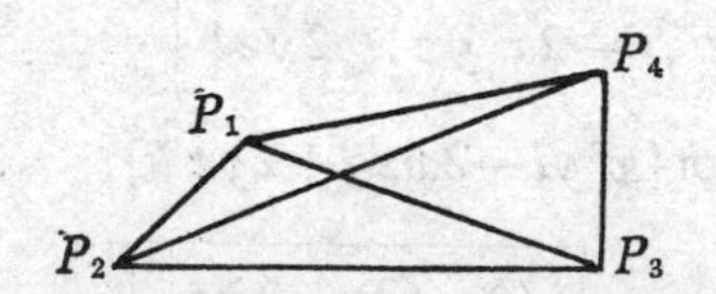

$$\iint_{\partial\Gamma} \boldsymbol{v}(\boldsymbol{x})\cdot d\boldsymbol{S}=\text{在}\{+\triangle P_2P_3P_4-\triangle P_1P_3P_4$$

$$+\triangle P_1P_2P_4-\triangle P_1P_2P_3\}\text{之積分}$$

$$=\frac{1}{6}\sum_{\text{四面}}\{A\cdot(P_2+P_3+P_4)]\cdot(P_3-P_2)\times(P_4-P_2)$$

$$+2^{-1}\sum b\cdot(P_3-P_2)\times(P_4-P_2)$$

後一項爲 0，**故只須計算前項，**我們再把A的**對角成分寫出，非對角成分另外寫，**則前者

$$=6^{-1}(a_{11}+a_{22}+a_{33})\begin{vmatrix} 1 & x_1 & y_1 & z_1 \\ 1 & x_2 & y_2 & z_2 \\ 1 & x_3 & y_3 & z_3 \\ 1 & x_4 & y_4 & z_4 \end{vmatrix}$$

後者恰好相抵消！故 $(III*)$ 式成立。

#52 於是，我們得到了 Gauss-Ostrogradsky 定理：設$\mathscr{D}$是個立

體區域，邊界曲面 $\partial\mathscr{D}$ 爲 $\mathscr{C}'$ 型，v 爲（$\mathscr{C}'$ 型）矢性場，則有

$$\iiint_{\mathscr{D}} \operatorname{div} v \; dx\,dy\,dz = \iint_{\partial\mathscr{D}} v(x)\cdot dS$$

此地，$\operatorname{div} v(x) = \frac{\partial v_1}{\partial x} + \frac{\partial v_2}{\partial y} + \frac{\partial v_3}{\partial z}$ 叫做 v 之散度，另法推導散度定理如下:

我們現在研究一個向量場 A 對一個封閉的、匀滑、可定號曲面 S 的流量，$J = \oint_S A\cdot dS$，這裏可定號的意思就是 S 上到處可以有個法線方向單位向量，“自內向外”，連續地。

我們首先研究一個無限小的狀況，並設 S 就是平行六面體的表面，這六面體，軸向就是 x，y，z，如圖。過 $ABCD$ 面的流量是

$$dJ_{ABCD} = -A_1(x)\,dy\,dz,$$

過 $A'B'C'D'$ 面的流量是

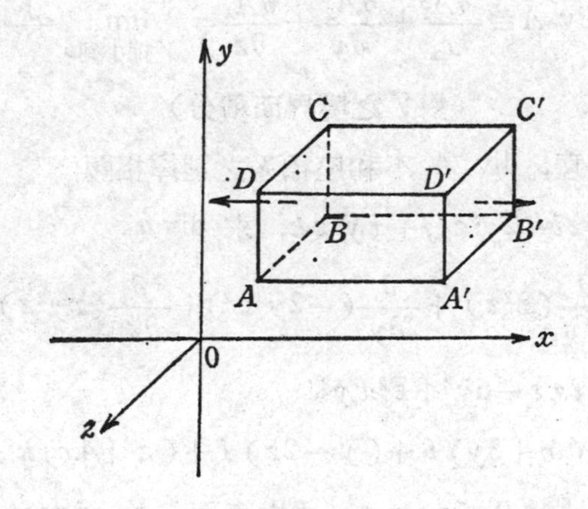

$$dJ_{A'B'C'D'} = A_1(x+dx)\,dy\,dz.$$

如果 A 到處平行於 x 軸，則流量和是

$$[A_1(x+dx)-A_1(x)]dydz=\frac{\partial A_1}{\partial x}dxdydz=\frac{\partial A_1}{\partial x}dV.$$

在 S 所圍的體積 V 之中，可以分割成一塊一塊，其流量都可以如此計算，（在界面處不再能看成小長方體，而是三角柱，仍有相似表達式！）這些小塊小塊流量的和在內部互相抵消，因此只得到對界面 S 之流量。總之，當 A 到處平行於 x 軸時，

$$J=\oint_S A\cdot d\boldsymbol{S}=\int_V \frac{\partial A_1}{\partial x}dV,$$

如果 A 不平行於 x 軸，則依線性，得到 Gauss 定理:

$$\oint_S A\cdot d\boldsymbol{S}=\int_V\left(\frac{\partial A_1}{\partial x}+\frac{\partial A_2}{\partial y}+\frac{\partial A_3}{\partial z}\right)dxdydz,$$

（又叫**散度定理**，或 **Ostrogradsky 定理**）

♯53 請注意如下的

【系理】散度 $\operatorname{div} A\equiv\frac{\partial A_1}{\partial x_1}+\frac{\partial A_2}{\partial y}+\frac{\partial A_3}{\partial z}=\lim_{V\text{縮小到}x}\frac{\oint A\circ d\boldsymbol{S}}{V}$

（對 V 之境界面積分）

由這系理，div A 不和座標系之選擇相關!

【例題】$\boldsymbol{u}=x^2z\boldsymbol{i}-2y^3z^2\boldsymbol{j}+xy^2z\boldsymbol{k}$，求 $\operatorname{div}\boldsymbol{u}$.

【解】 $\frac{\partial}{\partial x}(x^2z)+\frac{\partial}{\partial y}(-2y^3z^2)+\frac{\partial}{\partial z}(xy^2z)$

$=2xz-6y^2+z^2xy^2.$

【問題 1】$\boldsymbol{v}=(x+3y)\boldsymbol{i}+(y-2z)\boldsymbol{j}+(z+4x)\boldsymbol{k}$，求 $\operatorname{div}\boldsymbol{v}$.

【例題】設 S 是立體 $0\leq x, y, z\leq 1$ 之表面，$\boldsymbol{F}=4xz\boldsymbol{i}-y^2\boldsymbol{j}+yz\boldsymbol{k}$.

求 $\oint\oint_S \boldsymbol{F}\cdot d\boldsymbol{S}$.

【解】$\operatorname{div}\boldsymbol{F}=4z-y$，故

$$\iint \boldsymbol{F}\cdot d\boldsymbol{S}=\int_0^1\int_0^1\int_0^1 \operatorname{div}\boldsymbol{F}\,dx\,dy\,dz=\frac{3}{2}.$$

【問題 2】 以 $x=0$，$y=0$，$z=0$，$y=3$，$x+2z=6$，圍成之表面爲 S, $\boldsymbol{F}=2xy\boldsymbol{i}+yz\boldsymbol{j}+xz\boldsymbol{k}$,

求 $\iint \boldsymbol{F}\cdot d\boldsymbol{S}$.

答 $\dfrac{351}{2}$

#54　**【註】** Stokes 定理在平面的特例是:

Green 定理

$$\int_\Gamma (M\,dx+N\,dy)=\int_{\mathscr{R}}\int\left(\frac{\partial N}{\partial x}-\frac{\partial M}{\partial y}\right)dx\,dy$$

這等價於: $\int_\Gamma \boldsymbol{u}\cdot d\boldsymbol{r}=\int_{\mathscr{R}}\int \operatorname{rot}\boldsymbol{u}\cdot\boldsymbol{k}\,dx\,dy$

但　$\boldsymbol{u}=\boldsymbol{i}M+\boldsymbol{j}N$, $d\boldsymbol{S}=\boldsymbol{k}\,dx\,dy$.

若令　$\boldsymbol{v}=\boldsymbol{i}N-\boldsymbol{j}M$, 則

$$\operatorname{div}\boldsymbol{v}=\frac{\partial N}{\partial x}-\frac{\partial M}{\partial y},$$ 於是

$$\int_\Gamma \boldsymbol{v}\cdot\boldsymbol{n}\,ds=\int_{\mathscr{R}}\int \operatorname{div}\,\boldsymbol{v}\,dx\,dy$$

其中 $\boldsymbol{n}$ 爲向外法向，這又可看做是**二維的 Gauss 定理**。

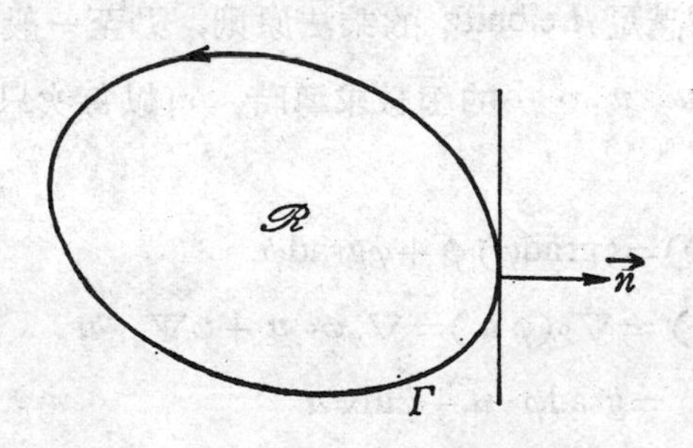

因此：散度定理與旋度定理都是**二維時同一定理之推廣**，但二者與梯度定理如出一轍，也都是 Newton–Leibnitz 根本定理之推廣!

【例題】 向量場 $\boldsymbol{u}=\left(\boldsymbol{i}\,\frac{x^3}{3}+\boldsymbol{j}\,\frac{y^3}{3}\right)$之散度爲 x^2+y^2。因此平面上一塊面積 S 對原點之慣性矩爲

$$\boldsymbol{k}\cdot\oint_{\partial S}\boldsymbol{u}\times d\boldsymbol{r}=\iint_S \operatorname{div}\boldsymbol{u}\cdot dS.$$

例如中空方形，「$(0<)\,a<|x|$或$|y|$；且$|x|$及$|y|<b\,(>a)$」，之慣性矩爲$\frac{8}{3}(b^4-a^4)$

同法求$\left\{0<x,\ y,\ 且\frac{x}{b}+\frac{y}{a}<1\right\}$這三角形之慣性矩?

答 $\dfrac{a^3b+ab^3}{12}$

#6 一般向量導微的複習：微分算子▽

我們引入了三個算子 grad, div, rot，都是一階導微，都可用 Hamilton 算符▽(nabla) 表示

$$\operatorname{grad}=\nabla=\boldsymbol{i}\frac{\partial}{\partial x}+\boldsymbol{j}\frac{\partial}{\partial y}+\boldsymbol{k}\frac{\partial}{\partial z},\ \operatorname{div}=\nabla\circ,\ \operatorname{rot}=\nabla\times。$$

#61 它們都滿足 Leibnitz 的乘法原則，乃至一般的重疊原則:

對多個函數 $\boldsymbol{u}$，$\boldsymbol{v}$，……的函數求導時，可以每次只導其一，固定別的，再做和!

【例題】 $\operatorname{grad}(\varphi\psi)=(\operatorname{grad}\varphi)\,\psi+\varphi\operatorname{grad}\psi.$

【例題】 $\operatorname{div}(\varphi\boldsymbol{u})=\nabla\circ(\varphi\boldsymbol{u})=\nabla_\varphi\varphi\circ\boldsymbol{u}+\varphi\nabla_u\circ\boldsymbol{u}.$

$$=\operatorname{grad}\varphi\circ\boldsymbol{u}+\varphi\operatorname{div}\boldsymbol{u}.$$

【例題】 $\nabla\times(\varphi\boldsymbol{u})=\nabla_\varphi\times(\varphi\boldsymbol{u})+\nabla_u\times(\varphi\boldsymbol{u})$

$$=\nabla\varphi\times\boldsymbol{u}+\varphi\nabla\times\boldsymbol{u}.$$

【例題】 $\nabla\cdot(\boldsymbol{u}\times\boldsymbol{v})=\nabla_{\boldsymbol{u}}\cdot(\boldsymbol{u}\times\boldsymbol{v})+\nabla_{\boldsymbol{v}}\cdot(\boldsymbol{u}\times\boldsymbol{v})$

$$=\det[\nabla_{\boldsymbol{u}};\boldsymbol{u};\boldsymbol{v}]+\det[\Delta_{\boldsymbol{v}};\boldsymbol{u};\boldsymbol{v}]$$

$$=(\nabla\times\boldsymbol{u})\cdot\boldsymbol{v}+\boldsymbol{u}\cdot(\nabla\times\boldsymbol{v}).$$

【例題】 $\nabla\times(\boldsymbol{u}\times\boldsymbol{v})=\nabla_{\boldsymbol{u}}\times(\boldsymbol{u}\times\boldsymbol{v})+\nabla_{\boldsymbol{v}}\times(\boldsymbol{u}\times\boldsymbol{v})$

$$=\{(\boldsymbol{v}\cdot\nabla)\boldsymbol{u}-\boldsymbol{v}(\nabla\cdot\boldsymbol{u})\}+\{\boldsymbol{u}(\nabla\cdot\boldsymbol{v})-(\boldsymbol{u}\cdot\nabla)\boldsymbol{v}\}.$$

【例題】 $\operatorname{grad}(\boldsymbol{u}\cdot\boldsymbol{v})=(\boldsymbol{v}\cdot\nabla)\boldsymbol{u}+(\boldsymbol{u}\cdot\nabla)\boldsymbol{v}+\boldsymbol{v}\times\operatorname{rot}\boldsymbol{u}+\boldsymbol{u}+\operatorname{rot}\boldsymbol{v}\cdot$

【雜例】 $\operatorname{div}\dfrac{\boldsymbol{r}}{r^3}=0,\ \operatorname{rot}\boldsymbol{r}=0,$

但 $\boldsymbol{r}=\boldsymbol{i}x+\boldsymbol{j}y+\boldsymbol{k}z$ 爲“向徑”

$$(\boldsymbol{A}\cdot\nabla)\boldsymbol{r}=\boldsymbol{A}.$$

$$\nabla|\boldsymbol{r}|=\operatorname{grad}|\boldsymbol{r}|=\frac{\boldsymbol{r}}{|\boldsymbol{r}|}=\frac{\boldsymbol{r}}{r},$$

但 $r=|\boldsymbol{r}|.$

$$\operatorname{rot}\ \operatorname{grad}\varphi=0.$$

$$\operatorname{div}\ \operatorname{rot}\boldsymbol{u}=0.$$

$$\operatorname{div}\ \operatorname{grad}\varphi=\frac{\partial^2}{\partial x^2}+\frac{\partial^2}{\partial y^2}+\frac{\partial^2}{\partial z^2},$$ 常記做Δ,

這叫 Laplace 算子，對矢量場也可以逐成分地定義，於是得到:

$$\Delta\boldsymbol{u}=\operatorname{grad}\ \operatorname{div}\boldsymbol{u}-\operatorname{rot}\ \operatorname{rot}\boldsymbol{u}$$

問題: 若 $r\neq 0$，求$\Delta\left(\dfrac{1}{r}\right)=?$

求 $\operatorname{div}\varphi(r)\boldsymbol{r}=?$ rot?

$\operatorname{grad}(\boldsymbol{A}\circ\boldsymbol{r})=?$ （$\boldsymbol{A}$爲常矢）

$\operatorname{grad}(\boldsymbol{A}\varphi(r)\cdot\boldsymbol{r})=?$

$\operatorname{div}(\varphi(r)\boldsymbol{A})=?$ $\operatorname{rot}(\varphi(r)\boldsymbol{A})=?$

$$\text{div}(\boldsymbol{r}\times(\boldsymbol{A}\times\boldsymbol{r}))=?$$

$$\triangle \boldsymbol{A}\varphi(\boldsymbol{r})=?$$

#62　特別重要的標量場是 r^{-1}，向量場是 $\boldsymbol{r}/r^3$: ————

如果空間取定了一個固定點 0，——做爲原點，——那麼最重要的向量場，且是心對稱的，就是

$$\frac{\boldsymbol{r}}{r^3} \tag{1}$$

（的倍數）。物理地說，這是向着原點（卽"心"），而且和距離平方反比。在物理上統攝了重力及靜電學現象，——根據 Newton及 Coulomb 定律。

這是個無旋矢場，事實上

$$\frac{\boldsymbol{r}}{r^3}=-\text{grad}\left(\frac{1}{r}\right) \tag{2}$$

而且除了原點這奇點外，$\text{div}\left(\dfrac{\boldsymbol{r}}{r^3}\right)=0$，$r^{-1}$ 是基本的"位函數"。

#63　【註】二維時，我們應該用 $-\ln r=\ln r^{-1}$ 做基本位勢函數:

$$\text{div}\left(\frac{\boldsymbol{r}}{r^2}\right)=0\text{，（除了原點以外。）}$$

$$\text{而}\ -\text{grad}\ \ln r^{-1}=\boldsymbol{r}/r^2.$$

#7　調和函數

二階微分算子$\dfrac{\partial^2}{\partial x^2}+\dfrac{\partial^2}{\partial y^2}+\dfrac{\partial^2}{\partial z^2}$簡記爲$\triangle$，（被稱爲數理科學中的算子之王！）

對於矢性場，它可以逐成分地定義！

$$\text{div grad}\,\varphi=\left(\frac{\partial^2}{\partial x^2}+\frac{\partial^2}{\partial y^2}+\frac{\partial^2}{\partial z^2}\right)\varphi=\nabla\varphi.$$

$$\text{rot rot}\,\boldsymbol{u}=\text{grad div}\boldsymbol{u}-\triangle\boldsymbol{u}.$$

#71 我們給它一個物理解釋。今設 φ 爲 $\mathscr{C}^2$ 可導微，因而有二階的 Taylor 展式

$$\varphi(\boldsymbol{x})=\varphi(0)+\text{grad}\varphi(0)\cdot\boldsymbol{x}+2^{-1}\sum x_i x_j\frac{\partial^2\varphi(0)}{\partial x_i\partial x_j}+0(|\boldsymbol{x}|^2).$$

對半徑 r 之球作球面 $S(r)$ 上之平均，則依對稱性

$$\frac{1}{4\pi r^2}\int_{S(r)}\!\!\int[\varphi(\boldsymbol{x})-\varphi(0)]dS=\frac{2^{-1}}{4\pi r^2}\int\!\!\int\sum x_i{}^2\frac{\partial^2\varphi(0)}{\partial x_i{}^2}+0(r^2)$$

$$=6^{-1}\triangle\varphi(0)\frac{1}{4\pi r^2}\int\!\!\int r^2dS+0(r^2)$$

$$=6^{-1}\triangle\varphi(0)\cdot r^2+0(r^2)$$

故 $\lim\limits_{r\downarrow 0}\ 6\dfrac{[\varphi(\boldsymbol{x})-\varphi(0)\ \text{在}\ S(r)\ \text{上之平均}]}{r^2}=\triangle\varphi(0).$

依平移，立知:

#711 $\triangle\varphi(\boldsymbol{x})=\lim\limits_{r\downarrow 0}\ 6\cdot r^{-2}[\varphi\ \text{在}\ S(\boldsymbol{x},r)\ \text{上之平均}-\varphi(\boldsymbol{x})]$

另外，改用球體平均，則得

#712 $\triangle\varphi(\boldsymbol{x})=10\lim\limits_{r\downarrow 0}\ r^{-2}[\varphi\ \text{在}\ B(\boldsymbol{x},r)\ \text{上之平均}-\varphi(\boldsymbol{x})]$

#72 Green 恒等式

#720 $\displaystyle\int\!\!\int\!\!\int_R(\text{grad}u\cdot\text{grad}v+u\triangle v)=\int\!\!\int_{\partial R}u\,\text{grad}v\cdot dS$

證明: 前者右邊$\displaystyle=\int\!\!\int\!\!\int_R\text{div}(u\,\text{grad}v)$

$$=\int\!\!\int\!\!\int[\text{grad}u\cdot\text{grad}v+u\triangle v]$$

#721 $\displaystyle\int\!\!\int\!\!\int(u\triangle v-v\triangle u)=\int\!\!\int(u\,\text{grad}v-v\,\text{grad}u)dS.$

#722 系 $\iiint_{\mathscr{R}}\triangle v=\iint_{\partial\mathscr{R}}\operatorname{grad}v\cdot dS$〔在 #7·21 中$u=$常數 1〕

#723 系 $\triangle\varphi(\boldsymbol{x})\equiv\lim_{\varepsilon\downarrow 0}\left(\iint_{S(x;\varepsilon)}\operatorname{grad}\varphi\cdot dS/\|\boldsymbol{B}(\boldsymbol{x},\varepsilon)\|\right)$

#73 平均值定理由# 722，令 $\mathscr{R}\equiv\boldsymbol{B}(\boldsymbol{x},\boldsymbol{r})$，又令$\varphi$爲調和函數：$\triangle\varphi\equiv 0$，然則

$$\iint_{S(x;r)}\operatorname{grad}\varphi\cdot dS=0$$

今作 $$\frac{1}{4\pi r^2}\iint_{S(x;r)}\varphi(\boldsymbol{y})dS_y=\Psi(\boldsymbol{x},\boldsymbol{r})$$

這是“φ在 $S(\boldsymbol{x};\boldsymbol{r})$ 上的平均值”。

然而 $$\varphi(\boldsymbol{x}+\boldsymbol{u})-\varphi(\boldsymbol{x})=\int_0^1\boldsymbol{u}\cdot\operatorname{grad}\varphi(\boldsymbol{x}+t\boldsymbol{u})dt$$

故 $$\begin{aligned}\Psi(\boldsymbol{x};\boldsymbol{r})&=\varphi(\boldsymbol{x})+\frac{1}{4\pi r^2}\iint_{S(r)}[\varphi(\boldsymbol{x}+\boldsymbol{u})-\varphi(\boldsymbol{x})]dS_u\\&=\varphi(\boldsymbol{x})+\frac{1}{4\pi r^2}\iint_{S(r)}\int_0^1\boldsymbol{u}\cdot\operatorname{grad}\varphi(\boldsymbol{x}+t\boldsymbol{u})dt\\&=\varphi(\boldsymbol{x})+\frac{1}{4\pi r^2}\int_0^1 dt\iint_{S(r)}\operatorname{grad}\varphi(\boldsymbol{x}+t\boldsymbol{u})\cdot dS_u\\&=\varphi(\boldsymbol{x}).\end{aligned}$$

定理　調和函數φ在點x處之值 $\varphi(\boldsymbol{x})$ 就是φ在 $S(\boldsymbol{x},\boldsymbol{r})$ 上之平均值，只要 $\boldsymbol{B}(\boldsymbol{x},\boldsymbol{r})$ 在φ之調和範圍內！

#741 若φ在有界域$\mathscr{R}$上調和，則在$\mathscr{R}$內φ沒有極大，也沒有極小，除非φ爲常數，若 $\varphi(\xi)\max\varphi(\mathscr{R})$ 則因 $\varphi(\xi)=\varphi$ 在 $S(\xi,r)$ 上的平均，故知φ在 $S(\xi,r)$ 上到處爲 $\varphi(\xi)$。

#742

【系】若在有界域$\mathscr{R}$上w爲調和，($\triangle w=0$，)而在$S=\partial\mathscr{R}$（邊界）

上$w=0$，則$w\equiv 0$，（或者，若在S上$\dfrac{\partial w}{\partial n}=0$，則$w\equiv$常數。）

【另證】 由於 Green 恒等式之故!

(**#7421**) $\displaystyle\int_G(\nabla u\cdot\nabla v+u\nabla^2 v)d^3x\equiv\int_{\partial G}u\nabla v\cdot d\mathbf{S}.$

#743　上面這個另證，可用來證明:

補題　若φ在$\mathscr{R}$上調和，（在$\mathscr{R}$上連續）而且在$\partial\mathscr{R}$上，法向導數$\partial\varphi/\partial n=0$，則$\varphi=$常數。

#744　若在$\mathscr{R}$無界，（或者，我們對之有興趣的情形，$\mathscr{R}=\boldsymbol{E}^3$）時又如何? 此時境界條件成爲“在$\infty$遠處的行爲”。

通常要求函數$\begin{cases}|w(\boldsymbol{x})|=0\left(\dfrac{1}{|\boldsymbol{x}|}\right),\\ |\nabla w(\boldsymbol{x})|=0\left(\dfrac{1}{|\boldsymbol{x}|^2}\right),\end{cases}$

事實上“位函數”

$$u(\boldsymbol{x})=\int\frac{\rho(\xi)}{|\boldsymbol{x}-\xi|}d^3\xi$$

只須ρ爲連續，且$|\rho(\boldsymbol{x})|=0\left(\dfrac{1}{|\boldsymbol{x}|^3}\right)$，$(|\boldsymbol{x}|\to\infty)$就很够了!

【命題】 若φ爲$\mathscr{C}^2$型函數，於整個$\boldsymbol{R}^3$調和

且　$\varphi(\boldsymbol{x})\to 0$，當$|\boldsymbol{x}|\to\infty$，

然則　$\varphi\equiv 0$

【證明】 固定$\xi\in\boldsymbol{R}^3$，及$\varepsilon>0$，作$\boldsymbol{x}\in S(\xi,r)$，則當$r$够大時，$|\varphi(x)|<\varepsilon$。因而知道$\varphi(\xi)=\varphi$在$S(\xi,r)$上之平均，故$|\varphi(\xi)|<\varepsilon$，但是$\varepsilon$是任意的，因而: $\varphi(\xi)=0$。

#75　對於二維區域，我們同樣可以定義

$\Delta=\frac{\partial^2}{\partial x^2}+\frac{\partial^2}{\partial y^2}$，對應地，給他解釋

$$\Delta\varphi(\boldsymbol{x})=\lim_{r\to 0}\frac{4}{r^2}[\varphi\text{ 在圓周 } S(\boldsymbol{x},r)\text{ 上之平均 }-\varphi(\boldsymbol{x})]$$

或

$$=\lim_{r\to 0}\frac{8}{r^2}[\varphi\text{ 在圓盤 } B(\boldsymbol{x},r)\text{ 上之平均}-\varphi(\boldsymbol{x})]$$

$$=\lim_{r\downarrow 0}\oint_{S(x,r)}\text{grad}\varphi\cdot dx/(\pi r^2)$$

若 $\Delta\varphi\equiv 0$，則 φ 爲調和函數，也仍然有平均值定理：（若 $B(\boldsymbol{x},r)$ 在 φ 之調和範圍內，）$\varphi(\boldsymbol{x})\equiv\varphi$ 在圓周 $S(\boldsymbol{x},r)$ 上之平均值

$=\varphi$ 在圓盤 $B(\boldsymbol{x},r)$ 上之平均值。

因而 φ 在此區域內沒有極大值與極小值（極值只能在邊界上）。

#8 位　勢

#81 因爲 div $\text{grad}\frac{1}{r}=0$，於 $r\neq 0$ 處，所以對於領域 $\mathscr{R}\subset\boldsymbol{R}^3$，只要 $0\notin\overline{\mathscr{R}}$，則 $\iint_{\partial\mathscr{R}}\text{grad}\frac{1}{r}\cdot dS=0$。

電場爲

$$E(x)=-\text{grad}\varphi(x)$$

$$=\iiint\frac{\rho(\xi)}{|\boldsymbol{x}-\xi|^3}(\boldsymbol{x}-\xi)d^3\xi$$

而且在一個區域 $\mathscr{R}$ 上作

$$\iiint_{\mathscr{R}}\text{div}\boldsymbol{E}(\boldsymbol{x})d^3\boldsymbol{x}=\iint_{\partial\mathscr{R}}\boldsymbol{E}(\boldsymbol{x})\cdot dS$$

將得

$$4\pi\iiint_{\mathscr{R}}\rho(\xi)d^3\xi$$

這是因爲：當

$$\varphi(\boldsymbol{x})=\sum\frac{q_i}{|\boldsymbol{x}-\xi_i|}\text{時,}$$

必有　$\boldsymbol{E}(\boldsymbol{x})\equiv-\operatorname{grad}\varphi(\boldsymbol{x})$ 有$=\sum\frac{q_i}{|\boldsymbol{x}-\xi_i|^3}(\boldsymbol{x}-\xi_i)$

及

$$\iiint_{\mathscr{R}}\operatorname{div}\boldsymbol{E}(\boldsymbol{x})d^3\boldsymbol{x}=\iint_{\partial\mathscr{R}}\boldsymbol{E}(\boldsymbol{x})\cdot d\boldsymbol{S}=\sum_{\xi_i\in\mathscr{R}}4\pi q_i$$

所以我們有：

$$-\iiint_{\mathscr{R}}\triangle\varphi(\boldsymbol{x})d^3\boldsymbol{x}=4\pi\iiint_{\mathscr{R}}\rho(\boldsymbol{x})d^3\boldsymbol{x}$$

此式對一切$\mathscr{R}$均成立，故

$$-\triangle\varphi=4\pi\rho$$

因此：

$$(-\triangle)\operatorname{pot}\rho=4\pi\rho$$

#82　若電流密度爲 $\boldsymbol{J}$，則所生**矢性位**爲

$$\boldsymbol{A}(\boldsymbol{x})=\int\frac{\boldsymbol{J}(\xi)}{|\boldsymbol{x}-\xi|}d^3\xi,$$

而靜磁場（強度）爲

$$\boldsymbol{B}(\boldsymbol{x})=\operatorname{rot}\boldsymbol{A}(\boldsymbol{x}).$$

特別地若$\mathscr{R}=\mathscr{R}_2/\overline{\mathscr{R}}_1$，其中 $0\in\mathscr{R}_1,\overline{\mathscr{R}}_1\subset\mathscr{R}_2;\mathscr{R}_2,\mathscr{R}_1$ 均爲領域，

則

$$\iint_{\partial\mathscr{R}_2}\operatorname{grad}\frac{1}{r}\cdot dS=\iint_{\partial\mathscr{R}_1}\operatorname{grad}\frac{1}{r}dS$$

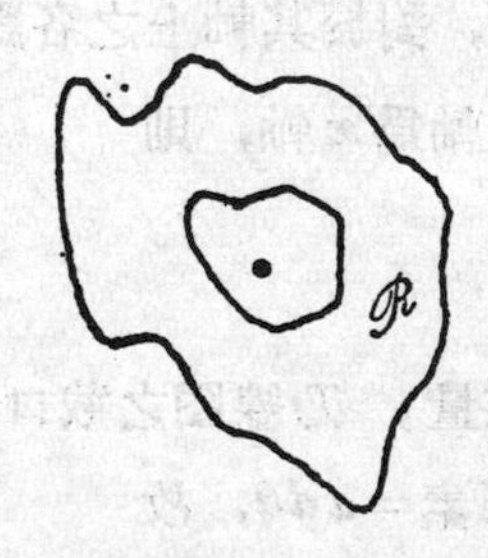

因之 $$\iint_{\partial\mathscr{R}_2} \operatorname{grad}\frac{1}{r}dS \text{ 與 } \mathscr{R}_2\ni 0$$

之選擇無關。取 $\mathscr{R}_2$ 爲一球 $B(R)$，則 $\operatorname{grad}\frac{1}{r}=-\frac{\boldsymbol{r}}{r^3}$，而在$\partial\mathscr{R}_2$上，

$$\iint_{\partial\mathscr{R}_2}\frac{-\boldsymbol{r}}{r^3}\cdot dS=-4\pi$$

此式對於任一領域$\mathscr{R}_2\ni 0$均成立。反之，若$0\notin\mathscr{R}_2$，則

$$\iint_{\partial\mathscr{R}_2}\frac{-\boldsymbol{r}}{r^3}dS=0$$

總之，一般地$\frac{1}{4\pi}\iint_{\partial\mathscr{R}}\frac{(\boldsymbol{x}-\xi)}{|\boldsymbol{x}-\xi|^3}\cdot dS_x=1$或$0$，依$\xi\in\mathscr{R}$或否而定。

#83 物理學上，在點ξ處放置電荷q，則在點$\boldsymbol{x}$處有電位，爲$q/|\boldsymbol{x}-\xi|$，電場（強度）$(q/|\boldsymbol{x}-\xi|^3)(\boldsymbol{x}-\xi)$，卽電位的負梯度。因爲靜電現象合乎疊合原理，因而，若有密度ρ之電荷分布，則所生的電位爲

$$\operatorname{pot}\rho(\boldsymbol{x})=\varphi(\boldsymbol{x})=\iiint\frac{\rho(\xi)}{|\boldsymbol{x}-\xi|}d^3\xi$$

對於準靜的電磁場，可設 $\operatorname{div}\boldsymbol{J}\equiv 0$，於是

$$\begin{aligned}\triangle\boldsymbol{A}&=-4\pi\boldsymbol{J}=-\operatorname{rot}\ \operatorname{rot}\boldsymbol{A}+\operatorname{grad}\ \operatorname{div}\boldsymbol{A}\\&=-\operatorname{rot}\boldsymbol{B},\text{ 卽 }\operatorname{rot}\boldsymbol{B}=4\pi\boldsymbol{J}.\end{aligned}$$

#84

【例題】 求一圓形電流圈，對於其軸上之各點，所生之磁場。設圓之半徑爲a，以圈之軸爲x軸，則

$$W=\oint\frac{\boldsymbol{c}}{r}\cdot\boldsymbol{l},$$

其間之c爲電流量，乃線圈之截口面積，乘以電流密度$\boldsymbol{g}$之積；其 dl 爲弧素$=a\,d\theta$，故

$$\boldsymbol{H}=\operatorname{rot}\boldsymbol{W}=\int_0^{2\pi}\nabla\left(\frac{1}{r}\right)\times\boldsymbol{c}\,a\,d\theta=-\int_0^{2\pi}\boldsymbol{r}\times\boldsymbol{c}\,\frac{a\,d\theta}{r^2},$$

其間之 r，$\boldsymbol{r}$，$\boldsymbol{c}$，各可分解爲

$$r=\sqrt{a^2+x^2},$$

$$\boldsymbol{r}/r=\cos\gamma\boldsymbol{i}-\sin\gamma\sin\theta\boldsymbol{j}-\sin\gamma\cos\theta\boldsymbol{k},$$

$$\boldsymbol{c}=-c\cos\theta\boldsymbol{j}+c\sin\theta\boldsymbol{k}$$

以各值代入 $\boldsymbol{H}$ 之積分，得

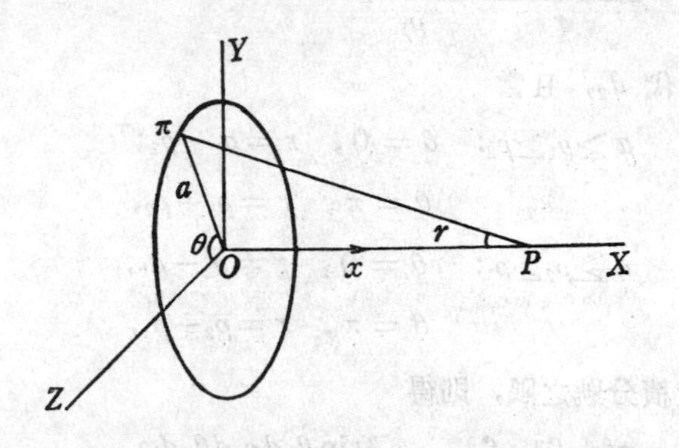

$$\boldsymbol{H}=\frac{a\,c}{x^2+a^2}\int_0^{2\pi}(\sin\gamma\boldsymbol{i}+\cos\gamma\sin\theta\boldsymbol{j}+\cos\gamma\cos\theta\boldsymbol{k})\,d\theta$$

$$=\frac{a\,c}{x^2+a^2}(2\pi\sin\gamma)\,\boldsymbol{i},$$

故 $\boldsymbol{H}=\dfrac{2\pi a^2\boldsymbol{c}}{(x^2+a^2)^{3/2}}$，其指向循 OX 軸。

【例題】一組質點，其總質量爲 m，其密度時常保持均匀散佈，由無窮遠散佈狀態，而收縮爲一球體，球之半徑爲 a，求其所成之工作。

設兩質點 P_1, P_2 對於球心 0 之位置矢各爲 $\boldsymbol{p}_1, \boldsymbol{p}_2$；而距離以 r 表

之，又 $(\boldsymbol{p}_1, \boldsymbol{p}_2)=\theta_2$。

$$W=\frac{1}{2}\int_{\rho_1=0}^{a}\int_{\theta_1=0}^{\pi}\int_{\varphi_1=0}^{2\pi}\int_{\rho_2=0}^{\rho_1}\int_{\theta_2=0}^{\pi}\int_{\varphi_2=0}^{2\pi}\frac{\sigma_1\sigma_2}{r}$$

$$\rho_1{}^2\sin\theta_1 d\rho_1 d\theta_1 d\varphi_1 \rho_2{}^2\cdot\sin\theta_2 d\rho_2 d\theta_2 d\varphi_2$$

其間之 $\quad \sigma_1=\sigma_2=\dfrac{3m}{4\pi a^3}$

則由 $\quad r^2=\rho_1{}^2+\rho_2{}^2-2\rho_1\rho_2\cos\theta_2,$

得 $\quad \dfrac{\rho_2\sin\theta_2 d\theta_2}{r}=\dfrac{dr}{\rho_1}.$

應用此式 r 代 θ_2，且當

$$a\geq\rho_1\geq\rho_2:\quad \theta=0,\quad r=\rho_1-\rho_2;$$

$$\theta=\pi,\quad r=\rho_1+\rho_2,$$

$$a\geq\rho_2\geq\rho_1:\quad \theta=0,\quad r=\rho_2-\rho_1;$$

$$\theta=\pi,\quad r=\rho_2+\rho_1,$$

以此諸值定積分號之限，則得

$$\int_{\rho_2=0}^{\rho_1}\int_{\theta_2=0}^{\pi}\int_{\varphi_2=0}^{0}\frac{\rho_2{}^2\sin\theta_2 d\rho_2 d\theta_2 d\varphi_2}{r}$$

$$=\int_0^{\rho_1}\int_{\rho_1-\rho_2}^{\rho_1+\rho_2}\int_0^{2\pi}\frac{\rho_2 d\rho_2 dr d\varphi}{\rho_1}+\int_{\rho_1}^{a}\int_{\rho_2-\rho_1}^{\rho_2+\rho_1}\int_0^{2\pi}\frac{\rho_2 d\rho_2 dr d\varphi}{\rho_1}$$

$$=-\frac{2}{3}\pi\rho_1{}^2+2\pi a^2.$$

故 $\quad W=\pi\sigma_1\sigma_2\displaystyle\int_0^a\int_0^{\pi}\int_0^{2\pi}\left(-\frac{1}{3}\rho_1{}^2+a^2\right)\rho_1{}^2\sin\theta_1 d\rho_1 d\theta_1 d\varphi_1=\frac{3m^2}{5a}$

【例】 求均勻球體(半徑 a，質量 M)所生之位勢 $U(r)$，(參見§576) Newton 費了九牛二虎之力才算出它！在 $r>a$ 時，$U(r)=M/r$：在 r 很大處，必近於此！而 r 之函數，調和者，爲 Mr^{-1} 之形！在 $r<a$ 時 $\triangle U(r)=-3M/a^3$，故

$$\operatorname{grad}U(r)=-\frac{M}{a^3}\overrightarrow{r}$$

$$U(r)=\frac{3M}{2a}-\frac{M}{2a^3}r^2$$

這裏用到一點兒反導微的唯一性!

【**例題**】論均勻密度，**微扁球體**對其外點之引力場。

設橢圓之離心率 e 爲甚小，其長軸爲 OX，該橢圓繞 OX 旋轉，而成所論之扁球面。設OP, OH, PH各$=R$，ρ，r，則 P 點之位函數:

$$U=\int_V \frac{dm}{r},$$

其間之 $dm=\sigma dV$，σ 爲密度，

$$\begin{aligned}r^{-1}&=\{(x-\xi)^2+(y-\eta)^2+(2-\xi)^2\}^{-1/2}\\&=(R^2+\rho^2-2\sum x\xi)^{-2/1}\\&=\frac{1}{R}\left(1+\frac{\sum x\xi}{R^2}-\frac{r^2}{2R^2}+\frac{3}{2}\frac{\sum x^2\xi^2}{R^4}+\frac{3\sum yz\eta\xi}{R^4}+\cdots\right),\end{aligned}$$

故

$$U=\frac{1}{R}\int dm+\sum\frac{x}{R^3}\int\xi dm-\frac{1}{2R^3}\int r^2dm+$$

$$+\frac{3}{2}\sum\frac{x^2}{R^5}\int\xi^2dm+\frac{3}{R^5}\sum yz\int\eta\xi dm,$$

其餘之項爲甚小，可以略去；又其第一項爲

$$dm=\text{橢圓體積}M=\frac{4}{3}\pi\sigma a^3\sqrt{1-e};$$

又因O爲重心，$\int\xi dm=0$；又 OX, OY, OZ 爲慣性軸，$\int\eta\xi dm=0$

其餘各項之計算，以球坐標表之，得

$$U=\frac{M}{R}-\frac{\sigma}{2R^3}\int\int\int r^4\sin\theta d\theta d\varphi dr+$$

$$+\frac{3x^2\sigma}{2R^5}\int\int\int r^4\sin^3\theta\cos^2\varphi d\theta d\varphi dr+$$

$$+\frac{3z^2\sigma}{2R^5}\int\int\int r^4\cos^2\theta\sin\theta\, d\theta\, d\varphi\, dr,$$

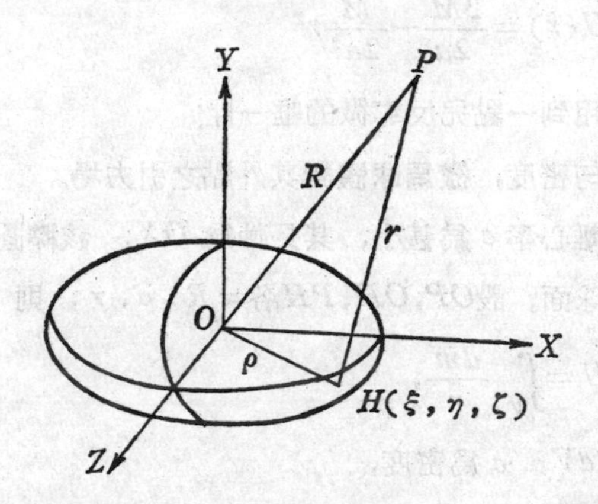

其間各積分之限皆爲:

$$r(0, \gamma), \theta(0, \pi), \varphi(0, 2\pi).$$

又因 r 及 θ 皆與 φ 無關，故先對於 φ 積分，其次積 r，又由橢圓方程式

$$r^2=\frac{b^2}{1-e^2\cos^2\theta}$$

之關係，消去 r，最後積 θ，其結果爲

$$U=\frac{M}{R}+\frac{2}{15}\ \frac{\pi\sigma b^5}{R^5}(x^2+y^2-2z^2)e^2+\cdots\cdots$$

$$=\frac{M}{R}\left\{1+\frac{b^2}{10}\left(\frac{1}{R^2}-\frac{3z^2}{R^4}\right)e^2+\cdots\cdots\right\}$$

若該體爲球體，則 $e=0$，$U=M/R$，但今所討論者爲扁球體，故於球體所生之位函數 M/R，尙須加以 $b^2M(R^2-3Z^2)e^2/10R^5$，以修正其稍扁之微差。（此加入之函數，謂之攝動函數。）

又 $$\boldsymbol{F}\equiv k\nabla U$$

$$=-\frac{kM}{R^2}\boldsymbol{R}-\frac{3kM\sigma^2}{R^5}\left\{\left(\frac{1}{10}-\frac{z^2}{2R^2}\right)\boldsymbol{R}+\frac{z}{5}\boldsymbol{k}\right\}e^2+\cdots\cdots.$$

【例題】取一直線段，長為 $2l$，線密度 μ，求引力場，今以中點為原點 O，直線為 x 軸，在（x，y）面上，位勢為

$$U=\int_{-l}^{l}\frac{\mu dz}{\sqrt{(x-\xi)^2+y^2}}=\mu\log\frac{(x+l)+\sqrt{(x+l)^2+y^2}}{(x-l)+\sqrt{(x-l)^2+y^2}}$$

只要再繞 x 軸轉動，就得空間之討論!

#85 我們要論 Poisson 方程之 Dirichlet 問題解的唯一性，若已知 $v\in\mathscr{C}(\bar{G})$，且

$$\begin{cases}\triangle v=\rho, & \text{（已知）於 } G,\\ v\,|\,\partial G=f, & \text{（已知）。}\end{cases}$$

則 v 唯一，因兩解之差 $w=v_1-v_2$ 依 #742 將恒等於 0。

同樣 Neumann 問題解的唯一性也可證得!

若已知 $v\in\mathscr{C}(\bar{G})$

$\triangle v=\rho$，於

$\partial v/\partial u=g$ 於 ∂G

則 v 可決定到一個常數差。（依# 743）。

#851 【註】把立體空間的區域，改為平面區域仍有相同結論!

#86 現在我們證明 Helmholtz 定理

【定理】向量場 v 為 $\mathscr{C}'$（且在∞處行為良好），則可表為片層場與螺管場之和。

【證明】預設 $v\equiv\text{grad}\varphi+\text{rot}A$.

欲決定 φ，則以

$$\text{div}\ v=\triangle\varphi.$$

故 $$\varphi(x)=\frac{-1}{4\pi}\int\frac{\text{div}\ v(\xi)}{|x-\xi|}d^3\xi.$$

另外，欲求 A，則尚須一個條件，我們令 $\text{div}A=0$。

於是 $\text{rot}\,\boldsymbol{v}=\text{rot}\,\text{rot}\boldsymbol{A}=-\triangle\boldsymbol{A}$,（若 $\text{div}\boldsymbol{A}=0$）。

故 $$A\equiv\frac{1}{4\pi}\int\frac{\text{rot}\,\boldsymbol{v}(\xi)}{|\boldsymbol{x}-\xi|}d^3\xi.$$

（實際上依定理#5, 可證明 $\text{div}\,\boldsymbol{A}=0$）因此得到

$$\boldsymbol{v}=\frac{-1}{4\pi}\,\text{grad}\int\frac{\text{div}\,\boldsymbol{v}(\xi)}{|\boldsymbol{x}-\xi|}d^3\xi+\frac{1}{4\pi}\,\text{rot}\int\frac{\text{rot}\,\boldsymbol{v}(\xi)}{|\boldsymbol{x}-\xi|}d^3\xi$$

這是 Helmholtz 定理，特別是:

若 $\text{div}\,\boldsymbol{v}=0$，則可書 $\boldsymbol{v}=\text{rot}\boldsymbol{A}$ 之形。

#861 (Poincaré 補題)

若 $\text{rot}\,\boldsymbol{v}=0$，則可書 $\boldsymbol{v}$ 成 $\boldsymbol{v}=\text{grad}\varphi$之形。

#862 【註】在平面上，有相同的結論:

若 $u(z)\equiv\frac{-1}{2\pi}\int\int\ln|z-\gamma|\sigma(\gamma)d^2\gamma$

且 $E=-\text{grad}u$，則

$\text{div}E=\sigma$（且 $\text{rot}E=0$）。

#863 由此我們其實已經解決了一個問題:

問題甲: 設向量場$\boldsymbol{E}$是無旋的，**即$\boldsymbol{E}$爲層狀流**，但有湧源 $\text{div}\boldsymbol{E}=\sigma$，求$\boldsymbol{E}$。

答 令 $u=\frac{-1}{2\pi}\int\int\sigma(\gamma)\log|z-\gamma|d^2\gamma$
則$\boldsymbol{E}=-\text{grad}u$ 爲一個解。

〔解雖然不唯一，但是相差有限! 因爲剩下的部份是個無旋無湧場，即是調和的場〕。

#864 二維向量場與三維向量場有個相異點！在三維向量場，grad把標量場變爲向量場，div 把向量場變爲標量場，而 rot 把向量場變爲向量場，故三者大不相同。

在二維向量分析，情形全然不同！而三個算子有某種可轉換性！（參見 #54）

對於標量場 $\varphi=\varphi(x, y)$，我們可用第三個基本向量 $\boldsymbol{k}$ 來乘它，得到一個向量場 $\boldsymbol{k}\varphi(x, y)$，對它做梯度，就得到

$$\mathrm{rot}\boldsymbol{k}\varphi(x, y)=\boldsymbol{i}\frac{\partial\varphi}{\partial y}-\boldsymbol{j}\frac{\partial\varphi}{\partial x}$$

這和 $\mathrm{grad}\varphi(x, y)=\boldsymbol{i}\frac{\partial\varphi}{\partial x}+\boldsymbol{j}\frac{\partial\varphi}{\partial y}$ 來比較，只是轉了 90° 角!!若用 $\boldsymbol{k}$ 表示這旋轉，

$$\boldsymbol{u}=\boldsymbol{i}a+\boldsymbol{j}b\longmapsto\boldsymbol{u}^k(=\boldsymbol{k}\times\boldsymbol{u})=\boldsymbol{j}a-\boldsymbol{i}b$$

則得: $\boldsymbol{k}\times\mathrm{rot}\boldsymbol{k}\varphi=\mathrm{grad}\varphi=(\mathrm{rot}\boldsymbol{k}\varphi)^k$

而對向量場 $\boldsymbol{u}=\boldsymbol{i}\varphi(x, y)+\boldsymbol{j}\psi(x, y)$,

由 $\mathrm{rot}\boldsymbol{u}=\boldsymbol{k}\left(\frac{\partial\psi}{\partial x}-\frac{\partial\varphi}{\partial y}\right)$

與 $\mathrm{div}\boldsymbol{u}^k=\mathrm{div}\ (+\boldsymbol{j}\varphi-\boldsymbol{i}\psi)=-\frac{\partial\psi}{\partial x}+\frac{\partial\varphi}{\partial y}$

比較，立得 $-\mathrm{div}\boldsymbol{u}^k=\mathrm{rot}\boldsymbol{u}$ 或

$$\mathrm{div}\boldsymbol{u}=\mathrm{rot}\boldsymbol{u}^k.$$

所以我們利用這個轉換，及 #863，於是有

#865

【問題乙】已知旋狀流 $\boldsymbol{B}$（即無散的向量場 $\boldsymbol{B}$）的旋度 rot $\boldsymbol{B}$，($\mathrm{div}\boldsymbol{B}=0$) 求 $\boldsymbol{B}$。

> 有答　令 $\mathrm{rot}\boldsymbol{B}=\rho$ 及
>
> $$\boldsymbol{v}(z)\equiv\frac{-1}{2\pi}\int\int\log|z-\gamma|\rho(\gamma)d^2\gamma,$$
>
> 則 $\boldsymbol{B}\equiv\mathrm{rot}\ \boldsymbol{v}(z)$ 爲一解

【證明】改 $\operatorname{rot}\boldsymbol{B}=-\operatorname{div}\boldsymbol{B}^k=\rho$

則 $-\operatorname{grad}\boldsymbol{v}=(-\boldsymbol{B}^k)$

即 $\boldsymbol{B}=\operatorname{rot}\boldsymbol{v}$. #

#866 於是我們證明了:

【定理】對已與的$\operatorname{div}\boldsymbol{E}=\sigma$，$\operatorname{rot}\boldsymbol{E}=\rho$可找到一個解$\boldsymbol{E}$，實際上是:

$$\boldsymbol{E}(\boldsymbol{z})=-\operatorname{grad}\frac{-1}{2\pi}\iint\log|\boldsymbol{z}-\gamma|\sigma(\gamma)d^2\gamma$$

$$+\operatorname{rot}\frac{-1}{2\pi}\iint\log|\boldsymbol{z}-\gamma|\rho(\gamma)d^2\gamma.$$

因而任一向量場，均爲某無湧場及某無渦場之和! (Helmholtz 定理)

#87 我們前 面已算過 $\triangle\frac{1}{|\boldsymbol{x}-\boldsymbol{\xi}|}=0$，當$\boldsymbol{x}\neq\boldsymbol{\xi}$，但 $\boldsymbol{x}=\boldsymbol{\xi}$為$\frac{1}{|\boldsymbol{x}-\boldsymbol{\xi}|}$的奇點，當然也是$\triangle\frac{1}{|\boldsymbol{x}-\boldsymbol{\xi}|}$的奇點! 我們問: 這個東西，如何個奇異法?

想像 $\triangle\frac{1}{|\boldsymbol{x}-\boldsymbol{\xi}|}\equiv-4\pi\delta_\xi(x)$,

我們知道 $\delta_\xi(\boldsymbol{x})=0$，當 $\boldsymbol{x}\neq\boldsymbol{\xi}$,

另外一方面，#7331 告訴我們

$$-\triangle\varphi(\boldsymbol{x})=-\triangle\iiint\frac{\rho(\boldsymbol{\xi})}{|\boldsymbol{x}-\boldsymbol{\xi}|}d^3\xi$$

是$\left(-\triangle\frac{1}{|\boldsymbol{x}-\boldsymbol{\xi}|}\right)$之疊合，故即$=4\pi\iiint\delta_\xi(\boldsymbol{x})\rho(\boldsymbol{\xi})d^3\xi$，結論是:

#871 $4\pi\iiint\delta_\xi(\boldsymbol{x})\rho(\boldsymbol{\xi})d^3\xi=4\pi\rho(\boldsymbol{x})$,

#872 世界上不可能有一個函數（或"場"）$\delta_\xi(\boldsymbol{x})$ 使得:

「$\iiint\delta_\xi(\boldsymbol{x})\rho(\boldsymbol{x})d^3\xi\equiv\rho(\boldsymbol{x})$

對一切够好的ρ，成立。」

【證】實際上，我們已知 $\delta_\xi(\boldsymbol{x})=0$，除非$\boldsymbol{x}=\boldsymbol{\xi}$，而在作積分 $d^3\xi$ 時，被積分函數 $\delta_\xi(\boldsymbol{x})\rho(\boldsymbol{\xi})$ 只在 $\boldsymbol{\xi}=\boldsymbol{x}$處才不爲 0，故積分恆爲 0！

#873 P. A. M. Dirac 記號地發明了這個"函數"$\delta_\xi(\boldsymbol{x})$，使得

$$\iiint \delta_\xi(\boldsymbol{x})\rho(\boldsymbol{\xi})d^3\xi\equiv\rho(\boldsymbol{x})$$

實際上這個東西叫做"荷布"(distribution)，(L. Schwartz 發明的)。

#874 由定義，$\delta_\xi(\boldsymbol{x})$ 有平移不變性，旋轉及鏡射的不變性，而我們可以寫成

$$\delta_\xi(\boldsymbol{x})=\delta_x(\boldsymbol{\xi})=\delta(\boldsymbol{x}-\boldsymbol{\xi})$$

而我們在 #73 的敍述可以用如下公式表達出來

$$\triangle\frac{1}{|\boldsymbol{x}|}=-4\pi\delta(\boldsymbol{x})$$

"函數"δ是這樣一個荷布，它在旋轉及鏡射之下不變，而且

$$\iiint \delta(\boldsymbol{x})\rho(\boldsymbol{x})d^3x=\rho(0)$$

#875 同樣地，在二維空間，我們必須期待"函數"

$$\operatorname{div}\left(\frac{z-\gamma}{|z-\gamma|^2}\right)/2\pi=\delta(z,\gamma)$$

必須滿足:

$$\begin{cases}\iint \delta(z,\gamma)\varphi(\gamma)d^2\gamma\equiv\varphi(z),\\ \delta(z,\gamma)=0，當\ z\neq\gamma\end{cases}$$

#88 我們考慮 Poisson 方程

$$\triangle u=-4\pi\rho,\ 於\mathscr{D}$$

之齊次 Dirichlet 問題:

$$u \mid S \equiv 0\text{，}(S = \partial\mathscr{D}\text{爲}\mathscr{D}\text{之邊界})$$

最簡單的是：放置一個**單位電荷**於 $\boldsymbol{r}$ 點，即 $\delta(\boldsymbol{x}-\boldsymbol{r}) \equiv \rho(\boldsymbol{x})$ 的情形，此時解答記爲 $G(\boldsymbol{x}, \boldsymbol{r})$；從而得到“$\mathscr{D}$ 的 **Green** 函數”。

例如，$\mathscr{D}$是單位球，則 $G(\boldsymbol{x}, \boldsymbol{r})$ 並不難求，這是 W. Thomson (Kelvin) 之鏡影妙法！ 今 $\|\boldsymbol{r}\|<1$ ，作 $\boldsymbol{r}'=\boldsymbol{r}/\|\boldsymbol{r}\|^2$，這是 $\boldsymbol{r}$ 之影（對么球面而言），若在 $\boldsymbol{r}'$ 處置一荷 q'，則對么球面上之點 $\boldsymbol{x}$，($\|\boldsymbol{x}\|=1$) q' 生成位勢 $q'\|\boldsymbol{x}-\boldsymbol{r}'\|$，而 $\boldsymbol{r}$ 處之單位荷生成位勢 $\|\boldsymbol{x}-\boldsymbol{r}\|$，但是

$$\|\boldsymbol{x}-\boldsymbol{r}\|/\|\boldsymbol{x}-\boldsymbol{r}'\|=\|\boldsymbol{r}\|^2$$

所以只要令 $q'=-\|\boldsymbol{r}\|^2$，則兩個荷之位勢相抵消！ 所以

$$G(\boldsymbol{x}, \boldsymbol{r})=\frac{1}{\|\boldsymbol{x}-\boldsymbol{r}\|}-\frac{1}{\|\boldsymbol{r}\|^2\|\boldsymbol{x}-\boldsymbol{r}'\|}$$

爲所求之 Green 函數！

當然，一般地，欲求

$$\triangle u(\boldsymbol{x})=-4\pi\rho(\boldsymbol{x}),\ \|\boldsymbol{x}\|<1,$$

$$u(\boldsymbol{x})\to 0,\text{ 當 }\|\boldsymbol{x}\|\to 1,$$

只要令

$$u(\boldsymbol{x})=\iiint G(\boldsymbol{x}, \boldsymbol{r})\rho(\boldsymbol{r})d^3\boldsymbol{r}$$

就好了！

後者也可用 Green 函數求出！ 這是因爲

$$\triangle G(\boldsymbol{x}, \boldsymbol{r})=\delta(\boldsymbol{x}, \boldsymbol{r})\text{ 之故！}$$

今用 Green 恆等式

$$\iiint_{\mathscr{D}\varepsilon}(w\triangle G-G\triangle w)$$

$$=\oint_{\partial\mathscr{D}\varepsilon}\left(w\frac{\partial G}{\partial n}-G\frac{\partial w}{\partial n}\right)\cdot dS,$$

其中 $\mathscr{D}\varepsilon$ 是 $\mathscr{D}\setminus B(\gamma,\varepsilon)$.

而 $$\partial\mathscr{D}_\varepsilon=\partial\mathscr{D}\cup S(\gamma,\varepsilon),$$

（且在 $S(r,\varepsilon)$ 上須取內向才是 $\mathscr{D}_\varepsilon$ 之外法向!!） 故由 $\triangle w=0=\triangle G$, 得

$$\Big\|_{\partial\mathscr{D}} w\frac{\partial G}{\partial n}dS-\Big\|_{S(\gamma,\varepsilon)} w\frac{\partial G}{\partial n}-\Big\|_{S(\gamma,\varepsilon)} G\frac{\partial w}{\partial n}=0$$

令 $\varepsilon\to 0$，得（最後項→0）.

$$w(\gamma)=\Big\|_{\partial\mathscr{D}} w(x)\frac{\partial G(x,\gamma)}{\partial n}dS$$

#881 對於平面的問題也相似! 對於單位圓盤，Green 函數是

$$G(z,\gamma)=\frac{1}{2\pi}\ln\frac{|z-\gamma|}{|z-\gamma'||\gamma|}.$$

#89 一般的 Dirichlet 問題要解

$$\begin{cases}\triangle u=-4\pi\rho \text{ 於 } \mathscr{D},\\ u\,|\,\partial\mathscr{D}=f\in\mathscr{C}(\partial\mathscr{D}).\end{cases}$$

可以分解成兩個題 $u=v+w$: ————

$$\begin{cases}\triangle v=-4\pi\rho,\\ v\,|\,\partial\mathscr{D}=0,\end{cases}$$

及

$$\begin{cases}\triangle w=0\\ w\,|\,\partial\mathscr{D}=f.\end{cases}$$

前者可用 Green 函數 G 求出；（只要你有 Green 函數!）

$$v(x)=\iiint_{\mathscr{D}}G(x,\gamma)\rho(\gamma)d^3r$$

#891 在二維時，此式仍成立。

#892

【例】在二維時，由此立得 Poisson 積分公式：對於么圓盤內之調和函數 φ.

$$\varphi(\gamma)=\frac{1-|\gamma|^2}{2\pi}\oint_0^{2\pi}\frac{\varphi(i\theta)}{\|\gamma-e^{i\theta}\|^2}d\theta$$

此地，$\gamma\in C$，$\|\gamma\|<1$.

#893

【習題】在三維空間，Poisson 積分公式又如何？

#9 曲線坐標系

微積分學的計算技巧主要在於"變數代換"，在向量分析學中，這就是坐標變換的問題：把 (x, y, z) 改爲別的坐標系 (q_1, q_2, q_3)，所有的公式將怎麼改？

#90 我們的另一個問題是座標變換，我們將只討論三維空間中的算子 div, rot, grad, 在**曲線座標系** (q_1, q_2, q_3) 下的形狀。今弧長元 ds: $(ds)^2=(dx)^2+(dy)^2+(dz)^2$ 也表示成 dq_1, dq_2, dq_3 的正定齊次二次式 $(ds)^2=\sum h_{ij}dq_idq_j$，如果 (h_{ij}) 是對角方陣，那麼 (q_1, q_2, q_3) 叫做**直交的**曲線座標系，我們將只討論這個。

於是 $$ds^2=h_1^2dq_1^2+h_2^2dq_2^2+h_3^2dq_3^2, (h_i>0).$$

【例題】在球極座標系，$(q_1, q_2, q_3)=(r, \theta, \varphi)$,

於是 $ds^2=dr^2+r^2d\theta^2+r^2\sin^2\theta d\varphi^2$,

因而 $h_1=1$, $h_2=r$, $h_3=r\sin\theta$.

如圖甲，我們做出一個基本長柱體，其三邊爲 $h_1dq_1, h_2dq_2, h_3dq^3$

因此對一個數值場φ，grad φ的三個成分，（對三個基本方向而言），是$\left(\frac{1}{h_i}\ \frac{\partial\varphi}{\partial q_i}\right)$；

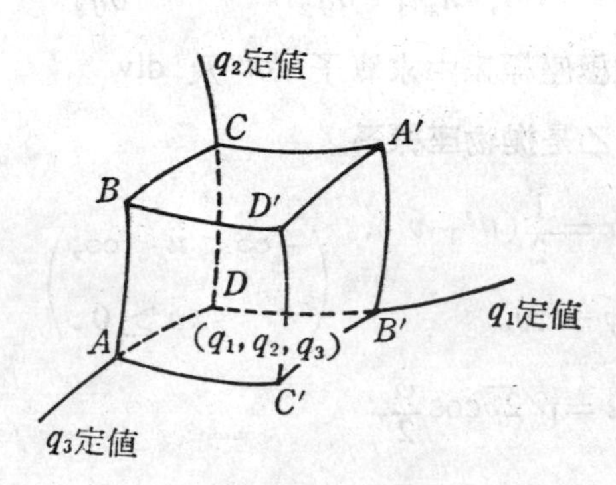

圖 甲

#911 而體積元是 $dV=h_1h_2h_3dq_1dq_2dq_3$

【問題】在圓柱座標系下求體積元。

#92 其次我們問散度的表達式爲何？ 爲此， 我們考慮一個向量場$\boldsymbol{A}$對此基本長方體周面的流通量，立即看出這等於

$$\left(\sum\frac{\partial}{\partial q_i}(h_jh_kA_i)\right)dq_1dq_2dq_3,$$

其中和式係對（1，2，3）的輪換（i，j，k）求和，但體積元

$$dv=h_1dq_1h_2dq_2h_3dq_3$$

所以
$$\operatorname{div}\ \boldsymbol{A}=\frac{1}{h_1h_2h_3}\left\{\frac{\partial}{\partial q_1}(h_2h_3A_1)+\frac{\partial}{\partial q_2}(h_3h_1A_2)+\frac{\partial}{\partial q_3}(h_1h_2A_3)\right\}$$

【例題】在球極座標，$\triangle\Phi=\nabla\cdot\nabla\Phi=\operatorname{div}\ \operatorname{grad}\Phi$

$$=\frac{1}{r^2}\ \frac{\partial}{\partial r}\left(r^2\frac{\partial\Phi}{\partial r}\right)+\frac{1}{r^2\sin\theta}\ \frac{\partial}{\partial\theta}\left(\sin\theta\frac{\partial\Phi}{\partial\theta}\right)+\frac{1}{r^2}\ \frac{\partial^2\Phi}{\partial\varphi^2}.$$

#93 相似地利用 Stokes 定理，可以得到曲線座標系中的旋量場之公式

$$(\operatorname{rot} A)_1 = \frac{1}{h_2 h_3}\left\{\frac{\partial}{\partial q_2}(A_3 h_3) - \frac{\partial}{\partial q_3}(A_2 h_2)\right\} \text{等等。}$$

【問題 1】 在球極座標系中求算子 rot 及 div

【問題 2】 如圖乙是拋物座標系。

$$\begin{cases} x = \dfrac{1}{2}(u^2 - v^2), \\ y = uv, \end{cases} \quad \begin{pmatrix} -\infty < u < \infty, \\ v \geq 0. \end{pmatrix}$$

$$\begin{cases} u = \sqrt{2\rho}\cos\dfrac{\varphi}{2}, \\ v = \sqrt{2\rho}\sin\dfrac{\varphi}{2}, \end{cases}$$ (ρ, φ) 為極座標

求證: $h_1 = h_2 = \sqrt{u^2 + v^2}$.

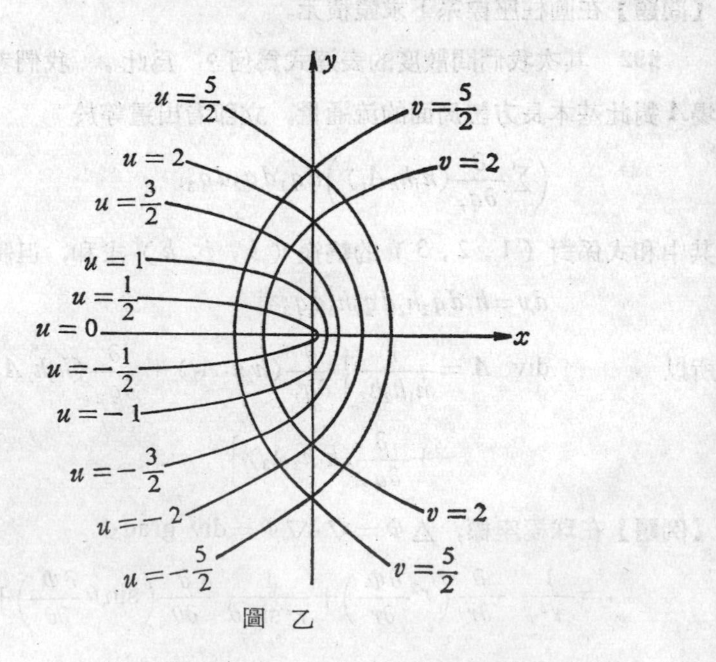

圖 乙

【問題 3】如圖丙是橢圓座標系

$$\begin{cases} x = a\cosh u\cos v, & u \geq 0, \\ y = a\sinh u\sin v, & 0 \leq v \leq 2\pi, \end{cases}$$

求證 $h = h_v = a\sqrt{\sinh^2 u + \sin^2 v}.$

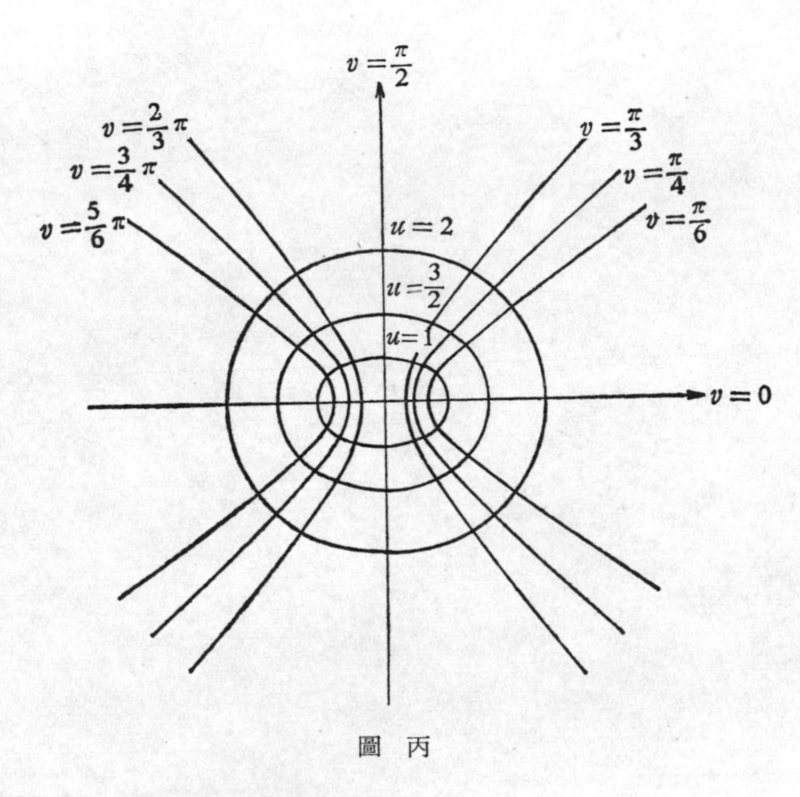

圖 丙

#94 Laplace 算子△之作用爲何?

因爲 $\triangle\varphi = \text{div grad}\varphi$ 所以

$$\triangle\varphi \equiv (h_1h_2h_3)^{-1}\{\sum\partial_{q1}(h_2h_3h_1^{-1}\partial_{q1}\varphi)\}$$

#95 Laplace 算子△作用到矢性場就不然了! 我們必須利用

$$\triangle \boldsymbol{u} = \text{grad div}\,\boldsymbol{u} - \text{rot rot}\,\boldsymbol{u}$$

其計算頗爲冗長!

§8 微分方程第一步*

本書所說的"微方"，大都是指常微分方程式；本節只有在講到"由一族函數求它們共同滿足的微分方程式"(#1)時，才也提到偏微方(#13)，#2 講分離變數法，#3 講恰當型（及線性方程），#4講一些較簡單的高次一階方程式。

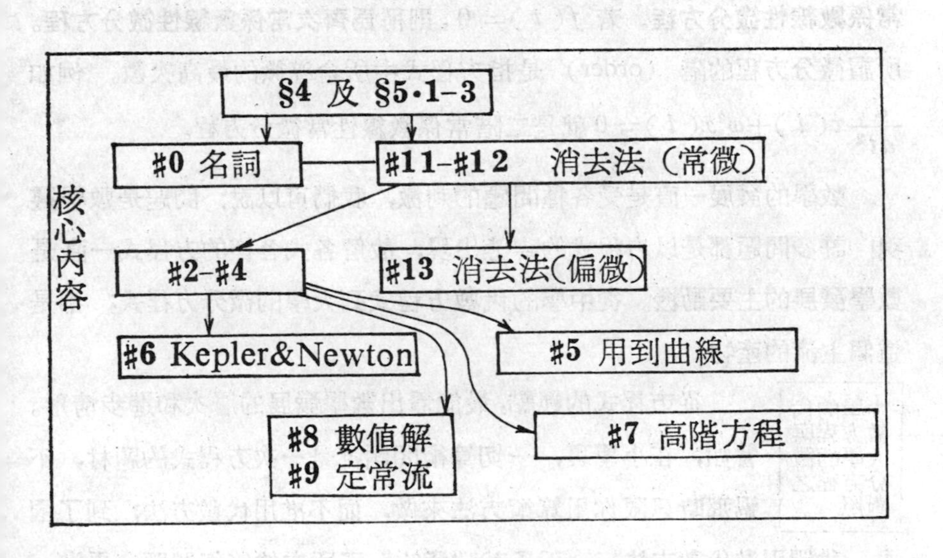

#0 定 義

一個方程式若是牽涉到未知函數及其導函數，則稱爲**微分方程**。同

各種方程的定義

理，一個方程式若是牽涉到未知函數及其積分，則稱爲**積分方程**；若一個方程式旣牽涉到未知函數的導函數與積分，則稱爲**積微分方程**。

如果一個方程式，牽涉到偏導函數，則稱爲偏微分方程。對應地，我們稱通常的微分方程爲常微分方程（O.D.E.)。

在一個常微分方程式中，若所含的各階導函數均爲一次的，則稱爲**線性常微分方程**，其通式爲

什麼是線性常微分方程？

$$a_0(t)\frac{d^n x(t)}{dt^n}+a_1(t)\frac{d^{n-1}x(t)}{dt^{n-1}}+\cdots+a_{n-1}(t)\frac{dx(t)}{dt}+a_n(t)x(t)=f(t).$$

更進一步，若各係數 $a_0(t), a_1(t), \cdots, a_n(t)$ 均爲常數，則稱爲**常係數線性微分方程**。若 $f(t)=0$，則稱爲**齊次常係數線性微分方程**。所謂微分方程的階 (order) 是指方程式中所含導微的最高次數。例如 $\frac{d^2}{dt^2}x(t)+\omega^2 x(t)=0$ 就是二階常係數線性常微分方程。

數學的發展一直是受各種問題的刺激，我們可以說：問題是數學靈魂！許多問題都是以方程式的姿態出現，故解各式各樣的方程式一直是數學發展的主要動機。從中學的代數方程式到大學的微分方程式，都是這個主流的產物。

中學的代數方程與大學的微分方程之對照

從方程式的觀點，最能看出數學發展的層次和進步情形。譬如，在小學裏，一切算術問題都是一次方程式的題材，不過那時只限你用算術方法來做，而不准用代數方法；到了國中，我們引進代數方法，一下子就“通吃”了所有的算術問題，更進一步，我們還介紹了較高層次的二次方程式，威力越來越大，所能對付的問題也越來越廣。在高中，我們更上一層樓，介紹更高次的多項方程式，以及對數、指數、三角方程式等等。這些方程式的未知物都是“數”。

到大學，我們學了微積分的工具，引入了微分方程，威力更大了。微分方程的未知物是“函數”！這是跟中學所學的方程式最不同的地方，數學的進步就在這裏！

微分方程是研究運動問題的有力工具！

#01 事實上，自從牛頓發明微積分後，物理學的運動現象就都歸結成微分方程的研究。利用微積分來研究運動現象不但簡潔省力，而且威力十足！ Galileo 時代微積分還未成形，研究運動現象就非常吃力，譬如等加速運動的問題（如自由落體）。但是利用微積分的工具來處理這個問題，“兩三下就清潔溜溜了”！

等加速運動的問題就是要解微分方程式

$$Dv(t)=a \text{（常數）}, \qquad D=\frac{d}{dt}$$

其中 a 表加速度，$v(t)$ 表速度（速度的導微等於加速度）。由不定積分知

等加速運動的研究

$$v(t)=at+v_0 \tag{1}$$

其中 v_0 爲積分常數，物理意義是代表**初速度**。再解微分方程

$$Dx(t)=v(t)=at+v_0$$

其中 $x(t)$ 表質點的位移距離（距離的導微等於速度）。由不定積分得

$$x(t)=\frac{1}{2}at^2+v_0t+x_0 \tag{2}$$

其中 x_0 表當 $t=0$ 時質點的位置，故 x_0 表質點的**初位置**。事實上，上述問題，不過就是解微分方程 $D^2x(t)=a$ 而已，(1)、(2) 兩式就是你在中學裏所學的等加速運動之公式。

#02 下面考慮稍微複雜一點的簡諧運動(Simple harmonic motion)。有一質點 m 以平衡點爲中心，往返反覆運動，如彈簧。由Hooke 定律知

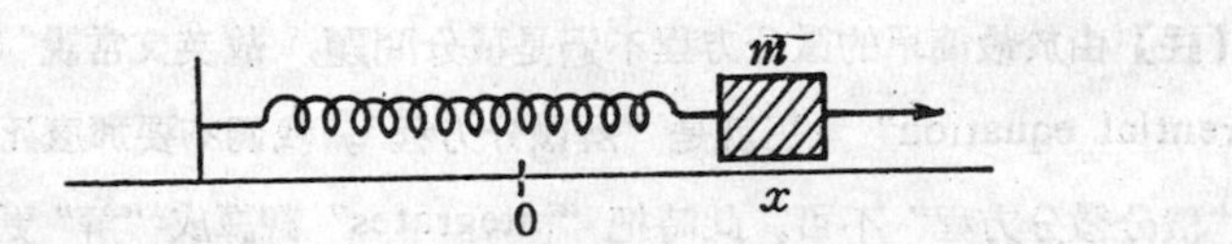

$$F=-kx,$$

其中F表受力，x表質點離開平衡點的距離，k爲常數。再由牛頓第二運動定律知

簡諧運動的研究

$$F=ma,$$

所以 $$ma=-kx,$$

但是 $$a=\frac{dv(t)}{dt}=\frac{d^2x(t)}{dt^2}$$，故上式變成

$$m\frac{d^2x(t)}{dt^2}=-kx,$$

亦即 $$D^2x(t)=-\omega^2x(t), \tag{3}$$

其中 $D^2=\frac{d^2}{dt^2}$，$\omega=\sqrt{\frac{k}{m}}>0$。我們令$\omega=\sqrt{\frac{k}{m}}$的理由是我先偸看到答案，知道這樣寫比較方便。

因此簡諧運動的問題就變成解 (1) 式之微分方程。這個微分方程比 #01 之等加速運動的微分方程 $D^2x(t)=a$ 難。要解 $D^2x(t)=a$ 只不過是兩次不定積分而已！但是要解 (3) 式就麻煩一點，答案是

$$x(t)=a\cos\omega t+b\sin\omega t \tag{4}$$

道理以後再說，目前就請你暫時用導微的辦法代入 (3) 式中驗證一下，立知 (1) 式確是 (3) 式的解答。

我們利用微分方程的工具來解決問題，還是遵循一般的代數方法：選定適當的未知函數，根據題意（物之理）列出未知函數所應滿足的微分方程式，再解微分方程。

【註】 由於最簡單的微分方程不過是積分問題，故英文常說 "integrates the differential equation" 意思就是 "解微分方程"。我們不要那麼死板，非要把它翻譯成 "積分微分方程" 不可。此時把 "integrates" 翻譯成 "解" 更恰當。

#1 微分方程之產生

什麼是一般解？特殊解？

#10 我們看出：方程之一般解是一族曲線，一些函數其中之一叫**特殊解**，而這通常是加上一些條件，如**初期條件**，而確定，——自變數解釋成時間 t，而 $t=0$ 作爲初期。

由一族函數消去其參數可得 O.D.E

#11 反面的問題比較簡單：有一族函數（或圖形），試求它們共同滿足的微分方程？

【例題】同心圓 $x^2+y^2=c$，則得 $x+y\dfrac{dy}{dx}=0$.

【習題】試求下列曲線族所滿足的微分方程：

$y=c/x$　　答 $x\dfrac{dy}{dx}+y=0$.

$y=\sin(x+c)$　　答 $\left(\dfrac{dy}{dx}\right)^2+y^2=1$.

$y=c_1x+c_2x^2$　　答 $x^2\dfrac{d^2y}{dx^2}-2x\dfrac{dy}{dx}+2y=0$.

$y=c_1\sin(x+c_2)$　　答 $\dfrac{d^2y}{dx^2}+y=0$.

#12 一般地：含 n 個任意常數之一族函數關係，我們依次做 $\dfrac{d}{dx}$，$\dfrac{d^2}{dx^2}\cdots$到 $\left(\dfrac{d}{dx}\right)^n$ 止，連同原來關係式，消去諸任意常數，可得 n 階常微方程。其逆，一個 n 階常微方程之一般解爲一族函數關係，其中含有 n 個任意常數。

【例】對於共焦點橢圓（雙曲線）系：

$$\frac{x^2}{a^2+k}+\frac{y^2}{b^2+k}=1,$$

消去 k。

【解】微分之:

$$\frac{x}{a^2+k}+\frac{yy'}{b^2+k}=0.$$

故 $\dfrac{x}{a^2+k}=\dfrac{+yy'}{-(b^2+k)}$，故$=\dfrac{x+yy'}{a^2-b^2}$

$$\therefore \quad \frac{x^2}{a^2+k}=\frac{x(x+yy')}{a^2-b^2},$$

$$\frac{y^2}{b^2+k}=-\frac{y(x+yy')}{(a^2-b^2)y'},$$

$$\therefore \quad \frac{x(x+yy')}{a^2-b^2}-\frac{y(x+yy')}{(a^2-b^2)y'}=1,$$

即 $xy(y')^2+(x^2-y^2-a^2+b^2)y'-xy=0.$

【問】對於拋物線系:

$y^2=4k(x+k)$，消去 k

答 $y(y')^2+2xy'-y=0.$

【問】對於圓系,

$(x-\cos c)^2+(y-\sin c)^2=1$，消去 c.

此等圓之圓心在么圓上。

答 $(x^2+y^2)\sqrt{1+(y')^2}=2(xy'-y).$

【問】消去 a，b，於

$y^2=2axy+bx^2.$

答 $xy'-y=0$,

$yy'=a(y+xy')+bx$ 也

【註】$\therefore\ (y-ax)(xy'-y)=0$. 但 a 任意

故 $xy'-y=0$ 才對。

【例】由 $y=\alpha x+\beta+\sqrt{ax^2+2bx+c}$ 消去 $\alpha,\ \beta,\ a,\ b,\ c$。

#13 偏微分方程式之由來

偏微分方程的定義

一方程式中若含有偏導數即稱為偏微分方程式，故一偏微分方程式至少必含有二自變數。偏微分方程式係由一表明變數間關係之式消去其中之任意常數或任意函數而得，茲示之如下:

#131 任意常數之消去

由消去參數而得 P.D.E

設 z 為自二變數 x 與 y 之函數，並以下式定之。

$$g(x,\ y,\ z,\ a,\ b)=0. \tag{1}$$

式中 a 與 b 為任意常數，由 (1) 對 x 及 y 偏微分得

$$\frac{\partial g}{\partial x}+\frac{\partial g}{\partial z}\ \frac{\partial z}{\partial x}=\frac{\partial g}{\partial x}+p\frac{\partial g}{\partial z}=0, \tag{2}$$

$$\frac{\partial g}{\partial y}+\frac{\partial g}{\partial z}\ \frac{\partial z}{\partial y}=\frac{\partial q}{\partial y}+q\frac{\partial g}{\partial z}=0, \tag{3}$$

通常吾人可由 (1),(2),(3) 消去 a, b 而得一一階偏微分方程式

$$f(x,\ y,\ z,\ p,\ q)=0. \tag{4}$$

【註】為方便計吾人採取如下之記號

$$p=\frac{\partial z}{\partial x},\ q=\frac{\partial z}{\partial y},\ r=\frac{\partial^2 z}{\partial x^2},\ s=\frac{\partial^2 z}{\partial x\partial y},\ t=\frac{\partial^2 z}{\partial y^2}.$$

【問】試求「球心在 $x-y$ 平面上，半徑為 5 之一族球面」之微分方程式。

【解】此族球面之微分方程式為

$$(x-a)^2+(y-a)^2+(z-b)^2=25, \tag{1}$$

a 及 b 為任意常數。

對 x 及 y 偏微分，並除以 2，得

$$(x-a)+(z-b)p=0,$$

及 $(y-a)+(z-b)q=0,$

令 $z-b=-m$，則 $x-a=pm$，$y-a=qm$，代入 (1)，

得 $m^2(p^2+q^2+1)=25,$

又 $x-y=(p-q)m,$

則 $m=\dfrac{x-y}{p-q},$

故 $m^2(p^2+q^2+1)=\dfrac{(x-y)^2}{(p-q)^2}(p^2+q^2+1)=25,$

所求之微分方程式卽爲

$$(x-y)^2(p^2+q^2+1)=25(p-q)^2.$$

【問】 試由 $z=(x^2+a)(y^2+b)$ 消去 a 及 b.

【解】 對 x 及 y 偏微分，

$$p=2x(y^2+b),\quad q=2y(x^2+a);$$

則 $y^2+b=\dfrac{p}{2x},\qquad x^2+a=\dfrac{q}{2y};$

代入原式，得

$$z=(x^2+axy^2+b)\left(\frac{q}{2y}\right)\left(\frac{p}{2x}\right),$$

或 $pq=4xyz.$

#132 任意函數之消去

消去函數而得 P. E. D.

令 $u=u(x,y,z)$ 及 $v=v(x,y,z)$ 爲變數 x，y，z 之獨立函數，並令

$$\phi(u,v)=0 \tag{1}$$

爲二者間之任意關係式，視 z 爲應變數、而對 x 及 y 偏微分，得

$$\frac{\partial\phi}{\partial u}\left(\frac{\partial u}{\partial x}+p\frac{\partial u}{\partial z}\right)+\frac{\partial\phi}{\partial v}\left(\frac{\partial v}{\partial x}+p\frac{\partial v}{\partial z}\right)=0, \tag{2}$$

及 $\frac{\partial\phi}{\partial u}\left(\frac{\partial u}{\partial y}+q\frac{\partial u}{\partial z}\right)+\frac{\partial\phi}{\partial v}\left(\frac{\partial v}{\partial y}+q\frac{\partial v}{\partial z}\right)=0$； (3)

由 (2) 與 (3) 消去 $\frac{\partial\phi}{\partial u}$ 及 $\frac{\partial\phi}{\partial v}$，（用有聯解定理！）得

$$\begin{vmatrix}\frac{\partial u}{\partial x}+p\frac{\partial u}{\partial z} & \frac{\partial v}{\partial x}+p\frac{\partial v}{\partial z}\\ \frac{\partial u}{\partial y}+q\frac{\partial u}{\partial z} & \frac{\partial v}{\partial y}+q\frac{\partial v}{\partial z}\end{vmatrix}$$

$$=\left(\frac{\partial u}{\partial x}+p\frac{\partial v}{\partial z}\right)\left(\frac{\partial v}{\partial y}+q\frac{\partial v}{\partial z}\right)$$

$$-\left(\frac{\partial u}{\partial y}+q\frac{\partial u}{\partial z}\right)\left(\frac{\partial v}{\partial x}+p\frac{\partial v}{\partial z}\right)$$

$$=\frac{\partial u}{\partial x}\frac{\partial v}{\partial y}-\frac{\partial u}{\partial y}\frac{\partial v}{\partial x}+p\left(\frac{\partial u}{\partial z}\frac{\partial v}{\partial y}-\frac{\partial u}{\partial y}\frac{\partial v}{\partial z}\right)$$

$$+q\left(\frac{\partial u}{\partial x}\frac{\partial v}{\partial z}-\frac{\partial u}{\partial z}\frac{\partial v}{\partial x}\right)$$

$$=0.$$

令 $\lambda P=\frac{\partial u}{\partial y}\frac{\partial v}{\partial z}-\frac{\partial u}{\partial z}\frac{\partial v}{\partial y}$,

$$\lambda Q=\frac{\partial u}{\partial z}\frac{\partial v}{\partial x}-\frac{\partial u}{\partial x}\frac{\partial v}{\partial z},$$

$$\lambda R=\frac{\partial u}{\partial x}\frac{\partial v}{\partial y}-\frac{\partial u}{\partial y}\frac{\partial v}{\partial x},$$

則上式化為 $Pp+Qq=R$

此為一不含任意函數 $\phi(u, v)$ 之偏微分方程式。

【例】試求由 $\phi\left(\frac{z}{x^3}, \frac{y}{x}\right)=0$ 所得之偏微分方程式，但 ϕ 為任意函數。

令 $u=\frac{z}{x^3}$, $v=\frac{y}{x}$，則所予關係式可寫為

$$\phi(u, v)=0.$$

對 x 及 y 偏微分，得

$$\frac{\partial\phi}{\partial u}\left(\frac{p}{x^3}-\frac{3z}{x^4}\right)+\frac{\partial\phi}{\partial v}\left(-\frac{y}{x^2}\right)=0,$$

$$\frac{\partial\phi}{\partial u}\left(\frac{q}{x^3}\right)+\frac{\partial\phi}{\partial v}\left(\frac{1}{x}\right)=0;$$

消去 $\frac{\partial\phi}{\partial u}$ 及 $\frac{\partial\phi}{\partial v}$，得

$$\begin{vmatrix}\frac{p}{x^3}-\frac{3z}{x^4} & -\frac{y}{x^2}\\ \frac{q}{x^3} & \frac{1}{x}\end{vmatrix}=\frac{p}{x^4}-\frac{3z}{x^5}-\frac{qy}{x^5}=0,$$

或 $px+qy=3z$.

任意函數關係式亦可寫爲

$$\frac{z}{x^3}=f\left(\frac{y}{x}\right), \text{ 或 } z=x^3f\left(\frac{y}{x}\right);$$

於此，f 爲任意函數。

令 $v=\frac{y}{x}$，並將 $z=x^3f(v)$ 對 x 及 y 偏微分，得

$$\begin{aligned}p&=3x^2f(v)+x^3\frac{df}{dv}\frac{\partial v}{\partial x},\\&=3x^2f(v)+x^3\left(\frac{df}{dv}\right)\left(-\frac{y}{x^2}\right)\\&=3x^2f(v)+xyf'(v),\end{aligned}$$

$$q=x^3\frac{df}{dv}\frac{\partial v}{\partial y}=x^3\left(\frac{df}{dv}\right)\left(\frac{1}{x}\right)=x^2f'(v).$$

當消去 $f'(v)$ 時，得

$$px+qy=3x^3f(v)=3z.$$

【問 1】試由 $z=\varphi(e^x\sin y)$ 消去 φ。

【問 2】試由 $z=e^{x/x+y}f(x+y)$ 消去 f.

#2　可分離變數型

以下我們就來討論各種類型的一階微分方程的解法。

#20　這裏有一些特殊形式之一次一階 非線性微分 方程是可以解出來的。第一種情形是**可分離變數型**。

什麼叫可分離變數型?

如果微分方程式 $\dfrac{dy}{dx}=f(x, y)$ 能改變成 $f_1(x)dx+$ $+f_2(y)dy=0$，其中 dx 之係數 $f_1(x)$ 僅爲 x 之函數，dy 之係數 $f_2(y)$ 僅爲 y 之函數，這就叫做可分離變數之情形。

【例】解　$\dfrac{dy}{dx}=xy.$

【解】由觀察知，我們可以分離變數而得到

$$\frac{1}{y}dy=xdx,$$

兩邊積分，得

$$\ln y=\frac{1}{2}x^2+c;$$

$$\therefore\quad y=c_1\frac{1}{2}x^2,\ \text{其中}\ c_1=e^c.$$

在此，c_1 爲一未定之常數。

【例】解　$xy\dfrac{dy}{dx}+x^2=0.$

【解】兩邊除以 x（假設 $x\neq 0$），分離變數，得

$$ydy+xdx=0,$$

積分，得

$$\frac{y^2}{2}+\frac{x^2}{2}=0,$$

或是

$$x^2+y^2=2c.$$

【例】解 $\frac{dy}{dx}=e^{x-y}$.

【解】分離變數成

$$e^y dy=e^x dx,$$

積分，得

$$e^y=e^x+c.$$

【問題】解下列諸微分方程:

(1) $\frac{dy}{dx}=\frac{x}{y}$. (2) $\frac{dy}{dx}=e^{x+y}$.

(3) $\frac{dy}{dx}=\frac{y}{x}$. (4) $\frac{dy}{dx}=\cos x+x^2$.

(5) $\frac{dy}{dx}=\frac{y}{1+x}$. (6) $\frac{dy}{dx}=\frac{xy+y}{x+xy}$.

(7) $\frac{dy}{dx}=\frac{1+y}{1+x}$. (8) $y\frac{dy}{dx}=\sin x+x$.

(9) $\frac{dy}{dx}+e^x+ye^x=0$. (10) $y-(1+x^2)\frac{dy}{dx}=0$.

(11) $\frac{dy}{dx}=xy^2-x$. (12) $x\frac{dy}{dx}+y^2=y$.

(13) $(1+x^2)y'=1+y^2$.

答 $\tan^{-1}y=\tan^{-1}x+c$，即 $y-x=c_1(1+xy)$.

(14) $(1-x^2)y'+(1-y^2)=0$. 答 $y+x=c_1(1+xy)$.

#21　簡單發展方程式

發展方程式的解

方程式　$\frac{dx}{dt}=\lambda x.$

之解答爲　$x(t)=x(0)e^{\lambda t}$。

更一般些

#211　方程式　$\frac{dx}{dt}=\lambda(t)x(t)$

之解爲 $x(t)\equiv\left(\exp\int_0^t\lambda(s)ds\right)x(0).$

e^{tA} 的定義

*#212　今固定一方陣 A，而考慮方陣值函數 $\exp(tA)\equiv\sum_0^\infty t^nA^n/n!$；於是可以**逐項導微**

得到

$$D(\exp tA)=D\left(\sum_0^\infty t^nA^n/n!\right)$$

$$=\sum_1^\infty nt^{n-1}A^n/n!=A\sum_1^\infty t^{n-1}A^{n-1}/(n-1)!$$

$$=A\exp tA.\qquad\left(D=\frac{d}{dt}\right)$$

根據**行列式的導微規則**

$$\frac{D\det\exp tA}{\det\exp tA}=trc\,A,$$

A的跡 $trc\,A\equiv A$ 之對角線成分之和。

根據 #2·1 $\det\exp tA$ 是 $\exp(t\,trc\,A)$ 之 c 倍，令 $t=0$，知 $c=1$，故得，令 $t=1$，

$$\det(\exp A)=\exp(trc\,A).$$

#213　在自然界中，有許多事物的消長，可以用一階微分方程的模型來加以（近似的）描述，譬如人口，菌口的成長，放射性物質的崩壞

(decay) 等等。

例如說，我們要建立人口成長的模型。我們假設人口成長的速率與當時的人口數成正比。也就是說，若以 $y(t)$ 代表 t 時刻的人口數，那麼我們就有**成長方程式**。

人口成長的模型

$$\frac{dy}{dt}=ky, \tag{1}$$

其中 k 爲常數。如果 k 是正數，則代表人口是遞增的；如果 k 是負數，則表示人口遞減。譬如說，當人口爲 30 億時，若一年可增加五千四百萬人，那麼我們算得 k 爲

$$k=\frac{54\times10^6}{3\times10^9}=0.018=1.8\%,$$

我們知道方程式 (2) 的解答必爲

$$y(t)=ce^{kt} \tag{5}$$

在 (2) 式中，當 $t=0$ 時，知 $y(0)=c$，也就是說，常數 c 是 $t=0$ 時的人口數。

【例】 假設四分之一英畝所產之糧食僅能供給一個人食用，而地球上的可耕地面積有一千萬英畝，所以世界人口不能超過四百億。如果世界人口以 1.8% 的速率增加，那麼何時世界人口將達飽和?

【解】 我們設 1965 年爲 $t=0$，當時人口有三十億，那麼 (5) 就變爲 $y(t)=3\times10^9e^{0.018t}$

我們想找何時 $y(t)=40\times10^9$， 或是說何時 $40\times10^9=3\times10^9\cdot e^{0.018t}$，於是解方程式

$$e^{0.018t}=\frac{40\times10^9}{3\times10^9}=13.3,$$

兩邊取對數，即得 $0.018t=\ln 13.3=2.588$ (查自然對數表)。

所以 $t=144$. 於是知道在 $1965+144=2109$ 年時，世界人口將達飽和點。

【註】這是 Malthus 對人類悲觀的理由。

冷卻現象的模型

#214　牛頓假設物體溫度的改變速率與物體本身及周圍的溫差成正比，這叫做**牛頓的冷却律**。今設 $T(t)$表 t 時刻物體的溫度，而周圍的溫度固定為 m，那麼我們有

$$\frac{dT}{dt}=k(T-m), \qquad (1)$$

〔令 $x=T(t)-m$〕求得解答為

$$T(t)=m+ce^{kt}. \qquad (2)$$

【例】假設有一個 100°C 的銅球，在 $t=0$ 時置入 30°C 的水中，經過 3 分鐘後，此球的溫度降為70°C。問此球溫度欲降為31°C，需時多少?

【解】已知 $T(0)=100$, $m=30$，代入（6）式中，求得 $c=70$ 所以

$$T(t)=30+70e^{kt};$$

又由 $T(3)=70e^{3k}+30=70$, 得 $k=\frac{1}{3}\ln\left(\frac{4}{7}\right)=-0.1865$（查對數表）；

因此

$$T(t)=70e^{-0.1865t}+30,$$

欲 $T=31°C$，則 $70e^{-0.1865t}=1$，解得

$$t=\frac{\ln 70}{0.1865}=22.78,$$

故約需時 23 分鐘。

一階化學反應的模型

#215　（一階化學反應）設某物質開始化學反應時的量為 a，而在 t 時刻此物質已參與反應的量為 $x(t)$。對於某

些化學反應，我們可以假設反應速率跟當時刻未反應的剩餘物質之量成正比，於是我們得到微分方程

$$\frac{dx}{dt}=k(a-x),$$

及初期條件 $x(0)=0$,

其中 k 爲比例常數。

令 $y=a-x(t)$，則 $Dy=-ky$，故 $a-x=ce^{-kt}$. 但初期條件爲 $c=a$.（$t=0$時，$x=a$,）故得

$$x(t)=a(1-e^{-kt}).$$

#216 連鎖蛻變的例子

$$A\xrightarrow{k_1}B\xrightarrow{k_2}C$$

此時 $$\frac{dn_1}{dt}=-k_1n_1,\ \frac{dn_2}{dt}=k_1n_1-k_2n_2=-\frac{dn_3}{dt}.$$

答 $\dfrac{n_3}{n_1+n_2+n_3}=1-\dfrac{k_2}{k_2-k_1}e^{-k_1t}+\dfrac{k_1}{k_2-k_1}e^{-k_2t}$

又 n_2 之極大在 $(\log k_1-\log k_2)/(k_1-k_2)$.

#22 非一次的，簡單一階方程

#221

【例】 設物質 γ 爲 α 與 β 二物質化合而成，a 克之 α 與 b 克之 β 化合成（$a+b$）克之 γ，開始時有 x_0 克之 α, y_0 克之 β, 0 克之 γ, γ 之形成率係與未經化合之 α 量與 β 量之乘積成正比，試將已形成之 γ 量（z 克）表爲時間 t 之函數。

【解】 在時間 t 時已形成之 γ 量 z 克中包含 $\dfrac{az}{a+b}$ 克之 α 與 $\dfrac{bz}{a+b}$ 克之 β.

故在 t 時尚有 $\left(x_0-\dfrac{az}{a+b}\right)$ 克之 α 與 $\left(y_0-\dfrac{bz}{a+b}\right)$ 克之 β 未經

化合。

故 $\dfrac{dz}{dt}=k\left(x_0-\dfrac{az}{a+b}\right)\left(y_0-\dfrac{bz}{a+b}\right)$

$$=\frac{kab}{(a+b)^2}\left(\frac{a+b}{a}x_0-z\right)\left(\frac{a+b}{b}y_0-z\right)$$

$$=k(A-z)(B-z)$$

式中 $k=\dfrac{kab}{(a+b)^2}$, $A=\dfrac{(a+b)x_0}{a}$, $B=\dfrac{(a+b)y_0}{b}$

於此可分二種情形研討: (1) $A\neq B$, 設 $A>B$; (2) $A=B$.

(1) $\dfrac{dz}{(A-z)(B-z)}=\dfrac{dz}{A-z}\cdot\dfrac{1}{A-B}+\dfrac{1}{A-B}\cdot\dfrac{dz}{B-z}$

$$=kdt;$$

由 $t=0$, $z=0$ 積分至 $t=t$, $z=z$, 吾人得

$$\frac{1}{A-B}\log\frac{A-z}{B-z}\Big|_0^z=kt\Big|_0^t;$$

$$\frac{1}{A-B}\left(\log\frac{A-z}{B-z}-\log\frac{A}{B}\right)=kt,$$

$$\frac{A-z}{B-z}=\frac{A}{B}e^{(A-B)kt},$$

故 $z=\dfrac{AB[1-e^{-(A-B)kt}]}{A-Be^{-(A-B)kt}}$.

(2) $\dfrac{dz}{(A-z)^2}=kt$;

由 $t=0$, $z=0$ 積分至 $t=t$, $z=z$, 吾人得

$$\frac{1}{A-z}\Big|_0^z=kt\Big|_0^t,\quad \frac{1}{A-z}-\frac{1}{A}=kt,$$

故 $z=\dfrac{A^2kt}{1+Akt}$.

#222 水桶漏水

(圓) 柱狀水桶截面積爲A，水高 $h(t)$； 底下打個洞， 洞口面積 a，流出速度v，則 dt 時間內流出 $avdt$，即是$-Adh$；但是，速度

$$v=\sqrt{2gh}.$$

(位能減少 mgh=動能增加$\frac{1}{2}mv^2$)，若有摩擦等等阻力，則改用一般的 Torricelli 公式 $v=c\sqrt{2gh}$ ($0\le c\le 1$，c爲常數)，故得

$$ac\sqrt{2gh}\,dt=-Adh.$$

答 $\sqrt{h(t)}=\sqrt{h(0)}-\frac{c}{2}\frac{a}{A}\sqrt{2g}\,t$.

***#223 結冰**

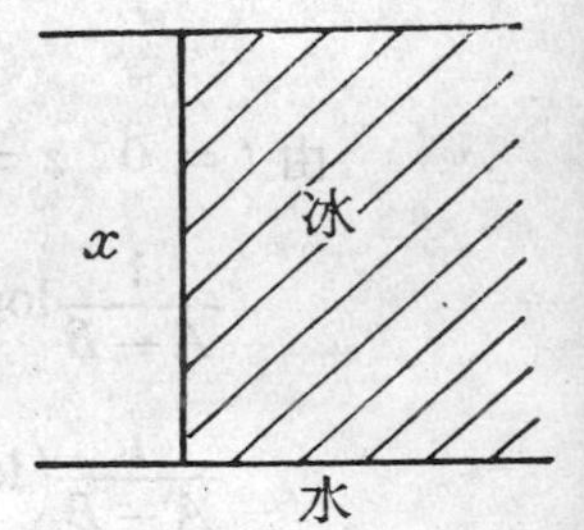

冰層厚度 $x(t)$，自底下吸收熱，使得下部的水降低溫度而結冰，更厚；冰層之熱容量與 $x(t)$ 正比， 故降低溫度結冰速度與 $x(t)$ 反比，

故 $\frac{dx}{dt}=\frac{C_1}{x}$. 從而，$x(t)^2=Ct$. (令 $x(0)\equiv 0$)。

***#224 鹽之溶解**

鹽量 m_0 放在水量M中，在t時刻溶解了 $x(t)$，其速度 dx/dt 與下述諸量正比：

一是未溶的量 (x_0-x)。

一是「飽和濃度 C_0 與濃度$\frac{x}{M}$之差，$\left(C_0-\frac{x}{M}\right)$」。

故得

$$\frac{dx}{dt}=k(x_0-x)\left(C_0-\frac{x}{M}\right).$$

答 $\log[(C_0M-x)/C_0M(x_0-x)]=\left(C_0-\frac{x_0}{M}\right)kt.$

特別是 $x_0/M\equiv C_0$ 時?

***#225 空氣壓力與高度之關係**

定壓比熱與定容比熱之比為 $\gamma=1.4$，而斷熱過程下的壓力P與密度ρ有 $P\rho^{-\gamma}\equiv$常數

壓力之減少$-dP$ 與高度之增加 dh 有

$$dP=-\rho g\,dh=-g\rho_0\left(\frac{P}{P_0}\right)^{1/\gamma}dh.$$

答 $(P/P_0)^{(\gamma-1)/\gamma}\equiv 1-\frac{\gamma-1}{\gamma}\ \frac{\rho_0 g}{P_0}h.$

#226 地面上垂直射出人造衞星，初速V向上，在t時刻離地心$r(t)+R$，速度 $v(t)$，故

$$\frac{dr}{dt}=v(t),\ \frac{dv}{dt}=\frac{dv}{dr}\ \frac{dr}{dt}=v\frac{dv}{dr}=\frac{-gR^2}{r^2}.$$

（R為地球半徑）。

答 $V=[V^2-2gR\left(1-\frac{R}{r}\right)]^{1/2}.$

若 $V^2>2gR$，則到達距地面高r的時刻是

$$t=(V^2-2gR)^{-1}\left\{\left[\left(V^2-2gR+\frac{2gR^2}{r}\right)^{1/2}-V\right]r+\right.$$

$$\left.+\frac{-2gR^2}{(V^2-2gR)^{1/2}}\log\left[\frac{\left(V^2-2gR+\frac{2gR^2}{r}\right)^{1/2}+(V^2-2gR)^{1/12}r^{1/2}}{V+(V^2-2gR)^{1/2}R^{1/2}}\right]\right.$$

****#227 旋轉流體**

流體繞一軸依等速旋轉，則壓力P與軸距r有關，$P=P(r)$。

從 r 到 $r+dr$，流體質量為

$$2\pi rhdr\cdot\rho.$$

其中 ρ 為密度，而 h 為柱高，於是離心力為 $2\pi\omega^2h\rho r^2dr$, ω 為角速，另一方面，兩層柱面總壓力之差為

$$2\pi rhP(r+dr)-2\pi rhP(r)=2\pi rhdP=2\pi\omega^2h\rho r^2dr.$$

在液體，$\rho=$常數，則得 $P=\frac{1}{2}\rho\omega^2r^2+P_0$.

在氣體 $P\equiv c\rho$，則 $P=P_0e^{\omega^2r^2/2c}$.

**#228 肥皂泡張在兩個線圈上（兩圈相同，且與同心軸線垂直），則此泡面是曲線 $y=y(x)$ 之廻轉面。

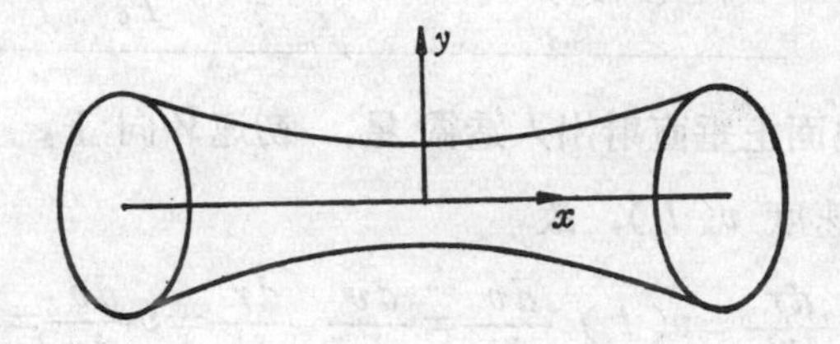

在一點 P 處，表面張力 T 之 x 向成分為

$$T\cos\theta=T\left[1+\left(\frac{dy}{dx}\right)^2\right]^{-1/2}.$$

但任一正垂截線有相同的總張力才能夠平衡，即是 $2\pi y\cdot T\cos\theta=$常數。

$$y\left[1+\left(\frac{dy}{dx}\right)^2\right]^{-1/2}=c,$$

$$\frac{dy}{dx}=\left(\frac{y^2}{c^2}-1\right)^{1/2}，故$$

$$y=c\cosh\frac{x+c_1}{c}.$$

【問題】試解下列微分方程:

(1) $2x^2\dfrac{dy}{dx}+y=0$， $y(1)=2$.

(2) $v^2-4v+4=(v-2)\dfrac{dv}{dt}$, $v(0)=1$.

(3) $3y\cos x+2\sin x\dfrac{dy}{dx}=0$， $y(\pi/2)=1$.

(4) $\dfrac{ds}{dt}=\dfrac{1}{s}+s$, $s(1)=4$.

(5) $3\sin x+y\dfrac{dy}{dx}=0$, $y(0)=4$.

(6) $\dfrac{1}{x}+ye^{y^2}\dfrac{dy}{dx}=0$, $y(1)=0$.

(7) $\dfrac{dy}{dx}=x^2y^2$, $y(0)=7$.

(8) $\sqrt{\dfrac{1-x^2}{1-y^2}}\dfrac{dy}{dx}=2$, $y(0)=0$.

什麼是齊次係數型微分方程？

#23　其次我們考慮**一階齊次係數型微分方程**。我們說 $f(x,y)$爲一個 n 次齊次函數,若 $f(\lambda x,\lambda y)=\lambda^n f(x,y)$。例如 x^2+xy, $\sqrt{x^2+y^2}$, 及 $\sin(x/y)$ 分別爲 2 次、1 次及 0 次齊次函數。如果微分方程 $f_1(x,y)dx+f_2(x,y)dy=0$ 的係數 $f_1(x,y)$ 及 $f_2(x,y)$ 均爲 n 次齊次函數，則利用變數代換，我們可以將它改爲可分離變數型:

令　$y=vx$，則 $dy=vdx+xdv$,

於是
$$f_1(x,vx)dx+f_2(x,vx)(vdx+xdv)=0,$$

從而
$$\frac{f_1(x,vx)}{f_2(x,vx)}dx+vdx+xdv=0,$$

因 f_1, f_2 均爲 n 次齊次函數，所以我們可以消去 x 而得:

$$\left[\frac{f_1(1,v)}{f_2(1,v)}+v\right]dx+xdv=0,$$

這就是可分離變數型。

【例】解 $x^2+2xy\dfrac{dy}{dx}-y^2=0$。

【解】此方程式即

$$(x^2-y^2)dx+2xydy=0.$$

由觀察知其係數為二次齊次函數，

令 $y=vx$，則 $dy=vdx+xdv$,

$$\frac{x^2-v^2x^2}{2x(vx)}dx+vdx+xdv=0,$$

$$\frac{1}{x}dx+\frac{2v}{1+v^2}dv=0.$$

積分，得

$$\ln x+\ln(1+v^2)=c,$$

$$\ln\left[x\left(1+\frac{y^2}{x^2}\right)\right]=\ln c_1,$$

$$\therefore\ x^2+y^2=c_1x。$$

【例】解 $(x+y)dx-(x-y)dy=0$。

【解】令 $y=vx$，則 $dy=vdx+xdv$,

$$\frac{x+vx}{x-vx}dx-(vdx+xdv)=0,$$

$$\frac{1-v}{1+v^2}dv=\frac{1}{x}dx,$$

積分，得

$$\tan^{-1}v-\frac{1}{2}\ln(1+v^2)=\ln x+c,$$

亦即

$$\tan^{-1}\frac{y}{x}=\ln(\sqrt{x^2+y^2})+c。$$

【問題】解下列微分方程:

(1) $(y+x)dx+(x+2y)dy=0$.　　答　$x^2+2xy+2y^2=c$

(2) $2xydx+(x^2+y^2)dy=0$.　　答　$y^3+3x^2y=c$

(3) $(x^2+y^2)dx-2xydy=0$.　　答　$x^2-y^2=cx$

(4) $(x+y)dx+xdy=0$.　　答　$x^2+2xv=c$

(5) $(x-y)dx-(x+y)dy=0$.　　答　$x^2-2xy-y^2=c$

(6) $\dfrac{x+y}{x-y}=\dfrac{dx}{dy}$.　　答　$y^2+2xy-x^2=c$

【問】　$x\left(\dfrac{dy}{dx}\right)^2-2y\left(\dfrac{dy}{dx}\right)+a^2x=0$.

#231

【例】　$(ax+by+c)y'=\alpha x+\beta y+\gamma$.

設 $a:b\neq\alpha:\beta$ 則依 $x=\xi+x_0$, $y=\eta+y_0$ 之平移可化之爲

$$(a\xi+b\eta)\eta'=(\alpha\xi+\beta\eta).$$

此爲齊次型。從而可解得!

若　$\alpha\beta=b\alpha$, 記　$ax+by=z$,

得　$(z+c)\left(\dfrac{dz}{dx}-a\right)=b(kz+\gamma)$,

也可解得!

【問 1】　$(y-x+5)y'=y-x+1$.

答　$(y-x)^2+10y-2x=c$

【問 2】$(7y-3x+3)y'+(3y-7x+7)=0$.

答 $2\log(y-z)+5\log(y+z)=c$

【問 3】$(3x+2y-7)y'=2x-3y+6$.

答 $x^2-3xy-y^2+6x+7y=c$

【問 4】$(2x-y+1)+(2y-x+1)\dfrac{dy}{dx}=0$.

§24 經由簡單之變換，化爲可分離係數型。

經由變數變換化爲可分離係數型的技巧

【例】 解 $2y+3xy^2+(x+2x^2y)y'=0$.

乘以 x，則代以 $v=xy$，可得

$$v(2+3v)+x^2(1+2v)y'=0;$$

但 $xy'=v'-y$,

故 $2v+3v^2+(1+2v)(xv'-v)=0$,

$$v(1+v)+(1+2v)xv'=0,$$

得 $xv(1+v)=c$，卽

$$x^2y(1+xy)=c.$$

【問】 $y^2-x=2xyy'$. 令 $y^2=v$，答 $y^2=x\ln\dfrac{c}{x}$.

【問】 $x^2y^2y'+xy^3=1$. 令 $x^3y^3=v$，答 $y^3=\dfrac{3}{2x}+\dfrac{c}{x^3}$.

【問】 $(x+2y^3)y'=y$. 令 $x/y=v$，答 $x=y(y^2+c)$.

【問】 $(x+y)^2y'=a^2$. 令 $x+y=v$, $y=a\tan^{-1}\left(\dfrac{x+y}{a}\right)+c$.

【問】 $ay+bxy'+(\alpha y+\beta xy')x^my^n=0$.

記 $x^a y^b = u$；$x^\alpha y^\beta = v$；得

$$\frac{1}{u}+\frac{1}{v}\ \frac{dv}{du}u^p v^q = 0.$$

【問】 $$x\frac{dy}{dx}-y=x\sqrt{x^2+y^2}.$$

> 以 x 除之，並設 $y/x=z$.
> 答 $y=2^{-1}x(ce^x-c^{-1}e^{-x})$.

#3 恰當型微分方程

#31 現在考慮一階恰當 (exact) 型微分方程：當方程式

$$P(x, y)dx+Q(x, y)dy=0 \tag{1}$$

> 什麼是恰當型微分方程?

可以寫成

$$df(x, y)=\frac{\partial f}{\partial x}dx+\frac{\partial f}{\partial y}dy=0$$

之形，因而 $f(x, y)=c$ 是其解，這稱爲**恰當微分方程**。

當 (1) 式爲恰當微分方程時，由 $\frac{\partial^2 f}{\partial x\partial y}=\frac{\partial^2 f}{\partial y\partial x}$ 可知

$$\frac{\partial P}{\partial y}=\frac{\partial Q}{\partial x}. \tag{2}$$

> 充要條件是什麼?

故 (2) 式是 (1) 式爲恰當的必要條件；復次，也是充分條件！事實上，假設 (2) 式成立，要由

$$\frac{\partial f}{\partial x}=P, \quad \frac{\partial f}{\partial y}=Q$$

求出 f 一點也不困難：由 $\frac{\partial f}{\partial x}=P$，得

$$f=\int P dx+g(y),$$

其中 g 只是 y 的函數，只要再求出 $g(y)$ 來就好了。

代入 $\frac{\partial f}{\partial y}=Q$ 中，得

$$\frac{\partial}{\partial y}\int P\,dx+g'(y)=Q;$$

因此

$$g'(y)=Q-\frac{\partial}{\partial y}\int P\,dx,$$

從而

$$g(y)=\int\left(Q-\frac{\partial}{\partial y}\int P\,dx\right)dy,$$

因此

$$f(x,y)=\int P\,dx+\int\left(Q-\frac{\partial}{\partial y}\int P\,dx\right)dy. \qquad (3)$$

這個公式不用背，你只要按照上述的思路就可推導出來。

【例】 解 $(2x+3y)dx+(3x-2y)dy=0$.

【解】 今 $P=2x+3y$, $Q=3x-2y$,

$$\therefore\quad \frac{\partial P}{\partial y}=3=\frac{\partial Q}{\partial x},$$

所以這是一個恰當微分方程。今因

$$\int P\,dx=\int(2x+3y)dx=x^2+3xy.$$

$$Q-\frac{\partial}{\partial y}\int P\,dx=3x-2y-3x=-2y,$$

$$\begin{aligned}\therefore\quad f(x,y)&=\int P\,dx+\int\left[Q-\frac{\partial}{\partial y}\int P\,dx\right]dy\\&=x^2+3xy+\int(-2y)dy\\&=x^2+3xy-y^2,\end{aligned}$$

因此解答是

$$x^2+3xy-y^2=c\ .$$

如果不代公式，我們就用基本想法，由$\dfrac{\partial f}{\partial x}=P=3y+2x$ 得

$f=3xy+x^2+g(y)$, 代入$\dfrac{\partial f}{\partial y}=Q=3x-2y$，得 $g'(y)=$

$-2y$，於是$g(y)=-y^2$，從而$f(x,y)=3xy+x^2-y^2=c$

是答案!

【註】本例是齊次係數型。

【例】驗證微分方程 $e^y dx+(xe^y+2y)dy=0$ 爲恰當型，並解之。

【解】今 $P=e^y$，$Q=xe^y+2y$,

$$\therefore\quad \frac{\partial P}{\partial y}=e^y=\frac{\partial Q}{\partial x},$$

因此原方程式爲恰當型。這告訴我們，存在一個函數 $f(x,y)$

使得

$$\frac{\partial f}{\partial x}=P=e^y, \frac{\partial f}{\partial y}=Q=xe^y+2y.$$

對第一式積分（對x），得

$$f=\int e^y dy+g(y)=xe^y+g(y),$$

所以

$$\frac{\partial f}{\partial y}=xe^y+g'(y)=xe^y+2y,$$

於是 $g'(y)=2y$，從而 $g(y)=y^2$. 因此

$$f(x,y)=xe^y+y^2=c\ .$$

爲所求的答案。

【問題】試解下列微分方程:

(1) $3x^2+2xy+(2y+x^2)\dfrac{dy}{dx}=0.$

答 $x^3+x^2y+y^2=c$

(2) $e^x+\sin y+\left(\dfrac{1}{y}+x\cos y\right)\dfrac{dy}{dx}=0.$

答 $e^x+x\sin y+\log y=c$

(3) $(2x+3x^2y)dx+(x^3+2y-3y)dx=0.$

答 $x^2+x^3y+y^2-y^3=c$

(4) $(3x+8y-3)dx+(8x-5y+6)dy=0.$

答 $\dfrac{3}{2}x^2+8xy-3x-\dfrac{5}{2}y^2+6y=c$

(5) $(xy^2+y)dx=(x^2y+x)dy.$

答 $\dfrac{1}{2}x^2y^2+xy=c$

(6) $(x+3y)+3x\dfrac{dy}{dx}=0.$

答 $\dfrac{1}{2}x^2+3xy=c$

#310 如果 $M+N\dfrac{dy}{dx}=0$ 不是恰當型， 我們也許可以找到函數

什麼叫做積分因子？

μ，使得 $(\mu M)+(\mu N)\dfrac{dy}{dx}=0$ 爲恰當型， 即 $\dfrac{\partial(M\mu)}{\partial y}=\dfrac{\partial(N\mu)}{\partial x}$，因而解出原方程來； μ 叫做**積分因子**。

【例】 $x^2+y^2-2xyy'=0$

乘以因子 x^{-2}，則

$$\partial/\partial y\left(1+\frac{y^2}{x^2}\right)=\frac{2y}{x^2}=\frac{\partial}{\partial x}\left(\frac{-2y}{x}\right),$$

故得

$$\frac{d}{dx}\left(x-\frac{y^2}{x}\right)=0.$$

答 $x-y^2/x=c$. 或 $x^2-y^2=cx$

【例】 $y+\sqrt{x^2+y^2}-xy'=0.$

$$\partial M/\partial y=1+\frac{y}{\sqrt{}},$$

$$\partial N/\partial x=-1,$$

乘以積分因子$\frac{1}{x\sqrt{x^2+y^2}}$，則可得

$$\frac{\frac{d}{dx}\left(\frac{y}{x}\right)}{\sqrt{1+\left(\frac{y}{x}\right)^2}}-\frac{d}{dx}\ln x=0.$$

#311 積分因子怎麽求?

積分因子的求法

今 $\frac{\partial}{\partial y}\mu M=\frac{\partial}{\partial x}(\mu N),$

故：要求

$$\mu\left(\frac{\partial N}{\partial x}-\frac{\partial M}{\partial y}\right)=M\frac{\partial \mu}{\partial y}-N\frac{\partial \mu}{\partial x},$$

積分因子μ當然不唯一，我們只需要找一個就够用了。

#312

【註】方程式之解若為 $f(x,y)=0$，則

$$\frac{\partial f}{\partial x}dx+\frac{\partial f}{\partial y}dy=0 \text{ 與 } Mdx+Ndy=0,$$

差不多是等價的，故

$$\mu=\frac{\partial f}{\partial x}\Big/M=\frac{\partial f}{\partial y}\Big/N$$就是一個積分因子。

故積分因子必存在，但不唯一，不唯一到什麼程度呢？任兩個積分因子之商 g 均給出解答“$g=c$”，事實上，若

$$\mu_i\left(\frac{\partial N}{\partial x}-\frac{\partial M}{\partial y}\right)=M\frac{\partial\mu_i}{\partial y}-N\frac{\partial\mu_i}{\partial x},\quad i=1,2$$

令 $\mu_1/\mu_2=g$ 時，立得

$$M\left(\mu_2\frac{\partial\mu_1}{\partial y}-\mu_1\frac{\partial\mu_2}{\partial y}\right)=N\left(\mu_2\frac{\partial\mu_1}{\partial x}-\mu_1\frac{\partial\mu_2}{\partial x}\right),$$

表示
$$M\frac{\partial g}{\partial y}=N\frac{\partial g}{\partial x},$$

因而 $g=\text{const.}$ 爲通解

#313 若知 μ 爲 $\varphi(x)$ 之形，或 $\varphi(y)$ 之形時，則問題容易多多：

【例】 $(3x^2+6xy+3y^2)+(2x^2+3xy)y'=0$.

令 $\left(\frac{\partial N}{\partial x}-\frac{\partial M}{\partial y}\right)\mu=M\frac{\partial\mu}{\partial y}-N\frac{\partial\mu}{\partial x}$,

故 $(3x^2+6xy+3y^2)\frac{\partial\mu}{\partial y}-(2x^2+3xy)\frac{\partial\mu}{\partial x}$

$=-(2x+3y)\mu$,

猜 $\partial\mu/\partial y=0$，得 $\frac{\partial\mu}{\partial x}=x^{-1}\mu,\ \mu=x$

解得 $3x^4+8x^3y+6x^2y^2=c$.

【問】 $y(^4y-2x^3)+x(x^3+2y^4)y'=0$.

有積分因子 $\varphi(y)$，試解之。

令 $-\frac{\partial M}{\partial y}+\frac{\partial N}{\partial x}=6x^3-3y^4$,

$$\frac{1}{\mu}\ \frac{d\mu}{dy}=\frac{6x^3-3y^4}{y(y^4-2x^3)}=-\frac{3}{y},\qquad \mu=y^{-3}.$$

答 $2xy^4-x^4=cy^2$.

【問】解 $(x^2y+y+1)+(x+x^3)y'=0$.

$$\frac{\partial M}{\partial y}=x^2+1 \qquad \frac{\partial N}{\partial x}=1+3x^2.$$

故 $(x^2y+y+1)\dfrac{\partial \mu}{\partial y}-(x+x^3)\dfrac{\partial \mu}{\partial x}=2x^2\mu$,

令 $\mu=\varphi(x)$, 得 $\mu=\dfrac{1}{1+x^2}$,

故得 $xy+\sin^{-1}x=c$.

【問】 $y(x+y)+(xy-1)y'=0$.

$\mu=\varphi(y)$. 答 $x^2+2xy-2\log y=c$.

【例】 $F_1(xy)y+F_2(xy)xy'=0$,

今猜有$\mu\equiv f(xy)$之積分因子，則得

$$\frac{f'(z)}{f(z)}=-\frac{F_1(z)-F_2(z)+[F_1'(z)-F_2'(z)]z}{[F_1(z)-F_2(z)]z},$$

其中$z=xy$，故問題可解!

【問】 $(1+y^2)+(1+x^2)y'=0$.

有積分因子$\mu=f(xy)$,試解之. 答 $x+y=c(1-xy)$.

【例】解 $(2x^2y+1)y=(x^2y-3)x\dfrac{dy}{dx}$.

設 x^my^n 爲積分因子，

則得

$$mx(3-x^2y)x^{m-1}y^n-ny(2x^2y+1)x^my^{n-1}$$
$$=x^my^n(4x^2y+1-3+3x^2y),$$

故 $m+2n=-7$, $3m-n=-2$,

$$m=11/7,\ n=-19/7,$$

於是得

$$\frac{\partial u}{\partial x}=2x^{3/7}y^{-5/7}+x^{-11/7}y^{-12/7},$$

$$u=\frac{7}{5}x^{10/7}y^{-5/7}-\frac{7}{4}x^{-4/7}y^{-12/7}+\varphi(y),$$

$$\partial\varphi/\partial y=0.$$

答 $c=\frac{7}{5}x^{10/7}y^{-5/7}-\frac{7}{4}x^{-4/7}y^{-12/7}$

#32 對線性方程式 $y'+P(x)y=Q(x)$

我們求積分因子 μ，則猜 $\mu=\varphi(x)$，故

線性方程的積分因子及其通解公式

$$\varphi(x)=\exp\int P\,dx.$$

於是得到

$$\frac{d}{dx}[y\varphi(x)]=Q(x)\varphi(x),$$

$$y\varphi(x)=\int^{y}Q\varphi(x)\,dx,$$

$$y=\varphi(x)^{-1}\int^{x}Q(x)\varphi(x)\,dx.$$

$$=e^{-\int P(x)dx}\left\{\int^{x}e^{-\int P(x)dx}Q(x)\,dx+c\right\}.$$

【例】 $(\cos ax)\dfrac{dy}{dx}+ay\sin ax=x.$

以 $\cos^2 ax$ 除之，則

$$\sec ax(dy)+ay\sec ax\tan ax(dx)=x\sec^2 x\,dx,$$

故 $(y\sec ax)=\int x\sec^2 x\,dx,$

$$=a^{-1}x\tan ax+a^{-1}\ln(\cos ax)+c.$$

【問】試解 $x(1-x^2)y'+(2x^2-1)y=x^3.$

【解】 $P=\dfrac{2x^2-1}{x(1-x^2)},\ Q=\dfrac{x}{1-x^2};$

$$\therefore\ \int Pdx=\int\frac{2x^2-1}{x(1-x^2)}dx$$

$$=\int\left[\frac{-1}{x}-\frac{1}{2(1-x)}-\frac{1}{2(1+x)}\right]dx,$$

$$\therefore\ \int Pdx=-\log x-\log\sqrt{1-x}-\log\sqrt{1+x}$$

$$=-\log x\sqrt{1-x^2},\quad |x|<1;$$

$$\int Pdx=-\log x-\log\sqrt{x-1}-\log\sqrt{x+1}$$

$$=-\log x\sqrt{x^2-1},\qquad |x|>1;$$

但 $y=e^{-\int Pdx}\left\{\int e^{-\int Pdx}Qdx+c\right\},$

$$\therefore\ y=x\sqrt{1-x^2}\left\{\int\frac{xdx}{(1-x^2)^{3/2}}+c\right\}$$

$$=x\sqrt{1-x^2}\left\{\frac{1}{\sqrt{1-x^2}}+c\right\}$$

$$=x(1+c\sqrt{1-x^2}),\qquad |x|<1;$$

$$y=x\sqrt{x^2-1}\left\{\int\frac{-xdx}{(1-x^2)^{3/2}}+c\right\}$$

$$=x\sqrt{x^2-1}\left\{\frac{1}{\sqrt{x^2-1}}+c\right\}$$

$$=x(1+c\sqrt{x^2-1}),\qquad |x|>1.$$

【問】 $x^2\dfrac{dy}{dx}+3xy=1.$ 　答 $y=\dfrac{1}{2x}+\dfrac{c}{x^3}.$

【問】 $\dfrac{dy}{dx}=a\sin x+by.$ 　答 $y=ce^{bx}-\dfrac{a\cos x+b\sin x}{1+b^2}.$

【問】 $$\frac{dy}{dx}+\frac{xy}{1+x^2}=\frac{1}{2\ x(1+x^2)}.$$

> 答 $y\sqrt{1+x^2}=2^{-1}\log\frac{\sqrt{1+x^2}-1}{cx}.$

***#33** 經由變換化為線性方程者:

【例】 試解 $x\frac{dy}{dx}-y+3x^3y-x^2=0.$

【解】 原方程式可寫成 $xdy-ydx+3x^3ydx-x^2dx=0$. 此處之 $xdy-ydx$ 暗示我們要令 $y/x=v$,

> 經由變數變換化為線性方程的技巧

則 $$\frac{xdy-ydx}{x^2}+3x^2\frac{y}{x}dx-dx=0$$ 化為

$$\frac{dv}{dx}+3x^2v=1.$$

故 $$v=e^{-\int 3x2dx}\left\{\int e^{-\int 3x2dx}dx+c\right\}$$

$$=e^{-x3}\left\{\int e^{x3}dx+c\right\},$$

故 $$y=xe^{-x3}\int e^{x3}dx+cxe^{-x3}.$$

(此處之不定積分不能用初等函數表示)

【例】 試解 $xy'+y=y^2\log x.$

【解】 令 $\frac{1}{v}=y$, $y'=-\frac{v'}{v^2}$, 代入上式, 得

$$-\frac{xv'}{v^2}+\frac{1}{v}=\frac{1}{v^2}\log x,$$

即 $$v'-\frac{v}{x}=-\frac{1}{x}\log x,$$

$$P=-\frac{1}{x},\ \ Q=-\frac{1}{x}\log x;$$

代入公式，得

$$v=e^{\int dx/x}\left\{\int\left(-\frac{1}{x}\log x\right)e^{-\int dx/x}\,dx+c\right\}$$

$$=x\left\{\int\left(-\frac{\log x}{x^2}\right)dx+c\right\}$$

$$=x\left\{\frac{\log x}{x}-\int\frac{dx}{x^2}+c\right\}=\left\{\frac{\log x}{x}+\frac{1}{x}+c\right\},$$

$$\therefore\ \frac{1}{y}=\log x+1+cx,$$

【問】 $\dfrac{dy}{dx}=\dfrac{1}{xy+x^n y^3}$.

先改為 $\dfrac{dx}{dy}=xy+x^n y^3$,

再用 $z=x^{1-n}$，化成

$$\frac{dz}{dy}=(1-n)zy=(1-n)y^3.$$

答 $x^{1-n}=-y^2+\dfrac{2}{n-1}+ce^{\left(\frac{1-n}{2}\right)y^2}$

【習 題】

解下列方程:

1. $\sin y\dfrac{dy}{dx}=\cos y(1-x\cos y)$.
2. $(4r^2s-6)dr+r^3ds=0$.
3. $(x+1)\dfrac{dy}{dx}=y+1+(x+1)\sqrt{y+1}$.
4. $x\sin\theta d\theta+(x^3-2x^2\cos\theta+\cos\theta)dx=0$.
5. $\sin y\dfrac{dy}{dx}=\cos x(2\cos y-\sin^2 x)$.

6. $\dfrac{dy}{dx}+\dfrac{x}{1-x^2}y=x\sqrt{y}$.

#4 一階高次微分方程式

一階微分方程式具有 $f(x,y,y')=0$ 或 $f(x,y,p)=0$ 之形式，此處爲簡便計，乃令 p 代替 y'，若 p 的次數高於 1，如 $p^2-3px+2y=0$，則此方程式謂之一階高次微分方程式。

一階高次微分方程的解法

一般一階 n 次微分方程式可以寫成如下之型式

$$p^n+P_1(x,y)p^{n-1}+\cdots\cdots\cdots+P_{n-1}(x,y)p+ +P_n(x,y)=0 \tag{1}$$

此類微分方程式可以下述之程序將其化爲一個或多個一階一次微分方程式而後解之，茲述之如下：

因式分解法

#41 可以解出 p 之微分方程式。

於此，(1) 之左端可視爲 p 之多項式，而將其分解爲 n 個一次實因子，卽 (1) 可寫成

$$(p-F_1)(p-F_2)\cdots\cdots\cdots(p-F_n)=0$$

此處 $F_1,F_2,\cdots\cdots\cdots,F_n$ 爲 x,y 之函數。

令每個因子等於零，則得 n 個一階一次微分方程式如下：

$$\frac{dy}{dx}=F_1(x,y),\ \frac{dy}{dx}=F_2(x,y)\cdots\cdots,$$

$$\frac{dy}{dx}=F_n(x,y)$$

解之，得：

$$f_1(x,y,c)=0,\ f_2(x,y,c)=0,\cdots\cdots,$$

$$f_n(x,y,c)=0 \tag{2}$$

則原方程式之解爲:

$$f_1(x, y, c)\cdot f_2(x, y, c)\cdots\cdots\cdots\cdots$$

$$f_n(x, y, c)=0 \tag{3}$$

【例】試解　$p^4-(x+2y+1)p^3+(x+2y+2xy)p^2-2xyp=0$

【解】原方程式可寫爲　$p(p-1)(p-x)(p-2y)=0$

故得如下之四個一階一次方程式:

$$\frac{dy}{dx}=0,\ \frac{dy}{dx}=1,\ \frac{dy}{dx}-x=0,\ \frac{dy}{dx}-2y=0$$

分別解之，得

$$y-c=0,\ y-x-c=0,\ 2y-x^2-c=0$$

$$y-ce^{2x}=0$$

故得其解爲

$$(y-c)(y-x-c)(2y-x-c)(y-ce^{2x})=0$$

【問 1】$2p^2+3p+1=0$?

【問 2】$xyp^2+(x^2-y^2)p-xy=0$

【問 3】$(x^2+x)p^2+(x^2+x-2xy-y)p+y^2-xy=0$

【問 4】$p^2+yp=x(x+y)$

【問 5】$p^3(x^2+xy+y^2)p^2+xy(x^2+xy+y^2)p-x^3y^3=0$

【問 6】$p^2+2yp\cot x=y^2$

【問 7】$xp^2-2yp=x$

#42　可以解出 y 之微分方程式，即 $y=f(x, p)$，對 x 微分，則得

$$\frac{dy}{dx}=p=\frac{\partial f}{\partial x}+\frac{\partial f}{\partial p}\ \frac{dp}{dx}=F\left(x, p, \frac{dp}{dx}\right).$$

此爲 x 與 p 間之一階微分方程式。

若可解 $p=F\left(x, p, \frac{dp}{dx}\right)$ 以得 $\phi(x, p, c)=0$，則由 $y=f(x,$

p）與 $\phi(x, p, c)=0$ 消去 p，或將 x，y 分別表爲參數 p 之函數，則得原方程式之解。

【例】試解 $y=2x+px+p^2$.

【解】對 x 微分，

$$p=2+p+(x+2p)\frac{dp}{dx},$$

即 $\dfrac{dx}{dp}+\dfrac{1}{2}x=-p$，

$$\therefore\quad x=e^{-\frac{1}{2}\int dp}\left\{\int e^{\frac{1}{2}\int dp}(-p)dp+c\right\}$$

$$=e^{-\frac{1}{2}}\left\{-\int pe^{\frac{p}{2}}dp+c\right\}$$

$$=e^{-\frac{1}{2}}\left\{-2pe^{\frac{p}{2}}+4e^{\frac{p}{2}}+c\right\},$$

故得 $\begin{cases} x=2(2-p)+ce^{-\frac{1}{2}p}, \\ y=8-p^2+(2+p)ce^{-\frac{1}{2}p}. \end{cases}$

【例】試解 $16x^2+2p^2y-p^3x=0$.

【解】原式可化爲 $2y=px-16\dfrac{x^2}{p^2}$.

對 x 微分，得

$$2p=p+x\frac{dp}{dx}-\frac{32x}{p^2}-\frac{32x^2}{p^3}\frac{dp}{dx},$$

即 $p(p^3+32x)-x(p^3+32x)\dfrac{dp}{dx}=0$，

亦即 $(p^3+32x)\left(p-x\dfrac{dp}{dx}\right)=0$，

故得 $p^3+32x=0$ 或 $p-x\dfrac{dp}{dx}=0$，

解後者，得 $p=kx$，代入原方程式，得

$$16x^2+2k^2x^2y-k^3x^4=0 .$$

以 $2c$ 代 k，得　$2+c^2y-c^3x^2=0 .$

此爲所求之解，至 $p^3+32x=0$，當於下節討論之。

【例】試解　$y=x\dfrac{dy}{dx}+x\sqrt{1+\left(\dfrac{dy}{dx}\right)^2}$

#421　Lagrange 氏微分方程式：$y=x\phi(p)+f(p)$ 對 x 微分，

Lagrange 微分方程

則得

$$p=\varphi(p)+\{x\varphi'(p)+f'(p)\}\frac{dp}{dx},$$

即

$$\frac{dx}{dp}+\frac{\varphi'(p)}{\varphi(p)-p}x=\frac{f'(p)}{p-\varphi(p)},$$

此爲 x 與 p 間之一階一次微分方程式，故可應用前節之公式，得：

$$x=e^{-\int\frac{\varphi'(p)dp}{\varphi(p)-p}}\left\{e^{\int\frac{\varphi'(p)dp}{\varphi(p)-p}}\frac{f'(p)}{p-\varphi(p)}dp+c\right\}$$

以此與 $y=x\varphi(p)+f(p)$ 聯立，消去 p，或將 x，y 分別表爲參數 p 之函數，即得所求之解。

【例】試解　$x=yp+p^2.$

【解】今　$y=\dfrac{x}{p}-p,$

對 x 微分

$$p=\frac{1}{p}-\frac{x}{p^2}\frac{dp}{dx}-\frac{dp}{dx},$$

即　$p^3-p+(x+p^2)\dfrac{dp}{dx}=0,$

$$(p^3-p)\frac{dx}{dp}+x+p^2=0,$$

$$\frac{dx}{dp}+\frac{x}{p^3-p}=-\frac{p}{p^2-1}.$$

$$\therefore\quad x=e^{-\int\frac{dp}{p^3-p}}\left\{\int e^{\int\frac{dp}{p^3-p}}\left(-\frac{p}{p^2-1}\right)dp+c\right\}.$$

但 $$\int\frac{dp}{p^3-p}=\int\left[\frac{-1}{p}-\frac{-\frac{1}{2}}{p+1}-\frac{\frac{1}{2}}{p-1}\right]dp$$

$$=-\log p+\frac{1}{2}\log(p+1)+\log(p-1)$$

$$=\log\frac{\sqrt{p^2+1}}{p},$$

代入上式,

$$x=\frac{p}{\sqrt{p^2-1}}\left\{\int-\frac{dp}{\sqrt{p^2-1}}+c\right\}$$

$$=\frac{p}{\sqrt{p^2-1}}\left\{-\log(p+\sqrt{p^2-1})+c\right\},$$

故得 $$\begin{cases} x=-\dfrac{p}{\sqrt{p^2-1}}\log(p+\sqrt{p^2-1})+\dfrac{cp}{\sqrt{p^2-1}}, \\ y=-p-\dfrac{1}{\sqrt{p^2-1}}\log(p+\sqrt{p^2-1})-\dfrac{c}{\sqrt{p^2-1}}. \end{cases}$$

【問】 $y=(1+p)x+p^2.$

答 $\begin{cases} x=2(1-p)+ce^{-p}, \\ y=(1+p)x+p^2. \end{cases}$

Clairaut 微分方程

#422 Clairaut 氏微分方程式: $y=xp+f(p)$, 此爲 #421 之特例, 對 x 微分, 則得

$$p=p+\{x+f'(p)\}\frac{dp}{dx};$$

得 $\dfrac{dp}{dx}=0$, 或 $x+f'(p)=0$.

(i) $\dfrac{dp}{dx}=0$, 則 $p=c$, 代入原方程式, 得

$y=xc+f(c)$　此為其通解。

（ii）　$x+f'(p)=0$，與　$y=xp+f(p)$.

消去p而得 $g(x,y)=0$，此為其奇解。

【例】試解　$(px-y)(px+y)=2p$.

【解】令　$y^2=u\,,x^2=v\,,p=\sqrt{\dfrac{v}{u}}\;\dfrac{du}{dv},$

則原方程式化為:

$$\left(\frac{v}{\sqrt{u}}\;\frac{du}{dv}-\sqrt{u}\right)\left(\sqrt{v}\,\frac{du}{dv}+\sqrt{v}\right)=2\sqrt{\frac{v}{u}}\;\frac{du}{dv}$$

即　$\left(v\dfrac{du}{dv}-u\right)\left(\dfrac{du}{dv}+1\right)=2\dfrac{du}{dv}.$

則　$u=v\dfrac{du}{dv}-\dfrac{2\dfrac{du}{dv}}{1+\dfrac{du}{dv}},$

此為 Clairaut 氏微分方程式，故其解為

$$u=cv-\frac{2c}{1+c},$$

故得

$$y^2=cx^2-\frac{2c}{1+c}.$$

【問】解　$y=xp+a\sqrt{1+p^2},\;\; p=dy/dx.$

> 答　一般解: $y=cx+a\sqrt{1+c^2}$
>
> 特異解: $x^2+y^2=a^2.$

#43　可以解出之x微分方程式，即$x=f(y,p)$對y微分，則得

$$\frac{dx}{dy}=\frac{1}{p}=\frac{\partial f}{\partial y}+\frac{\partial f}{\partial p}\;\frac{dp}{dy}=F\left(y,p,\frac{dp}{dy}\right),$$

此爲 y 與 p 間之一階微分方程式。

若可解 $\dfrac{1}{p}=F\left(y, p, \dfrac{dp}{dy}\right)$ 以得 $\phi(y, p, c)=0$,

則由 $x=f(y, p)$ 與 $\phi(y, p, c)=0$ 消去 p，或將 x, y 分別表爲參數 p 之函數，則得原方程式之解。

【例】試解 $4x=py(p^2-3)$.

【解】對 y 微分,

$$\frac{4}{p}=p(p^2-3)+3y(p^2-1)\frac{dp}{dy},$$

即
$$\frac{dy}{y}-\frac{3p(p^2-1)dp}{(p^2-4)(p^2+1)}=0,$$

$$\therefore\quad \log y+\int\frac{3p(p-1)dp}{(p^2-4)(p^2+1)}=\log c,$$

但
$$\int\frac{3p(p-1)dp}{(p^2-4)(p^2+1)}=\int\left[\frac{9}{10(p+2)}+\frac{9}{10(p-2)}+\frac{6}{5(p^2+1)}\right]dp$$
$$=\frac{9}{10}\log(p+2)+\frac{9}{10}\log(p-2)+\frac{3}{5}\log(p^2+1).$$

$$\therefore\quad \log y+\frac{9}{10}\log(p+2)+\frac{9}{10}\log(p-2)+$$
$$+\frac{3}{5}\log(p^2+1)=\log c,$$

故得
$$\begin{cases} y=\dfrac{c}{(p^2-4)^{9/10}(p^2+1)^{3/5}}, \\[2ex] x=\dfrac{1}{4}\,\dfrac{cp(p^2-3)}{(p^2-4)^{9/10}(p^2+1)^{3/5}}. \end{cases}$$

***#44** 已予一個方程式 $f(x, y, p)=0$，$p=dy/dx$，想像我們求出**通解** $y=\varphi(x, c)$，這意思是對於（某一區間內的）每一個 c，$y=\varphi(x, c)$都是 $f(x, y, p)=0$ 的解答；對於每一個 c，所定出的解 $y=\varphi(x, c)$ 叫做**一個特別解**（special solution）。這意思**並非**指它是“一個特別的解答”，而是指“它是在通解中，特別指定一個常數 c 而得的解答”。

什麼叫通解？特別解？包絡線？奇異解？

今做**這族特別解曲線**的**包絡線** $y=\psi(x)$（若存在的話）。根據定義這包絡線與任一個特別解 $y=\varphi(x, c)$ 相切於點 (x_c, y_c)；因而 $d\psi/dx$ 在 $x=x_c$ 時之值爲 $d\varphi(x, c)/dx$ 在 $x=x_c$ 時的值。但是 $y=\varphi(x, c)$ 滿足了方程式 $f(x, y, p)=0$. 即

$$f\left(x_c, y_c, \left.\frac{d\varphi}{dx}\right|_{x_c}\right)=0,\text{ 因而}$$

$$f\left(x_c, \psi(x_c), \left.\frac{d\psi}{dx}\right|_{x_c}\right)=0.$$

即是 $y=\psi(x)$ 是 $f(x, y, dy/dx)=0$ 的一個特別的解答，——但是（通常）並非“以某個特別的 c 值代入通解所得”，因此，這解答叫做**奇解**（singular solution），不叫**特別解**。

【例】（Clairaut 型）微分方程式

$$y=px+2p^2 \tag{1}$$

之通解爲一族直線，其方程式爲

$$y=cx+2c^2. \tag{2}$$

對於在 $x^2+8y>0$ 的範圍內之每一點 (x, y)，方程式 (1) 可以決定一對不同的實方向，而方程式 (2) 則決定一對不同的實線，其方向爲 (1) 所定。例如，將坐標 $(2, 4)$ 代入 (1)，則得 $4=-2p+2p^2$，或 $p^2-p-2=0$ 而 $p=2$ 或 -1。若代入 (2)，則得 $c=2$ 或 -1。故得 (2)族中之一對直線，$y=2x+8$ 與 $y=-x+2$，經過 $(2, 4)$

一點，其斜率爲 (1) 式所決定。

對於在 $x^2+8y<0$ 之範圍內的點，其 p 與 c 之根爲一對共軛複數。

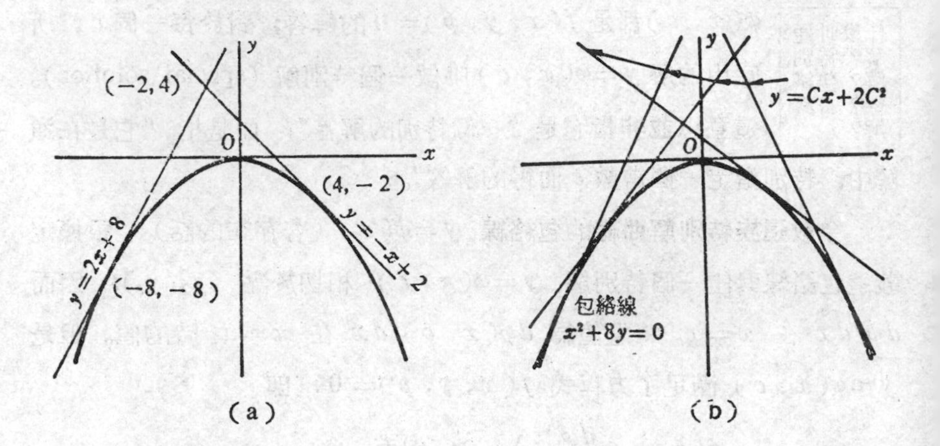

(a)　　　　(b)

對於拋物線 $x^2+8y=0$ 上之點，其 p 與 c 之根爲等根，即經過此類之點僅有一直線通過。例如過點 $(-8,-8)$ 僅有一直線 $y=2x+8$ 通過，而過 $(4,-2)$ 一點僅有一直線 $y=-x+2$ 通過（見圖 a）。

吾人亦證過 $x^2+8y=0$ 上一點之直線恰爲此拋物線在該點之切線，即此拋物線在該點之方向爲(1)所決定。故 $x^2+8y=0$ 亦爲 (1) 之解，此解顯然不能以一特定值代入 (2) 之 c 而得之，即此解並非一特解，故謂之奇解，而其所代表之曲線即爲直線族 (2) 之包絡線（見圖）。

【例】 試求 $y=2xp-yp^2$ 之通解及奇解。

【解】 今 $2x=\dfrac{y}{p}+yp,$

對 y 微分，

$$\frac{2}{p}=\frac{1}{p}-\frac{y}{p^2}\,\frac{dp}{dy}+p+y\frac{dp}{dy},$$

即 $$(p^2-1)\left(p+y\frac{dp}{dy}\right)=0$$

(1) 若 $p+y\dfrac{dp}{dy}=0$，

則 $py=c$，$p=\dfrac{c}{y}$，

代入微分方程式，得

$$y^2=2cx-c^2,$$

此爲其通解；包絡線爲 $y^2=x^2$，此爲奇解。

(2) 若由原微分方程式與 $p^2-1=0$ 消去 p，亦得 $x^2-y^2=0$

此微分方程式之通解代表一族以 x 軸爲主軸之拋物線。每一拋物線均與 $y=x$ 直線切於 (c, c) 點，而與 $y=-x$ 直線切於 $(c, -c)$，見圖

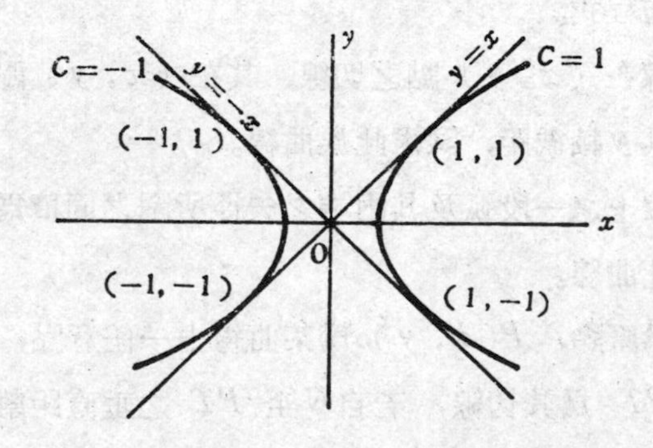

【例】試解 $(x^2-4)p^2-2xyp-x^2=0$，並考察其奇解與外附線。

#5 對曲線之應用

*【習作】

#51 軌線

與一曲線族之每一曲線均相交成定角 ω 之任一曲線謂之此曲線族之 ω 角軌線。試論述之。

#52 雜例

【例】在任意一點（x，y）之切線在 y 軸上之截矩 $2xy^2$，求此曲線。

【解】
$$y-x\frac{dy}{dx}=2xy^2,$$

即 $$\frac{ydx-xdy}{y^2}=2xdx.$$

積分 $\frac{x}{y}=x^2+c$，

即 $x-x^2y=cy$.

【問 1】設 p 爲某曲線上一任意點，若 p 之縱坐標與橫坐標以及此曲線所包圍之面積係等於 p 之縱標與橫標所成面積之 $\frac{1}{h}$，試求此曲線之方程式。

【問 2】若曲線在（x，y）點之切線，其在（x，y）點與 y 軸間之長等於其 y 軸截距，試求此族曲線。

【問 3】若曲線上之一段弧及其兩端之矢徑所圍之面積爲其弧長之半，試求此曲線。

【問 4】設 O 爲原點，$P(x, y)$ 爲某曲線上一任意點，其橫坐標 x 爲 ON, PT 爲其切線，若自 N 至 PT 之垂直距離爲一定長 a，試求此曲線之方程式。

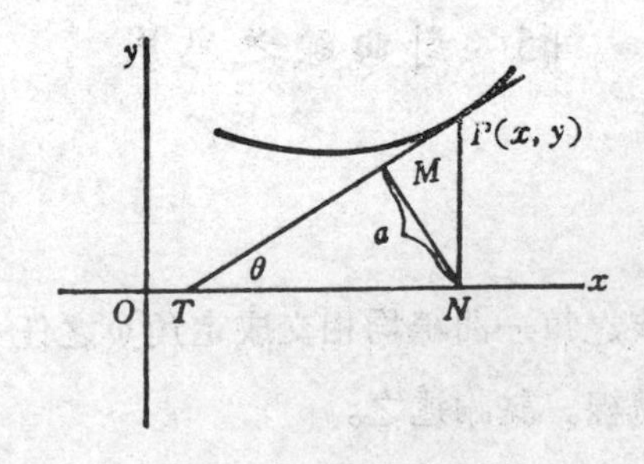

#53 平面曲線

【定理】 一個曲線Γ: $x=x(t)$, $y=y(t)$, $z=z(t)$ 是個平面曲線之條件是

$$\det[D\boldsymbol{x}, D^2\boldsymbol{x}, D^3\boldsymbol{x}]\equiv 0.\ D=\frac{d}{dt}.$$

【證明】 這條件是必要的: ——

若Γ在平面 $\boldsymbol{n}\cdot\boldsymbol{x}=b$之上,

則有 $\boldsymbol{n}\cdot\boldsymbol{x}(t)=b$，所以

$$\boldsymbol{n}\cdot D\boldsymbol{x}(t)=0,\quad \boldsymbol{n}\cdot D^2\boldsymbol{x}=0=\boldsymbol{n}\cdot D^3\boldsymbol{x}.$$

因而 $D\boldsymbol{x}$, $D^2\boldsymbol{x}$, $D^3\boldsymbol{x}$ 是“同平面上之向量”,

$$\det[D\boldsymbol{x}, D^2\boldsymbol{x}, D^3\boldsymbol{x}]\equiv 0.$$

反過來說這條件是充分的。——

在這條件下，可以找到 $\boldsymbol{p}(t)\neq 0$, 與三者 $D\boldsymbol{x}$, $D^2\boldsymbol{x}$, $D^3\boldsymbol{x}$ 均垂直。

即 $\boldsymbol{p}(t)\cdot D\boldsymbol{x}(t)=0=\boldsymbol{p}\cdot D^2\boldsymbol{x}=\boldsymbol{p}\cdot D^3\boldsymbol{x}$. 所以（導微出）

$$(D\boldsymbol{p})\cdot D\boldsymbol{x}=0 \text{ 及 } D\boldsymbol{p}\cdot D^2\boldsymbol{x}=0.$$

今設 $D\boldsymbol{x}\times D^2\boldsymbol{x}\neq 0$，則 $D\boldsymbol{p}$ 又與 $D\boldsymbol{x}$, $D^2\boldsymbol{x}$ 垂直，故 $D\boldsymbol{p}$ 為 $\boldsymbol{p}$ 之倍數;

$$\frac{d}{dt}p_i(t)=c(t)p_i(t).\ (i=1, 2, 3)$$

所以 $p_i(t)=a_i\cdot\exp\int c(t)dt$,

所以“$\boldsymbol{p}\cdot D\boldsymbol{x}(t)=0$”就表示

$$D(\boldsymbol{a}\cdot\boldsymbol{x}(t))=0.$$

而 $\boldsymbol{a}\cdot\boldsymbol{x}(t)=$常數。

另外，若 $D^2\boldsymbol{x}$ 與 $D\boldsymbol{x}$ 同方向，則同樣可以解出

$$Dx(t)=a\exp\int c(t)dt.$$

所以 $Dx(t)$ 之方向一定，因而 $x(t)$ 在固定平面上。

（註：參見 #7·42）

#6 Kepler 與引力定律

#61 Kepler 以天文學家 Tycho Brahe 在十六世紀最後卅年所作的觀察爲依據，作了數百頁的計算，費了許多曲折，加上偶然的猜測，獲得了三個行星運動的定律：

Kepler 三個行星運動定律是什麼?

I. 每個行星圍繞著以太陽爲一焦點的橢圓軌道運行。(1605 年發現，1609 年發表）。

II. 行星運動時，行星與太陽之聯線於相同時間掃過相同之面積。(1602 年發現，1609 年發表)。

III. 行星環繞太陽一週所需時間之平方與行星太陽間平均距離之立方成正比。(1618 年發現，1619 年發表）。

爲獲得這些定律，Kepler 首先需證明每一行星的軌道都在一平面上，而這些平面都通過太陽，而行星運行的軌道不是圓，也不是由一些圓簡單合成的。

#62 Newton 定律⇐ Kepler 定律

Newton 在 Principia 裏從 Kepler 的三個定律導出萬有引力定律。

因爲一個質點的加速度 $\boldsymbol{A}$ 與作用在它上面的力 $\boldsymbol{F}$ 成正比。我們只要計算 $\boldsymbol{A}$ 便可，設固定的質點爲“太陽”運動的質點爲“行星”，我們想要依據 Kepler 的定律來證明 $\boldsymbol{A}$ 的方向是指向太陽，而且 $\boldsymbol{A}$ 的大小與太陽行星間距離的平方成反比。

我們引進一個極坐標系統，以太陽做爲極點，行星位於點(r, θ)。

由於我們要證明 $\boldsymbol{A}$指向太陽，我們計算 $\boldsymbol{A}$沿著半徑及與之垂直兩方面的分量。設 $\boldsymbol{r}$ 爲行星的位置向量，A_r 表示A沿著R方向的分量。A_θ 表示垂直於 $\boldsymbol{r}$ 之方向的分量，$\boldsymbol{U}_r$ 表示 $\boldsymbol{r}$ 方向的單位向量。$\boldsymbol{U}_\theta$ 表示垂直於 $\boldsymbol{U}_r$（從 $\boldsymbol{U}_r$ 反時針方向旋轉$\frac{\pi}{2}$弳）之單位向量，$\boldsymbol{A}, A_r, A_\theta, \boldsymbol{r}, \boldsymbol{U}_r$ 與 $\boldsymbol{U}_\theta$ 如下圖所示。

我們將證明 $A_\theta \to 0$，$A_r = -\dfrac{k}{r^2}$，k 爲某一固定之正數。我們有

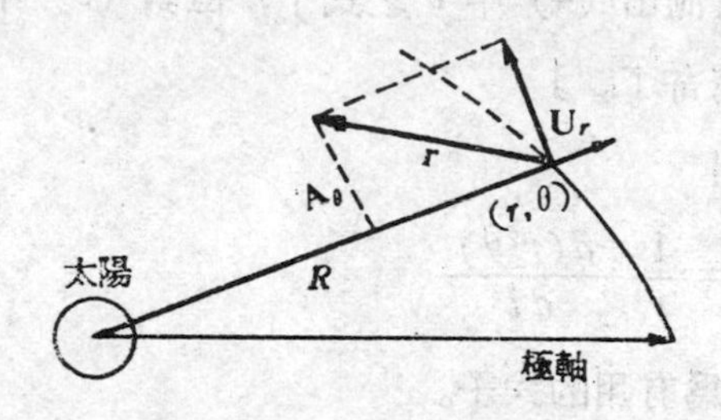

$$\boldsymbol{U}_r=(\cos\theta, \sin\theta), \boldsymbol{U}_\theta=\left(\cos\left(\theta+\frac{\pi}{2}\right), \sin\left(\theta+\frac{\pi}{2}\right)\right)=(-\sin\theta, \cos\theta)$$

於是

$$\text{(1)} \qquad \frac{d\boldsymbol{U}_r}{d\theta}=\boldsymbol{U}_\theta, \ \frac{d\boldsymbol{U}_\theta}{d\theta}=-\boldsymbol{U}_r$$

由微分連鎖律。

$$\text{(2)} \qquad \frac{d\boldsymbol{U}_r}{dt}=\frac{d\theta}{dt}\boldsymbol{U}_\theta, \ \frac{d\boldsymbol{U}_\theta}{dt}=-\frac{d\theta}{dt}\boldsymbol{U}_r$$

在計算 $\boldsymbol{A}$之前，我們先計算行星的速度 $\boldsymbol{v}$，先把 $\boldsymbol{r}$ 用沿著 $\boldsymbol{U}_r$ 及 $\boldsymbol{U}_\theta$ 之分量來表示。

$$\text{(3)} \qquad \boldsymbol{v}=\frac{d\boldsymbol{r}}{dt}=r\frac{d\boldsymbol{U}_r}{dt}+\frac{dr}{dt}\boldsymbol{U}_r=r\frac{d\theta}{dt}\boldsymbol{U}_\theta+\frac{dr}{dt}\boldsymbol{U}_r$$

我們得到 $\boldsymbol{v}$ 沿著 $\boldsymbol{U}_r$ 及 $\boldsymbol{U}_\theta$ 之分量，爲了方便起見，我們用點的符號（$\dot{x}$ 表示 x 對時間之導數，$\ddot{x}$ 表示 x 對時間之第二階導數，餘類推)。

因此

$$\boldsymbol{v}=r\dot{\theta}\boldsymbol{U}_\theta+\dot{r}\boldsymbol{U}_r$$

而$\left(因 A=\dfrac{dv}{dt}\right)$將方程式 $\boldsymbol{v}=r\dot{\theta}\boldsymbol{U}_\theta+\dot{r}\boldsymbol{U}_r$ 對 t 微分，我們得到

$$(5)\qquad \boldsymbol{A}=(\ddot{r}-r\dot{\theta}^2)\boldsymbol{U}_r+(r\ddot{\theta}+2\dot{r}\dot{\theta})\boldsymbol{U}_\theta,$$

我們立刻知道

$$(6)\qquad A_r=\ddot{r}-r\dot{\theta}^2 \qquad A_\theta=r\ddot{\theta}+2\dot{r}\dot{\theta}$$

〔雖然我們可以猜測出 (4) 中 $\boldsymbol{v}$ 之式子，但對 (5) 中右邊第二項裏的 $2\dot{r}\dot{\theta}$ 也許會感到驚奇了。〕

簡單的微分可導出

$$(7)\qquad A_\theta=\frac{1}{r}\,\frac{d(r^2\dot{\theta})}{dt}$$

一個比 (6) 式更爲有用的式子。

(6), (7) 兩個式子，適用於任何運動的物體，現在我們看看如果這物體是行星時，Kepler 定律如何應用到 A_θ 及 A_r 上。

Kepler 第二定律與半徑所掃的面積有關。當輻角從 α 轉變到 β 時，半徑所掃過的面積爲 $\int_\alpha^\beta \frac{r^2}{2}d\theta$，陰影部分之面積爲 $\int_\alpha^\beta \frac{r^2}{2}d\theta$。

這面積對 β 之變率即爲被積分函數，$\frac{r^2}{2}$在 β 之值，用 θ 以代表 β，

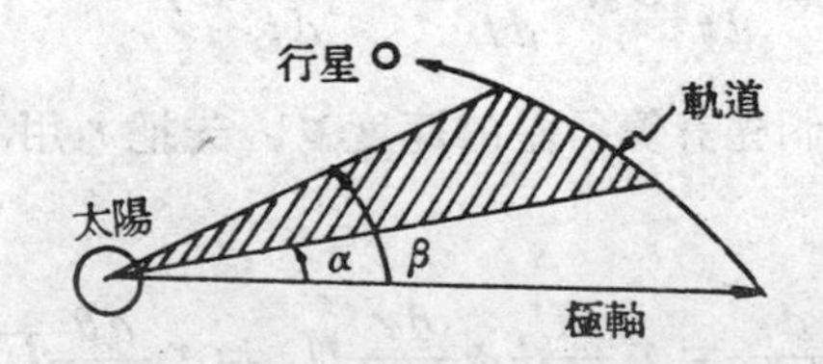

我們可以說半徑所掃過之面積對 θ 之變率爲$\frac{r^2}{2}$在 θ 之值，於是圖中陰影部分的面積對時間之變率由微分連鎖律可知爲

(8) $$\frac{r^2}{2}\dot{\theta}$$

Kepler 第二定律指出 $r^2\dot{\theta}$ 對時間來說是個常數，從 (7) 式中我們馬上就可知道 $A_\theta = 0$，於是由 Kepler 第二定律，我們知道加速度 A 在聯接太陽至行星之直線上。

因爲 $r^2\dot{\theta}$ 對每一行星來說都是一個常數，我們令 $r^2\dot{\theta} = h$ 也就是說

(9) $$\dot{\theta} = \frac{h}{r^2}$$

在此 h 之值依行星而定，由於軌道是個以太陽爲一焦點的橢圓，它的方程式可用下式來表示

$$r = \frac{pe}{1 + e\cos\theta}.$$

將橢圓方程式改成下面的形式，可使我們的計算簡單些:

(10) $$\frac{1}{r} = \frac{1}{pe} + \frac{\cos\theta}{p}.$$

現在我們準備證明 $A_r = \ddot{r} - r\dot{\theta}^2$ 爲負而且與 r 平方成反比，首先 (9) 式已把 $\dot{\theta}$ 用 r 來表示，爲了把 $\ddot{r}$ 也用 r 來表示，我們用下面的方法。

(11) $$\dot{r} = \frac{dr}{dt} = \frac{dr}{d\theta}\dot{\theta} = \frac{dr}{d\theta}\ \frac{k}{r^2} = -\ h\frac{d(1/r)}{d\theta} = \frac{h\sin\theta}{p},$$

(12) $$\ddot{r} = \frac{d\dot{r}}{dt} = \frac{d\dot{r}}{d\theta}\dot{\theta} = \frac{h\cos\theta}{p}\ \frac{h}{r^2},$$

由 (10) 我們知道

(13) $$\frac{\cos\theta}{p} = \frac{1}{r} - \frac{1}{pe},$$

把 (12) 與 (13) 連接起來，我們得到

(14) $$\ddot{r} = h\left(\frac{1}{r} - \frac{1}{pe}\right)\frac{h}{r^2} = \frac{h^2}{r^3} - \frac{h^2}{per^2},$$

於是

$$A_r=\ddot{r}-r\dot{\theta}^2=\left(\frac{h^2}{r^3}-\frac{h^2}{per^2}\right)-r\left(\frac{h}{r^2}\right)^2=-\frac{h^2}{pe}\cdot\frac{1}{r^2}. \tag{15}$$

由(15)，加上 $A_\theta=0$，我們得到一個結論：任何行星的加速度方向爲指向太陽，而它的大小與行星至太陽間距離的平方成反比。

尚未證明的只是在（15）式中出現的比例常數$\frac{h^2}{pe}$對所有行星都是一樣，我們用 Kepler 第三定律來證明這件事。Kepler 第三定律告訴我們

$$\frac{T^2}{a^3}=c, \tag{16}$$

其中T爲週期，a爲橢圓軌道直徑之半，而c爲與行星無關的某一固定的數。

因爲 $r^2\dot{\theta}=h$，我們有$\frac{1}{2}r^2\dot{\theta}=h/2$，於是 $h/2$ 表示行星運動時半徑掃過的面積之變率，我們便可得到

$$\underbrace{T}_{\text{圍繞太陽之時間}}\ \underbrace{\frac{h}{2}}_{\text{被掃過面積之變率}}=\underbrace{\pi ab}_{\text{橢圓之面積}}$$

於是

$$h=\frac{2\pi ab}{T}, \tag{17}$$

其中 b 爲軌道短軸之半長，我們在圖上把 p, e, a 及 b 表示出來。

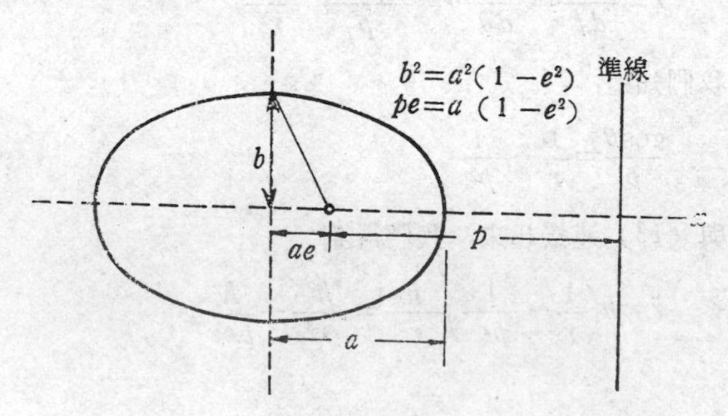

由 (17) 以及 $b^2=a^2(1-e^2)$，$pe=a(1-e^2)$ 等關係，我們得到

$$(18)\quad \frac{h^2}{pe}=\left(\frac{2\pi ab}{T}\right)\frac{1}{pe}=\frac{4\pi^2}{T^2}\ \frac{a^2b^2}{pe}=\frac{4\pi^2}{T^2}\cdot\frac{a^2a^2(1-e^2)}{a(1-e^2)}=4\pi^2\frac{a^3}{T^2},$$

由 (15),(16) 及 (18)，我們可知

$$(19)\quad A_r=-\frac{4\pi^2a^3}{T^2}\cdot\frac{1}{r^2}=-\frac{4\pi^2}{c}\cdot\frac{1}{r^2},$$

其中對所有行星 c 都一樣，換句話說，(19) 告訴我們，對所有行星 A_r 皆可表示成 $-\frac{k}{r^2}$ 之形式。其中 k 之值與行星無關，將這個與方程式 $F=mA$ 連結在一起，我們得到 Newton 的萬有引力定律。

#63　從 Newton 萬有引力⇒Kepler 的三個定律。（如比便像 Hooke 所說“把所有的天體運動簡化成某一原則”。）Newton 的定律可以用 A 表示成

$$A_\theta=0,\ A_r=\frac{k}{r^2}$$

其中 k 是一個與行星無關的常數。從 $A_\theta=0$ 及 (7)，我們得到被掃過部分的面積之變率為一常數，這就是 Kepler 第二定律。

下面我們導出 Kepler 第一定律，它是說行星的軌道為一橢圓。我們有

$$(20)\quad A_r=\ddot{r}-r\dot{\theta}^2=-\frac{k}{r^2},$$

$$(21)\quad r^2\dot{\theta}=h,$$

其中 h 為常數，從 (20) 及 (21)，先把 (20) 中的 $\ddot{r}$ 用 $\frac{dr}{d\theta}$ 及 $\frac{d^2r}{d\theta^2}$ 表示出來。我們可以獲得一個連繫 r 及 θ 之方程式：我們有

$$(22)\quad \dot{r}=\frac{dr}{dt}=\frac{dr}{d\theta}\cdot\frac{d\theta}{dt}=\frac{dr}{d\theta}\ \frac{h}{r^2},$$

令 $u=\frac{1}{r}$，則 (22) 式可簡化成

(23) $$\dot{r}=-h\frac{du}{d\theta},$$

於是

(24) $$\ddot{r}=\frac{d\dot{r}}{dt}=\frac{d\left(-h\frac{du}{d\theta}\right)}{d\theta}\frac{d\theta}{dt}=-h\frac{d^2u}{d\theta^2}\cdot\frac{h}{r^2}=-h^2u^2\cdot\frac{d^2u}{d\theta^2},$$

由 (21) 及 (24), (20) 式變成

(25) $$-h^2u^2\frac{d^2u}{d\theta^2}-r\left(\frac{h}{r^2}\right)^2=-\frac{k}{r^2},$$

因爲 $u=\frac{1}{r}$, (25) 式即 $-h^2u^2\frac{d^2u}{d\theta^2}-h^2u^3=-ku^2$,

於是 $\frac{h^2d^2}{ud\theta^2}+u=k$,

亦即

(26) $$\frac{d^2y}{d\theta^2}+u=\frac{k}{h^2}.$$

此式我們可改寫成

(27) $$\frac{d^2[u-(k/h^2)]}{dt^2}+\left(u-\frac{k}{h^2}\right)=0,$$

於是 $u-\frac{k}{h^2}$ 要與它負的第二階導數相等。

我們便有

$$u-\frac{k}{h^2}=C\cos(\theta-B),$$

即 $$\frac{1}{r}=u=\frac{k}{h^2}+C\cos(\theta-B)=\frac{k+Ch^2\cos(\theta-B)}{h^2},$$

即 $$r=\frac{h^2}{k+Ch^2\cos(\theta-B)},$$

最後我們得到

(28) $$r=\frac{h^2/k}{1+(Ch^2/k)\cos(\theta-B)}。$$

這式子表示極坐標系裏以極為一焦點之橢圓，拋物線或雙曲線。由於行星運動的路線有界圍，它們一定是在以太陽為一焦點的橢圓軌道上，這就是 Kepler 的第一定律。最後，我們導出 Kepler 第三定律，我們知道若行星以橢圓軌道運行，而且 $A_\theta=0$，則

(19) $$A_r=-4\pi^2\frac{a^2}{T^2}\cdot\frac{1}{r^2},$$

而我們現在假設有一與行星無關的常數 k 使得

(29) $$A_r=\frac{-k}{r^2},$$

比較一下，(19) 及 (29) 可證明出 T^2/a^3 對所有行星都相同，這就是 Kepler 第三定律，如此，我們由 Newton 定律，導出 Kepler 的三個定律。

#7 物理的例題：高階方程

底下我們解決一些特別簡單的高階微分方程，這些方程純用一階方程的解法就可以應付了!

一些應用例子

【例】非線性和振子

$$\frac{d^2y}{dt^2}+w^2y+\lambda y^2=0.$$

令 $p=\dfrac{dy}{dt}$, $\dfrac{d^2y}{dt^2}=\dfrac{dp}{dt}=\dfrac{dp}{dy}\cdot\dfrac{dy}{dt}=\dfrac{dp}{dt}p$.

則得 $pdp=-(w^2y+\lambda y^2)dy$.

$$p=\frac{dy}{dt}=\left(c_1-w^2y^2-\frac{2}{3}\lambda y^3\right)^{1/2}.$$

習題。若 $\lambda y < w^2$，試用迭代法求解。

答　$y = a\cos(wt+\varepsilon)\dfrac{\lambda a^2}{2w^2}\left[1-\dfrac{1}{3}\cos 2(wt+\varepsilon)\right]$

【例】懸吊的繩子

張力T之水平分力爲H，垂直分力爲W。

$$\therefore\quad \tan\theta = \left.\frac{dy}{dx}\right|_P = W/H.$$

通常分成兩種：一是吊橋（suspension bridge）型，要求重量密度

$$w(x) \equiv \frac{dW}{dx} \text{爲常數。}$$

故得 $y = \dfrac{wx^2}{2H} + c_1x + c_2$,

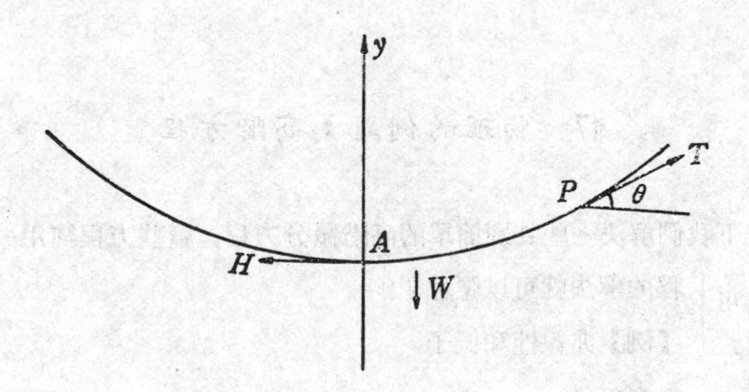

另外一種是懸垂型（自然懸吊）

$$\frac{dW}{ds} = \text{常數}\,\lambda,\qquad \left(\frac{ds}{dx}\right)^2 \equiv 1 + \left(\frac{dy}{dx}\right)^2.$$

故 $\dfrac{d^2y}{dx^2} = \dfrac{\lambda}{H}\sqrt{1+\left(\dfrac{dy}{dx}\right)^2}$，令 $p \equiv \dfrac{dy}{dx}$,

則得

$$\frac{dp}{\sqrt{1+p^2}}=\frac{\lambda}{H}dx,$$

即 $\operatorname{sh}^{-1}p=\frac{\lambda}{H}x,$

（設 $x=0$ 時最低，則彼時 $p=0$）。故

$$\frac{dy}{dx}=\operatorname{sh}\frac{\lambda}{H}x,$$

$$y=\frac{H}{\lambda}\left(\operatorname{ch}\frac{\lambda}{H}x-1\right)。$$

#8 數 值 計 算

以下我們說明一階常微方程之數值解法。

一階微分方程的近似解法

#81 對於 $\frac{dy}{dx}=f(x, y), y(x_0)=y_0,$

我們先改書成

$$y(x)=y_0+\int_{x_0}^{x}f(\xi, y(\xi))d\xi.$$

折 線 法

所謂折線法（多角形法）就是利用這個構想：取數點 $x_0, x_1, x_2, x_3, \cdots\cdots\cdots$

再求出 $y(x_i)=y_i$

但 $y_{i+1}-y_i=\triangle y_i\cong f(x_i, y_i)(x_{i+1}-x_i)$

故令 $y_i=y_0+\sum_{k=0}^{i-1}f(x_k, y_k)(x_{k+1}-x_k),$

若分點 $x_0<x_1<x_2<\cdots\cdots<x_N$ 繁多，則可得相當精確之解。

【例題】$f(x, y)$ 與 y 無關時，

$\frac{dy}{dx}=f(x)$ 本來就是

$$y=y_0+\int_{x_0}^{x} f,$$

而折線法，恰是積分之定義。

又例如

$$\frac{dy}{dx}=y,\ y(0)=y_0,$$

則取〔0, x〕之 n 等分為

$$x_i\equiv\frac{i}{n}x,$$

$$y_i=y_0\left(1+\frac{x}{n}\right)^i,\ y_n=y_0\left(1+\frac{x}{n}\right)^n,$$

在 $n\to\infty$ 時，得 $y(x)=y_0e^x$。

這折線法似乎是 Euler 先使用的。

#82 第二種辦法是做出近似函數列

$$y_n(x)=y_0+\int_{x_0}^{x} f(x, y_{n-1}(\xi))d\xi,\ n=1, 2\cdots\cdots,$$

其 $y_0(x)$ 可以是相當任意的函數。

習慣上取 $y_0(x)\equiv y_0$.

在 $f(x, y)=y$ 且，$y_0(x)\equiv y_0$ 時，

Picard的逐步逼近法

$$y_n(x)=y_0\left(1+\frac{x}{1!}+\frac{x^2}{2!}+\cdots+\frac{x^n}{n!}\right)$$

而 $y_n(x)\to y_0e^x=y(x)$，果是

$$\frac{dy}{dx}=y$$

的解。這叫 Picard 方法。

*#83 現在推進折線法的精密度

令分割的每段長為 h，

由 Taylor 展開

$$y(x+h)=y(x)+y'(x)h+\frac{y''(x)}{2}h^2+\frac{y'''(x)}{6}h^3$$

$$+\frac{y^{\text{iv}}(x)}{24}h^4+\cdots\cdots(1)，得$$

$$y_{k+1}=y_k+y_k'h+y_k''\frac{h^2}{2}+y_k'''\frac{h^3}{6}+\cdots\cdots, \tag{2}$$

其中
$$\left.\begin{aligned} & y_k=y(x_k), \\ & y_k'\equiv y'(x_k)=f(x_k, y_k), \\ & y_k''=y''(x_k)=\frac{d}{dx}f(x_k, y_k), \\ & \quad =f_x(x_k, y_k)+f_y(x_k, y_k)y_k', \\ & y_k'''=\cdots\cdots\cdots \end{aligned}\right\} \tag{3}$$

Euler 法在 (2) 中只取到 h 之 1 次項，改良法可精密到 h^2 項，辦法是先用 Euler 法得出値 y_k^*，
再改良成

$$y_{k+1}=y_k+\frac{h}{2}\{f(x_k, y_k)+f(x_{k+1}, y^*_{k+1})\},$$

實際上，把 $f(x_{k+1}, y^*_{k+1})$ 展開，到一次止，則

$$=f(x_k, y_k)+y_k''h \text{ 也。}$$

Runge-Kutta 法

***#84** 另外有 Runge-Kutta 法，可精密到 h^4 項，其計算法爲

$$y_{k+1}=y_k+\frac{1}{6}(k_0+2k_1+2k_2+k_3),$$

其中 k_0 是 Euler 法之差分

$$k_0=f(x_k, y_k)h,$$

k_1 是改良法的意思:

$$k_1=f\left(x_k+\frac{h}{2}, \ y_k+\frac{k_0}{2}\right)h.$$

k_2 又進一步，$k_2=f\left(x_k+\frac{h}{2}, y_k+\frac{k_1}{2}\right)h$.

最後 $k_3=f(x_k+h, y_k+k_2)h$.

【例】 $y'=x-y$，$y(0)\equiv 1$，$h=0,2$。

Euler 法:

$$y^*_{k+1}=y_k+0.2(x_k-y_k)=0.2x_k+0.8y_k.$$

改良時:

$$y_{k+1}=y_k+(0.1)\{(x_k-y_k)+(x_k+0.2-y^*_{k+1})\}$$
$$=0.82y_k+0.18x_k+0.02.$$

用 Runge-Kutta 方法:

$$k_0=0.2(x_k-y_k),$$

$$k_1=0.2\left\{\left(x_k+\frac{h}{2}\right)-\left(y_k+\frac{k_0}{2}\right)\right\},$$

$$k_2=0.2\left\{\left(x_k+\frac{h}{2}\right)-\left(y_k+\frac{k_1}{2}\right)\right\},$$

$$k_3=0.2\{(x_k+h)-(y_k+k_2)\},$$

根據如下的公式表解

k	x	y	$f(x,y)h$
0	x_0	y_0	k_0
	$x_0+\frac{h}{2}$	$y_0+\frac{k_0}{2}$	k_1
	$x_0+\frac{h}{2}$	$y_0+\frac{k_1}{2}$	k_2
	x_0+h	y_0+k_2	k_3

此地算出

$$y_{k+1}=y_k+\frac{0.2}{6}\{5.438(x_k-y_k)+0.562\}$$

$$=\frac{1}{3}(2.4562y_k+0.5438x_k+0.0562),$$

在 $x=1$，精確時，$y=2e^{-x}+x-1$ 之值為

$$\frac{2}{e}=0.735758\cdots\cdots,$$

而上述諸法的近似值如下:

x_k	Euler	改良法	Runge-Kutta
0	1	1	1
0.2	0.8	0.84	0.837467
0.4	0.68	0.7448	0.740649
0.6	0.624	0.7027	0.697634
0.8	0.6235	0.7042	0.698670
1.0	0.6587	0.7414	0.735771

【習題】 $\frac{dy}{dx}\equiv x^2+2xy$，$y(0)=1$，$h=0.1$;

求 $y(0.1)$，$y(0.2)$。

〔用改良法 1.0105, 1.0437 用 Runge-Kutta 法 1.010385, 1.043521〕

#9 平面上一階常微分方程式：定常流

平面上的定常流

#91 我們來考慮平面上的**定常流** (steady flow):

在平面上的各點流速**不隨時間而改變**，只和位置有關，把這速度的 X 及 Y 成分用 u，v 表示。那麼 u，v 是 x，y 的函數 $u(x,y)$，$v(x,y)$，而流體的一點（流點），其路徑應該滿足

$$\frac{dx}{dt}=u(x,y),\frac{dy}{dt}=v(x,y) \tag{1}$$

它的解 $x=\xi(t),\ y=\eta(t)$ (2)

是“解路徑”(solution path).

#92 實際上我們可以這樣子考慮問題: 在這流體的一點滴下一「點滴」的紅墨水，（很難做到! 因爲要它是一「點」，不能佔體積! ）這一點滴墨水的路徑就可以用眼睛看了! 我們在某一時刻 t_0 把它滴在點 $P_0(x_0, y_0)$ 處，就有個路徑。換句話說，微分方程式 (1) 在初期值條件

$$x(t_0)=x_0,\ y(t_0)=y_0 \tag{3}$$

的條件下將有一解，而且也只有一解。這是常微分方程式的基本定理，要算 Cauchy 首先嚴密證明的。（當然對 u, v 要求某些條件，我們不討論，因爲在物理世界這是不成問題的）。

#93 我們用路徑代表「位置隨時間而變」的那個函數 (mapping, transformation)，這和**軌跡** (orbit) 不同，軌跡是走過的點的集合恰是路徑這函數的影集。要得出這軌跡，我們就把 t 從 (2) 消去，得到

$$y=\varphi(x) \tag{4}$$

（譬如說吧）實際上，我們如果忘掉 t 的物理意義（即時間），那麼把 t 看成純粹是**參數** (parameter)，那麼 (2) 和 (4) 沒有區別: (2) 是 (4) 的參數表示。

同樣地，我們也可以把 (1) 中的 t 消去，即得

$$\frac{dy}{dx}=f(x,\ y). \tag{5}$$

其中 $f(x,\ y)=v(x,\ y)/u(x,\ y).$

這就是軌跡 (4) 所需滿足的方程式，而 (4) 叫 (5) 的**積分曲線** (integral curve)。這裏 f 的物理意義很明白，流點經過點 $(x,\ y)$時，它的運動方向（之斜率）應該是 $f(x,\ y)$，所以，f 叫做方向場，（場就是**空間的函數**)而 $(u,\ v)$ 叫做**速度場**。

要「看看」方向場，我們可以想像撒了一大把金屬粉到流體上，在很短的時間內拍下電影，那麼流線的一小段會指出方向來。另外，我們可以幾何地這樣子做:

考慮 $f(x, y)=c$ 的曲線，在過這曲線上的每一點都劃上個小直線段，使其斜率爲 c；(說每一點其實是做不到，但我們可以取很多點，就差不多了)。

例如方程式 $\dfrac{dy}{dx}=x^2+y^2$

等傾線 $x^2+y^2=c$，是原點爲心，$\sqrt{c}$ 爲半徑的圓，在圓上各點斜率須爲 c，因此，我們可以這樣子做

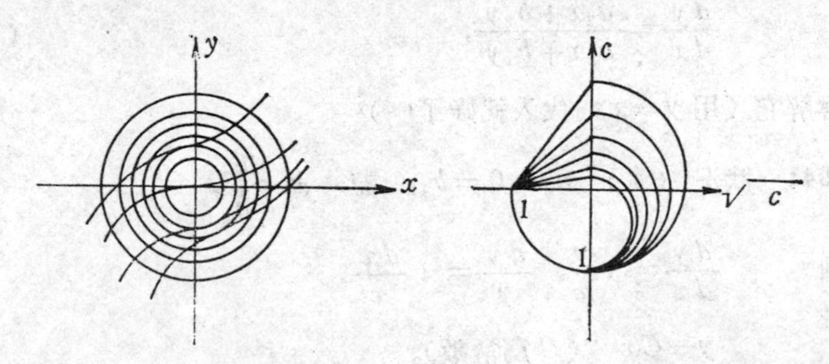

取好原點O，點$A=(0,-1)$，及點$B=(-1,0)$ 在 OY 軸上半取一點$Q=(0,c)$，$c>0$，以 QA 爲直徑畫圓，交 OX 軸右半於 $Q'=(\sqrt{c},0)$。連 $\overline{BQ}$，並O爲心，以 $\overline{OQ'}$ 爲半徑畫一圓C。過在此圓上的各點作**小線段**平行於 BQ(再變更 c，依此類推)。這就得到方向場$\dfrac{dy}{dx}=x^2+y^2$ 的圖解，把小線段連起來可以得到流線的近似圖形!

何謂特異點?

#94　我們上面講的有個問題，如果在 (1) 中，在某點 (a, b)，u，v 同時是 0，這時「方向」$f(x, y)$ 在這個特**異點** (singular point) 有了問題。

爲了方便，我們可設特異點（a，b）是原點，（否則就平移，改用坐標 $x'=x-a$，$y'=y-b$）利用 Taylor 展開，那麼在原點附近（叫**近畿**，）我們的向量場

$$f(x,y)\cong\frac{a_2x+b_2y}{a_1x+b_1y}, \tag{6}$$

$$u(x,y)=a_1x+b_1y\ (+\text{高次項}),$$

$$v(x,y)=a_2x+b_2y\ (+\text{高次項}),$$

因爲　$u(0,0)=0=v(0,0)$；　而 $a_1=\left.\dfrac{\partial u}{\partial x}\right|$，等等。

所以我們必須研究這種基本的方程式

$$\frac{dy}{dx}=\frac{a_2x+b_2y}{a_1x+b_1y}, \tag{7}$$

人人會解它（用 $y=xz$ 代入就好了！）

#941　狀況（i）　$a_2=0=b_1$，記　$x=\dfrac{b_2}{a_1}$，

則　$$\frac{dy}{dx}=\lambda\frac{y}{x},\quad \frac{dy}{y}=\lambda\frac{dx}{x},$$

$$y=Cx^{\lambda}.\ (C\text{爲常數})。$$

特異點的分類：湧出點，鞍點，渦點，螺旋點。

若 $\lambda>0$，（特異）流線是輻輳在原點的曲線羣，尤其 $\lambda=1$ 時更是直線叢，以原點爲放射中心，我們說原點 O 是**湧出點**（吸入只是負的湧出！）

#942　(ii) 若 $\lambda<0$，則得特異流線如 $x^{-\lambda}\cdot y=C$。這是一族曲線以 x 軸及 y 軸爲漸近線，這時，原點 O 叫做**鞍點**。（特別是 $-\lambda=1$ 時，$xy=C$ 是直角雙曲線，x，y 兩軸是牆壁，而水在四個範圍內流動，牆壁是特異流線，而鞍點是它們的交點。）

再設　$a_1=0=b_2$，$\lambda\equiv\dfrac{a_2}{b_1}$　則

$$\frac{dy}{dx}=\lambda\frac{x}{y},\ \ y^2=\lambda x^2+C,$$

若 $\lambda>0$ 就得雙曲型流線，特異流線是 $y=\pm\sqrt{\lambda}\,x$（漸近線），仍是鞍點。

#943　(iii) 若 $\lambda<0$，就得到橢圓的流線（若 $\lambda=-1$ 就成爲圓）。而特異點 O 叫做渦點。

#944　(iv) 最後，設 $a_2=-b_1, \dfrac{b_2}{a_2}=-\dfrac{a_1}{b_1}=\lambda$，

則得　$$\frac{dy}{dx}=\frac{x+\lambda y}{\lambda x-y};$$

令　$y=xz$，可得 $\dfrac{\lambda-z}{1+z^2}dz=\dfrac{dx}{x}$，

即　$\lambda\tan^{-1}z-\dfrac{1}{2}\log(1+z^2)=\log x+$常數。

$$\frac{1}{2}\log(x^2+y^2)=\text{常數}+\lambda\tan^{-1}\frac{y}{x},$$

用極坐標（r，θ）則得

$$r=Ce^{\lambda\theta}.$$

即是**對數螺旋**，而特異點 O 稱做**螺旋點**。

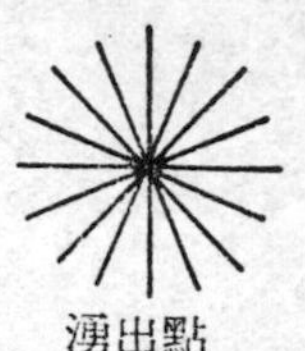

湧出點

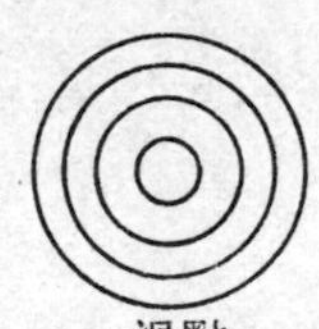

渦點

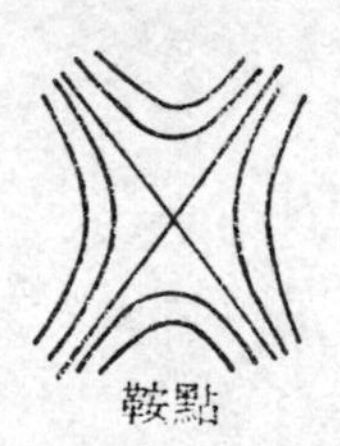

鞍點

【註】 我們上面所舉的四種特異點，本質上已經窮盡了各種可能性，其它的是特別怪異的特異點，此處不討論了。

§9 瑕和分與瑕積分

#1 無窮級數

#10 所謂無窮級數就是指從一個數列 (u_n) 相加出的東西

何謂無窮級數? 部分和數列?

$$u_1+u_2+u_3+\cdots\cdots+u_n+\cdots\cdots\cdots\cdots$$

記做 $\sum_{n=1}^{\infty} u_n$, 這僅僅是一種形式上的相加，這加法和所得數的意義是什麼?

我們從這個無窮級數作出一個數列 (S_n):

$$S_1=u_1, S_2=u_1+u_2, S_3=u_1+u_2+u_3, \cdots\cdots$$

$$S_n=u_1+u_2+\cdots\cdots+u_n.$$

這個數列 (S_n) 是原級數的部分和數列，S_n 是第 n 個部分和。

♯101 【註】反過來說，已予 (S_n)，也可得到 (u_n):

$$u_1=S_1, u_2=S_2-S_1, u_3=S_3-S_2, \cdots u_n=S_n-S_{n-1}。$$

級數的收斂定義

♯102 部分和數列的收斂性及極限，就叫做級數的收斂性及極限。若級數收斂到極限 S，就記

$$S=\sum_1^{\infty} u_n,$$

並且

$$S-S_n=\sum_{k=n+1}^{\infty} u_k=u_{n+1}+u_{n+2}+\cdots\cdots$$

叫做級數的第 n 個餘和。

♯103 所以 $\sum_1^{\infty} u_n$ 有兩個意思，一是指部分和數列 (S_n)，一是指

級數的一些基本性質

$\lim S_n$，即無限範圍 $\{n\}=N$ 上的函數值 u_n 之和，因而叫做瑕和分。

♯11 首先我們給出級數的一些基本性質。

【性質 1】 $\sum a u_n=a\sum u_n.$

【性質 2】 $\sum(u_n+v_n)=\sum u_n+\sum v_n.$

在上面兩式中假設右邊存在。

【性質 3】 如果 $\sum u_n=u_1+u_2+\cdots\cdots+u_n+\cdots\cdots$ 收斂，那麼任意地加上有意義的括號所成的級數仍舊收斂而且和也不變。

在上述我們只用到收斂數列的一些性質，例如說，性質 3 只不過是：收斂數列的子列也收斂到同一極限。（注意到性質 3 的逆不成立。）

例如 $(1-1)+(1-1)+(1-1)+\cdots\cdots$ 收斂到 0，但 $1-1+1-1+1-1+1-1+\cdots\cdots$ 是發散的。）

【習作】 試把 L'Hospital 規則推到離散情形。

#2 一些收斂的判別法

比較關鍵的幾個性質都用到"實數系的完備性"。在數列的情形，這可表示成:

【原理】（實數系的完備性）數列 $\{x_n\}$ 收斂的充分必要條件是

$$|x_m - x_n| \longrightarrow 0，當\ m, n \longrightarrow \infty.$$

用到級數來，就有

Cauchy 收斂原則

#21【定理】（Cauchy 收斂原則）級數 $\sum u_n$ 收斂的條件是:

$$(u_m + u_{m+1} + u_{m+2} + \cdots\cdots + u_{m+p}) \longrightarrow 0,\quad 當\ m \longrightarrow \infty,$$

其中 p 可以是任意的自然數。

【例】 所謂 p 級數是 $\sum_{n=1}^{\infty} \frac{1}{n^p}$，而 $p=1$ 時就叫做調和級數。$p=2$ 時斂散性如何?

$$今 \frac{1}{(n+1)^2} + \frac{1}{(n+2)^2} + \cdots\cdots + \frac{1}{(n+p)^2}$$

$$< \frac{1}{n(n+1)} + \frac{1}{(n+1)(n+2)} + \cdots\cdots$$

$$+ \frac{1}{(n+p-1)(n+p)}$$

$$= \left(\frac{1}{n} - \frac{1}{n+1}\right) + \left(\frac{1}{n+1} - \frac{1}{n+2}\right) + \cdots$$

$$+\left[\frac{1}{n+p-1}-\frac{1}{n+p}\right]$$

$$=\frac{1}{n}-\frac{1}{n+p}<\frac{1}{n}\longrightarrow 0.$$

因此級數收斂。

於是有如下的推論:

#211 【命題】若 $\sum u_n$ 收斂，則 $u_n\longrightarrow 0$。

這只是收斂的必要條件，但不充分。例如級數$\sum\frac{1}{n}$的一般項$\frac{1}{n}\longrightarrow 0$，但級數本身發散。——可以利用 Cauchy 原則，

$$\frac{1}{n}+\frac{1}{n+1}+\frac{1}{n+2}+\cdots+\frac{1}{n+(n-1)}>\frac{n}{2n-1}>\frac{1}{2}$$

並不趨近 0 也。

#212 【命題】在級數中變更有窮多個項，不影響斂散性。

Cauchy 原則的利用往往不直接，先須建立一些有用的判定法。

#22【定理】如果 $\sum|u_n|<\infty$，則 $\sum u_n$ 收斂。$\sum|u_n|$ 是正項級數，因而用 $\sum|u_n|<\infty$ 表示「$\sum u_n$ 收斂」絕不致引起混淆。這定理是 Cauchy 原則的直接推論:

何謂絕對收斂級數

$$|u_{n+1}+u_{n+2}+\cdots\cdots+u_{n+p}|$$
$$\leq|u_{n+1}|+|u_{n+2}|+\cdots\cdots+|u_{n+p}|\longrightarrow 0.$$

滿足了 $\sum|u_n|<\infty$ 的級數 $\sum u_n$ 叫絕對收斂級數。所以絕對收斂級數一定收斂。其逆不眞:（參見 #291）

【例 2】$\sum\frac{(-1)^{n-1}}{n}$收斂（雖然$\sum\frac{1}{n}$發散），爲什麼呢? 因爲從第 n 項起，一小段的和，逐次是

$$\frac{(-1)^{n-1}}{n},(-1)^{n-1}\left\{\frac{1}{n}-\frac{1}{n+1}\right\},(-1)^{n-1}$$

$$\left\{\frac{1}{n}-\frac{1}{n+1}+\frac{1}{n+2}\right\},\cdots\cdots$$

輪流地昇降，但是不會在絕對值上超過第一個，即$\frac{1}{n}$。因此

Cauchy 原則用得上。事實上，這個論證可以普遍地表示成:

#23【Leibniz 的交錯級數定理】: 設級數 $\sum u_n$ 滿足下列條件，則收斂:〔參見 #35〕

Leibniz 的交錯級數定理

i　$u_n \longrightarrow 0$.

ii　u_n 的符號正負交錯。

iii　$|u_n| \geq |u_{n+1}|$

#24　由於絕對收斂性的重要，我們特別該注意到所謂**正項級數**。這時部份和只有遞增，因此，我們利用實數系**完備性定理**（的一種定式）:

實數系完備性的一種定式

有界的單調數列必有極限。

【定理】 如果正項級數的部分和數列有界，那麼級數收斂。一個立即的結論是:

#25【比較判定法】 對於正項級數 $\sum u_n$ 及 $\sum v_n$,

設有正數 c 使 $u_n \leq cv_n$，那麼:

比較判定斂散法

當正項級數 $\sum v_n < \infty$ 時（正項）$\sum u_n < \infty$,

當正項級數 $\sum u_n$ 發散時正項級數 $\sum v_n$ 也發散。

在應用上較方便的一個判定法是:

若　$\lim \frac{u_n}{v_n} = l$, $0 < l < \infty$

則兩個正項級數 $\sum u_n$ 和 $\sum v_n$ 同時斂散。

【例】 決定下列級數的收斂或發散:

(1) $\sin\theta - \sin\frac{\theta}{2} + \cdots\cdots - (-1)^{n-1}\sin\frac{\theta}{n} + \cdots\cdots$

(2) $\sin\theta + \sin\frac{\theta}{2} + \cdots\cdots + \sin\frac{\theta}{n} + \cdots\cdots$

【解】可假設 $\theta > 0$，則當 n 够大時 $\left(\frac{\theta}{n} < \frac{\pi}{2}\right) \sin\frac{\theta}{\pi} \downarrow 0$ 故(1)收斂，

又由:

$$\lim_{n\to\infty} \frac{\sin\theta/n}{\theta/n} = 1,$$

而 $\sum\frac{1}{n}$ 發散，故 (2) 發散。

我們如把要判定的級數與幾何級數比較就可以建立以下兩個很有用的判定法。

#26【定理】(Cauchy 的判定法) 如果 $\lim\limits_{n\to\infty}\sqrt[n]{u_n} = r < 1$，則正項級數收斂，$r > 1$ 則發散，

Cauchy 的判定法

事實上，$\lim\sqrt[n]{u_n}$ 不一定存在，我們可以稍微把這條件變形:

如果從某 n 起，都有 $\sqrt[n]{u_n} \leq r < 1$，則 $\sum u_n < \infty$。如果從某 n 起 $\sqrt[n]{u_n} \geq 1$ 或者說，$\sqrt[n]{u_n} \geq 1$ 的 n 有無窮多個，

則 $\sum u_n = \infty$

d'Alembert 判定法

#27【定理】(d'Alembert 判定法)

如果從某項起 $\frac{u_{n+1}}{u_n} \leq r < 1$，則 $\sum u_n < \infty$，

若存在 $r > 1$，使得 $\frac{u_n}{u_{n-1}} \geq r$，那麼 $\sum u_n = \infty$

【例 1】 $\sum\left(\frac{\alpha}{n}\right)^n < \infty, (\alpha > 0)$

因為$\lim\sqrt[n]{\left(\frac{\alpha}{n}\right)^n}=\lim\frac{\alpha}{n}=0$

【例 2】　$\sum\left(\frac{\alpha^n}{n^s}\right)$，（$s>0$，$\alpha>0$）

$$\lim\frac{u_n}{u_{n-1}}=\lim\frac{\alpha^{n+1}}{(n+1)^s}\frac{n^s}{\alpha^n}=\alpha\lim\left(\frac{n}{n+1}\right)^s=\alpha,$$

因此$\alpha<1$時收斂，$\alpha>1$時發散。

在上述$r=1$的情形，總是例外，如果計算$\sum\frac{1}{n}$和$\sum\frac{1}{n^2}$的$\lim\frac{u_n}{u_{n-1}}$，都得到1，但前者發散後者收斂。（計算$\lim\sqrt[n]{v_n}$也是如此。）

#28　雜例

#281　級數$\sum_{n=1}^{\infty}\frac{1}{n^p}$於$p>1$時收斂，於$p\leq 1$時發散。在$p>1$之場合:

$$\frac{1}{2^p}+\frac{1}{3^p}<\frac{2}{2^p}=\frac{1}{2^{p-1}},$$

$$\frac{1}{4^p}+\frac{1}{5^p}+\frac{1}{6^p}+\frac{1}{7^p}<\frac{4}{4^p}=\left(\frac{1}{2^{p-1}}\right)^2,$$

$$\frac{1}{(2^m)^p}+\frac{1}{(2^m+1)^p}+\cdots\cdots+\frac{1}{(2^{m+1}-1)^p}<\frac{2^m}{(2^m)^p}$$

$$=\left(\frac{1}{2^{p-1}}\right)^m,$$

對任意之n，取滿足$2^m\leq n<2^{m+1}$之自然數m，則部分和

$$S_n=1+\frac{1}{2^p}+\cdots+\frac{1}{n^p}\leq 1+\frac{1}{2^p}+\cdots+\frac{1}{(2^{m+1}-1)^p}$$

$$<1+\frac{1}{2^{p-1}}+\cdots\cdots+\left(\frac{1}{2^{p-1}}\right)^m=\frac{1-\left(\frac{1}{2^{p-1}}\right)^{m+1}}{1-\frac{1}{2^{p-1}}}$$

$$<\frac{1}{-1\frac{1}{2^{p-1}}},$$

$$=\frac{2^{p-1}}{2^{p-1}-1}.$$

因此 S_n 爲有界（但依 n 之增加而增加），$\sum_{n=1}^{\infty}\frac{1}{n^p}$ 爲收斂。

在 $p<1$ 的情形只須跟 $p=1$ 來比較就好了。

【問】試決定下列級數爲收斂或發散:

(1) $\sum_{n=1}^{\infty}\frac{1}{\sqrt[n]{n}}$ (2) $\sum_{n=1}^{\infty}\frac{n}{n^2+1}$ (3) $\sum_{n=1}^{\infty}\frac{1}{n(n+1)}$

(4) $\sum_{n=9}^{\infty}\frac{1+n}{1+n^2}$ (5) $\sum_{n=1}^{\infty}\frac{\sqrt{n}}{1+n^2}$

(6) $\sum_{n=1}^{\infty}\frac{1}{\sqrt{n(n+1)}}$ (7) $\sum_{n=2}^{\infty}\frac{1}{\log n}$

(8) $\sum_{n=1}^{\infty}\frac{1}{n!}$ (9) $\sum_{n=1}^{\infty}\frac{n^p}{n!}$ (10) $\sum_{n=1}^{\infty}\frac{n!}{a^n}\ (a>0)$

(11) $\sum_{n=1}^{\infty}\frac{1}{n}\log\left(1+\frac{1}{n}\right)$

(12) $\sum_{n=1}^{\infty}(-1)^{n-1}\frac{1}{\sqrt{n}}$ (13) $\sum_{n=2}^{\infty}(-1)^n\frac{\log n}{n}$

(14) $\sum_{n=0}^{\infty}(-1)^n\frac{1}{(2n+1)^2}$ (15) $\sum_{n=2}^{\infty}(-1)^n\frac{1}{\log n}$

(16) $\log\frac{2}{1}+\log\frac{2}{3}+\log\frac{4}{3}+\log\frac{4}{5}+\cdots\cdots$

#282 Euler 常數

我們知道調和級數 $\sum_{n=1}^{\infty}\frac{1}{n}$ 發散。 現在要更進一步來研究其行爲，我們要證明部分和$S_n=\sum_{k=1}^{n}\frac{1}{k}$跟 $\log n$差不多。爲此我們考慮 $y=\frac{1}{x}$在〔1；n〕上的積分與各矩形和

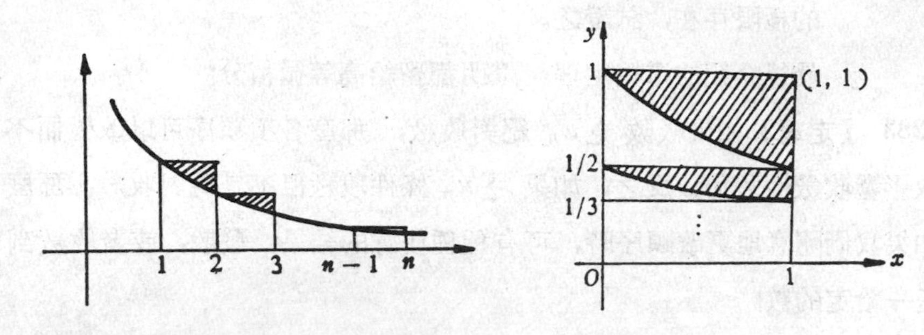

Euler 常數

我們有

$$1+\frac{1}{2}+\cdots+\frac{1}{n-1}=\int_1^n\frac{1}{x}dx+c_n=\log n+c_n$$

其中 c_n 爲陰影的面積，他們總是被包含在單位正方形內，故 $\{c_n\}$ 有上界，並且顯然 $\{c_n\}$ 遞增，故 $\lim_{n\to\infty}c_n=r$ 存在（實數完備性），它是否爲無理數，至今尚不知。於是

$$1+\frac{1}{2}+\cdots+\frac{1}{n}-\log n=\frac{1}{n}+c_n\longrightarrow\gamma,$$

亦卽 $$\lim_{n\to\infty}\left(\sum_{k=1}^{n}\frac{1}{k}-\log n\right)=\gamma,$$

這個常數γ叫做 Euler 常數，其值約爲 0.57721566。這跟π與e是宇宙幾個奧妙的常數之一。由上圖看來，這是很合理的，因爲 $y=\frac{1}{x}$爲凸函數，因此陰影面積的和比$\frac{1}{2}$稍多一點。

【註】在許多計算中，我們並不需要γ的精確值。我們只要知道 $\sum_{k=1}^{n}\frac{1}{k}$與 $\log n$ 的差額有界，故用$\log n$來當作 $\sum_{k=1}^{n}\frac{1}{k}$的估計就已經很準確了。

【問】一般而言，假設 $f(x)$ 遞減，且 $f(x)>0$，則

$$C_n \equiv \sum_{k=1}^{n} f(k)-\int_1^n f(x)dx$$

的極限存在，試證之。

最後介紹的這些定理，證明都留給高等微積分:

#283 【定理】如果級數 $\sum u_n$ 絕對收斂，那麼各項順序可以改變而不致影響收斂性及和。反之，如果 $\sum u_n$ 條件收斂但不是絕對收斂，那麼如果我們隨意地更改順序時，可有種種任意的結果: 發散，或者收斂到任一給定的數!

#284 【定理】若 $\sum u_n$ 及 $\sum v_n$ 都是絕對收斂，那麼各項之積 $u_m v_n$ 依照任何辦法排列所得級數都絕對收斂，其和爲 $(\sum u_n)(\sum v_n)$，這是

Mertens 定理

Cauchy 定理，但若只有一個是絕對收斂，一個條件收斂，那就改成 **Mertens 定理**:

令 $$w_n=u_1v_n+u_2v_{n-1}+u_3v_{n-2}+\cdots\cdots+u_nv_1$$

則 $(\sum u_n)$ 及 $(\sum v_n)$ 的 "Cauchy 積"

$\sum w_n$ 收斂到 $(\sum u_n)(\sum v_n)$

【例】設 $|q|<1$，則 $1+q+q^2+q^3+\cdots\cdots=\dfrac{1}{1-q}$,

因而 $1+2q+3q^2+\cdots\cdots=\sum_{n=1}^{\infty} nq^{n-1}=\dfrac{1}{(1-q)^2}$.

【習　題】

判別斂散性

1. $\sum_{n=1}^{\infty}(\sqrt{n+2}-2\sqrt{n+1}+\sqrt{n})$　〔答: $1-\sqrt{2}$〕

2. $\dfrac{1}{\sqrt{2}}+\dfrac{1}{2\sqrt{3}}+\dfrac{1}{3\sqrt{4}}+\cdots+\dfrac{1}{n\sqrt{n+1}}$〔答: 斂! 〕

3. $\dfrac{\cos\alpha-\cos2\alpha}{2}+\dfrac{\cos2\alpha-\cos3\alpha}{2}+\cdots+\dfrac{\cos n\alpha-\cos(n+1)\alpha}{n}+\cdots$〔答: 斂〕

4. $\sum_{n=1}^{\infty}(\sqrt{2}-\sqrt[3]{2})(\sqrt{2}-\sqrt[5]{2})\cdots(\sqrt{2}-\sqrt[2n+1]{2})$〔答: 斂〕

5. $\sum n^2/(1+n^{-1})^n$　　〔答: 斂〕

6. $\sqrt{2}+\sqrt{2-\sqrt{2}}+\sqrt{2-\sqrt{2+\sqrt{2}}}+\sqrt{2-\sqrt{2+\sqrt{2+\sqrt{2}}}}+\cdots\cdots$

今$\sqrt{2}=2\cos\dfrac{\pi}{4}$, $\sqrt{2+\sqrt{2}}=2\cos\dfrac{\pi}{8}$, $\sqrt{2+\sqrt{2+\sqrt{2}}}=$

$2\cos\dfrac{\pi}{16}$, ……

原級數為 $2\sin\dfrac{\pi}{4}+2\sin\dfrac{\pi}{8}+2\sin\dfrac{\pi}{16}+2\sin\dfrac{\pi}{32}+\cdots2\sin(\pi/2^{n+1})\sim2\pi/2^{n+1}$.

〔收斂! 〕

♯29 關於無窮乘積 $\prod_{n=1}^{\infty}\alpha_n=\lim_{n\to\infty}\prod_{k=\infty}^{n}\alpha_k$

和無窮級數有並行的討論。我們設一切 $\alpha_k\neq0$，極限存在之必要條件為 $\alpha_k\longrightarrow1$，故令 $\alpha_k=1+\beta_k,\beta_k\longrightarrow0$

故
$$\prod\alpha_k=\prod\exp\log(1+\beta_k)$$
$$=\exp\sum\log(1+\beta_k),$$

β_k 够小時　$\log(1+\beta_k)\sim\beta_k+0(\beta_k{}^2)$,

故$\sum$收斂之充要條件為 $\sum\beta_k$ 收斂，不過,

$$\sum\log(1+\beta_k)\longrightarrow-\infty\text{時},\ \prod\alpha_k=0。$$

我們稱之為發散為0，而視之為發散。

【問】 1. 試證明$\prod_1^\infty\cos\dfrac{x}{2^n}=\dfrac{\sin x}{x}$.

2. $\prod_{n=1}^{\infty}\dfrac{(2n+1)(2n+7)}{(2x+3)(2n+5)}=\dfrac{3}{7}$.

考慮斂散性

3. $\prod_{1}^{\infty} n^{-1}$〔散〕

4. $\Pi(1+n^{-p})$〔$p>1$，則收斂〕

5. $\Pi\left(1+\dfrac{x}{n}\right)e^{-x/n}$〔收斂〕

6. $\Pi\sqrt[n]{\log(n+x)-\log}$〔發散〕

#3 瑕積分：無限領域

我們已定義過定積分 $\int_I f$，當 f 是足够良好的函數，而 I 是良好的一個範圍時。例如說 I 是**有界**閉區間〔a；b〕，f 是 I 上的連續函數——因而**有界**。我們現在要去掉有界性的限制，這就得到"瑕積分"的概念。

#31 首先設：f 是够好的函數，而 I 無界；這情形和離散時的**瑕和分**相當！例如

$$\int_a^\infty f \text{ 的意義是什麼?}$$

瑕積分的定義

此時說∞是這瑕積分之奇點！而

定義 $\displaystyle\int_a^\infty f \equiv \lim_{b\uparrow\infty}\int_a^b f$ （如果右邊存在）。

同理 $\displaystyle\int_{-\infty}^b f = \lim_{a\downarrow-\infty}\int_a^b f$（如果右邊存在）。（$-\infty$是奇點）

【例 1】 $\displaystyle\int_1^\infty \frac{dx}{x^p}=\lim_{b\to\infty}\int_1^b \frac{dx}{x^p}=\lim_{b\to\infty}\frac{1}{p-1}\left(\frac{1}{1^{p-1}}-\frac{1}{b^{p-1}}\right)=\frac{1}{p-1}$，

（$p>1$）

但 $\displaystyle\int_1^\infty \frac{dx}{x}=\lim_{b\to\infty}\int_1^b \frac{dx}{x}=\lim\log b$ 不存在，即發散。

【例 2】今 $\int\frac{dx}{x(1+x)}=\int\left(\frac{1}{x}-\frac{1}{1+x}\right)dx=\log\left|\frac{x}{1+x}\right|+c$

所以，ω 爲相當大之正數時，

$$\int_1^\omega\frac{dx}{x(1+x)}=\left[\log\left|\frac{x}{1+x}\right|\right]_1^\omega=\log\frac{\omega}{1+\omega}-\log\frac{1}{2},$$

$\omega\longrightarrow\infty$時，因 $\log\frac{\omega}{1+\omega}\longrightarrow 0$.

$$\therefore\ \int_1^\infty\frac{dx}{x(1+x)}=\log 2.$$

【例 3】求 $\int_0^\infty e^{-ax}\cos bx\,dx$ 及 $\int_0^\infty e^{-ax}\sin bx\,dx$, $(a>0)$

【解】 $\int_0^b e^{ax}\cos bx=\frac{a}{a^2+b^2}-\frac{a\cos bp-b\sin bp}{a^2+b^2}e^{-ap}$

$$\longrightarrow\frac{a}{a^2+b^2}=\int_0^\infty e^{-ax}\cos bx\,dx$$

同理 $\int_0^\infty e^{-ax}\sin bx\,dx=\frac{b}{a^2+b^2}$

【問】試求下列積分。

(1) $\int_0^\infty\frac{dx}{(x^2+a^2)(x^2+b^2)}$, $(a>0,\ b>0)$,

(2) $\int_0^\infty\frac{dx}{1+x^4}$,　　(3) $\int_0^1\log x\,dx$,

（n 爲自然數時）

(4) $\int_{-\infty}^\infty\frac{dx}{(1+x^2)^n}$, $\left[=\frac{1\cdot3\cdots\cdots(2n-3)}{2\cdot4\cdots\cdots(2n-2)}\right]$,

(5) $\int_0^\infty x^ne^{-x}dx\,[=n!]$,　　(6) $\int_0^\infty x^{2n+1}e^{-x^2}dx$.

#32　我們現在特別注意到瑕積分與無窮級數相似之處。因爲，依照其意義，$\sum\alpha_n$ 與$\int_a^\infty f=\lim\limits_{b\uparrow\infty}\int_a^b f$，自然很像，其斂散性也有相似的

Cauchy 收斂原則

準則。應用實數系之完備性，故有

〔Cauchy收斂原則〕$\int_a^\infty f$ 存在的條件是

$$\lim_{(b_1<b_2),\, b_1\uparrow\infty}\int_{b_1}^{b_2} f=0$$

#33 如果 $\int_a^b f$ 可積，對一切 a, b，而且 $\int_a^\infty |f|$ 收斂，f 就稱爲**絕對可積**。

又因 $\left|\int_{b_1}^{b_2} f\right| \leq \int_{b_1}^{b_2} |f| \longrightarrow 0$，($b_2 > b_1 \longrightarrow \infty$時)

故絕對可積的函數一定是可積的（瑕積分存在）。

【例 1】 $\int_1^\infty \frac{\sin x}{x\sqrt{1+x^2}}dx$，收斂。

$\because$ $\left|\frac{\sin x}{x\sqrt{1+x^2}}\right| \leq \frac{1}{x^{2/3}}$ 也。

Cauchy 的積分判別法

#34【定理】（Cauchy 的積分判別法）

這兩個東西：$\sum u_n$ 和 $\int_1^\infty f(x)dx$，同時收斂或發散，如果有下述條件：$f(x)$ 對 x 連續遞降正值，

$$u_n = f(n)$$

【證明】 如圖

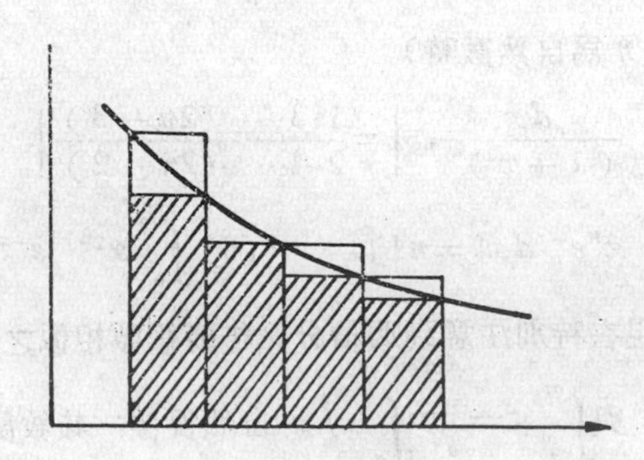

$$u_{k-1}=\int_{k-1}^{k}u_{k-1}dx$$

$$\geq\int_{k-1}^{k}f(x)dx\geq\int_{k-1}^{k}u_kdx$$

$$=u_k,$$

因此 $\sum\limits_{k=2}^{n}u_{k-1}\geq\int_1^n f(x)dx\geq\sum\limits_{k=2}^{n}u_k.$

#341

【例】 $\sum\frac{1}{n^s}(s>0)$

令 $f(x)=\frac{1}{x^s}$，則在 $s\neq 1$ 時

$$\lim_{n\to\infty}\int_1^n\frac{1}{x^s}dx=\frac{1}{1-s}\lim(n^{1-s}-1)$$

$$=\begin{cases}\frac{1}{s-1}, & \text{當}\quad s>1,\\ \infty, & \text{當}\quad s<1,\end{cases}$$

因此 $\sum\frac{1}{n^s}=\infty$ 當 $s<1$，（$s=1$ 時亦然！）$\sum\frac{1}{n^s}<\infty$，當 $s>1$。

#342

【例】 $\sum\frac{1}{n\log n}=\infty,\ \sum\frac{1}{n(\log n)^2}<\infty,$

因爲 $\int^x\frac{dx}{x\log x}=\log\log x\Big|$ 發散，

$\int^x\frac{dx}{x(\log x)^2}=\frac{-1}{\log x}\Big|$ 收斂。

更一般地，函數 $\frac{1}{x(\log x)^s}$ 於 $x\geqq 2$ 爲單調減少，當 $x\longrightarrow\infty$

時，趨近於0。因此，判定

$$\int_2^\infty \frac{dx}{x(\log x)^s}$$

之收斂或發散，即可知$\sum_{n=2}^\infty \frac{1}{n(\log n)^s}$之收斂或發散。

在上面之積分中，設 $\log x = t$，則

$$\int_2^\infty \frac{dx}{x(\log x)^s} = \int_{\log 2}^\infty \frac{dt}{t^s}$$

$s > 1$時爲收斂，而$s \leq 1$時爲發散。所以$\sum_{n=2}^\infty \frac{1}{n(\log n)^s}$於$s > 1$時爲收斂，而$s \leq 1$時爲發散。

【問】試決定下列級數爲收斂或發散。

(1) $\sum_{n=2}^\infty \frac{1}{n\log n\,(\log\log n)^s}\ (s > 0)$

#343

【例】設函數 $f(x), g(x)$ 於區間$a \leq x < \infty$爲連續，且 $f(x) \geq g(x) \geq 0$．試證

(1) $\int_a^\infty f(x)dx$ 收斂時，則 $\int_a^\infty g(x)dx$ 亦收斂。

(2) $\int_a^\infty g(x)dx$ 發散時，則 $\int_a^\infty f(x)dx$ 亦發散。

【解】設ω爲相當大之正數時，

$$\int_a^\omega f(x)dx \leq \int_a^\omega g(x)dx,$$

因$f(x), g(x)$ 爲非負，上面二積分均爲ω之上昇函數。

(1) 設$\int_a^\infty f(x)dx = \alpha$（有限）時，

$$\alpha \geq \int_a^\omega f(x)dx \geq \int_a^\omega g(x)dx,$$

因此，$\int_a^\infty g(x)dx=\lim\int_a^\omega g(x)dx$ 存在且有限。

(2) 若 $\int_a^\infty g(x)dx$ 發散時，則 $\lim\int_a^\omega g(x)dx=\infty$，

因此，$\lim\int_a^\omega f(x)dx=\infty$，即 $\int_a^\infty f(x)dx$ 發散。

【例】$\int_1^\infty x^\alpha e^{-x}dx$ 對一切常數 α 收斂。

今 $\lim\limits_{x\to\infty}(x^2)(x^\alpha e^{-x})=0$，因此

$(x^\alpha e^{-x})/x^{-2}$ 有界，例如 $\leq K$，（當 $x\geq 1$ 時），

於是 $\int_1^\infty x^\alpha e^{-x}\leq\int_1^\infty Kx^{-2}dx<\infty$ 也。

***#344**

【例題】瑕積分 $\int_0^\infty \frac{\sin x}{x}dx$，不是絕對收斂，〔因爲在長 2π 之區間內 $\sin x$ 有一半時間是正的，而且 $\sin^2 x$ 平均爲 $\frac{1}{2}$。〕要計算它，可以先計算

$$\int_0^a\int_0^a e^{-xy}\sin x\,dx\,dy$$

有兩種積分順序，分別給出

$$\int_0^a\frac{\sin x}{x}dx-\int_0^a\frac{\sin x}{x}e^{-ax}dx$$

$$=\int_0^a\frac{dy}{1+y^2}-\int_0^a\frac{e^{-ay}(\cos a+y\sin a)}{1+y^2}dy.$$

左右邊第二項在 $a\longrightarrow\infty$ 時，均依 $\frac{1}{a}$ 之形近於 0，

$$\left(\int_0^a e^{-ax}dx<\frac{1}{a}\text{也}\right).$$

故 $\int_0^\infty \frac{\sin x}{x}dx=\frac{\pi}{2}$。這叫 Dirichlet 積分。

#4 瑕積分：無界函數

#41 我們其次討論: 積分域有界，而被積函數 f 無界的情形。更確切地我們設 f 在點 a 的右邊附近無界，但在〔$a+\varepsilon$; b〕上有界可積分（$\varepsilon>0$, $b>a$)，這時定義以 a 爲左端奇點的瑕積分爲

$$\int_a^b f=\lim_{\varepsilon\downarrow 0}\int_{a+\varepsilon}^b f,$$

同理，若 f 在〔a ; $b-\varepsilon$〕上可積分（$\varepsilon>0$, $b>a$)，則即使 f 在 b 之左側無界，以 b 爲右端奇點的瑕積分:

$$\int_a^b f=\lim_{\varepsilon\downarrow 0}\int_a^{b-\varepsilon} f$$ 也常可定義出。

【例 1】 $\int_a^b \frac{dx}{(x-a)^p}$ $\begin{pmatrix}\text{收斂，當 } p<1\\ \text{發散，當 } p\geq 1\end{pmatrix}$

【例 2】 $\int_0^1 \frac{dx}{\sqrt{1-x^2}}$，奇點在 $x=1$，

今 $\int_0^{1-\eta}\frac{dx}{\sqrt{1-x^2}}=\sin^{-1}x\Big|_0^{1-\eta}=\sin^{-1}(1-\eta)$

$\longrightarrow\frac{\pi}{2}$，當 $\eta\to 0$，故 $\int_0^1\frac{dx}{\sqrt{1-x^2}}=\frac{\pi}{2}$.

【例 3】 試計算下列積分，$\int_0^1\sqrt{\frac{x}{1-x}}dx$.

〔解〕今奇點爲 $x=1$.

設 $\sqrt{\frac{x}{1-x}}=t$，則

$$\int\sqrt{\frac{x}{1-x}}\,dx=-\sqrt{x(1-x)}+\tan^{-1}\sqrt{\frac{x}{1-x}}+c,$$

因此，ε 爲很小之正數時，因 $\tan^{-1}\sqrt{\frac{1-\varepsilon}{\varepsilon}}\to\frac{\pi}{2}$,

$$\therefore\int_0^{1-\varepsilon}\sqrt{\frac{x}{1-x}}\,dx=\Big[-\sqrt{x(1-x)}+\tan^{-1}\sqrt{\frac{x}{1-x}}\Big]_0^{1-\varepsilon}$$

$$=-\sqrt{\varepsilon(1-\varepsilon)}+\tan^{-1}\sqrt{\frac{1-\varepsilon}{\varepsilon}},$$

$$\int_0\sqrt{\frac{x}{1-x}}\,dx=\frac{\pi}{2},\qquad(\varepsilon\to 0).$$

#42 關於瑕積分之斂散性也有類似於前面瑕和分（#2）及無窮遠奇點瑕積分的判定法，因爲在 $\lim\limits_{\varepsilon\downarrow 0}\int_a^{b-\varepsilon}$ 中的「$b-\varepsilon\uparrow b$」，情形一如 $\lim\limits_{x\to\infty}\int_a^x$ 中的 $x\longrightarrow+\infty$。

Cauchy 收斂準則（#32）及絕對收斂準則（#33）都有當然的類推，但是 #34 的積分判別法無法類推。

【問】$\int_0^1 x^8\sin^{-1}x\,dx$ 收斂抑發散?

#421

【問】設函數 $f(x),g(x)$ 於區間 $a\le x<b$ 連續，且 $f(x)\ge g(x)\ge 0$，試證

(1) $\int_a^b f(x)dx$ 收斂時，則 $\int_a^b g(x)dx$ 亦收斂;

(2) $\int_a^b g(x)dx$ 發散時，則 $\int_a^b f(x)dx$ 亦發散。

（比較 #343）

#43 一般的瑕積分

設 $a<c<b$，而 f 在點 c 的附近無界，除此之外均有界，那麼在 $\varepsilon>0$，$\delta>0$ 時，

$$\int_a^{c-\delta} f+\int_{c+\varepsilon}^b f \text{ 都有意義，而我們定義，}$$

$$\int_a^b f=\lim_{\delta\downarrow 0,\varepsilon\downarrow 0}\left\{\int_a^{c-\delta} f+\int_{c+\varepsilon}^b f\right\}$$

$$=\int_a^c f+\int_c^b f \text{，它以點 } c \text{ 爲中間奇點。}$$

我們可以綜合上面所說的種種情形，給出更一般的定義，如果 f 有有窮多個奇點 $a_1, a_2\cdots, a_k$，我們把 I 分成幾段，每段只含一個一端奇點，就可以用 $\int_I f=\sum\int_{Ii} f$，$I=\sum I_i$ 來定義了。

#431

【例】 $\Gamma(s)=\int_0^\infty x^{s-1}e^{-x}dx.$

當 $s-1<0$ 時，被積函數在 $x=0$ 及 $x=\infty$ 處有奇點。

今 $\int_0^1$ 的收斂性可以如此檢討:

$x\to 0$ 時 $e^{-x}\sim 1$，故收斂性和 $\int_0^1 x^{s-1}dx$ 的收斂性相當: 充要條件是 $s-1>-1$，即 $s>0$。對 $\int_1^\infty$ 則鐵定收斂，這 Γ 叫 "Γ 函數" 是 Euler 積分之一。

#432

【例】 $B(p,q)=\int_0^1 x^{p-1}(1-x)^{q-1}dx,$

在 $(p-1)$ 及 $(q-1)<0$ 時分別在 0，1 有奇點，收歛性相當於 $p-1>-1$，$q-1>-1$。即 $p, q>0$ 也。

#433 底下的瑕積分，由簡單的變換，就成爲普通的積分了。

【例 1】 $$\int_{-w'}^{w}\frac{dx}{1+x^2}=\Big[\tan^{-1}x\Big]_{-w'}^{w}=\tan^{-1}w-\tan^{-1}(-w')$$

當$w\to\infty, w'\to\infty$時,

$$\int_{-\infty}^{\infty}\frac{dx}{1+x^2}=\frac{\pi}{2}-\left(-\frac{\pi}{2}\right)=\pi.$$

【例 2】考慮$\displaystyle\int_{-1}^{1}\frac{dx}{\sqrt{1-x^2}}$

【解】(1) ε,ε' 爲很小之正數時,

$$\int_{-1+\varepsilon'}^{1-\varepsilon}\frac{dx}{\sqrt{1-x^2}}=\Big[\sin^{-1}x\Big]_{-1+\varepsilon'}^{1-\varepsilon}$$

$$=\sin^{-1}(1-\varepsilon)-\sin^{-1}(-1+\varepsilon'),$$

$\varepsilon\to+0, \varepsilon'\to+0$時,

$$\int_{-1}^{1}\frac{dx}{\sqrt{1-x^2}}=\frac{\pi}{2}-\left(-\frac{\pi}{2}\right)=\pi.$$

【例 3】 $$\pi=\int_a^b\frac{dx}{\sqrt{(x-a)(b-x)}},\ (a<b)$$

【解】設$x=a\cos^2\theta+b\sin^2\theta=a+(b-a)\sin^2\theta$, x 由 a 變至 b 時, θ 由 0 變至$\frac{\pi}{2}$。因此,

$$x-a=(b-a)\sin^2\theta,\ b-x=(b-a)\cos^2\theta,$$

$$dx=2(b-a)\sin\theta\cos\theta d\theta,$$

$$\therefore\ \int_a^b\frac{dx}{\sqrt{(x-a)(b-x)}}=\int_0^{\pi/2}2d\theta=\pi.$$

【例 4】 $$\int_{-1}^{1}\frac{x^4dx}{\sqrt{1-x^2}}=\frac{3}{8}\pi$$

【解】設$x=\sin\theta$, 則x由-1變至 1 時, θ由$-\frac{\pi}{2}$變至$\frac{\pi}{2}$, 且$dx=\cos\theta\cdot d\theta$,

$$\int_{-1}^{1}\frac{x^4dx}{\sqrt{1-x^2}}=\int_{-\pi/2}^{\pi/2}\sin^4\theta d\theta=2\int_{0}^{\pi/2}\sin^4\theta d\theta$$

$$=2\cdot\frac{1\cdot 3}{2\cdot 4}\cdot\frac{\pi}{2}=\frac{3}{8}\pi.$$

*#44 我們必須注意到一個要點:

若奇點不止一個，我們的 lim，必須是對它們分別**獨立地**取，例如

$$\int_{-\infty}^{\infty}f=\lim_{\substack{a\downarrow-\infty\\ b\uparrow\infty}}\int_{a}^{b}f,$$

式子中 a，b 是獨立地變化着的。

【例 1】對 $f(x)=x$,

$$\int_{-\infty}^{\infty}f\text{ 發散: }\lim_{a\downarrow-\infty}\int_{a}^{b}f=\lim\frac{b^2-a^2}{2}\text{不存在。}$$

同理，對於中間的奇點 c，扣掉 $(c-\delta\,;c+\varepsilon)$ 時，也讓 ε，δ 自由地變化，所以

【例 2】$\displaystyle\int_{-1}^{+1}\frac{dx}{x}$ 當然發散，因爲

$$\lim_{\substack{\varepsilon\downarrow 0\\ \delta\downarrow 0}}\left\{\int_{-1}^{-\delta}\frac{dx}{x}+\int_{\varepsilon}^{1}\frac{dx}{x}\right\}=\lim(\log\varepsilon-\log\delta)=\lim\log\left(\frac{\varepsilon}{\delta}\right)$$

不存在，所以，Cauchy 定義了**更廣義的一種瑕積分**，叫“主值積分”，這就是說，

Cauchy 主値積分

#441

$$\mathscr{P}\int_{-\infty}^{\infty}f=\lim_{b\to\infty}\int_{-b}^{b}f,$$

例如 $\mathscr{P}\displaystyle\int_{-\infty}^{\infty}\sin x dx=0$，但$\displaystyle\int_{-\infty}^{\infty}\sin x dx$ 不存在。

#442 令$\mathscr{P}\displaystyle\int_{a}^{b}f=\lim_{\varepsilon\downarrow 0}\int_{a}^{c-\varepsilon}f+\int_{c+\varepsilon}^{b}f$ 當

c 是 f 在〔a ; b〕間唯一的奇點時，於是 $\mathscr{P}\int_{-1}^{1}\frac{dx}{x}=0$.

#45　我們最後再考慮高維的情形。

先考慮奇點爲∞，亦即積分域無界的情形。

如果我們令 $B(K)$ 爲半徑 K，球心爲原點的球，那麼 $\lim\limits_{k\to\infty}\int_{B(K)\cap I}f$

若存在，這就是 Cauchy 主值積分

$$\mathscr{P}\int_I f$$

非主值積分的情形就是

$$\lim_{K\to I}\int_K f=\int_I f \text{ 存在的情形。}$$

此地 K 爲有界域，趨近於 I，而且要這極限和 K 之**"如何趨近"**無關。

【註】實際上依這定義時，積分之存在就是絕對收斂！ 參見 #291

其次考慮 f 的一個奇點 p，那麼定義

$$\lim_{K\downarrow\{p\}}\int_{I\setminus K}f=\int_I f$$

符號是指 K 爲點 P 的一個近旁，收縮到點 P，

如果是**主值積分**就這樣子定義:

$$\mathscr{P}\int_I=\lim_{\varepsilon\downarrow 0}\int_{I\setminus B(\varepsilon,p)}f$$

其中 $B(\varepsilon\,;p)$ 是以 p 點爲心，ε 爲半徑的球。

#451

【例】

$$\int_{\|x\|\le 1}\frac{1}{\|x\|^K}d^n x \text{ (*須用到高維積分)}$$

但　$\|x\|^2=x_1{}^2+\cdots+x_n{}^2$.

最好的辦法是採用 ***n* 維空間的極坐標。**

令 $r^2 = x_1{}^2 + x_2{}^2 + \cdots + x_n{}^2, (r \geq 0,)$

$x_1 = r\cos\theta_2, x_2 = r\sin\theta_2\cos\theta_3,$

$x_3 = r\sin\theta_2\sin\theta_3\cos\theta_4, \cdots\cdots\cdots$

$x_{n-1} = r\sin\theta_2\sin\theta_3\cdots\sin\theta_{n-1}\cos\theta_n,$

$x_n = r\sin\theta_2\sin\theta_3\cdots\sin\theta_{n-1}\sin\theta_n,$

$0 \leq \theta_2 \leq \pi, 0 \leq \theta_3 \leq \pi, \cdots 0 \leq \theta_{n-1} \leq \pi, 0 \leq \theta_n \leq 2\pi.$

這樣子一來

$$d^n x = dx_1 dx_2 \cdots dx_n$$

$$= r^{n-1} dr d\theta_2 d\theta_3 \cdots d\theta_n \prod_{i=2}^{n} (\sin\theta_j)^{n-j},$$

實際上

$$(ds)^2 = (dr)^2 + r^2(d\theta_2)^2 + r^2(d\theta_3)^2\sin^2\theta_2 +$$
$$+ r(d\theta_4)^2\sin^2\theta_2\sin^2\theta_3 + \cdots$$
$$+ r^2(d\theta_n)^2\sin^2\theta_2\sin^2\theta_3\cdots\sin^2\theta_{n-1}.$$

結論是

$$\int_{\|x\| \leq 1} \frac{d^n x}{\|x\|^k} = \int r^{n-1-k} dr d\theta_2 \cdots d\theta_n \prod_{j=2} (\sin\theta_j)^{n-j}.$$

在 $n-1-k > -1$ 時收歛（即 $k < n$ 時收歛，）

在 $k \geq n$ 時發散。

直接算出對 $\theta_2 \cdots \theta_n$ 的積分爲

"超球表面積"

$$S_{(n)} = \begin{cases} \dfrac{\pi^\nu(2\nu)}{\nu!}, & n = 2\nu, \\ \dfrac{\pi^\nu \nu! 2^n}{(2\nu)!}, & n = 2\nu + 1, \end{cases}$$

而 $$\int\limits_{\|x\|\le 1}\frac{d^n x}{\|x\|^k}=S_{(n)}\cdot\left(\frac{1}{n-k}\right).$$

#452

【問】 $$\int\limits_{\|x\|>1}\|x\|^{-k}d^n x$$ 又如何?

【習　題】

1. $\int_{-\infty}^{\infty}\frac{x^2+1}{x^4+1}dx=?$〔$\pi/\sqrt{2}$〕

判斷斂散性

2. $\int_0^{\infty}\frac{dx}{x^p+x^q}$〔若 $p<1<q$ 斂〕

3. $\int_1^{\infty}\frac{dx}{x\sqrt[3]{x^2+1}}$〔斂〕

#5　函數項無窮級數

#50　假設 $(u_n(x))$ 是一列函數，我們就可以"逐點"地討論"函數項級數" $\sum u_n(x)$ 的斂散性、和，等等。

【例 1】　$u_n(x)=x^n-x^{n-1}$, $n=1,2,3,\ldots\ldots$

級數 $(x-1)+(x^2-x)+(x^3-x^2)+\cdots\cdots$ 的第 n 個的部份和是 x^n-1，因此只在 $|x|<1$ 時，或 $x=1$ 時才收斂，其和爲

$$\sum_{n=1}^{\infty}(x^n-x^{n-1})=\begin{cases}-1, & -1<x<1,\\ 0, & x=1,\end{cases}$$

使 $\sum u_n(x)$ 收斂的點 x 之全體叫此函數項級數的**收歛（區間）**

域，所得極限，卽和，是x的函數（x在收斂區間上）叫**和函數**。在上例，收斂區間（或者叫收斂範圍）是（$-1;1$]，**而和函數不是連續的**！雖然各項都是連續函數！

這個有趣的病態和一個很重要的基本概念有關：**均匀收歛性**。

在這例子中，對每個 $x\in(-1;+1)$，級數都收歛，但收斂的情形**不太均匀**！！

例如$x=1$時，任一“部份和”都是0——就是“和”$=0$。但在$-1<x<1$時，第n個“部分和”和“和”的差別是$|x^n|$。所以，爲了使這差別很小，應該使n足够大，n需要多大？依x而有不同，$|x|$小的話，n不需要太大，但若$|x|$接近1，則n必須很大很大才使誤差$|x|^n$變小：總之，如果我們決定了一個誤差範圍，**那麼第n個部份和**$S_n(x)=x^n-1$和眞正的“和”

$$S(x)=\begin{cases}-1, & -1<x<1\\ 0, & x=1\end{cases}$$

要接近到這誤差範圍內，實際上無法**均勻地**做到。譬如說，要使誤差小於 2^{-100}，就必須$n\geq\dfrac{-100}{\log_2 x}=n_0(0<|x|<1)$，這當$x$接近1或$-1$時，$n_0$是接近$\infty$的，也就是說，漸大漸大，無法制囿。

何謂均匀收斂？

所謂**均匀收歛**是指：對指定的誤差範圍，如$\varepsilon>0$，我們可以讓部份和 $S_n(x)$ 及眞和 $S(x)$ 的差別在這範圍內：$|S_n(x)-S(x)|<\varepsilon$，只須取$n$**够大**，而其所需的“够大”，和$x$不相干。

#51【定理】連續函數的級數，在它均匀收歛的範圍內收歛到**連續函數**。

這定理只是說明連續性在取均匀極限時仍然保持！這個可以有另外一種說法：

$$\lim_{x\to a}\lim_{n\to\infty}S_n(x)=\lim_{n\to\infty}\lim_{x\to a}S(x)$$

#52　我們再敍述類似的一些命題，它們都指出均勻的收歛可以保持好多東西，也就是說可以和別的極限操作相交換。

【定理】如果 $S_n(x)\to S(x)$，均勻地，於〔a；b〕上，並且各 S_n 都是連續函數（因而 S 也是），那麼

$$\lim_{n\to\infty}\int_a^b S_n=\int_a^b \lim S_n=\int_a^b S.$$

（事實上不定積分 $\int_a^x S_n\longrightarrow\int_a^x S$ 也均勻！）

【例 1】若取　$S_n(x)=2n^2xe^{-n^2x^2}\longrightarrow S(x)=0$，

這不均勻！而事實上

$$\int_0^1 S_n(x)dx=1-e^{-n^2}\longrightarrow 1\neq 0=\int_0^1 S(x)dx.$$

【例 2】求　$\sum_{n=0}^{\infty}\frac{(2n+1)}{n!}x^{2n}.$

今　$\frac{u_n}{u_{n-1}}=x^2\frac{2n+1}{2n-1}\frac{1}{n(n-1)}\longrightarrow 0$，

因此收歛範圍是整個實軸。

現在先做不定積分，則得

$$\sum\int_0^x\frac{2n+1}{n!}t^{2n}dt=\sum\frac{x^{2n+1}}{n!}$$

$$=x\sum\frac{x^{2x}}{n!}=xe^{x^2},$$

因此 $\sum_{n=0}^{\infty}\frac{(2n+1)}{n!}x^{2x}=\frac{d}{dx}(xe^{x^2})$

$$=e^{x^2}(2x^2+1).$$

*#53【定理】設：u_n 具有連續導數 u_n'，而且

$\sum u_n'$ 均匀收斂（在區間〔a；b〕），$\sum u_n$ 也收斂。

則 $$S' \equiv \frac{d}{dx}(\sum u_n) = \sum u' \equiv \sum \frac{d}{dx} u_n,$$

【例 1】 $\sum_{n=1}^{\infty} \frac{\sin(2^n \pi x)}{2^n}$ 不能逐項導微。

若逐項導微就得到 $\sum \pi \cos(2^n \pi x)$，

在任何區間上都**最少有不收斂的點**！

【例 2】 $$\sum_{n=1}^{\infty} \frac{x^{n+1}}{n(n+1)}(-1)^{n+1} \equiv \varphi(x) = ?$$

今 $$\varphi'(x) = \sum \frac{x^n}{n}(-1)^{n-1}$$

$$\varphi''(x) = \sum_{1}^{\infty} x^{n-1}(-1)^{n-1} = \sum_{k=n-1=0}^{\infty} (-x)^k.$$

收斂範圍在（-1；$+1$〕內，有

$$\varphi''(x) = \frac{1}{1+x},$$

$$\varphi'(x) = \int_0^x \frac{dx}{1+x} = \log(1+x),$$

$$\varphi(x) = \int_0^x \log(1+x)\,dx.$$

Weierstrass M-判定法

* 關於均匀收斂性我們只給出一個常用而簡單的

#54【Weierstrass M-判定法】

如果（對充分大的 n）$|u_n(x)| \le M_n$，對一切 x 成立，而常數項級數 $\sum M_n < \infty$，則 $\sum u_n(x)$ 均匀收斂，而且絕對收斂。

【例】 $\sum_{n=1}^{\infty} \frac{\sin(2^n \pi x)}{2^n}$ 在整個實軸上均匀收斂，

因 $\left|\dfrac{\sin 2^n\pi x}{2^n}\right|\leq\dfrac{1}{2^n}$也。

♯55　冪級數與 Taylor 級數

在無窮（函數項）級數中最重要的就是形如 $\sum\limits_{n=0}^{\infty} a_n(x-x_0)^n$ 的“冪級數”。這種級數，不論是在理論上或實用上，都廣泛地出現，廣泛地應用由 Cauchy 的判定法，我們知道：

若 $\lim\sqrt[n]{|a_n(x-x_0)^n|}<1$，則級數收斂；

若 $\lim\sqrt[n]{|a_n(x-x_0)^n|}>1$，則級數發散。

事實上，極限不必存在，要點在於：「若有個 $r<1$，使得對幾乎一切 n，都有$\sqrt[n]{|a_n(x-x_0)^n|}<r$」，就使級數收斂，這「　　」就用$\overline{\lim}\sqrt[n]{a_n}<(r/|x-x_0|)$ 表示。

由此可知我們只考慮$\sqrt[n]{|a_n|}$ 的極限就够了，如果它$=0$，那麼冪級數對一切x都收斂，如果它>0，那麼記 $r^{-1}=\lim\sqrt[n]{|a_n|}$，級數在 $|x-x_0|<r$ 時收斂，在 $|x-x_0|>r$ 時發散。

【註】事實上，此極限不一定存在，而我們必須用“上極限”$\overline{\lim}\sqrt{|a_n|}=r^{-1}$ 來計算!

我們可用下述補題來研究這收斂半徑 r 的問題：

【補題】若冪級數 $\sum a_n(x-x_0)^n$ 對某個 z_0 收斂，那麼當 $|x-x_0|<|z_0-x_0|$ 時，冪級數絕對收斂。

【證明】今 $\sum a_n(z_0-x_0)^n$ 收斂，因而

$|a_n||z_0-x_0|^n$ 有上界，例如k，然則當$|x-x_0|<|z_0-x_0|$ 時，

$$\sum|a_n(x-x_0)^n|\leq\sum\left|a_n(z_0-x_0)^n\frac{(x-x_0)^n}{(z_0-x_0)^n}\right|$$

$$\leq \sum k\left|\frac{x-x_0}{z_0-x_0}\right|^n \text{，因此有}$$

#551【定理】對一冪級數 $\sum a_n(x-x_0)^n$ 只有三個互斥的可能性。

1. 它只在 $x=x_0$ 時收斂，即"收斂半徑"$=0$；
2. 它對一切 x 收斂，即"收斂半徑"$=\infty$；
3. 存在 r，$0<r<\infty$，使得:

   $|x-x_0|<r$ 時，$\sum a_n(x-x_0)^n$ 絕對收斂，

   $|x-x_0|>r$ 時，$\sum a_n(x-x_0)^n$ 發散，

   這 r 就叫**收斂半徑**。

【例 1】 試求下列級數之收斂區間。

$$(1)\ \sum_{n=0}^{\infty}\frac{x^n}{n!} \qquad (2)\ \sum_{n=0}^{\infty}\frac{x^n}{n} \qquad (3)\ \sum_{n=0}^{\infty}n!x^n$$

【解】 (1) 利用 d'Alembert 判定法，

$$\left|\frac{x^{n+1}}{(n+1)!}\Big/\frac{x^n}{n!}\right|=\frac{|x|}{n+1}\to 0\ (n\to\infty)$$

所以，$\sum\frac{x^n}{n!}$ 於區間 $-\infty<x<\infty$ 收斂。

(2) $\therefore\left|\frac{x^{n+1}}{n+1}\Big/\frac{x^n}{n}\right|=\frac{n}{n+1}|x|\to|x|\ (n\to\infty)$

所以，$|x|<1$ 時，$\sum\frac{x^n}{n}$ 收斂，$|x|>1$ 時，爲發散。

$x=1$ 時，$\sum\frac{1}{n}$ 爲發散，而 $x=-1$ 時，$\sum(-1)^n\frac{1}{n}$ 爲收斂。故 $\sum\frac{x^n}{n}$ 之收斂區間爲 $-1\leq x<1$。

(3) $\left|\frac{(n+1)!x^{n+1}}{n!x^n}\right|=(n+1)|x|\to\infty\ (x\neq 0)$

故 $\sum n!x^n$ 僅於 $x=0$ 收斂。

#56 設 $0 < r$（收斂半徑），那麼 Weierstrass 的判定法告訴我們，在收斂區間內的有界閉區間上冪級數爲均勻收斂，因而可以**逐項積分**。

【例 1】當 $|x| < 1$ 時，我們知道

$$\frac{1}{1+x^2} = 1 - x^2 + x^4 - x^6 + \cdots\cdots$$

兩邊積分之，得

$$\begin{aligned}\int_0^x \frac{1}{1+t^2}dt &= \int_0^x (1 - t^2 + t^4 - t^6 + \cdots\cdots)dt \\ &= \int_0^x dt - \int_0^x t^2dt + \int_0^x t^4dt - \int_0^x t^6 + \cdots \\ &= x - \frac{x^3}{3} + \frac{x^5}{5} - \frac{x^7}{7} + \cdots\cdots = \text{arc } \tan x.\end{aligned}$$

【例 2】 $f(x) = 1 + 2x + 3x^2 + 4x^3 + \cdots$

$$\int_0^x f(x) = x + x^2 + x^3 + \cdots = x/(1-x),$$

$$\therefore \quad f(x) = \frac{d}{dx}[x/(1-x)] = \frac{1}{(1-x)^2}.$$

【例 3】 $f(x) = \frac{1}{1 \cdot 2} + \frac{x}{2 \cdot 3} + \frac{x^2}{3 \cdot 4} + \frac{x^3}{4 \cdot 5} + \cdots = ?$

$$x^2 f = \sum_{n=1}^{\infty} \frac{x^{n+1}}{n(n+1)},$$

$$\left(\frac{d}{dx}\right)^2 [x^2 f(x)] = \sum_{n=1}^{\infty} x^{n-1} = (1-x)^{-1},$$

$$\therefore \quad x^2 f(x) = \int^x \int^x (1-x)^{-1} = \frac{1}{x} + \frac{1-x}{x^2} \log(1-x).$$

【例 4】 $S = \frac{1}{2!} + \frac{2}{3!} + \frac{3}{4!} + \cdots = ?$

令 $S=f(1),\ f(x)=\dfrac{x^2}{2!}+\dfrac{2x^3}{3!}+\dfrac{3x^4}{4!}+\cdots$

則 $f'(x)=x+x^2+\dfrac{x^3}{2!}+\dfrac{x^4}{4!}+\cdots=xe^x,$

$$f(x)=\int_0^x xe^x dx=xe^x-e^x+1\text{，故 } S=1.$$

#561【定理】 若 $\sum_0^\infty a_n(x-x_0)^n$ 的收斂半徑 $r>0$

那麼函數 $f(x)=\sum a_n(x-x_0)^n$ 有:

$f^{(n)}(x_0)\equiv n!\,a_n$。

#57 現在設 f 是個**無窮次可微的函數**，那麼

記 $$a_n\equiv\frac{1}{n!}f^{(n)}(x_0)\text{ 時,}$$

冪級數 $\sum_{n=0}^\infty a_n(x-x_0)^n$ 叫做: "$f(x)$在 x_0 點的 Taylor 級數",

這個級數不必收斂（即，收斂半徑也許是 0），也可能有大於 0 的收斂半徑，但此級數和也許和 $f(x)$ 完全不同!

【例 3】 $$f(x)=\begin{cases} e^{-1/x^2}, & x\neq 0,\\ 0\ , & x=0,\end{cases}$$

則 $f^{(n)}(0)=0$ （用 l'Hospital 規則就知道）

因此 f 在原點的 Taylor 級數是零級數!

#571 如果一個無窮次可微的函數 f 在某點 x_0 處的 Taylor 級數有大於 0 的收斂半徑，而且和 f（在 x_0 的附近）一致，換句話說:

$$f(x)=\sum_{n=0}^\infty\frac{f^{(n)}(x_0)}{n!}(x-x_0)^n$$

解析函數的定義及其判定法

在 $|x-x_0|<a$ 時成立，$(a>0)$

那麼 f 叫做"在點 x_0 處解析"。

要判斷一個函數的解析性，可以用“餘式”來決定。

令 $$f(x)-\sum_{k=0}^{n-1}\left\{\frac{f^{(k)}(x_0)}{k!}(x-x_0)^k\right\}\equiv R_n(x)$$

如果 $\lim_{n\to\infty}R_n(x)=0$，$f$ 即是解析的。

【習　題】

1. 試求下列各級數的收斂區間。

(1) $\sum_{n=1}^{\infty}(-1)^n\frac{x^n}{n^2}$　　(2) $\sum_{n=1}^{\infty}\frac{x^n}{\sqrt{n}}$

(3) $\sum_{n=0}^{\infty}x^{n^2}$　　(4) $\sum_{n=1}^{\infty}\left(\frac{x}{n}\right)^n$

(5) $\sum_{n=1}^{\infty}\frac{nx^n}{2^n}$　　(6) $\sum_{n=2}^{\infty}\frac{(-1)^n x^n}{n(\log n)^2}$

(7) $\sum_{n=0}^{\infty}\frac{(x-2)^n}{2^n\sqrt{n+1}}$　　(8) $\sum_{n=0}^{\infty}\frac{n(x-1)^n}{(n+1)(n+2)2^n}$

(9) $1+\frac{1}{2}\frac{x^3}{3}+\frac{1\cdot 3}{2\cdot 4}\frac{x^5}{5}+\frac{1\cdot 3\cdot 5}{2\cdot 4\cdot 6}\frac{x^7}{7}+\cdots\cdots$

(10) $x+\left(1+\frac{1}{2}\right)x^2+\left(1+\frac{1}{2}+\frac{1}{3}\right)x^3+\cdots\cdots+\left(1+\frac{1}{2}+\cdots\frac{1}{n}\right)x^n+\cdots\cdots$

2. 試將下列各函數以冪級數展開之，並求其收斂半徑。

(1) $\frac{1}{2}(e^x+e^{-x})$　　(2) $\sin^3 x$

(3) $\frac{1}{1-3x+2x^2}$　　(4) $\log(1-x-2x^2)$

(5) $\log(1+x+x^2)$　　(6) $\frac{\arctan x}{1+x^2}$

(7) $\arcsin x$　　(8) $\log(x+\sqrt{1+x^2})$

3. $|x|<\frac{\pi}{2}$，試證下列等式

(1) $\tan x = \sin x + \frac{1}{2}\sin^3 x + \frac{1\cdot 3}{2\cdot 4}\sin^5 x + \cdots\cdots$

(2) $\sin 2x = 2\left(\sin x - \frac{\sin^3 x}{2} - \frac{\sin^5 x}{2\cdot 4} - \cdots\cdots\right)$

#6 參變函數的瑕積分

考慮一個含"參變量" y 的函數 $f(x, y)$.

我們考慮它對於變量 x 的瑕積分 $\int f(x, y)dx$，如果我們對 y 做別的極限操作，是否和瑕積分操作（對 x）可以調換順序呢？

這個問題不算簡單：常義積分本來就是一種極限，那還不是眼前的主要問題。瑕積分又是常義積分的一種極限。（這才是困難所在！）這極限和我們將對 y 進行的極限操作是否可換？通常這和瑕積分的**均勻收歛性**有關。

假設對一切 y，$f(x, y)$ 在 $x = a$ 時有奇點，那麼瑕積分

$\int_a^b f(x, y)dx$ 依照

$\lim\limits_{\varepsilon\downarrow 0}\int_{a+\varepsilon}^b f(x, y)dx$ 來定義。對固定的 y，只須取 ε 够小，就使

$\int_{a+\varepsilon}^b f(x, y)dx$ 和 $\int_a^b f(x, y)dx$ 够接近；亦即誤差

$\int_a^{a+\varepsilon} f(x, y)dx$ 够小。

但 ε 所需的"小的程度"**也和 y 有關**。

所謂瑕積分的**均勻收歛性**就是指的：可以取 ε 來使近似的程度同時令人滿意，也就是說和 y 無關。（參見#70）

【例】 $\int_0^\infty ye^{-yx}dx = 1$，對 $0 < y \leq 1$ 並**不是**均勻的!!

今 $\int_0^\infty = \lim_{k\to\infty}\int_0^k$

誤差爲 $\int_k^\infty ye^{-yx}dx = e^{-ky}$

要使誤差够小，小於 ε，必須 k 取得使 $e^{-ky} < \varepsilon$，即 $k > \frac{\log\varepsilon}{y}$. 但 y 近於 0 時，k 就必須很大，無界了。

#61【定理】 如果瑕積分均勻收斂，那麼

$$\int_I \left\{\lim_{y\to c} f(x, y)\right\} dx = \lim_{y\to c}\int_I f(x, y)dx$$

$$\int_{I2}\left\{\int_{I1} f(x, y)dx\right\}dy = \int_{I1}\left\{\int_{I2} f(x, y)dy\right\}dx,$$

在上二式，爲了清晰起見，用 $\int$ 表示瑕積分。

其中第二式的 $\int dy$ 也可用 $\int dy$ 代替，但

這就需要 $\int f(x, y)dy$ 對 x 的均勻收斂性以及 $\int |f(x, y)|dxdy$ 之收斂性。

#62 再講積分號下的導微 在什麼樣的條件下

$$\frac{d}{dy}\int_I f(x, y)dx = \int\frac{\partial}{\partial y}f(x, y)dx?$$

答案是**右邊對 y 的均勻收斂性!**

#621 Dirichlet 的積分也可以這樣子做:

若令 $I_\alpha \equiv \int_0^\infty \frac{e^{-\alpha x}\sin x}{x}dx$,（我們要計算 I_0,）

則 $\frac{dI(\alpha)}{d\alpha} = -\int_0^\infty e^{-\alpha x}\sin x\ dx = \frac{-1}{\alpha^2+1}$，故

$$I(\alpha) = -\int\frac{d\alpha}{\alpha^2+1} = C - \tan^{-1}\alpha,$$

但 $I(\infty)=0$，故 $C=\dfrac{\pi}{2}$. ∴ $I(0)=\dfrac{\pi}{2}-\tan^{-1}0=\dfrac{\pi}{2}$

♯622 Gauss 積分。

【例】 $$I=\int_0^\infty e^{-x^2}dx$$

用變換 $x=ut$, u 爲參數，則

$$I=\int ue^{-u^2t^2}dt,\ \text{於是}$$

$$I\cdot\int_\delta^\infty e^{-u^2}du=\int_\delta^\infty e^{-u}\cdot du\int_0^\infty ue^{-u^2t^2}dt$$

$$=\int_0^\infty dt\int_\delta^\infty ue^{-u^2(1+t^2)}du=\frac{1}{2}\int_0^\infty\frac{e^{-\delta^2(1+t^2)}}{1+t^2}dt,$$

在 $\delta\to 0$ 時，得

$$I^2=\frac{1}{2}\int_0^\infty\frac{dt}{1+t^2}=\frac{\pi}{4}\ \text{故}\ I=\frac{\sqrt{\pi}}{2}。$$

上面這例子，「變更積分順序」的辦法比較奇妙；參看下例。

【例】 $0<a<b$，則由

$$\int_0^\infty\left(\int_a^b e^{-xy}dy\right)dx=\int_a^b dy\int_0^\infty e^{-xy}dx,$$

得 $$\int_0^\infty x^{-1}(e^{-ax}-e^{-bx})dx=\ln(b/a),$$

（實際上，我們在前面(♯3·45)已經算過了）這例子單純多了!

***♯623** 底下的例子，說明: **要計算一個，不如計算一族!**

【例 1】 要計算 $\displaystyle\int_0^\infty\frac{\sin^2x}{x^2}dx$，我們乾脆對一切 a 都計算。

$$I(a)\equiv\int_0^\infty\frac{\sin^2ax}{x^2}dx$$

（當然，再令 $a=1$ 就是所求了）。引入這個參數 a 的好處就是對它做微分或積分。今由

$$\int_0^\infty \frac{\sin ax}{x}dx=\frac{\pi}{2}\text{sign}\,a，\text{所以}$$

$$I'(a)=\int_0^\infty \frac{\sin 2ax}{x}dx=\frac{\pi}{2}\text{sign}\,a。$$

那麼可以解微分方程!

故　$I(a)=\frac{\pi}{2}|a|+\text{const.}$ 但 $a=0$ 時，$I(a)=0$，

故　$I(a)=\frac{\pi}{2}|a|$。

更一般地，計算 $n(m,n)=\int_0^\infty \frac{\sin^m x}{x^n}dx$，

$m\geq n$ 也可以用**相似的辦法**，得到遞推公式

$$(n-1)(n-2)u(m,n)+m^2u(m,n-2)+$$
$$+(-)m(m-1)\cdot u(m-2,n-2)=0.$$

由 $u(2,2)=u,(1,1)=\pi/2$ 而得解。

*#63　Gamma 函數

#630　瑕積分

Gamma 函數的定義及性質

$$\Gamma(a)=\int_0^\infty x^{a-1}e^{-x}dx$$

有兩個奇點，$x=\infty$ 不用怕（e^{-x} 可以應付任何冪函數），$x=0$ 呢？在 $a>0$ 時沒問題。

#631　令 $u=e^{-x}$，$dv=x^{a-1}dx$ 作分部積分，則

$$\Gamma(a)=\frac{1}{a}\Gamma(a+1).\ \text{即}$$

$$\Gamma(a+1)=a\Gamma(a).\quad a>0.$$

這是基本的**循環公式**．但因

$$\Gamma(1)=\int_0^\infty e^{-x}dx=1，\text{故}$$

$$\Gamma(n+1)=n\Gamma(n)=n! \qquad n\in\boldsymbol{N}.$$

$a\downarrow 0$時，$\Gamma(a)\to\infty$，

$$因 \quad \Gamma(a)=\frac{\Gamma(a+1)}{a}，分子\to 1 也。$$

〔Γ函數值在$a\in$〔1；2〕時可見之於數表。〕

#632 導微之結果

$$\frac{d}{da}\Gamma(a)=\int_0^\infty x^{a-1}(\log x)e^{-x}\,dx$$

$$\left(\frac{d}{da}\right)\Gamma(a)=\int_0^\infty x^{a-1}(\log x)^2e^{-x}\,dx>0\,.$$

又因 $\quad \Gamma(a+1)=a\Gamma(a)$，

$$\log\Gamma(a+1)=\log a+\log\Gamma(a),$$

$$\frac{\Gamma'(a+1)}{\Gamma(a+1)}=\frac{1}{a}+\frac{\Gamma'(a)}{\Gamma(a)},$$

（但 $\Gamma'(a)\equiv\dfrac{d}{da}\Gamma(a)$）.

於是 $\quad \dfrac{\Gamma'(m)}{\Gamma(m)}=\Gamma'(1)+\sum\limits_{k=1}^{m-1}\dfrac{1}{k}$，

其中 $\Gamma'(1)\doteqdot 0.51772157$ 爲 Euler 常數。

#633 習慣上，$a<0$時，另要$-a\notin\boldsymbol{N}_0$，我們也用遞廻公式去定義 $\Gamma(a)$。若

$$-K<a<-K+1,\ K\in\boldsymbol{N}，則$$

$$\Gamma(a)=\frac{\Gamma(a+K)}{a(a+1)\cdots(a+K-1)}$$

$$=\frac{\Gamma(a+K+1)}{a\cdot(a+1)\cdots(a+K)}.$$

（就可查表了）。

#634 但是$\Gamma\left(\frac{1}{2}\right)=\sqrt{\pi}$不用查表，（它可自 Wallis 公式輾轉求得）。

引入變數代換$x=y^2$，則有公式

$$\Gamma(a)\equiv 2\int_0^\infty y^{2a-1}e^{-y^2}dy.$$

特別是
$$\Gamma\left(\frac{1}{2}\right)=2\int_0^\infty e^{-y^2}dy.$$

但，這一來

$$\frac{1}{4}\left(\Gamma\left(\frac{1}{2}\right)\right)^2\overset{\text{def}}{=}\left(\int_0^\infty e^{-y^2}dy\right)^2$$

$$=\left(\int_0^\infty e^{-y^2}dy\right)\left(\int_0^\infty e^{-x^2}dx\right)$$

$$=\iint e^{-(x^2+y^2)}dxdy,\text{（在第一象限積分）}$$

用極坐標，則$x=\rho\cos\theta$，$y=\rho\sin\theta$，

$$\iint dxdy=\left(\int_0^\infty\int_0^{\pi/2}\rho d\rho d\theta\right)$$

故
$$\frac{1}{4}\left(\Gamma\left(\frac{1}{2}\right)\right)^2=\left(\int_0^\infty e^{-y^2}dy\right)^2$$

$$=\iint e^{-\rho^2}\rho d\rho d\theta=\frac{\pi}{4}.$$

#635 一般地，利用上面之**平方代換**，

$$\Gamma(m)=2\int_0^\infty y^{2m-1}e^{-y^2}dy,$$

$$\Gamma(n)=2\int_0^\infty x^{2m-1}e^{-x^2}dx,$$

得
$$\Gamma(m)\Gamma(n)=4\iint x^{2n-1}y^{2m-1}e^{-(x^2+y^2)}dxdy.$$

$$=4\int_0^\infty\rho^{2(m+n)-1}e^{-\rho^2}d\rho\int_0^{\pi/2}\cos^{2n-1}\theta\sin^{2m-1}\theta d\theta.$$

若規定

$$B(m, n)=2\int_0^{\pi/2}\sin^{2m-1}\varphi\cos^{2n-1}\varphi d\varphi.$$

則得

$$\Gamma(m)\Gamma(n)=\Gamma(m+n)B(m, n).$$

這個B函數顯然對m, n對稱,

(用代換$\varphi\to\frac{\pi}{2}-\varphi$) 而且，它可用 $x=\sin^2\varphi$ 改成

$$B(m, n)\equiv\int_0^1 x^{m-1}(1-x)^{n-1}dx.$$

(在$m>0$, $n>0$時收斂)。

【例題】 $$\int_0^1 x^{\gamma}(1-x^{\alpha})^{\beta}dx$$

$$=\frac{1}{\alpha}B\left(\frac{1+\gamma}{\alpha},\ 1+\beta\right),$$ 只須$\alpha>0$, β及$\gamma>-1$.

【證明】 作代換 $y=x^{\alpha}$。

【例題】 $$\int_0^{\infty}\frac{x^{\gamma}}{(1+x^{\alpha})^{\beta}}dx=\frac{1}{\alpha}B\left(\frac{1+\gamma}{\alpha}, \beta-\frac{1+\gamma}{\alpha}\right).$$

只須$\alpha>0$，$\gamma>-1$，$\beta>\frac{1+\gamma}{\alpha}$。

【證明】 作代換 $y=x^{\alpha}$，則得

$$\frac{1}{\alpha}\int_0^{\infty}dy\, y^{\frac{1+\gamma}{\alpha}-1}/(1+y)^{\beta}$$

但是，在$B(m, n)=\int_0^1 x^{m-1}(1-x)^{n-1}dx$ 中，

令 $x=\frac{y}{1+y}$，就得公式:

♯6351 $$B(m, n)=\int_0^{\infty}y^{m-1}/(1+y)^{m+n}dy.$$

#636【習題】Dirichlet 積分

$$I=\iiint_V x^{l-1}y^{m-1}z^{n-1}dxdydz=?$$

但　　$V: x^p+y^q+z^c\leq 1$

答: $I=\left\{\Gamma\left(\frac{l}{p}\right)\Gamma\left(\frac{m}{q}\right)\Gamma\left(\frac{n}{r}\right)\right\}\Big/\left\{\Gamma\left(\frac{l}{p}+\frac{m}{p}+\frac{n}{r}+1\right)pqr\right\}.$

類似的問題是更高階的 Beta-Gamma 函數:

$$B(p_1,p_2,\cdots p_n)=\frac{\Gamma(p_1)\Gamma(p_2)\cdots\Gamma(p_n)}{\Gamma(p_1+\cdots+p_n)}(p_i>0)$$

以　　$\Gamma(p_i)=2\int_0^\infty e^{-ui^2}u_i{}^{2pi-1}dui$

得　　$\Pi\Gamma(p_i)=2^n\cdots\int_{u_i\geq 0}e^{-|u|^2}\Pi u_i{}^{2p_i-1}du_1\cdots du_n,\ u_i\geq 0.$

用極坐標，則得，（先對 r 積分）

$$=\{2\int_0^\infty e^{-r^2}r^{2(\Sigma p)-1}dr\}\text{ 乘}$$

$$\{\int\cdots\int\prod_i(\xi_i{}^{2p_i-1})dS\}.$$

後一因子爲第一象限上單位球面，從而

$$B(p_1,\cdots p_n)=2^{n-1}\int\cdots\int\Pi\,\xi_i{}^{2p_i-1}dS$$

正么球面

#6361

【例題】 令　$p_i\equiv\frac{1}{2}$時，么球面之面積爲 $2B\left(\frac{1}{2},\cdots,\frac{1}{2}\right)$

$$=2\left(\Gamma\left(\frac{1}{2}\right)\right)^n\Big/\Gamma\left(\frac{n}{2}\right)$$

這是經常要用的公式。

【習　題】

1. $\int_0^1 \frac{dx}{\sqrt{1-x^4}}=\frac{1}{4\sqrt{2\pi}}\left(\Gamma\left(\frac{1}{4}\right)\right)^2=?$

2. $\int_0^1 \frac{x^n dx}{\sqrt{1-x^2}}=\frac{\sqrt{\pi}}{2}\frac{\Gamma\left(\frac{n+1}{2}\right)}{\Gamma\left(\frac{n}{2}+1\right)},\quad n>-1$

3. 橢球 $\frac{x^2}{a^2}+\frac{y^2}{b^2}+\frac{z^2}{c^2}\leq 1$

之體積，及其對 z 軸之慣性矩，可用 Dirichlet 積分求出!

#65　含參變數之瑕積分

#6511

【例】 以冪級數表示"完全橢圓積分"

$$\int_0^{\pi/2}\sqrt{1-k^2\sin^2\varphi}\,d\varphi,\quad |k|<1$$

【解】 因爲 $|k^2\sin^2\varphi|<1$，故

$$\sqrt{1-k^2\sin^2\varphi}=1-2^{-1}k^2\sin^2\varphi-\frac{1}{2}\cdot\frac{3}{4}\cdot\frac{1}{3}k^4\sin^4\varphi-$$
$$-2^{-1}\frac{3}{4}\cdots\cdots\frac{2n-1}{2n}\frac{1}{2n-1}k^{2n}\sin^{2n}\varphi$$

故 $$\int_0^{\pi/2}\sqrt{1-k^2\sin^2\varphi}\,d\varphi=\frac{\pi}{2}\left\{1-\left(\frac{1}{2}\right)^2\frac{k^2}{1}-\left(\frac{1}{2}\cdot\frac{3}{4}\right)^2\frac{k^4}{3}\right.$$
$$\left.-\left(\frac{1}{2}\ \frac{3}{4}\cdots\frac{2n-1}{2n}\right)^2\frac{k^{2n}}{2n-1}-\cdots\cdots\right.$$

#6512

【問】 $$K=\int_0^{\pi/2}\frac{d\varphi}{\sqrt{1-k^2\sin^2\varphi}}=?\qquad |k|<1$$

答　$\frac{\pi}{2}\left\{1+\sum_{m=1}^{\infty}\left(\frac{1}{2}\cdot\frac{3}{4}\cdots\cdots\frac{2m-1}{2m}\right)^2k^{2m}\right\}$

【問】 $\int_0^{\pi/2}\left[\ln\left(\frac{1+k\sin x}{1-k\sin x}\right)\right]\sin x dx=?\quad |k|<1$

【註】 $[\quad]=2\left[\frac{k\sin x}{1}+\frac{k^3\sin^3 x}{3}+\cdots\right]$

故得 $$2\sum\int_0^{\pi/2}\left\{\frac{k^{2m-1}\sin^{2m}x}{2m-1}\right\}dx=\frac{\pi}{k}\left\{\frac{1}{2}k^2+\frac{1}{2}\cdot\frac{3}{4}\frac{k^4}{3}+\cdots\cdots\right.$$
$$\left.+\frac{1}{2}\frac{3}{4}\cdots\frac{2m-1}{2m}\frac{k^{2m}}{2m-1}+\cdots\right\}=\frac{\pi}{k}\left\{1-\sqrt{1-k^2}\right\}$$

#652 $\int_0^{\pi}\ln(1-2a\cos x+a^2)dx=?$ 但 $|a|<1$.

#7 Lebesgue 的微積分

#70 集函數 (set function), 測度 (measure)

假設Ω爲任意非空集合， 我們用記號 2^Ω 表示所有Ω的子集所成集合，叫做冪集 (power set)。那麼從 2^Ω 到R的函數 $\mu: 2^\Omega\rightarrow \boldsymbol{R}$就叫做Ω上面的一個集函數。注意到，$\mu$是對Ω的子集來取値的，因此才叫做集函數。一般時候，μ的定義域不必那麼大，而只需定義在子集 $\mathscr{B}\subset 2^\Omega$ 上，再要求$\mathscr{B}$滿足某些條件就好了，這些我們暫時就不去提了。爲了跟集函數互相對照，我們也稱通常的函數 $\varphi: \Omega\rightarrow\boldsymbol{R}$ 爲點函數 (point function)。

何謂集函數?

【問題】設 $\Omega=\{a, b, c\}$，試寫出 2^Ω 的全部元素。又當Ω的元素個數爲n時，2^Ω 的元素個數爲若干? 注意，空集ϕ與宇集Ω都算是Ω的子集。

集函數的概念很簡單而且很有用，例子也很多。譬如，考慮某塊金屬物體Ω上的電荷（或質量）分佈，令某一小塊 $A\subset\Omega$ 所含的電量（或質量）爲 $\mu(A)$，那麼 $\mu: 2^\Omega\rightarrow R$ 就是一個集函數。又如，假設Ω是某隨機實驗（如丟骰子）的**樣本空間**（Sample space），則Ω上的機率分佈就是一個集函數 $p: 2^{\Omega}\to[0;1]$。注意此地 Ω 的子集又叫做事件(event)，故 2^{Ω} 是所有事件的集合，而 $p(A)$ 表示事件 A 發生的機率。再如，Ω表某塊平面區域，$A\subset\Omega$，令 $\lambda(A)$ 表A的面積，這也定義出一個集函數 $\lambda: 2^{\Omega}\to\boldsymbol{R}$。

#71 上面所舉的集函數例子都滿足**加性**（additive）（或叫疊合性）：

$$\mu(A+B)=\mu(A)+\mu(B),$$

其中記號$A+B$表示A與B的聯集，但還要求滿足$A\cap B=\phi$的條件，

何謂測度？

即A與B互斥（disjoint)。一般時候，我們只對加性的集函數有興趣，滿足（或"具有"）加性的集函數稱爲**測度**。

#711 假設$\Omega\neq\phi$，一個點函數$\varphi: \Omega\to\boldsymbol{R}$與一個集函數$\mu: 2^{\Omega}\to\boldsymbol{R}$，有何不同。首先注意到，點函數與集函數不一樣，前者定義域的元素是"點"，後者是"集"。但是讓我們小心一點，有時候它們並不差別那麼大，尤其是當μ爲加性集函數並且Ω爲有窮集（finite set）的時候。今舉例說明如下：

【例】設$\Omega=\{a, b, c, d, e, f, g\}$，共含七個元素，則 2^{Ω} 含有 $2^7=128$ 個元素。我們要定義一個點函數 $\varphi: \Omega\to\boldsymbol{R}$，只要給出 $\varphi(a),\varphi(b),\cdots,\varphi(g)$ 七個數值就好了。但是若要定義集函數 $\mu: 2^{\Omega}\to\boldsymbol{R}$，則必須對每個$K\subset\Omega$，都給出 $\mu(K)$ 的值，共有 128 個！因此集函數比點函數麻煩多多！今若再假設μ是加性的集函數，則只要給出 $\mu(\{a\}),\mu(\{b\}),\cdots\mu(\{g\})$ 七個數值就可完全確定 μ 了，爲什麼呢？譬如說，我們要計算 $\mu(\{a, b\})$ 的值，由μ的加性知

$$\mu(\{a, b\})=\mu(\{a\})+\mu(\{b\});$$

又如要計算 $\mu(\{a, b, c\})$，則

$$\mu(\{a, b, c\})=\mu(\{a, b\})+\mu(\{c\})$$
$$=\mu(\{a\})+\mu(\{b\})+\mu(\{c\});$$

等等。故由七個基本的值 $\mu(\{a\}),\cdots,\mu(\{g\})$，就已完全確定 μ。因此我們看出 φ 與 μ 的區別並不那麼大。

假設 Ω 表示由七個人組成的小班，$\varphi(a)$ 表示 a 這個人口袋中的錢，$\mu(K)$ 表示 K 小集團口袋中共有的錢，等等。換言之，點函數 φ 是用來描述各人口袋中的錢，而集函數 μ 是用來講小集團口袋中的錢之問題。

在日常生活中，我們時時要問一個函數是點函數或是集函數。如果是後者，我們還要再問加性是否成立？若成立，那就是個“測度”。

#72 設 Ω 是個無窮集合，而考慮 2^{Ω} 的子集 $\mathscr{A}$ 到 $\boldsymbol{R}$ 的一個映射 μ，爲了簡化問題，我們就設 μ 的值域爲 R_f。我們設 μ 是**加性的**，因而是一個“測度”。爲了理論的推演，我們對於 $\mathscr{A}$ 和 μ 都增加一些限制。

對於 $\mathscr{A}$，我們要求它允許所有**簡單的集合（Boole）運算**（因而 $\mathscr{A}$ 是 Ω 上的一個**集環**）。

（i） 若 $A\in\mathscr{A}, B\in\mathscr{A}$，則

$\Omega\setminus A, A\setminus B, A\cup B, A\cap B$ 都屬於 $\mathscr{A}$。對於 μ，我們要求它有**連續性**:

若 $A_n\in\mathscr{A}, A_n\supset A_{n+1}$，且 $\cap A_n=\phi$，則

$$\mu(A_n)\longrightarrow 0=\mu(\phi)$$

這個連續性實際上就等於**可列加性**。

若 $B_n\in\mathscr{A}$ 互斥，且 $\cup B_n=\sum B_n\in\mathscr{A}$，則

$$\mu(\sum B_n)=\sum\mu(B_n).$$

由於這個連續性的要求，我們就進一步假設

(ii) 若$A_n \in \mathscr{A}$，則 $\cup A_n \in \mathscr{A}$.

滿足了 (i) 及 (ii) 的集合類 $\mathscr{A}(\subset 2^{\Omega})$ 叫做一個（Ω上的） σ 鐶或者叫做可測構造。定義在可測構造 $\mathscr{A}$之上的一個**可列加**的映射 $\mu: \mathscr{A} \to \boldsymbol{R}_+$，才稱爲一個測度。〔若值域爲$\boldsymbol{R}$，則爲有號測度〕

何謂鐶？何謂測度？

必須注意：測度的觀念非常廣泛，因爲對Ω，對$\mathscr{A}$，限制太少。

#73 對於一個無窮集合Ω，其上的集函數與點函數大大的不同，情形與 #11 的**不一樣**！

一個測度μ，必須對種種的集合 $A \in \mathscr{A}$給出值 $\mu(A)$，而$\mathscr{A}$通常是個很大很大的集合！所以要描寫μ相當困難，但是，在Ω是個區間（例如）$(\alpha;\beta]$ 時就比較容易了：

#731 設$\Omega = (\alpha;\beta]$

我們假設Ω的每個子區間 $(s;t] \in \mathscr{A}$，要知道 $\mu(s;t]$，我們只要知道

$$\mu(\alpha;s] \text{ 及 } \mu(\alpha;t],$$

事實上，由加性

$$\mu(s;t] \equiv \mu(\alpha;t] - \mu(\alpha;s].$$

我們記$M(s) \equiv \mu(\alpha;s]$，稱之爲$\mu$的**累積**，那麼，由$M:(\alpha;\beta] \longrightarrow \boldsymbol{R}_+$ 就差不多足够定出μ了！事實上，若$M:(\alpha;\beta] \longrightarrow \boldsymbol{R}_+$，有遞增性，及右半連續性 $t_n \downarrow t$，則 $M(t_n) \downarrow M(t)$，則由 M 可定出**唯一的測度**μ，使得

$$\mu(s;t] \equiv M(t) - M(s).$$

〔請注意M之於μ，等於"累積頻度"之於"頻度"〕我們就以 $\mu = dM$ 來表示這個關係！

#74 古典 Lebesgue 測度

函數M爲$x \longmapsto x$時，上面所說的 $\mu = dM$就是古典的 Lebesgue 測度。爲了明確起見，考慮閉區間$a < x \leq b$上的點集。如果點集塡滿閉區間$a \leq x \leq b$中的一個開區間$\alpha < x < \beta$，那末就可以取開區間的長$\beta - \alpha$作爲該點集的測度。現在，考慮塡滿有限個或可數個不相重疊的開區間的點集。這樣的點集稱爲開集，從閉區間$a \leq x \leq b$減去一個開集後所得的餘集稱爲閉集。當然我們定義開集的測度爲構成它的開區間的長之和，定義閉集的測度爲閉區間$a \leq x \leq b$的長與所減去的開集的測度之差。現在來講一般的集的古典 Lebesgue 測度的定義。

何謂外測度？內測度？可測集？古典 Lebesgue 測度？

包含集合A的開集合的測度的下確界（下界）稱爲A的**外測度**(outer measure)，集合 A 的**內測度**是包含在 A 中的閉集的測度的上確界（上界）。可以證明（在直觀上這是顯然的）點集的內測度不超過它的外測度。再者，如果集合的內測度等於外測度，那麼它稱**可測** (measurable) 集合。可測集合的內外測度的公共値稱爲集合的古典 **Lebesgue 測度**。集合A的測度我們用記號 $\mu(A)$ 來表示。

可測性是集合的非常普遍的性質，並不像初看起來那樣特殊。到現在爲止，所有實際建造起來的集合都是可測的。固然，只要用到所謂選取公理，就能够證明非可測集合的存在，但是選取公理並未給出實際建造集合的可能性。以後凡是講到點集，我們將假定它們都是可測的。

集合的測度具有長度所固有的許多性質，測度概念是長度概念的推廣。例如，兩個集合不相交（就是說沒有公共點），那麼他們的和集的測度等於他們的測度之和；兩個相交的集合的合集的測度等於他們的測度之和減去他們的公共部分的測度，等等。

古典 Lebesgue 測度概念可以自然地推廣到平面上或者三維空間中的點集上去。這裏，測度概念當然是面積概念或體積概念的推廣。測度概念也不難推廣到多維空間的點集上去。

#741 對於古典 Lebesgue 測度來說，測度爲 0 的集合是存在的。顯然這種集合可以包含在測度爲任意小的開集中。不難證明有限點集與可數點集就是這種點集。測度爲 0 的非可數集合也是存在的。通常，一個性質只在測度爲 0 的集合上不成立，那麼說它幾乎處處成立（或殆遍成立）

【例 1】 一個有窮集的元素個數，大家都很明白，但是對於無窮集我們就無法去數（ㄕㄨˇ）其元素個數了。我們的辦法是作對應(Correspondence)，譬如一個集合 A 如果能够跟集 $\{1, 2, \cdots, m\}$ 一一對應起來，我們就說 A 的元素個數有 m。同理，一個無窮集 A 如果能跟自然數集 $N=\{1, 2, 3, \cdots\}$ 一一對應起來，我們就說 A 爲**無窮的可列集** (countable set)，否則稱爲**不可列集** (uncountable set)。例如 $M=\{2, 4, 6\cdots\}$ 就是一個可列集，因爲我們可作如下的一一對應：

N	1	2	3	4	…
M	2	4	6	8	…

更進一步〔0；1〕中的有理數集 Q_1 亦是可列集！ 我們可作如下一對應表：

N	1	2	3	4	5	6	7	8	…
Q_1	0	1	$\frac{1}{2}$	$\frac{1}{3}$	$\frac{2}{3}$	$\frac{1}{4}$	$\frac{2}{4}$	$\frac{3}{4}$	…

有理數集是無窮可列集，而且其測度爲 0

現在可以來解釋爲什麼 $\lambda(Q_1)=0$ 的道理了。對於一個可列集，我們總可以想辦法把它的元素一個一個用小線段蓋住，而讓這些小線段的總長度任意小，爲什麼呢？譬如，對

於給定的很小正數 ε，我們用長度爲 $\varepsilon/2$ 的線段 I_1 蓋住 0，用長度爲 $\frac{\varepsilon}{4}$ 的線段 I_2 蓋住 1，再用長度的 $\frac{\varepsilon}{8}$ 的線段 I_3 蓋住 $\frac{1}{2}$……等等，於是線段 $I=I_1\cup I_2\cup I_3\cup$……蓋住集 Q_1，但 I 的長度頂多爲

$$\frac{\varepsilon}{2}+\frac{\varepsilon}{4}+\frac{\varepsilon}{8}+\cdots\cdots=\varepsilon$$

因此 Q_1 的長度 $\lambda(Q_1)<\varepsilon$，但 ε 爲任意小正數，故 $\lambda(Q_1)=0$（爲什麼？）。又由 $\lambda([0;1])=\lambda(Q_1)+\lambda(Q_2)$，且 $\lambda([0;1])=1$ 得 $\lambda(Q_2)=1$。事實上，我們已證得：任何可列的實數子集的長度爲 0，由此又得到：〔0；1〕爲不可列集。

Cantor完美集

【例 2】從〔0；1〕中截去中間 $\frac{1}{3}$ 的長，又把剩餘的兩段各截去中間的 $\frac{1}{3}$ 長，然後再截去剩下四段之間 $\frac{1}{3}$ 長，如此繼續下去。最後剩下的叫做 **Cantor 的完美集**(perfect set)，問其長度多少？

#8 Lebesgue 積分

#81 先談定積分的概念。我們的問題是：給 Ω 上的一個集函數 λ 及點函數 $\varphi(x)$ 要來計算

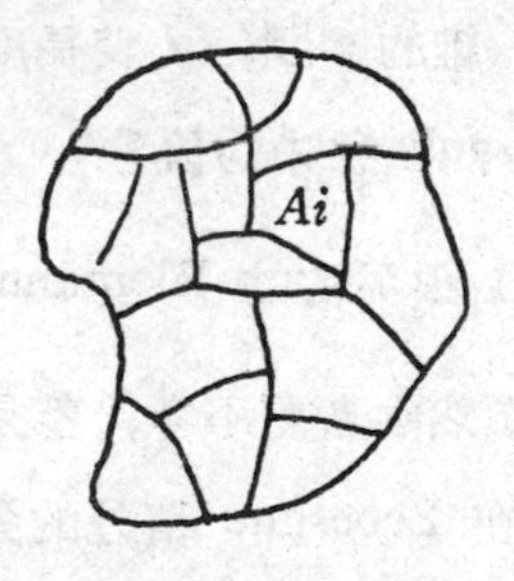

$$\int\varphi(x)\lambda(dx)$$

我們的辦法是將Ω作“某種相當任意”的分割（等會兒說明這句話的意思）：

$$\Omega = A_1 + \cdots\cdots + A_n$$

其中 $A_i \cap A_j = \phi$，於是可算出 $\lambda(A_i)$ 的值。今在每一小塊中，任取一個樣本點 $x_i \in A_i$，作近似和 $\sum\varphi(x_i)\lambda(A_i)$，又叫做$\varphi$對$\lambda$的和分。

Lebesgue 積分的定義

顯然，這個近似和跟你的分割與取樣點有關！故作近似和時必須說清楚，對那個分割與對那個取樣來作和分的。最後讓“分割越來越細”（即取極限），若 $\lim\sum\varphi(x_i)\lambda(A_i)$ 存在且跟分割與取樣無關，則φ為（對λ）Lebesgue 意味可積分（integrable）。記為

$$\lim\sum\varphi(x_i)\lambda(A_i) \equiv \int_\Omega \varphi(x)\lambda(dx) \text{或} \int_\Omega \varphi(x)d\lambda(x),$$

叫做φ對λ的 Lebesgue 意味定積分。

【注意】 本段你不妨將φ解釋成點密度（單位體積所含的質量），λ解釋成體積度量，μ解釋成質量度量，於是我們看出，定積分就是給點密度φ與體積度量λ，要求總質量 $\mu(\Omega)$。這樣上述的意思就很明白了。

#82 現在我們來談古典 Lebesgue 積分與古典的微積分有何不同之處。（只看簡單的一維情形。）

假設$\Omega = (a\,;b]$是一維的區間，λ表長度度量，例如$(\lambda(c\,;d])= d-c$. 我們要問 Lebesgue 意味的積分

Lebesgue 積分與 Riemann 積分的差別

$\int_\Omega \varphi(x)d\lambda(x)$ 跟平常的 Riemann 積分 $\int_a^b \varphi(x)dx$有何不同？此時，顯然兩者差不多，都是利用“積分三步”來計算的。問題只出在 Lebesgue 積分的分割可**“相當任意”**，而 Riemann 積分的分割必須是切成相鄰的一段一段小區間。這是兩者根本的分歧點所在，讓我們來舉一個很著名的例子:

【例】考慮 Dirichlet 函數，$x \in \Omega = [0, 1]$:

$$\varphi(x) = \begin{cases} 0, & \text{當 } x \text{ 有理時;} \\ 1, & \text{當 } x \text{ 無理時。} \end{cases}$$

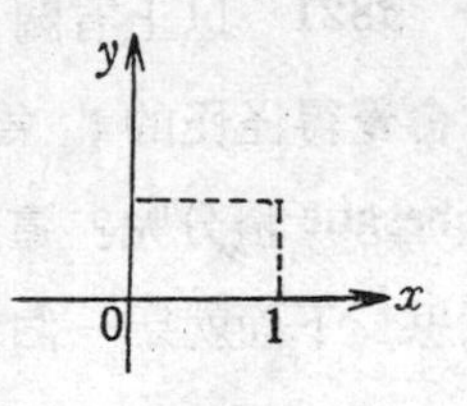

這個函數的圖形根本作不出，勉強可以作如右之概略圖。我們在 §2.141 裏說過，Riemann 積分 $\int_0^1 \varphi(x)\,dx$ 是不存在的。事實上，近似和可爲〔0；1〕之間的任何值!

Lebesgue 積分呢? 旣然可相當任意分割，於是我們一聲令下，把〔0；1〕分成有理點集 Q_1 及無理點集 Q_2（這種分割當然在實際上辦不到，我們只是用口頭來分割）。其次取樣本點，譬如取 $\frac{2}{3} \in Q_1$，$\frac{\pi}{10} \in Q_2$。作近似和 $\varphi\left(\frac{2}{3}\right)\lambda(Q_1) + \varphi\left(\frac{\pi}{10}\right)\lambda(Q_2)$。我們問，"有理的全體，你們的長度是多少"? 回聲很小："0"。再問，"無理的全體，你們的長度是多少"? 回聲很大："1"。〔當然啦，"有理的總是比不過無理的!"〕

因此我們得到近似和

$$\varphi\left(\frac{2}{3}\right)\lambda(Q_1) + \varphi\left(\frac{\pi}{10}\right)\lambda(Q_2) = 0 \times 0 + 1 \times 1 = 1$$

〔有趣的是，這個近似和恰好是精確的答案! 換言之，Lebesgue 積分 $\int_0^1 \varphi(x)\,d\lambda(x) \equiv 1$。〕因此 Riemann 積分雖不存在，但 Lebesgue 積分卻存在!

【註】在數學用詞中，我們往往採用**兼容** (inclusive) 的用法。譬如，"近似值"一詞，日常生活中說到近似就表示不精確而**必定有誤差** ($\neq 0$)；但在數學中，近似值可能就是精確值，此時誤差爲 0。又如 "$A \subset B$" 並不排斥(excludes) $A = B$ 的情形! 再如兩直線"平行"的概念，當它們重合時，"最平行"了! 這種用法非常方

便。

#821 以上有關 Lebesgue 積分的計算，如 Dirichlet 函數，也許你會覺得怪怪的，爲什麼只分割成有理數集與無理數集，算出來就是 Lebesgue 積分呢？這是由於我們還沒有解說"相當任意的分割"這句話的意思。下面就舉一個例子來說明：

先從離散的情形說起，此時積分只不過是求和 (summation) 而已！（注意：積分是和的極限）。比方說，我們要計算臺大醫學系70名學生的某項"樂捐"總金額（樂捐者，快樂捐出來也？）我們有種種計算辦法。下面我們就介紹 Riemann 積分與 Lebesgue 積分對這個問題的做法。

將70名學生按學號順序及金額作成下表。

Riemann 積分的想法：將 70 人按學號順序分組（分割）（這 70 人所成的集合就是我們的Ω），譬如說，每 10 個人一組，即 1 號到10號一組，11 號到 20 號一組，…，61 號到 70 號一組。再從每一組中

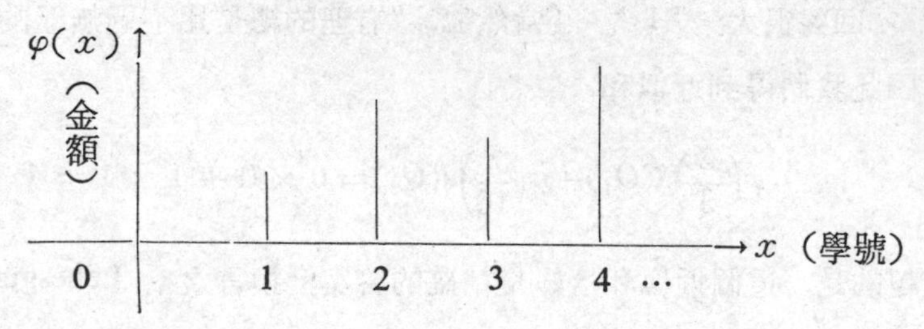

選取一個代表（取樣），比如第 i 組的代表是 x_i，其金額爲 $\varphi(x_i)$，那麼近似和爲

$$10\times\varphi(x_1)+10\times\varphi(x_2)+\cdots+10\times\varphi(x_7).$$

如果我們專挑有錢的代表，估計出來的近似和當然要偏高。尤其是在每一組中金額變化很大時，誤差會更大。爲求更精確的估計，我們把分割加細，譬如說，五個人一組，再用同樣的方法求近似和。每次的近似和

“不一樣就是不一樣”! 最精確的辦法是分割到最細使每個人自成一組，算得的答案就恰好是樂捐的總額! 不過，此時計算起來也是最麻煩的時候。

當每個人的樂捐額參差得很厲害時，既然Riemann 積分的近似和，並不怎麼近似，因此 Lebesgue 就改用另一個想法來做。

Lebesgue 積分的想法: 假設全班 70 人的集合爲Ω 我們乾脆不用學號順序來分割，而改用金額來分組，由此相應地也對Ω作一個 “相當任意的分割”! 譬如說， 10 元以下的有 n_1 人（令這 n_1 人的集爲 A_1), 10 元的 20 元的有 n_2 人（令這 n_2 人的集爲 A_2), 20 元到 30 元的有 n_3 人（令這 n_3 人的集爲A_3), ……， 萬元以上的……。換言之，我們從函數φ的影域之分割，對應地也將Ω分割成:

$$\Omega = A_1 + A_2 + A_3 + \cdots.$$

這個分割有一個好處，每一集A_i中的人，樂捐金額都差不到那裏去。再從各組 A_i 中取出一個代表（樣本點）$x_i \in A_i$，其樂捐金額爲$\varphi(x_i)$, 從而近似和爲

$$n_1\varphi(x_1) + n_2\varphi(x_2) + n_3\varphi(x_3) + \cdots.$$

這個近似和會“穩定一點”，因爲每一組中的金額變化不太大也。若要得更精確的近似和，再把金額（函數φ的影域）分細一點，比如說以 5 元爲一組，對應地Ω也作了一個“相當任意的分割”，再取樣，求和。如此繼續下去就得到 Lebesgue 積分的值。注意: 此時每個人的學號並不重要!

此例把 Lebesgue 積分中的“相當任意的分割”這句話的意思，完全解說清楚了。總之，Riemann 積分直接對定義域分割: 而 Lebesgue 積分卻先對影域分割，再由此而導致對定義域作相應的分割，並且分割的加細是指對影域分割的加細。〔此時對應的定義域分割不見得會加細，

如 Dirichlet 函數，無論影域如何加細分割，對應的定義域分割均分成有理數集 Q_1 與無理數集 Q_2。現在你應該明白，爲什麼 Dirichlet 函數的 Lebesgue 積分等於 1 的道理了。〕

#822 把上述離散的情形推廣到連續的情形，如何呢？在下圖中，我們要來求曲線 $y=\varphi(x)$ 底下從 a 到 b 之間所圍成的面積。

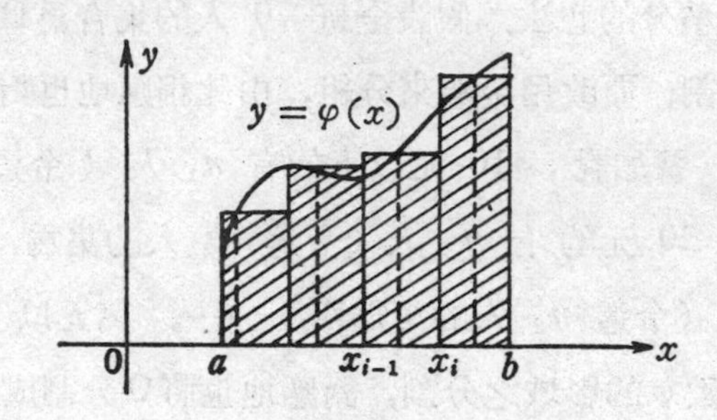

Riemann 積分的想法是，對 $\Omega=[a;b]$ 作分割，再取樣，求和，取極限：

$$\int_a^b \varphi(x)dx=\lim\sum\varphi(\xi_i)(x_i-x_{i-1}).$$

我們通常就用近似和 $\sum\varphi(\xi_i)(x_i-x_{i-1})$ 來作爲$\int_a^b \varphi(x)dx$ 的近似估計，亦即

$$\int_a^b \varphi(x)dx \doteqdot \sum\varphi(\xi_i)(x_i-x_{i-1}). \qquad (甲)$$

此式的幾何意思很明白，即我們用圖中的陰影面積來估計曲線 $y=\varphi(x)$底下從 a 到 b 所圍成的面積。

我們要問，在什麼情形之下，一個函數 $y=\varphi(x)$ 的 Riemann 積分存在呢？顯然，當 $\varphi(x)$ 的值在小範圍內變化很小時，即當 φ 連續時，那麼（甲）式的誤差就不會太大，同時樣本點 ξ_i 的任取對誤差影響也不會很大。因此當 φ 連續時，Riemann 積分$\int_a^b \varphi(x)dx$ 必定存

在（這在§2中我們也說過）。反過來，連續性也"差不多"是 Riemann 積分存在的必要條件，這個我們"點到爲止"，不再深究下去（留給數學分析講授）。

但是當曲線 $y=\varphi(x)$ 變動很劇烈時，即使它仍舊是連續的，那麼上面（甲）式的誤差可能會很大。此時改用 Lebesgue 積分的想法較妥當。如下圖:

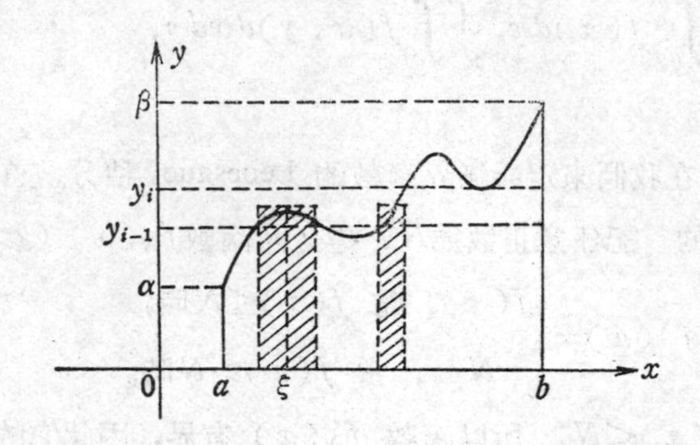

我們對 $y=\varphi(x)$ 的影域〔α；β〕分割 $\alpha=y_0<y_1<\cdots<y_{i-1}<y_i<\cdots<y_n=\beta$，函數值介乎 y_{i-1} 到 y_i 之間的 x 收集在一齊，令其爲 $A_i=\{x \mid y_{i-1}\leq\varphi(x)<y_i\}$，$i=1,2,\cdots,n$。於是 $\Omega=$〔a；b〕就相應地分割成

$$\Omega=A_1+A_2+\cdots+A_n$$

取樣本點 $x_i\in A_i$，作近似和

$$\sum\varphi(x_i)\lambda(A_i)$$

其中 $\lambda(A_i)$ 表示 A_i 集的長度，即 $\lambda: 2^\Omega\to R$ 是集函數。讓影域〔α；β〕的分割加細，則 Ω 也相應地作分割，同樣地作近似和（當影域分割越來越細時），近似和的極限值若存在就稱爲 φ 對 λ 的 Lebesgue 積分。

#830 可以證明有界（可測）函數 Lebesgue 積分恆存在。〔當

然，我們要假定，對於任何常數A，使 $f(x)\geq A$的x值的集合都是可測的，否則，Lebesgue 積分的定義就失去了意義，到現在爲止，對於能够實際建造起來的所有函數， 所說的集合都是可測的。〕 如果在普通 Riemann 意義下函數 $f(x)$ 的定積分存在，那麼可以證明它與 Lebesgue 積分相等。因此不必用特別的記號來表示 Lebesgue 積分，而我們就利用

$$\int_a^b f(x)dx,\ \iint_\Omega f(x,y)dxdy,$$

等普通的記號。

#831 現在我們來定義無界函數的 Lebesgue 積分。首先假定函數 $f(x)$是非負的。記任意正數爲N，導入新函數$f_N(x)$（參考圖11）：

$$f^N(x)=\begin{cases} f(x)，當\ f(x)\leq N時, \\ N\ \ \ \ ，當\ f(x)>N時。\end{cases}$$

顯然 $0\leq f_N(x)\leq N$，所以函數 $f_N(x)$ 有界，因此它的 Lebesgue 積分

$$\int_a^b f_N(x)dx \tag{1}$$

存在。這個積分隨N的增加而增加（至少是不減少），所以當N無限增加時，它趨近於確定的（有限的或無限的）極限。當$N\to\infty$時，如果積

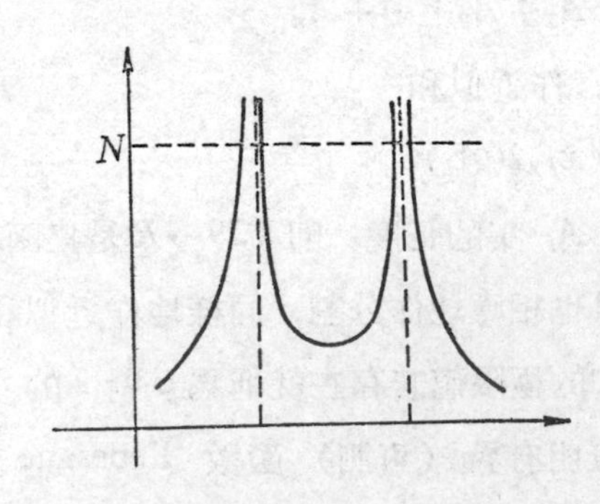

分(1)有有限的極限，那麼這個極限稱為非負的無限函數 $f(x)$ 的 Lebesgue 積分。因此，按照定義，如果 $f(x)\geq 0$ 且無界，那麼

$$\int_a^b f(x)dx=\lim_{N\to\infty}\int_a^b f_N(x)dx_0$$

使得在從 a 到 b 這一範圍中有 Lebesgue 積分存在的非負無界函數，稱為閉區間 $a\leq x\leq b$ 上的可定和函數。類似的可以定義 $m(m\geq 2)$ 維區域間的可定和函數。

現在假設 $f(x)$ 可以取任何符號，那麼它可以表為兩個非負函數之差。其實，如果置

$$f_1(x)=\frac{1}{2}\{|f(x)|+f(x)\},$$

$$f_2(x)=\frac{1}{2}\{|f(x)|-f(x)\},$$

那麼 $f_1(x)\geq 0$，$f_i(x)\geq 0$，而且 $f(x)=f_1(x)-f_2(x)$。而且僅當函數 $f_1(x)$ 取 $f_2(x)$ 都可以定和時，我們才認為 $f(x)$ 是可定和的，此時，按照定義，置

$$\int_a^b f(x)dx=\int_a^b f_1(x)dx-\int_a^b f_2(x)dx_0,$$

如果 $f(x)$ 是可定和的，那麼函數 $|f(x)|=f_1(x)+f_2(x)$ 也是可定和的，因此 Lebesgue 積分恆絕對收斂。

如果 $f(x)$ 是複函數，$f(x)=\varphi(x)+i\psi(x)$，那麼我們定義

$$\int_a^b f(x)dx=\int_a^b \varphi(x)dx+i\int_a^b \psi(x)dx_0$$

按照定義，左邊的積分當且僅當右邊兩個積分都存在時方才存在。複函數的 Lebesgue 積分也是絕對收斂的。

以上，函數之定義域測度有限，其實我們也可以允許 $\mu(\Omega)=\infty$，把 $\int_\Omega f(x)\mu(dx)$ 解釋成 $\lim\limits_{n\to\infty}\int_{A_n} f(x)\mu(dx)$，其中 $A_n\uparrow\Omega$，而

$\mu(A_n)<\infty$.

#84 對於 Lebesgue 積分來說，Riemann 積分的基本性質仍舊成立。還要指出 Lebesgue 積分所特有的，重要的三個性質。它們的證明可以在實變分析中找到。

1° 如果在測度爲 0 的集合上變更被積分函數的數值，那麼 Lebesgue 積分的數值不變。並且，如果在測度爲 0 的集合上函數的數值沒有確定，Lebesgue 積分還是有意義，由此可得推論：如果被積分函數幾乎處處等於 0，那麼 Lebesgue 積分也等於 0。

2° 如果非負函數的積分等於 0，那麼這個函數幾乎處處等於 0。

3° 如果 $|f(x)|\leq\varphi(x)$，而 $\varphi(x)$ 又是可定和的，那麼 $f(x)$ 也是可定和的。

#85 不定積分

下面來談不定積分的問題。設 $A\subset\Omega$，我們要問：$\int_\Omega\varphi(x)d\lambda(x)$ 中的 Ω 改成 A 行得通嗎？答案是肯定的，這只要將 φ 局限（restricted）到 A 上，而 λ 的定義域改成 $2^A(\equiv A\cap 2^\Omega)$，那麼照 #14 依樣畫葫蘆就可得到集函數 $\mu(A)\equiv\int_A\varphi(x)d\lambda(x)$，我們就稱這個集函數爲 φ 對 λ 的**不定積分**。

【註】$A\cap 2^\Omega\equiv\{A\cap B: B\supset 2^\Omega\}$。

索　　引

中　文　索　引

三民大專用書書目

國父遺教

國父思想	涂子麟	著	中山大學
國父思想	周世輔	著	前政治大學
國父思想新論	周世輔	著	前政治大學
國父思想要義	周世輔	著	前政治大學

法　律

中國憲法新論	薩孟武	著	前臺灣大學
中國憲法論	傅肅良	著	中興大學
中華民國憲法論	管歐	著	東吳大學
中華民國憲法逐條釋義(一)～(四)	林紀東	著	臺灣大學
比較憲法	鄒文海	著	前政治大學
比較憲法	曾繁康	著	臺灣大學
美國憲法與憲政	荆知仁	著	政治大學
國家賠償法	劉春堂	著	輔仁大學
民法概要	鄭玉波	著	臺灣大學
民法概要	董世芳	著	實踐學院
民法總則	鄭玉波	著	臺灣大學
判解民法總則	劉春堂	著	輔仁大學
民法債編總論	鄭玉波	著	臺灣大學
判解民法債篇通則	劉春堂	著	輔仁大學
民法物權	鄭玉波	著	臺灣大學
判解民法物權	劉春堂	著	輔仁大學
民法親屬新論	黃宗樂	等著	臺灣大學
民法繼承新論	黃宗樂	等著	臺灣大學
商事法論	張國鍵	著	臺灣大學
商事法要論	梁宇賢	著	中興大學
公司法	鄭玉波	著	臺灣大學
公司法論	柯芳枝	著	臺灣大學

公司法論	梁宇賢 著	中興大學
票據法	鄭玉波 著	臺灣大學
海商法	鄭玉波 著	臺灣大學
海商法論	梁宇賢 著	中興大學
保險法論	鄭玉波 著	臺灣大學
民事訴訟法釋義	石志泉 原著 楊建華 修訂	輔仁大學
破產法	陳榮宗 著	臺灣大學
破產法論	陳計男 著	行政法院
刑法總整理	曾榮振 著	臺中地院
刑法總論	蔡墩銘 著	臺灣大學
刑法各論	蔡墩銘 著	臺灣大學
刑法特論（上）（下）	林山田 著	政治大學
刑事政策（修訂版）	張甘妹 著	臺灣大學
刑事訴訟法論	黃東熊 著	中興大學
刑事訴訟法論	胡開誠 著	臺灣大學
行政法（改訂版）	林紀東 著	臺灣大學
行政法	張家洋 著	政治大學
行政法之基礎理論	城仲模 著	中興大學
犯罪學	林山田 等著	政治大學等
監獄學	林紀東 著	臺灣大學
土地法釋論	焦祖涵 著	東吳大學
土地登記之理論與實務	焦祖涵 著	東吳大學
引渡之理論與實踐	陳榮傑 著	外交部
國際私法	劉甲一 著	臺灣大學
國際私法新論	梅仲協 著	前臺灣大學
國際私法論叢	劉鐵錚 著	政治大學
現代國際法	丘宏達 等著	馬利蘭 大學等
現代國際法基本文件	丘宏達 編	馬利蘭大學
平時國際法	蘇義雄 著	中興大學
中國法制史	戴炎輝 著	臺灣大學
法學緒論	鄭玉波 著	臺灣大學
法學緒論	孫致中 著	各大專院校

強制執行法	陳榮宗 著	臺灣大學
法院組織法論	管歐 著	東吳大學

政治・外交

政治學	薩孟武 著	前臺灣大學
政治學	鄒文海 著	前政治大學
政治學	曹伯森 著	陸軍官校
政治學	呂亞力 著	臺灣大學
政治學概要	張金鑑 著	政治大學
政治學方法論	呂亞力 著	臺灣大學
政治理論與研究方法	易君博 著	政治大學
公共政策概論	朱志宏 著	臺灣大學
公共政策	曹俊漢 著	臺灣大學
公共政策	朱志宏 著	臺灣大學
公共關係	王德馨 等著	交通大學
中國社會政治史(一)~(四)	薩孟武 著	前臺灣大學
中國政治思想史	薩孟武 著	前臺灣大學
中國政治思想史（上）（中）（下）	張金鑑 著	政治大學
西洋政治思想史	張金鑑 著	政治大學
西洋政治思想史	薩孟武 著	前臺灣大學
中國政治制度史	張金鑑 著	政治大學
比較主義	張亞澐 著	政治大學
比較監察制度	陶百川 著	國策顧問
歐洲各國政府	張金鑑 著	政治大學
美國政府	張金鑑 著	政治大學
地方自治概要	管歐 著	東吳大學
國際關係——理論與實踐	朱張碧珠 著	臺灣大學
中美早期外交史	李定一 著	政治大學
現代西洋外交史	楊逢泰 著	政治大學

行政・管理

行政學（增訂版）	張潤書 著	政治大學
行政學	左潞生 著	中興大學
行政學新論	張金鑑 著	政治大學

行政管理學	傅肅良 著	中興大學
行政生態學	彭文賢 著	中興大學
各國人事制度	傅肅良 著	中興大學
考詮制度	傅肅良 著	中興大學
交通行政	劉承漢 著	成功大學
組織行為管理	龔平邦 著	前逢甲大學
行為科學概論	龔平邦 著	前逢甲大學
行為科學與管理	徐木蘭 著	臺灣大學
組織行為學	高尚仁 等著	香港大學
組織原理	彭文賢 著	中興大學
實用企業管理學	解宏賓 著	中興大學
企業管理	蔣靜一 著	逢甲大學
企業管理	陳定國 著	臺灣大學
國際企業論	李蘭甫 著	中文大學
企業政策	陳光華 著	交通大學
企業概論	陳定國 著	臺灣大學
管理新論	謝長宏 著	交通大學
管理概論	郭崑謨 著	中興大學
管理個案分析	郭崑謨 著	中興大學
企業組織與管理	郭崑謨 著	中興大學
企業組織與管理（工商管理）	盧宗漢 著	中興大學
現代企業管理	龔平邦 著	前逢甲大學
現代管理學	龔平邦 著	前逢甲大學
事務管理手册	新聞局 著	
生產管理	劉漢容 著	成功大學
管理心理學	湯淑貞 著	成功大學
管理數學	謝志雄 著	東吳大學
品質管理	戴久永 著	交通大學
可靠度導論	戴久永 著	交通大學
人事管理（修訂版）	傅肅良 著	中興大學
作業研究	林照雄 著	輔仁大學
作業研究	楊超然 著	臺灣大學
作業研究	劉一忠 著	舊金山州立大學

系統分析　　陳　進　著　　前聖瑪麗大學

社　會

社會學　　蔡文輝　著　　印第安那大學
社會學　　龍冠海　著　　前臺灣大學
社會學　　張華葆　主編　　東海大學
社會學理論　　蔡文輝　著　　印第安那大學
社會學理論　　陳秉璋　著　　政治大學
社會心理學　　劉安彥　著　　傑克遜州立大學
社會心理學　　張華葆　著　　東海大學
社會心理學　　趙淑賢　著　　安柏拉校區
社會心理學理論　　張華葆　著　　東海大學
政治社會學　　陳秉璋　著　　政治大學
醫療社會學　　廖榮利　等著　　臺灣大學
組織社會學　　張苙雲　著　　臺灣大學
人口遷移　　廖正宏　著　　臺灣大學
社區原理　　蔡宏進　著　　臺灣大學
人口教育　　孫得雄　編著　　東海大學
社會階層化與社會流動　　許嘉猷　著　　臺灣大學
社會階層　　張華葆　著　　東海大學
西洋社會思想史　　張承漢　等著　　臺灣大學
中國社會思想史（上）（下）　　張承漢　著　　臺灣大學
社會變遷　　蔡文輝　著　　印第安那大學
社會政策與社會行政　　陳國鈞　著　　中興大學
社會福利行政（修訂版）　　白秀雄　著　　臺灣大學
社會工作　　白秀雄　著　　臺灣大學
社會工作管理　　廖榮利　著　　臺灣大學
團體工作：理論與技術　　林萬億　著　　臺灣大學
都市社會學理論與應用　　龍冠海　著　　前臺灣大學
社會科學概論　　薩孟武　著　　前臺灣大學
文化人類學　　陳國鈞　著　　中興大學

勞工問題	陳國鈞 著	中興大學
少年犯罪心理學	張華葆 著	東海大學
少年犯罪預防及矯治	張華葆 著	東海大學

教　育

教育哲學	賈馥茗 著	臺灣師大
教育哲學	葉學志 著	彰化教院
普通教學法	方炳林 著	前臺灣師大
各國教育制度	雷國鼎 著	臺灣師大
教育心理學	溫世頌 著	傑克遜州立大學
教育心理學	胡秉正 著	政治大學
教育社會學	陳奎憙 著	臺灣師大
教育行政學	林文達 著	政治大學
教育行政原理	黃文輝 主譯	臺灣師大
教育經濟學	蓋浙生 著	臺灣師大
教育經濟學	林文達 著	政治大學
工業教育學	袁立錕 著	彰化教院
技術職業教育行政與視導	張天津 著	臺灣師大
技職教育測量與評鑒	李大偉 著	臺灣師大
高科技與技職教育	楊啟棟 著	臺灣師大
工業職業技術教育	陳昭雄 著	臺灣師大
技術職業教育教學法	陳昭雄 著	臺灣師大
技術職業教育辭典	楊朝祥 編著	臺灣師大
技術職業教育理論與實務	楊朝祥 著	臺灣師大
工業安全衛生	羅文基 著	
人力發展理論與實施	彭台臨 著	臺灣師大
職業教育師資培育	周談輝 著	臺灣師大
家庭教育	張振宇 著	淡江大學
教育與人生	李建興 著	臺灣師大
當代教育思潮	徐南號 著	臺灣師大
比較國民教育	雷國鼎 著	臺灣師大
中等教育	司琦 著	政治大學
中國教育史	胡美琦 著	文化大學

中國現代教育史	鄭世興 著	臺灣師大
中國大學教育發展史	伍振鷟 著	臺灣師大
中國職業教育發展史	周談輝 著	臺灣師大
社會教育新論	李建興 著	臺灣師大
中國社會教育發展史	李建興 著	臺灣師大
中國國民教育發展史	司　琦 著	政治大學
中國體育發展史	吳文忠 著	臺灣師大
如何寫學術論文	宋楚瑜 著	臺灣大學
論文寫作研究	段家鋒 等著	政戰學校等

心理學

心理學	劉安彥 著	傑克遜州立大學
心理學	張春興 等著	臺灣師大等
人事心理學	黃天中 著	淡江大學
人事心理學	傅肅良 著	中興大學

經濟・財政

西洋經濟思想史	林鐘雄 著	臺灣大學
歐洲經濟發展史	林鐘雄 著	臺灣大學
比較經濟制度	孫殿柏 著	政治大學
經濟學原理（增訂新版）	歐陽勛 著	政治大學
經濟學導論	徐育珠 著	南康湼狄克州立大學
經濟學概要	歐陽勛 等著	政治大學
通俗經濟講話	邢慕寰 著	前香港大學
經濟學（增訂版）	陸民仁 著	政治大學
經濟學概論	陸民仁 著	政治大學
國際經濟學	白俊男 著	東吳大學
國際經濟學	黃智輝 著	東吳大學
個體經濟學	劉盛男 著	臺北商專
總體經濟分析	趙鳳培 著	政治大學
總體經濟學	鍾甦生 著	西雅圖銀行
總體經濟學	張慶輝 著	政治大學
總體經濟理論	孫　震 著	臺灣大學

數理經濟分析　林大侯　著　臺灣大學
計量經濟學導論　林華德　著　臺灣大學
計量經濟學　陳正澄　著　臺灣大學
經濟政策　湯俊湘　著　中興大學
合作經濟概論　尹樹生　著　中興大學
農業經濟學　尹樹生　著　中興大學
工程經濟　陳寬仁　著　中正理工學院
銀行法　金桐林　著　華南銀行
銀行法釋義　楊承厚　著　銘傳管理學院
商業銀行實務　解宏賓　編著　中興大學
貨幣銀行學　何偉成　著　中正理工學院
貨幣銀行學　白俊男　著　東吳大學
貨幣銀行學　楊樹森　著　文化大學
貨幣銀行學　李穎吾　著　臺灣大學
貨幣銀行學　趙鳳培　著　政治大學
現代貨幣銀行學　柳復起　著　新南威爾斯大學
現代國際金融　柳復起　著　新南威爾斯大學
國際金融理論與制度（修訂版）　歐陽勛等　編著　政治大學
金融交換實務　李麗　著　中央銀行
財政學　李厚高　著　逢甲大學
財政學（修訂版）　林華德　著　臺灣大學
財政學原理　魏萼　著　臺灣大學
商用英文　張錦源　著　政治大學
商用英文　程振粵　著　臺灣大學
貿易契約理論與實務　張錦源　著　政治大學
貿易英文實務　張錦源　著　政治大學
信用狀理論與實務　蕭啟賢　著　輔仁大學
信用狀理論與實務　張錦源　著　政治大學
國際貿易　李穎吾　著　臺灣大學
國際貿易實務詳論　張錦源　著　政治大學
國際貿易實務　羅慶龍　著　逢甲大學

國際貿易理論與政策（修訂版）	歐陽勛等	編著	政治大學
國際貿易政策概論	余德培	著	東吳大學
國際貿易論	李厚高	著	逢甲大學
國際商品買賣契約法	鄧越今	編著	外貿協會
國際貿易法概要	于政長	著	東吳大學
國際貿易法	張錦源	著	政治大學
外匯投資理財與風險	李麗	著	中央銀行
外匯、貿易辭典	于政長 張錦源	編著 校訂	東吳大學 政治大學
貿易實務辭典	張錦源	編著	政治大學
貿易貨物保險（修訂版）	周詠棠	著	中央信託局
貿易慣例	張錦源	著	政治大學
國際匯兌	林邦充	著	政治大學
國際行銷管理	許士軍	著	新加坡大學
國際行銷	郭崑謨	著	中興大學
行銷管理	郭崑謨	著	中興大學
海關實務（修訂版）	張俊雄	著	淡江大學
美國之外匯市場	于政長	譯	東吳大學
保險學（增訂版）	湯俊湘	著	中興大學
人壽保險學（增訂版）	宋明哲	著	德明商專
人壽保險的理論與實務	陳雲中	編著	臺灣大學
火災保險及海上保險	吳榮清	著	文化大學
市場學	王德馨	等著	中興大學
行銷學	江顯新	著	中興大學
投資學	龔平邦	著	前逢甲大學
投資學	白俊男	等著	東吳大學
海外投資的知識	葉雲鎮	等譯	
國際投資之技術移轉	鍾瑞江	著	東吳大學

會計・統計・審計

銀行會計（上）（下）	李兆萱	等著	臺灣大學等
初級會計學（上）（下）	洪國賜	著	淡水工商
中級會計學（上）（下）	洪國賜	著	淡水工商
中等會計（上）（下）	薛光圻	等著	西東大學等

會計辭典	龍毓耼	譯	
會計學（上）（下）	幸世間	著	臺灣大學
會計學題解	幸世間	著	臺灣大學
成本會計（上）（下）	洪國賜	著	淡水工商
成本會計	盛禮約	著	淡水工商
政府會計	李增榮	著	政治大學
政府會計	張鴻春	著	臺灣大學
稅務會計	卓敏枝	等著	臺灣大學等
財務報表分析	洪國賜	等著	淡水工商等
財務報表分析	李祖培	著	中興大學
財務管理	張春雄	著	政治大學
財務管理（增訂新版）	黃柱權	著	政治大學
商用統計學（修訂版）	顏月珠	著	臺灣大學
商用統計學	劉一忠	著	舊金山州立大學
統計學（修訂版）	柴松林	著	政治大學
統計學	劉南溟	著	前臺灣大學
統計學	張浩鈞	著	臺灣大學
統計學	楊維哲	著	臺灣大學
統計學	顏月珠	著	臺灣大學
統計學題解	顏月珠	著	臺灣大學
推理統計學	張碧波	著	銘傳管理學院
應用數理統計學	顏月珠	著	臺灣大學
統計製圖學	宋汝濬	著	臺中商專
統計概念與方法	戴久永	著	交通大學
審計學	殷文俊	等著	政治大學
商用數學	薛昭雄	著	政治大學
商用數學（含商用微積分）	楊維哲	著	臺灣大學
線性代數（修訂版）	謝志雄	著	東吳大學
商用微積分	何典恭	著	淡水工商
微積分	楊維哲	著	臺灣大學
微積分（上）（下）	楊維哲	著	臺灣大學
大二微積分	楊維哲	著	臺灣大學

機率導論	戴久永	著	交通大學

新　　聞

傳播研究方法總論	楊孝濚	著	東吳大學
傳播研究調查法	蘇　蘅	著	輔仁大學
傳播原理	方蘭生	著	文化大學
行銷傳播學	羅文坤	著	政治大學
國際傳播	李　瞻	著	政治大學
國際傳播與科技	彭　芸	著	政治大學
廣播與電視	何貽謀	著	輔仁大學
廣播原理與製作	于洪海	著	中　廣
電影原理與製作	梅長齡	著	前文化大學
新聞學與大眾傳播學	鄭貞銘	著	文化大學
新聞採訪與編輯	鄭貞銘	著	文化大學
新聞編輯學	徐　旭	著	新生報
採訪寫作	歐陽醇	著	臺灣師大
評論寫作	程之行	著	紐約日報
新聞英文寫作	朱耀龍	著	前文化大學
小型報刊實務	彭家發	著	政治大學
廣告學	顏伯勤	著	輔仁大學
媒介實務	趙俊邁	著	東吳大學
中國新聞傳播史	賴光臨	著	政治大學
中國新聞史	曾虛白	主編	
世界新聞史	李　瞻	著	政治大學
新聞學	李　瞻	著	政治大學
新聞採訪學	李　瞻	著	政治大學
新聞道德	李　瞻	著	政治大學
電視制度	李　瞻	著	政治大學
電視新聞	張　勤	著	中視文化公司
電視與觀眾	曠湘霞	著	政治大學
大眾傳播理論	李金銓	著	明尼西達大學
大眾傳播新論	李茂政	著	政治大學

大眾傳播與社會變遷	陳世敏 著	政治大學
組織傳播	鄭瑞城 著	政治大學
政治傳播學	祝基瀅 著	
文化與傳播	汪　琪 著	政治大學

歷史・地理

中國通史（上）（下）	林瑞翰 著	臺灣大學
中國現代史	李守孔 著	臺灣大學
中國近代史	李守孔 著	臺灣大學
中國近代史	李雲漢 著	政治大學
中國近代史（簡史）	李雲漢 著	政治大學
中國近代史	古鴻廷 著	東海大學
隋唐史	王壽南 著	政治大學
明清史	陳捷先 著	臺灣大學
黃河文明之光	姚大中 著	東吳大學
古代北西中國	姚大中 著	東吳大學
南方的奮起	姚大中 著	東吳大學
中國世界的全盛	姚大中 著	東吳大學
近代中國的成立	姚大中 著	東吳大學
西洋現代史	李邁先 著	臺灣大學
東歐諸國史	李邁先 著	臺灣大學
英國史綱	許介鱗 著	臺灣大學
印度史	吳俊才 著	政治大學
日本史	林明德 著	臺灣師大
日本現代史	許介鱗 著	臺灣大學
近代中日關係史	林明德 著	臺灣師大
美洲地理	林鈞祥 著	臺灣師大
非洲地理	劉鴻喜 著	臺灣師大
自然地理學	劉鴻喜 著	臺灣師大
地形學綱要	劉鴻喜 著	臺灣師大
聚落地理學	胡振洲 著	中興大學
海事地理學	胡振洲 著	中興大學
經濟地理	陳伯中 著	前臺灣大學
都市地理學	陳伯中 著	前臺灣大學

英文索引

【ㄦ 部】

【ㄧ 部】

【ㄨ 部】

【ㄩ 部】

【其 餘】